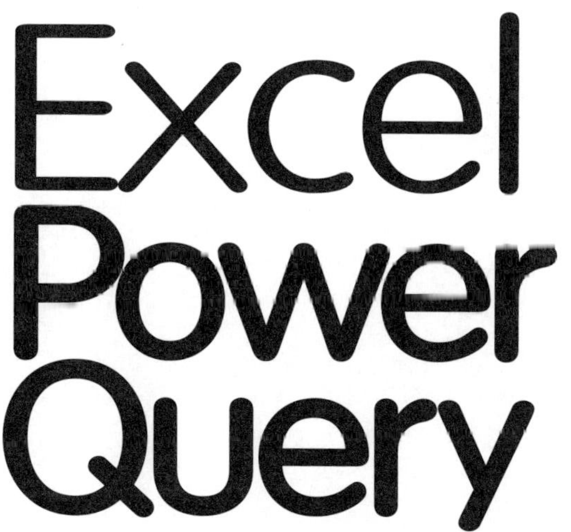

データ収集・整形

E-Trainer.jp【著】

秀和システム

はじめに

Microsoft社在籍時から、Office製品を起点とした経営的な視点による業務革新を支援してまいりました。日常業務でもっとも使用するソフトウェアであるOffice製品を効率よく使うことによって、「業務がこれだけ楽になりますよ」「躍進的に変化します」と紹介してきました。退職してからもずっと、Office製品の持つ魅力と能力、その重要性の布教活動を、社員教育を通じて提案してきました。

しかし近年、「誰でも使える」「みんな使えて当然だ」と、社員のOffice製品への教育にお金をかける企業様が少なくなってきたと感じています。新人研修は行うけれど、Office研修を行う企業様はごくわずか。なおかつ、社内にOffice関連の質問をできる部署が以前はあったがなくなってしまった、サポートの部署はあるもののOffice製品は対象外。そのような状況をお聞きする度に、ITスキルの低下を懸念することが多くなっておりました。

＊　＊　＊

そんな矢先にこのコロナ禍です。

テレワークにシフトする多くの企業様から、「わが社の社員のITスキルがこんなに低下しているとは思わなかった」というご相談を数多く受けるようになりました。分からないことをすぐに聞ける環境があれば難なくこなせた業務であっても、各々が自宅にいて作業をしている今、誰にも質問できないまま書類を作成しようとして「作成できなかった」「とても時間がかかってしまった」「作成はできたものの、計算式ではなく文字として転記していただけだった」など、効率よく作業しているとは言えない状況が多く発生しているようです。

＊　＊　＊

特に経営的な視点で大量のデータを操作する場合、内容が分かれば良いWordと違い、Excelは売上や業績の数字を取り扱うので、その集計結果は様々な意思決定に直結します。手順違いによる集計ミスや情報不足、書類の不備や提出遅れは、致命傷を負いかねません。

そのためか、相談時、どの企業様も大量データの整形を定型化するために「VBAやマクロでプログラムを組んで作業を効率化してほしい」と言われますが、「ソースデータの仕様が変更になったときに、マクロやプログラムを修正できる方が社内にいらっしゃいますか？」とお聞きすると、首を横に振られます。「メンテナンスフィーを払ってもいいからプログラムを組んでほしい」と要望されることもありますが、それは私の布教活動に反します。

そこでご提案するのが本書「Power Query」です。

＊　＊　＊

Power Queryの歴史は古く、Excel 2010バージョンからアドインとして存在しました。アドイン時にはまだお勧めできるような機能ではなかったのですが、バージョンが上がる都度、機能強化されExcel 2016バージョンではついに標準機能となりました。

今、この機能を使わないのはもったいない。

Power Queryは、ソースデータからのデータの取り込みと、取り込んだデータのテーブル化、そのテーブルに対する定型的な一連の操作を記録できる機能で、しかもノンプログラミングでグラフィカルに操作できます。

「Power Queryを使いこなせるようになること」=「毎日、毎月、毎年など繰り返し行わなくてはならない作業の定型化が実現できる」ということになります。書類作成の仕組みを自分で登録でき、仕組みのメンテナンスも今後は自分でできるようになる。それがPower Queryの大きな利点であり、私の布教活動「機能を使い倒してもっと便利に！」の目指すところです。

＊　＊　＊

本書はPower Query初心者の方が、自分でデータを整形、活用できるようになるための基礎的な内容となっています。この内容をきっちりマスターできれば、今まで必死に切ったり貼ったり、関数を設定したりしてきた作業は、もう必要なくなります。

ぜひ、効率的に業務を行うための基礎知識としてPower Queryに触れてみてください。

2021年7月

大園博美

Contents

第3章　列の操作

第4章　行の操作

第5章　文字の操作

第6章　計算の基本

第7章　集計と条件分岐

第8章　表の操作

巻末資料

第1章

Power Query の基本

Excel Power Query

Section
1-1 Power Queryが必要な理由

今日では会計管理システム、勤務管理システム、営業管理システム、顧客管理システム等、さまざまな専用システムが準備され、業務は一見楽になったように見えます。しかし、実はそれらはすべて独立しているため、連携させようとすると一苦労です。

例えば、顧客名別の月次売上報告書を作成するとします。顧客データは顧客管理システムにあり、営業データは営業管理システムにあったとすると、どうしたらいいでしょうか。顧客管理システムから顧客データ、営業管理システムから営業データをExcelに出力して、Excel上でVLOOKUP関数を使って結合して、フィルターをかけて、並べ替えて、そして集計して……といった風に、実際に使用できる書類にするために、かなりの労力を必要とします。

たとえ様々な専用システムが導入されていたとしても、実際に使用できるデータにするには、結局はひたすら使用者が努力してデータを整形するしかありません。業務でExcelなどの表計算ソフトを使うユーザーは、データの準備にほとんどの時間を費やしていると言っても過言ではないでしょう。実際、2003年代にMicrosoft社が実施したMicrosoft IPA（Individual Productivity Assessment）の分析レポートの中に、「書類を作成する作業の75%以上が、データの整形作業である」という記述があったほどです。

これらの作業は、マクロやVBA、あるいは近年であればRPA（Robotic Process Automation：ロボティック・プロセス・オートメーション）を導入すれば定型化することが可能です。しかしいずれにしても導入にリソース（人、モノ、金）がかかります。リソースに限りがある企業では、なかなかその決断もできないでしょう。

では、担当者がひたすら努力し続け作業するしかないのでしょうか？

そうではありません。そこでPower Queryの登場です。Power Queryを使えば、データの定型的な整形作業を自動化できます。

データの整形作業

[顧客管理システムのデータの取り込み]
[営業管理システムのデータの取り込み]
[Excel上でVLOOKUP関数を使って結合]
[フィルターをかけて絞り込み]
[並べ替え]
[集計] etc.

↓

Power Queryで自動化できる!

Section
1-2 Power Queryでできること

Power QueryはMicrosoft Excelに搭載された機能の1つです。その機能をごくシンプルに一言で表せば「クエリを作成・実行する機能」となります。

では、クエリとは何でしょうか？

一般的には、クエリ（Query）は、質問、照会、問い合わせなどの意味を持つ英単語です。ITの分野では、ソフトウェアに対するデータの問い合わせ等を一定の形式で文字に表したものを指すことが多く、代表的なものにSQL（Structured Query Language）クエリが存在します。

Power Queryの場合、「データに“接続”し“条件を設定して取り出す”手順」のことを「クエリ」とよんでいます。もう少しシンプルに説明すると、クエリとは「データを取得し変換する手順を記録したもの」と言ってもいいかもしれません。

イメージしやすいように、「Webで公開されている地震の履歴情報を分析する」例で説明しましょう。

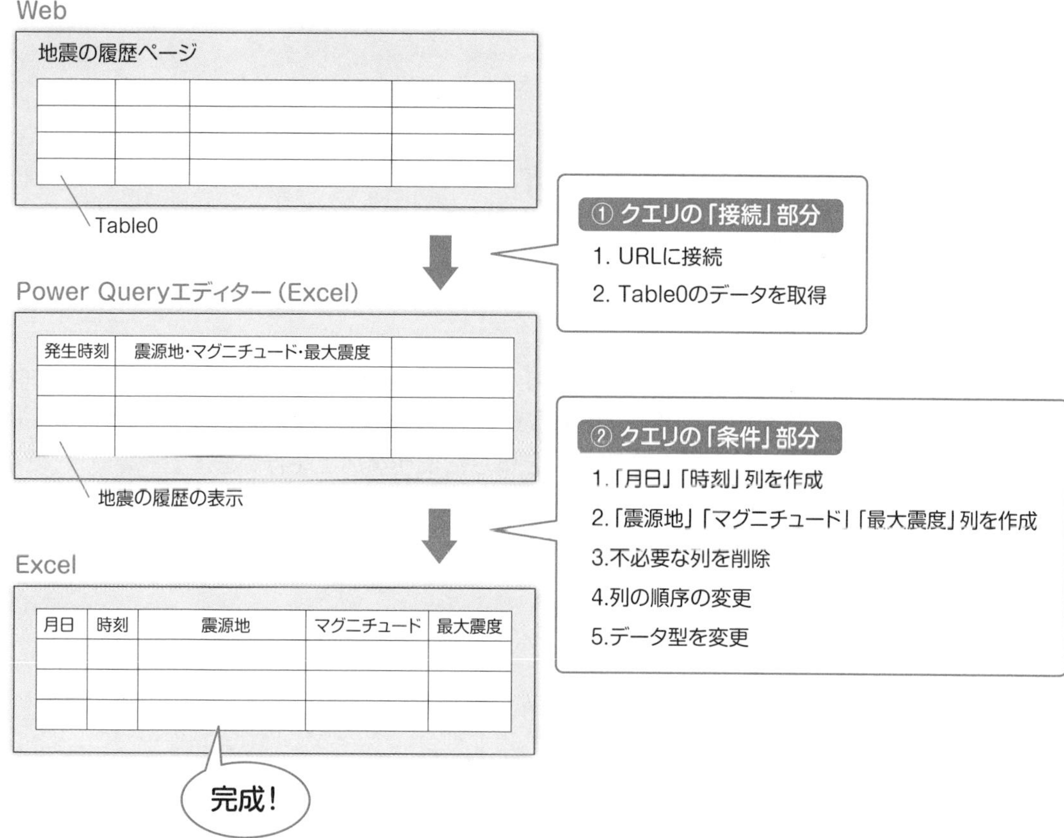

① クエリの「接続」部分

Excelから地震情報を公開しているページにアクセスして、データを取得します。この部分がクエリの「接続」の部分にあたります。

取得してきたデータは次のようになっています。

② クエリの「条件」部分

次に、取得したデータを分析に使用できるように、列のデータを加工して「月日」「時刻」列を作成、必要のなくなった元の列を削除し、作成した2つの列を先頭列に移動、「マグニチュード」列に入っているデータを数値データに変更……といったような加工を行います。

これが、クエリの「条件を設定して取り出す」部分となります。

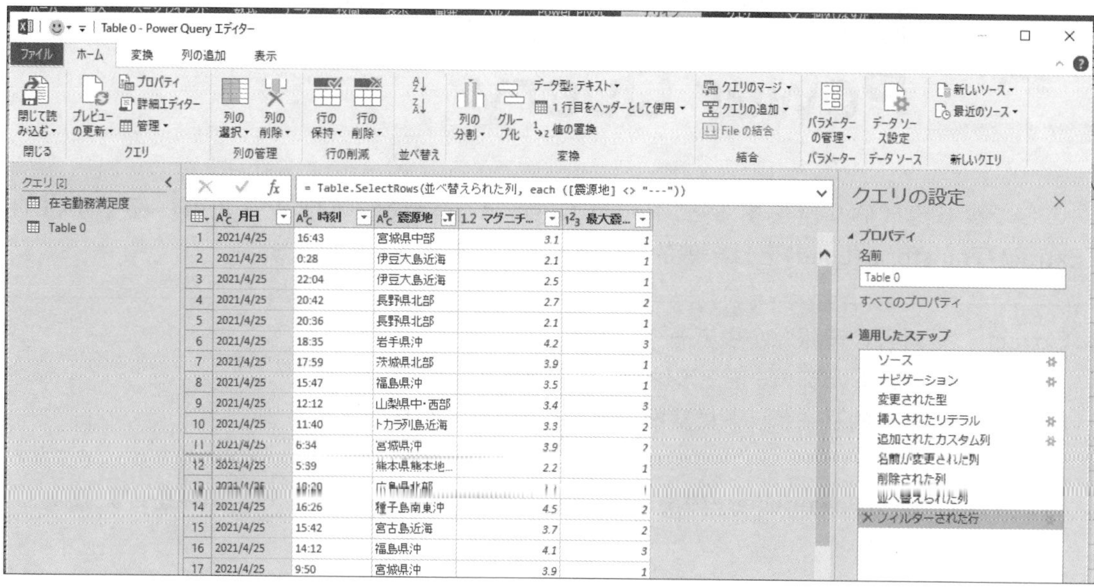

このような作業を定期的に自力で行う。月に一度だけの処理なら、それほど苦ではないという方もいらっしゃるでしょう。しかし、月に一度の処理だと、どんな設定をしていたか思い出すだけでも大変ではないでしょうか？　これを自動化して業務を効率化してくれるのが、Power Queryなのです。

なお、Power Queryではマウスを使って上記の操作を行いますが、実は裏ではM言語というスクリプト言語で操作のステップが記録されています（M言語については1-14で説明します）。

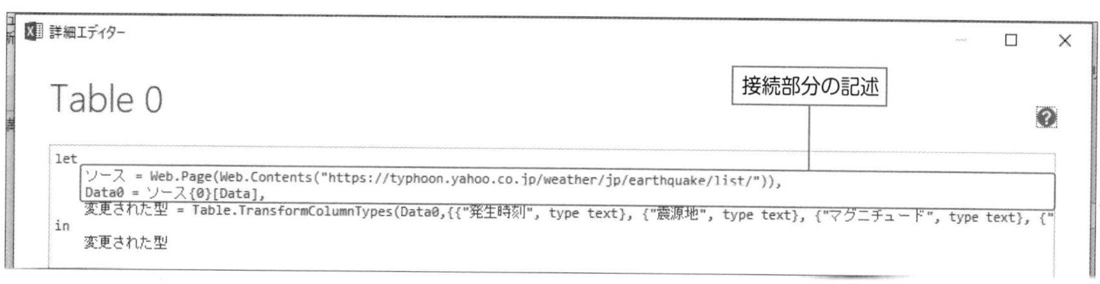

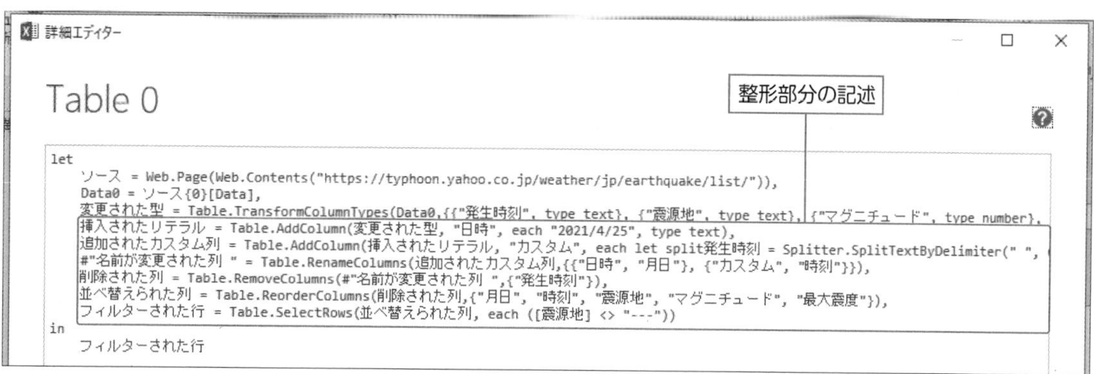

Section
1-3 ETLツールとしてのPower Query

　ここで少し専門的な話をすると、Power Queryは、いわゆるETLツールの一種です。ETL（Extract/Transform/Load）とは一般的に以下のように定義されています。

Extract　　：外部の情報源からデータを抽出
Transform：抽出したデータをビジネスでの必要に応じて変換・加工
Load　　　：最終的ターゲットに変換・加工済みのデータをロード

　ETLツールであるPower Queryの使用においては、以下の4つのフェーズが存在します。

① 接続	ソースデータ（場所：クラウド、サービス、ローカルは問わない）に接続
② 変換	元のソースは変更せず、データを整形
③ 結合	複数のソースのデータを統合し、データを独自のビューに整形
④ 読込	クエリを完了し、ワークシート等に読み込み、定期的に更新

① 接続

　Power Queryを使用して、データソース（Web、ファイル、データベース、Azure、または現在のブックのExcelテーブルからのデータ）に接続し、データをインポートできます。Power Queryを使用すると、独自の変換と組みあわせてデータベースをまとめることが可能です。

② 変換

　データの変換は、データの整形と言い換えることができます。「列の削除」「データ型の変更」「行のフィルター処理」等さまざまにデータを変換できます。

③ 結合

Excelブックに存在する複数のクエリを、追加、結合することが可能です。追加と結合の操作は、テーブル形式の任意のクエリに対して実行され、データが取得されるデータソースとは独立しています。

追加では、最初のクエリのすべての行に続いて、2つ目のクエリのすべての行を含む新しいクエリが、2つの方法（中間追加、インライン追加）で作成されます。中間追加では、追加操作ごとに新しいクエリを作成します。また、インライン追加では、最終的な結果になるまで既存のクエリにデータを追加します。

追加

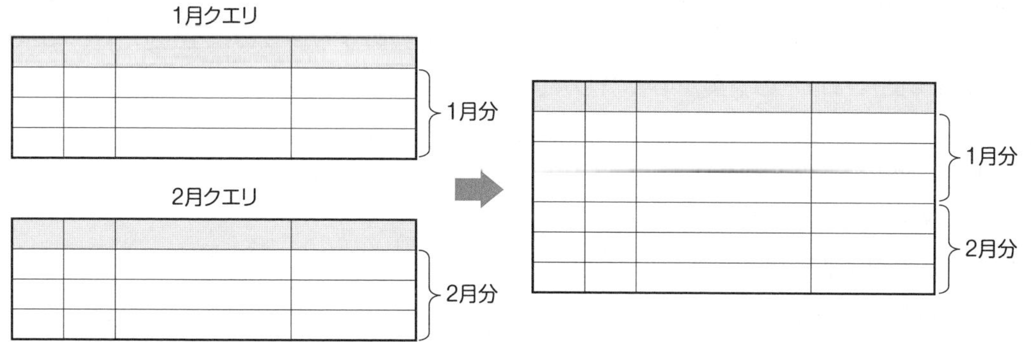

結合では、2つの既存のクエリから新しいクエリが作成されます。

結合

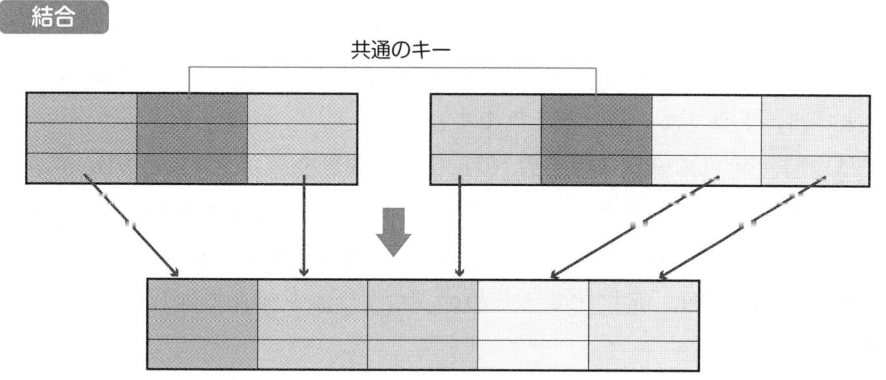

④ 読込

クエリをブックに読み込みます。

Section
1-4 Power Queryの活用事例

それではETLツールであるPower Queryは、具体的にどんな業務で活用できるのでしょうか？　実際に著者が依頼された事例を紹介してみたいと思います。

事例① 業務システムのレポートファイルから請求金額を集計

ある会社では、25日の締め日の翌日、業務システムから取り出したレポート（CSVファイル）を使用して、請求処理を行うための準備を行っていました。レポートは支店ごとのファイルになっており、また、必要のない列も多く存在します（50列のうち使うのは10列だけ、など）。そのため、具体的には以下の作業が必要でした。

作業① 必要のない列を削除
作業② 支店別にフィルター設定
作業③ 担当別に並べ替え
作業④ 顧客別にグループ化
作業⑤ 顧客別に請求金額を集計
作業⑥ 顧客別の宛名ラベルを作成

ひとつひとつ確実に処理を行えば終わらせることができる作業ではあるけど、手作業ではかなり時間がかかります。また、毎月一度しか実施しない作業のため、間違えて必要な列を削除してしまったり、他部署と共有しているレポートそのものを加工してしまい、他の業務に支障をきたしてしまったりといったトラブルもあったそうです。

実はこの会社では以前、Excelの得意な担当者（既に部署を異動済み）に、Excel VBAでボタンをクリックするとある程度のことを自動化してくれるプログラムを作ってもらったのですが、業務システムから取り出すレポートの形が変わってしまったため、そのプログラムは既に使えなくなっていました。そこで当初、「定型化するためのプログラムを組んでほしい」という依頼をいただいたのです。

その際に「Power QueryというExcelの機能だけで定型化を実現でき、なんらかの修正があった場合でも、プログラムを組むわけではないので、ご自分で修正できます」と提案させていただきました。

前述した作業①～⑥のうち、Power Queryで実施できないものは作業⑥の宛名ラベルを作成する部分だけです（実は宛名ラベルのレイアウトを作成し、Wordの［差し込み文書］-［差し込み印刷の開始］-［宛先の選択］をクリックして表示される［既存のリストに使用］で作業⑤までのステップで作成したデータを選択すれば、その部分も連携が可能ですが、厳密に言うとPower Queryではできない部分なので今回は外しました）。

月に一度の請求金額の集計を簡素化できた事例でした。

事例② 採用情報のデータ整形

ある会社では、採用活動のために某有名就職サービスを利用していたのですが、その有名就職サービスで取得した採用情報に関するデータは、CVSファイルで提供されていました。それを要望通りの形式に変更してもらうには、有料となりコストがかさむため、できればマクロを組んでほしいというご依頼をいただいたことがあります。

こちらに関しても、Power Queryで簡単に作成することができました。

ただし、サンプルデータの段階では問題なく動作できていたのに、本番データになったらうまく動かない事象が発生しました。提供されたCSVファイルのデータの前後にスペースが混在していたからです。

外部から提供されたデータは、トリミング（空白の削除やエラーの削除、無駄な行の削除等）が必須です。もちろん、そうしたトリミングもPower Queryで対応できます。

外部のデータであっても、整形がきちんとできれば簡単に取り込める事例でした。

事例③ 論文検索で表示された不規則なリストの整形

ある会社では、論文検索会社に依頼し、抽出された縦方向のテキストデータ（メール本文に記載されている）を表形式に整形して整理していました。論文の数が毎月200件、1件につき20行から30行のデータがあるため、必要な論文だけ抜き出して処理を行うだけで、年度末は10日ほどの時間をかけていたそうです。そこで、絶対に何か解決する方法があるのでは、と相談に来られました。

実際に取り組んでみると、1インデックスごとに1行にするのがたいへん難しく、1インデックス＝1レコードではない列があったため、なかなか難儀したのですが、最終的に次の形で解決できました。

作業① Power Queryに取り込み
作業② 不必要な行の削除
作業③ 条件を設定して新しい列（5列）を作成
作業④ 文献ごとにグループ化してインデックスを作成

作業⑤ インデックスと新しい列ごとのテーブルを分割
作業⑥ null行にフィルター設定を行い、IDとデータを1行に
作業⑦ それぞれのテーブルをインデックスで結合

不規則なデータであっても取り込める事例でした。

事例④ ゲートの出退勤データからタイムシートを作成

ある会社では、IDをかざすと入退館がログとなって記録されるシステムを使用しているのですが、その情報をタイムシート情報として使用できないだろうか、というご相談がありました。

これは単純なようでいて、実は複雑な処理が必要な事例でした。

まず、データを確認させていただいたところ、近隣に住む社員は昼休憩時に敷地外へ出て食事をとったりするため、1日に何度もログが記載されていることが判明しました。そこで日付ごとに出入りの集計を行い、日付、社員IDでグループ化し、入館のログは一番早い（最小）値を、退館のログは一番遅い（最大）値を取るように設定しました。

また、休日出勤をしている社員もいましたし、平日に休暇を取得している社員もいました。そのため出勤している日付とカレンダー情報と結合することにより、1ケ月分の出退勤が一目で確認できるタイムシートとしました。

こうした複雑なデータ加工もPower Queryなら実現できるのです。

事例はもっとたくさんあるのですが、Power Queryではこんなことができるとイメージしていただければと思います。

Section
1-5 マクロやVBAとの違い

ここまで読んで、「マクロやVBAと何が違うの？」と思った方もいらっしゃるかもしれません。
確かに、マクロやVBAを使用してもPower Queryと同様のことを実現できます。
しかし、すべてのExcelユーザーがマクロやVBAを得意としているわけではありません。「プログラムが組めたら作業が楽になるんだろう」と思ってはいても、敷居が高いと感じ、手作業でデータの整形を延々と繰り返している方も多いでしょう。

また、著者の仕事柄「同僚が以前マクロを作ってくれたんだけど、提供されるデータの形が変化したら動かなくなっちゃったんだ」「誰か修正してくれれば……」と熱い目で見られることも多いのですが、他人が作成したプログラムを修正するのは、とても困難です。
そうした点において、Power Queryは非常に使いやすいと言えます。マクロやVBAとは違いデータの連携や変更のメニューがボタンで提供されていて、操作した手順を自動で保存してくれます。グラフィカル（視覚的）に操作できることに特化されているため、初心者でも非常に分かりやすく操作できます。

ただし、Power Queryにも得意なこと、不得意なことがあります。列に対する処理は得意ですが、行についてはそれほど得意ではありません。また、セルに対する操作は、ほぼできません。
そのため、マクロやVBAがまったく必要なくなるわけではありません。しかし、Power Queryで設定できる行や列に対する処理だけでも業務効率は格段とあがるので、作業は楽になるはずです。

Section
1-6 Power Queryを使うための準備

便利な機能のPower Queryですが、実はご使用のExcelのバージョンによって、使用するために準備が必要だったり、あるいは残念ながら使えなかったりすることもあります。まずはここで、自分の場合はどうかを確認しましょう。

① Excel 2016以降

Power Queryは、Excel 2016から［データ］メニューの［データの取得と変換］という標準機能として提供されるようになりました。そのため、Excel 2016以降をお使いであれば、特に何も準備することなくPower Queryを使用できます。

本書は、Microsoft Office Professional Plus2019版で説明を行っています。

② Excel 2010/2013

Excel 2010/2013では、Power Queryは無償のアドインとして提供されています。アドインとは、ダウンロード後に各自がインストールをすると使用できるようになる拡張機能です。Excel 2010/2013では、インストール後、アドインを有効にするとリボンに[Power Query]タブが追加されるので、そこから使用することができます。

現在このアドインは正式にサポートされなくなってしまいましたが、Microsoftのサポートサイトでは引き続きダウンロードが可能です。

https://www.microsoft.com/en-us/download/details.aspx?id=39379

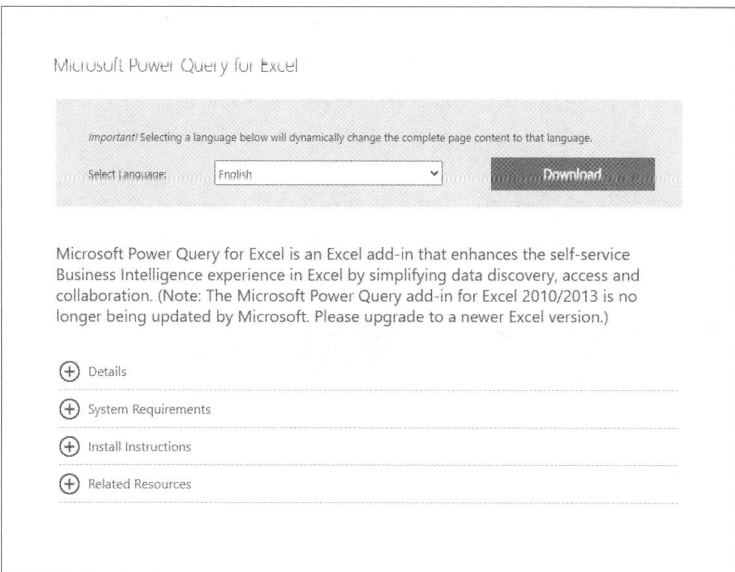

ただし、Excel 2013(アドイン)とExcel 2019(標準機能)のPower Queryを比較すると、圧倒的に後者が機能強化されています。そのため、本書で説明を行っているような操作を日々の業務でお使いになっているようであれば、ぜひExcel 2019をお使いになることをお勧めします。

③ その他のバージョン

Power Queryは残念ながら執筆時点(2021/8/30)で、Excel 2016/2019 for Macでは使用することができません。また、モバイル版のExcel for Android、iOS、およびオンライン版でもサポートされていません。

Section
1-7
Power Queryを使う際の基本的な流れ

それでは、Power Queryの使い方を学んでいきましょう。

1-2で説明したように、Power Queryはクエリを作成・実行するツールです。したがって、最初はクエリを作成しなければなりません。

クエリは、大きく次のような流れで作成します。

操作手順

❶ まず、Power Queryに取り込み整形したいデータを用意します。そのようなデータのことをPower Queryでは「ソース」と呼びます。ソースとしてはExcelファイル（ブック）はもちろんのこと、CSVファイルやWebのデータなど、さまざまなものが使用できます。また、複数のソースを使用することも可能です。

❷ Excelを起動し、新しいブック（空白のブック）を作成します。これからこのブックにクエリを作成し、保存することになります（ソースがExcelファイルの場合、そのブックにクエリを作成し、保存することも可能です）。

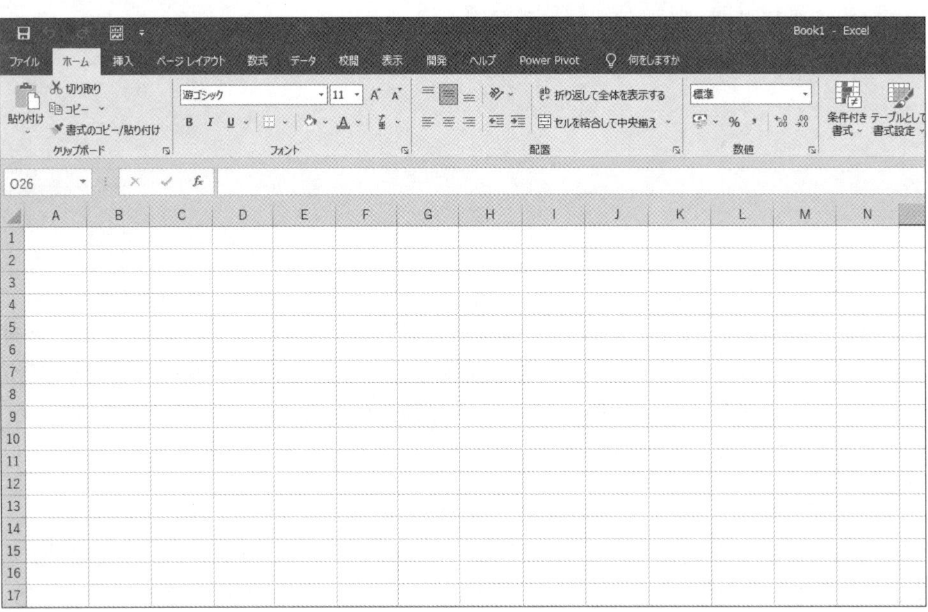

❸ これから作成するクエリに、どのソースからどのようにデータを取り込むかを設定します。そのためにはExcelの［データの取得］メニューを使います。画像を見て分かる通り、Power Queryにはさまざまなデータの取り込み方が用意されています（詳しくは2-1～2-7で説明します）。なお、Power Queryではソースのデータを取り込むことを「ソースに接続する」と表現することもあります。

❹ データの取り込み方が設定されると、クエリが新規作成され、Power Queryエディターが起動します。Power Queryエディターは、その名の通り、クエリを編集するエディターです。この時点ではまだこのクエリにはソースへの接続方法しか記録されていませんので、Power Queryエディターにはソースから取り込んだだけの何も整形されてないデータのプレビューが表示されています（Power Queryエディターについて詳しくは1-10～1-14で説明します）。

	列1	列2	列3	列4	列5	列6	列7	列8
1	アンケートレ...							
2	作成されたレ...	2021/04/09 14:03:00						
3	トピック	ウェビナー ID	実際の開始時間				実際の所要...	
4	第10回ITセミ...	995 2608 9938	2021/04/09 12:37:00				62	
5	アンケート詳細							
6	#	ユーザー名	ユーザーのメール	提出時間	部署コード	実務的でした...	セミナー時間...	セミナー感想
7	1	啓介 岡田	a1234AA@om.A***.co.jp	2021/04/09 13:39:00	A001	役に立つ	ちょうどいい	わかりやす...
8	2	孝之 中村	a1235AA@om.A***.co.jp	2021/04/09 13:43:00	A002	役に立つ	ちょうどいい	わかりやす...
9	3	雄介 佐藤	a1236AA@om.A***.co.jp	2021/04/09 13:39:00	B002	役に立つ	ちょうどいい	わかりやす...
10	4	晶 釘町	a1237AA@om.A***.co.jp	2021/04/09 13:39:00	B003	大変役に立つ	短い	わかりやす...
11	5	あかり 北村	a1238AA@om.A***.co.jp	2021/04/09 13:43:00	D001	大変役に立つ	短い	わかりやす...
12	6	洋子 中田	a1239AA@om.A***.co.jp	2021/04/09 13:39:00	D002	役に立つ	ちょうどいい	わかりやす...
13	7	恵美子 栗山	a1240AA@om.A***.co.jp	2021/04/09 13:40:00	C001	役に立つ	ちょうどいい	わかりやす...
14	8	博也 中尾	a1241AA@om.A***.co.jp	2021/04/09 13:40:00	C002	大変役に立つ	ちょうどいい	わかりやす...
15	9	啓介 山本	a1242AA@om.A***.co.jp	2021/04/09 13:39:00	D003	役に立つ	ちょうどいい	わかりやす...
16	10	メアリー 三木谷	a1243AA@om.A***.co.jp	2021/04/09 13:39:00	D003	大変役に立つ	ちょうどいい	わかりやす...

❺ Power Queryエディター上で、表の整形方法を設定していきます。Power Queryエディターではさまざまな整形が可能です（詳しくは第3～8章で説明します）。

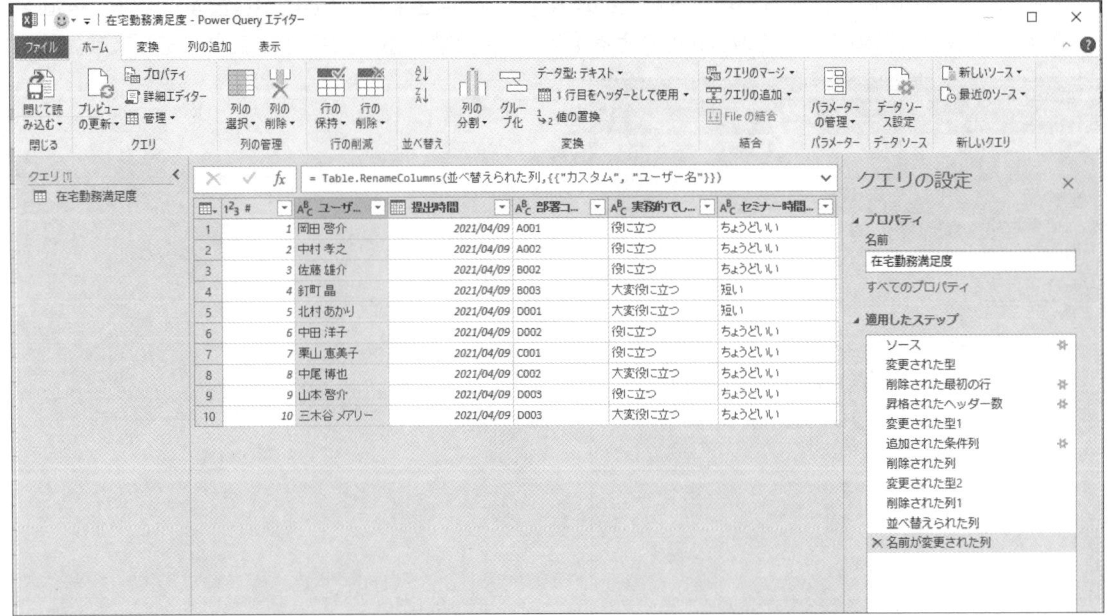

	#	ユーザー...	提出時間	部署コ...	実務的でし...	セミナー時間...
1	1	岡田 啓介	2021/04/09	A001	役に立つ	ちょうどいい
2	2	中村 孝之	2021/04/09	A002	役に立つ	ちょうどいい
3	3	佐藤 雄介	2021/04/09	B002	役に立つ	ちょうどいい
4	4	釘町 晶	2021/04/09	B003	大変役に立つ	短い
5	5	北村 あかり	2021/04/09	D001	大変役に立つ	短い
6	6	中田 洋子	2021/04/09	D002	役に立つ	ちょうどいい
7	7	栗山 恵美子	2021/04/09	C001	役に立つ	ちょうどいい
8	8	中尾 博也	2021/04/09	C002	大変役に立つ	ちょうどいい
9	9	山本 啓介	2021/04/09	D003	役に立つ	ちょうどいい
10	10	三木谷 メアリー	2021/04/09	D003	大変役に立つ	ちょうどいい

❻ 必要な整形が終わったら、Power Queryエディターの［閉じて読み込む］または［閉じて次に読み込む］メニューを使って、クエリを保存してPower Queryエディターを終了します（詳しくは2-9～2-11で説明します）。

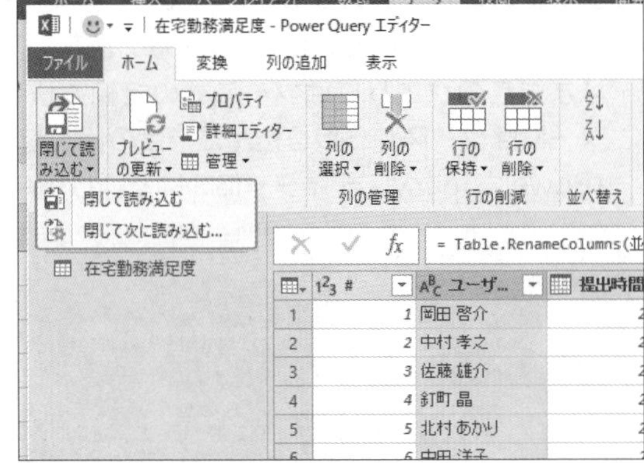

❼ 作成したクエリの実行結果をどのように表示するか選択します。

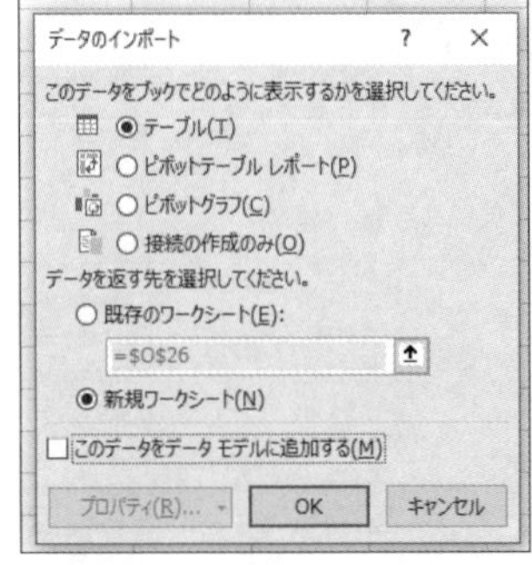

❽ 保存したクエリが実行され、整形後のデータが新たに作成されたシート上に表示されます（手順❼で既存のシートに表示するように指定することも可能です）。

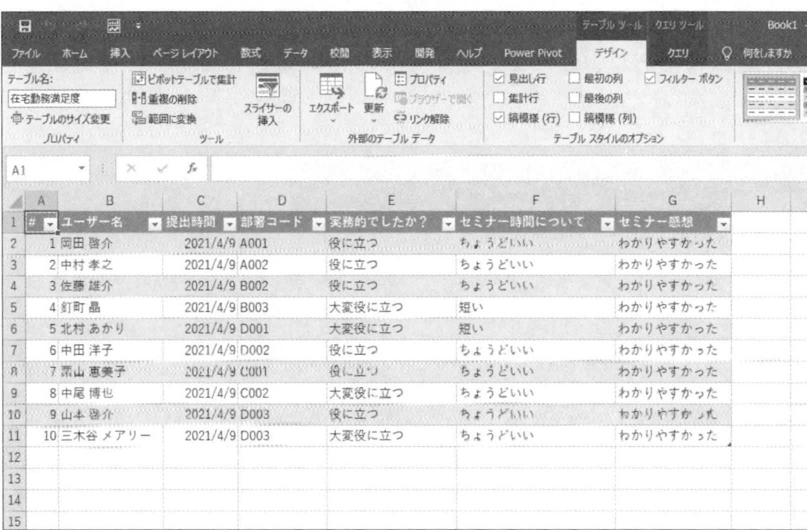

#	ユーザー名	提出時間	部署コード	実務的でしたか？	セミナー時間について	セミナー感想
1	岡田 啓介	2021/4/9	A001	役に立つ	ちょうどいい	わかりやすかった
2	中村 孝之	2021/4/9	A002	役に立つ	ちょうどいい	わかりやすかった
3	佐藤 雄介	2021/4/9	B002	役に立つ	ちょうどいい	わかりやすかった
4	釘町 晶	2021/4/9	B003	大変役に立つ	短い	わかりやすかった
5	北村 あかり	2021/4/9	D001	大変役に立つ	短い	わかりやすかった
6	中田 洋子	2021/4/9	D002	役に立つ	ちょうどいい	わかりやすかった
7	栗山 恵美子	2021/4/9	C001	役に立つ	ちょうどいい	わかりやすかった
8	中尾 博也	2021/4/9	C002	大変役に立つ	ちょうどいい	わかりやすかった
9	山本 啓介	2021/4/9	D003	役に立つ	ちょうどいい	わかりやすかった
10	三木谷 メアリー	2021/4/9	D003	大変役に立つ	ちょうどいい	わかりやすかった

❾ ブックを保存して終了します。作成したクエリは、このブックに保存されています。

このようにして一度クエリを作成しておけば、ソースとなるデータが更新されても、同じような整形作業を繰り返す必要はなくなります。先ほどの手順❽でクエリを保存したブックを開き、クエリの「更新」を行うだけでOKです。

ブックに複数のクエリが作成されており、そのすべてを更新したい場合には［すべて更新］をクリックします。

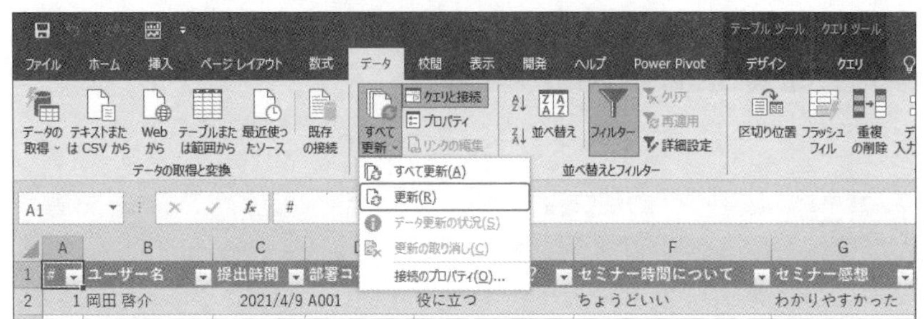

これだけで、更新された新しいデータに対してクエリが実行され、シート上に表示されているクエリの実行結果が更新されるのです。

初回こそPower Queryエディターでクエリを作成する必要がありますが、2回目以降はデータ更新の度に同じ作業を繰り返さなくても「更新」作業だけすればよくなるのですから、業務として定期的にデータ整形を行っている場合は、相当に効率化されるでしょう。

Section 1-8

Power Queryの詳しい操作方法

クエリ作成の大きな流れは1-7で説明した通りですが、各段階での詳細な操作方法や注意点に関しては、本書第2章以降で説明していきます。

- ・第2章　データソースの取り込みやクエリの保存から、ファイルの位置を変更してもクエリが動作するように設定する方法まで、クエリの作成と管理のための操作について説明します。
- ・第3章　取り込んだデータの列の順番の入れ替え、列の削除や分割・結合といった、列に関する操作について説明します。
- ・第4章　重複行や空白行の削除、フィルターでの絞り込みや並べ替えなど、行に関する操作について説明します。
- ・第5章　文字列中に含まれる余分なスペースの削除、文字列の置換・抽出など、文字データの整形方法について説明します。
- ・第6章　数値の計算や日時の表示方法の変更など、数値データや日付・時刻データの整形方法について説明します。
- ・第7章　グループごとに集計したり、条件によって表示する内容を変えたりといった、高度な機能について説明します。
- ・第8章　表の行と列を入れ替えたり、複数の表を結合したりといった、表に関する操作について説明します。

どこから読み始めていただいても、問題なく操作することが可能な造りになっていますので、Power Queryでどんなことができるのか、そしてどの機能を使えば自分が求める形にデータ整形ができるか、まずはパラパラと眺めてみてください。

そして、気になる項目があったら、ぜひ本書を読みながら実際にPCを操作して、その機能を使ってみてください。実現したい結果は同じでも、必ずしもやり方は1つではありません。複雑なデータであれば、複数のアプローチを考慮する必要もあるでしょう。間違った操作は、ステップの削除で何度でもやり直しが可能です。

慣れるより慣れろと言われます。最終的に読者の皆さんがやり遂げたいのは、自分の実務で効率よく作業を行うことのはずです。Power Queryはそのための単なるツールです。肩の力を抜いて操作をしてみてください。また、ぜひ、ご自身の実務のデータで、あれこれ操作をしてみてください。

Section 1-9

ExcelのPower Queryに関するメニュー

ここからは、第2章以降でPower Queryの具体的な操作方法を学ぶ前に、「Power Queryを使う上での基礎知識」として知っておきたいことを説明していきましょう。

まずは、ExcelのPower Queryに関連するメニューについてです。

ExcelにおいてPower Queryに関連するメニューは、［データ］タブをクリックすると表示される［データの取得と変換］グループと［クエリと接続］グループにまとめられています。

① ［データの取得と変換］

［データの取得と変換］グループには、Power Queryに取り込むデータソースとの接続、Power Queryエディターの起動、クエリの結合、クエリオプション等を行うボタンが集められています。

② ［クエリと接続］

［クエリと接続］グループには、［クエリと接続］ウィンドウの表示/非表示や更新等の処理を行うボタンが集められています。

Section **1-10**

Power Queryエディターの画面①
全体の画面構成

1-7でも簡単に説明しましたが、Power Queryでは「Power Queryエディター」を使用してデータの整形（クエリの編集）を行います。そこで、Power Queryエディターについても基本を知っておきましょう。

Power Queryエディターは、ユーザーが行った操作をバックグラウンドでステップとして記録します。データに適用した処理内容にはひとつひとつステップが自動付与され、［クエリの設定］ウィンドウの［適用したステップ］セクションに保存されて表示されます。ステップを選択すると、内容を後から確認したり、変更したりすることもできます。

また、「Power Queryエディター」の「表示」タブにある「詳細エディター」ボタンを押すと表示される画面では、後述するM言語を使用して、独自の手順を記述することもできます。

Power Queryエディターの画面は、次のようになっています。

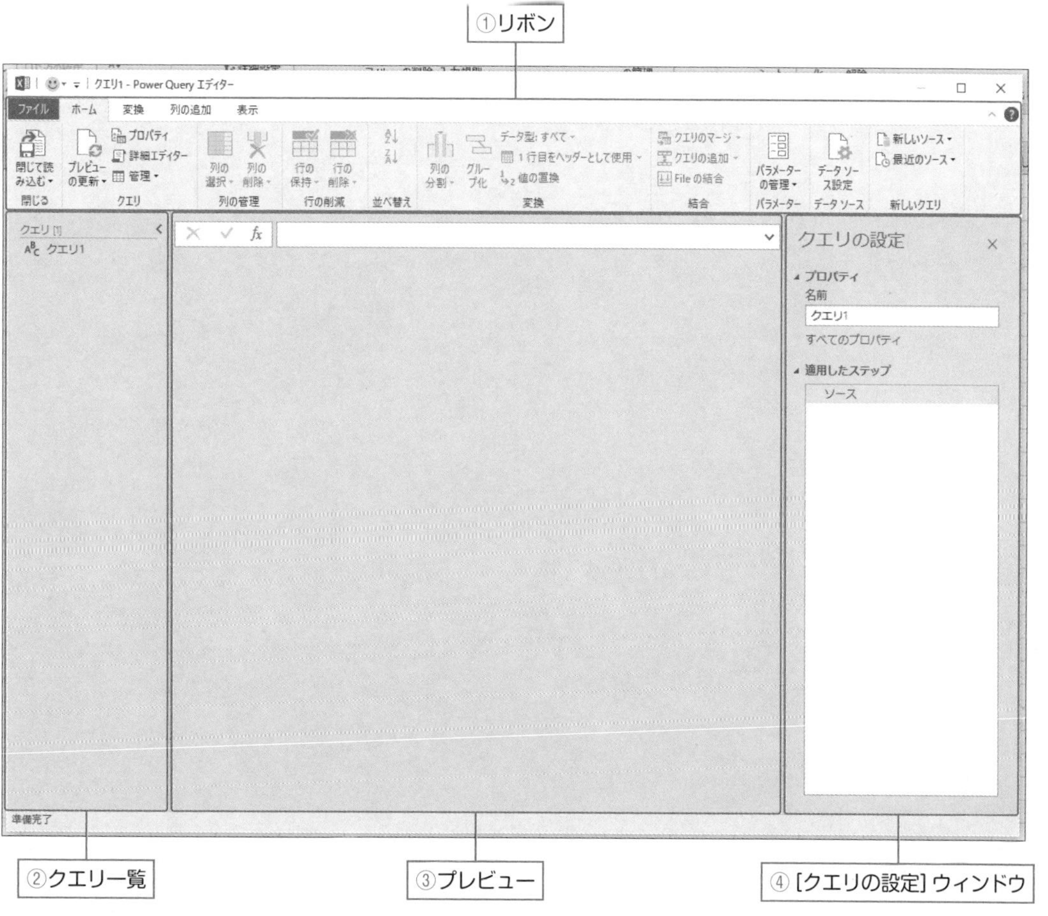

① リボン

Power Queryエディターに取り込んだデータを整形するための各種メニューが収められています。詳しくは1-11で説明します。

② クエリ一覧

作成しているクエリや、同じブックに保存されているクエリの一覧が表示されます。

③ プレビュー

作成しているクエリの実行結果のプレビューが表示されます。

④ [クエリの設定] ウィンドウ

作成しているクエリの各種情報がまとまっています。詳しくは1-12で説明します。

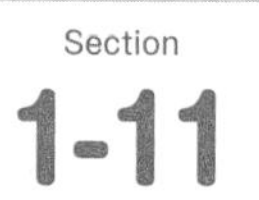

Section
1-11

Power Queryエディターの画面②
各タブのメニュー

Power Queryエディターのリボン部分には、[ホーム][変換][列の追加][表示]の4つのタブが用意されています。各タブにどのようなメニューが用意されているか、ここで紹介しておきましょう。

① [ホーム]タブ

クエリを終了するときに使用する[閉じて読み込む]等、クエリ全体に関するメニューが並んでいます。

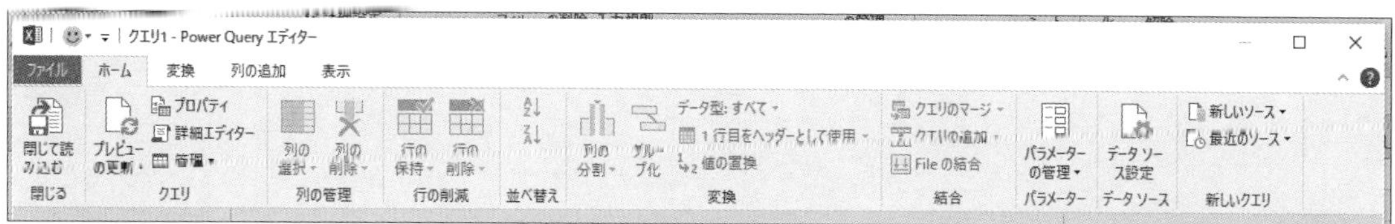

② [変換]タブ

テーブル全体の処理(入れ替え)等、列の設定を変更したりするメニューが並んでいます。

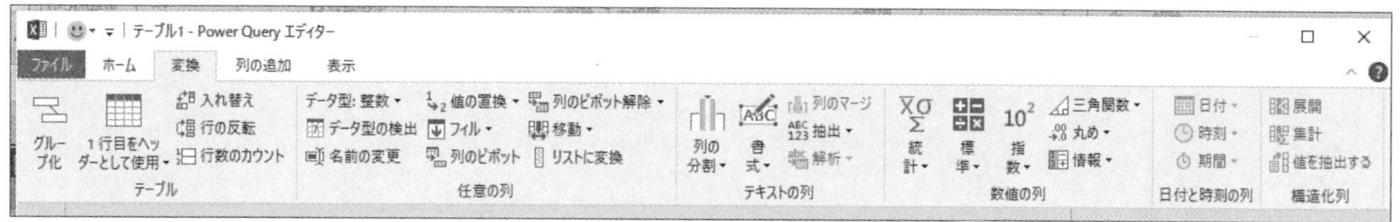

③ [列の追加]タブ

[カスタム列]や[例からの列]等、列を追加するためのメニューが並んでいます。

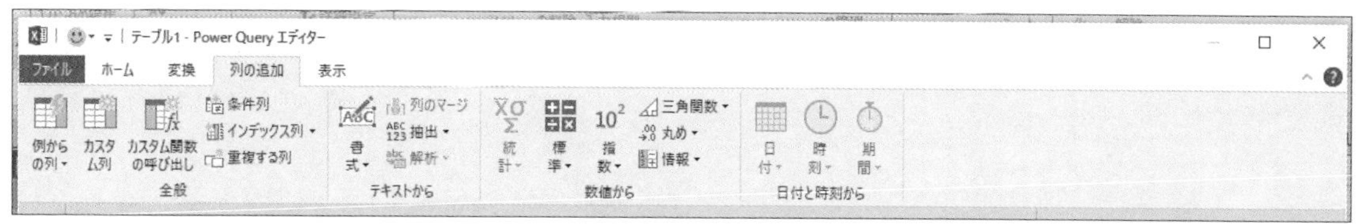

④ [表示] タブ

クエリの依存関係を表示する機能や、Power Queryエディターの各種表示の設定等ができるメニューが並んでいます。

OnePoint

Power Queryエディターのメニューの詳細は巻末資料A-1に記載していますので、そちらも参考にしてください。

Section
1-12 Power Queryエディターの画面③ [クエリの設定] ウィンドウ

Power Queryエディターの画面の右端には[クエリの設定]ウィンドウが表示されています。この[クエリの設定]ウィンドウには、Power Queryエディターで作成しているクエリの情報がまとまっていますので、基本的な使い方を説明しておきましょう。

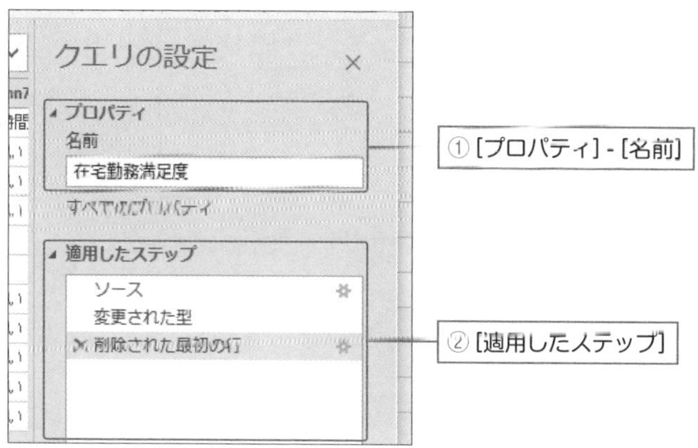

① [プロパティ] - [名前]

作成しているクエリの名前が表示されています。ここで名前を修正することもできますので、分かりやすい名前に変更することをお勧めします(詳しくは2-17で説明します)。

② [適用したステップ]

クエリで設定した操作はすべて「ステップ」として記録され、[適用したステップ]セクションに表示されます。操作を行うことにより、自動的に設定されるステップも存在します。

②の[適用したステップ]セクションでは、単にステップが表示されるだけなく、ステップに対してさまざまな操作を行うこともできますので、次に説明します。

●ステップの名前の変更

［適用したステップ］セクションでは、ステップの名前を変更することもできます。該当するステップ上で右クリックし、表示されるショートカットメニューから［名前の変更］をクリックします。

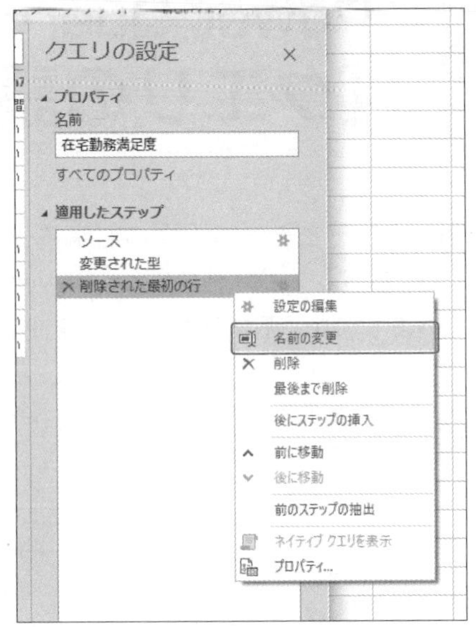

名前が反転するので、設定したい名前を入力します。

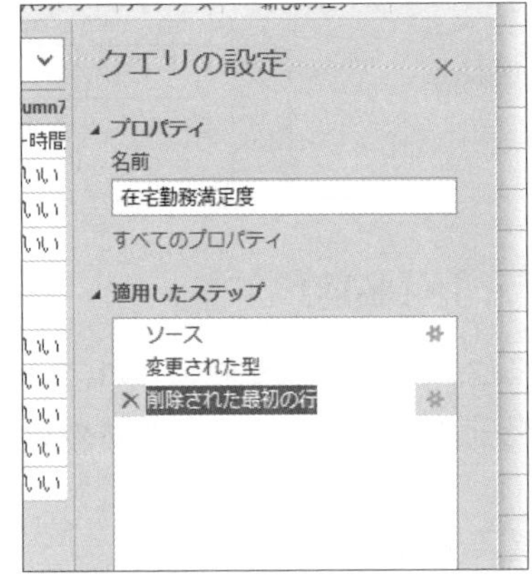

これで、名前が変更されました。

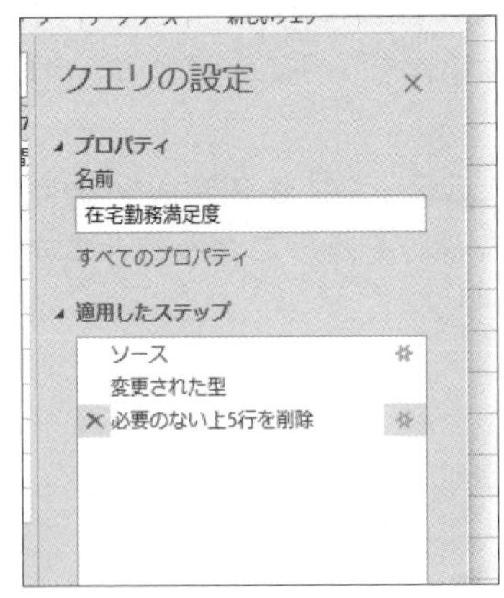

誰が見ても何をしているのか分かる具体的な名前を設定すると良いでしょう

●ステップの削除

不必要なステップであれば、ステップの左横に表示される［×］ボタンをクリックして削除できます。

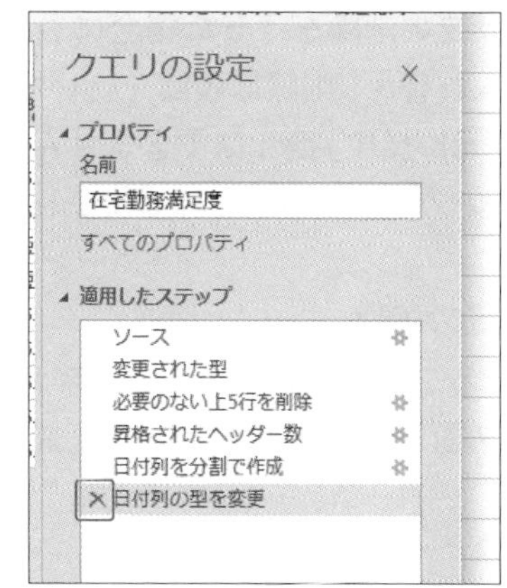

●ステップの入れ替え

ステップはドラッグにより順番を入れ替えることも可能です。

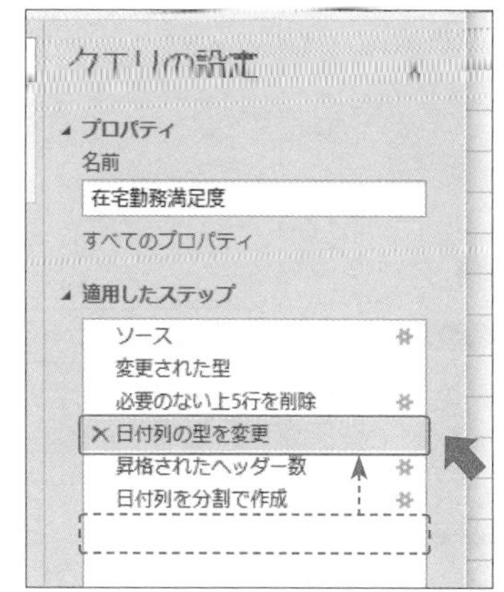

ただし、順序の入れ替えを行った場合、前の操作（特に列の追加や削除）で行った後のステップだった場合には、下記のようにエラーが表示されることがあります。

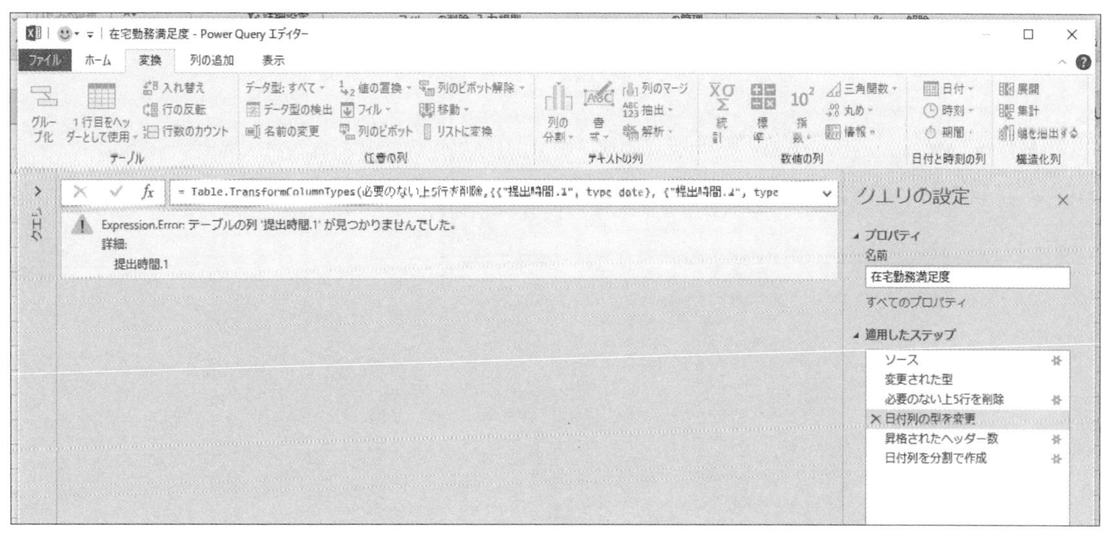

同じく、ステップの削除を行った場合にも、次のステップ以降がエラーとなる可能性もあるので、ステップの入れ替え、削除は確認を行いながら操作を行いましょう。

残念ながら、[元に戻す]操作はできませんが、ステップの順序を変えただけであれば、元の順序の位置にステップを再移動させればエラーは解消されます。

●ステップの詳細の確認

[適用したステップ]に表示されているステップの[歯車]ボタンをクリックすると、ステップで設定した操作の詳細を確認することが可能です。

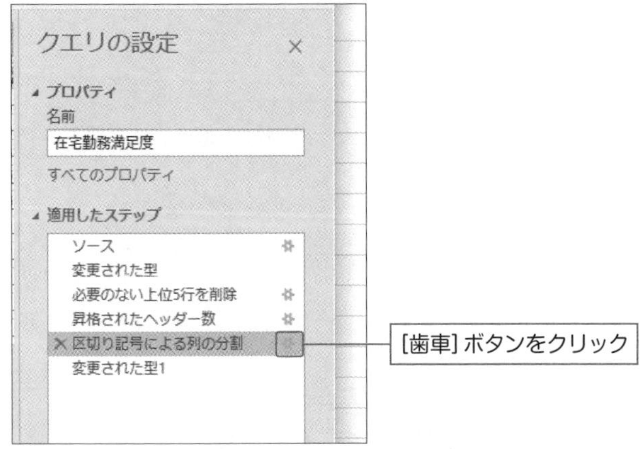

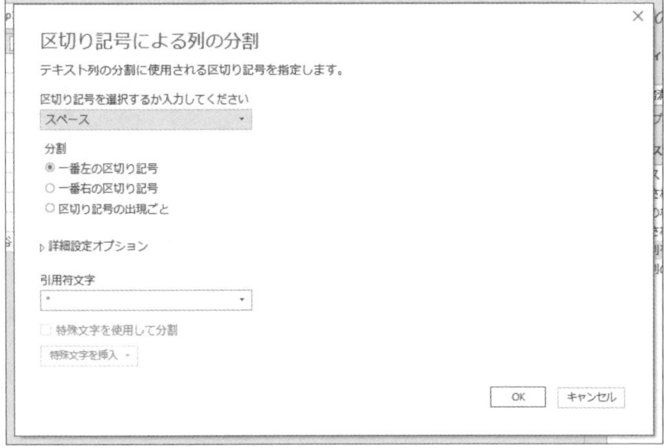

OnePoint

[クエリの設定] ウィンドウは、[表示] - [レイアウト] - [クエリの設定] で表示/非表示を設定することが可能です。

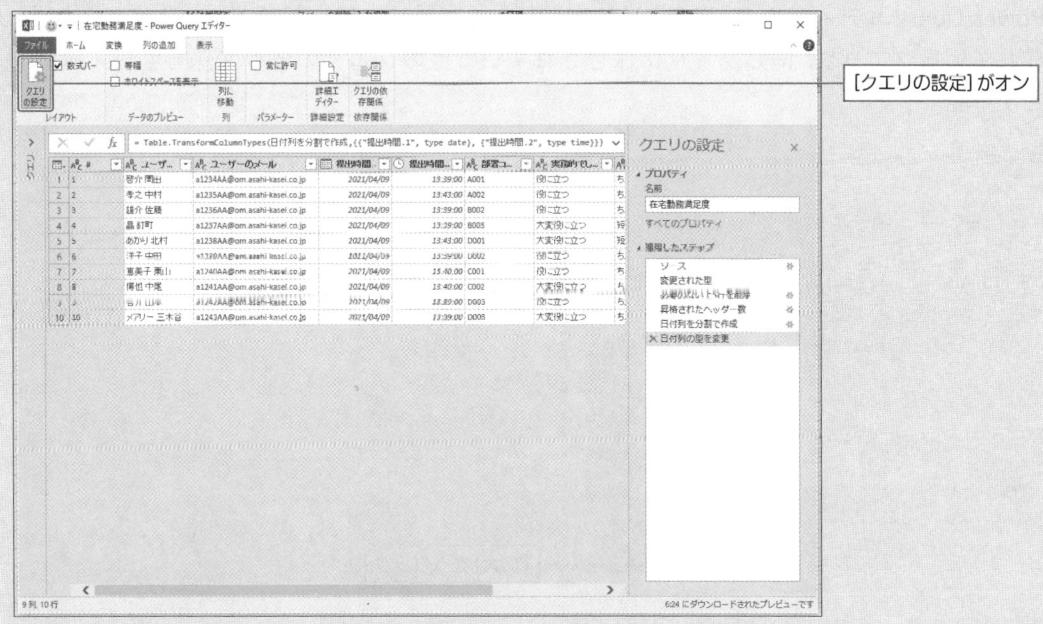

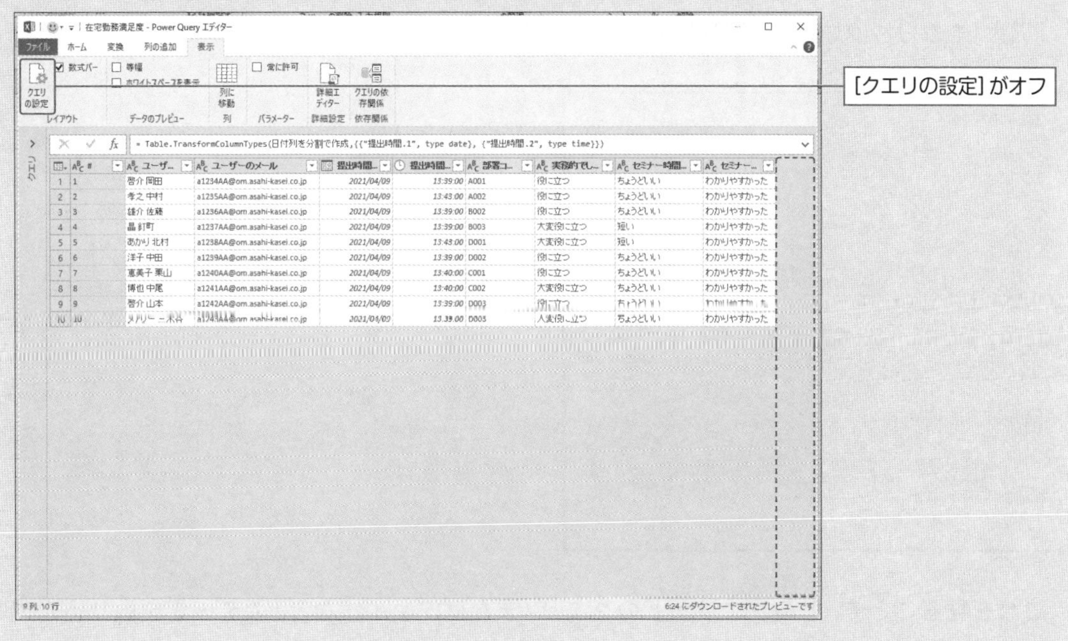

Section
1-13 Power Queryエディターの画面④ クエリの依存関係

Power Queryエディターの［表示］-［依存関係］-［クエリの依存関係］をクリックすると、今作成しているクエリや、同じブックに保存されている他のクエリの依存関係を図表で確認することが可能です。

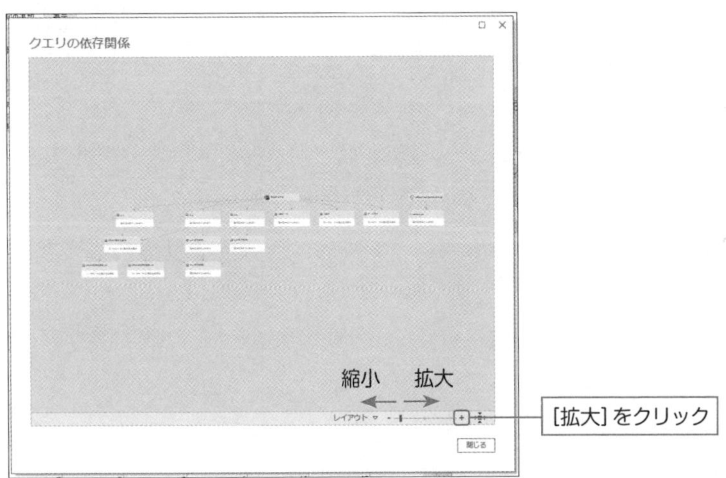

［拡大］をクリックすると、関係図が拡大されます。

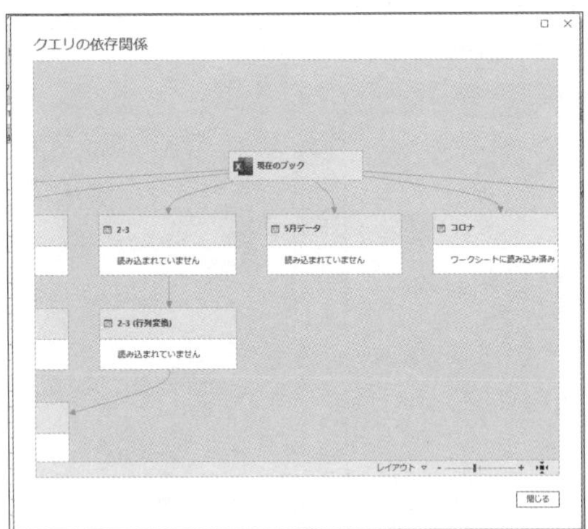

これを見ることで、どのクエリがどのクエリ（またはファイルなど）のデータを取り込んでいるかなど、各クエリの関係が一目で分かります。

Section
1-14 M言語と数式バーの使い方

残念ながら、Power Queryの操作では実行できない変換もあります。その場合には、Power Queryのデータ変換言語であるスクリプト言語を使用して修正します。その言語が「M言語」です。クエリで発生するすべての操作は、最終的にはM言語で記述されています。

もちろん、今すぐにすべてを理解する必要はありません。ほとんどの作業がPower Queryに搭載されたメニューの操作で実行可能です。

しかし、Power Queryエンジンを使用して高度な変換を実行する場合、詳細エディターを使用してクエリのスクリプトにアクセスし、変更する必要があるかもしれません。エディターで実現できない場合でもM言語を使用して、関数と変換を微調整すれば、思い通りの結果を得られるかもしれません。

このように、細かい処理を行いたいという場合にはM言語の知識が必須になります。そのため、本書では［数式バー］を常に表示し確認できるように設定しておくことをお勧めしています。Power Queryエディターに数式バーを表示するには次のように設定します。

操作手順

❶ ［表示］-［レイアウト］-［数式バー］をクリックします。

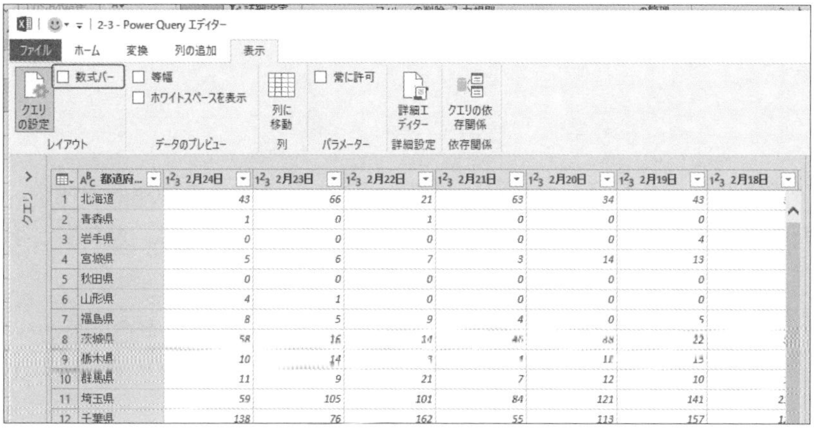

❷ [数式バー] が表示されます。

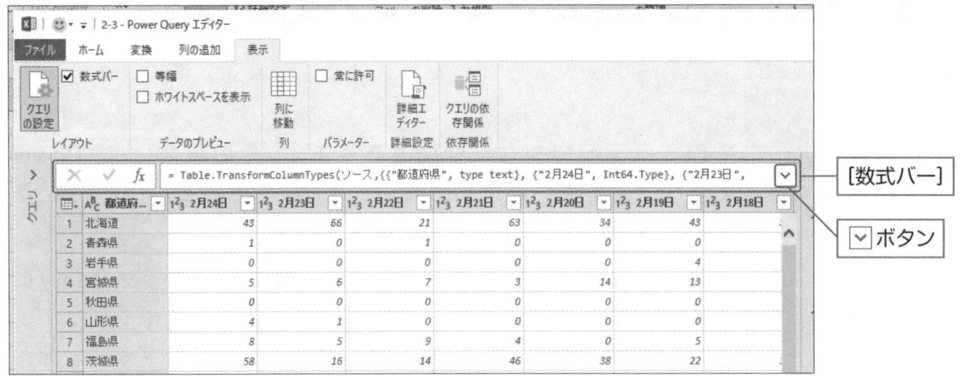

なお、表示される数式部分が小さいときには⌄ボタンをクリックします。

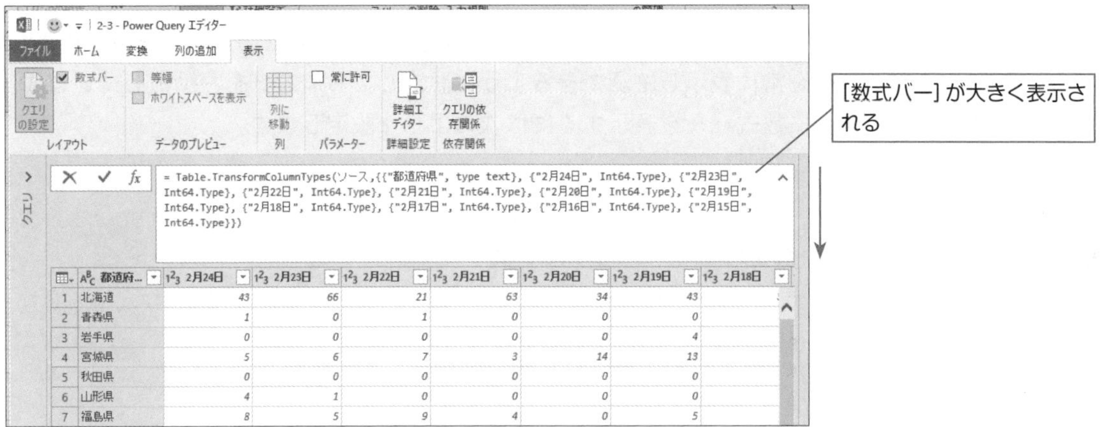

本書では、どうしてもM言語を使用しないとならない場合に、この数式バーを使用します。

その際に注意していただきたいのは、「大文字と小文字」の違いです。M言語では、大文字と小文字は区別されます。

例えば、列と列を加算したテーブルの数式バーで、次のように表示されているとします。

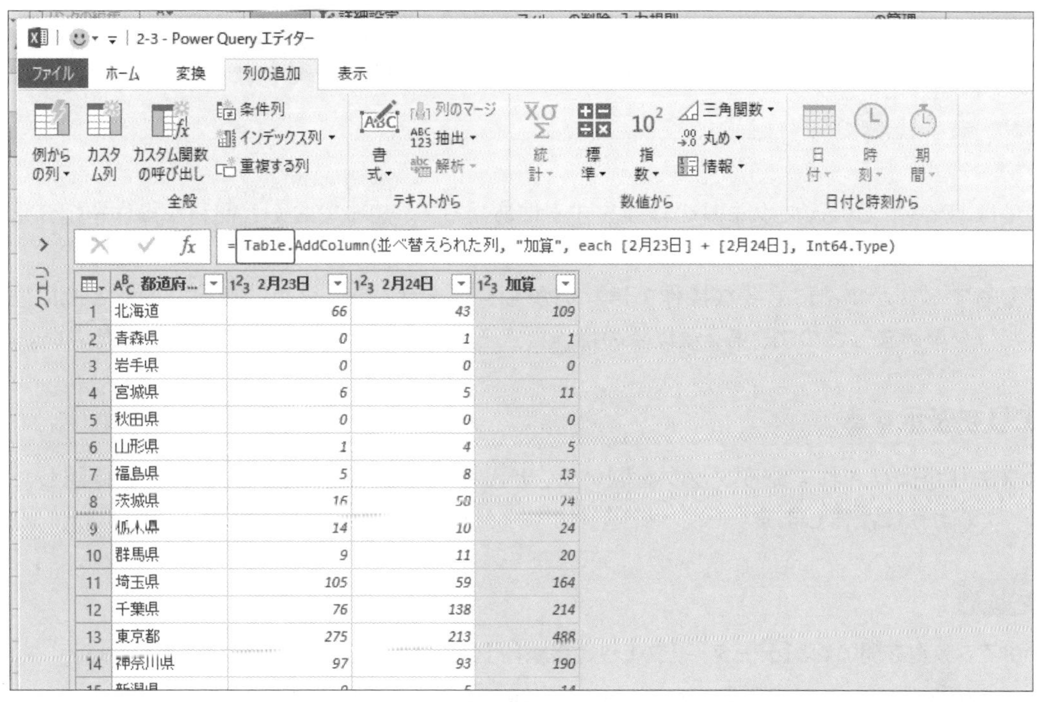

	都道府...	2月23日	2月24日	加算
1	北海道	66	43	109
2	青森県	0	1	1
3	岩手県	0	0	0
4	宮城県	6	5	11
5	秋田県	0	0	0
6	山形県	1	4	5
7	福島県	5	8	13
8	茨城県	16	58	74
9	栃木県	14	10	24
10	群馬県	9	11	20
11	埼玉県	105	59	164
12	千葉県	76	138	214
13	東京都	275	213	488
14	神奈川県	97	93	190

ここで最初の「Table」の「T」を大文字から小文字の「t」に変えただけでも、次のようにエラーが表示されます。

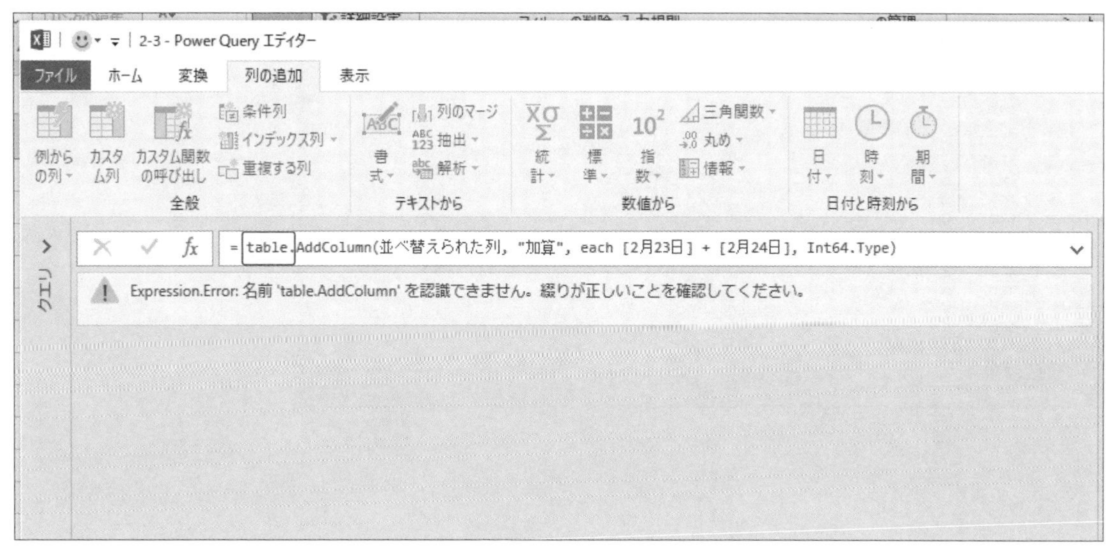

M言語で設定を行う場合には、構文の大文字・小文字を常に意識しましょう。関数リファレンスについては、巻末資料A-3で説明しています。

Section
1-15 知っておくと便利な操作

ここでは、Power Queryでクエリの作成をするにあたって、知っておくと便利な操作を紹介します。

必ずしもすべてがすぐに必要な操作ではないかもしれませんが、早めに知っておくと役に立つものだけを集めましたので、第2章以降の操作に入る前に、ぜひ目を通しておいてください。

●クエリを表示する

既にクエリが保存されているブックを開いて、どんなクエリが保存されているかを確認したい場合、次のように操作します。

操作手順

❶ Excelでブックを開いて、[データ] - [クエリと接続] - [クエリと接続] をクリックします。

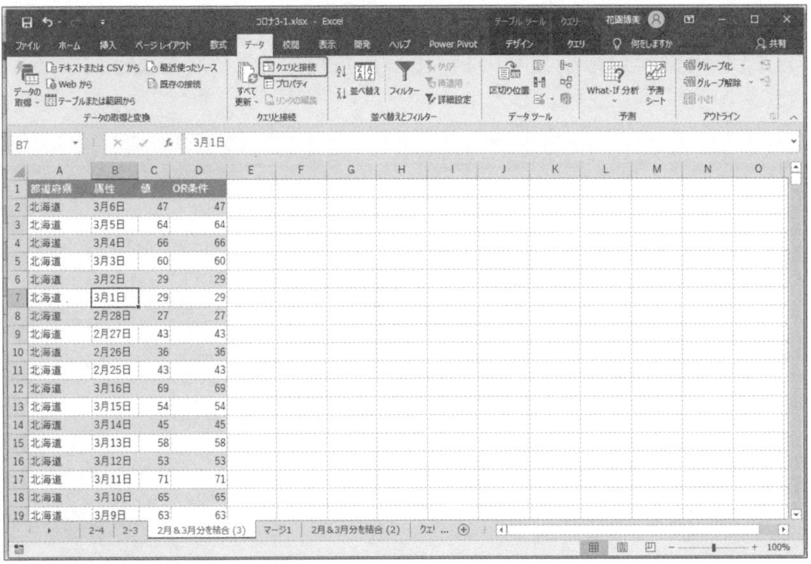

❷ ［クエリと接続］ウィンドウが表示され、設定されたクエリを確認できます。

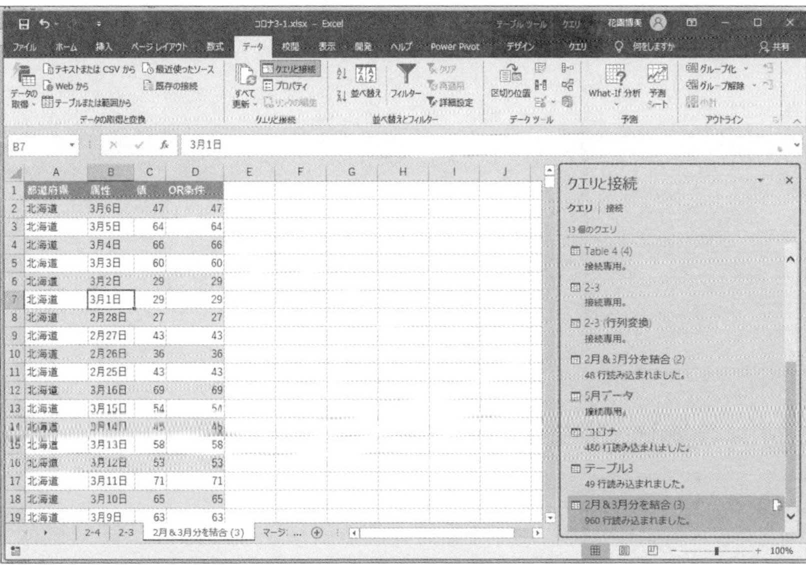

●グループの作成

1つのブックに多数のクエリが存在する場合、誰にでも分かりやすいようクエリを分類できます。作成者と使用者が別の人物だったりする場合や、1年に一度しか使わないといったような場合には、工夫しておかないと「何のクエリだったっけ？」となる可能性があります。

［クエリと接続］ウィンドウ内のクエリをグループ化するには、次のように操作します。

操作手順

❶ Excelの［クエリと接続］ウィンドウ内でクエリを選択して、ショートカットメニューを表示し、［グループへ移動］をクリックし、表示されたメニューの［グループの作成］をクリックします。

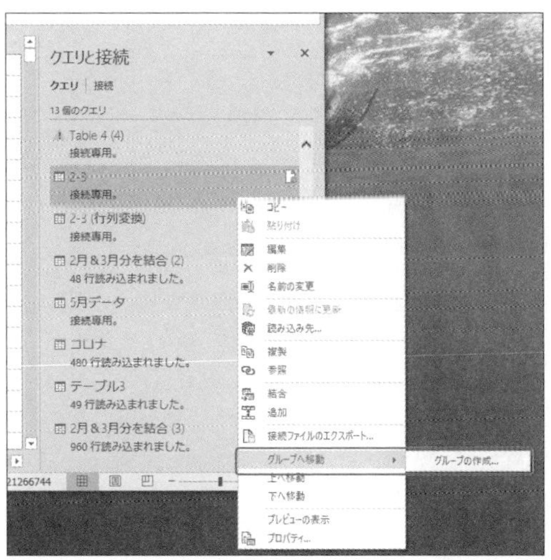

❷ [グループの作成] ダイアログボックスが表示されました。

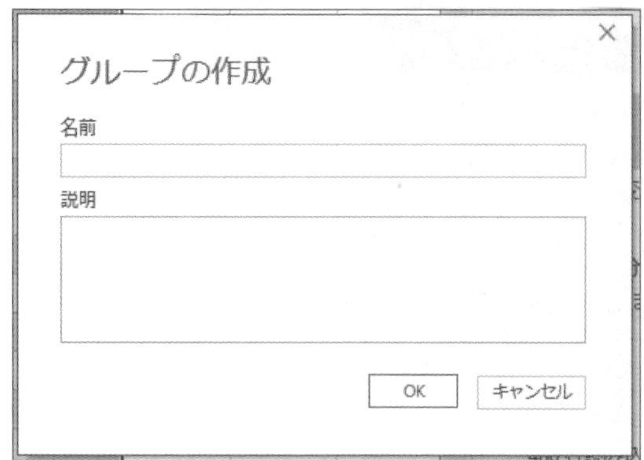

❸ [名前] に「基本」、必要であれば [説明] に説明文を入力し [OK] をクリックします。

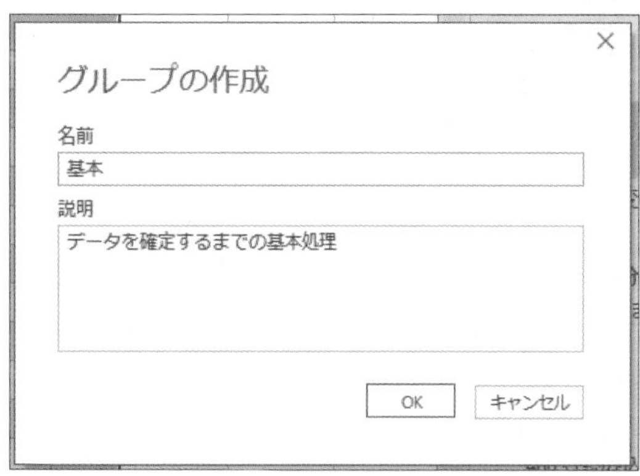

❹ [グループ] が作成され、選択していたクエリがグループに移動されました。

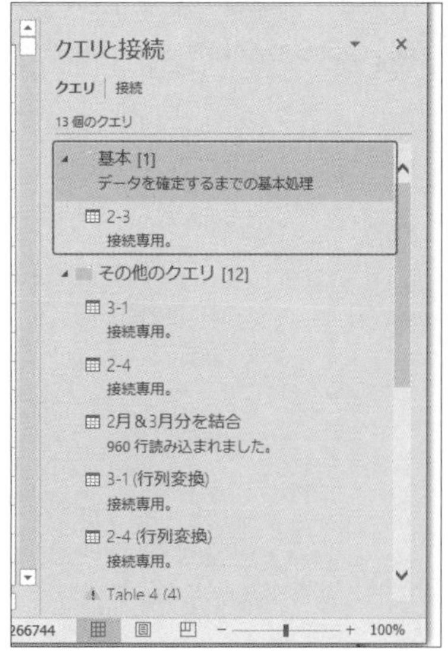

●クエリを開く

クエリの一部を変更するために編集したいといった場合には、[クエリと接続]ウィンドウから該当のクエリをポイントし、表示される[プレビュー]の[編集]をクリックすると、Power Queryエディターが開き、そのクエリを編集できるようになります。

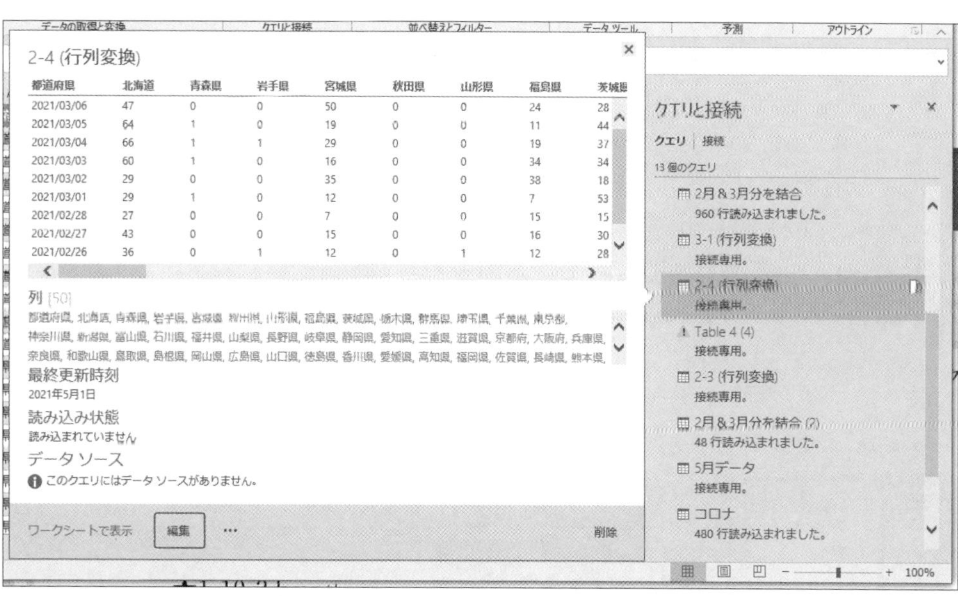

[クエリと接続]ウィンドウから該当のクエリを右クリックして表示されるショートカットメニューから[編集]をクリックすることでも、同様の操作が可能です。

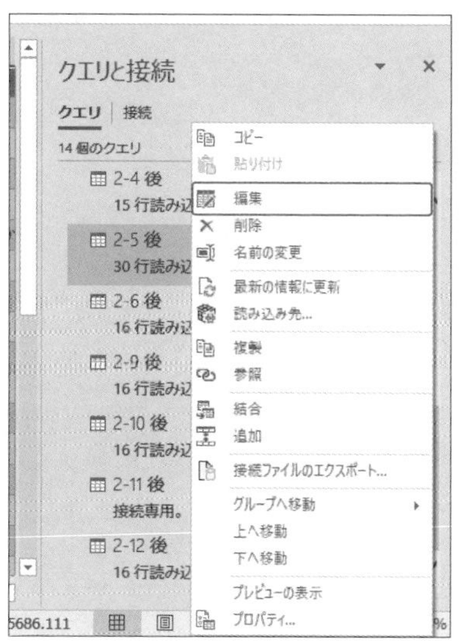

●クエリのプレビュー

クエリのプレビューの［...］をクリックすると表示されるメニューでは、［読み込み先］［複製］［参照］［マージ］［追加］［プロパティ］が選択できます。

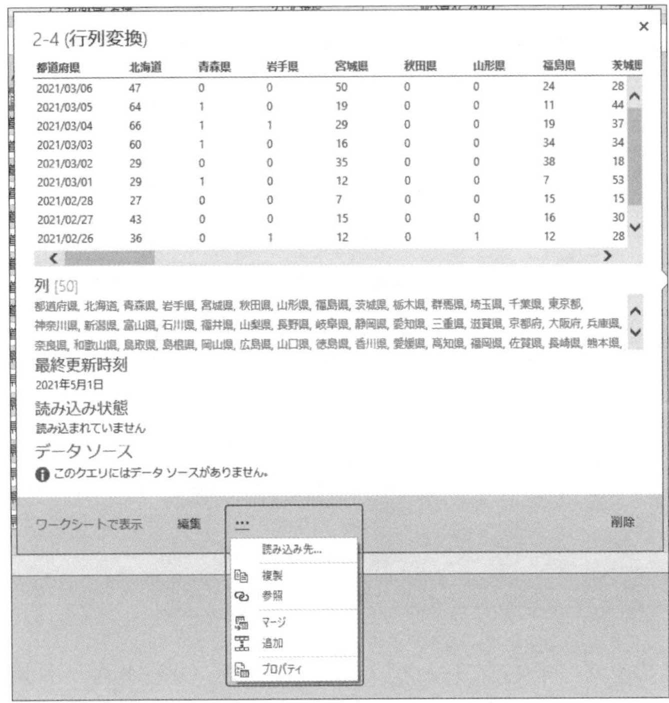

●接続ファイルのエクスポート

　クエリに設定されたデータを他のブック等にインポートするには、次のように操作して［接続ファイルのエクスポート］を行います。

操作手順

❶［クエリと接続］ウィンドウ内でクエリを選択して、ショートカットメニューを表示し、［接続ファイルのエクスポート］をクリックします。

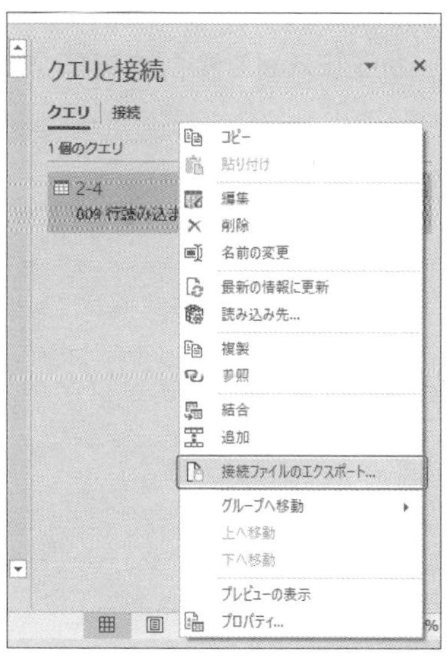

❷［名前を付けて保存］ダイアログボックスで保存先を指定し［保存］をクリックします。

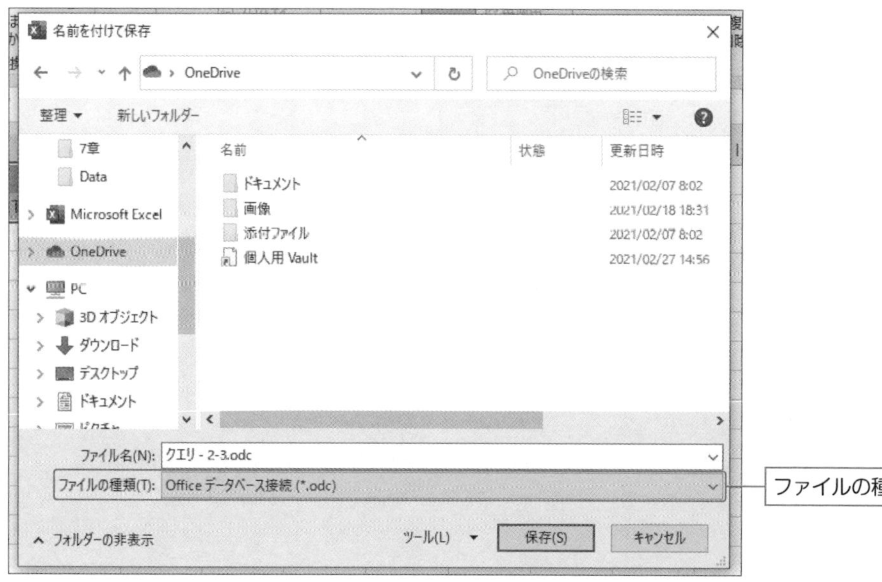

ファイルの種類は［odc］

❸保存したフォルダを確認します。

❹エクスポートしたodcファイルを選択し、ショートカットメニューから［Excelで開く］を選択します。

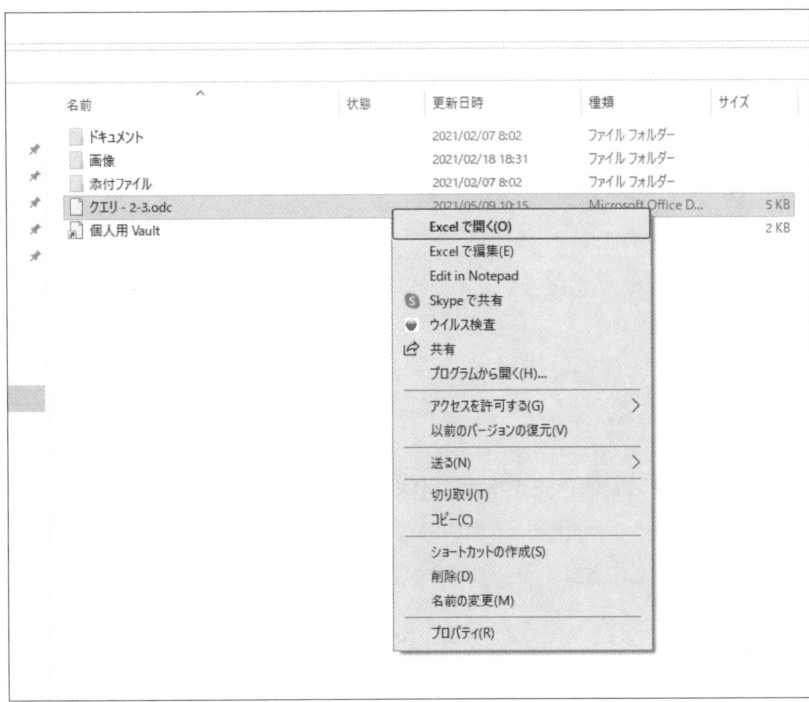

❺新しいExcelブックが開き、選択したクエリがインポートされていることを確認します。

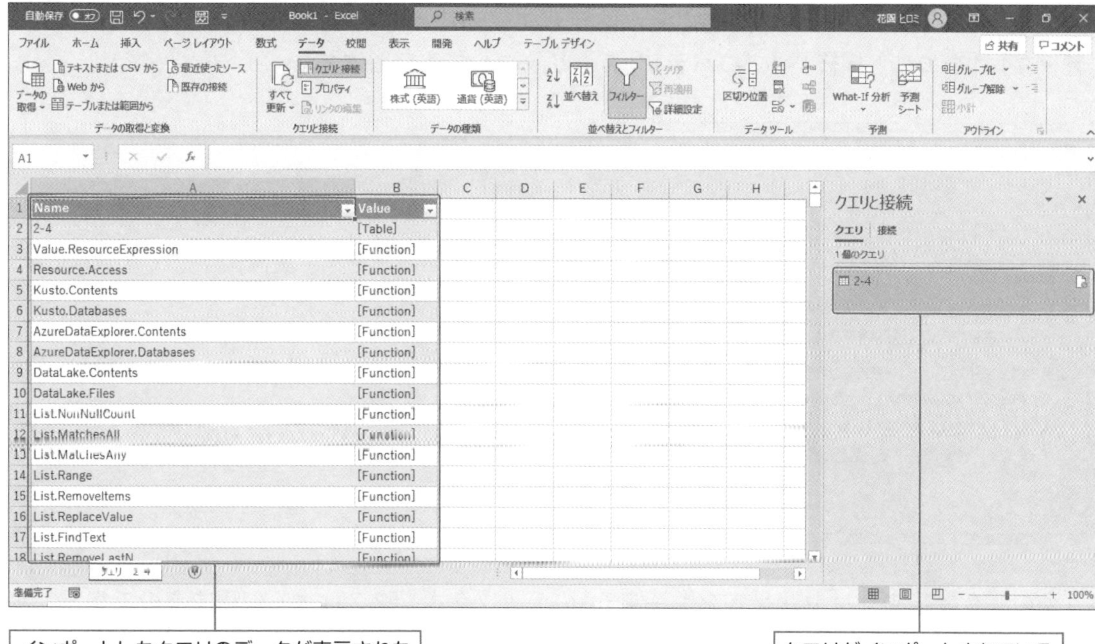

Excel 2013のPower Queryでは、[接続ファイルのエクスポート]は表示されません。

●外部データのプロパティ

データソースとどのように接続するか決定しているのが［外部データのプロパティ］です。［データ］-［クエリと接続］-［プロパティ］をクリックして表示します。

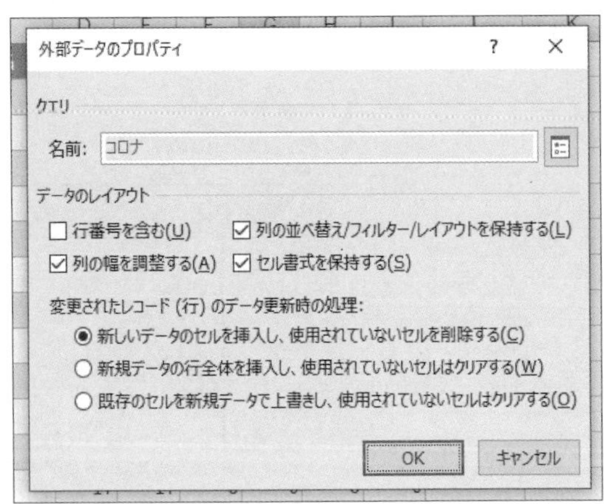

［列の幅を調整する］［セル書式を保持する］のチェックボックスはよく使用するので覚えておくと良いでしょう。

例えば、読み込んだテーブルの列を調整して、そのデータを再読み込みするために［すべて更新］をクリックすると、せっかく調整した列の幅が戻ってしまうことがあります。

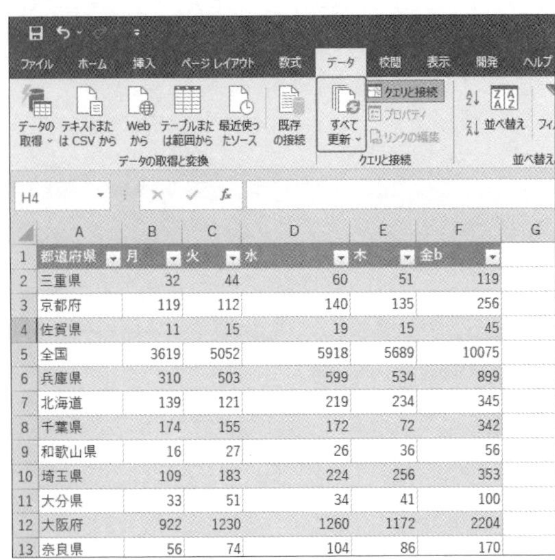

都道府県	月	火	水	木	金b
三重県	32	44	60	51	119
京都府	119	112	140	135	256
佐賀県	11	15	19	15	45
全国	3619	5052	5918	5689	10075
兵庫県	310	503	599	534	899
北海道	139	121	219	234	345
千葉県	174	155	172	72	342
和歌山県	16	27	26	36	56
埼玉県	109	183	224	256	353
大分県	33	51	34	41	100
大阪府	922	1230	1260	1172	2204
奈良県	56	74	104	86	170

列を調整して［すべて更新］をクリック

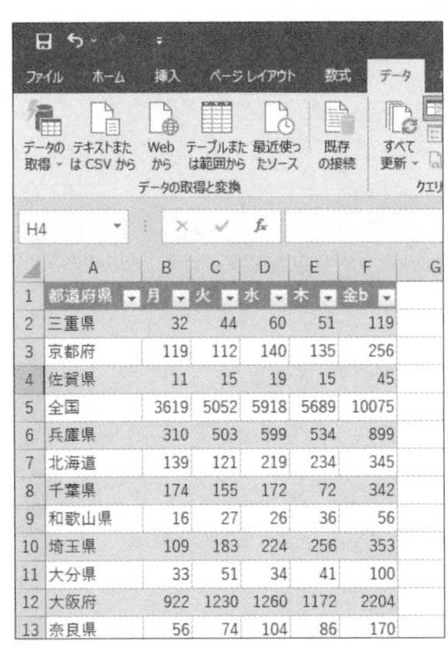

都道府県	月	火	水	木	金b
三重県	32	44	60	51	119
京都府	119	112	140	135	256
佐賀県	11	15	19	15	45
全国	3619	5052	5918	5689	10075
兵庫県	310	503	599	534	899
北海道	139	121	219	234	345
千葉県	174	155	172	72	342
和歌山県	16	27	26	36	56
埼玉県	109	183	224	256	353
大分県	33	51	34	41	100
大阪府	922	1230	1260	1172	2204
奈良県	56	74	104	86	170

列の幅が戻ってしまっている

これを防止するために、[外部データのプロパティ]の[列の幅を調整する]のチェックボックスを使用します。[列の幅を調整する]のチェックボックスをオフに設定しておくと、[すべて更新]をクリックしても列の幅が維持されます。

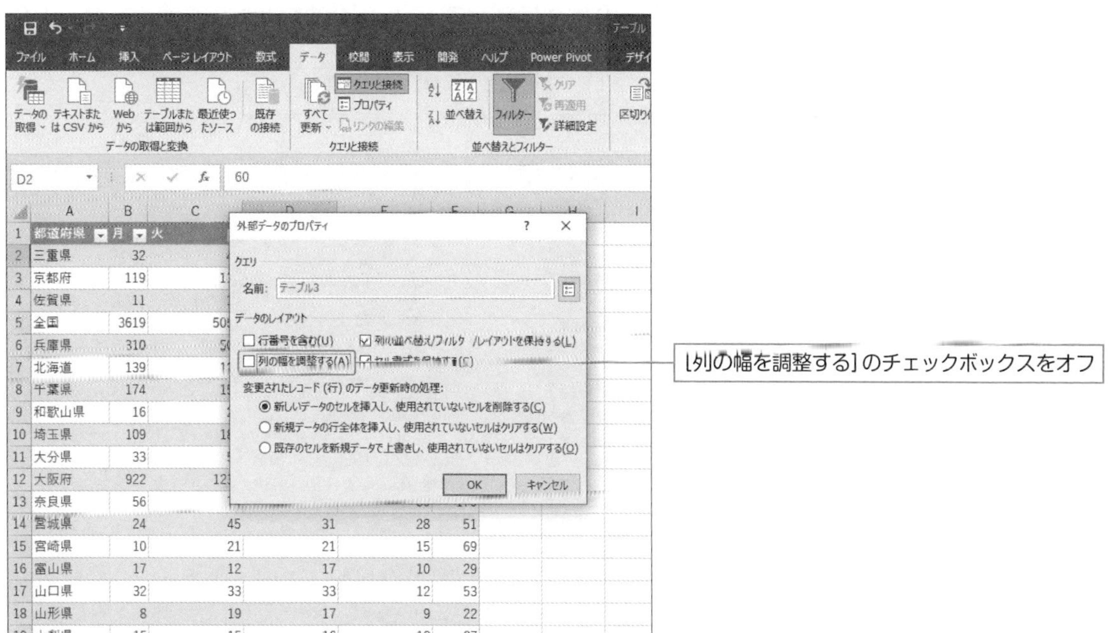

同様にExcel側のセルの書式設定で設定したセルの書式設定を保持したい場合には、[セルの書式を保持する]を設定します。

●クエリのオプション

［データ］-［データの取得と変換］-［データの取得］の▼をクリックして表示されるメニューの［クエリオプション］では、クエリのオプションを設定することができます。

ここでは、データの読み込み時に型をどのように検出するか、Power Queryエディターをどのように開くかなどの既定値を設定することが可能です。

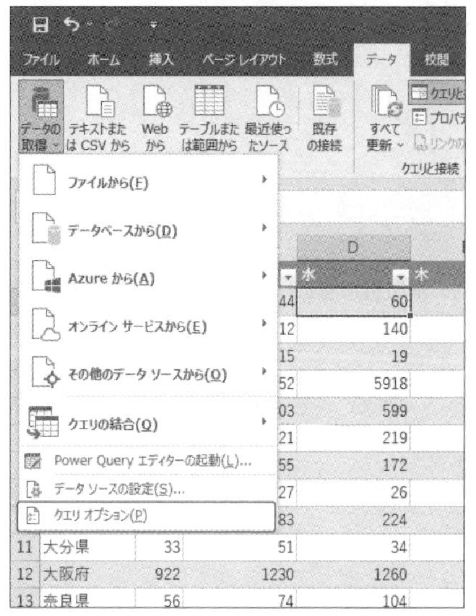

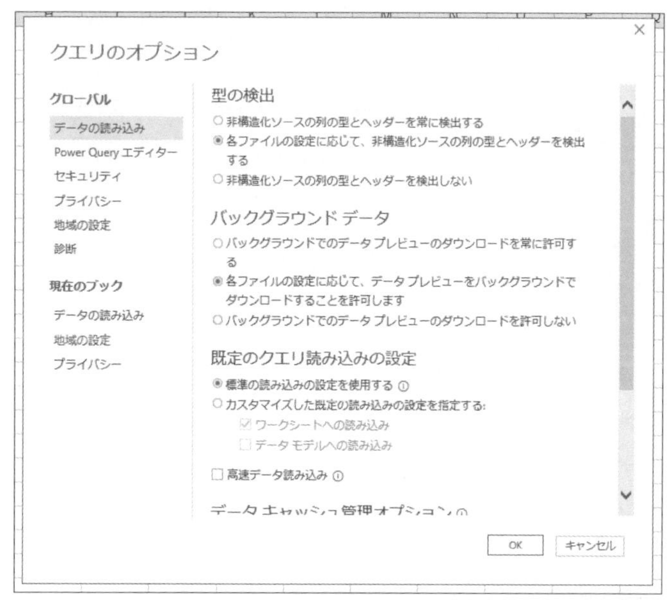

Section
1-16 業務に使用する際に考慮すべき事項

自分のためにPower Queryを使うのであれば、ブック内で完結する処理のみを覚えていれば良いことなのですが、誰かに作成を依頼された場合など、業務としてクエリを作成する際には次の2つを意識して作成する必要があります。

① 誰が使うのか？

Power Queryでクエリを作成する際、もっとも注意すべき点は、処理をどのブックで実行するかです。特に、自分のためにクエリを作成するのであれば考える必要はないのですが、誰かのために作成するのであれば注意が必要です。

例えば、1-4で紹介した事例③の論文処理の場合は、ソースファイルがメールです。なのでメール本文から必要な部分をコピーし、Excelに貼り付けるという処理になります。貼り付けたExcelブック内にPower Queryを作成して、そのブックを依頼主に送付し、そのブックを依頼主のPCで動作させることによって操作は完結します。

あるいは、メールをフォルダにテキスト形式で保存し、そのファイルをデータソースとしてExcelブックから読みに行くという方法も考えられます。

どちらを選択するのかは、使用者がどのようなプロセスで業務処理を行うかによります。

② データソースへのアクセス権

1-4で紹介した事例①の場合、ソースデータである業務システムから取り出したCSVファイルは、社員しかアクセスすることができないドライブ上に保存されていました。可能であれば依頼主のPCからそのドライブにアクセスすることにより、動作させたいということでした。

そこで依頼を受け、作成しようとCSVファイルを要求したところ、残念ながら実際の顧客情報が入っているため、そのものずばりのCSVファイルは提供できないと断られてしまいました。

このような場合には、ダミーデータ（タイトル行と1行目のデータにどんなものが入っているか個人情報が特定できない形に変更したもの）をサンプルファイルとして提供していただき、クエリ部分を作成します。その後、依頼主にクエリを作成したブックを送付し、データソースの場所を本番環境のフォルダに変更していただき、動作確認を行ってもらいます。あるいは、作成したブックをメール等で送付し、実際に依頼主のPCで最終確認（データソースの場所を変更して動作確認を行う）を行います。

1-4の事例②の場合には、「フォルダの中で動作するようにしてもらえれば後はお任せします」と言われたため、フォルダを作成し、その中にログファイルとPower Queryの設定を行ったブックを配置して作成しました。完成後、フォルダをZIPファイルに圧縮し、メールに添付して依頼者に送付、依頼者は自身のPCに展開し動作を確認して使用しています。

このようにデータソースのアクセス権の有無により、作成や使用のプロセスもそれぞれ違ってきます。

第2章

クエリの作成と管理

Excel Power Query

Section 2-1

Excelで開いているデータを取り込む①
テーブルの取り込み

メニュー [データ] - [データの取得と変換] - [テーブルまたは範囲から]

M言語 -

Power Queryではさまざまなデータの取り込み方法が用意されていますが、もっとも基本となるのは、Excelで開かれテーブル形式となっているデータを取り込む方法です。これがもっともシンプルな手順でデータを取り込めます。

例えば、次のようなテーブル形式のデータをExcelで開いているとします。

このデータをPower Queryに取り込む場合、次のように操作します。

操作手順

❶ テーブル内のセルをアクティブにし、[データ] - [データの取得と変換] - [テーブルまたは範囲から] をクリックします。

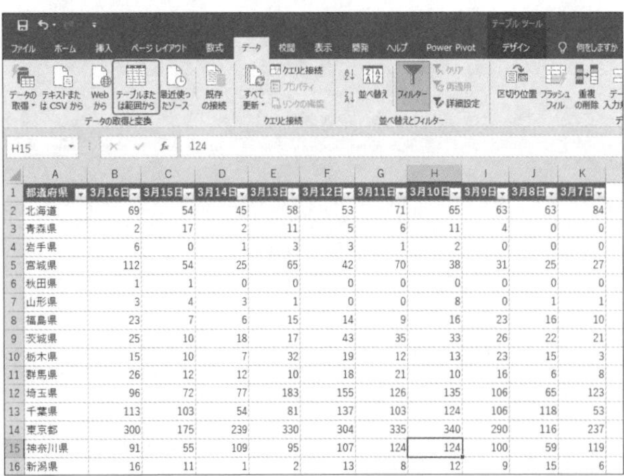

❷ Power Queryエディターが起動し、データが表示されます。

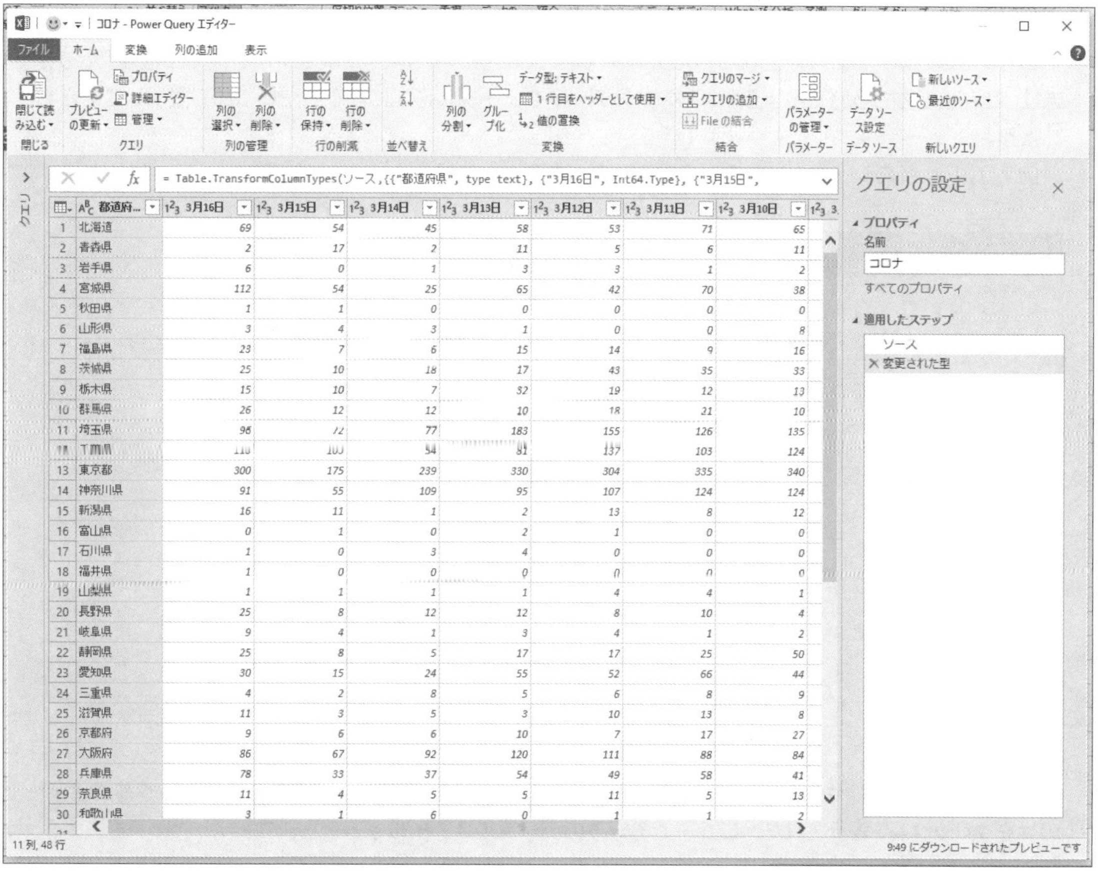

コロナ - Power Query エディター

ファイル　ホーム　変換　列の追加　表示

```
= Table.TransformColumnTypes(ソース,{{"都道府県", type text}, {"3月16日", Int64.Type}, {"3月15日",
```

	都道府...	3月16日	3月15日	3月14日	3月13日	3月12日	3月11日	3月10日
1	北海道	69	54	45	58	53	71	65
2	青森県	2	17	2	11	5	6	11
3	岩手県	6	0	1	3	3	1	2
4	宮城県	112	54	25	65	42	70	38
5	秋田県	1	1	0	0	0	0	0
6	山形県	3	4	3	1	0	0	8
7	福島県	23	7	6	15	14	9	16
8	茨城県	25	10	18	17	43	35	33
9	栃木県	15	10	7	32	19	12	13
10	群馬県	26	12	12	10	18	21	10
11	埼玉県	96	72	77	183	155	126	135
[illegible]	[illegible]	[illegible]	[illegible]	54	81	137	103	124
13	東京都	300	175	239	330	304	335	340
14	神奈川県	91	55	109	95	107	124	124
15	新潟県	16	11	1	2	13	8	12
16	富山県	0	1	0	2	1	0	0
17	石川県	1	0	3	4	0	0	0
18	福井県	1	0	0	0	0	0	0
19	山梨県	1	1	1	1	4	4	1
20	長野県	25	8	12	12	8	10	4
21	岐阜県	9	4	1	3	4	1	2
22	静岡県	25	8	5	17	17	25	50
23	愛知県	30	15	24	55	52	66	44
24	三重県	4	2	8	5	6	8	9
25	滋賀県	11	3	5	3	10	13	8
26	京都府	9	6	6	10	7	17	27
27	大阪府	86	67	92	120	111	88	84
28	兵庫県	78	33	37	54	49	58	41
29	奈良県	11	4	5	5	11	5	13
30	和歌山県	3	1	6	0	1	1	2

クエリの設定

プロパティ
名前
コロナ
すべてのプロパティ

適用したステップ
ソース
変更された型

11 列, 48 行　　9:49 にダウンロードされたプレビューです

たったこれだけです。簡単ですね。

Excelには、シートに入力されているデータを表として扱いやすくするための「テーブル機能」があります。ご存じの方も多いでしょうが、念のためデータをテーブル形式にする方法について説明しておきましょう。

例えば、Excelのシート上に次のようなデータがあるとします。

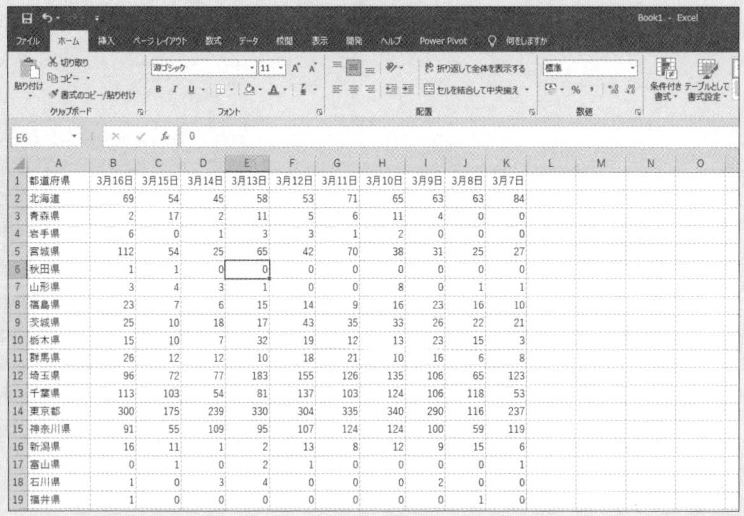

	A	B	C	D	E	F	G	H	I	J	K
1	都道府県	3月16日	3月15日	3月14日	3月13日	3月12日	3月11日	3月10日	3月9日	3月8日	3月7日
2	北海道	69	54	45	58	53	71	65	63	63	84
3	青森県	2	17	2	11	5	6	11	4	0	0
4	岩手県	6	0	1	3	3	1	2	0	0	0
5	宮城県	112	54	25	65	42	70	38	31	25	27
6	秋田県	1	1	0	0	0	0	0	0	0	0
7	山形県	3	4	3	1	0	0	8	0	1	1
8	福島県	23	7	6	15	14	9	16	23	16	10
9	茨城県	25	10	18	17	43	35	33	26	22	21
10	栃木県	15	10	7	32	19	12	13	23	15	3
11	群馬県	26	12	12	10	18	21	10	16	6	8
12	埼玉県	96	72	77	183	155	126	135	106	65	123
13	千葉県	113	103	54	81	137	103	124	106	118	53
14	東京都	300	175	239	330	304	335	340	290	116	237
15	神奈川県	91	55	109	95	107	124	124	100	59	119
16	新潟県	16	11	1	2	13	8	12	9	15	6
17	富山県	0	1	0	2	1	0	0	0	0	1
18	石川県	1	0	3	4	0	0	0	2	0	0
19	福井県	1	0	0	0	0	0	0	0	1	0

このとき、範囲内のセルの1つをアクティブにし、[ホーム] - [スタイル] - [テーブルとして書式設定]の▼をクリックし、表示されたメニューでお好みのテーブルスタイルを選択します。

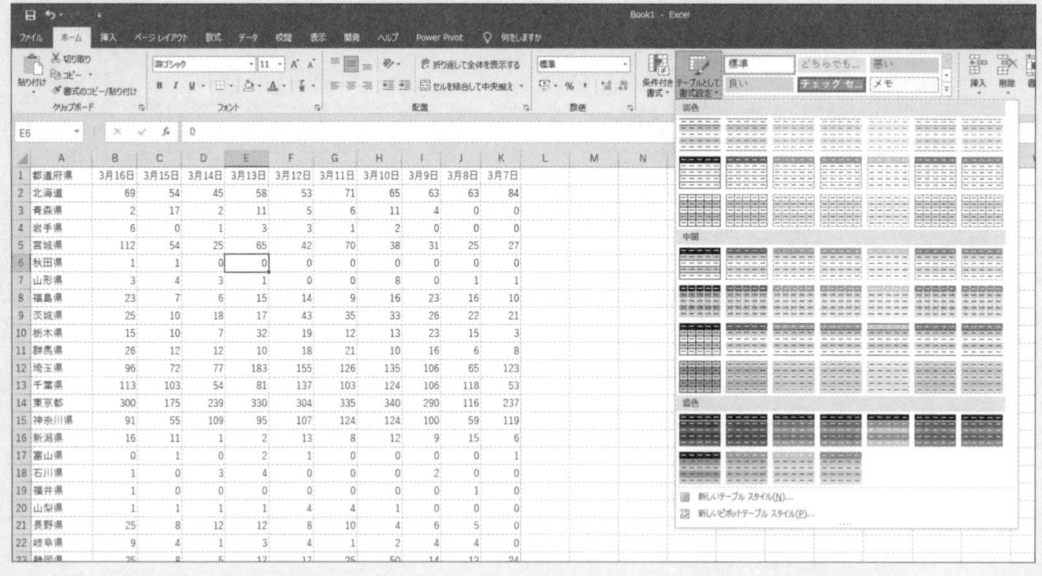

	A	B	C	D	E	F	G	H	I	J	K
1	都道府県	3月16日	3月15日	3月14日	3月13日	3月12日	3月11日	3月10日	3月9日	3月8日	3月7日
2	北海道	69	54	45	58	53	71	65	63	63	84
3	青森県	2	17	2	11	5	6	11	4	0	0
4	岩手県	6	0	1	3	3	1	2	0	0	0
5	宮城県	112	54	25	65	42	70	38	31	25	27
6	秋田県	1	1	0	0	0	0	0	0	0	0
7	山形県	3	4	3	1	0	0	8	0	1	1
8	福島県	23	7	6	15	14	9	16	23	16	10
9	茨城県	25	10	18	17	43	35	33	26	22	21
10	栃木県	15	10	7	32	19	12	13	23	15	3
11	群馬県	26	12	12	10	18	21	10	16	6	8
12	埼玉県	96	72	77	183	155	126	135	106	65	123
13	千葉県	113	103	54	81	137	103	124	106	118	53
14	東京都	300	175	239	330	304	335	340	290	116	237
15	神奈川県	91	55	109	95	107	124	124	100	59	119
16	新潟県	16	11	1	2	13	8	12	9	15	6
17	富山県	0	1	0	2	1	0	0	0	0	1
18	石川県	1	0	3	4	0	0	0	2	0	0
19	福井県	1	0	0	0	0	0	0	0	1	0
20	山梨県	1	1	1	1	4	4	1	0	0	0
21	長野県	25	8	12	12	8	10	4	6	5	0
22	岐阜県	9	4	1	3	4	1	2	4	4	0
23	静岡県	25	8	5	17	17	25	50	14	12	24

すると、[テーブルとして書式設定] ダイアログボックスが表示されるので、変換する範囲を確認し[OK] をクリックします。

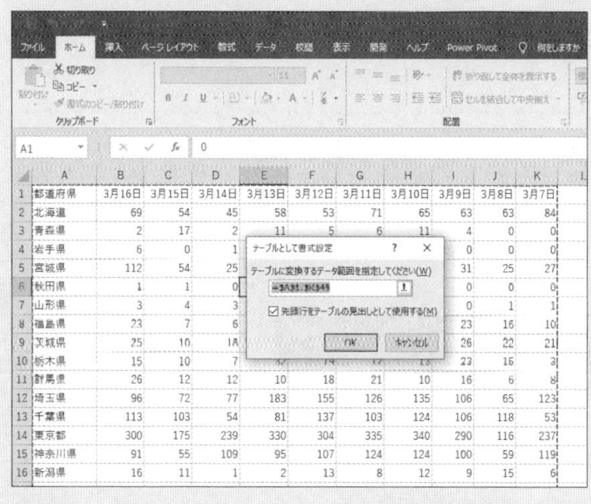

これでデータがテーブル形式に変換されます。

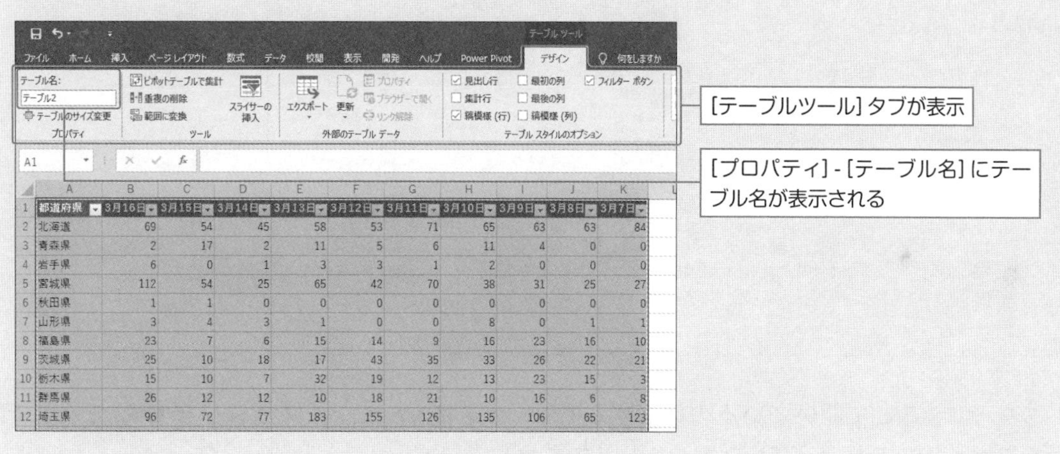

Section 2-2 Excelで開いているデータを取り込む② 通常のデータの取り込み

メニュー	[データ] - [データの取得と変換] - [テーブルまたは範囲から]
M言語	-

2-1で「Power Queryではテーブル形式となっているデータを取り込むのが基本」と説明しましたが、もちろんテーブル形式となっていない、通常のデータを取り込むことも可能です。

例えば、次のようなデータをExcelで開いているとします。

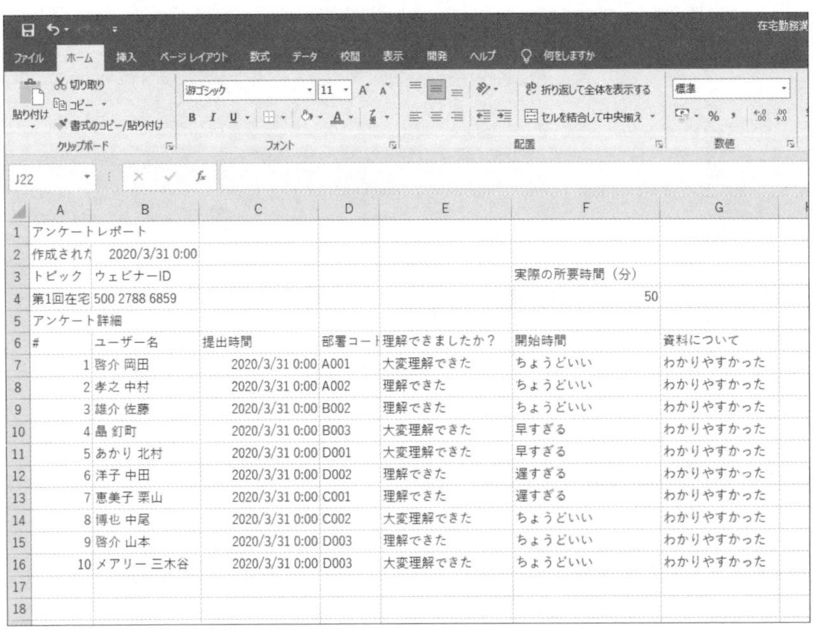

	A	B	C	D	E	F	G
1	アンケートレポート						
2	作成された	2020/3/31 0:00					
3	トピック	ウェビナーID				実際の所要時間（分）	
4	第1回在宅	500 2788 6859				50	
5	アンケート詳細						
6	#	ユーザー名	提出時間	部署コード	理解できましたか？	開始時間	資料について
7	1	啓介 岡田	2020/3/31 0:00	A001	大変理解できた	ちょうどいい	わかりやすかった
8	2	孝之 中村	2020/3/31 0:00	A002	理解できた	ちょうどいい	わかりやすかった
9	3	雄介 佐藤	2020/3/31 0:00	B002	理解できた	ちょうどいい	わかりやすかった
10	4	晶 釘町	2020/3/31 0:00	B003	大変理解できた	早すぎる	わかりやすかった
11	5	あかり 北村	2020/3/31 0:00	D001	大変理解できた	早すぎる	わかりやすかった
12	6	洋子 中田	2020/3/31 0:00	D002	理解できた	遅すぎる	わかりやすかった
13	7	恵美子 栗山	2020/3/31 0:00	C001	理解できた	遅すぎる	わかりやすかった
14	8	博也 中尾	2020/3/31 0:00	C002	大変理解できた	ちょうどいい	わかりやすかった
15	9	啓介 山本	2020/3/31 0:00	D003	理解できた	ちょうどいい	わかりやすかった
16	10	メアリー 三木谷	2020/3/31 0:00	D003	大変理解できた	ちょうどいい	わかりやすかった
17							
18							

ちなみに、ここで開いているのは必ずしもExcelファイルでなくても構いません。Excelで開けるファイルであれば、CSVファイルなどでも大丈夫です。

このデータをPower Queryに取り込む場合、次のように操作します。

操作手順

❶ シート内のセルをアクティブにし、[データ] - [データの取得と変換] - [テーブルまたは範囲から] をクリックします。

❷ [テーブルの作成] ダイアログボックスでデータの取り込み範囲を確認し、[OK] をクリックします。

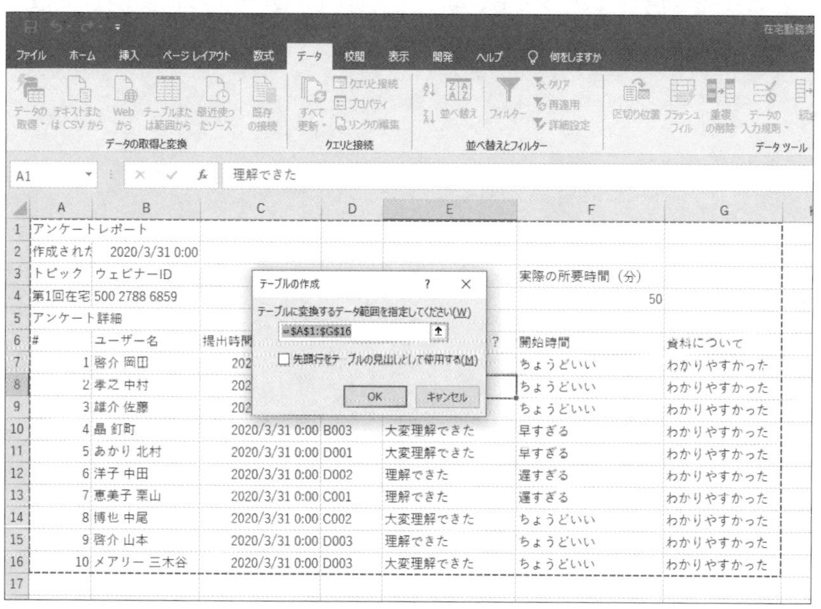

❸Power Queryエディターが起動し、取り込んだデータが表示されます。

手順❷で［テーブルの作成］ダイアログボックスが表示されていることに注目してください。このように、通常のデータを取り込む場合であっても、取り込む過程でテーブルに変換して取り込んでいるのです。

Section
2-3

Excelブックを取り込む①
ブックの直接取得

メニュー	[データ] - [データの取得と変換] - [データの取得] - [ファイルから] - [ブックから]
M言語	-

2-1、2-2ではExcelで開いているデータを取り込みましたが、わざわざExcelで開かなくても、ファイルから直接データを取り込むことも可能です。

Excelのブック（拡張子が「.xlsx」のファイル）から直接データを取り込むためには、次のように操作します。

操作手順

❶ Excelで新しいブックを作成します。

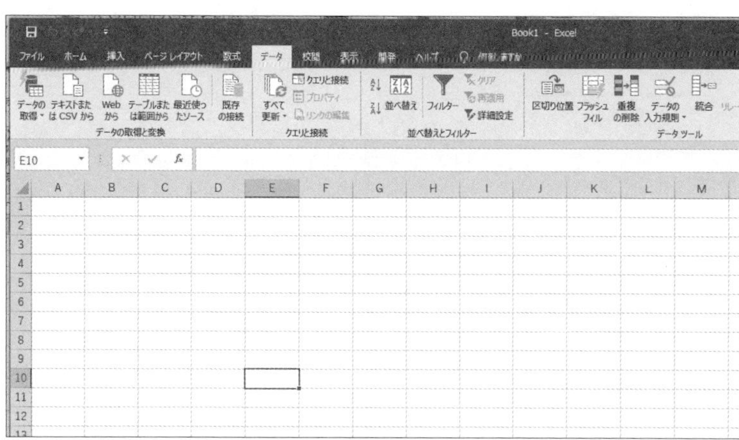

❷ [データ] - [データの取得と変換] - [データの取得] の▼をクリックし、表示されたメニューの [ファイルから] - [ブックから] をクリックします。

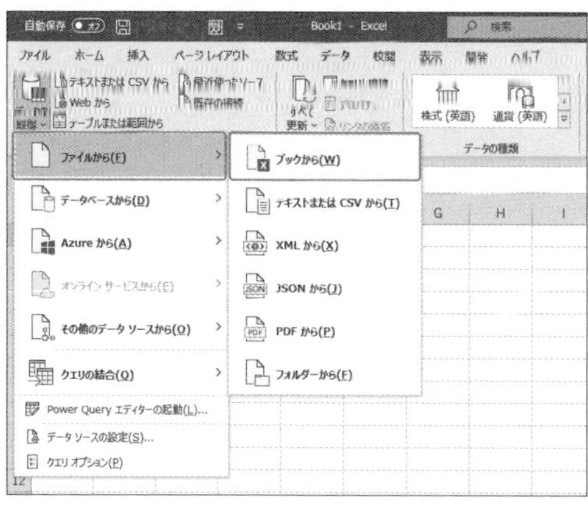

❸ [データの取り込み] ダイアログボックスで、取り込みたいExcelブックが保存してあるフォルダを選択し、取り込みたいExcelブックを選択して [インポート] をクリックします。

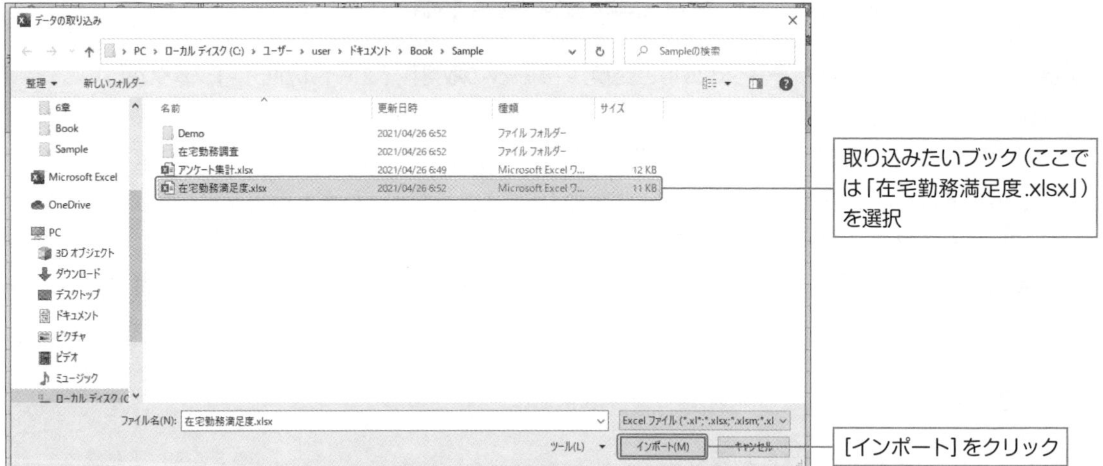

❹ [ナビゲーター] ダイアログボックスが表示されます。

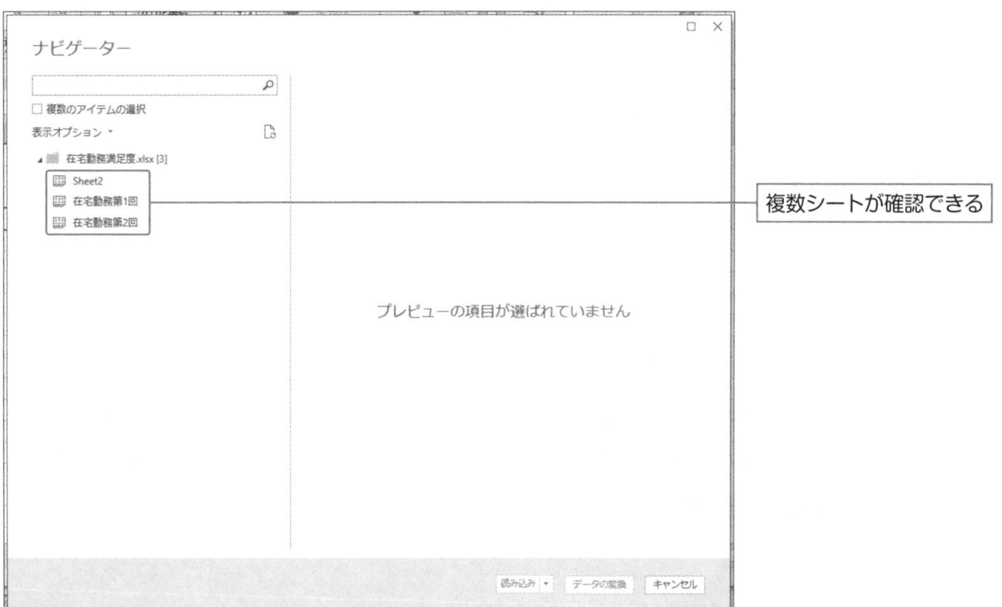

❺ 取り込みたいシートがどのシートか分からない場合には、シート名をクリックすると中身が確認できます。

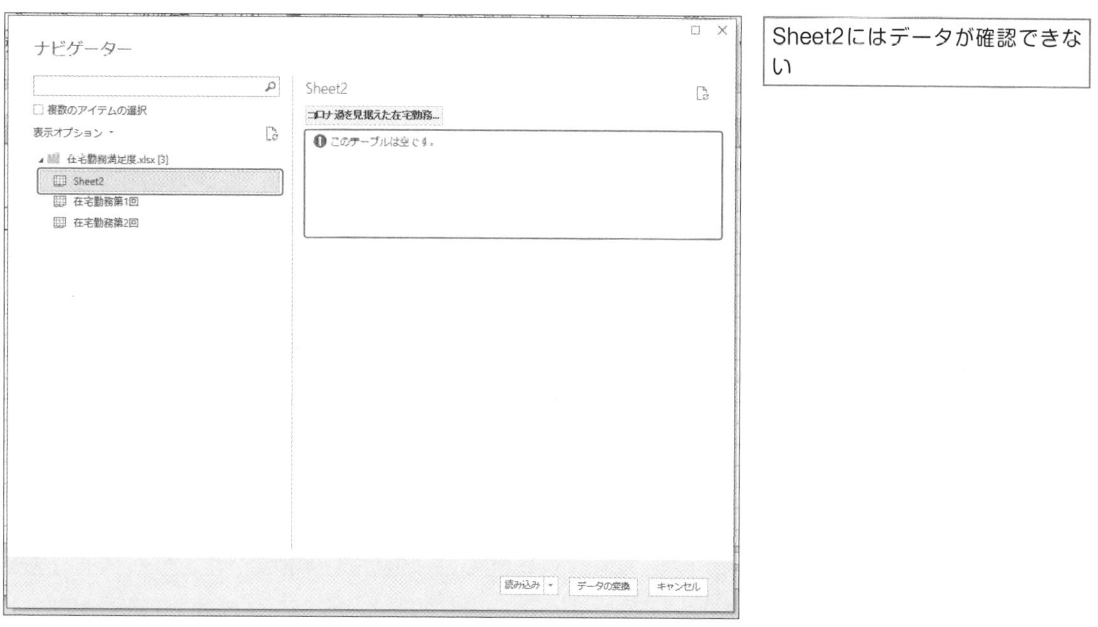

❻ 取り込みたいシート（ここでは「在宅勤務第１回」シート）を選択し、[データの変換] をクリックします。

❼ Power Queryエディターが起動し、データが表示されます。

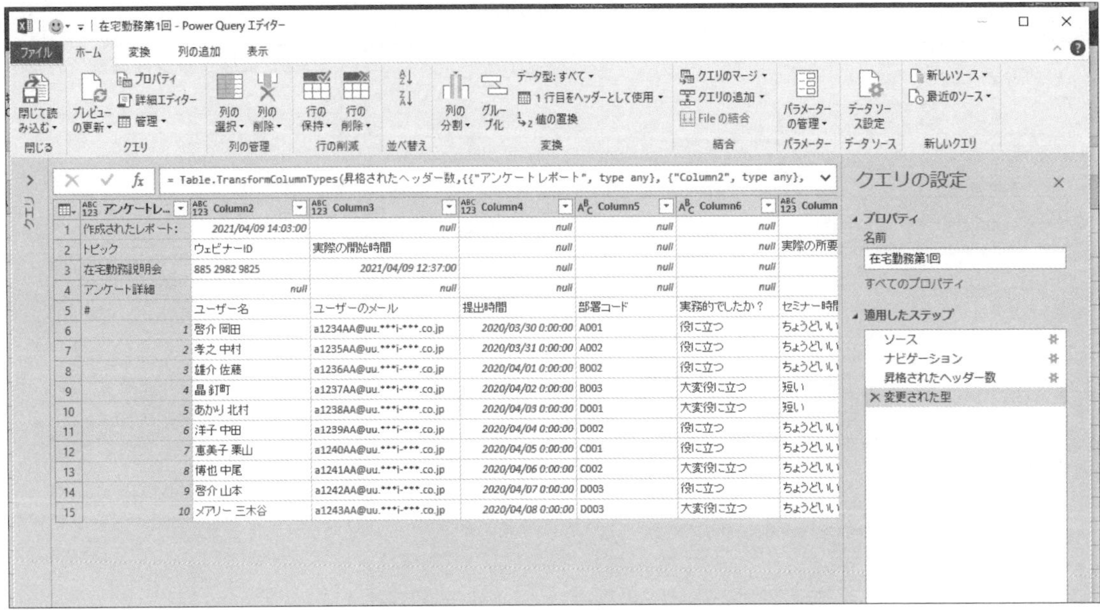

Section
2-4
Excelブックを取り込む② ブック内のシートの一括取得

メニュー [データ] - [データの取得と変換] - [データの取得] - [ファイルから] - [ブックから]

M言語 -

Excelのブックには、複数のシートにデータが保存されていることがあります。このような場合、Power Queryでは、同じブック内に存在する複数のシートのデータを一気に取り込むこともできます。

操作手順

❶ Excelで新しいブックを作成します。

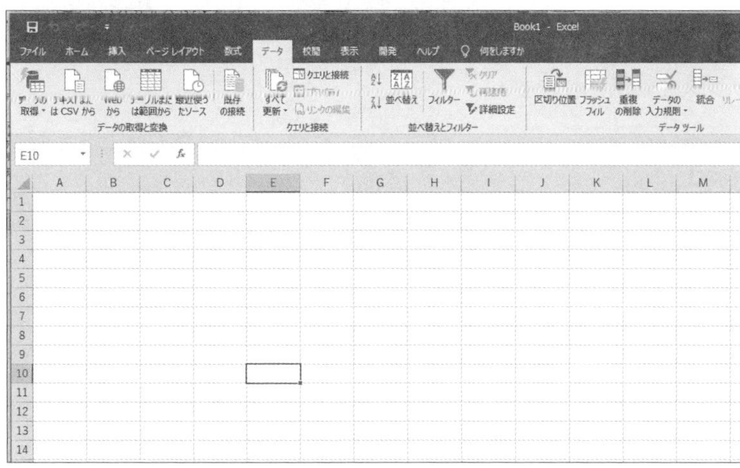

❷ [データ] - [データの取得と変換] - [データの取得] の▼をクリックし、表示されたメニューの [ファイルから] - [ブックから] をクリックします。

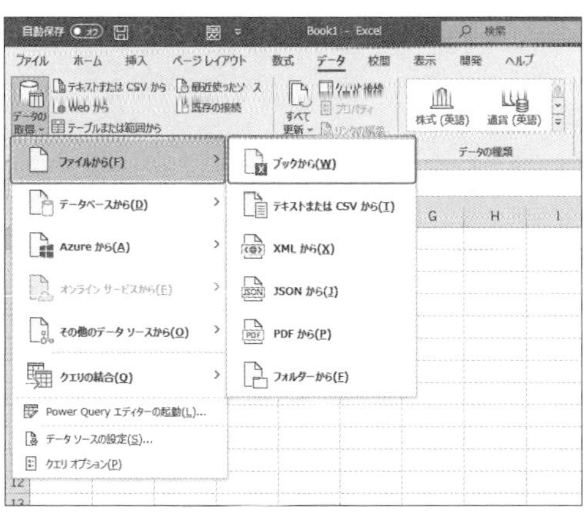

❸ [データの取り込み] ダイアログボックスで、取り込みたいExcelブックが保存してあるフォルダを選択し、取り込みたいExcelブックを選択して [インポート] をクリックします。

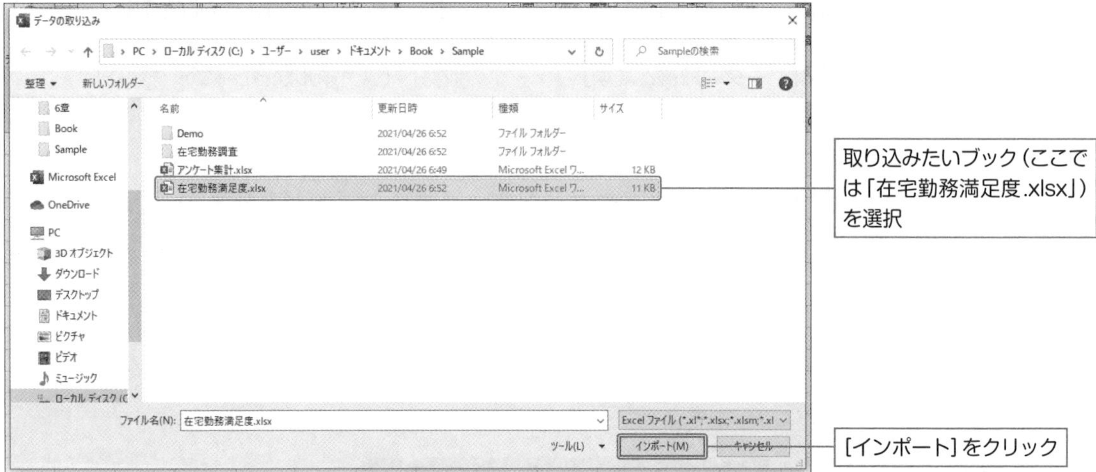

❹ [ナビゲーター] ダイアログボックスが表示されます。

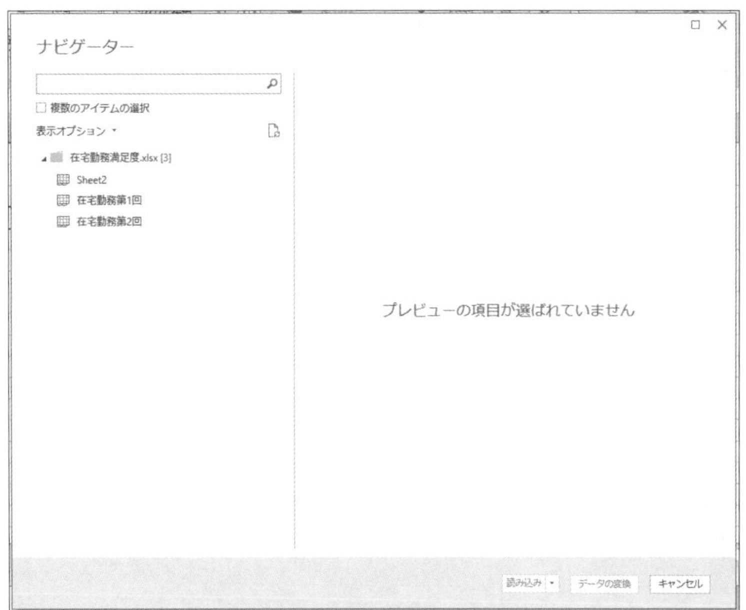

❺「複数のアイテムの選択」のチェックをオンにします。

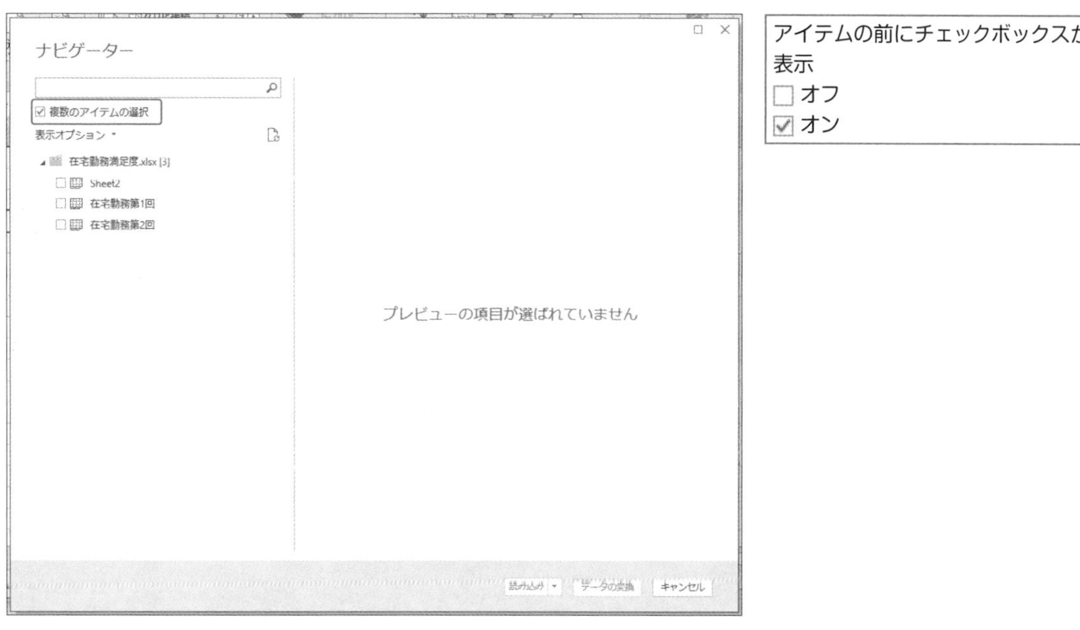

アイテムの前にチェックボックスが表示
□ オフ
☑ オン

❻ Power Queryに取り込みたい複数のシートを選択し、[データの変換] をクリックします。

「在宅勤務第1回」「在宅勤務第2回」をチェック

[データの変換] をクリック

❼Power Queryエディターが起動し、[クエリ] ウィンドウにクエリが2つ確認できます。

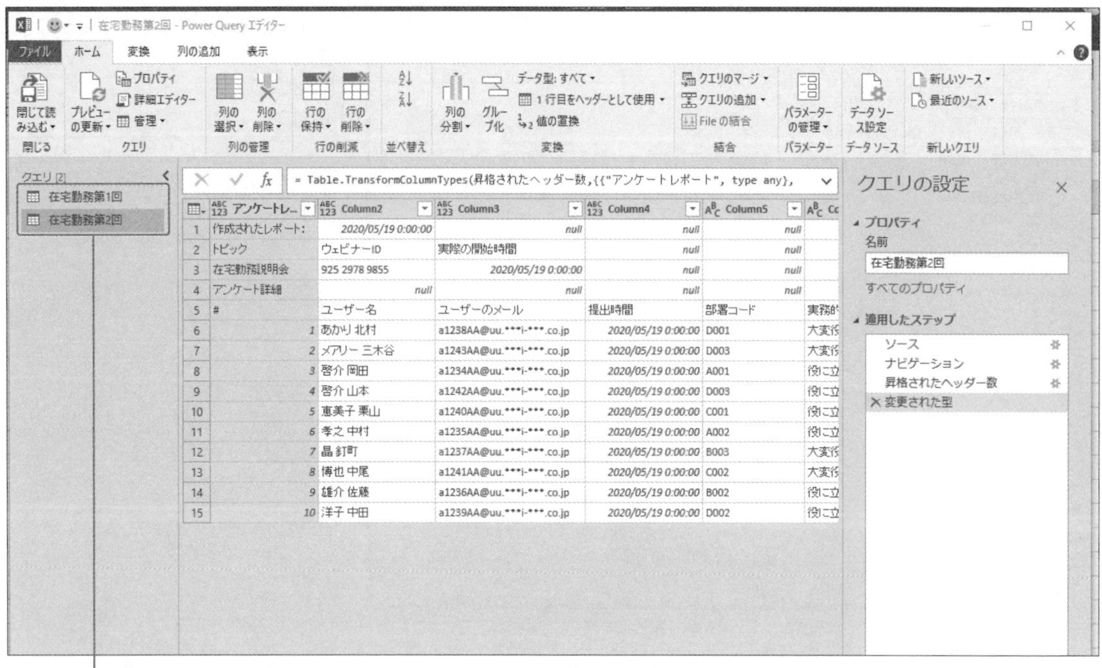

❽表示したいクエリ（ここでは「在宅勤務第1回」クエリ）をクリックすると、取り込んだデータが表示されます。

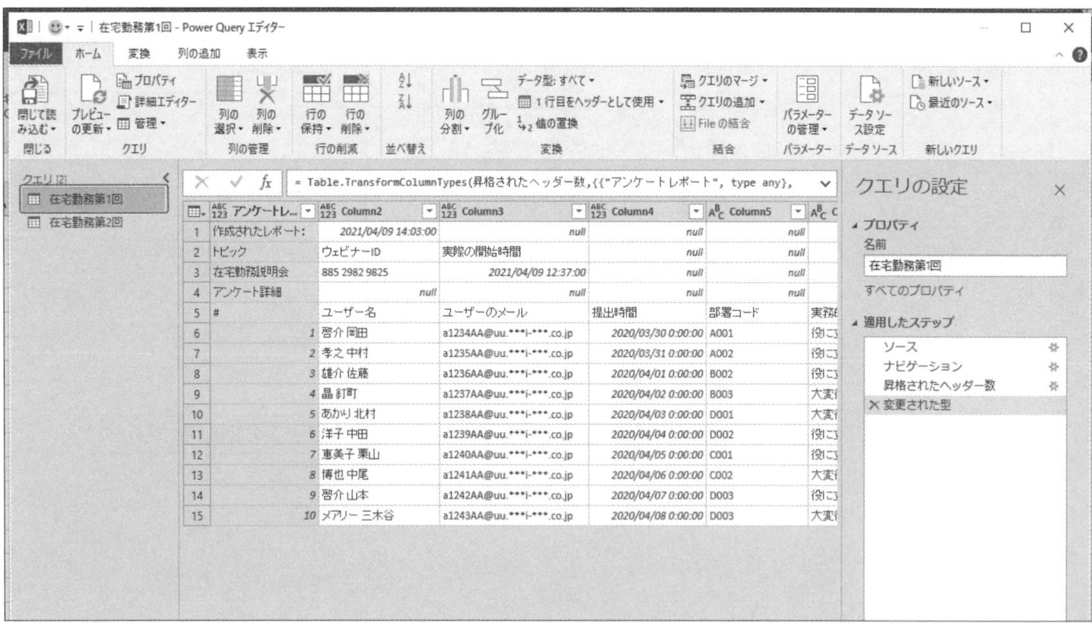

Section

2-5

Excelブックを取り込む③ フォルダ内のブックの一括取得

メニュー	[データ] - [データの取得と変換] - [データの取得] - [ファイルから] - [フォルダから]
M言語	-

Power Queryでは、1つのフォルダの中に含まれる複数のブックからデータを一括して取り込み、1つのテーブルにまとめることもできます（ただし、ブックに存在する取り込みたいシート名は同じである必要があります）。

例えば、次のように「在宅勤務調査」フォルダ内に2つのブックが保存されているとします。

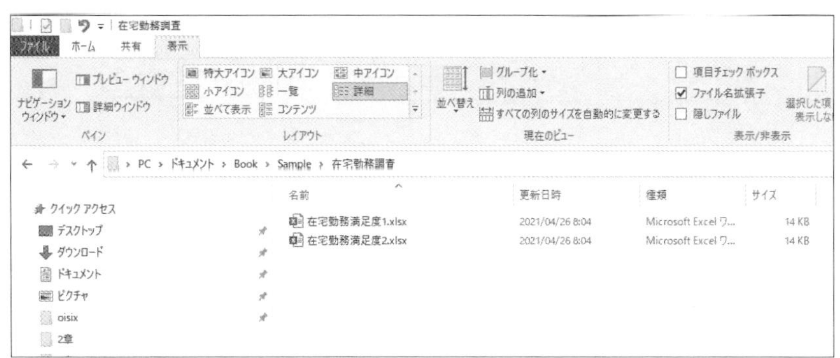

「在宅勤務調査」フォルダの中に存在する2つのファイル

このブックのデータを取り込む

ファイル名は違っていてもOK。ブック内のシート名が重要

この2つのブックから一括してデータを取り込み、1つのテーブルにまとめるためには、次のように操作します。

操作手順

❶ Excelで新しいブックを作成し、[データ] - [データの取得と変換] - [データの取得] の▼をクリック、表示されたメニューの [ファイルから] - [フォルダから] をクリックします。

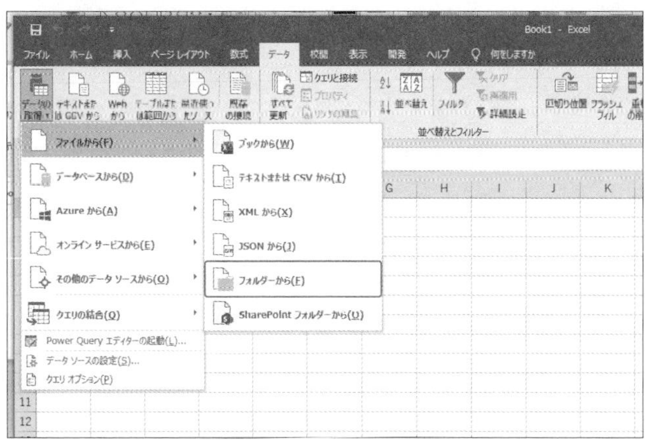

❷ [参照] ダイアログボックスで、取り込みたいブックが保存されているフォルダを選択し、[開く] をクリックします。

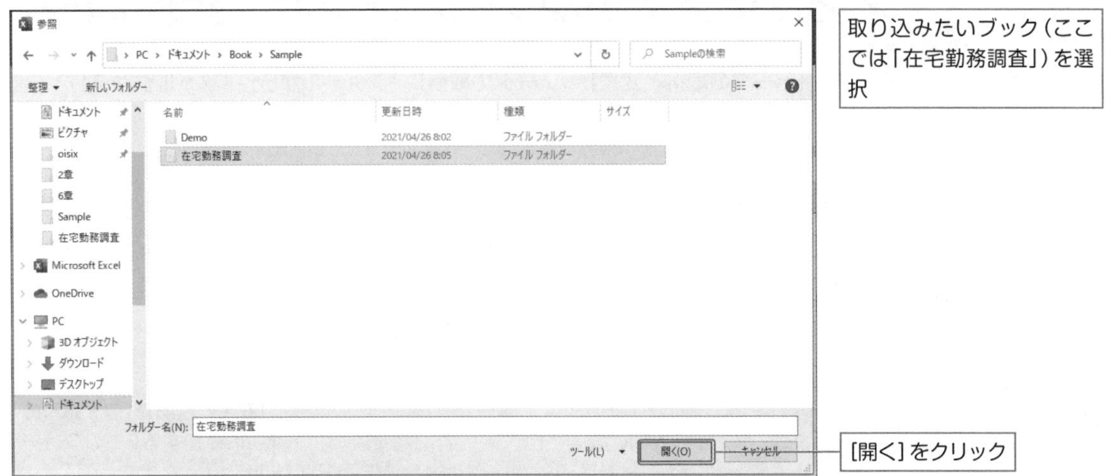

❸ 変換する場所等を確認する画面が表示されます。

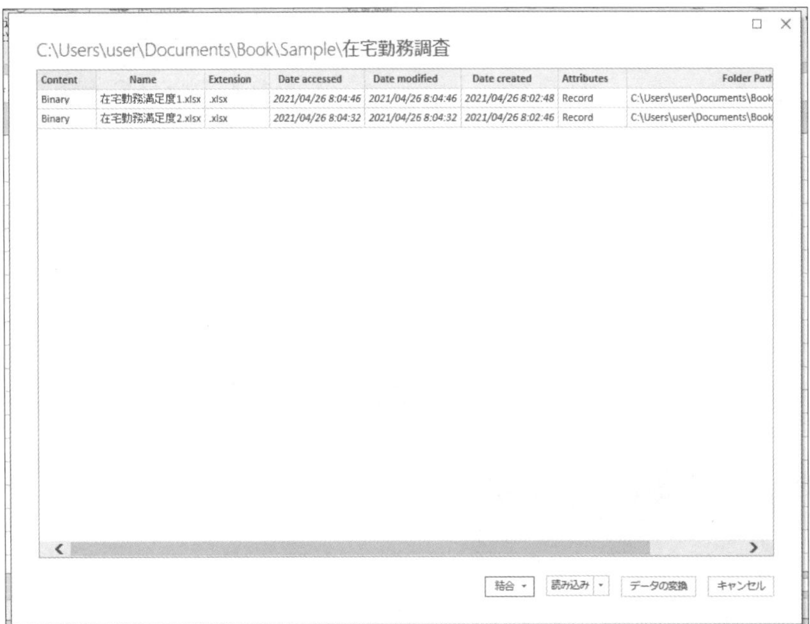

❹取り込み方法が [結合] [読み込み] になっていることを確認し、[データの変換] をクリックします。

❺Power Queryエディターが起動し、取り込まれるファイル名が確認できます。

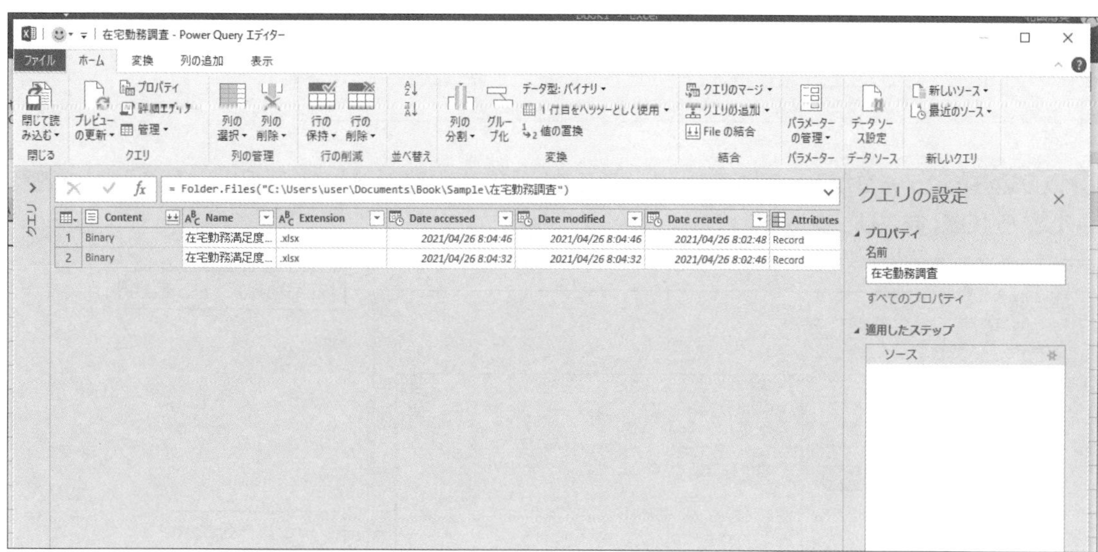

❻2つのブックのデータの結合を行うために [Content] 列の右側に存在する [Fileの結合] ボタンをクリックします。

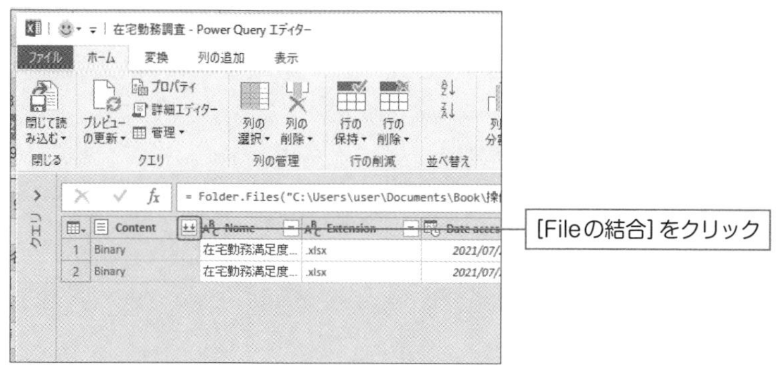

❼ [Fileの結合] ダイアログボックスが表示されます。

取り込むデータ形式を合わせるために設定します

❽ 取り込みたいデータが入っているシート（ここでは「在宅勤務」シート）を選択し、プレビューを確認したら [OK] をクリックします。

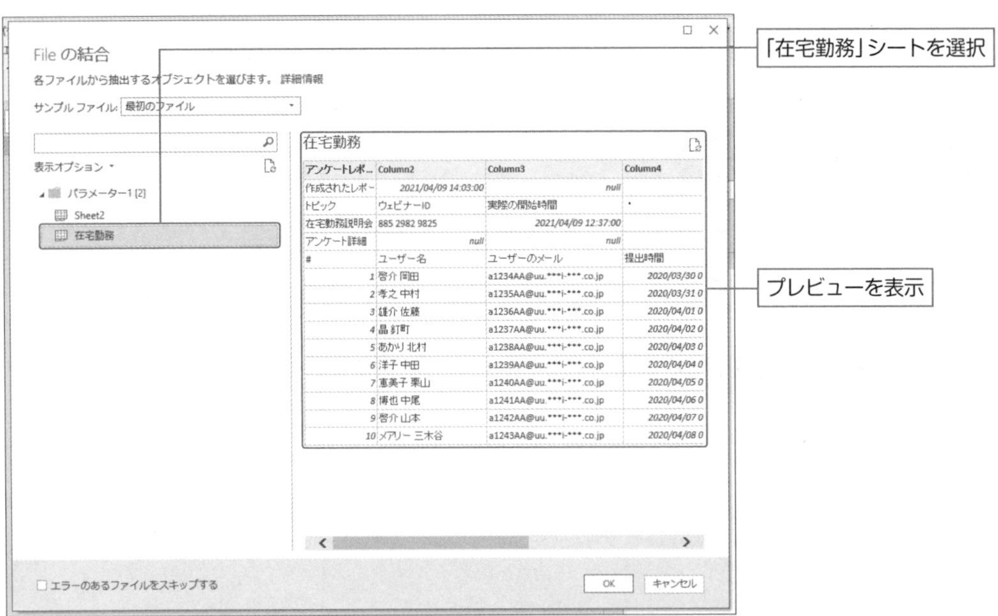

❾ 2つのブックのデータが結合し表示されます。

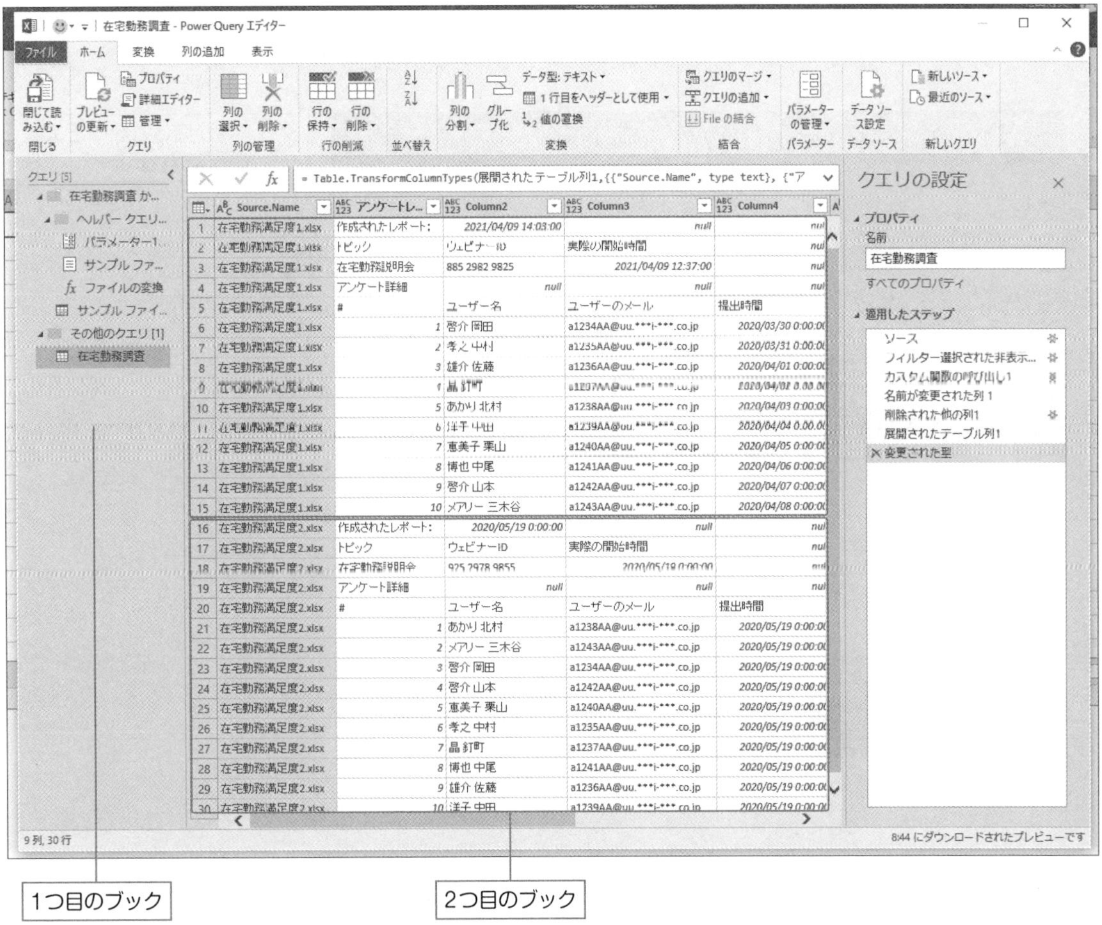

	Source.Name	アンケートレ...	Column2	Column3	Column4
1	在宅勤務満足度1.xlsx	作成されたレポート:	2021/04/09 14:03:00	null	nul
2	在宅勤務満足度1.xlsx	トピック	ウェビナーID	実際の開始時間	nul
3	在宅勤務満足度1.xlsx	在宅勤務説明会	885 2982 9825	2021/04/09 12:37:00	nul
4	在宅勤務満足度1.xlsx	アンケート詳細	null	null	nul
5	在宅勤務満足度1.xlsx	#	ユーザー名	ユーザーのメール	提出時間
6	在宅勤務満足度1.xlsx	1	啓介 岡田	a1234AA@uu.***i-***.co.jp	2020/03/30 0:00:0
7	在宅勤務満足度1.xlsx	2	孝之 中村	a1235AA@uu.***i-***.co.jp	2020/03/31 0:00:0
8	在宅勤務満足度1.xlsx	3	雄介 佐藤	a1236AA@uu.***i-***.co.jp	2020/04/01 0:00:0
9	在宅勤務満足度1.xlsx	4	晶 釘町	a1237AA@uu.***i-***.co.jp	2020/04/02 0:00:0
10	在宅勤務満足度1.xlsx	5	あかり 北村	a1238AA@uu.***i-***.co.jp	2020/04/03 0:00:0
11	在宅勤務満足度1.xlsx	6	洋子 中田	a1239AA@uu.***i-***.co.jp	2020/04/04 0:00:0
12	在宅勤務満足度1.xlsx	7	恵美子 栗山	a1240AA@uu.***i-***.co.jp	2020/04/05 0:00:0
13	在宅勤務満足度1.xlsx	8	博也 中尾	a1241AA@uu.***i-***.co.jp	2020/04/06 0:00:0
14	在宅勤務満足度1.xlsx	9	啓介 山本	a1242AA@uu.***i-***.co.jp	2020/04/07 0:00:0
15	在宅勤務満足度1.xlsx	10	メアリー 三木谷	a1243AA@uu.***i-***.co.jp	2020/04/08 0:00:0
16	在宅勤務満足度2.xlsx	作成されたレポート:	2020/05/19 0:00:00	null	nul
17	在宅勤務満足度2.xlsx	トピック	ウェビナーID	実際の開始時間	nul
18	在宅勤務満足度2.xlsx	在宅勤務説明会	925 2978 9855	2020/05/19 0:00:00	nul
19	在宅勤務満足度2.xlsx	アンケート詳細	null	null	nul
20	在宅勤務満足度2.xlsx	#	ユーザー名	ユーザーのメール	提出時間
21	在宅勤務満足度2.xlsx	1	あかり 北村	a1238AA@uu.***i-***.co.jp	2020/05/19 0:00:0
22	在宅勤務満足度2.xlsx	2	メアリー 三木谷	a1243AA@uu.***i-***.co.jp	2020/05/19 0:00:0
23	在宅勤務満足度2.xlsx	3	啓介 岡田	a1234AA@uu.***i-***.co.jp	2020/05/19 0:00:0
24	在宅勤務満足度2.xlsx	4	啓介 山本	a1242AA@uu.***i-***.co.jp	2020/05/19 0:00:0
25	在宅勤務満足度2.xlsx	5	恵美子 栗山	a1240AA@uu.***i-***.co.jp	2020/05/19 0:00:0
26	在宅勤務満足度2.xlsx	6	孝之 中村	a1235AA@uu.***i-***.co.jp	2020/05/19 0:00:0
27	在宅勤務満足度2.xlsx	7	晶 釘町	a1237AA@uu.***i-***.co.jp	2020/05/19 0:00:0
28	在宅勤務満足度2.xlsx	8	博也 中尾	a1241AA@uu.***i-***.co.jp	2020/05/19 0:00:0
29	在宅勤務満足度2.xlsx	9	雄介 佐藤	a1236AA@uu.***i-***.co.jp	2020/05/19 0:00:0
30	在宅勤務満足度2.xlsx	10	洋子 中田	a1239AA@uu.***i-***.co.jp	2020/05/19 0:00:0

1つ目のブック

2つ目のブック

OnePoint

Fileの結合のサンプルファイルは▼で変更できます。

選んだサンプルファイルにA、B、Cと3つの列が存在し、2つ目以降のファイルにA、B、C、Dと4つの列が存在する場合、取り出されるデータはA、B、Cと選んだファイルに存在するデータのみとなります。A、B、C、Dとすべての列を取り出したい場合には2つ目以降のファイルをサンプルファイルに指定する必要があります。

ブックのシート名が同一でない場合には次のようにエラーが表示されます。

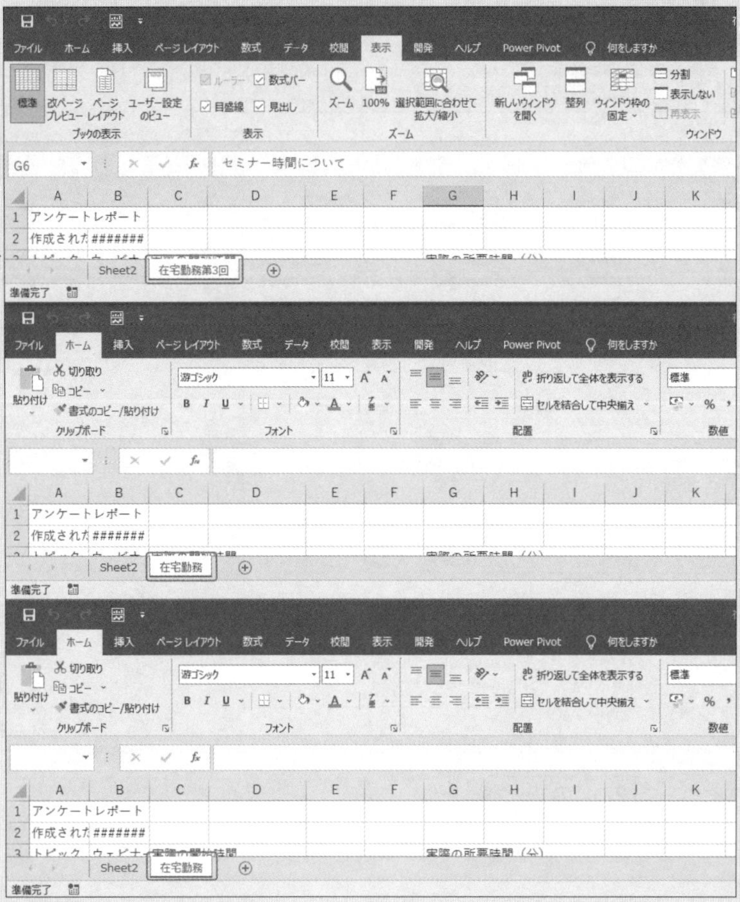

シート名が同じでないとエラーが表示される

売上明細2.xlsx

売上明細.xlsx

売上明細3.xlsx

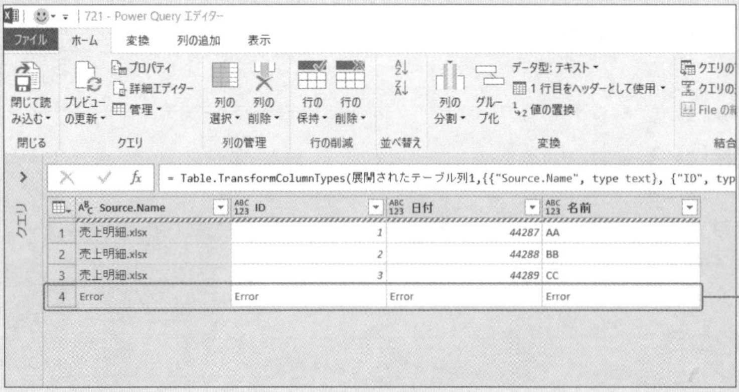

「売上明細2.xlsx」に「在宅勤務」シートが存在しなかったので表示されるエラー

Section
2-6 CSVファイルを取り込む

メニュー	[データ] - [データの取得と変換] - [テキストまたはCSVから]
M言語	-

2-2～2-5ではExcelのブックからデータを取り込みましたが、Power QueryではExcelのブック以外にも、さまざまな形式の元データを取り込めます。

中でも取り扱うことが多いのがCSVファイルでしょう。CSVファイルは、値をコンマ(,)で区切ったテキストデータで、拡張子は「.csv」となります。例えば、次のようなファイルです(テキストデータなので、メモ帳で開けます)。

在宅勤務満足度.csv - メモ帳
ファイル(F) 編集(E) 書式(O) 表示(V) ヘルプ(H)

```
アンケートレポート,,,,,,,,
作成されたレポート：,2021/4/9 14:03,,,,,,
トピック,ウェビナーID,実際の開始時間,,,,実際の所要時間（分）,
第10回ITセミナー,995 2608 9938,2021/4/9 12:37,,,,62,
アンケート詳細,,,,,,,
#,ユーザー名,ユーザーのメール,提出時間,部署コード,実務的でしたか？,セミナー時間について,セミナー感想
1,啓介 岡田,a1234AA@om.A***.co.jp,2021/4/9 13:39,A001,役に立つ,ちょうどいい,わかりやすかった
2,孝之 中村,a1235AA@om.A***.co.jp,2021/4/9 13:43,A002,役に立つ,ちょうどいい,わかりやすかった
3,雄介 佐藤,a1236AA@om.A***.co.jp,2021/4/9 13:39,B002,役に立つ,ちょうどいい,わかりやすかった
4,晶 釘町,a1237AA@om.A***.co.jp,2021/4/9 13:39,B003,大変役に立つ,短い,わかりやすかった
5,あかり 北村,a1238AA@om.A***.co.jp,2021/4/9 13:43,D001,大変役に立つ,短い,わかりやすかった
6,洋子 中田,a1239AA@om.A***.co.jp,2021/4/9 13:39,D002,役に立つ,ちょうどいい,わかりやすかった
7,恵美子 栗山,a1240AA@om.A***.co.jp,2021/4/9 13:40,C001,役に立つ,ちょうどいい,わかりやすかった
8,博也 中尾,a1241AA@om.A***.co.jp,2021/4/9 13:40,C002,大変役に立つ,ちょうどいい,わかりやすかった
9,啓介 山本,a1242AA@om.A***.co.jp,2021/4/9 13:39,D003,役に立つ,ちょうどいい,わかりやすかった
10,メアリー 三木谷,a1243AA@om.A***.co.jp,2021/4/9 13:39,D003,大変役に立つ,ちょうどいい,わかりやすかった
```

このようなCSVファイルをPower Queryに取り込むには、次のように操作します。

操作手順

❶ Excelで新しいブックを作成します。

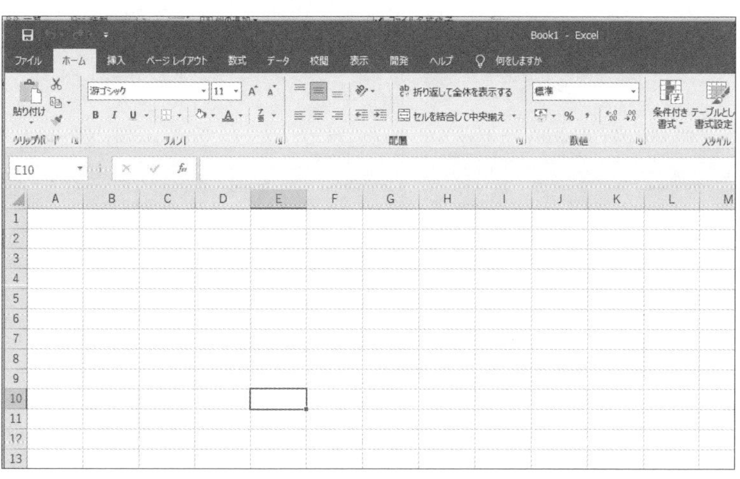

❷ [データ] - [データの取得と変換] - [テキストまたはCSVから] をクリックします。

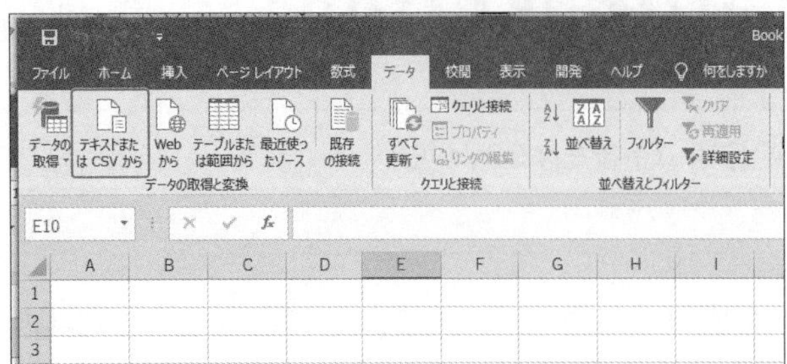

❸ [データの取り込み] ダイアログボックスで、CSVファイルが保存してあるフォルダを選択し、その後CSVファイルを選択し、[インポート] をクリックします。

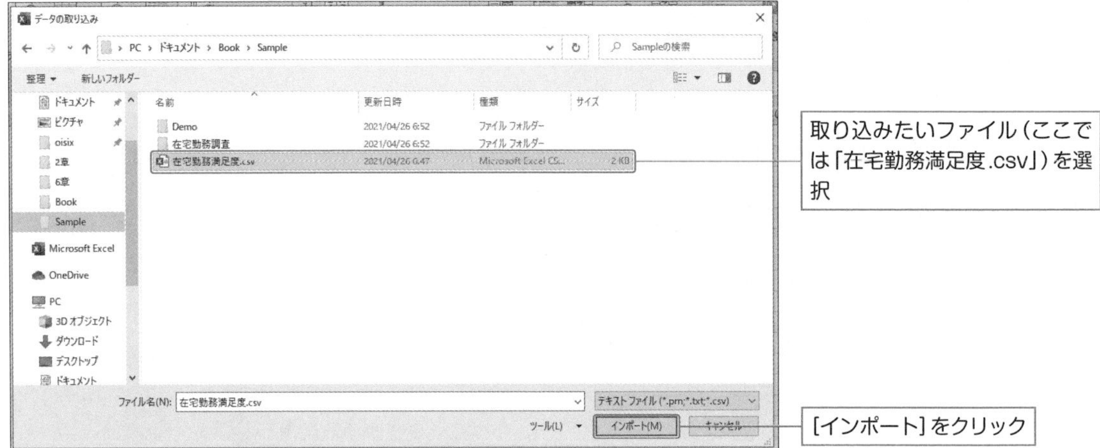

❹ CSVファイルをどのように読み取るのか設定します。

Column1	Column2	Column3	Column4	Column5	Column6	Column7	Column8
アンケートレポート							
作成されたレポート:	2021/4/9 14:03						
トピック	ウェビナーID	実際の開始時間				実際の所要時間(分)	
第10回ITセミナー	995 2608 9938	2021/4/9 12:37				62	
アンケート詳細							
#	ユーザー名	ユーザーのメール	提出時間	部署コード	実務的でしたか？	セミナー時間について	セミナー感想
1	啓介 岡田	a1234AA@om.A***.co.jp	2021/4/9 13:39	A001	役に立つ	ちょうどいい	わかりやすかった
2	孝之 中村	a1235AA@om.A***.co.jp	2021/4/9 13:43	A002	役に立つ	ちょうどいい	わかりやすかった
3	雄介 佐藤	a1236AA@om.A***.co.jp	2021/4/9 13:39	B002	役に立つ	ちょうどいい	わかりやすかった
4	晶 釘町	a1237AA@om.A***.co.jp	2021/4/9 13:39	B003	大変役に立つ	短い	わかりやすかった
5	あかり 北村	a1238AA@om.A***.co.jp	2021/4/9 13:43	D001	大変役に立つ	短い	わかりやすかった
6	洋子 中田	a1239AA@om.A***.co.jp	2021/4/9 13:39	D002	役に立つ	ちょうどいい	わかりやすかった
7	恵美子 栗山	a1240AA@om.A***.co.jp	2021/4/9 13:40	C001	役に立つ	ちょうどいい	わかりやすかった
8	博也 中尾	a1241AA@om.A***.co.jp	2021/4/9 13:40	C002	大変役に立つ	ちょうどいい	わかりやすかった
9	啓介 山本	a1242AA@om.A***.co.jp	2021/4/9 13:39	D003	役に立つ	ちょうどいい	わかりやすかった
10	メアリー 三木谷	a1243AA@om.A***.co.jp	2021/4/9 13:39	D003	大変役に立つ	ちょうどいい	わかりやすかった

❺ 元のファイルで設定できるのは「文字コード」です。

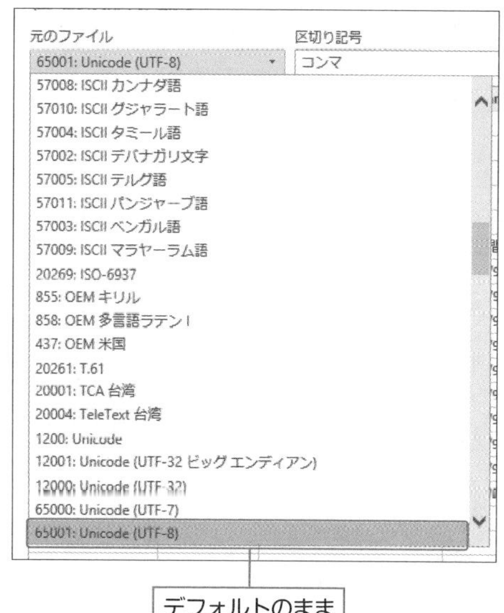

❻ 今回のCSVファイルはコンマで区切られたデータですので、[区切り記号]は「コンマ」を選択します。

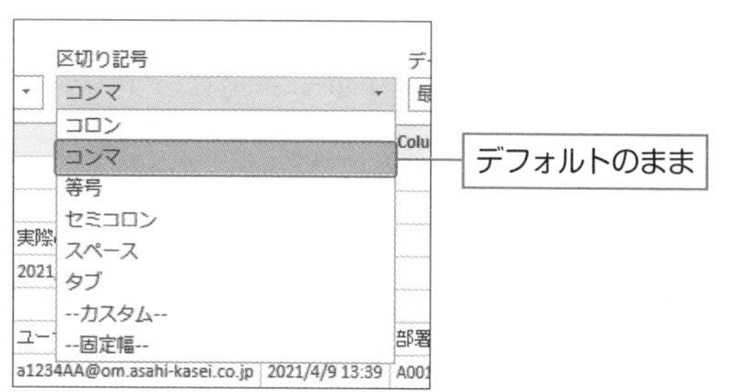

❼ [データ型検出]は「最初の200行に基づく」を選択します。

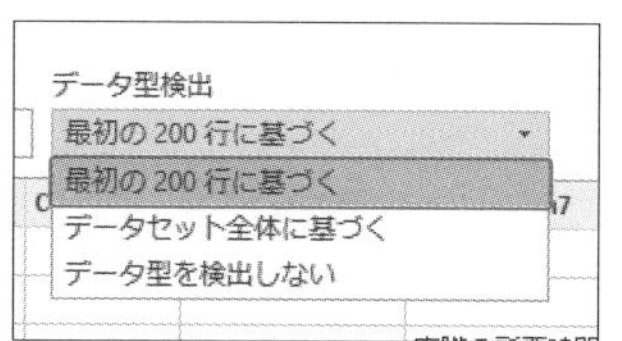

❽ 設定が終了したら [データの変換] をクリックします。

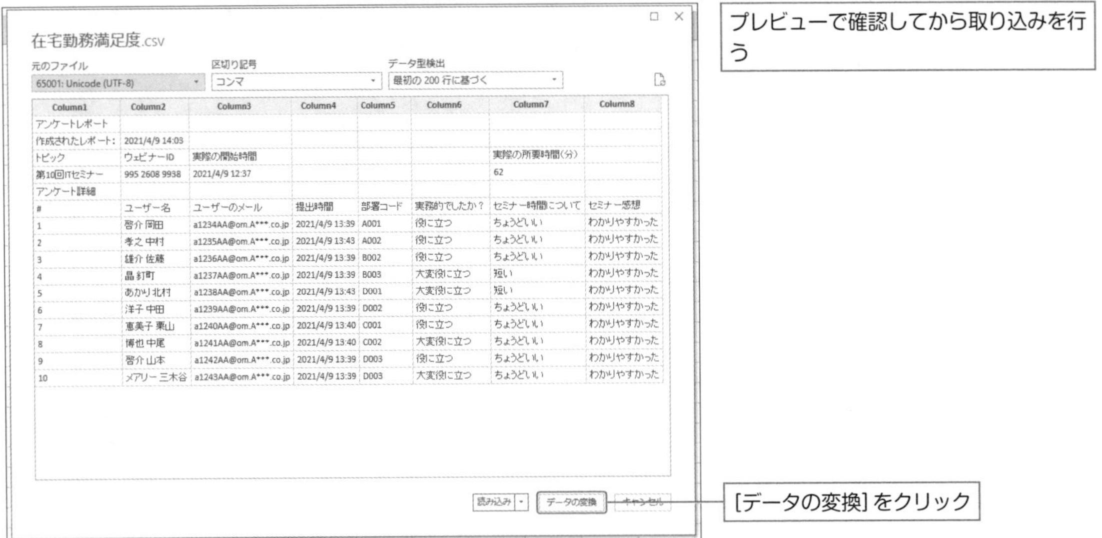

Column1	Column2	Column3	Column4	Column5	Column6	Column7	Column8
アンケートレポート							
作成されたレポート:	2021/4/9 14:03						
トピック	ウェビナーID	実際の開始時間				実際の所要時間(分)	
第10回ITセミナー	995 2608 9938	2021/4/9 12:37				62	
アンケート詳細							
#	ユーザー名	ユーザーのメール	提出時間	部署コード	実務的でしたか？	セミナー時間について	セミナー感想
1	啓介 岡田	a1234AA@om.A***.co.jp	2021/4/9 13:39	A001	役に立つ	ちょうどいい	わかりやすかった
2	孝之 中村	a1235AA@om.A***.co.jp	2021/4/9 13:43	A002	役に立つ	ちょうどいい	わかりやすかった
3	雄介 佐藤	a1236AA@om.A***.co.jp	2021/4/9 13:39	B002	役に立つ	ちょうどいい	わかりやすかった
4	晶 釘町	a1237AA@om.A***.co.jp	2021/4/9 13:39	B003	大変役に立つ	短い	わかりやすかった
5	あかり 北村	a1238AA@om.A***.co.jp	2021/4/9 13:43	D001	大変役に立つ	短い	わかりやすかった
6	洋子 中田	a1239AA@om.A***.co.jp	2021/4/9 13:39	D002	役に立つ	ちょうどいい	わかりやすかった
7	恵美子 栗山	a1240AA@om.A***.co.jp	2021/4/9 13:40	C001	役に立つ	ちょうどいい	わかりやすかった
8	博也 中尾	a1241AA@om.A***.co.jp	2021/4/9 13:40	C002	大変役に立つ	ちょうどいい	わかりやすかった
9	啓介 山本	a1242AA@om.A***.co.jp	2021/4/9 13:39	D003	役に立つ	ちょうどいい	わかりやすかった
10	メアリー 三木谷	a1243AA@om.A***.co.jp	2021/4/9 13:39	D003	大変役に立つ	ちょうどいい	わかりやすかった

❾ Power Query エディターが起動しデータが表示されます。

	Column1	Column2	Column3	Column4	Column5	Column6	Column7	Column8
1	アンケートレポート							
2	作成されたレポー...	2021/4/9 14:03						
3	トピック	ウェビナーID	実際の開始時間				実際の所要時間(...	
4	第10回ITセミナー	995 2608 9938	2021/4/9 12:37				62	
5	アンケート詳細							
6	#	ユーザー名	ユーザーのメール	提出時間	部署コード	実務的でしたか？	セミナー時間につ...	セミナー感想
7	1	啓介 岡田	a1234AA@om.A***.co.jp	2021/4/9 13:39	A001	役に立つ	ちょうどいい	わかりやすかった
8	2	孝之 中村	a1235AA@om.A***.co.jp	2021/4/9 13:43	A002	役に立つ	ちょうどいい	わかりやすかった
9	3	雄介 佐藤	a1236AA@om.A***.co.jp	2021/4/9 13:39	B002	役に立つ	ちょうどいい	わかりやすかった
10	4	晶 釘町	a1237AA@om.A***.co.jp	2021/4/9 13:39	B003	大変役に立つ	短い	わかりやすかった
11	5	あかり 北村	a1238AA@om.A***.co.jp	2021/4/9 13:43	D001	大変役に立つ	短い	わかりやすかった
12	6	洋子 中田	a1239AA@om.A***.co.jp	2021/4/9 13:39	D002	役に立つ	ちょうどいい	わかりやすかった
13	7	恵美子 栗山	a1240AA@om.A***.co.jp	2021/4/9 13:40	C001	役に立つ	ちょうどいい	わかりやすかった
14	8	博也 中尾	a1241AA@om.A***.co.jp	2021/4/9 13:40	C002	大変役に立つ	ちょうどいい	わかりやすかった
15	9	啓介 山本	a1242AA@om.A***.co.jp	2021/4/9 13:39	D003	役に立つ	ちょうどいい	わかりやすかった
16	10	メアリー 三木谷	a1243AA@om.A***.co.jp	2021/4/9 13:39	D003	大変役に立つ	ちょうどいい	わかりやすかった

Section
2-7 Webからデータを取り込む

メニュー	[データ] - [データの取得と変換] - [Webから]
M言語	-

Power Queryは、Webで公開されているデータを取り込むこともできます。
例えば、Yahooの天気災害では地震の情報を公開しています。

発生時刻	震源地	マグニチュード	最大震度
2021年4月25日 16時43分ごろ	宮城県中部	3.1	1
2021年4月25日 0時28分ごろ	伊豆大島近海	2.1	1
2021年4月24日 22時04分ごろ	伊豆大島近海	2.5	1
2021年4月24日 20時42分ごろ	長野県北部	2.7	2
2021年4月24日 20時36分ごろ	長野県北部	2.1	1
2021年4月24日 18時35分ごろ	岩手県沖	4.2	3
2021年4月24日 18時35分ごろ	---	---	3
2021年4月24日 17時59分ごろ	茨城県北部	3.9	1
2021年4月24日 15時47分ごろ	福島県沖	3.5	1
2021年4月24日 12時12分ごろ	山梨県中・西部	3.4	3
2021年4月24日 11時40分ごろ	トカラ列島近海	3.3	2
2021年4月24日 6時34分ごろ	宮城県沖	3.9	2
2021年4月24日 5時39分ごろ	熊本県熊本地方	2.2	1
2021年4月23日 18時28分ごろ	広島県北部	2.2	1
2021年4月23日 16時26分ごろ	種子島南東沖	4.5	2
2021年4月23日 15時42分ごろ	宮古島近海	3.7	2
2021年4月23日 14時12分ごろ	福島県沖	4.1	3
2021年4月23日 9時50分ごろ	宮城県沖	3.9	1
2021年4月23日 8時00分ごろ	静岡県中部	3.6	2
2021年4月22日 19時31分ごろ	伊豆大島近海	2.2	1

Power Queryでは、このようなデータも直接取り込むことができます。

操作手順

❶ Excelで新しいブックを作成し、[データ] - [データの取得と変換] - [Webから] をクリックします。

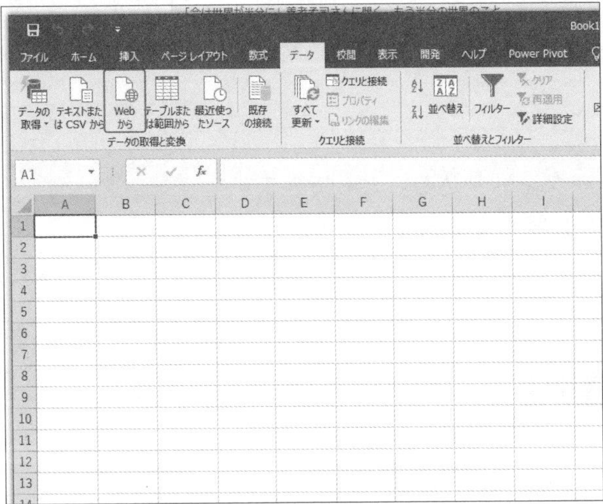

❷ [Webから] ダイアログボックスが表示されます。

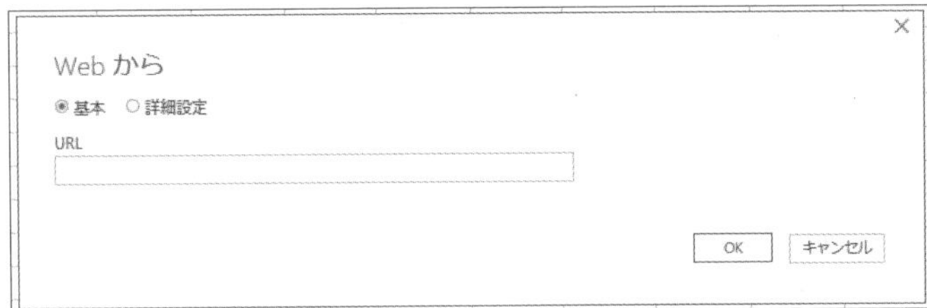

❸ [URL] にデータが存在するURL(ここでは「https://typhoon.yahoo.co.jp/weather/jp/earthquake/list/」)を入力し [OK] をクリックします。

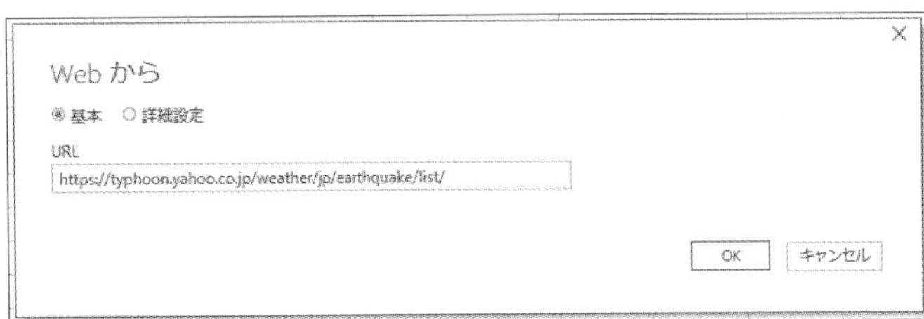

❹ Webコンテンツへのアクセス方法を確認し、[接続] をクリックします。

❺ ナビゲーターが表示されるので、取り込まれるデータのプレビューを確認しながら、表示オプションを選択します（ここではTable0を選択）。

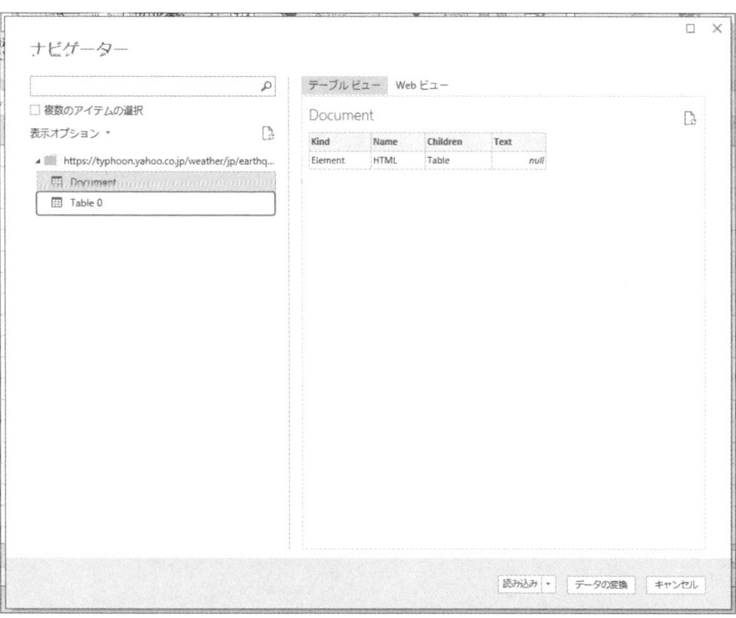

❻ 取り込みたいデータがプレビューに表示されたことを確認し、[データの変換] をクリックします。

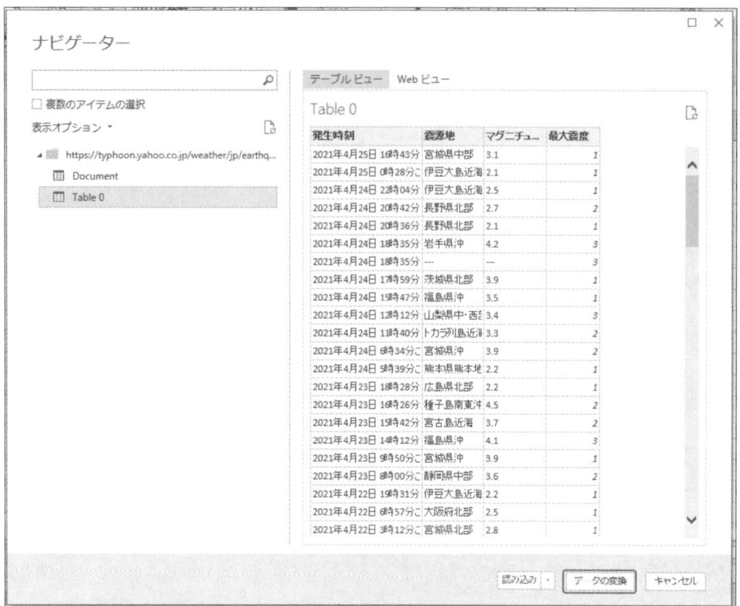

❼ Power Queryエディターが起動し、データが取り込まれます。

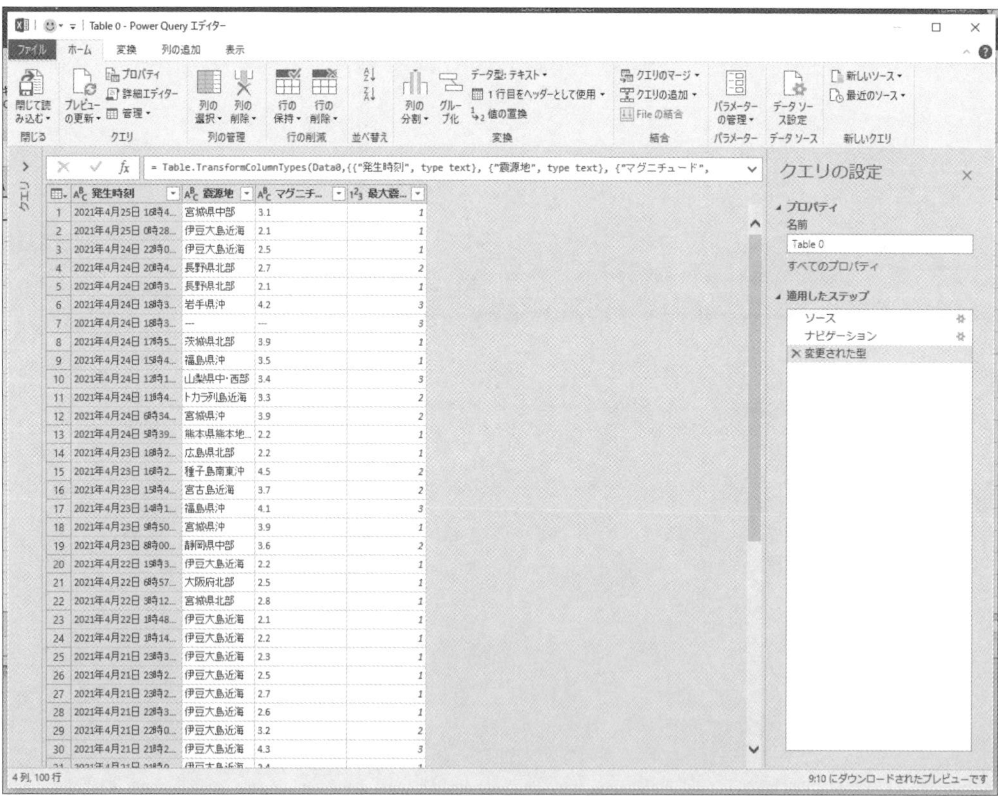

Section
2-8 空のクエリを作成する

メニュー	[データ] - [データの取得と変換] - [データの取得] - [その他のデータソースから] - [空のクエリ]
M言語	-

Power Queryでは、何のデータも取り込まない空のクエリを作成することもできます。

操作手順

❶ Excelで新しいブックを作成し、[データ] - [データの取得と変換] - [データの取得] の▼をクリックし、表示されたメニューの [その他のデータソースから] - [空のクエリ] をクリックします。

❷ データを持たないPower Queryエディターが起動します。

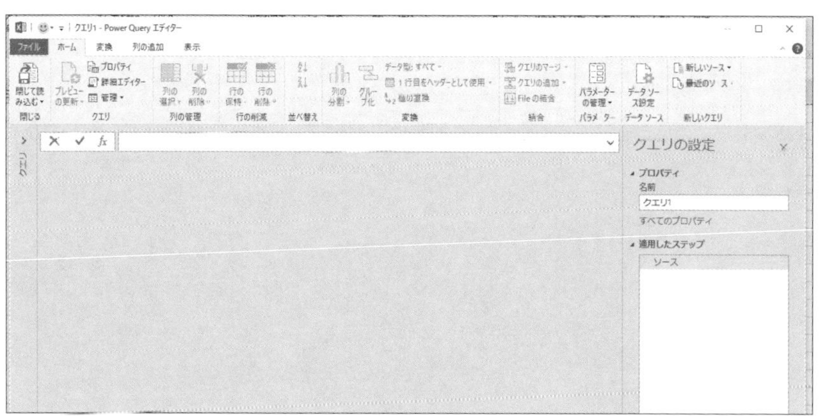

OnePoint

巻末資料A-3で空のクエリに関数リファレンスを表示する方法について説明しています。

Section
2-9

作成したクエリを保存する①
デフォルト設定での保存

メニュー	[ホーム] - [閉じる] - [閉じて読み込む] - [閉じて読み込む]
M言語	-

Power Queryエディターにデータを取り込み、整形作業をしたら、最後にそこまでの作業内容をクエリとして保存してPower Queryエディターを終了します。そのためには次のように操作します。

操作手順

❶ [ホーム] - [閉じる] - [閉じて読み込む] の▼をクリックし、表示されたメニューの [閉じて読み込む] をクリックします。

❷ Excelにクエリの実行結果がテーブル形式で出力され、クエリが保存されます。保存されたクエリは［クエリと接続］ウィンドウに表示されています。

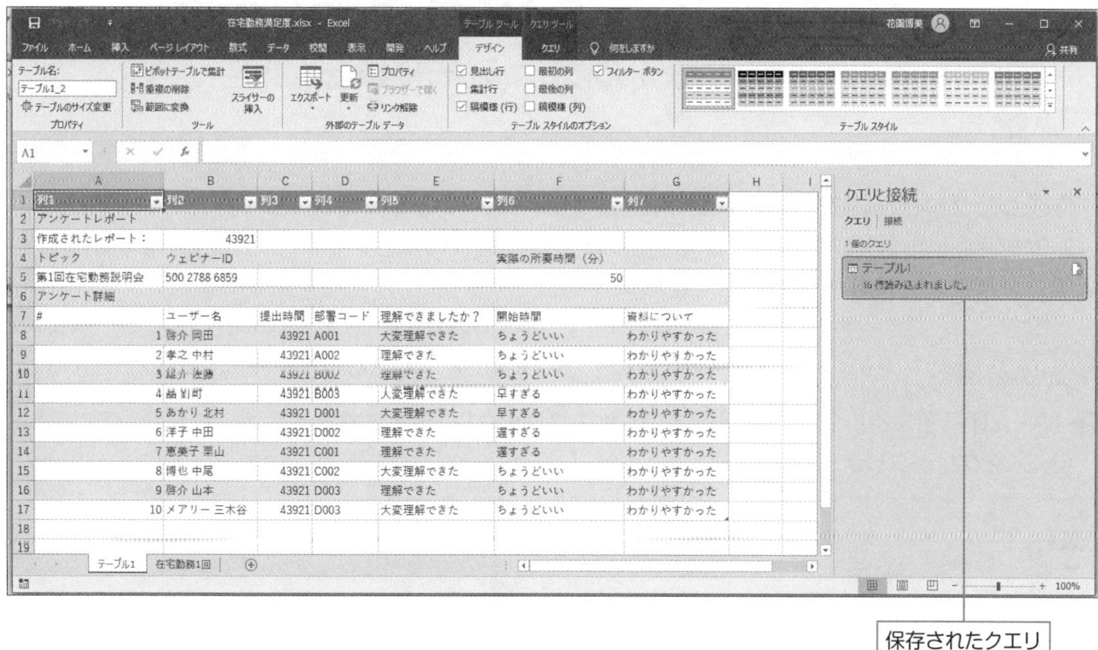

［閉じて読み込む］というメニューの意味が分かりにくいかもしれませんが、「（Power Query エディターを）閉じて、（Excelにクエリの実行結果を）読み込む」と考えると理解しやすいでしょう。

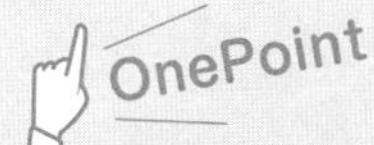

クエリの名前の変更方法については2-16、2-17で説明しています。

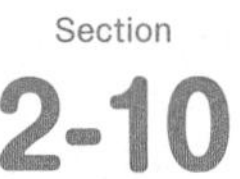

Section
2-10

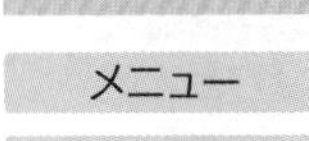

作成したクエリを保存する②
オプションを指定する保存

メニュー	[ホーム] - [閉じる] - [閉じて読み込む] - [閉じて次に読み込む]
M言語	-

作成したクエリは、[閉じて次に読み込む] で保存することもできます。

2-9で説明した [閉じて読み込む] を使った方法と違うのは、ブックでの表示方法やデータを返す先を指定して保存できるという点です。

操作手順

❶ [ホーム] - [閉じる] - [閉じて読み込む] の▼をクリックし、表示されたメニューの [閉じて次に読み込む] をクリックします。

	列1	列2	列3	列4	列5	列6	列7
1	アンケートレ...	null	null	null	null	null	null
2	作成されたレ...	2020/03/31 0:00:00	null	null	null	null	null
3	トピック	ウェビナーID	null	null	null	実際の所要...	null
4	第1回在宅勤...	500 2788 6859	null	null	null	50	null
5	アンケート詳細	null	null	null	null	null	null
6	#	ユーザー名	提出時間	部署コード	理解できまし...	開始時間	資料について
7	1	啓介 岡田	2020/03/31 0:00:00	A001	大変理解で...	ちょうどいい	わかりやす...
8	2	孝之 中村	2020/03/31 0:00:00	A002	理解できた	ちょうどいい	わかりやす...
9	3	雄介 佐藤	2020/03/31 0:00:00	B002	理解できた	ちょうどいい	わかりやす...
10	4	晶 釘町	2020/03/31 0:00:00	B003	大変理解で...	早すぎる	わかりやす...
11	5	あかり 北村	2020/03/31 0:00:00	D001	大変理解で...	早すぎる	わかりやす...
12	6	洋子 中田	2020/03/31 0:00:00	D002	理解できた	遅すぎる	わかりやす...
13	7	恵美子 栗山	2020/03/31 0:00:00	C001	理解できた	遅すぎる	わかりやす...
14	8	博也 中尾	2020/03/31 0:00:00	C002	大変理解で...	ちょうどいい	わかりやす...
15	9	啓介 山本	2020/03/31 0:00:00	D003	理解できた	ちょうどいい	わかりやす...
16	10	メアリー 三木谷	2020/03/31 0:00:00	D003	大変理解で...	ちょうどいい	わかりやす...

❷ [データのインポート] ダイアログボックスでオプションを指定し、[OK] をクリックします。

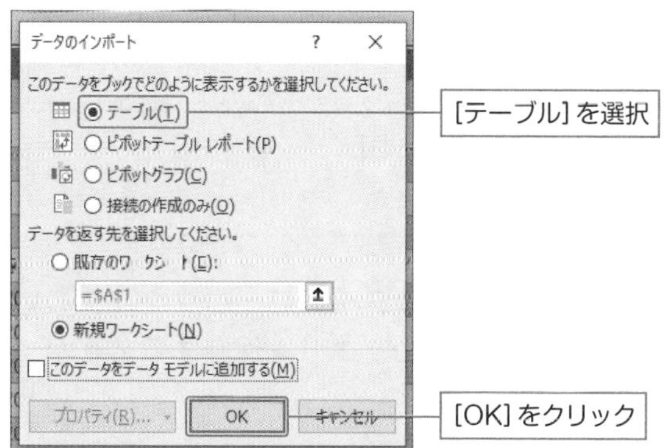

❸ Excelにクエリの実行結果が出力され、クエリが保存されます。保存されたクエリは [クエリの接続] ウィンドウに表示されています。

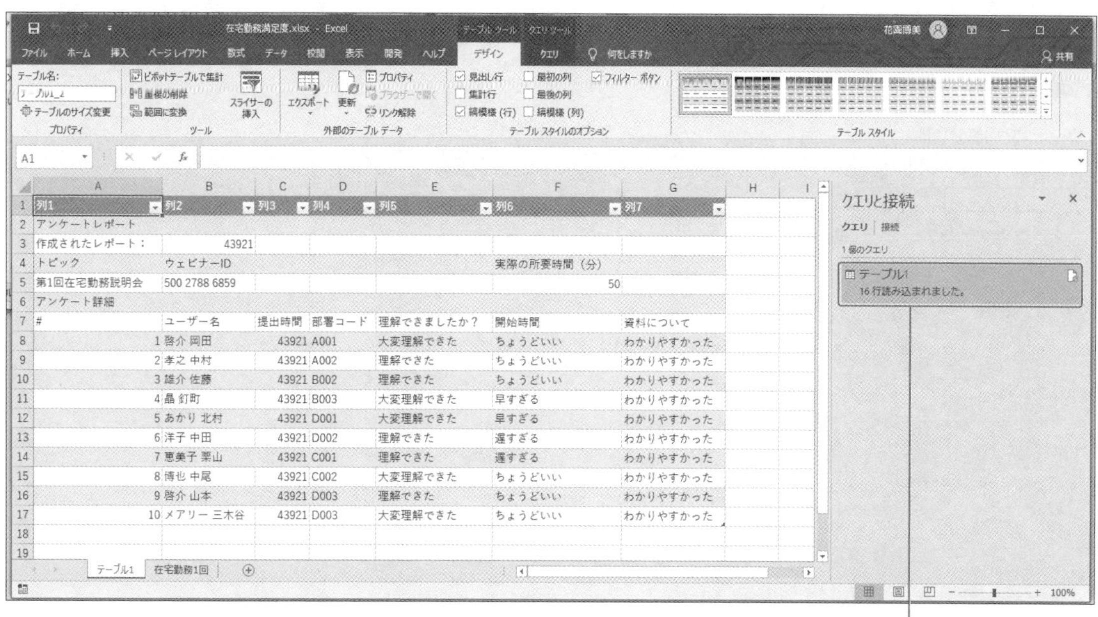

列1	列2	列3	列4	列5	列6	列7
アンケートレポート						
作成されたレポート：	43921					
トピック	ウェビナーID				実際の所要時間（分）	
第1回在宅勤務説明会	500 2788 6859				50	
アンケート詳細						
#	ユーザー名	提出時間	部署コード	理解できましたか？	開始時間	資料について
1	啓介 岡田	43921	A001	大変理解できた	ちょうどいい	わかりやすかった
2	孝之 中村	43921	A002	理解できた	ちょうどいい	わかりやすかった
3	雄介 佐藤	43921	B002	理解できた	ちょうどいい	わかりやすかった
4	晶 釘町	43921	B003	大変理解できた	早すぎる	わかりやすかった
5	あかり 北村	43921	D001	大変理解できた	早すぎる	わかりやすかった
6	洋子 中田	43921	D002	理解できた	遅すぎる	わかりやすかった
7	恵美子 栗山	43921	C001	理解できた	遅すぎる	わかりやすかった
8	博也 中尾	43921	C002	大変理解できた	ちょうどいい	わかりやすかった
9	啓介 山本	43921	D003	理解できた	ちょうどいい	わかりやすかった
10	メアリー 三木谷	43921	D003	大変理解できた	ちょうどいい	わかりやすかった

読み込まれたデータの件数が確認できる

このように手順❷の [データのインポート] ダイアログボックスで、ブックでの表示方法に「テーブル」、データを返す先に「新規ワークシート」を選択した場合、[閉じて読み込む] を使った方法と同じ結果となります。

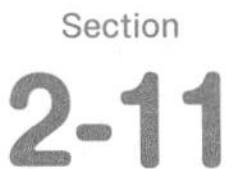

Section

2-11

作成したクエリを保存する③ 接続のみ保存

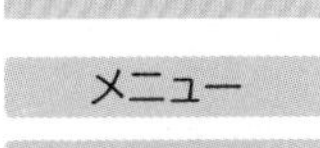

メニュー	[ホーム] - [閉じる] - [閉じて読み込む] - [閉じて次に読み込む]
M言語	-

2-10で説明した［閉じて次に読み込む］の［データのインポート］ダイアログボックスにおいて「接続の作成のみ」を選ぶことで、「接続専用」という特殊な形式でクエリを保存することができます。

操作手順

❶ [ホーム] - [閉じる] - [閉じて読み込む] の▼をクリックし、表示されたメニューの [閉じて次に読み込む] をクリックします。

❷ [データのインポート] ダイアログボックスで「接続の作成のみ」を選択し、[OK] をクリックします。

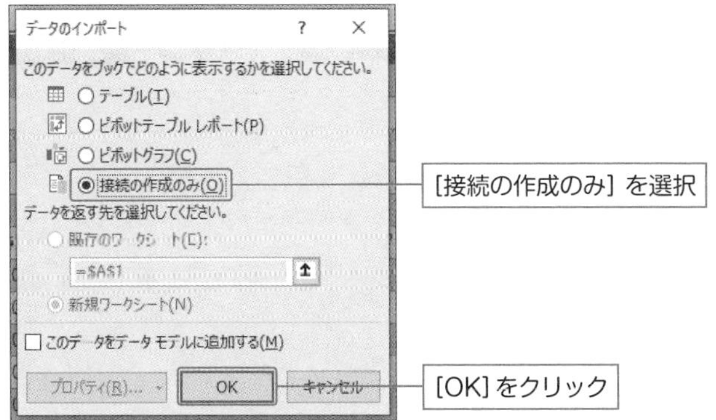

❸ クエリが保存されますが、Excelにクエリの実行結果は出力されません。保存されたクエリは [クエリの接続] ウィンドウに表示されています。

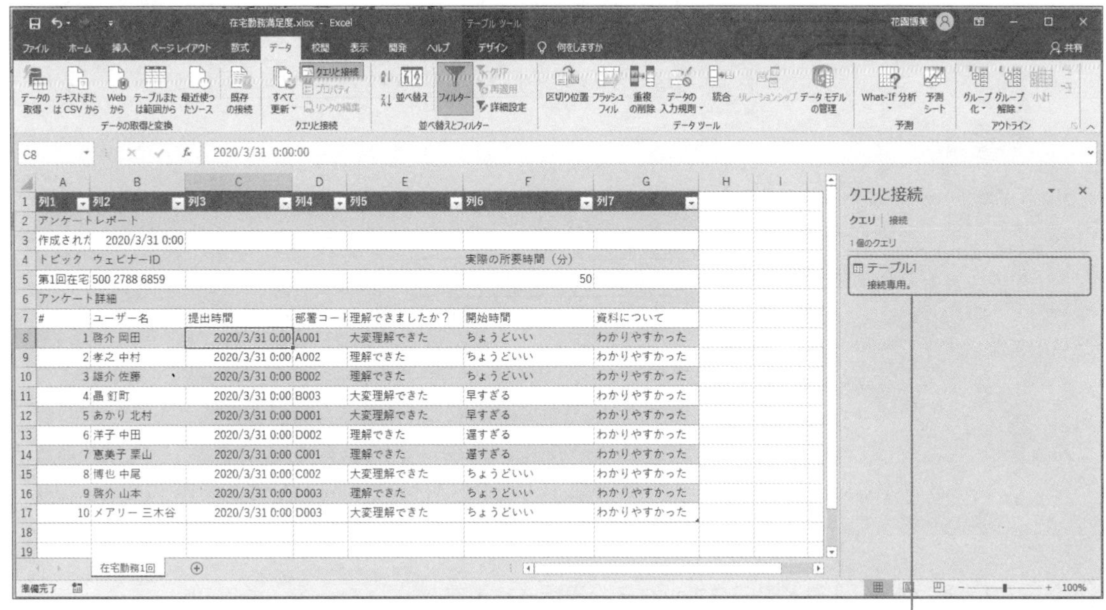

このように、接続専用でクエリを保存すると、Excelにはクエリの実行結果は出力されません。

なぜこんな保存形式が必要なのか疑問に思うかもしれませんが、例えばPower Queryを使って2つのデータを結合したい場合、あらかじめそれぞれの元データを取り込むためのクエリを作成しておく必要があります。そのような場合、元データを取り込むためのクエリではExcelに結果を出力する必要がないため、接続専用として保存します（データの結合について詳しくは8-6～8-16で説明しています）。

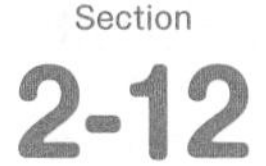

Section
2-12 クエリの種類を変更する①
接続専用から通常のクエリへの変更

メニュー	[読み込み先]
M言語	-

接続専用として保存したクエリを、通常の（Excelに結果を出力する）クエリに変更したい場合、次のように操作します。

操作手順

❶ [クエリと接続] ウィンドウに表示されている接続専用クエリを右クリックし、ショートカットメニューから [読み込み先] をクリックします。

❷ [データのインポート] ダイアログボックスが表示されます。

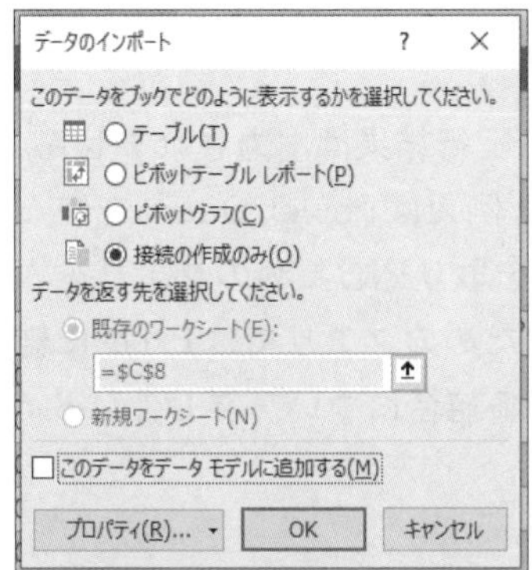

❸「テーブル」を選択します。

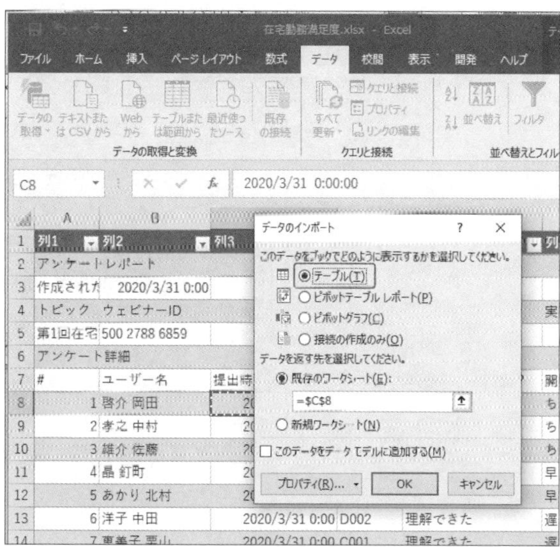

❹［データを返す先］を「新規ワークシート」に変更し、［OK］をクリックします。

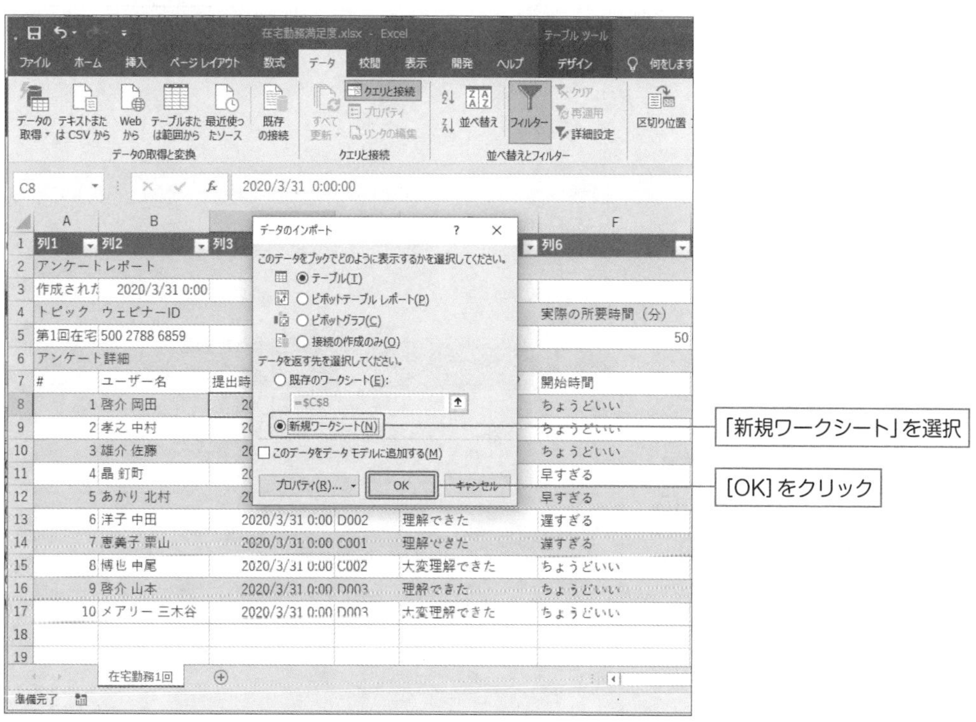

❺ クエリの実行結果がExcelに出力されるようになりました。

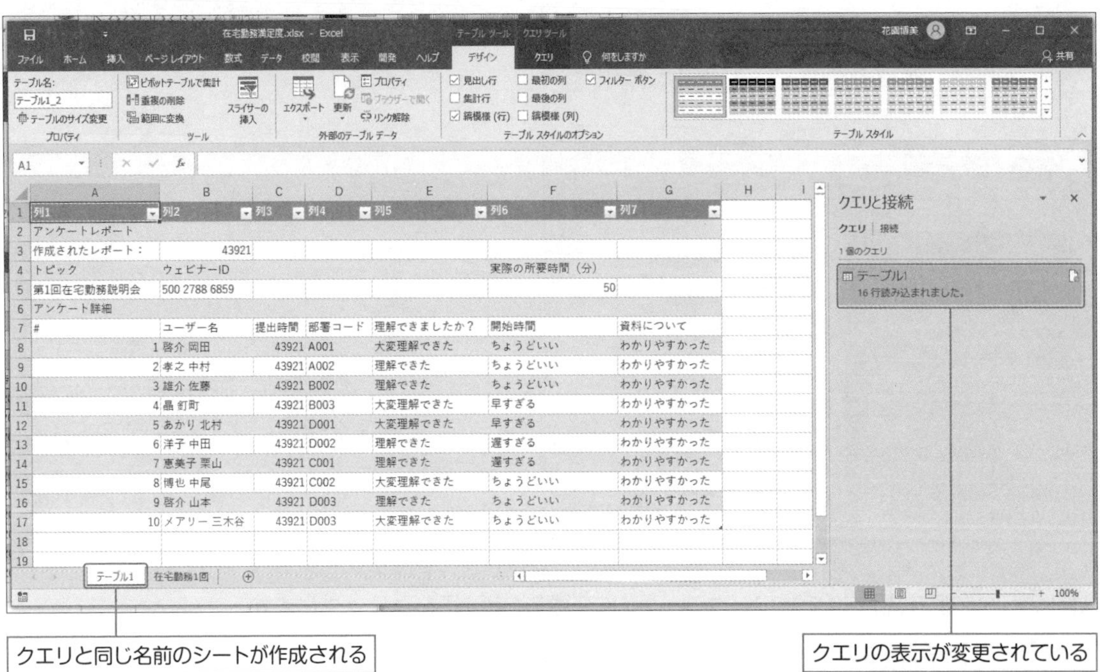

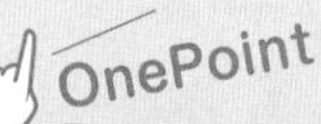

［データのインポート］ダイアログボックスでは、テーブルや接続の作成以外にも、ピボットテーブルレポートやピボットグラフとして結果を出力するよう変更することもできますし、データモデルにデータを追加することも可能です。

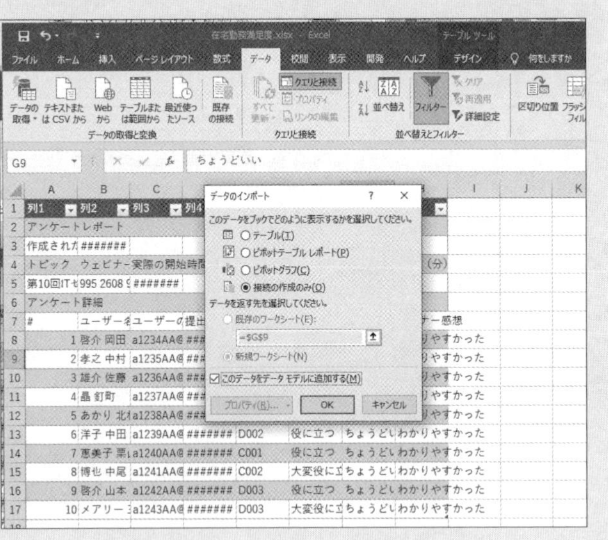

Section
2-13

クエリの種類を変更する②
通常のクエリから接続専用への変更

メニュー	[読み込み先]
M言語	-

通常の(Excelに結果を出力する)クエリを接続専用に変更したい場合、次のように操作します。

操作手順

❶ [クエリと接続] ウィンドウに表示されている通常のクエリを右クリックし、ショートカットメニューから [読み込み先] をクリックします。

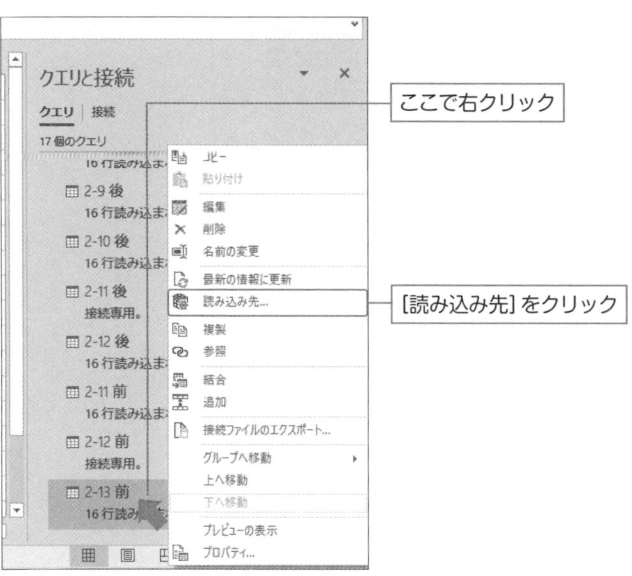

1
2
3
4
5
6
7
8
A
クエリの作成と管理

❷ ［データのインポート］ダイアログボックスが表示されます。

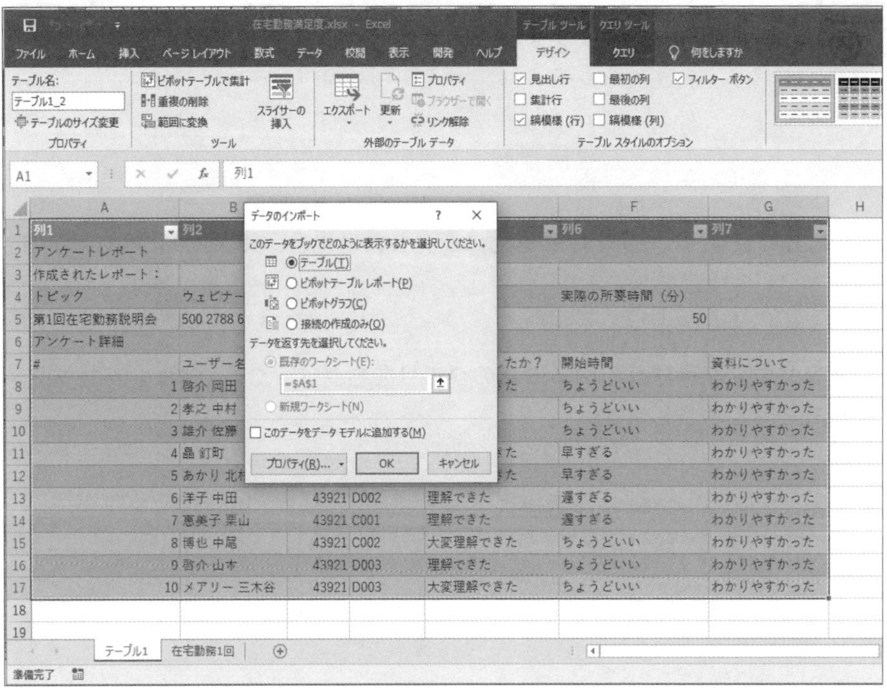

❸ 「接続の作成のみ」を選択し、［OK］をクリックします。

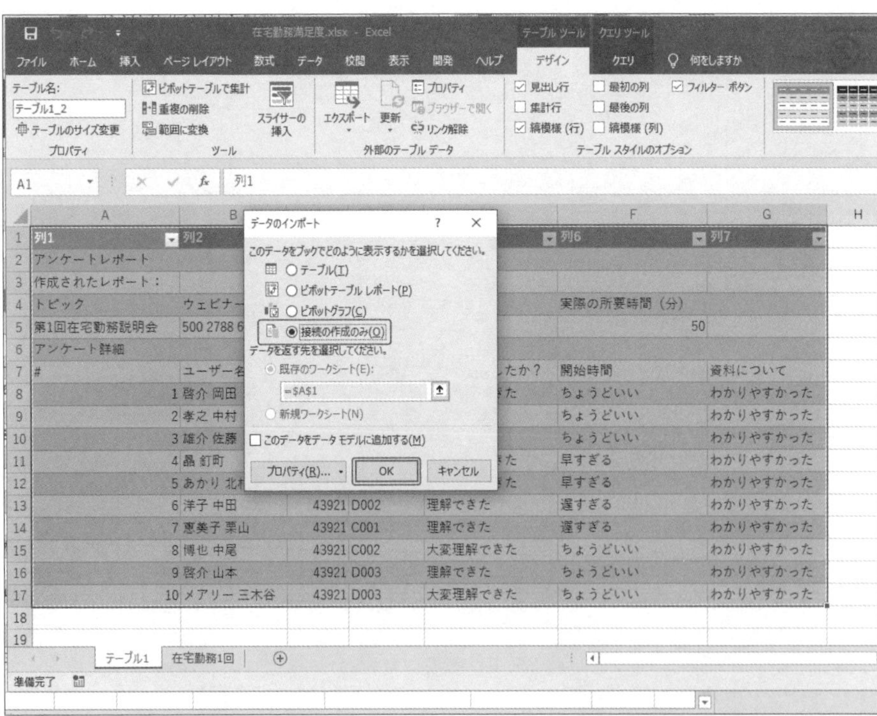

❹ ［データの損失の可能性］ダイアログボックスで［OK］をクリックします。

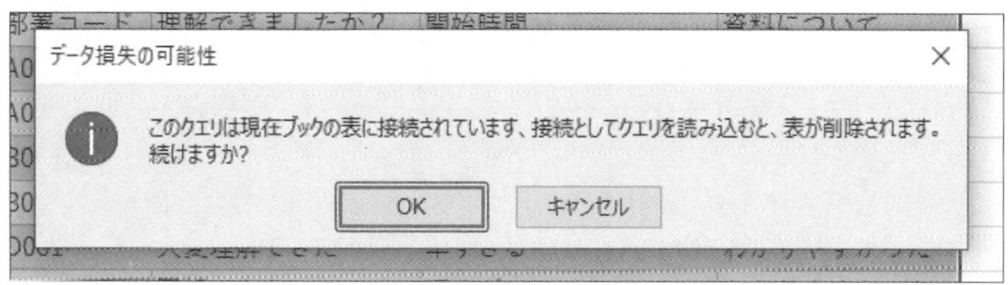

❺ Excelに表示されていたテーブルが削除されました。［クエリと接続］ウィンドウに接続のみのクエリが残っています。

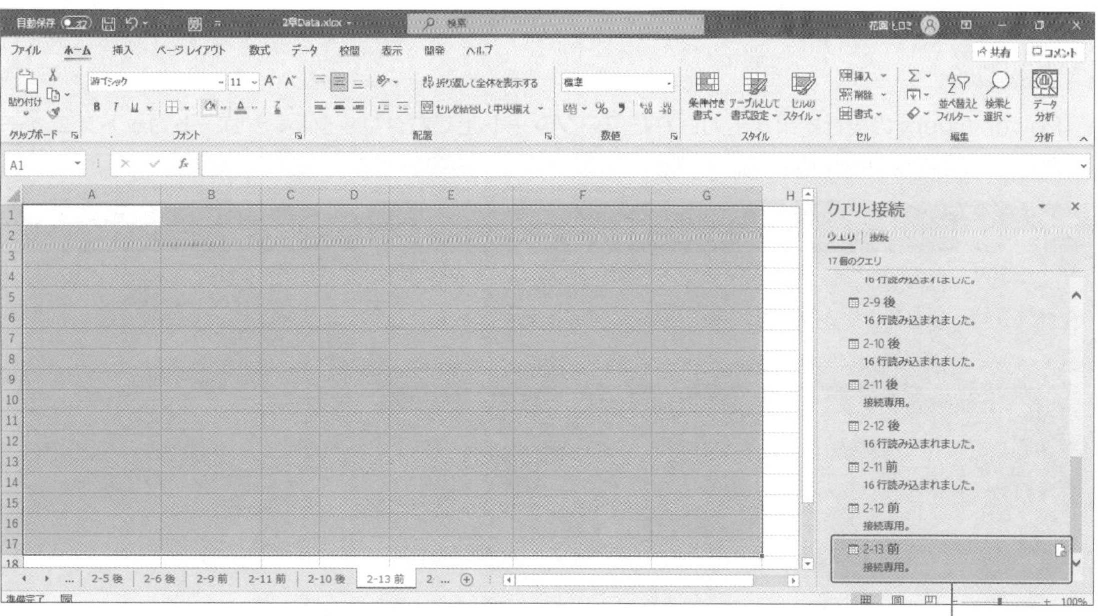

Section

2-14 クエリの種類を変更する③ シート削除による接続専用への変更

メニュー	[接続] のみのクエリ
M言語	-

2-13では通常の（Excelに結果を出力する）クエリを、［クエリと接続］ウィンドウでの操作で接続専用に変更しました。

同じことが、Power Queryの実行結果が出力されたシートを削除することでも可能です。

操作手順

❶ Power Queryの実行結果が出力されたワークシート上で右クリックし、ショートカットメニューから [削除] をクリックします。

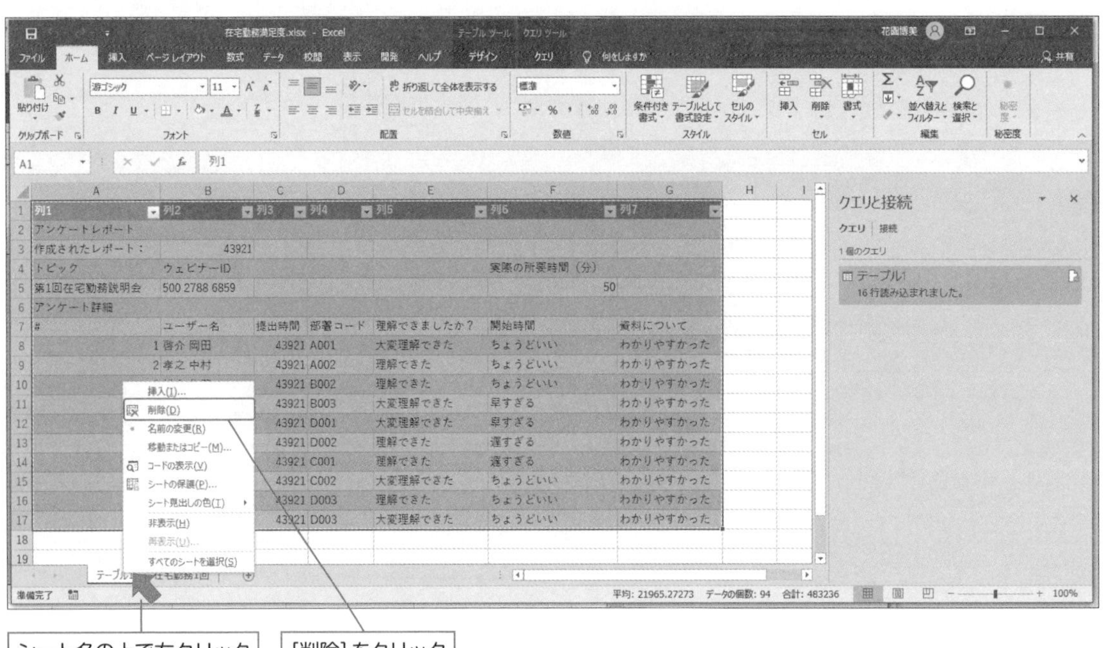

❷ シートを削除する警告が表示されるので［削除］をクリックします。

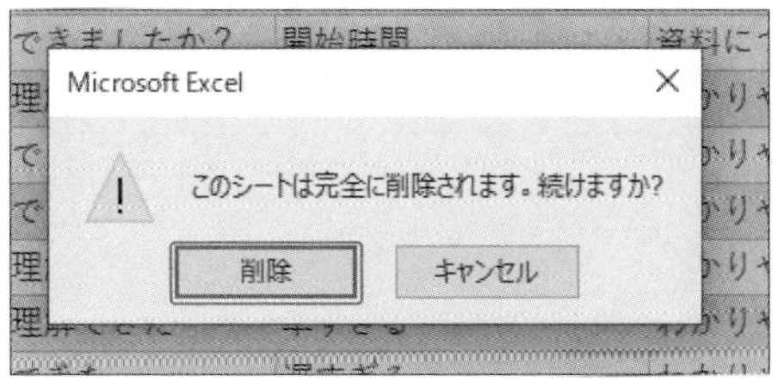

❸ シートが削除され、［クエリと接続］ウィンドウの表示されているクエリの種類が「接続専用」に変化します。

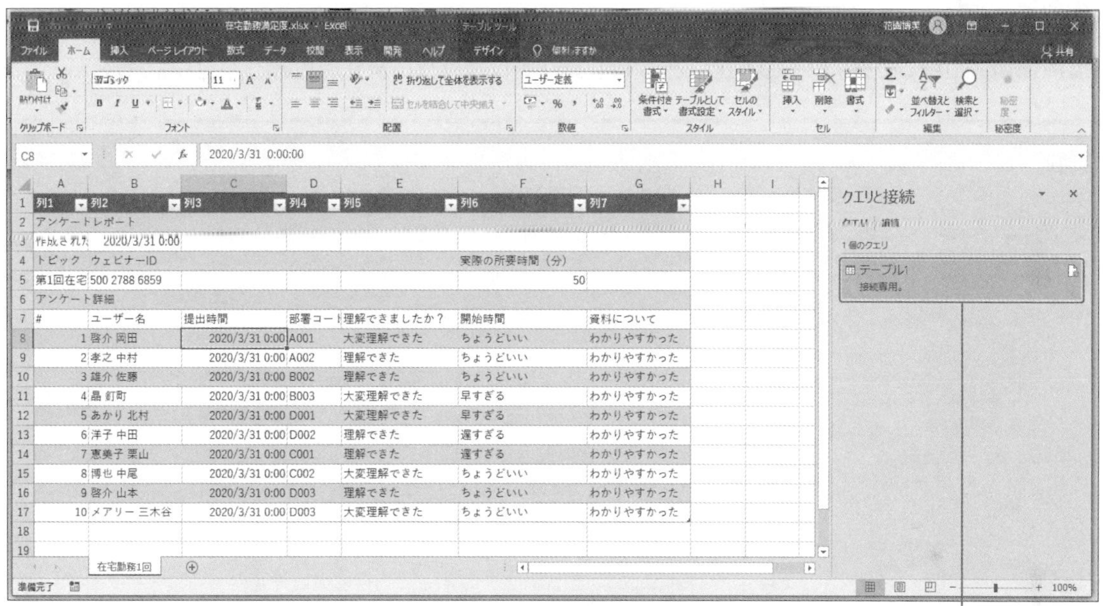

Section

2-15 クエリを破棄して終了する

メニュー	[クエリの破棄]
M言語	-

Power Queryエディターにデータを取り込み、整形作業をした後であっても、[クエリの破棄]を使用すれば、そこまでの作業内容を破棄してPower Queryエディターを終了できます。

操作手順

❶ Power Queryエディターの右上にある[閉じる]をクリックします。

❷ [Power Queryエディター] ダイアログボックスで [破棄] をクリックします。

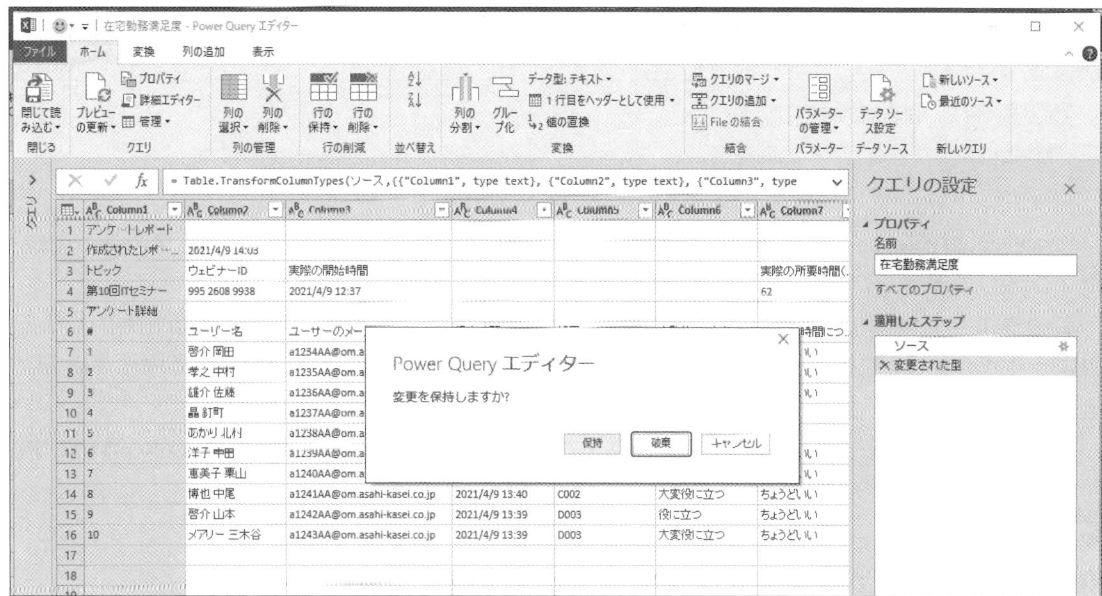

❸ クエリ作成前のExcelブック画面に戻ります。

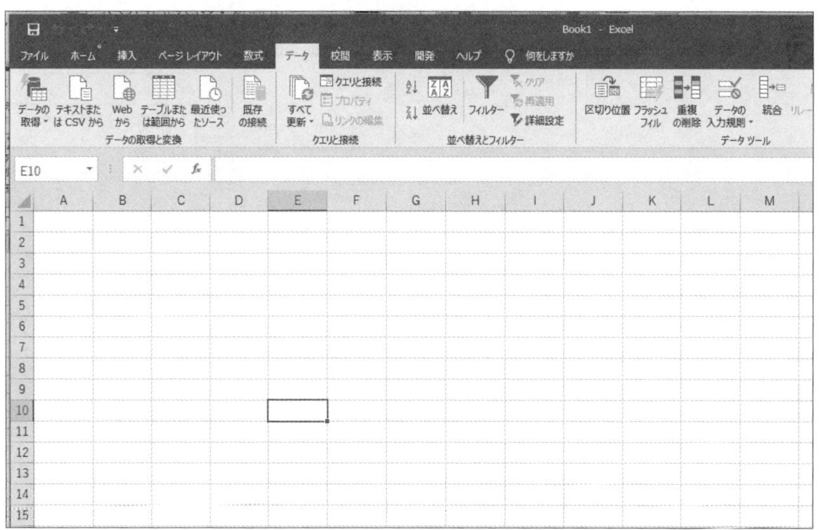

Section
2-16

クエリ名を変更する①Excelの［クエリと接続］ウィンドウでの変更

メニュー ［名前の変更］

M言語 -

Power Queryエディターでクエリを保存すると、Excelの画面に戻ったときに［クエリと接続］ウィンドウに保存したクエリ名が表示されます。

このクエリ名は、Power Queryで変更を行わない限りデフォルトでは「クエリ1」「クエリ2」のようになります。このままでは、どんな内容の処理をしているのか名前から確認することができません。

そこで、誰が見ても判断ができるようにクエリの名前を変更しましょう。手順は次の通りです。

操作手順

❶ Excelの［クエリと接続］ウィンドウで名前を変更したいクエリを右クリックし、ショートカットメニューから［名前の変更］をクリックします。

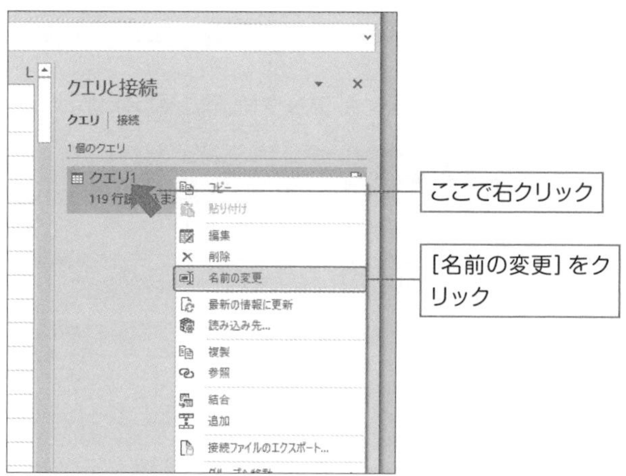

❷ 新しい名前を入力します。

❸ クエリ名が変更されました。

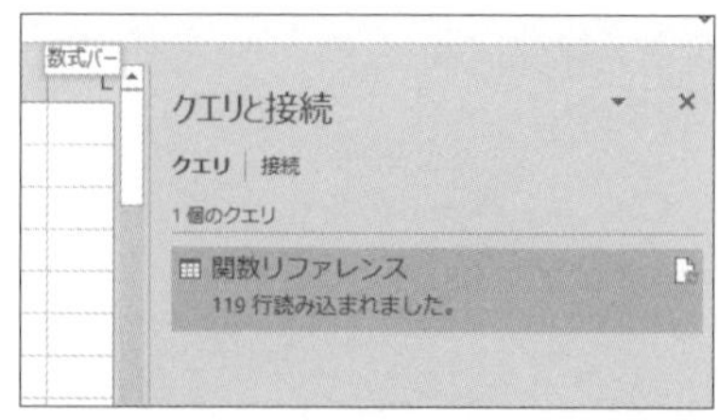

Section
2-17
クエリ名を変更する②
Power Query エディターでの変更

メニュー	[名前の変更]
M言語	-

クエリ名はPower Queryエディター上で変更することも可能です。

Power Queryエディター内で編集中のクエリの名前は、次のように[クエリの設定]ウィンドウの[プロパティ]-[名前]に表示されています。

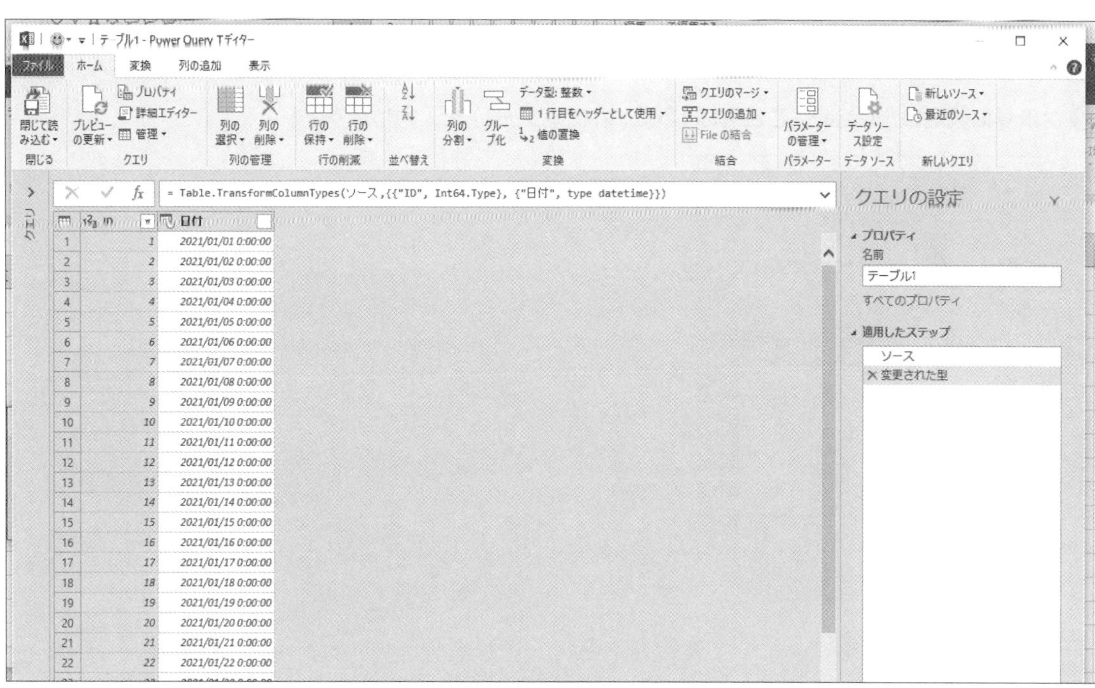

これを変更するには、次のように操作します。

操作手順

❶［プロパティ］-［名前］に入っている文字を削除します。

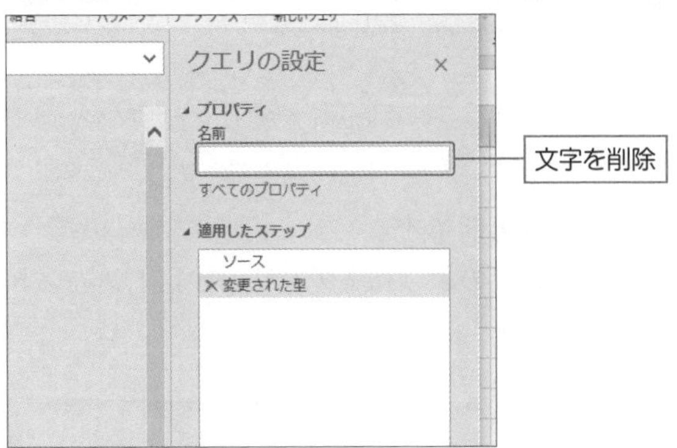

❷クエリに設定したい名前（ここでは「2021カレンダー」）を入力します。

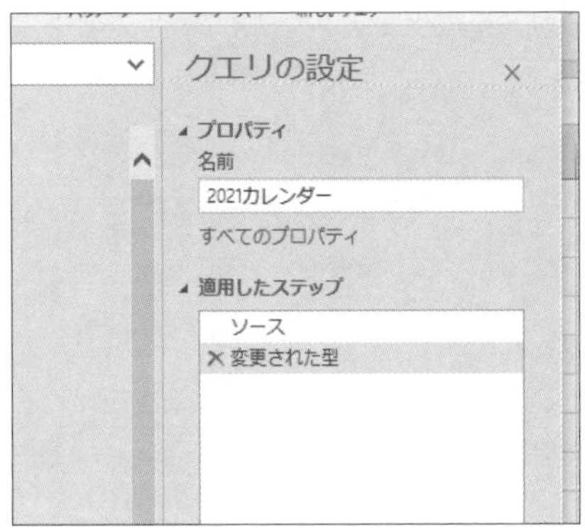

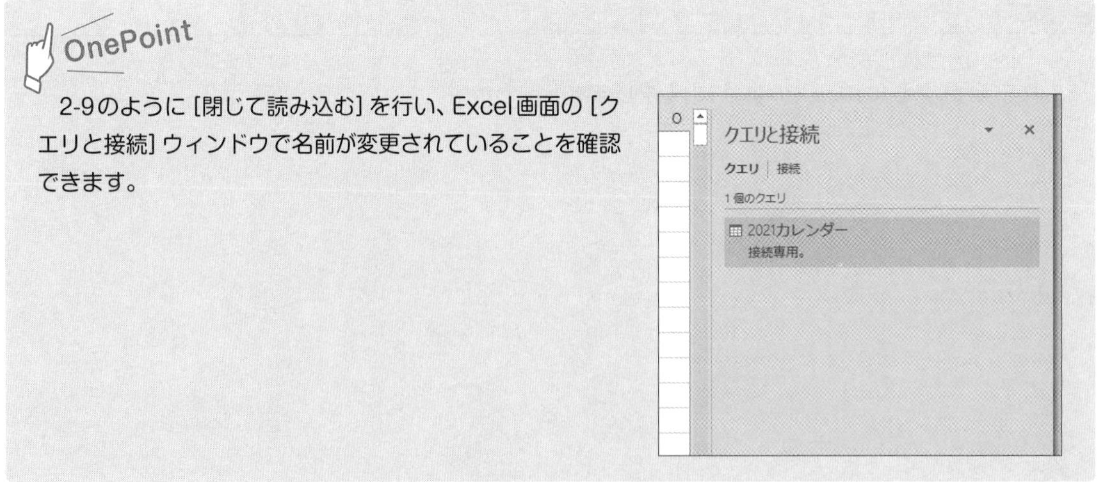

2-9のように［閉じて読み込む］を行い、Excel画面の［クエリと接続］ウィンドウで名前が変更されていることを確認できます。

Section
2-18 保存したクエリを複製する

メニュー	[コピー]
M言語	-

作成・保存したクエリと同じ内容のクエリを作成したい場合には、Excelの[クエリと接続]ウィンドウで複製したいクエリを選択し、ショートカットメニューから[コピー]を行います。

操作手順

❶ Excelの[クエリと接続]ウィンドウの複製したいクエリの上でショートカットメニューを表示し、[コピー]をクリックします。

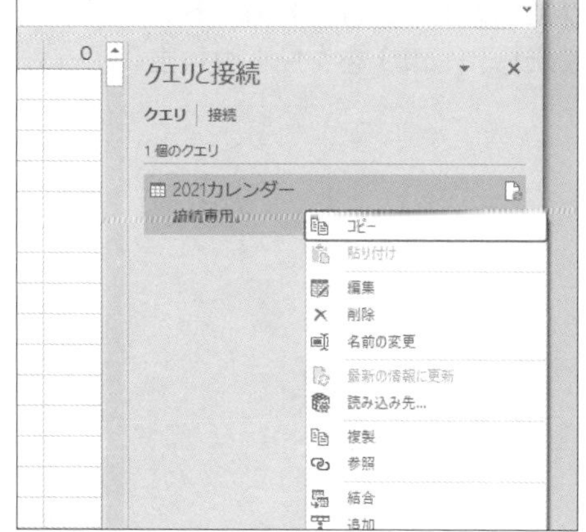

❷ [クエリと接続]ウィンドウの何もない場所でショートカットメニューを表示し、[貼り付け]をクリックします。

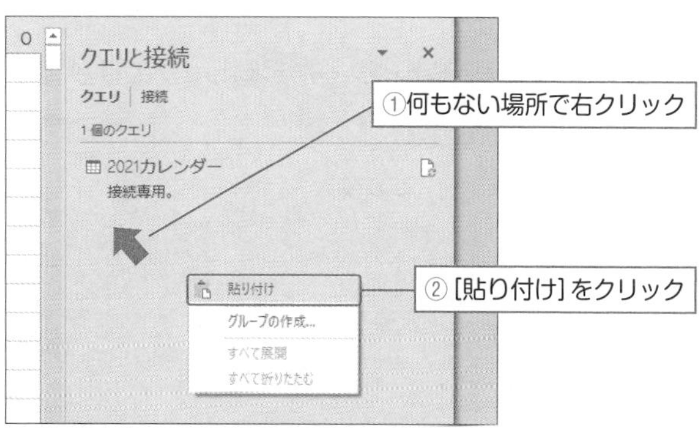

❸ クエリが複製されました。

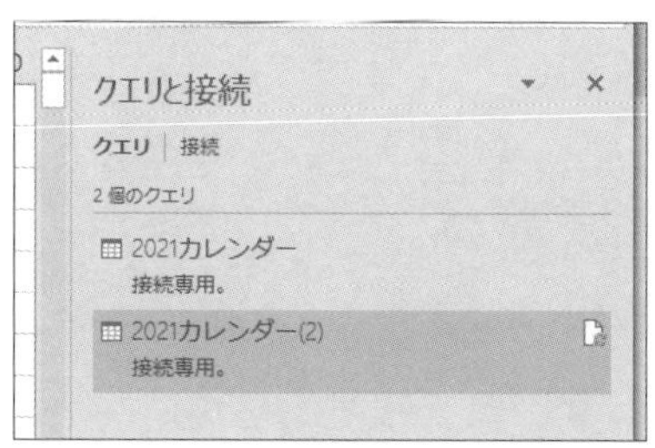

クエリの作成と管理

Section
2-19 保存したクエリを編集する

メニュー	[編集]
M言語	-

作成・保存したクエリの内容を修正したい場合は、クエリの[編集]を行います。

操作手順

❶ Excelの[クエリと接続]ウィンドウの編集したいクエリの上でショートカットメニューを表示し、[編集]をクリックします。

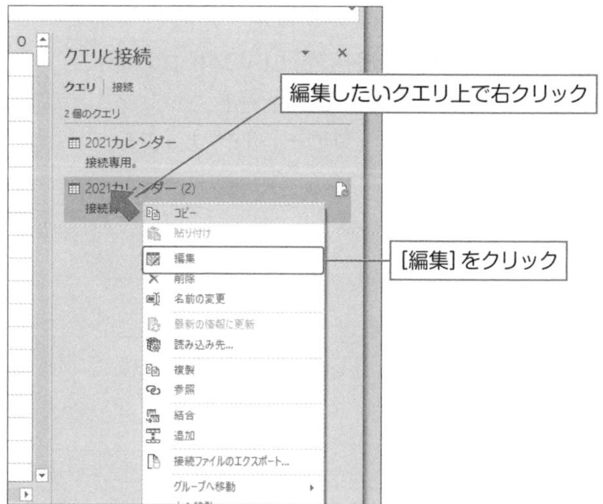

❷ Power Queryエディターが起動し、クエリが読み込まれます。

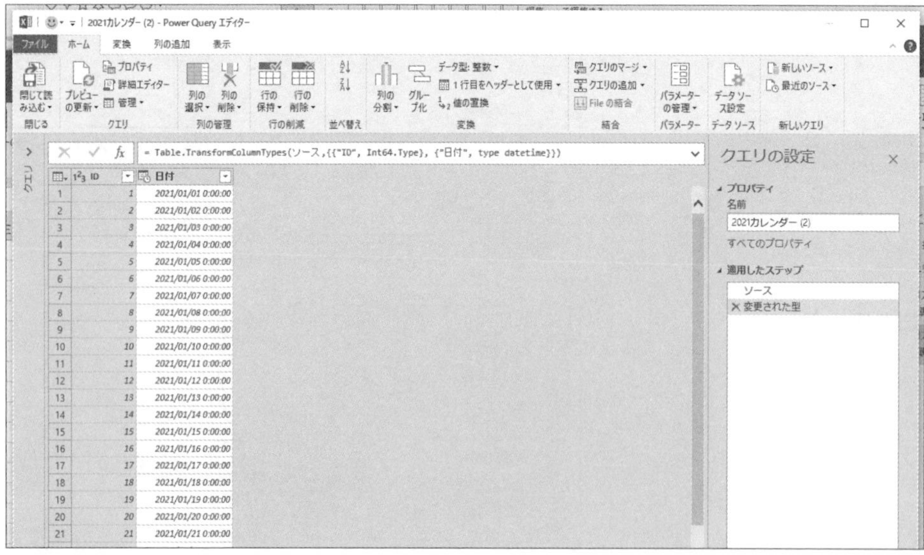

Section
2-20
取り込むデータを変更する①
数式バーを使う方法

メニュー	-
M言語	-

クエリには「どのデータを読み込み、どう整形するか」という情報が記録されているわけですが、そのうち「どのデータを読み込むか」を変更することができます。これを「ソースの変更」と言います。ソースとは、ここでは「取り込むデータ」という意味です。

ソースの変更方法にはいくつかありますが、Power Queryエディターで開いているクエリのソースを変更したい場合、数式バーを使う方法が手軽です。

例えば、次のようなExcelのファイルがあるとします。「2021」というシートには2021年のカレンダーが「テーブル1」という名前のテーブルとして保存されています。同様に、「2022」というシートには2022年のカレンダーが「テーブル2」という名前のテーブルとして保存されています。

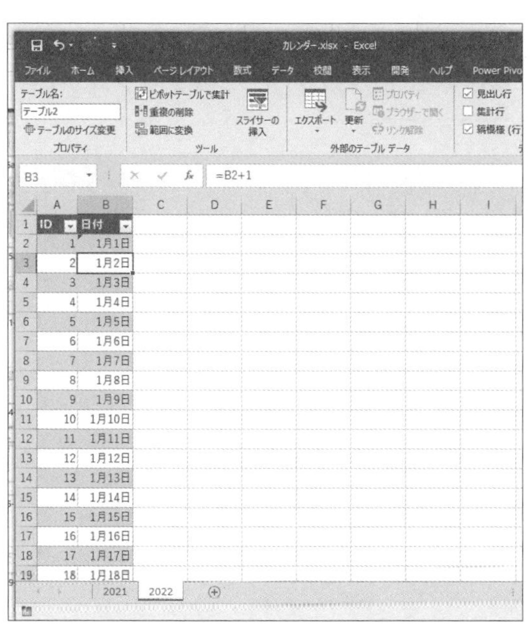

ここで、「2021」シートの「テーブル1」を取り込んでPower Queryエディターでクエリを作成していましたが、取り込むデータを「2022」シートの「テーブル2」に変更したくなった、という場合、次のように操作します。

操作手順

❶ [クエリの設定] ウィンドウの [適用したステップ] の「ソース」をクリックします。

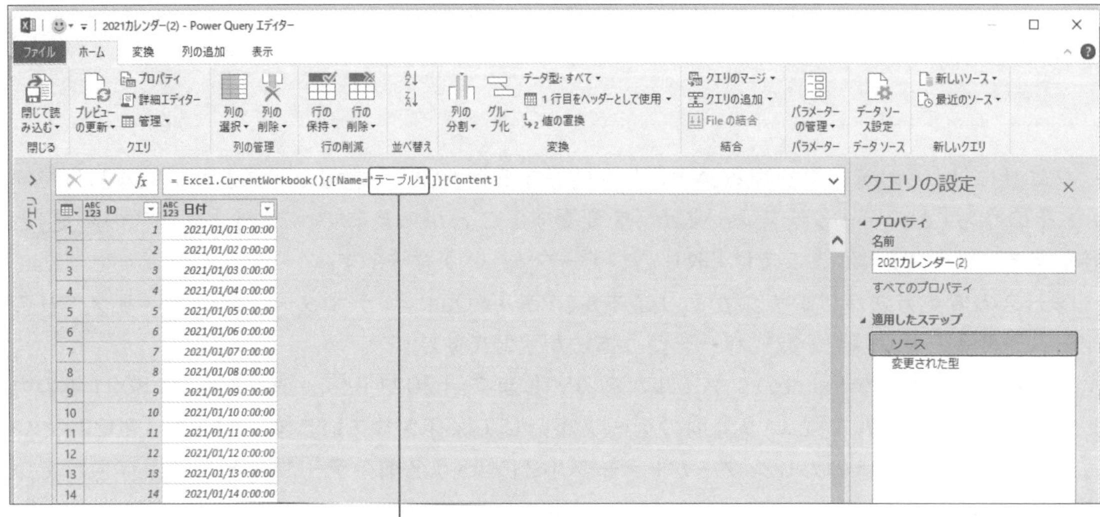

❷ 数式バーの"テーブル1"という部分を"テーブル2"に書き換え、[チェック] ボタンをクリックします。

❸取り込まれるデータが2022年のものに変更になりました。

なお、ここではExcelの同じブック内に記録されている別のテーブルにソースを変更するケースだったためテーブル名を書き換えました。あるファイルから別のファイルへとソースを変更したい場合は、同様に数式バーでファイルパスを書き換えることで変更できます。

Section
2-21 取り込むデータを変更する② ［ソースの変更］を使う方法

メニュー	［ソースの変更］
M言語	-

既に作成・保存したクエリのソースを変更したい場合は、わざわざPower Queryエディターを開かなくても、Excel上で［ソースの変更］を使ってソースを変更できます。

例えば、次のように在宅勤務満足度(1).csvと在宅勤務満足度(2).csvという2つのCSVファイルがあるとします。

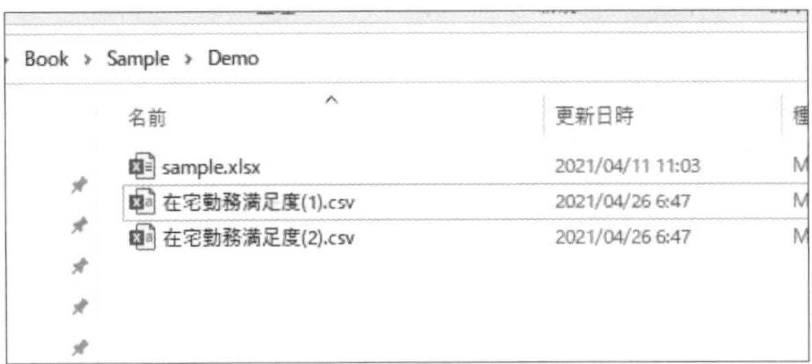

ここで、在宅勤務満足度(1).csvを取り込んで作成したクエリのソースを在宅勤務満足度(2).csvに変更したい場合、次のように操作します。

操作手順

❶ソースを変更したいクエリが保存されているブックをExcelで開きます。

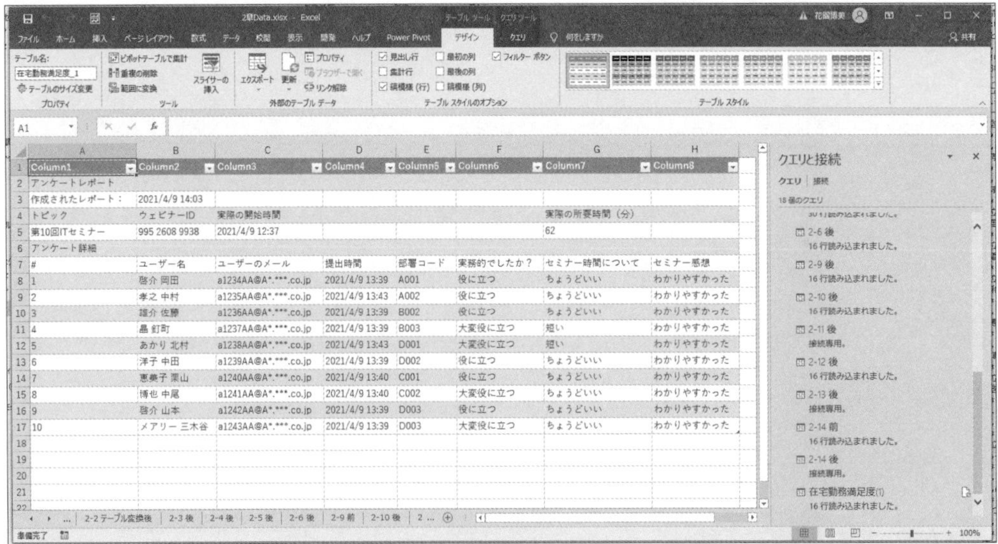

❷ [データ] - [データの取得と変換] - [データの変換]の▼をクリックし、表示されたメニューから[データソースの設定] をクリックします。

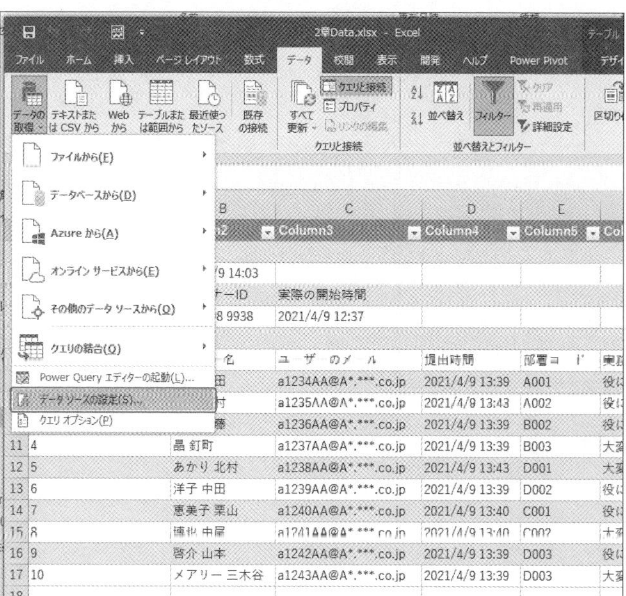

❸ [データソースの設定] ダイアログボックスで [ソースの変更] をクリックします。

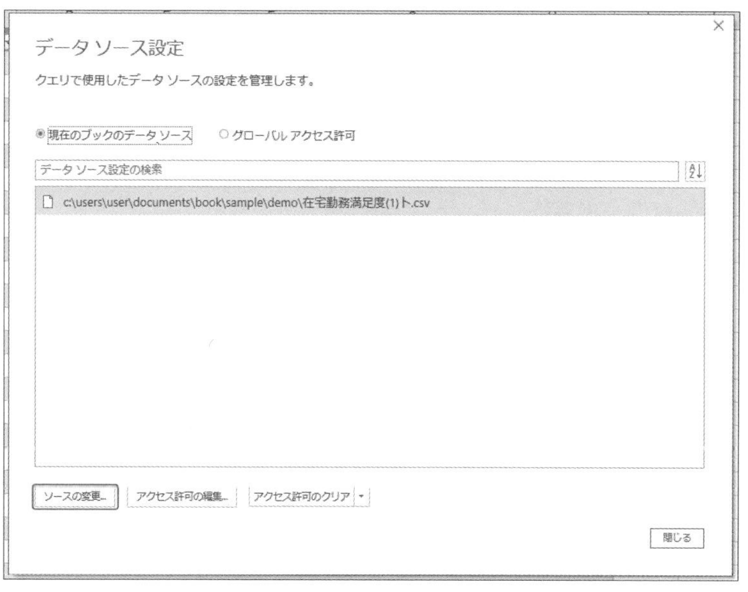

❹ [コンマ区切り値] ダイアログボックスで [ファイルパス] の [参照] をクリックします。

❺ [データの取り込み] ダイアログボックスが表示されます。

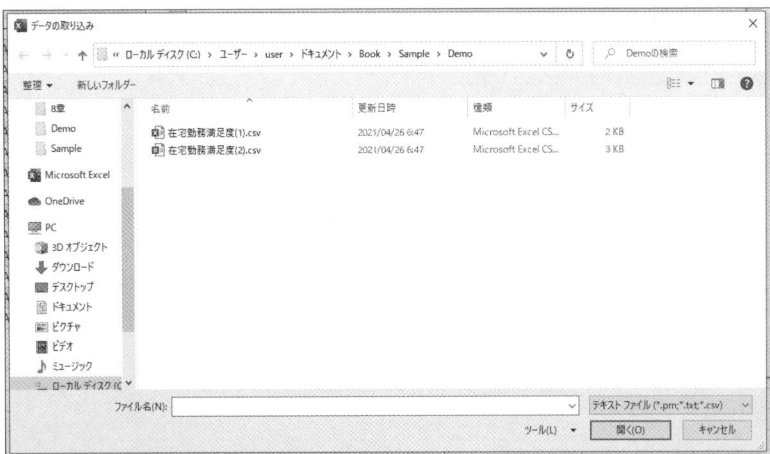

❻ 変更するファイル名を選択し [インポート] をクリックします。

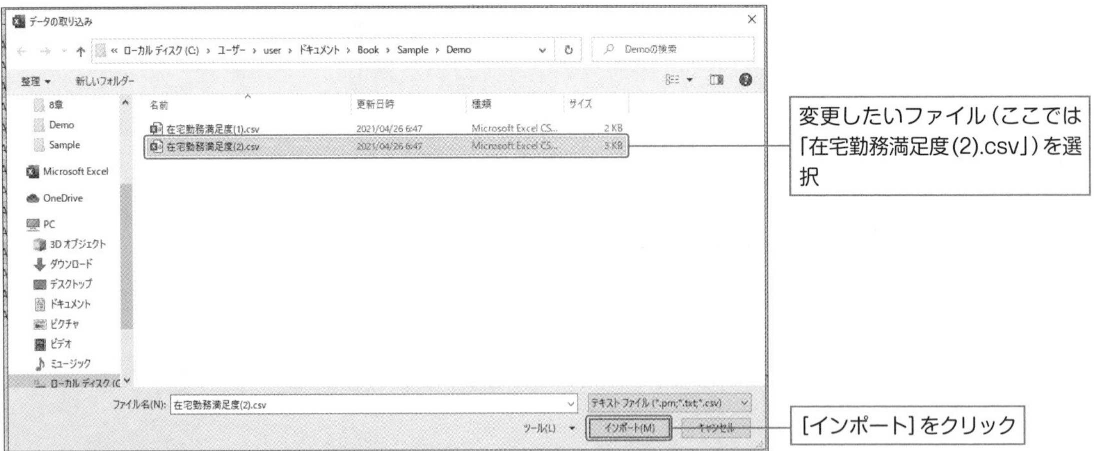

❼ [コンマ区切り値] ダイアログボックスに戻るので、[OK] をクリックします。

❽ [データソース設定] ダイアログボックスで [閉じる] をクリックします。

❾ これでソースは変更されましたが、この時点ではまだ表示されているデータは変化していません。変更後のソースによる表示を確認したい場合は、[データ] - [クエリと接続] - [すべて更新] をクリックします。

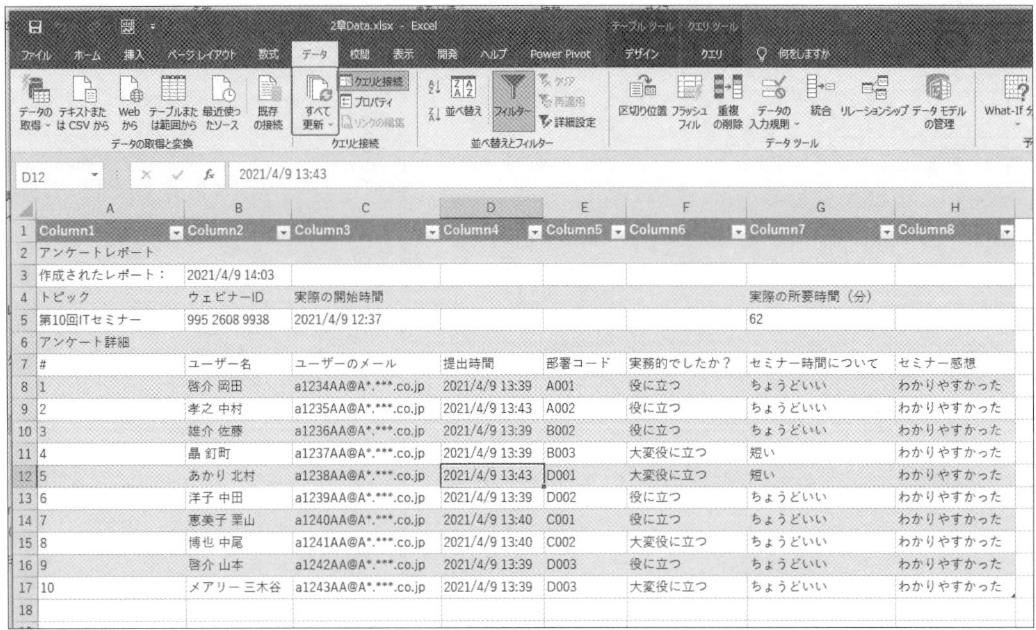

	A	B	C	D	E	F	G	H
1	Column1	Column2	Column3	Column4	Column5	Column6	Column7	Column8
2	アンケートレポート							
3	作成されたレポート：	2021/4/9 14:03						
4	トピック	ウェビナーID	実際の開始時間				実際の所要時間（分）	
5	第10回ITセミナー	995 2608 9938	2021/4/9 12:37				62	
6	アンケート詳細							
7	#	ユーザー名	ユーザーのメール	提出時間	部署コード	実務的でしたか？	セミナー時間について	セミナー感想
8	1	啓介 岡田	a1234AA@A*.***.co.jp	2021/4/9 13:39	A001	役に立つ	ちょうどいい	わかりやすかった
9	2	孝之 中村	a1235AA@A*.***.co.jp	2021/4/9 13:43	A002	役に立つ	ちょうどいい	わかりやすかった
10	3	雄介 佐藤	a1236AA@A*.***.co.jp	2021/4/9 13:39	B002	役に立つ	ちょうどいい	わかりやすかった
11	4	晶 釘町	a1237AA@A*.***.co.jp	2021/4/9 13:39	B003	大変役に立つ	短い	わかりやすかった
12	5	あかり 北村	a1238AA@A*.***.co.jp	2021/4/9 13:43	D001	大変役に立つ	短い	わかりやすかった
13	6	洋子 中田	a1239AA@A*.***.co.jp	2021/4/9 13:39	D002	役に立つ	ちょうどいい	わかりやすかった
14	7	恵美子 栗山	a1240AA@A*.***.co.jp	2021/4/9 13:40	C001	役に立つ	ちょうどいい	わかりやすかった
15	8	博也 中尾	a1241AA@A*.***.co.jp	2021/4/9 13:40	C002	大変役に立つ	ちょうどいい	わかりやすかった
16	9	啓介 山本	a1242AA@A*.***.co.jp	2021/4/9 13:39	D003	役に立つ	ちょうどいい	わかりやすかった
17	10	メアリー 三木谷	a1243AA@A*.***.co.jp	2021/4/9 13:39	D003	大変役に立つ	ちょうどいい	わかりやすかった
18								

❿ 変更後のソースによるデータが表示されました。

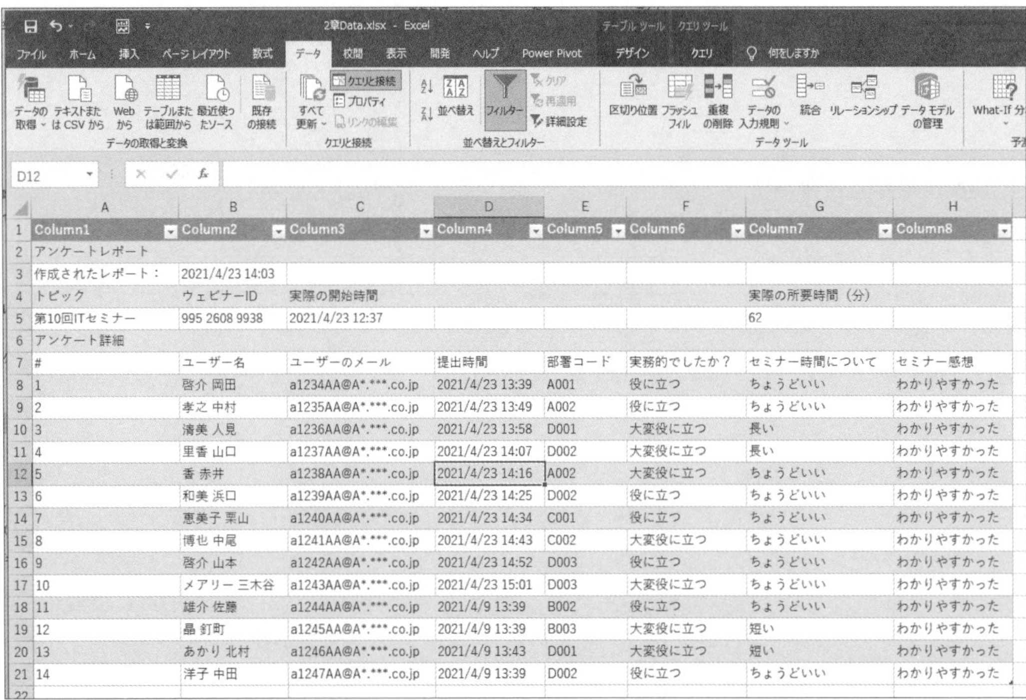

	A	B	C	D	E	F	G	H
1	Column1	Column2	Column3	Column4	Column5	Column6	Column7	Column8
2	アンケートレポート							
3	作成されたレポート：	2021/4/23 14:03						
4	トピック	ウェビナーID	実際の開始時間				実際の所要時間（分）	
5	第10回ITセミナー	995 2608 9938	2021/4/23 12:37				62	
6	アンケート詳細							
7	#	ユーザー名	ユーザーのメール	提出時間	部署コード	実務的でしたか？	セミナー時間について	セミナー感想
8	1	啓介 岡田	a1234AA@A*.***.co.jp	2021/4/23 13:39	A001	役に立つ	ちょうどいい	わかりやすかった
9	2	孝之 中村	a1235AA@A*.***.co.jp	2021/4/23 13:49	A002	役に立つ	ちょうどいい	わかりやすかった
10	3	清美 人見	a1236AA@A*.***.co.jp	2021/4/23 13:58	D001	大変役に立つ	長い	わかりやすかった
11	4	里香 山口	a1237AA@A*.***.co.jp	2021/4/23 14:07	D002	大変役に立つ	長い	わかりやすかった
12	5	香 赤井	a1238AA@A*.***.co.jp	2021/4/23 14:16	A002	大変役に立つ	ちょうどいい	わかりやすかった
13	6	和美 浜口	a1239AA@A*.***.co.jp	2021/4/23 14:25	D002	役に立つ	ちょうどいい	わかりやすかった
14	7	恵美子 栗山	a1240AA@A*.***.co.jp	2021/4/23 14:34	C001	役に立つ	ちょうどいい	わかりやすかった
15	8	博也 中尾	a1241AA@A*.***.co.jp	2021/4/23 14:43	C002	大変役に立つ	ちょうどいい	わかりやすかった
16	9	啓介 山本	a1242AA@A*.***.co.jp	2021/4/23 14:52	D003	役に立つ	ちょうどいい	わかりやすかった
17	10	メアリー 三木谷	a1243AA@A*.***.co.jp	2021/4/23 15:01	D003	大変役に立つ	ちょうどいい	わかりやすかった
18	11	雄介 佐藤	a1244AA@A*.***.co.jp	2021/4/9 13:39	B002	役に立つ	ちょうどいい	わかりやすかった
19	12	晶 釘町	a1245AA@A*.***.co.jp	2021/4/9 13:39	B003	大変役に立つ	短い	わかりやすかった
20	13	あかり 北村	a1246AA@A*.***.co.jp	2021/4/9 13:43	D001	大変役に立つ	短い	わかりやすかった
21	14	洋子 中田	a1247AA@A*.***.co.jp	2021/4/9 13:39	D002	役に立つ	ちょうどいい	わかりやすかった
22								

なお、ここではソースとして使用しているファイルがCSVファイルだったため、手順❺で［コンマ区切り値］ダイアログボックスが表示されました。ソースとなるファイルの形式に応じてここで表示されるダイアログボックスは違うのですが、どのダイアログボックスでも操作方法はほとんど同じですので安心してください。

Section
2-22
別のクエリを参照するクエリを作成する

メニュー	[参照]
M言語	-

Power Queryでは、別のあるクエリを参照することで、そのクエリの続きの処理をするクエリを作成することができます。

例えば、データを取り込んで基本的な整理をする「基本のクエリ」があるとしましょう。このとき、基本のクエリの実行結果を元にして集計を行う「集計のクエリ」や、基本のクエリの実行結果を元にして行列を変換する「変換のクエリ」などを作成して、必要に応じて使いわけたい、といったケースを考えてください。このような場合に「基本のクエリ」を参照して「集計のクエリ」や「変換のクエリ」を作成します。

別のクエリを参照するクエリを作成するには、次のように操作します。

操作手順

❶ [クエリと接続] ウィンドウで参照元となるクエリのショートカットを表示し、[参照] をクリックします。

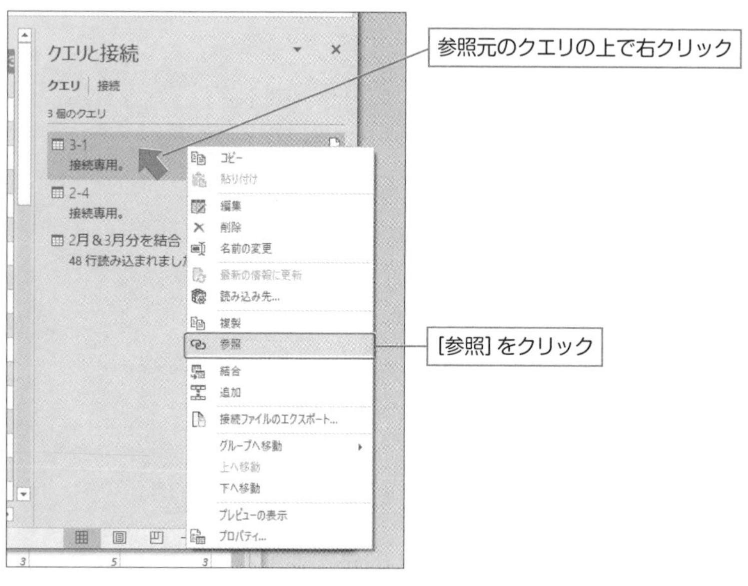

❷ ❶で選択したクエリを参照した状態でPower Queryエディターが起動しますので、その続きとなる整形作業を行い、クエリを保存します。

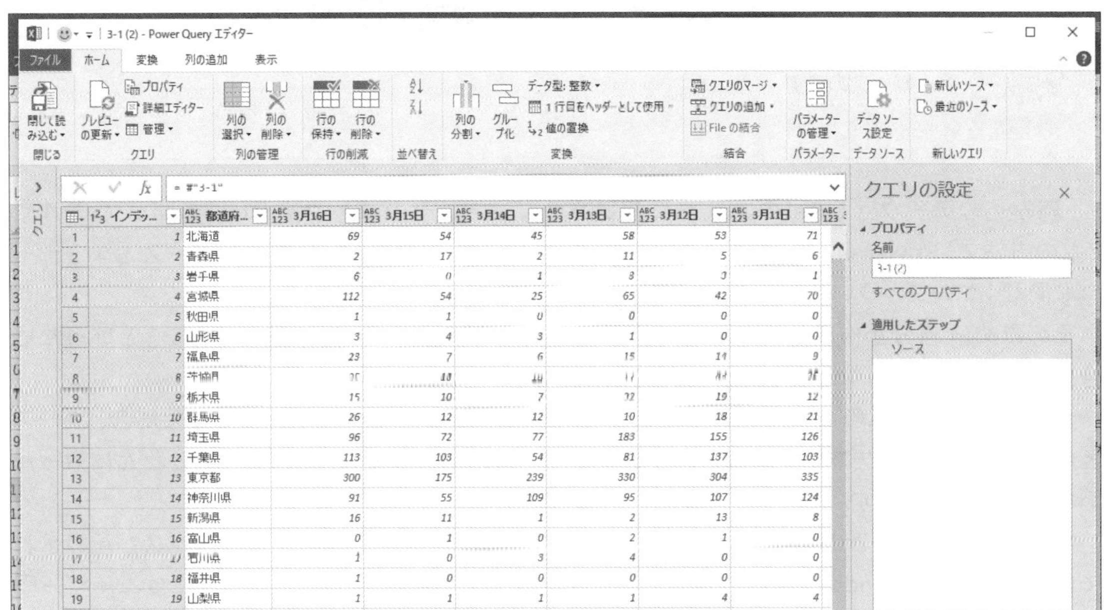

Section
2-23

ファイルの位置を変更しても動作するように設定する

メニュー	ソースの変更
M言語	-

「読み込むデータがExcelのブックに記録されており、そのブックをExcelで開いて（2-1や2-2の方法で）Power Queryに取り込んだ」という場合は、作成したクエリもソースとなるデータも同じ1つのブックの中に保存されます。

そのため、「自分が作成したクエリを誰かに渡したい」「別のPCに移動させたい」といった場合にも、そのブック1つを移動するだけで済みます。

しかし、2-3〜2-6のようにファイルからデータを取り込んでクエリを作成した場合、ソースとなるファイルと、クエリが保存されているファイルは別になります。すると、とたんにやっかいな問題が発生します。

なぜなら、2-20や2-21で説明したように、クエリの中にはソースのファイルパスが記録されているからです。Windows環境の場合、デスクトップやドキュメントフォルダにはユーザー固有のアカウント名でファイルのパスが設定されていたりするので、単純にソースのファイルとクエリのファイルの2つを移動させただけだと、クエリに記憶されているソースのファイルパスと、実際のソースのファイルパスが一致しなくなってしまいます。

このような場合、基本的には2-21の方法を使ってクエリに記録されているソースの場所を設定し直すしかありません。しかし、それではファイル移動の数や回数が多い場合は非常に手間になってしまいます。

そこでここでは、少し込み入った方法ではあるのですが、ワークシート上のセルに、関数を使用してクエリが設定してあるブックの場所を設定し、Power Queryからその位置を読み取らせ、環境が変わっても動作する設定方法を説明します。

操作手順

❶ 用意したフォルダに、ソースとなるファイルと、クエリを保存するファイルを配置します。ここではCドライブの「Data」フォルダに、ソースとなる「アンケート集計.xlsx」と、クエリを保存する「PowerQuery.xlsx」を配置しました。この時点では、クエリを保存するファイル(PowerQuery.xlsx)は何も記録されていない空のブックで大丈夫です。

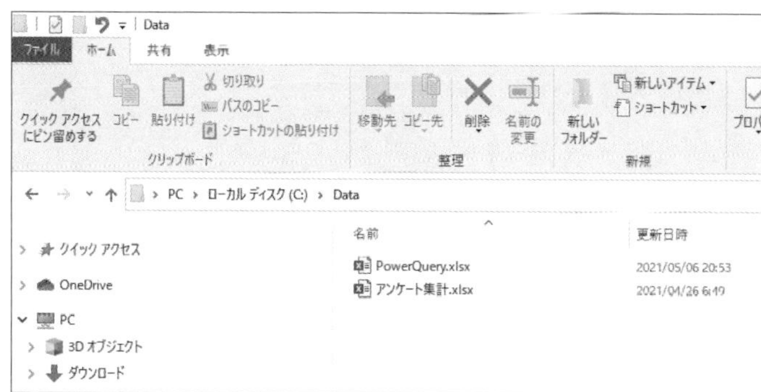

❷ クエリを保存するファイル(ここではPowerQuery.xlsx)をExcelで開き、A1セルにブックの位置を取得する関数「=LEFT(CELL("filename",A2),FIND("[",CELL("filename",A2))-1)」を設定します。

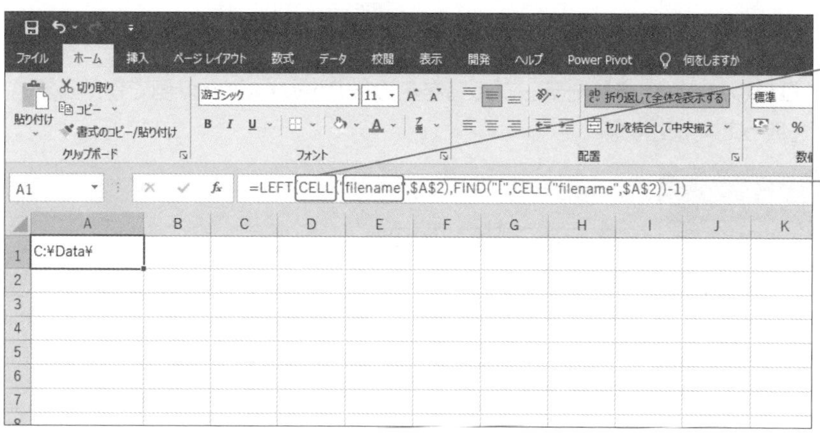

CELL関数はセルの書式、位置、または内容に関する情報を返す

"filename"はCELL関数の引数で、対象範囲を含むファイルのフルパス名(文字列)を指定するもの

最初のCELL関数では「C:Data¥[Power Query.xlsx]Sheet1」が返されるが、本当に必要なのは「C:¥Data¥」なので、FIND関数で"["の位置を特定し、LEFT関数でその位置まで取得

❸ クエリ上からその位置を取得するには、テーブル形式にしておく必要があるため、結果が算出されたセル「A1」をアクティブにして［ホーム］-［スタイル］-［テーブルとして書式設定］の▼をクリックし、表示されたテーブルをクリックします。

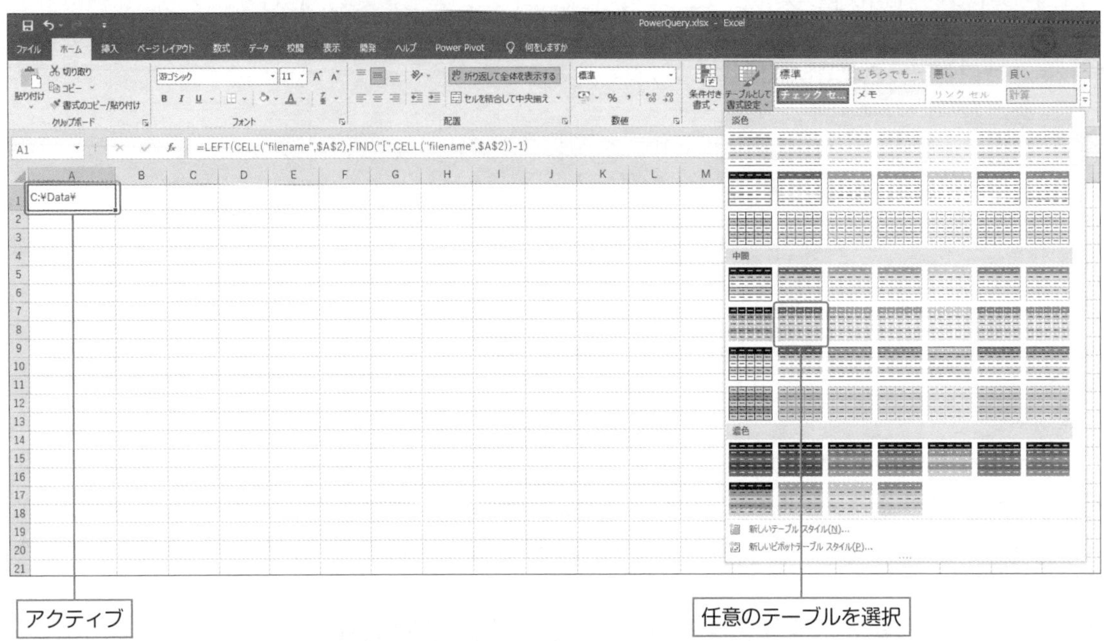

❹ テーブル形式に変更になりました。設定されたテーブル名をこの後Power Query側で使用しますので、必要であればメモを取ってください。

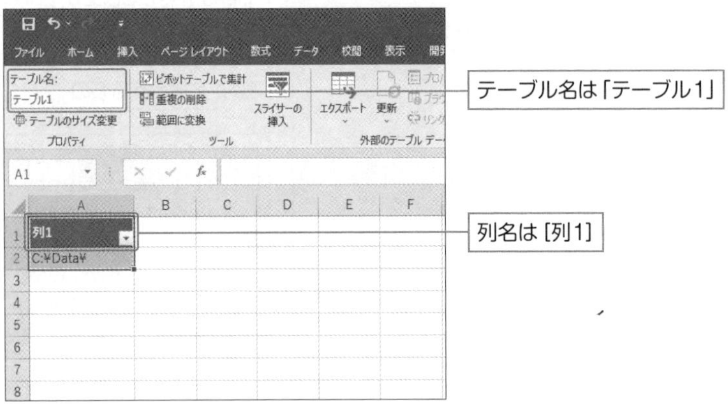

❺データソースを読み込む処理を行います。[データ] - [データの取得と変換] - [データの取得] の▼をクリックし、表示されたメニューの [ファイルから] - [ブックから] をクリックします。

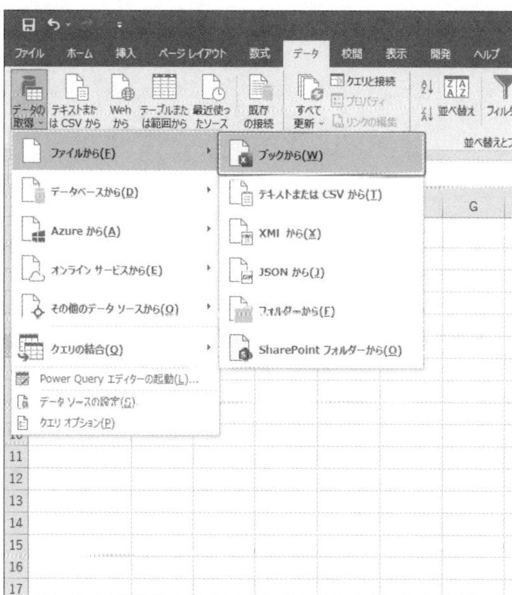

❻データソースとなるファイル（ここでは「アンケート集計.xlsx」）を選択し、[開く] をクリックします。

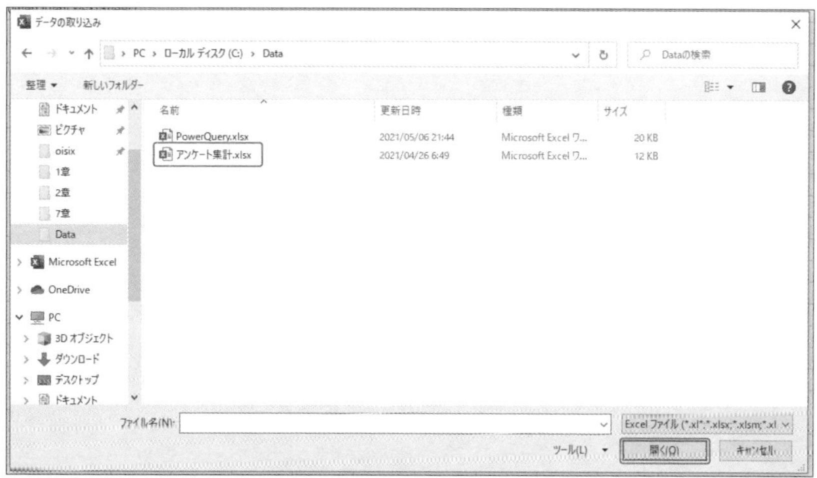

❼ [ナビゲーター] ダイアログボックスで取り込むシート（ここでは「部署マスター」）を選択し、[データの変換] をクリックします。

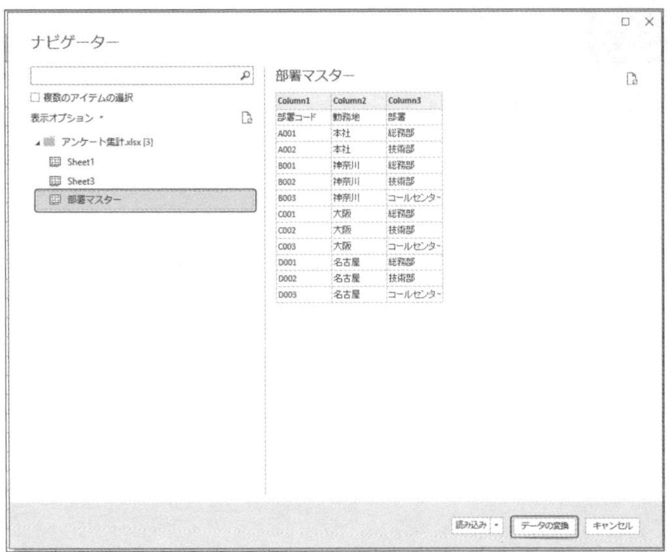

❽ Power Queryエディターにデータが取り込まれました。

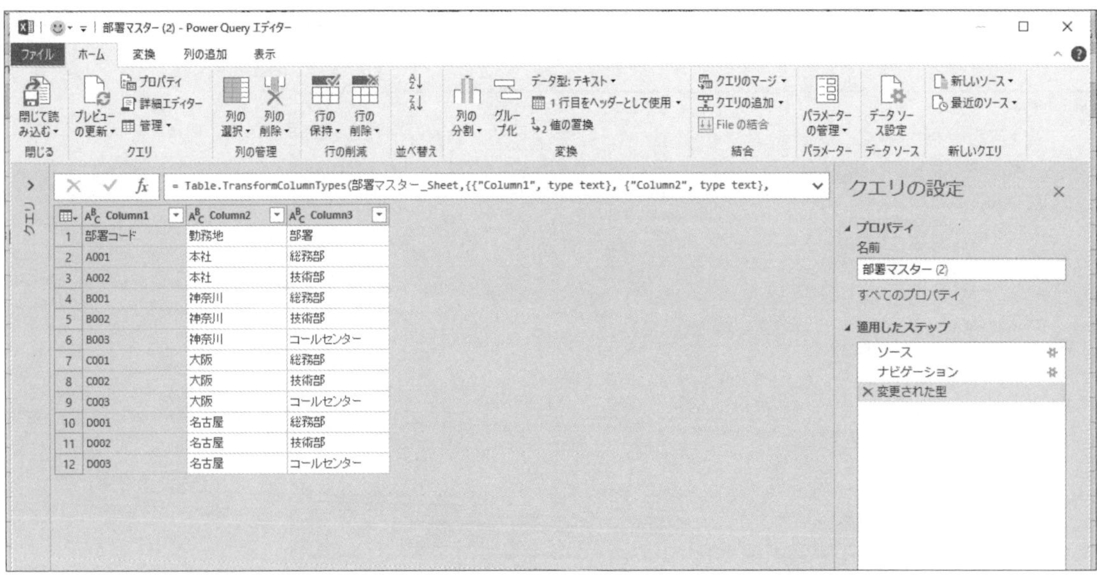

❾ [クエリの設定] ウィンドウの [選択したステップ] の「ソース」を選択し、[ホーム] - [クエリ] - [詳細エディター] をクリックします。

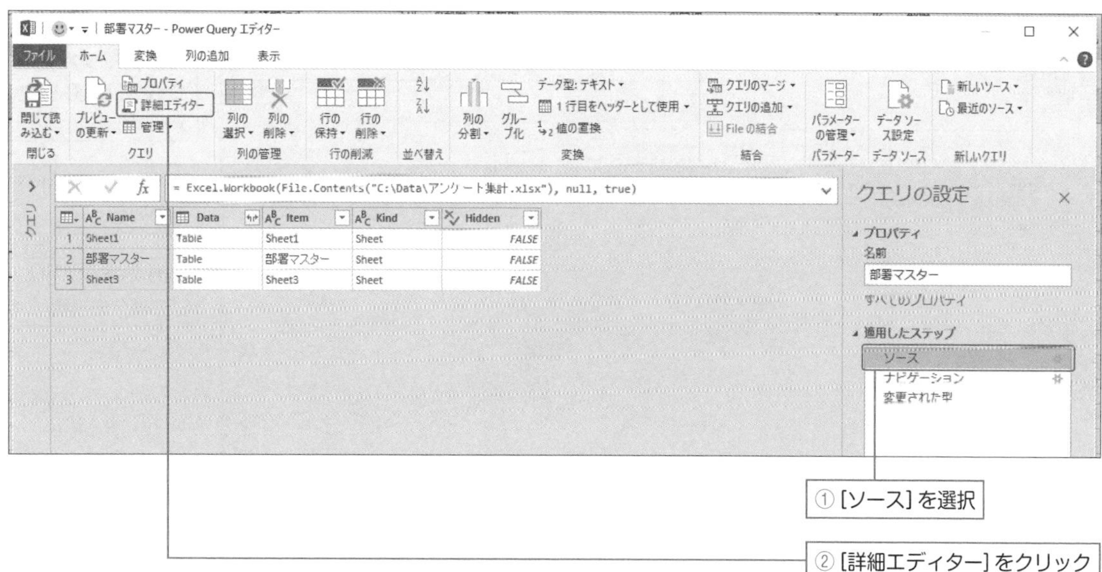

❿ [詳細エディター] ダイアログボックスが表示されます。

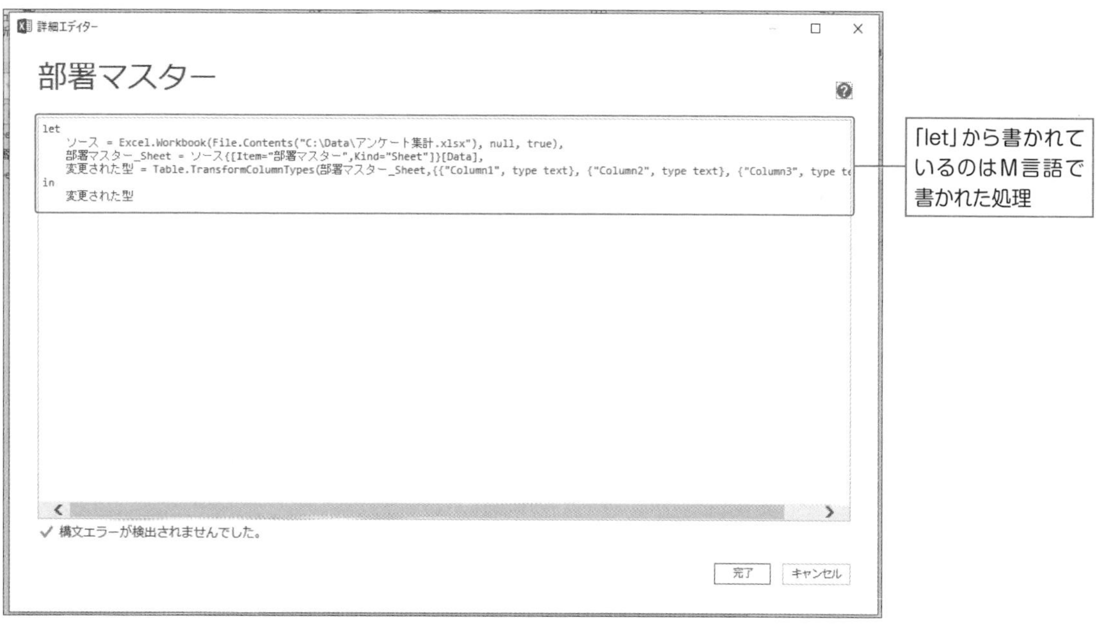

⑪「let」とソースの間に「filepath = Excel.CurrentWorkbook(){[Name="テーブル1"]}[Content]{0}[列1],」を追加します。

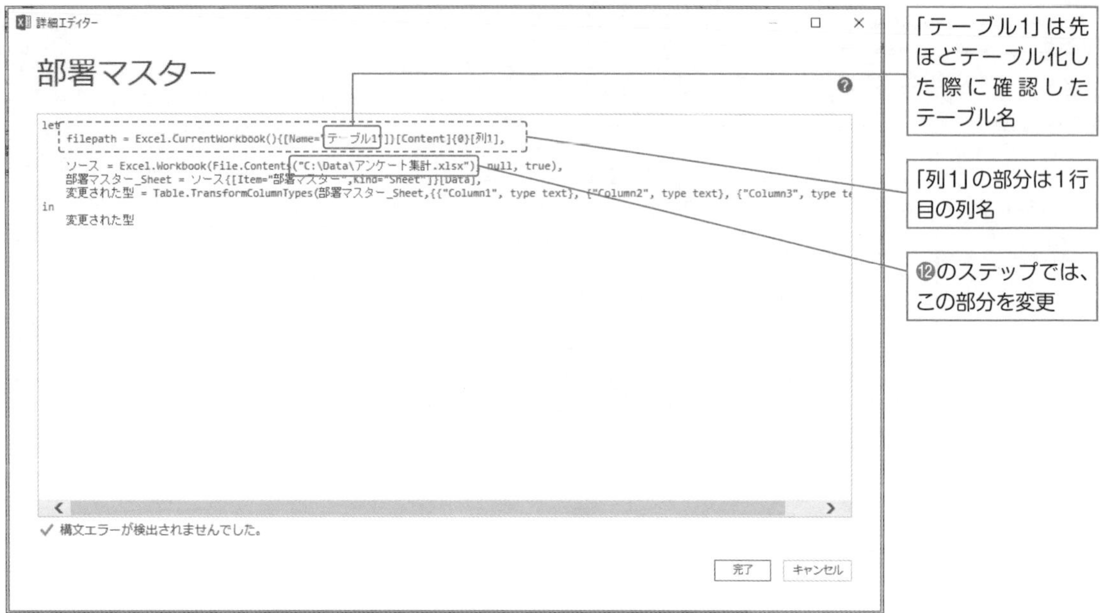

⑫ソースの("c:¥data¥アンケート集計.xlsx")部分を(filepath & "アンケート集計.xlsx")に変更し、[完了] をクリックします。

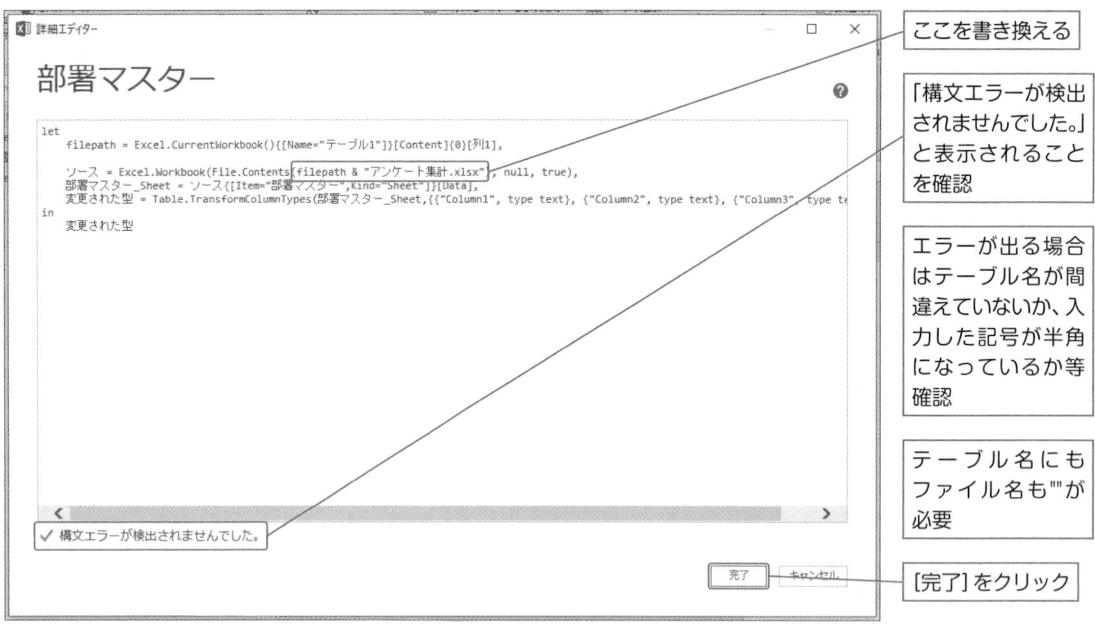

⑬ [適用したステップ] の1行目が「filepath」に変化し、プレビュー上にデータが表示されていることを確認したら、クエリを [閉じて読み込み] ます。

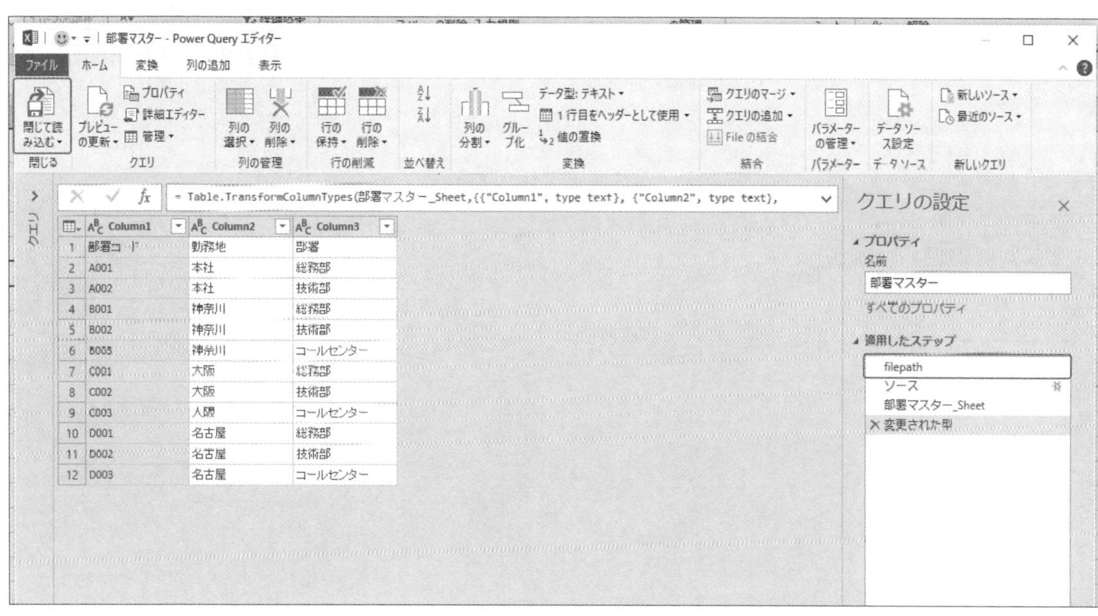

エラーが出ている場合には、[詳細エディター] をクリックして構文を確認

これで場所を移動してもクエリが動作するようになりました。

実際に、「Data」フォルダをCドライブからデスクトップに移動、あるいはコピーして動作を確認してみましょう。

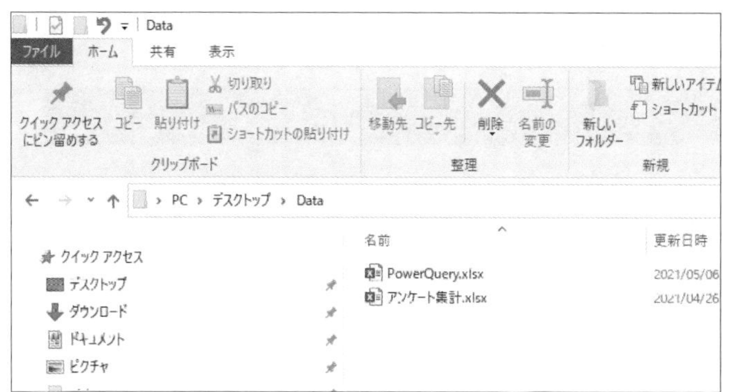

場所を移動しても、動作することが確認できます。

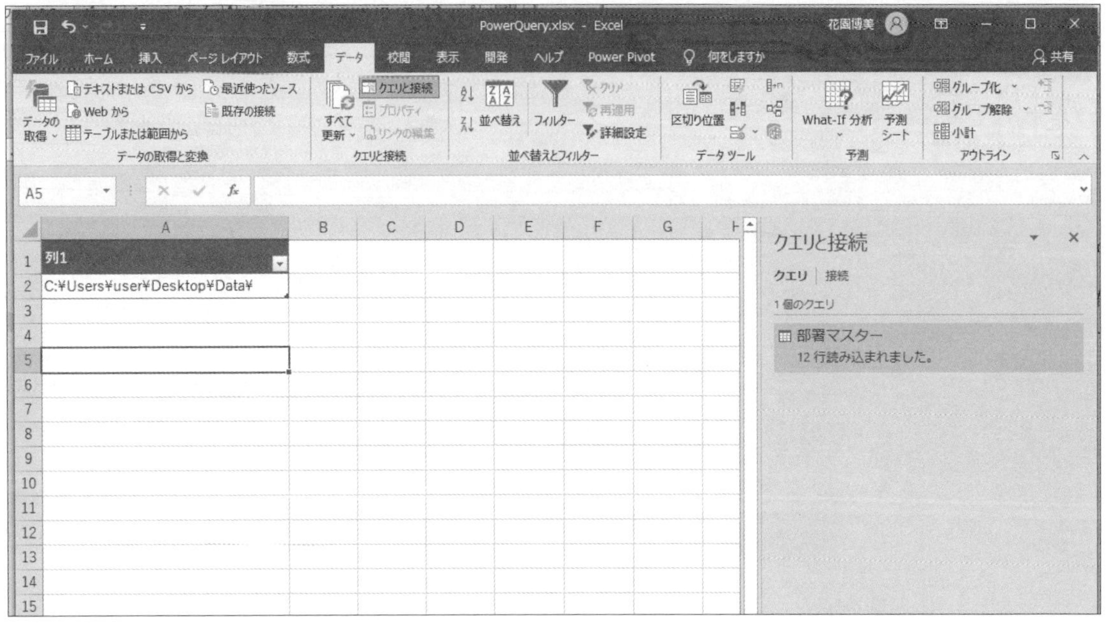

この操作を行わないままフォルダを移動した場合には、ファイルを開いたタイミングで次のようなメッセージが表示されます。

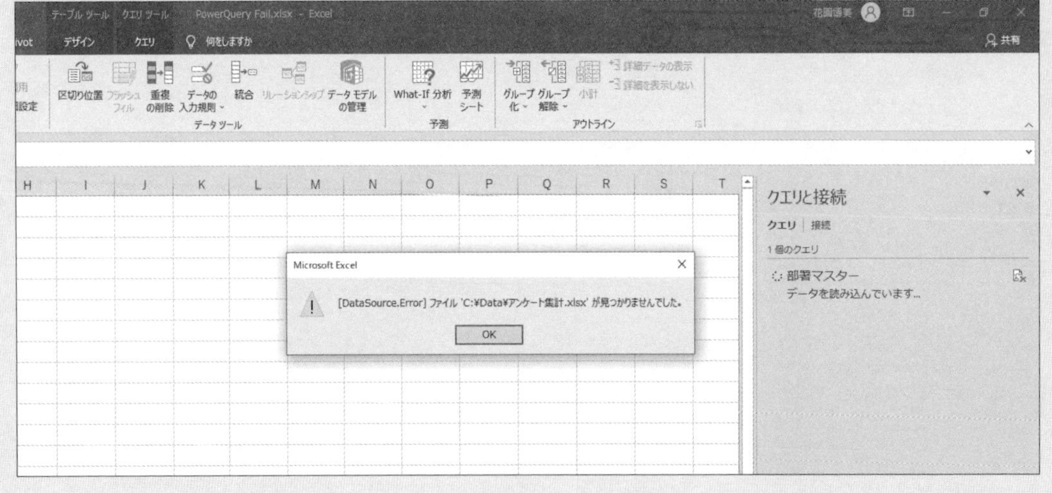

第3章

列の操作

Excel Power Query

Section
3-1 複数列を選択する

メニュー	-
M言語	-

Power Queryエディター上で複数列を選択したい場合には、Excelのシート上での操作と同様に[Shift]キー、[Ctrl]キーを使用します。

連続した範囲を選択したい場合には[Shift]キーを押しながらクリックします。

操作手順

❶ 最初の列をクリックし、列選択を行います。

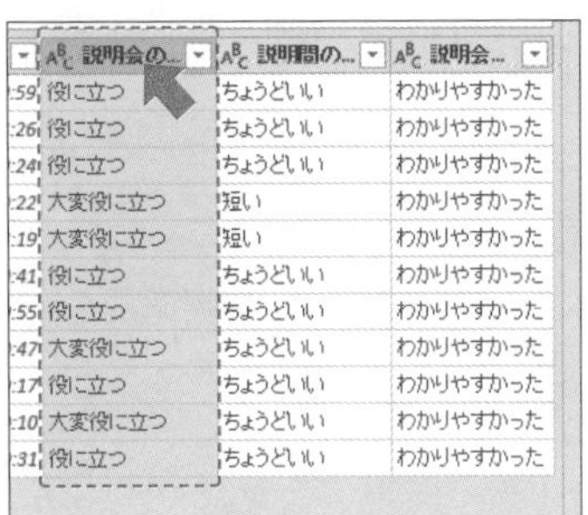

❷ 3列を連続して選択することができました。

選択したい最後の列を[Shift]キーを押しながらクリック

離れた列を選択したい場合には[Ctrl]キーを押しながらクリックします。

操作手順

❶ 最初の列をクリックし、列選択を行います。

❷ 離れた列を複数選択することができました。

選択したい列を[Ctrl]キーを押しながらクリック

Section
3-2 列名を変更する

メニュー	[変換] - [任意の列] - [名前の変更]
M言語	Table.RenameColumns

Power Queryに取り込んだデータの列名は変更することが可能です（もちろん、Power Queryで列名を変更しても、取り込み元のテーブルの列名自体は書き換わりません）。

例えば次のデータで、[WEB面接] という列名を [入社式] に変更してみましょう。

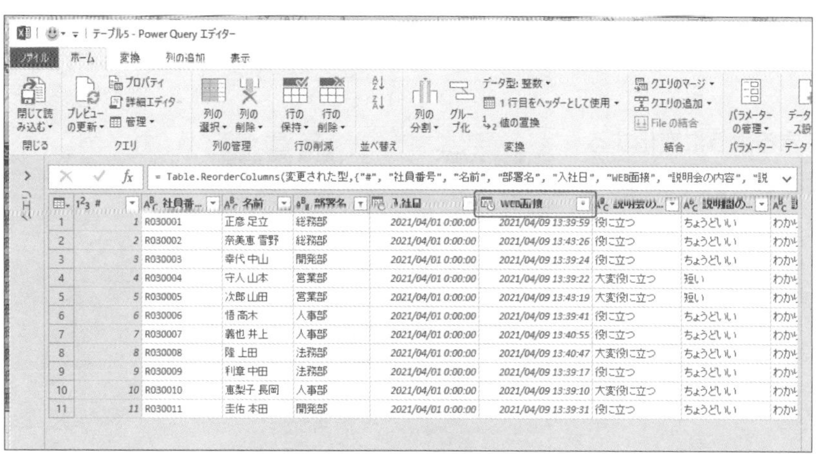

変更を行うには、列を選択して [名前の変更] を行うか、列名部分をダブルクリックします。

操作手順

❶ 変更したい列名 [WEB面接] をクリックします。

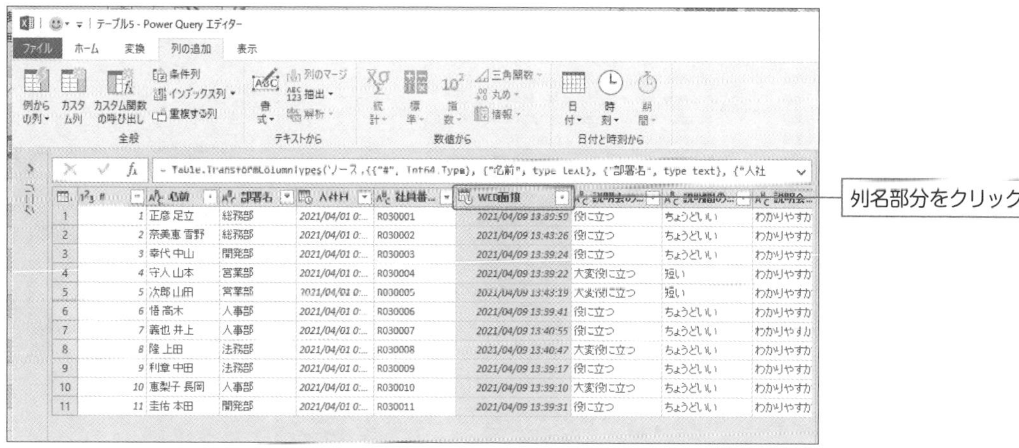

❷ 列名の上で右クリックし、ショートカットメニューから [名前の変更] をクリックします（もしくは、列名部分をダブルクリックします）。

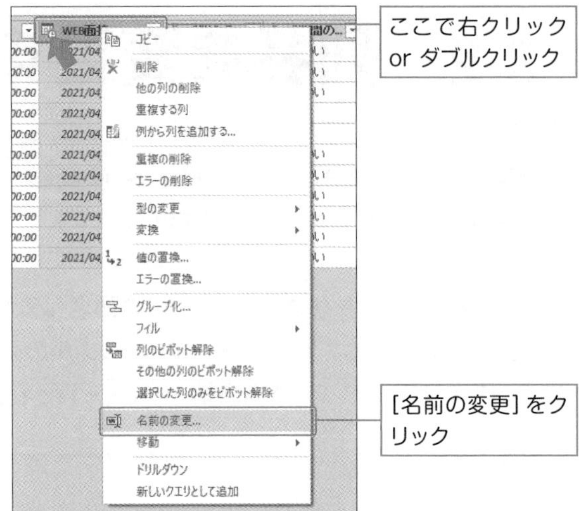

❸ 列名部分の名前が編集できるように変化するので、変更したい名前（ここでは「入社式」）を入力します。

❹ 列名が [入社式] に変化します。

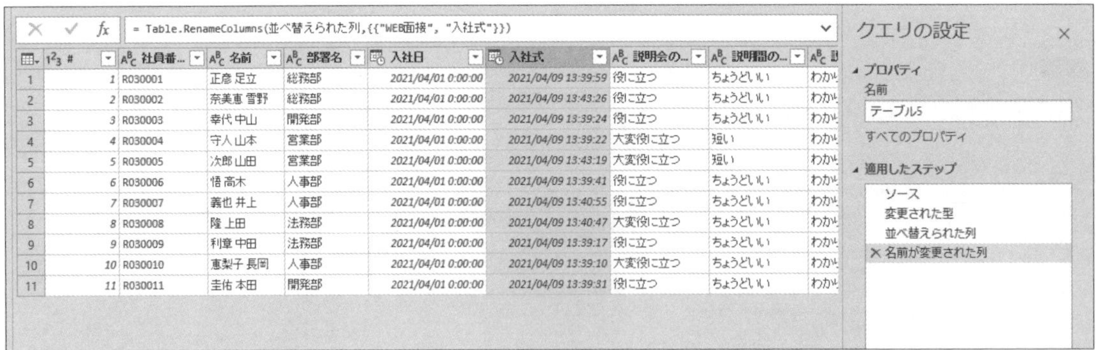

Section
3-3

列の順序を変更する①
ドラッグ＆ドロップでの移動

メニュー	-
M言語	Table.ReorderColumns

Excelで列の順序を入れ替えるのは、単純な作業ですが、割と手間がかかります。提供を受けるデータ側で列の並べ替えを行う方法もありますが、Power Queryを使えば列の並べ替えをルーチン化させることが可能です。

例えば次のようなデータがあり、[社員番号][名前]の順に列を並べ替えたいとします。

この場合、次のように操作します。

操作手順

❶ 移動させたい[社員番号]列を選択し、表示させたい場所（ここでは[名前]列の前）に移動させます。

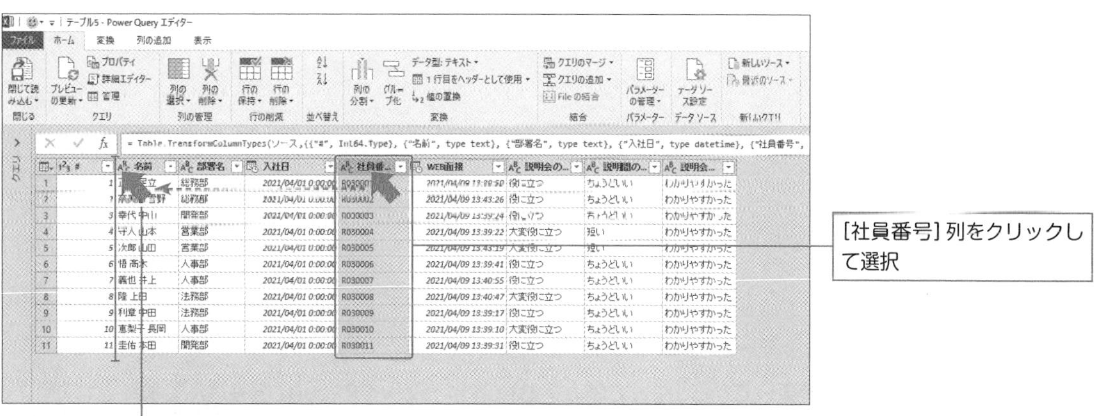

❷ [社員番号] 列と [名前] 列の順序が変更になりました。

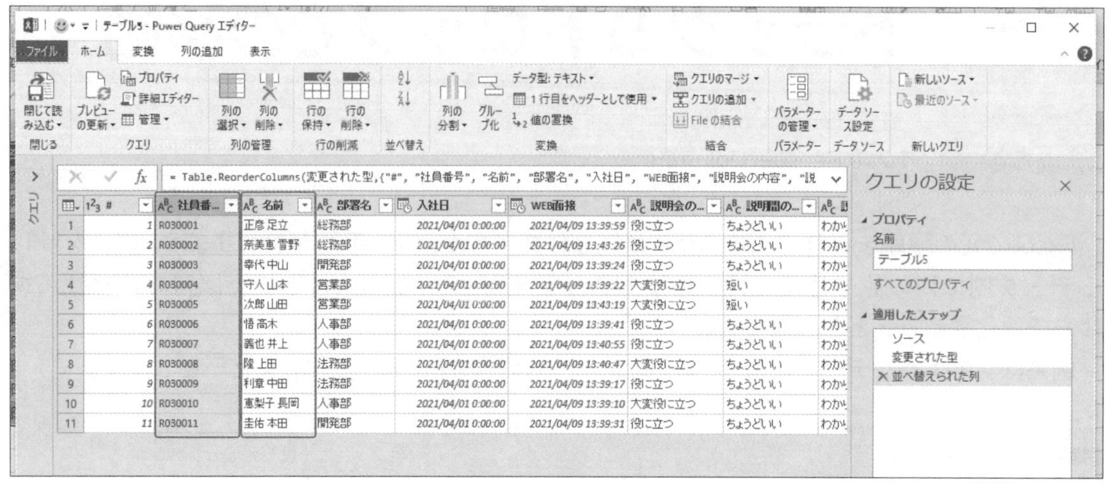

OnePoint

このように列の順序を変更してから [閉じて読み込む] (2-11 参照) でExcelに読み込んでおくと、次回からはデータを更新するだけで並べ替えが行われたデータが自動生成されるようになります。

Section
3-4
列の順序を変更する②
[移動] メニューでの移動

メニュー	[変換] - [任意の列] - [移動]
M言語	Table.ReorderColumns

Power Query上で列の順序を入れ替えるには、3-3で紹介したように列名をドラッグして直観的に入れ替える方法もありますし、メニューを使って入れ替える方法もあります。

例えば次のデータで、[社員番号]を先頭列に移動させてみましょう。

メニューを使う場合は、Power Queryエディター上で次のように操作します。

操作手順

❶ [社員番号] 列をクリックして選択します。

❷ [変換] - [任意の列] - [移動] - [先頭に移動] をクリックします。

❸ 選択した列が先頭列に移動しました。

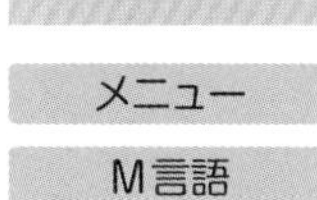

Section
3-5

列の順序を変更する③ 複数列の移動

メニュー	-
M言語	Table.ReorderColumns

複数列を移動する際には、並べ替えたい順序順に[Ctrl]キーを使用して選択を行ってから移動すると、思い通りに並べ替えを行うことが可能です。

例えば次のデータの列の順序を[社員番号][WEB面接][入社日]と変更してみましょう。

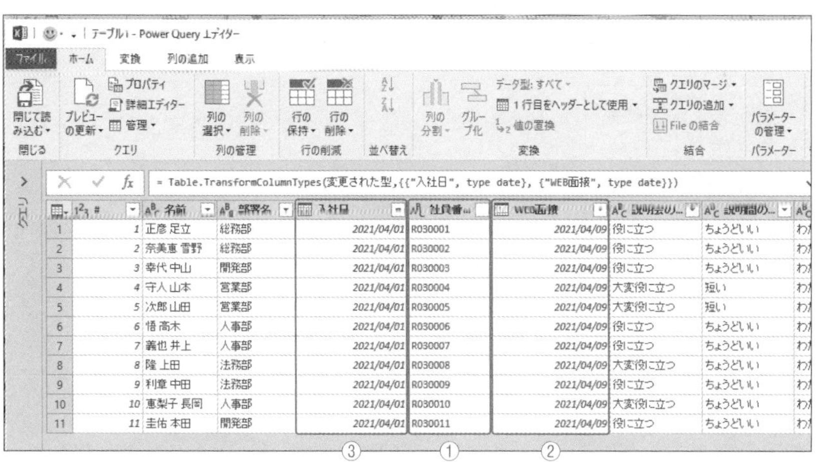

この場合は、Power Queryエディター上で次のように操作します。

操作手順

❶ 並べ替えたい順序通りに選択します。ここではまず[社員番号]列を選択します。

入社日	社員番...	WEB面接	説明会
2021/04/01	R030001	2021/04/09	役に立つ
2021/04/01	R030002	2021/04/09	役に立つ
2021/04/01	R030003	2021/04/09	役に立つ
2021/04/01	R030004	2021/04/09	大変役に立
2021/04/01	R030005	2021/04/09	大変役に立
2021/04/01	R030006	2021/04/09	役に立つ
2021/04/01	R030007	2021/04/09	役に立つ
2021/04/01	R030008	2021/04/09	大変役に立
2021/04/01	R030009	2021/04/09	役に立つ
2021/04/01	R030010	2021/04/09	大変役に立
2021/04/01	R030011	2021/04/09	役に立つ

❷次に [WEB面接] 列を選択します。

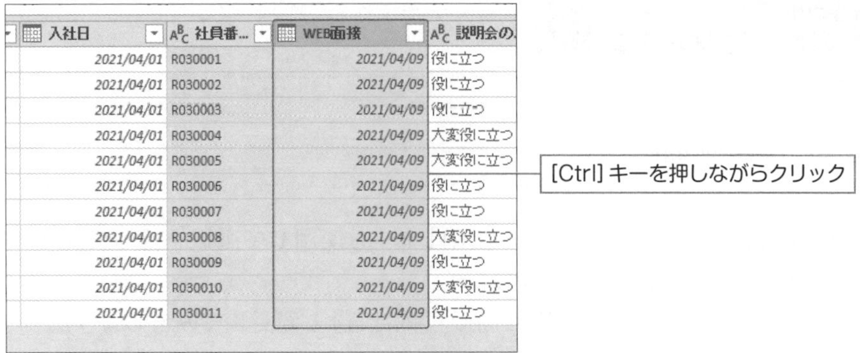

❸最後に [入社日] 列を選択し、移動させたい [名前] 列の左側までマウスで移動します。

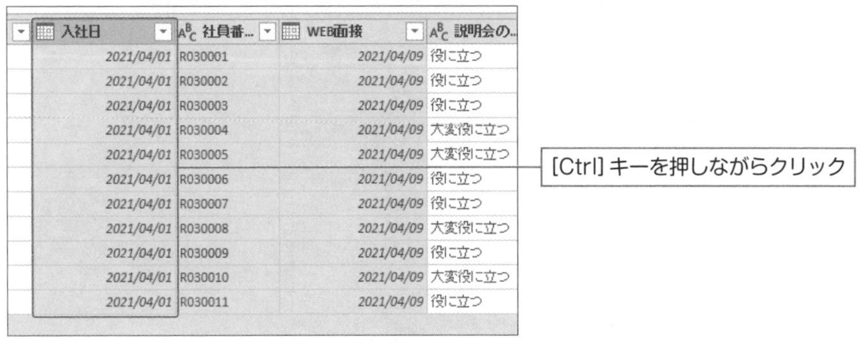

❹複数選択した列が順番通りに入れ替わり、位置が変更されました。

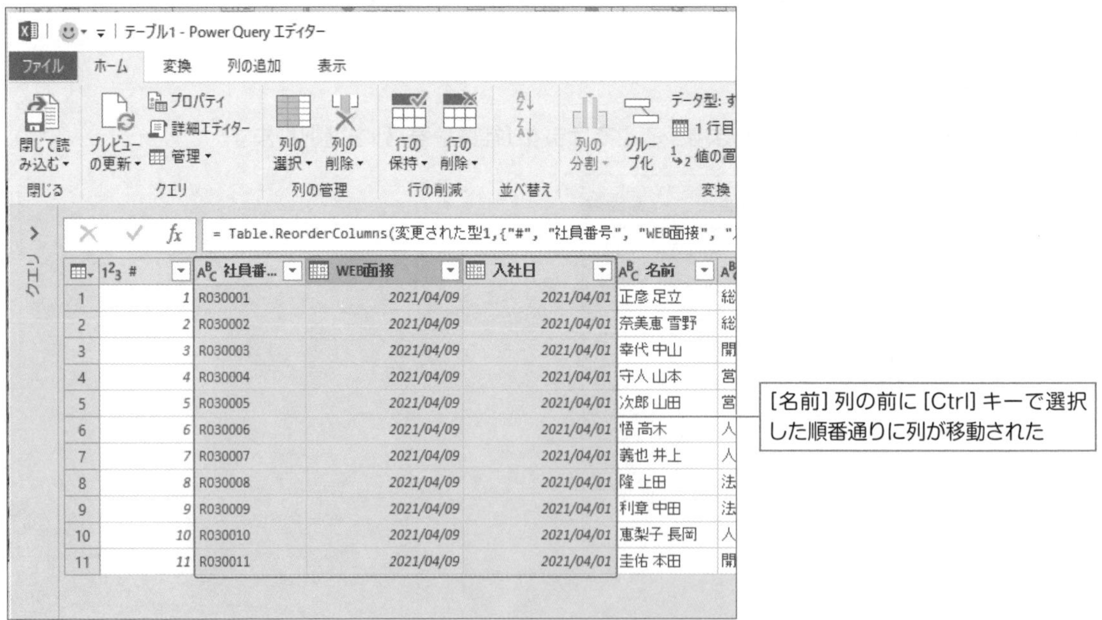

Section
3-6

列の順序を変更する④ ショートカットメニューでの移動

メニュー	-
M言語	Table.ReorderColumns

列の順序を入れ替えるには、選択した列のショートカットを使用すると効率的です。

操作手順

❶ 選択した列を右クリックし、ショートカットメニューから[移動]の▶をクリックして表示される[先頭に移動]をクリックします。

❷選択した列が、先頭列に移動されました。

OnePoint

取り込み元のテーブルにインデックス列が存在しない場合には、Power Query上で新たな列を作成することが可能です。インデックスについては8-4で説明しています。

Section
3-7

列を削除する①
選択した列の削除

メニュー	[ホーム] - [列の管理] - [列の削除]
M言語	Table.RemoveColumns

提供を受けたデータ列が業務に必要ない場合、Excelでは列を削除したり、列を非表示にしたりして対応します。ただし、Excelで列を削除後、その列が必要だったとわかった場合、データを取り寄せる必要があります。また、Excel側で列を非表示にしている場合、Power Queryでそのデータを取り込むと、非表示にされた列のデータも取り込まれます。

Power Query エディター上で必要のないデータ列を削除したい場合は、次のように操作します。

操作手順

❶ 必要のない列を選択します。

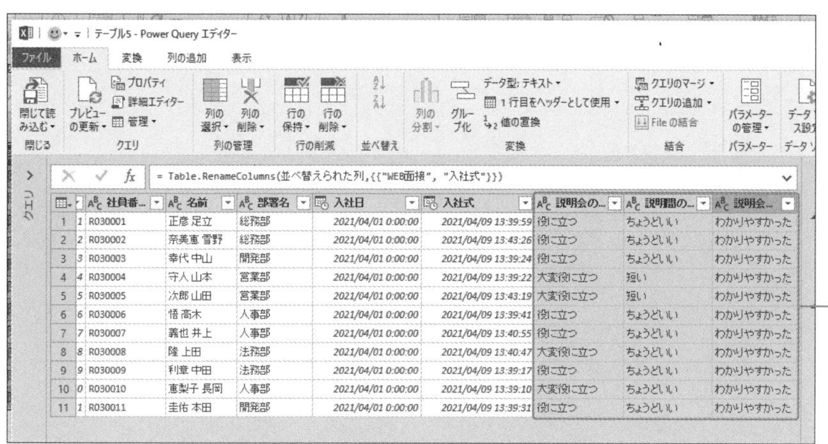

❷ [ホーム] - [列の管理] - [列の削除] をクリックします。

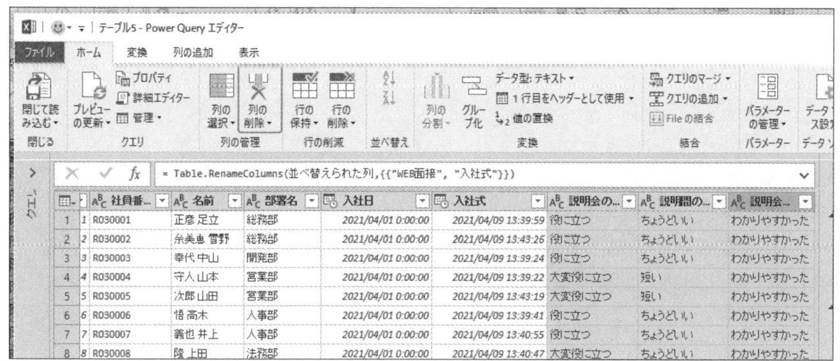

❸選択した列が削除されました。

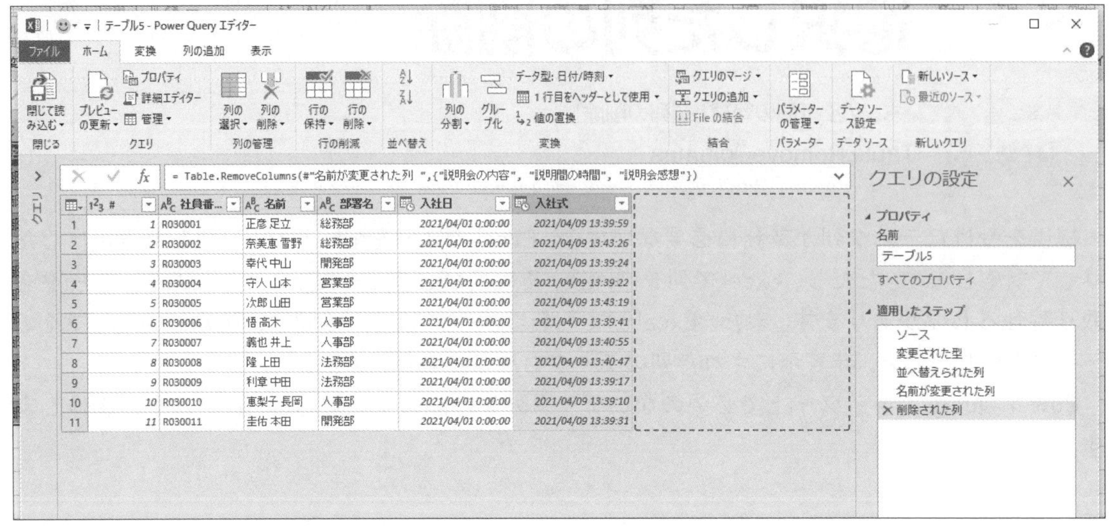

OnePoint

この操作では、元データそのものの列を削除するわけではなく、加工データの列を削除するだけです。そのため、削除した列のデータが必要になった場合にも、再度元データを要求する必要はありません。削除を行ったステップを削除することにより、列を復活させることが可能です。ステップの削除は1-12で説明しています。

Section

3-8

列を削除する②
選択した列以外の列の削除

メニュー	[ホーム] - [列の管理] - [列の削除] - [他の列の削除]
M言語	Table.SelectColumns

3-7で選択した列を削除する方法を紹介しましたが、ここでは選択した列以外の列を削除する方法について説明します。列が多数あり、残したい列が少数の場合には、こちらの方法を使用した方が効率的です。

操作手順

❶ 必要な列（残したい列）を選択します。

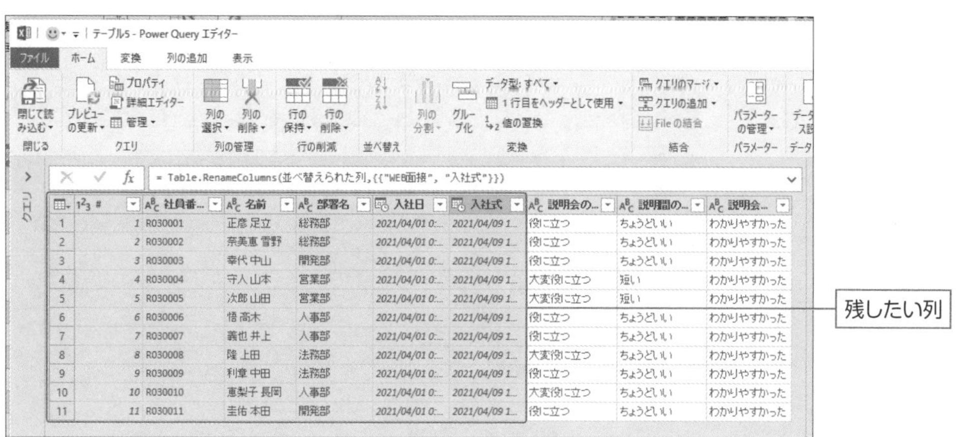

❷ [ホーム] - [列の管理] - [列の削除] の▼をクリックし、表示されたメニューの [他の列の削除] をクリックします。

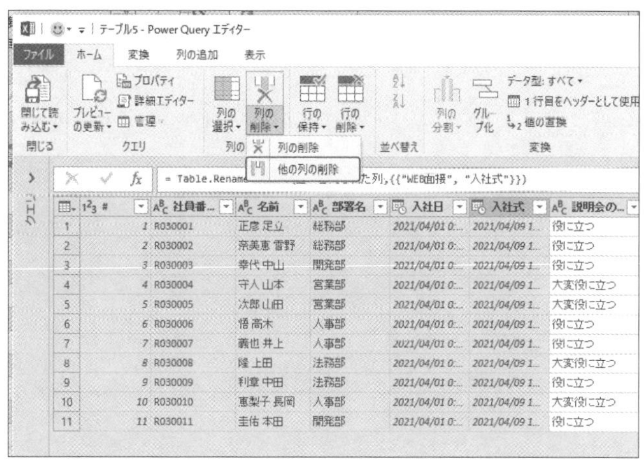

❸選択した列以外の列が削除されました。

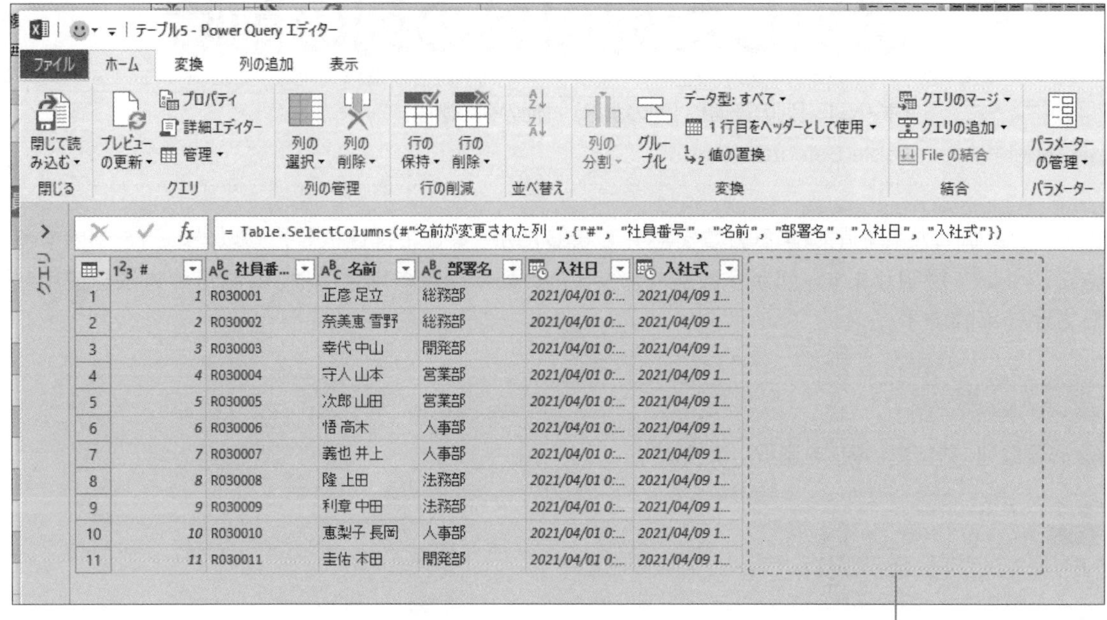

#	社員番...	名前	部署名	入社日	入社式
1	R030001	正彦 足立	総務部	2021/04/01 0:...	2021/04/09 1...
2	R030002	奈美恵 雪野	総務部	2021/04/01 0:...	2021/04/09 1...
3	R030003	幸代 中山	開発部	2021/04/01 0:...	2021/04/09 1...
4	R030004	守人 山本	営業部	2021/04/01 0:...	2021/04/09 1...
5	R030005	次郎 山田	営業部	2021/04/01 0:...	2021/04/09 1...
6	R030006	悟 高木	人事部	2021/04/01 0:...	2021/04/09 1...
7	R030007	義也 井上	人事部	2021/04/01 0:...	2021/04/09 1...
8	R030008	隆 上田	法務部	2021/04/01 0:...	2021/04/09 1...
9	R030009	利章 中田	法務部	2021/04/01 0:...	2021/04/09 1...
10	R030010	恵梨子 長岡	人事部	2021/04/01 0:...	2021/04/09 1...
11	R030011	圭佑 木田	開発部	2021/04/01 0:...	2021/04/09 1...

Section
3-9 列のデータ型を変更する

メニュー	[ホーム] - [変換] - [データ型]
M言語	Table.TransformColumn

取り込んだ列のデータ型(データの種類)を変更することができます。

例えば、[入社日]の列に日付と時刻が入力されている元データがあるとしましょう。加工後は時刻まで表示する必要がない場合、列のデータ型を変更することで、日付のみが表示されるようにできます。その際の手順は次のようになります。

操作手順

❶データ型を変更したい列を選択します。

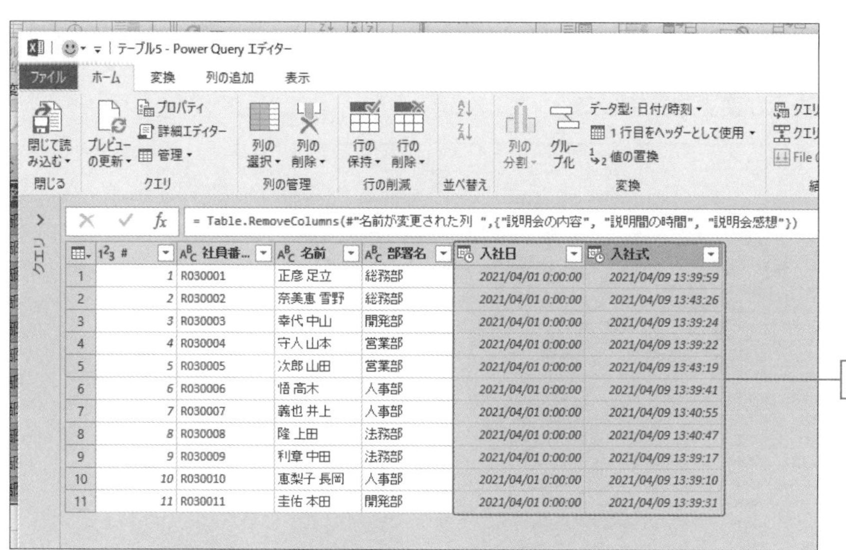

❷ [ホーム] - [変換] - [データ型:日付/時刻] の▼をクリックし、表示されたメニューの [日付] をクリックします。

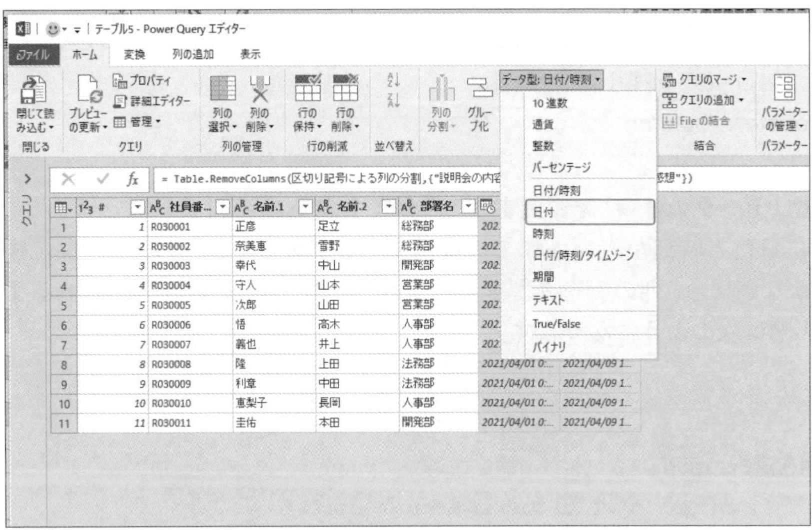

❸ データ型が日付となり、表示が変更されました。

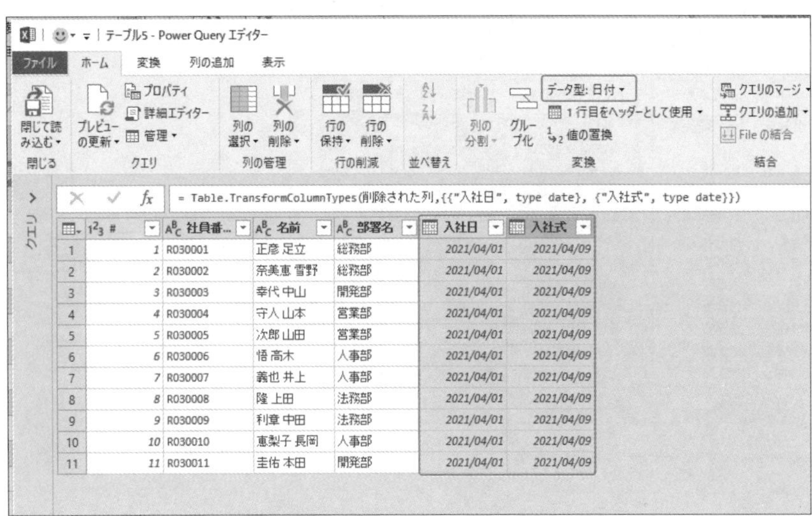

Section
3-10

列を分割する①
区切り記号による分割

メニュー	[ホーム] - [変換] - [列の分割]
M言語	Table.SplitColumn

ある列に区切り記号が含まれているデータが入っている場合、その区切り記号の前後で列を分割することができます。

例えば、提供されたデータの「名前」列に入っているデータが「名 姓」(名と姓の間に半角スペース)となっていた場合、そのままでは扱いづらいでしょう。

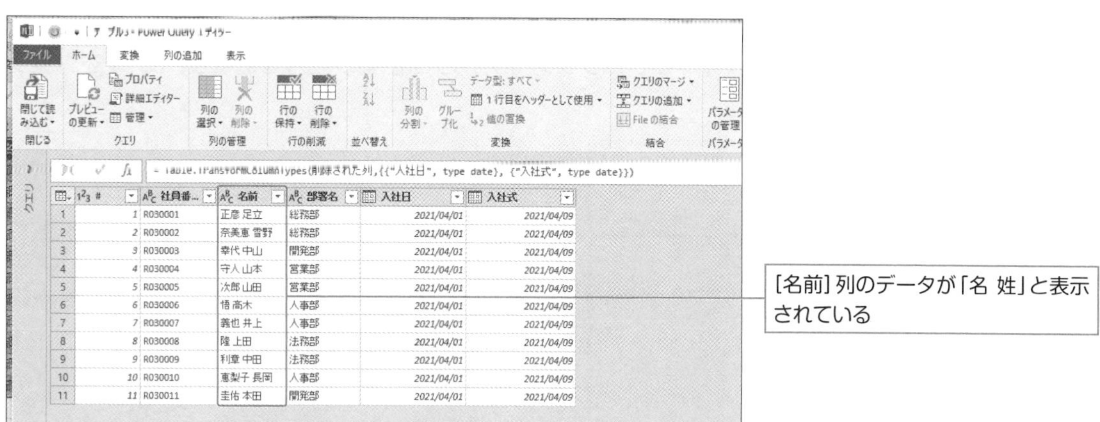

この場合、「姓」と「名」に列を分割しておくと便利です。そのためには、次のように操作します。

操作手順

❶ 分割したい [名前] 列を選択します。

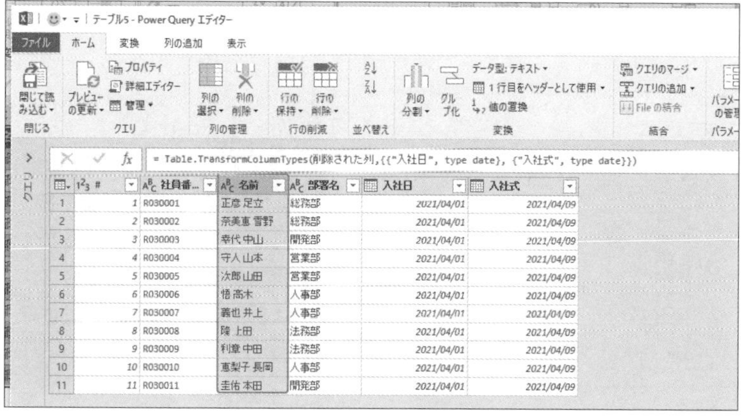

❷ [ホーム] - [変換] - [列の分割] の▼をクリックし、表示されたメニューの [区切り記号による分割] をクリックします。

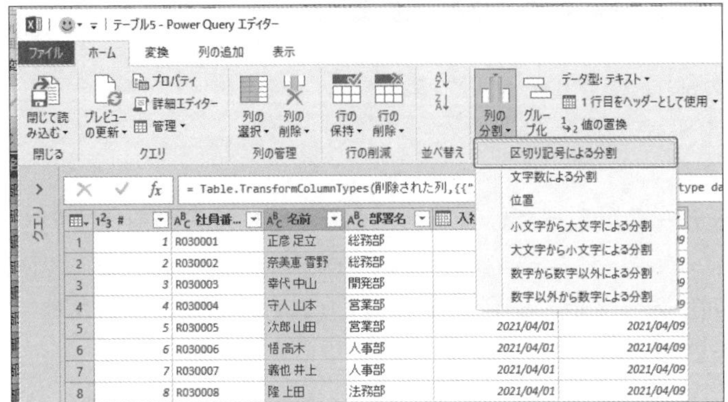

❸ [区切り記号による列の分割] ダイアログボックスで分割する区切り記号を選択し、[OK] をクリックします。

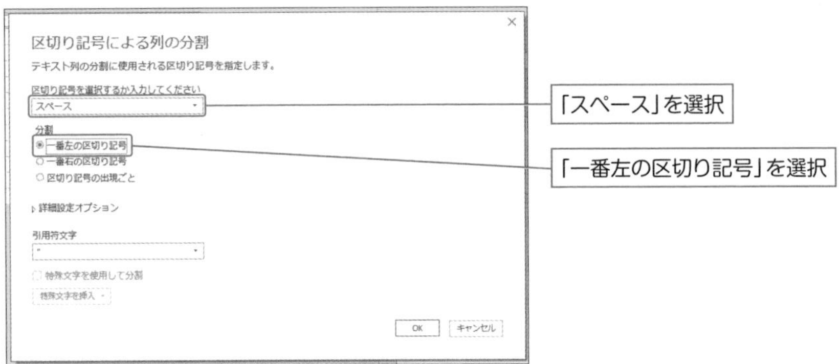

❹「姓」「名」で分割され新しい列 [名前.1] [名前.2] が作成されました。

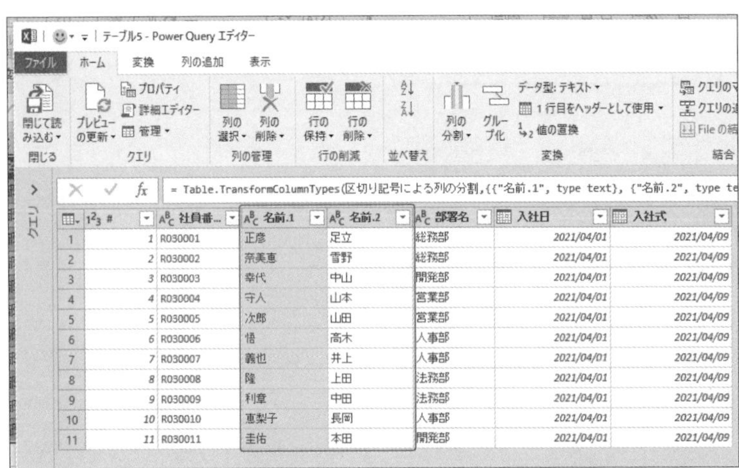

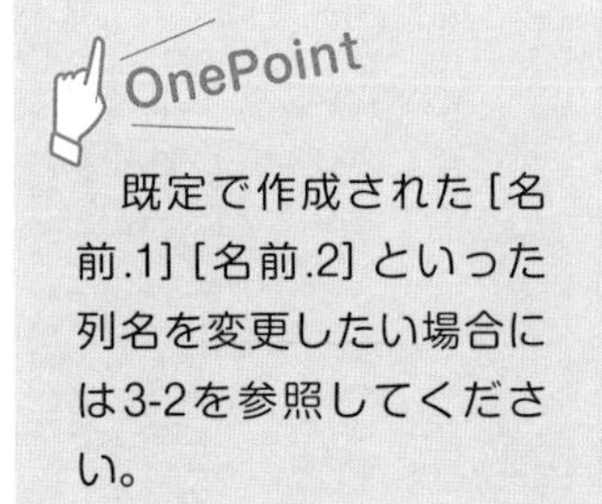
OnePoint

既定で作成された [名前.1] [名前.2] といった列名を変更したい場合には3-2を参照してください。

Section
3-11

列を分割する②
位置や文字種による分割

メニュー	[ホーム] - [変換] - [列の分割]
M言語	Table.SplitColumn

分割したい列に半角スペースのような区切り記号が入っていない場合には、文字数や位置を指定して分割したり、小文字、大文字、数字、文字列といった文字種によって分割することも可能です。

例えば、「文字＋数字」で表されている社員番号を、文字列と数字に分割してみましょう。

操作手順

❶ 分割したい列（ここでは［社員番号］列）をクリックします。

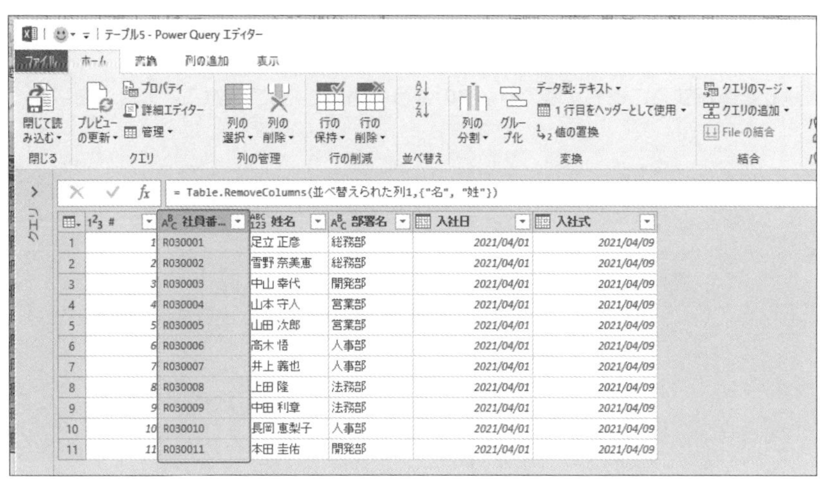

❷ ［ホーム］-［変換］-［列の分割］の▼をクリックし、表示されたメニューの［数字以外から数字による分割］をクリックします。

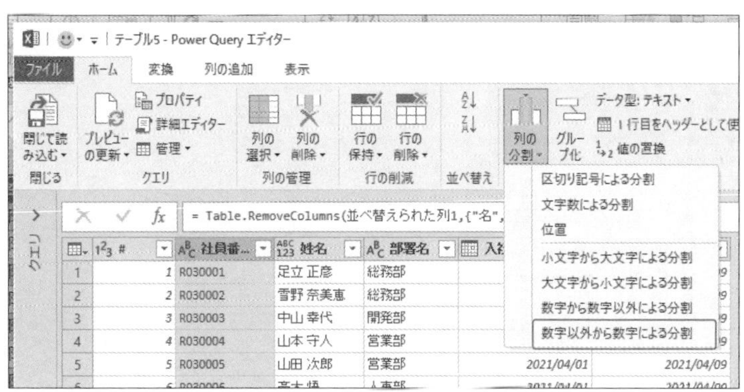

③ 文字列とそれ以外の数字で列が分割され、新たな列が作成されました。

OnePoint

もちろん［文字数による分割］を選択することも可能です。次のように指定した文字数（ここでは3文字）を境に分割できます。

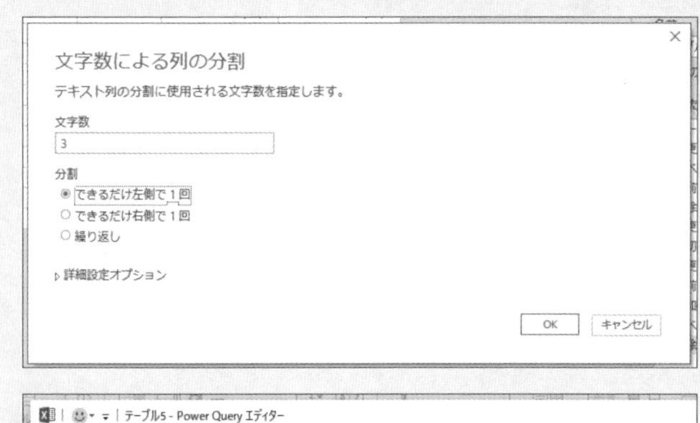

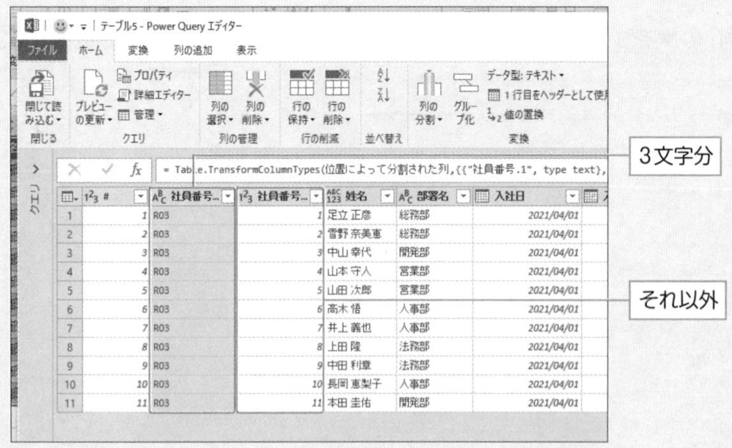

Section
3-12

列のデータを結合して新しい列を作る①
カスタム列による結合

メニュー	[列の追加] - [全般] - [カスタム列]
M言語	Table.AddColumn、Text.Combine

複数の列を指定してデータを結合するためには[カスタム列]を利用します。

例えば、[姓][名]が別になっているデータから[姓]+[名]の新たな列を作成する場合、次のように操作します。

操作手順

❶ [列の追加] - [全般] - [カスタム列] をクリックします。

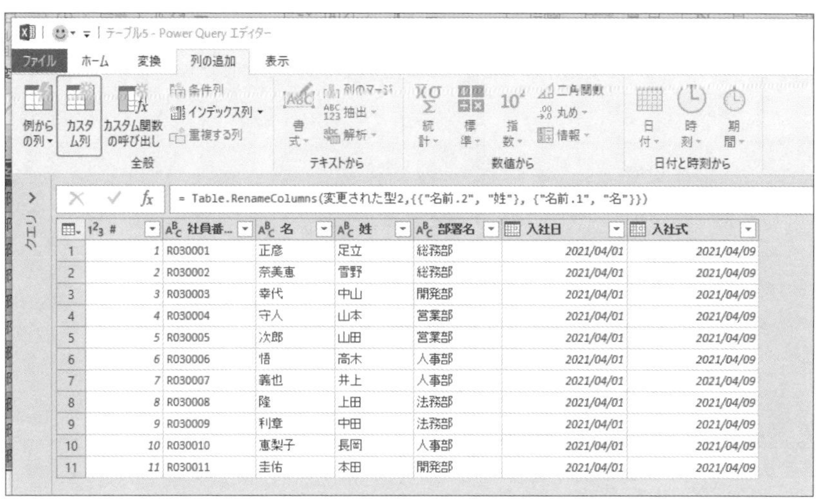

	#	社員番...	名	姓	部署名	入社日	入社式
1	1	R030001	正彦	足立	総務部	2021/04/01	2021/04/09
2	2	R030002	奈美恵	雪野	総務部	2021/04/01	2021/04/09
3	3	R030003	幸代	中山	開発部	2021/04/01	2021/04/09
4	4	R030004	守人	山本	営業部	2021/04/01	2021/04/09
5	5	R030005	次郎	山田	営業部	2021/04/01	2021/04/09
6	6	R030006	悟	高木	人事部	2021/04/01	2021/04/09
7	7	R030007	義也	井上	人事部	2021/04/01	2021/04/09
8	8	R030008	隆	上田	法務部	2021/04/01	2021/04/09
9	9	R030009	利章	中田	法務部	2021/04/01	2021/04/09
10	10	R030010	恵梨子	長岡	人事部	2021/04/01	2021/04/09
11	11	R030011	圭佑	本田	開発部	2021/04/01	2021/04/09

❷ [カスタム列] ダイアログボックスが表示されます。

❸ [新しい列名] に作成したい列名（「姓名」）を入力します。

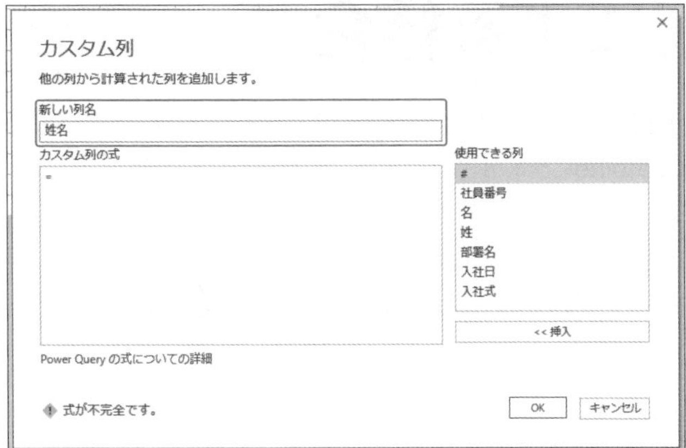

❹ [使用できる列] に表示されている「姓」を選択し、[挿入] をクリックします。

❺ [カスタム列の式] に表示された [姓] の後ろに「&」と入力します。

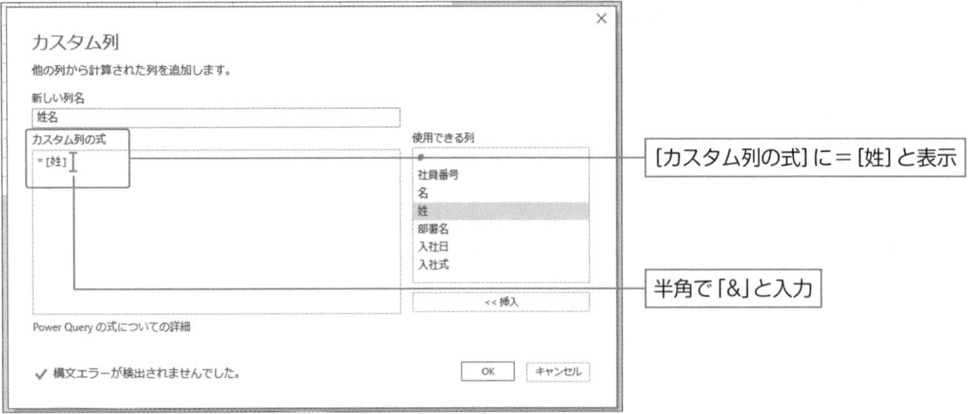

❻ [使用できる列] に表示されている「名」を選択し、[挿入] をクリックします。

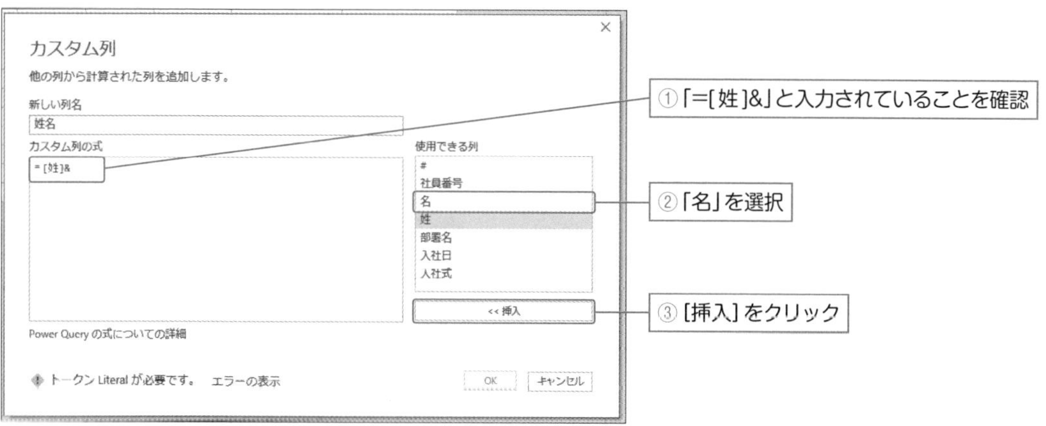

❼ [カスタム列の式] に [姓] & [名] と表示されたことを確認し、構文エラーが表示されていないことを確認後 [OK] をクリックします。

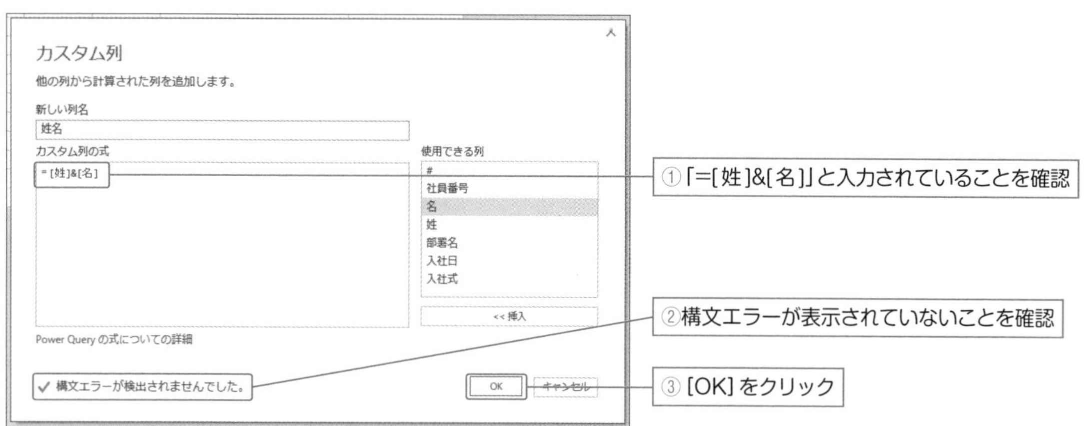

❽ テーブルの最後に新しい列が作成され [姓] [名] が結合されたデータが表示されました。

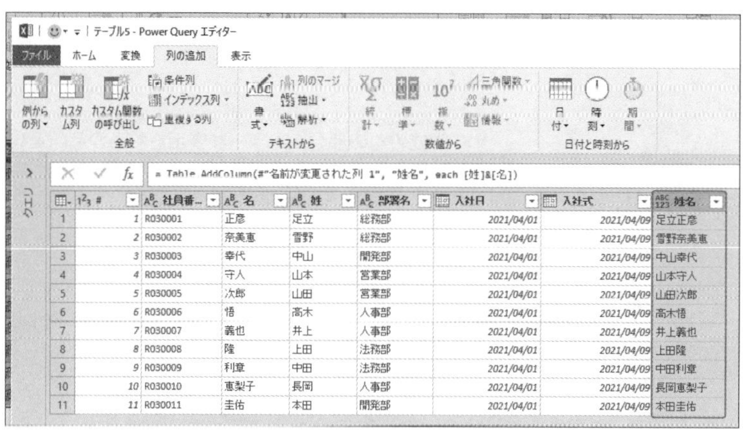

	#	社員番…	名	姓	部署名	入社日	入社式	姓名
1	1	R030001	正彦	足立	総務部	2021/04/01	2021/04/09	足立正彦
2	2	R030002	奈美恵	雪野	総務部	2021/04/01	2021/04/09	雪野奈美恵
3	3	R030003	幸代	中山	開発部	2021/04/01	2021/04/09	中山幸代
4	4	R030004	守人	山本	営業部	2021/04/01	2021/04/09	山本守人
5	5	R030005	次郎	山田	営業部	2021/04/01	2021/04/09	山田次郎
6	6	R030006	悟	高木	人事部	2021/04/01	2021/04/09	高木悟
7	7	R030007	義也	井上	人事部	2021/04/01	2021/04/09	井上義也
8	8	R030008	隆	上田	法務部	2021/04/01	2021/04/09	上田隆
9	9	R030009	利章	中田	法務部	2021/04/01	2021/04/09	中田利章
10	10	R030010	恵梨子	長岡	人事部	2021/04/01	2021/04/09	長岡恵梨子
11	11	R030011	圭佑	本田	開発部	2021/04/01	2021/04/09	本田圭佑

OnePoint

[姓] と [名] の間に半角のスペースを入れたい場合には、[カスタム列の式] を [姓] &" "& [名] とします。

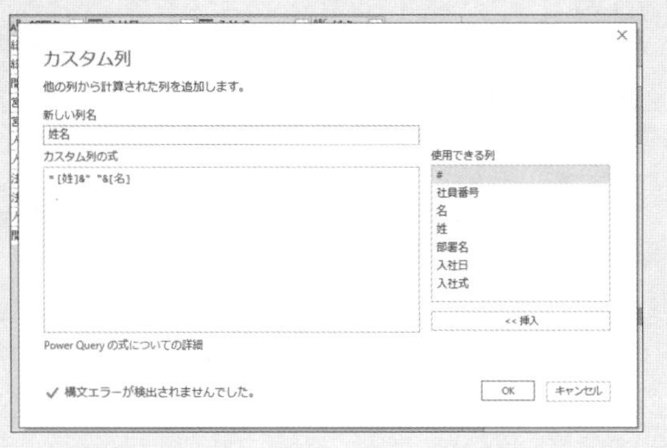

OnePoint

カスタム列の式に構文エラーが表示されている場合には、次のようなエラーが表示されます。

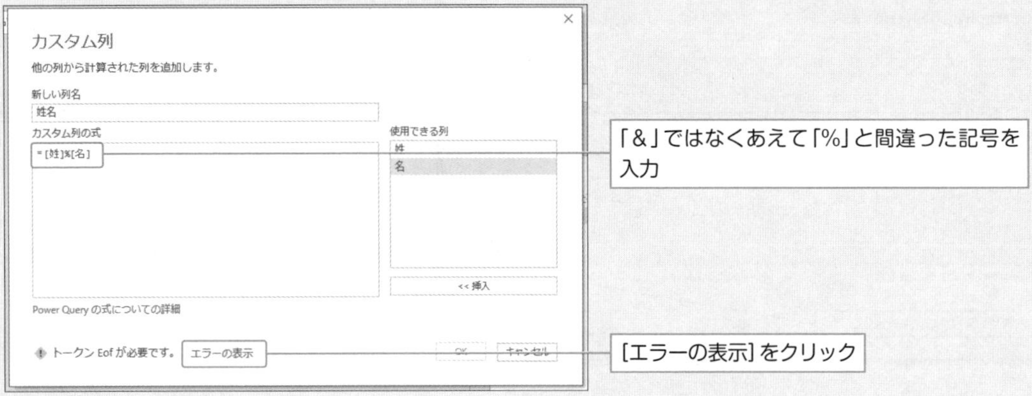

「&」ではなくあえて「%」と間違った記号を入力

[エラーの表示] をクリック

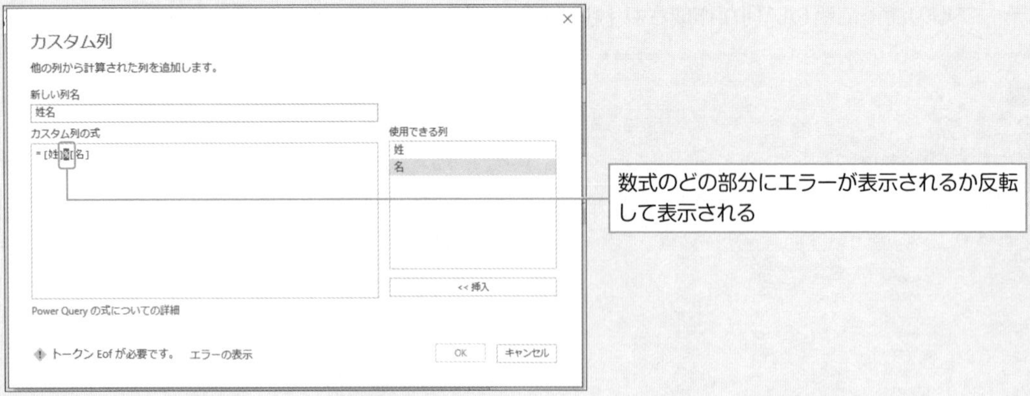

数式のどの部分にエラーが表示されるか反転して表示される

Section
3-13
列のデータを結合して新しい列を作る② サンプルによる結合

メニュー	[列の追加] - [全般] - [例からの列]
M言語	Table.AddColumn、Text.Combine

データを結合した列は[カスタム列]から作成できることを3-12で紹介しましたが、ここでは別の作成方法をご紹介します。

[例からの列]は、関数や機能を知らなくてもPower Queryがサンプル(例)からユーザーがやりたいことを読み取って、数式を作成してくれる機能です。Excelのフラッシュフィルの機能と似ている機能でもあるため、何をサンプル(例)にするかによって提案される数式が若干変化します。最終的な表示を確認してから結果を受け入れる必要はありますが、とても便利な機能ですので、ぜひ覚えておきましょう。

ここでは、次のように[姓][名]と分割されている列のデータを1つの列に結合してみましょう。

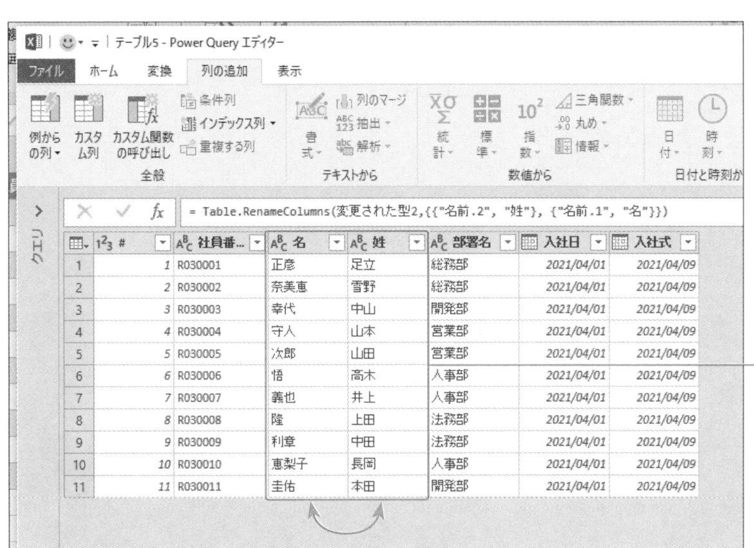

	#	社員番...	名	姓	部署名	入社日	入社式
1	1	R030001	正彦	足立	総務部	2021/04/01	2021/04/09
2	2	R030002	奈美恵	雪野	総務部	2021/04/01	2021/04/09
3	3	R030003	幸代	中山	開発部	2021/04/01	2021/04/09
4	4	R030004	守人	山本	営業部	2021/04/01	2021/04/09
5	5	R030005	次郎	山田	営業部	2021/04/01	2021/04/09
6	6	R030006	悟	高木	人事部	2021/04/01	2021/04/09
7	7	R030007	義也	井上	人事部	2021/04/01	2021/04/09
8	8	R030008	隆	上田	法務部	2021/04/01	2021/04/09
9	9	R030009	利章	中田	法務部	2021/04/01	2021/04/09
10	10	R030010	恵梨子	長岡	人事部	2021/04/01	2021/04/09
11	11	R030011	圭佑	本田	開発部	2021/04/01	2021/04/09

この場合、次のように操作します。

操作手順

❶ 2つの列を選択します。

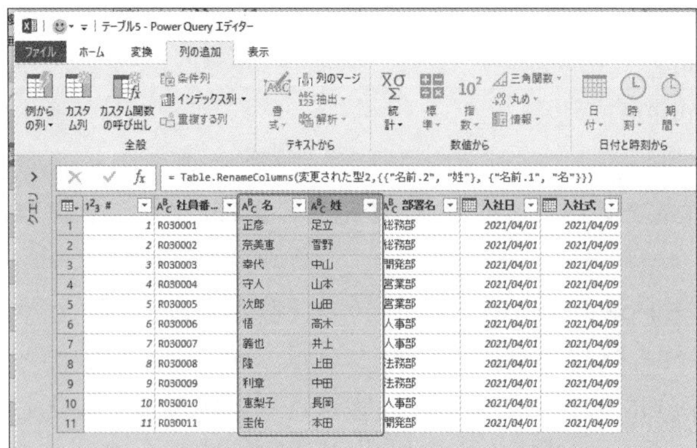

❷ [列の追加] - [全般] - [例からの列] の▼をクリックし、表示されたメニューの [選択範囲から] をクリックします。

❸ 右端に新しい列が作成されます。

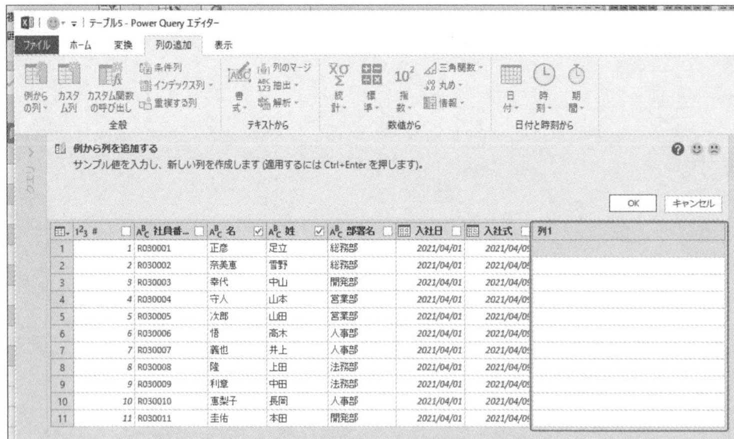

❹ データ部分に例（サンプル）となる［姓］列に入力されている1行目の値「足立」を入力します。

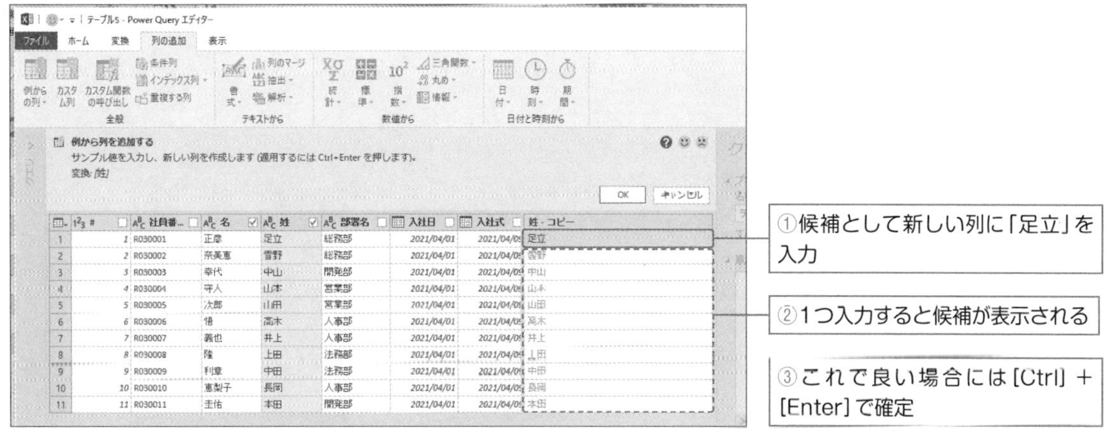

❺ 続けて例（サンプル）を入力します。「半角スペース」、そして［名］列の1行目に入っているデータ「正彦」を入力します。

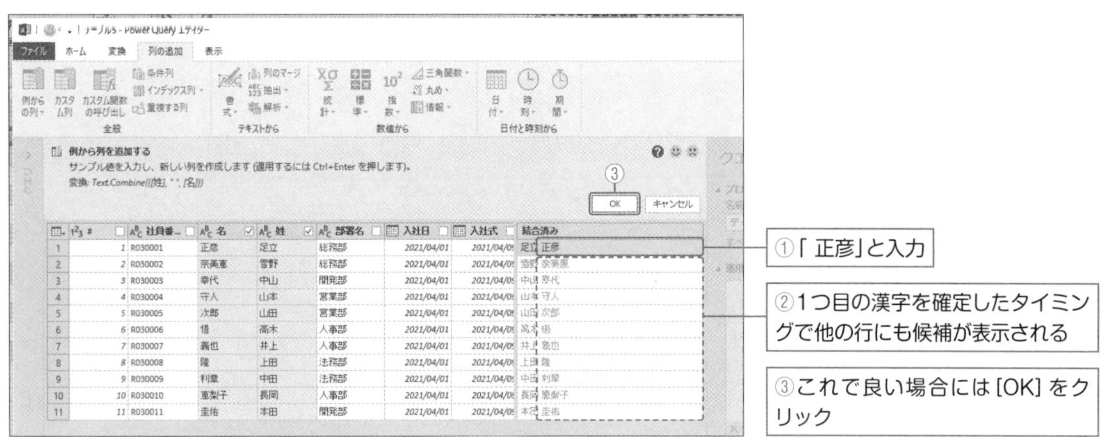

❻ ［姓］［名］が結合され新しい列が作成されました。

第4章

行の操作

Excel Power Query

Section

4-1 上位や下位の行を削除する

メニュー	[ホーム] - [行の削除] - [上位の行の削除] / [下位の行の削除]
M言語	Table.Skip

例えば、次のように必要なデータが6行目以降に入っており、最初の5行は常に不必要なデータが吐き出されるファイルがあるとします。

最初の5行は必要ない行

このような場合、次のように操作して不要な行を削除できます。

操作手順

❶ [ホーム] - [行の削除] - [行の削除] の▼をクリックし、表示されたメニューの [上位の行の削除] をクリックします。

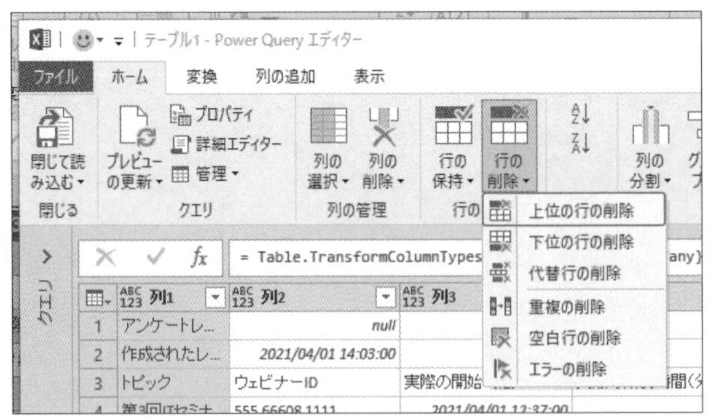

❷ [上位の行の削除] ダイアログボックスで、[桁数] に先頭から削除する行の数 (ここでは「5」) を入力し、[OK] をクリックします。

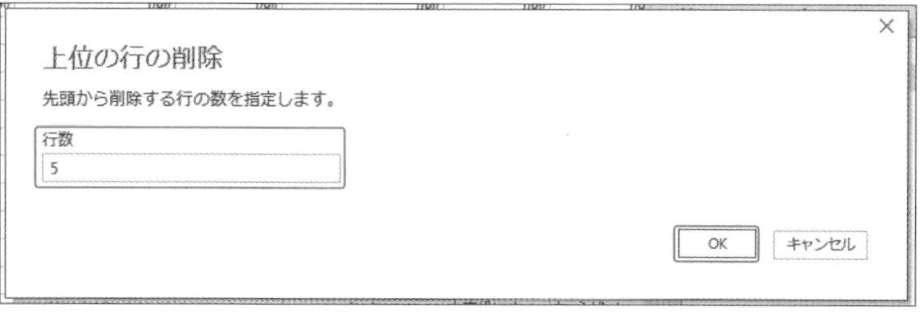

❸ 5行目までのデータが削除されました。

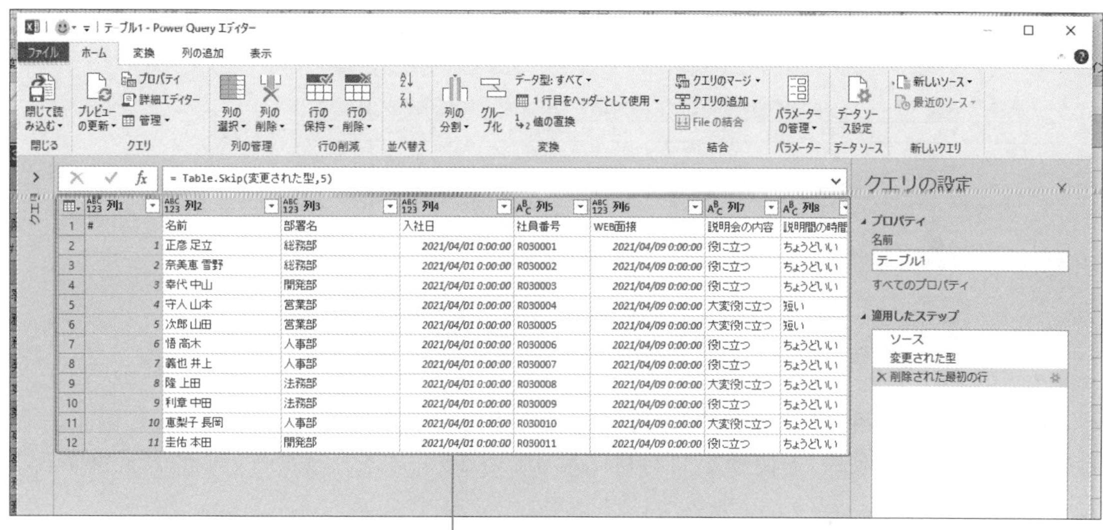

OnePoint

データの冒頭ではなく末尾に不要な行がある場合は [上位の行の削除] の代わりに [下位の行の削除] を使用します。

Section
4-2

1行目をヘッダーとして使用する

メニュー	[ホーム] - [変換] - [1行目をヘッダーとして使用]
M言語	Table.TransformColumnTypes

例えば、次のように1行目がヘッダー（列名）情報となっているデータがあるとします。

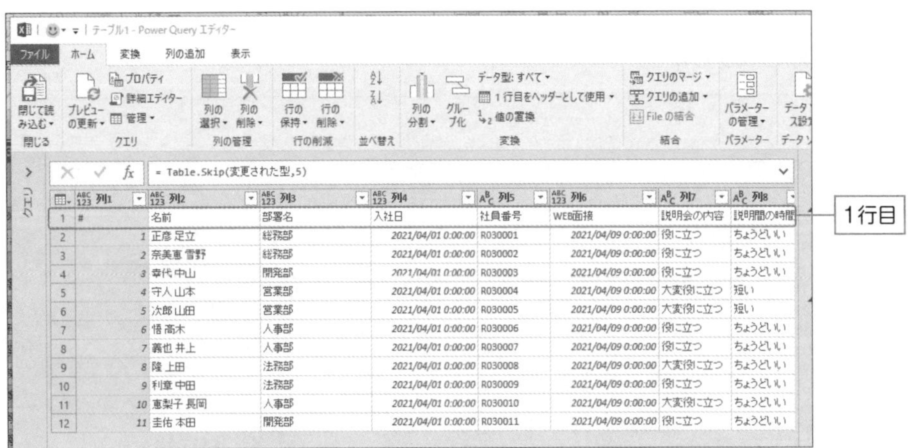

このとき、列名を手作業で再入力して設定することもできますが、Power Queryの機能［1行目をヘッダーとして使用］を使って、1行目に入っているデータをヘッダー（列名）に変換することも可能です。

操作手順

❶ [ホーム] - [変換] - [1行目をヘッダーとして使用] をクリックします。

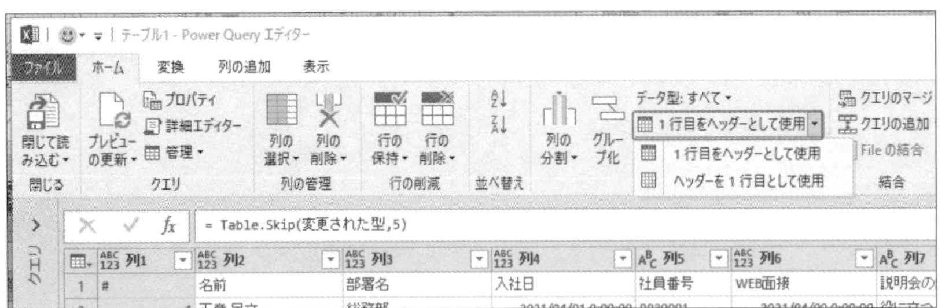

❷1行目のデータがヘッダー（列名）に設定されます。

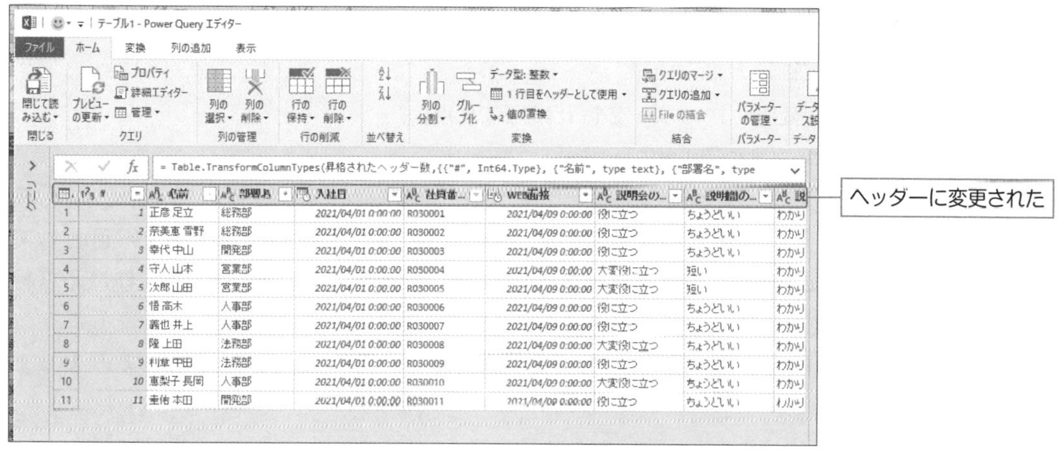

OnePoint

テーブルの左上にあるアイコンをクリックすると表示されるメニューの中にある［1行目をヘッダーとして使用］でも同様の操作を行うことが可能です。

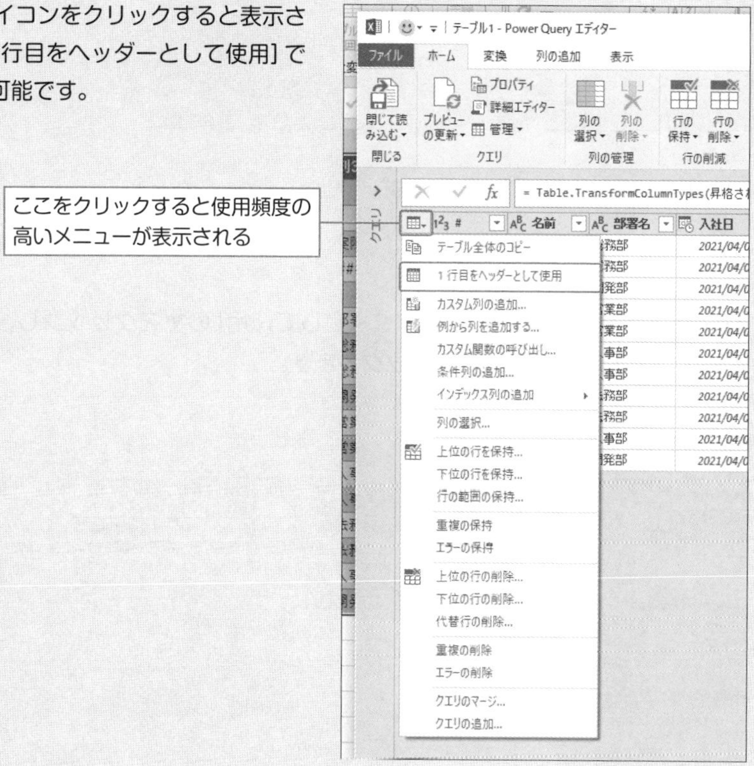

ここをクリックすると使用頻度の高いメニューが表示される

Section
4-3
ヘッダーを1行目として使用する

メニュー [ホーム] - [変換] - [ヘッダーを1行目として使用]

M言語 Table.TransformColumnTypes

ヘッダー(列名)を1行目に使用する場合には、[ホーム] - [変換] - [ヘッダーを1行目として使用]を行います。「何のために?」と思われる方もいらっしゃるかと思いますが、[入れ替え](行と列)を行う際、この作業は重要な意味を持ちます。

ここではデータの列名に含まれてしまっている情報を、1行目のデータに降格してみましょう。

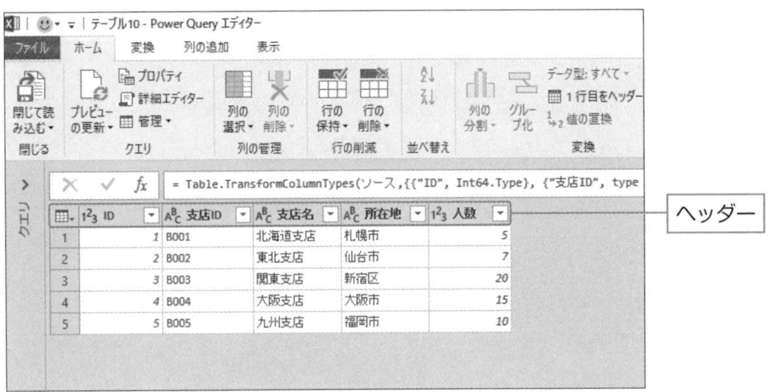

この場合、次のように操作します。

操作手順

❶ [ホーム] - [変換] - [1行目をヘッダーとして使用] の▼をクリックし、表示されたメニューの [ヘッダーを1行目として使用] をクリックします。

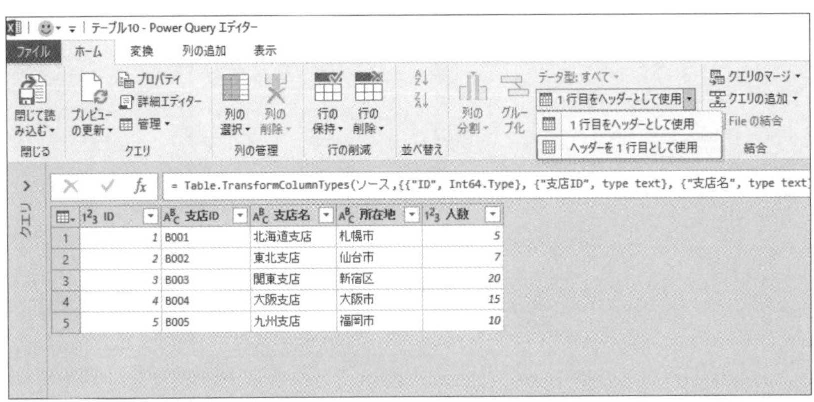

❷列名だったデータが1行目に降格されていることが確認できます。

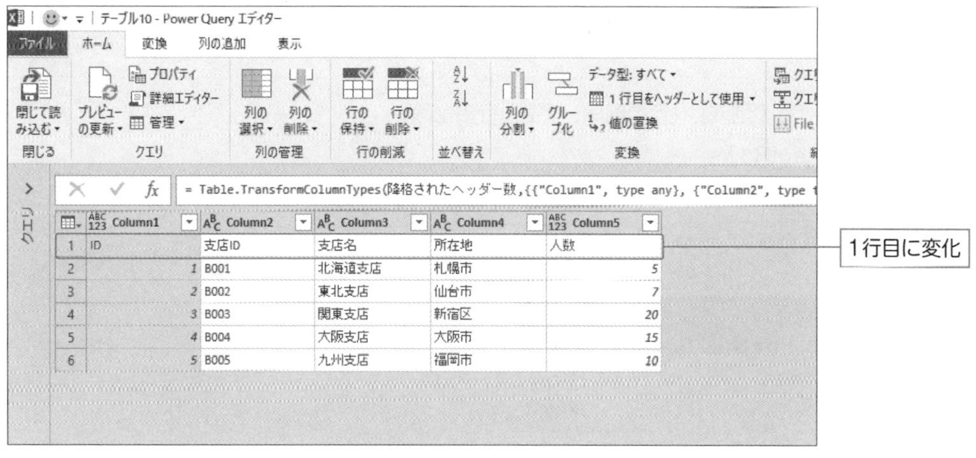

OnePoint

この作業を行わずに行と列の[入れ替え]を行った場合、列名の部分が消失してしまうので注意が必要です(行と列の入れ替えは8-1で説明しています)。

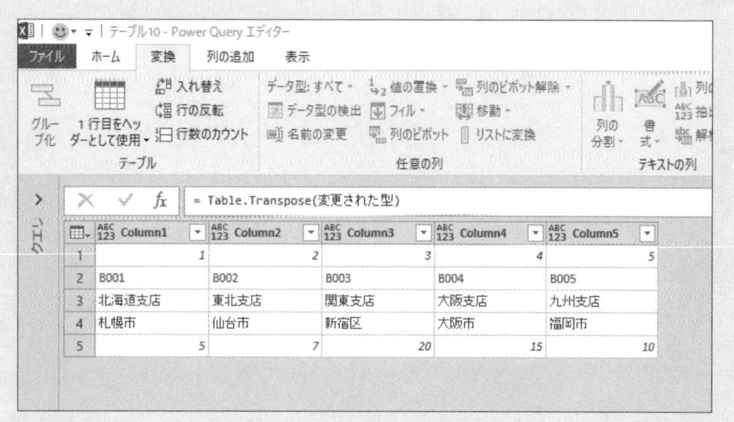

Section
4-4 空白行を削除する

メニュー	[ホーム] - [行の削減] - [行の削除] - [空白行の削除]
M言語	Table.SelectRows

例えば、次のような元データがあるとします。

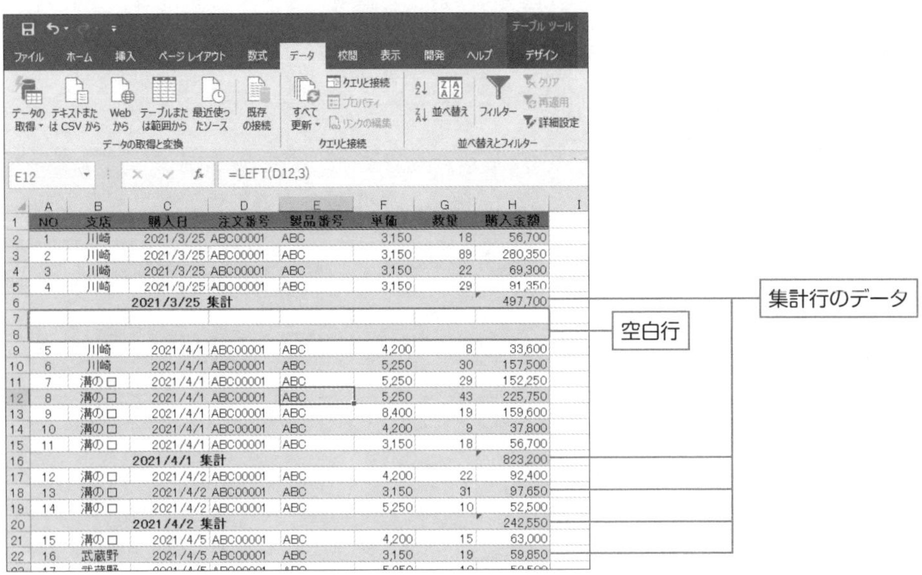

このデータをPower Queryに取り込むと、Power Queryエディター上では次のように表示されます。

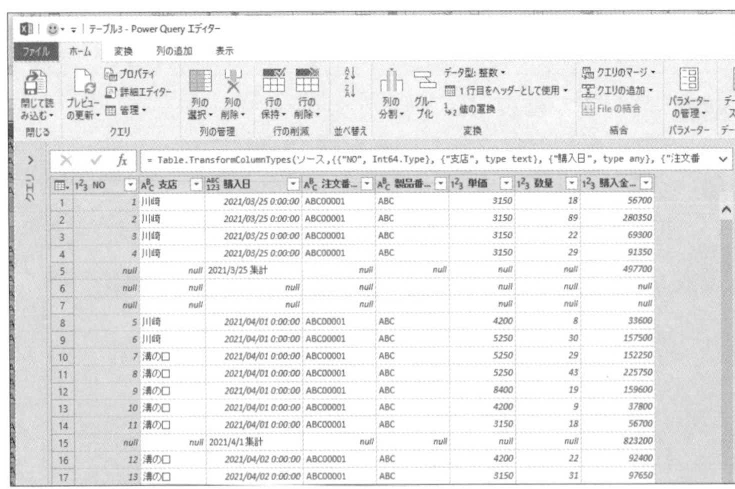

元データで空白だったセルに「null」と表示されています。nullとは「空白」という意味で、そのセルに何の値も入っていないことを示しています。

このような場合、空白行（すべてのセルがnullである行）はデータ処理に不要であることが多いでしょう。そのような空白行を一括して削除するには、次のように操作します。

操作手順

❶ ［ホーム］-［行の削減］-［行の削除］の▼をクリックし、表示されたメニューの［空白行の削除］をクリックします。

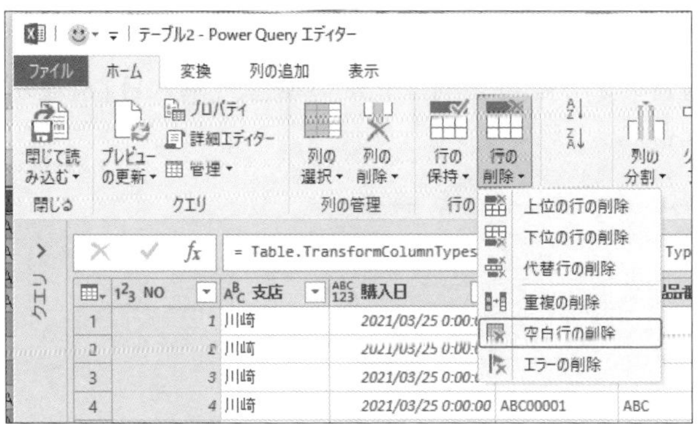

❷ すべての列が「null」だった行が削除されました。

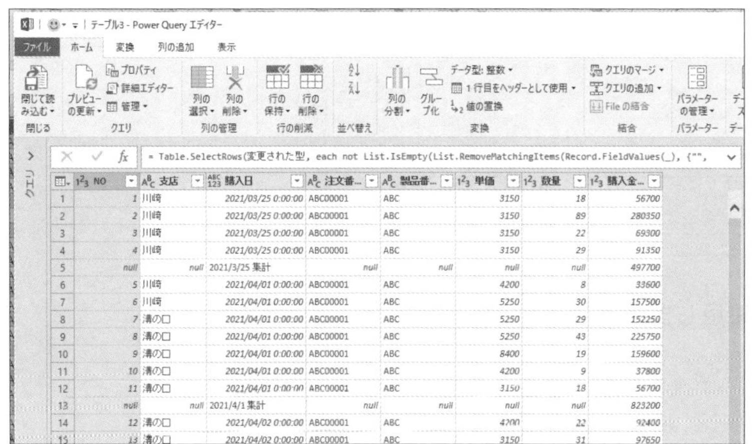

OnePoint

すべての列が空白（null）でない行は、［空白行の削除］では削除を行うことができません（「null」が存在する行を削除する方法は4-5で説明しています）。

Section

4-5 「null」が存在する行を削除する

メニュー	[フィルター]
M言語	Table.SelectRows

すべての列が空白(null)である行を削除したい場合には、4-4のように[空白行の削除]を使用することができます。しかし、一部の列にのみ空白がある場合には[空白行の削除]では行の削除を行うことができません。

例えば次のデータで5行目、13行目、17行目のような行を削除したい場合、[購入日]に値が入っているため、[空白行の削除]は使えません。

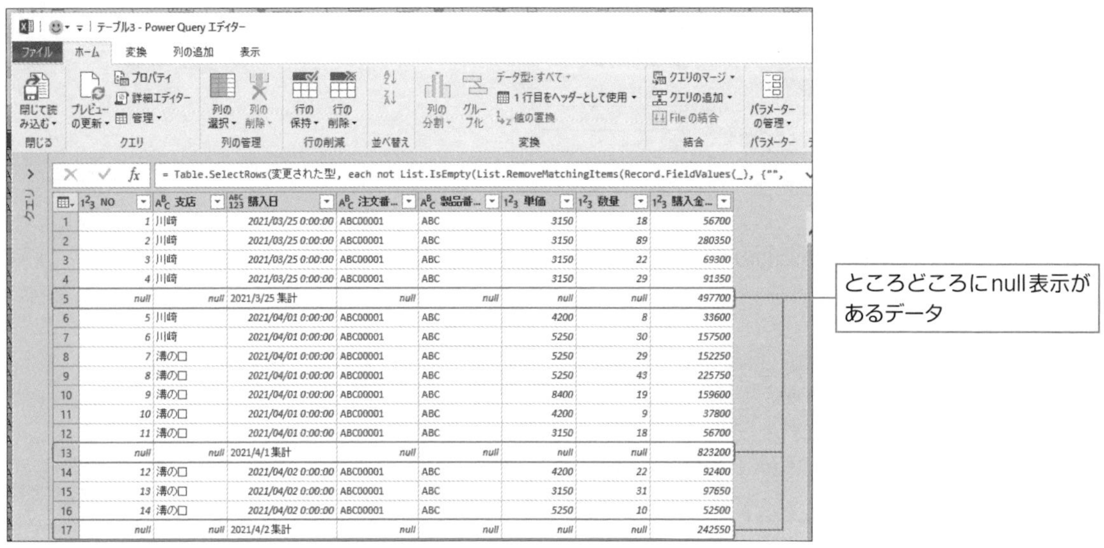

この場合、列のフィルターを使用します。

操作手順

❶「null」が表示されている列の▼をクリックします。

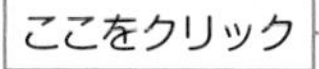

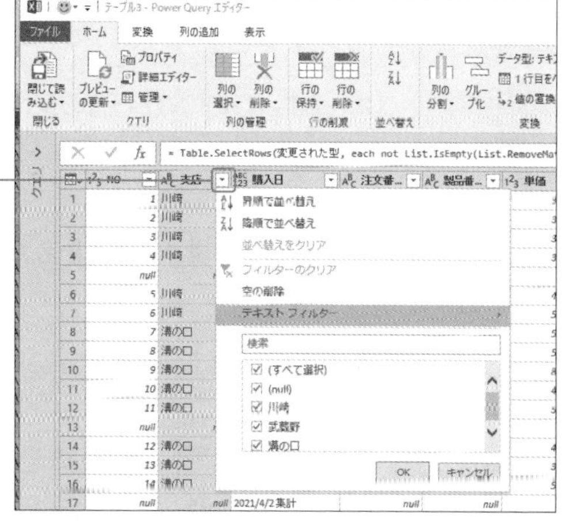

❷ フィルターに表示された候補の「null」をクリックします。

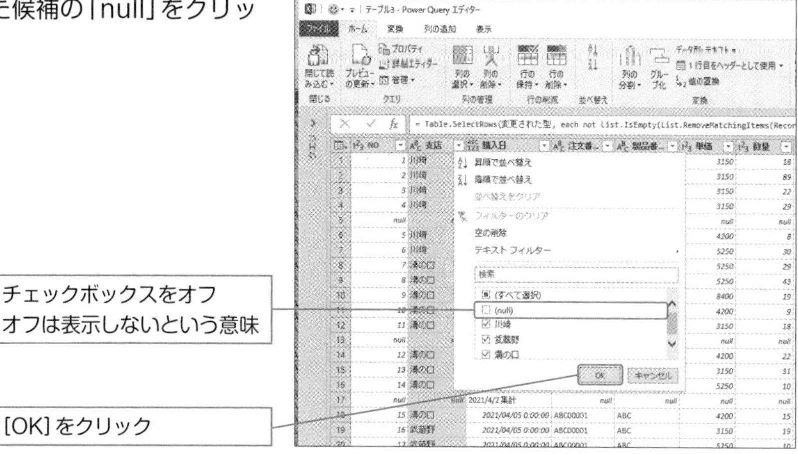

❸ データから「null」の行が削除されました。

	NO	支店	購入日	注文番...	製品番...	単価	数量	購入金...
1	1	川崎	2021/03/25 0:00:00	ABC00001	ABC	3150	18	56700
2	2	川崎	2021/03/25 0:00:00	ABC00001	ABC	3150	89	280350
3	3	川崎	2021/03/25 0:00:00	ABC00001	ABC	3150	22	69300
4	4	川崎	2021/03/25 0:00:00	ABC00001	ABC	3150	29	91350
5	5	川崎	2021/04/01 0:00:00	ABC00001	ABC	4200	8	33600
6	6	川崎	2021/04/01 0:00:00	ABC00001	ABC	5250	30	157500
7	7	溝の口	2021/04/01 0:00:00	ABC00001	ABC	5250	29	152250
8	8	溝の口	2021/04/01 0:00:00	ABC00001	ABC	5250	43	225750
9	9	溝の口	2021/04/01 0:00:00	ABC00001	ABC	8400	19	159600
10	10	溝の口	2021/04/01 0:00:00	ABC00001	ABC	4200	9	37800
11	11	溝の口	2021/04/01 0:00:00	ABC00001	ABC	3150	18	56700
12	12	溝の口	2021/04/02 0:00:00	ABC00001	ABC	4200	22	92400
13	13	溝の口	2021/04/02 0:00:00	ABC00001	ABC	3150	31	97650
14	14	溝の口	2021/04/02 0:00:00	ABC00001	ABC	5250	10	52500
15	15	溝の口	2021/04/05 0:00:00	ABC00001	ABC	4200	15	63000

Section

4-6 重複データを確認する

メニュー	［ホーム］-［行の削減］-［行の保持］-［重複の保持］
M言語	-

取り込んだデータに行の重複がある場合があります。例えば次のデータでは、30、31行目のデータに重複があります。

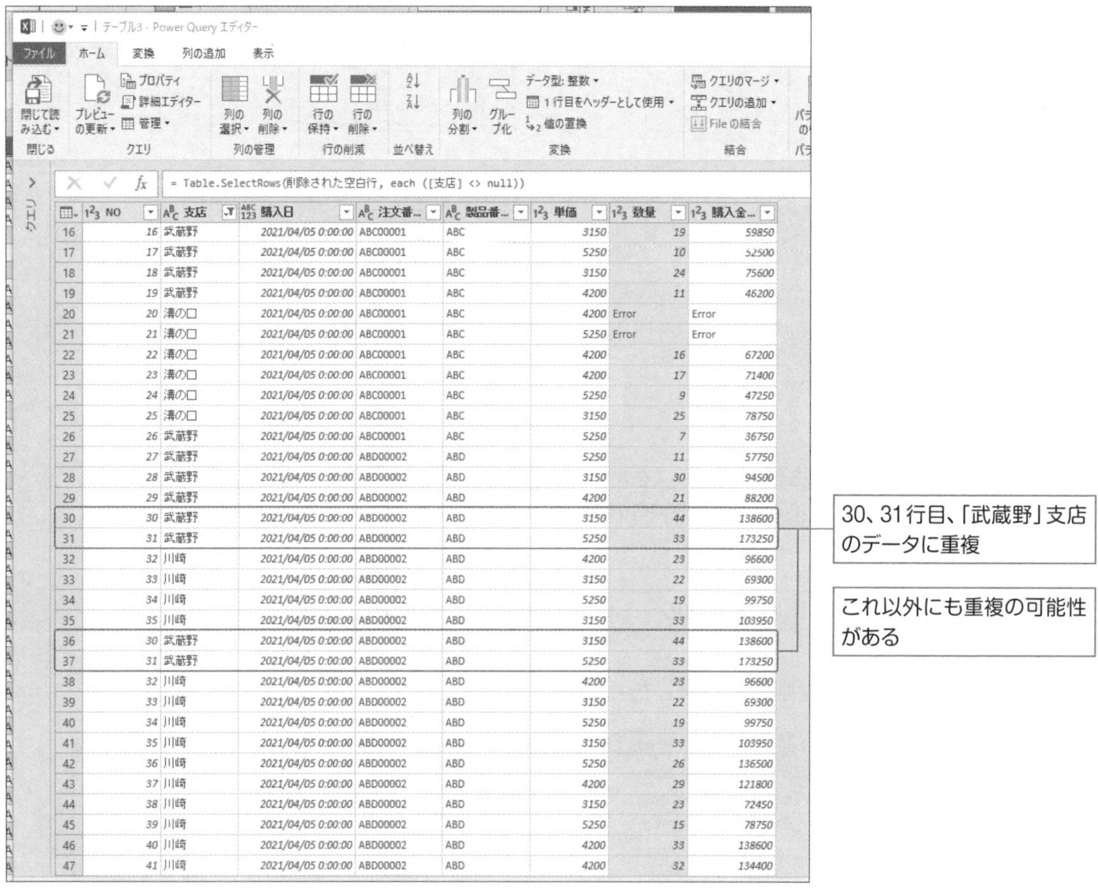

重複が許されない場合、重複行を削除します。

ただし削除の前に、本当にその行を削除しても大丈夫か確認が必要です。その際、大量のデータから目視で重複を見つけていくのは効率的ではありません。そこで、重複行のみを画面上に表示して確認する方法があります。

操作手順

❶ 重複を確認したい [NO] 列、[支店] 列をクリックします。

❷ [ホーム] - [行の削減] - [行の保持] の▼をクリックし、表示されたメニューの [重複の保持] をクリックします。

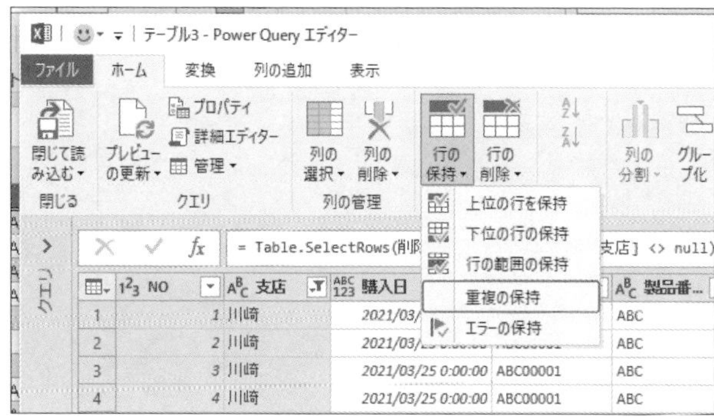

❸重複しているデータが表示されました。

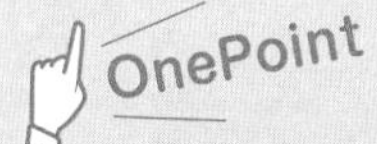

重複を確認し、削除しても問題ない場合には4-7に進み、重複行を削除します。

Section
4-7 重複データを削除する

メニュー	[ホーム] - [行の削減] - [行の削除] - [重複の削除]
M言語	Table.Distinct

取り込んだデータに行の重複があり、重複した行は1つを残し削除しても構わないと確認できた場合、削除を行います。削除を行うための操作は次のとおりです。

操作手順

❶ 4-6の手順で重複データを確認します。

29	29	武蔵野	2021/04/05 0:00:00	ABD00002	ABD	4200	21	88200
30	30	武蔵野	2021/04/05 0:00:00	ABD00002	ABD	3150	44	138600
31	31	武蔵野	2021/04/05 0:00:00	ABD00002	ABD	5250	33	173250
32	32	川崎	2021/04/05 0:00:00	ABD00002	ABD	4200	23	96600
33	33	川崎	2021/04/05 0:00:00	ABD00002	ABD	3150	22	69300
34	34	川崎	2021/04/05 0:00:00	ABD00002	ABD	5250	19	99750
35	35	川崎	2021/04/05 0:00:00	ABD00002	ABD	3150	33	103950
36	30	武蔵野	2021/04/05 0:00:00	ABD00002	ABD	3150	44	138600
37	31	武蔵野	2021/04/05 0:00:00	ABD00002	ABD	5250	33	173250
38	32	川崎	2021/04/05 0:00:00	ABD00002	ABD	4200	23	96600
39	33	川崎	2021/04/05 0:00:00	ABD00002	ABD	3150	22	69300
40	34	川崎	2021/04/05 0:00:00	ABD00002	ABD	5250	19	99750
41	35	川崎	2021/04/05 0:00:00	ABD00002	ABD	3150	33	103950
42	36	川崎	2021/04/05 0:00:00	ABD00002	ABD	5250	26	136500
43	37	川崎	2021/04/05 0:00:00	ABD00002	ABD	4200	29	121800
44	38	川崎	2021/04/05 0:00:00	ABD00002	ABD	3150	23	72450
45	39	川崎	2021/04/05 0:00:00	ABD00002	ABD	5250	15	78750
46	40	川崎	2021/04/05 0:00:00	ABD00002	ABD	4200	33	138600
47	41	川崎	2021/04/05 0:00:00	ABD00002	ABD	4200	32	134400

2021/04/05 0:00:00

[NO] が重複していることを確認。「30～35」の6行が重複

[支店] も重複を確認

❷ 重複していることが確認できたどちらかの列を選択します。

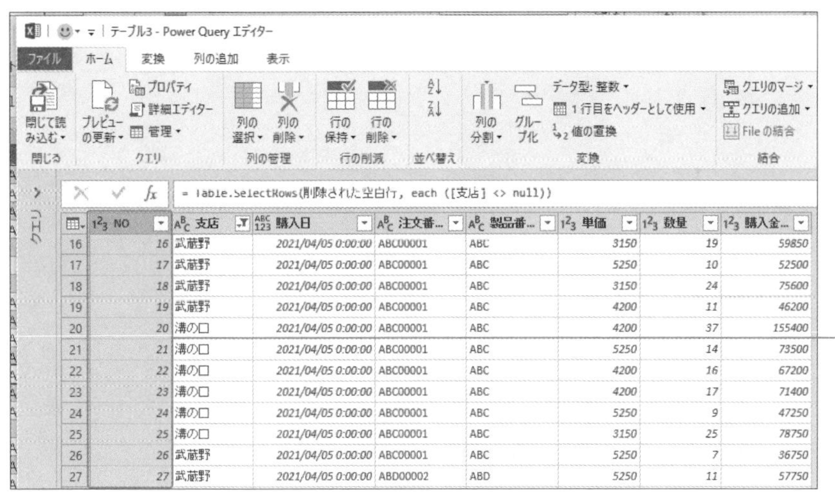

[NO] 列を選択

❸ ［ホーム］-［行の削減］-［行の削除］の▼をクリックし、表示されたメニューの［重複の削除］をクリックします。

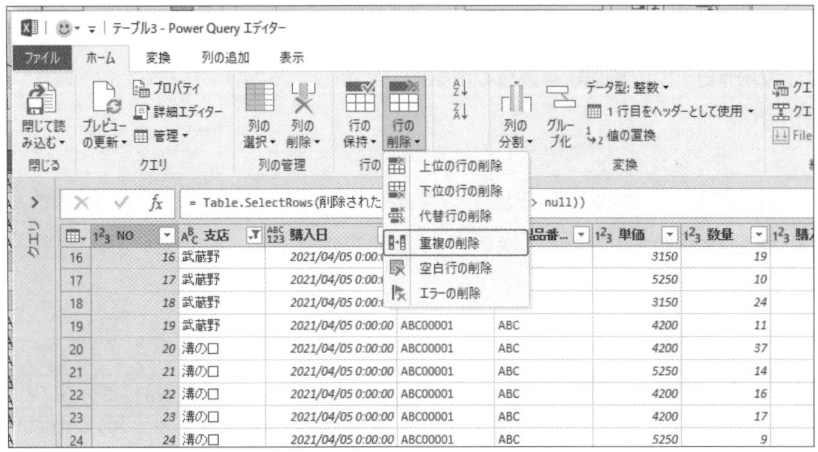

❹ 重複行がデータから削除されました。

	NO	支店	購入日			単価	数量	
29	29	武蔵野	2021/04/05 0:00:00	ABD00002	ABD	4200	21	88200
30	30	武蔵野	2021/04/05 0:00:00	ABD00002	ABD	3150	44	138600
31	31	武蔵野	2021/04/05 0:00:00	ABD00002	ABD	5250	33	173250
32	32	川崎	2021/04/05 0:00:00	ABD00002	ABD	4200	23	96600
33	33	川崎	2021/04/05 0:00:00	ABD00002	ABD	3150	22	69300
34	34	川崎	2021/04/05 0:00:00	ABD00002	ABD	5250	19	99750
35	35	川崎	2021/04/05 0:00:00	ABD00002	ABD	3150	33	103950
36	36	川崎	2021/04/05 0:00:00	ABD00002	ABD	5250	26	136500
37	37	川崎	2021/04/05 0:00:00	ABD00002	ABD	4200	29	121800
38	38	川崎	2021/04/05 0:00:00	ABD00002	ABD	3150	23	72450
39	39	川崎	2021/04/05 0:00:00	ABD00002	ABD	5250	15	78750
40	40	川崎	2021/04/05 0:00:00	ABD00002	ABD	4200	33	138600
41	41	川崎	2021/04/05 0:00:00	ABD00002	ABD	4200	32	134400

Section
4-8 エラーデータを確認する

メニュー	[ホーム] - [行の削減] - [行の保持] - [エラーの保持]
M言語	Table.SelectRowsWithErrors

取り込んだデータにエラーが出ている行がある場合があります。例えば次のデータでは、20、21行目のデータにエラーがあります。

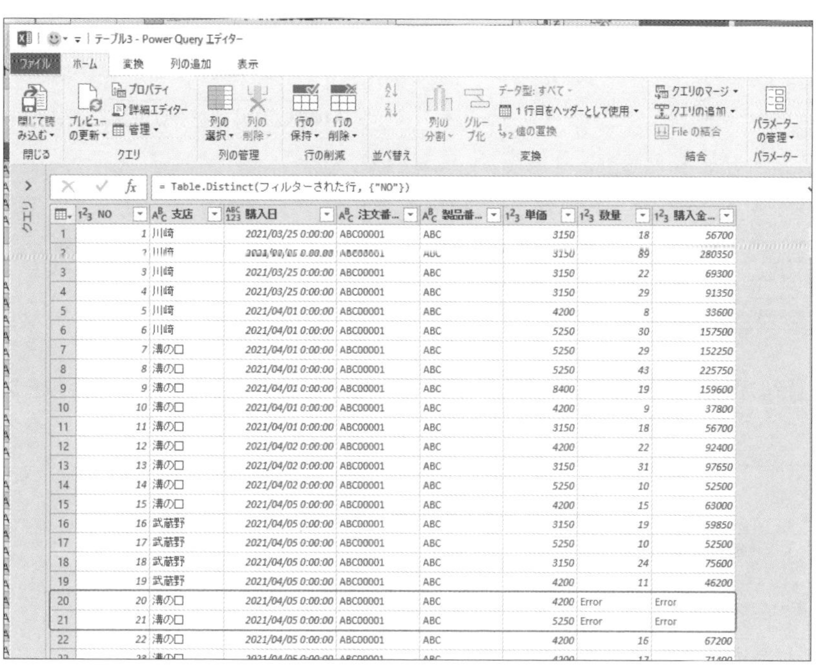

このような場合、エラーのある行を削除することが多いでしょう。

ただし削除の前に、本当にその行を削除しても大丈夫か確認が必要です。その際、大量のデータから目視でエラーを見つけていくのは効率的ではありません。そこで、エラーのある行のみを画面上に表示して確認する方法があります。

操作手順

❶ エラーを確認したい列を選択します。

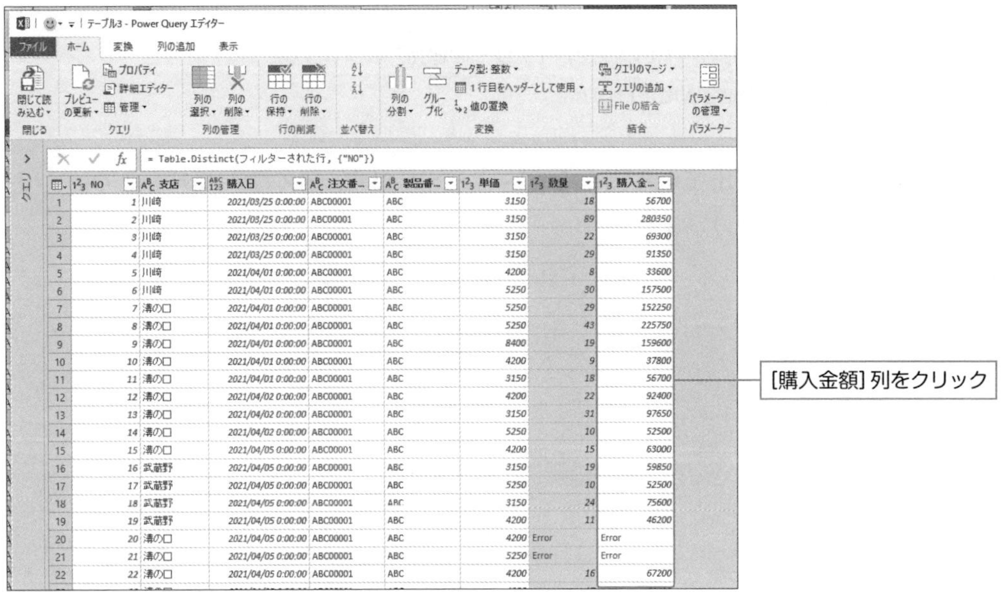

❷ [ホーム] - [行の削減] - [行の保持] の▼をクリックし、表示されたメニューの [エラーの保持] をクリックします。

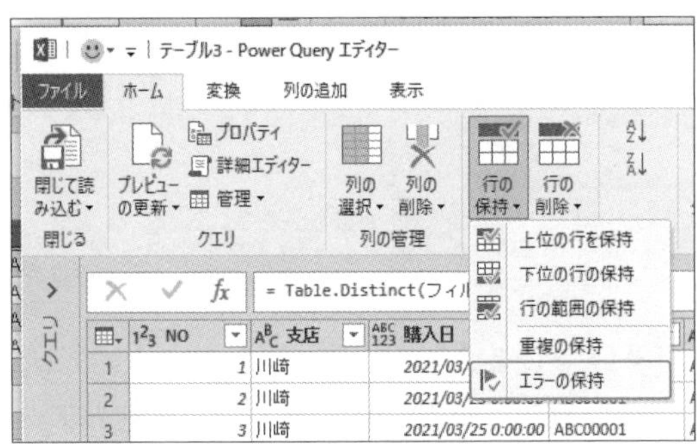

❸ エラーデータが表示されました。

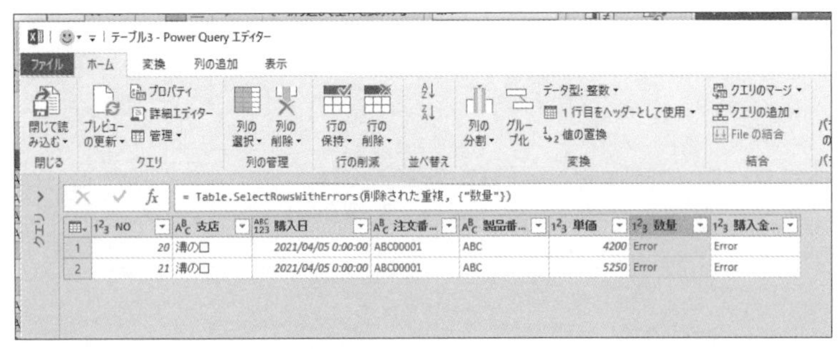

OnePoint

エラーを確認し削除しても問題ない場合には4-9に進み、エラー行を削除します。

Section
4-9 エラーデータを削除する

メニュー　[ホーム] - [行の削減] - [行の削除] - [エラーの削除]

M言語　Table.RemoveRowsWithErrors

取り込んだデータのエラー行を削除しても構わないと確認できた場合、削除を行います。

操作手順

❶ 4-8の手順でエラーが出ている行を確認します。

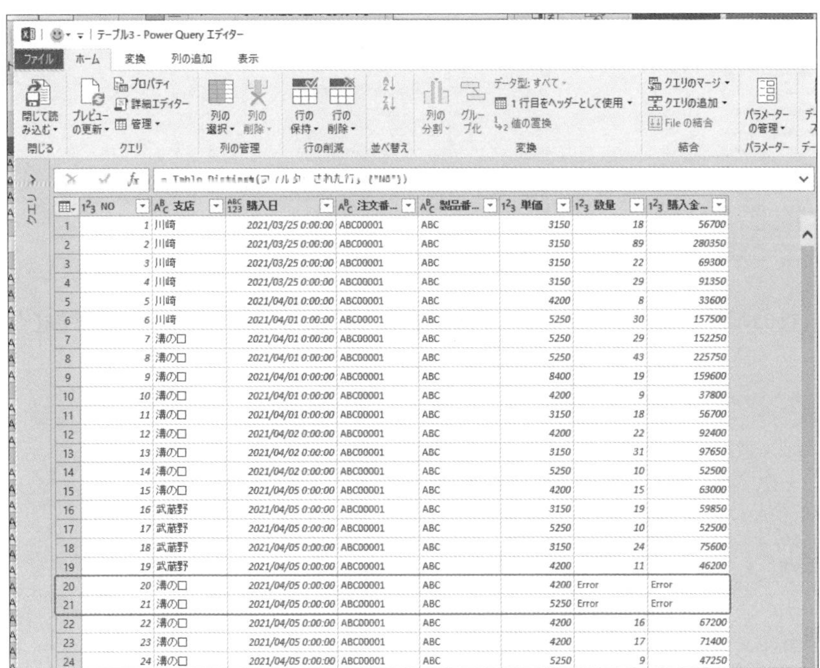

❷エラーがある列を選択します。

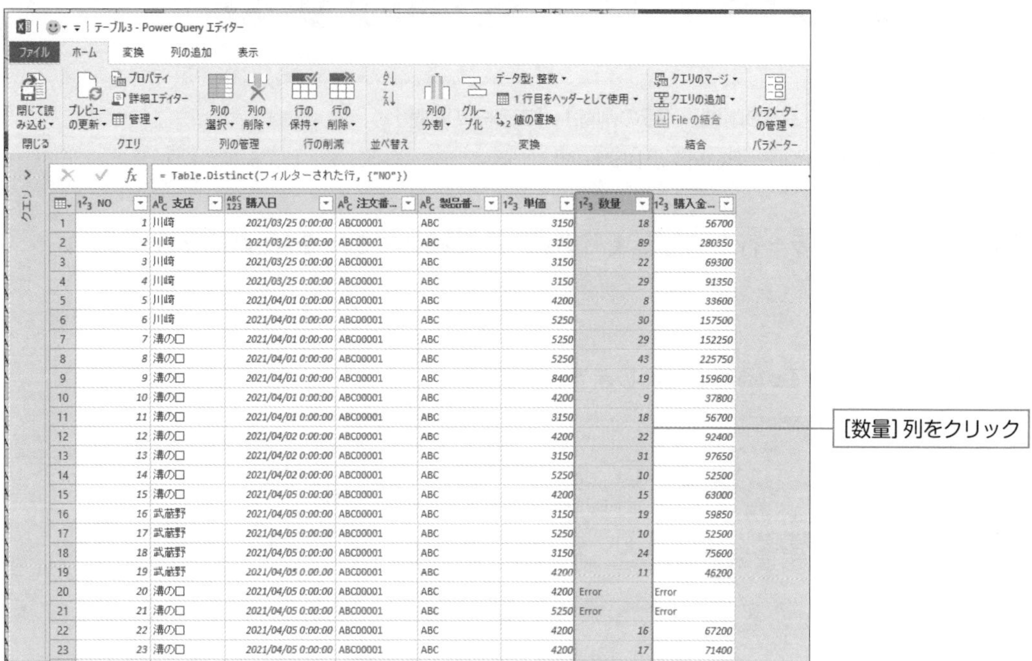

❸ [ホーム] - [行の削減] - [行の削除] の▼をクリックし、表示されたメニューの [エラーの削除] をクリックします。

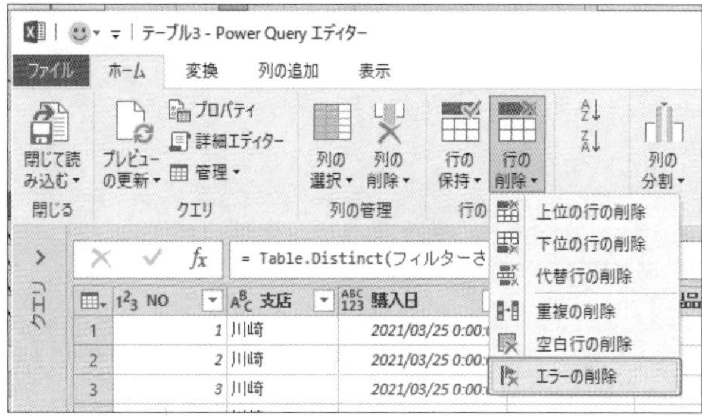

❹エラー行がデータから削除されました。

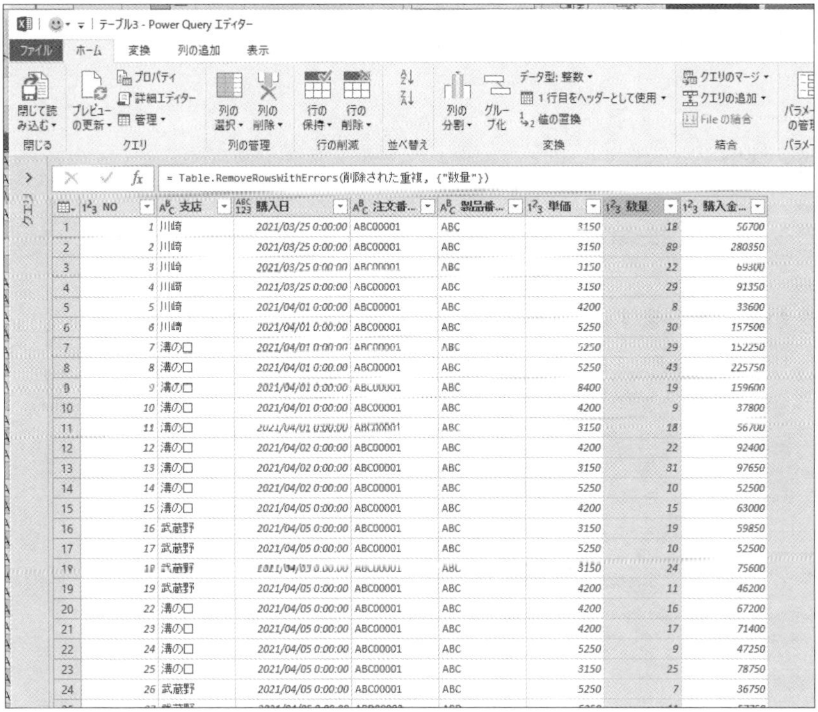

= Table.RemoveRowsWithErrors(削除された重複, {"数量"})

	NO	支店	購入日	注文番...	製品番...	単価	数量	購入金...
1	1	川崎	2021/03/25 0:00:00	ABC00001	ABC	3150	18	56700
2	2	川崎	2021/03/25 0:00:00	ABC00001	ABC	3150	89	280350
3	3	川崎	2021/03/25 0:00:00	ABC00001	ABC	3150	22	69300
4	4	川崎	2021/03/25 0:00:00	ABC00001	ABC	3150	29	91350
5	5	川崎	2021/04/01 0:00:00	ABC00001	ABC	4200	8	33600
6	6	川崎	2021/04/01 0:00:00	ABC00001	ABC	5250	30	157500
7	7	溝の口	2021/04/01 0:00:00	ABC00001	ABC	5250	29	152250
8	8	溝の口	2021/04/01 0:00:00	ABC00001	ABC	5250	43	225750
9	9	溝の口	2021/04/01 0:00:00	ABC00001	ABC	8400	19	159600
10	10	溝の口	2021/04/01 0:00:00	ABC00001	ABC	4200	9	37800
11	11	溝の口	2021/04/01 0:00:00	ABC00001	ABC	3150	18	56700
12	12	溝の口	2021/04/02 0:00:00	ABC00001	ABC	4200	22	92400
13	13	溝の口	2021/04/02 0:00:00	ABC00001	ABC	3150	31	97650
14	14	溝の口	2021/04/02 0:00:00	ABC00001	ABC	5250	10	52500
15	15	溝の口	2021/04/05 0:00:00	ABC00001	ABC	4200	15	63000
16	16	武蔵野	2021/04/05 0:00:00	ABC00001	ABC	3150	19	59850
17	17	武蔵野	2021/04/05 0:00:00	ABC00001	ABC	5250	10	52500
18	18	武蔵野	2021/04/05 0:00:00	ABC00001	ABC	3150	24	75600
19	19	武蔵野	2021/04/05 0:00:00	ABC00001	ABC	4200	11	46200
20	22	溝の口	2021/04/05 0:00:00	ABC00001	ABC	4200	16	67200
21	23	溝の口	2021/04/05 0:00:00	ABC00001	ABC	4200	17	71400
22	24	溝の口	2021/04/05 0:00:00	ABC00001	ABC	5250	9	47250
23	25	溝の口	2021/04/05 0:00:00	ABC00001	ABC	3150	25	78750
24	26	武蔵野	2021/04/05 0:00:00	ABC00001	ABC	5250	7	36750

Section
4-10 フィルターを設定する①
単一条件での抽出

メニュー	[フィルター]
M言語	Table.SelectRows

1つの列に格納されたデータに対して条件を付けて抽出を行いたい場合には、フィルターを使用します。

例えば次のようなデータがあるとします。

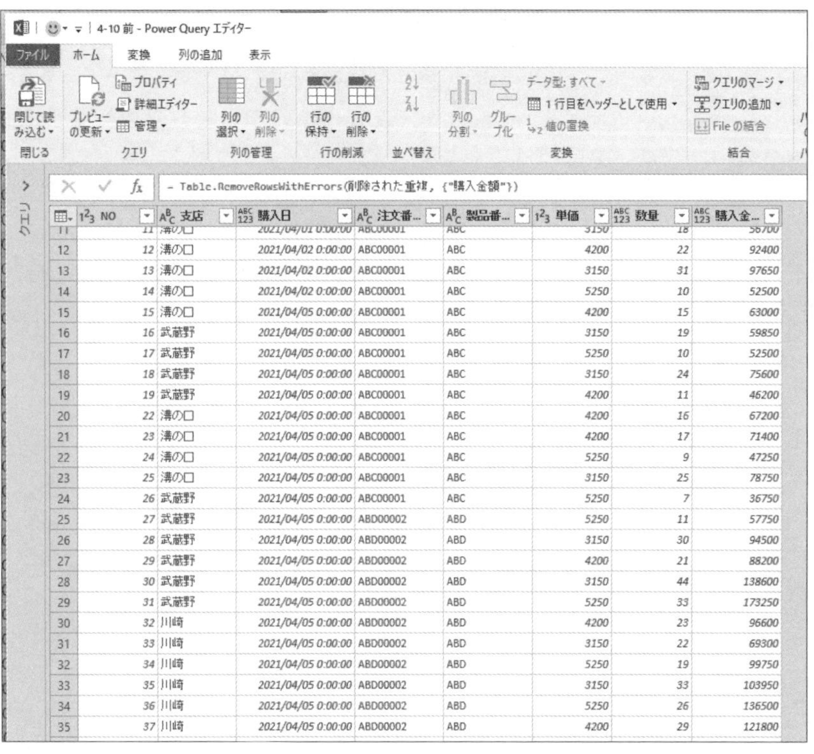

	NO	支店	購入日	注文番...	製品番...	単価	数量	購入金...
12	12	溝の口	2021/04/02 0:00:00	ABC00001	ABC	4200	22	92400
13	13	溝の口	2021/04/02 0:00:00	ABC00001	ABC	3150	31	97650
14	14	溝の口	2021/04/02 0:00:00	ABC00001	ABC	5250	10	52500
15	15	溝の口	2021/04/05 0:00:00	ABC00001	ABC	4200	15	63000
16	16	武蔵野	2021/04/05 0:00:00	ABC00001	ABC	3150	19	59850
17	17	武蔵野	2021/04/05 0:00:00	ABC00001	ABC	5250	10	52500
18	18	武蔵野	2021/04/05 0:00:00	ABC00001	ABC	3150	24	75600
19	19	武蔵野	2021/04/05 0:00:00	ABC00001	ABC	4200	11	46200
20	22	溝の口	2021/04/05 0:00:00	ABC00001	ABC	4200	16	67200
21	23	溝の口	2021/04/05 0:00:00	ABC00001	ABC	4200	17	71400
22	24	溝の口	2021/04/05 0:00:00	ABC00001	ABC	5250	9	47250
23	25	溝の口	2021/04/05 0:00:00	ABC00001	ABC	3150	25	78750
24	26	武蔵野	2021/04/05 0:00:00	ABC00001	ABC	5250	7	36750
25	27	武蔵野	2021/04/05 0:00:00	ABD00002	ABD	5250	11	57750
26	28	武蔵野	2021/04/05 0:00:00	ABD00002	ABD	3150	30	94500
27	29	武蔵野	2021/04/05 0:00:00	ABD00002	ABD	4200	21	88200
28	30	武蔵野	2021/04/05 0:00:00	ABD00002	ABD	3150	44	138600
29	31	武蔵野	2021/04/05 0:00:00	ABD00002	ABD	5250	33	173250
30	32	川崎	2021/04/05 0:00:00	ABD00002	ABD	4200	23	96600
31	33	川崎	2021/04/05 0:00:00	ABD00002	ABD	3150	22	69300
32	34	川崎	2021/04/05 0:00:00	ABD00002	ABD	5250	19	99750
33	35	川崎	2021/04/05 0:00:00	ABD00002	ABD	3150	33	103950
34	36	川崎	2021/04/05 0:00:00	ABD00002	ABD	5250	26	136500
35	37	川崎	2021/04/05 0:00:00	ABD00002	ABD	4200	29	121800

ここで[製品番号]が「ABC」のデータを抽出したい場合には、次のように操作します。

操作手順

❶ [製品番号] 列の▼をクリックします。

❷ 「すべて選択」をクリックします。

❸ 「ABC」を選択し、[OK] をクリックします。

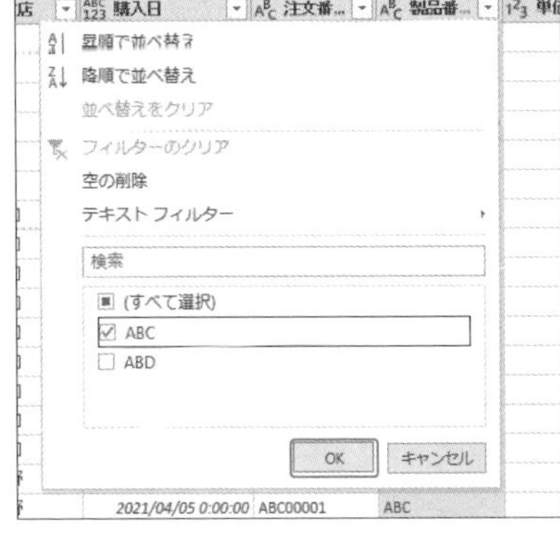

❹ [製品番号] が「ABC」のデータだけが抽出されました。

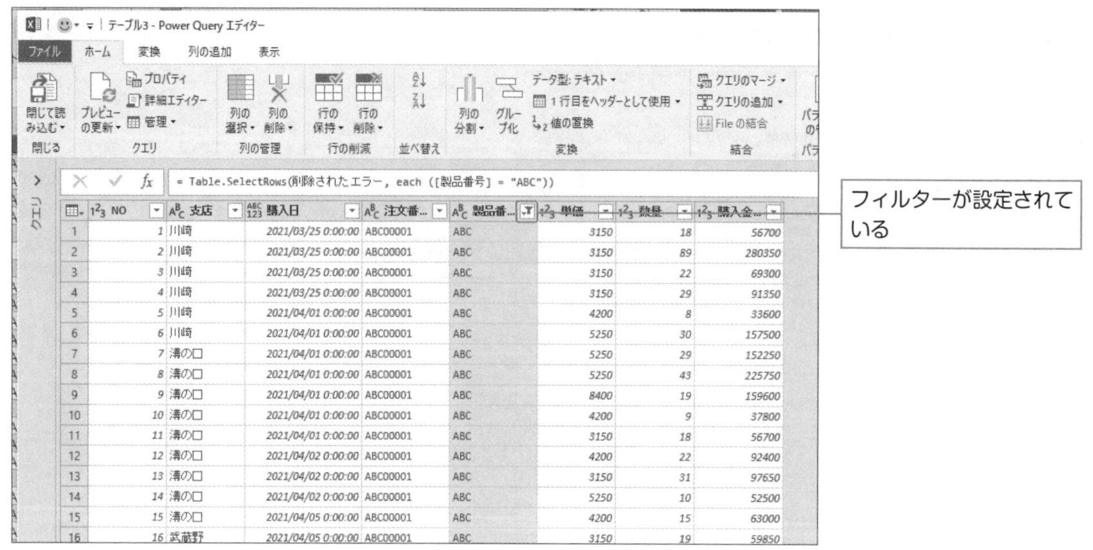

OnePoint

フィルターの設定は、データの前にあるチェックボックスをオフに設定する方法でも対応できます。

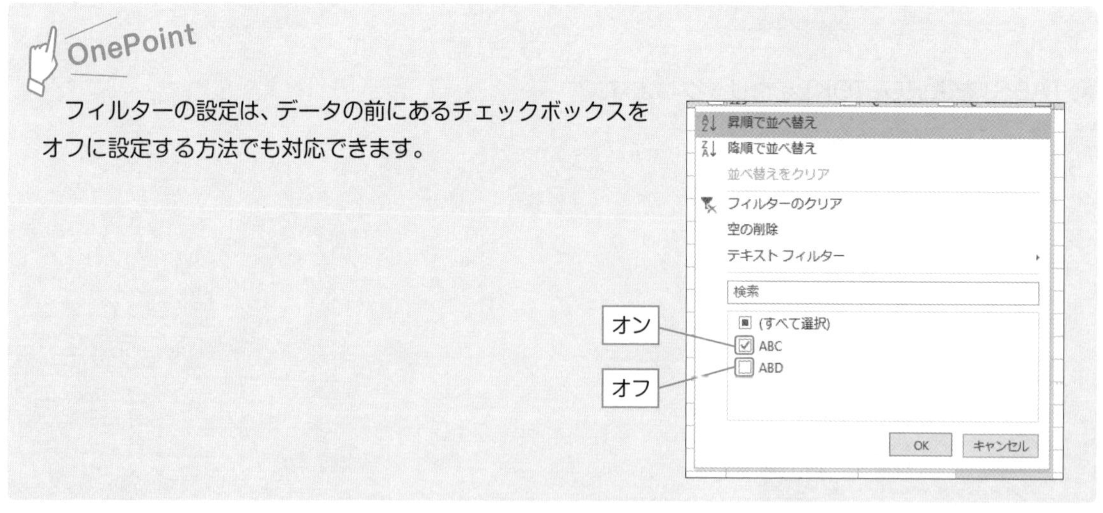

フィルターを設定する②
複数条件での抽出

メニュー	[フィルター]
M言語	Table.SelectRows

1つの列に格納されたデータに複数の条件を付けて抽出を行いたい場合にも、フィルターを使用します。

例えば、次のようなデータがあるとします。

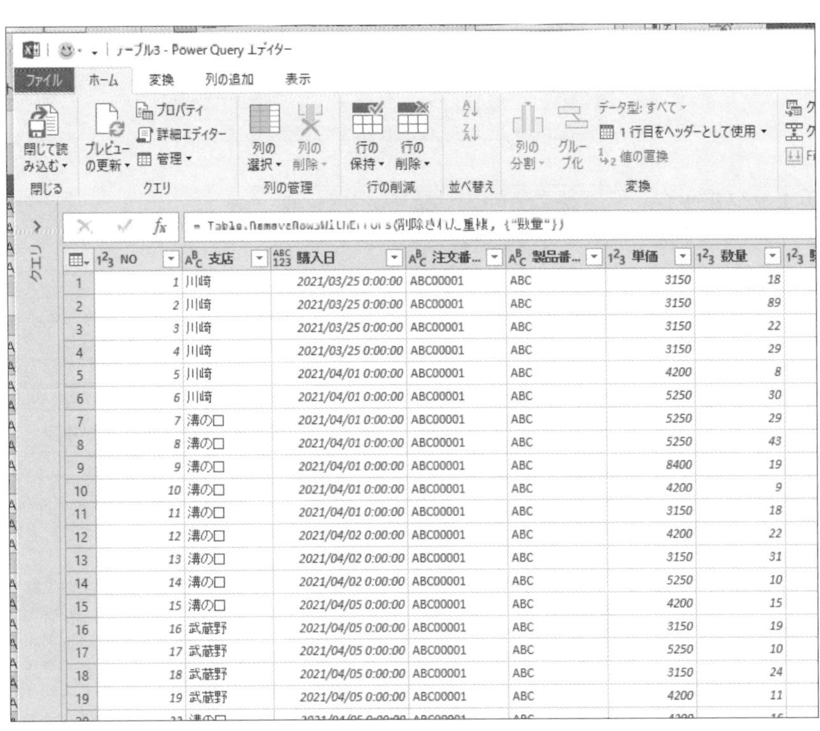

	NO	支店	購入日	注文番...	製品番...	単価	数量
1	1	川崎	2021/03/25 0:00:00	ABC00001	ABC	3150	18
2	2	川崎	2021/03/25 0:00:00	ABC00001	ABC	3150	89
3	3	川崎	2021/03/25 0:00:00	ABC00001	ABC	3150	22
4	4	川崎	2021/03/25 0:00:00	ABC00001	ABC	3150	29
5	5	川崎	2021/04/01 0:00:00	ABC00001	ABC	4200	8
6	6	川崎	2021/04/01 0:00:00	ABC00001	ABC	5250	30
7	7	溝の口	2021/04/01 0:00:00	ABC00001	ABC	5250	29
8	8	溝の口	2021/04/01 0:00:00	ABC00001	ABC	5250	43
9	9	溝の口	2021/04/01 0:00:00	ABC00001	ABC	8400	19
10	10	溝の口	2021/04/01 0:00:00	ABC00001	ABC	4200	9
11	11	溝の口	2021/04/01 0:00:00	ABC00001	ABC	3150	18
12	12	溝の口	2021/04/02 0:00:00	ABC00001	ABC	4200	22
13	13	溝の口	2021/04/02 0:00:00	ABC00001	ABC	3150	31
14	14	溝の口	2021/04/02 0:00:00	ABC00001	ABC	5250	10
15	15	溝の口	2021/04/05 0:00:00	ABC00001	ABC	4200	15
16	16	武蔵野	2021/04/05 0:00:00	ABC00001	ABC	3150	19
17	17	武蔵野	2021/04/05 0:00:00	ABC00001	ABC	5250	10
18	18	武蔵野	2021/04/05 0:00:00	ABC00001	ABC	3150	24
19	19	武蔵野	2021/04/05 0:00:00	ABC00001	ABC	4200	11

ここで[支店]列が「川崎」もしくは「溝の口」のデータを抽出する場合、次のように操作します。

操作手順

❶ フィルターを設定したい列の▼をクリックします。

❷「武蔵野」をクリックしチェックボックスをオフにして（「川崎」「溝の口」にチェックが入っている状態にして）、[OK] をクリックします。

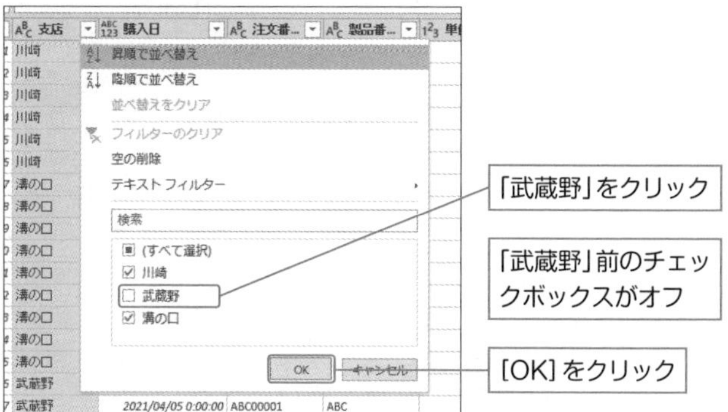

❸「川崎」「溝の口」のデータが抽出されました。

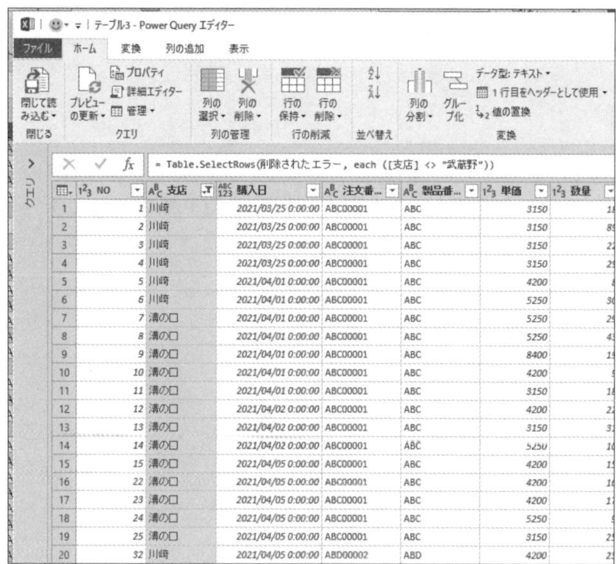

Section
4-12 フィルターを設定する③ 数値の範囲指定による抽出

メニュー	[数値フィルター]
M言語	Table.SelectRows

数値型のデータに対し条件を付けて抽出したい場合にも、フィルターを使用します。例えば、次のようなデータがあるとします。

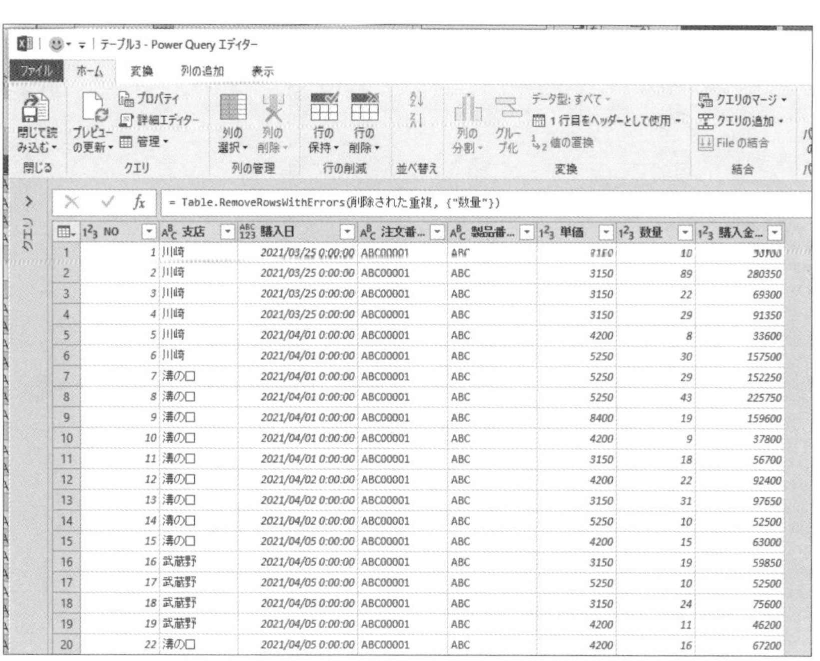

	NO	支店	購入日	注文番...	製品番...	単価	数量	購入金...
1	1	川崎	2021/03/25 0:00:00	ABC00001	ABC	3150	10	31500
2	2	川崎	2021/03/25 0:00:00	ABC00001	ABC	3150	89	280350
3	3	川崎	2021/03/25 0:00:00	ABC00001	ABC	3150	22	69300
4	4	川崎	2021/03/25 0:00:00	ABC00001	ABC	3150	29	91350
5	5	川崎	2021/04/01 0:00:00	ABC00001	ABC	4200	8	33600
6	6	川崎	2021/04/01 0:00:00	ABC00001	ABC	5250	30	157500
7	7	溝の口	2021/04/01 0:00:00	ABC00001	ABC	5250	29	152250
8	8	溝の口	2021/04/01 0:00:00	ABC00001	ABC	5250	43	225750
9	9	溝の口	2021/04/01 0:00:00	ABC00001	ABC	8400	19	159600
10	10	溝の口	2021/04/01 0:00:00	ABC00001	ABC	4200	9	37800
11	11	溝の口	2021/04/01 0:00:00	ABC00001	ABC	3150	18	56700
12	12	溝の口	2021/04/02 0:00:00	ABC00001	ABC	4200	22	92400
13	13	溝の口	2021/04/02 0:00:00	ABC00001	ABC	3150	31	97650
14	14	溝の口	2021/04/02 0:00:00	ABC00001	ABC	5250	10	52500
15	15	溝の口	2021/04/05 0:00:00	ABC00001	ABC	4200	15	63000
16	16	武蔵野	2021/04/05 0:00:00	ABC00001	ABC	3150	19	59850
17	17	武蔵野	2021/04/05 0:00:00	ABC00001	ABC	5250	10	52500
18	18	武蔵野	2021/04/05 0:00:00	ABC00001	ABC	3150	24	75600
19	19	武蔵野	2021/04/05 0:00:00	ABC00001	ABC	4200	11	46200
20	22	溝の口	2021/04/05 0:00:00	ABC00001	ABC	4200	16	67200

ここで［数量］列の値が「20」以上「30」以下のデータを抽出する場合、次のように操作します。

操作手順

❶ フィルターを設定したい列の▼をクリックします。

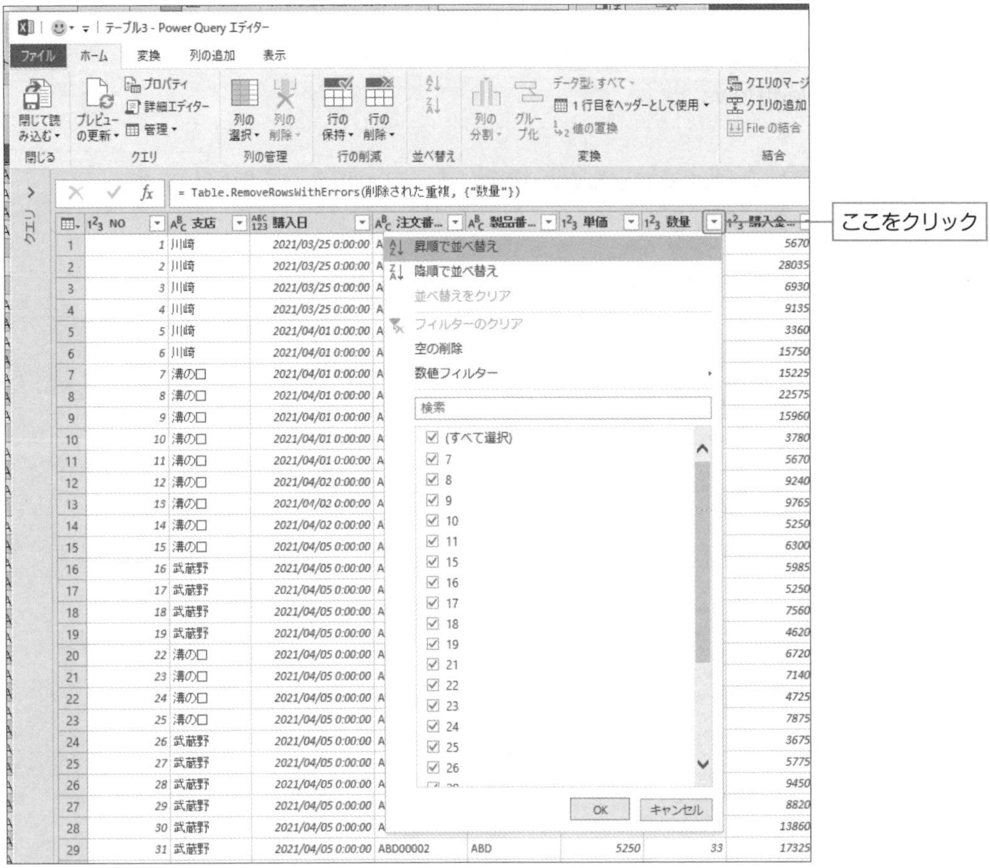

ここをクリック

❷［数値フィルター］-［指定の値の間］をクリックします。

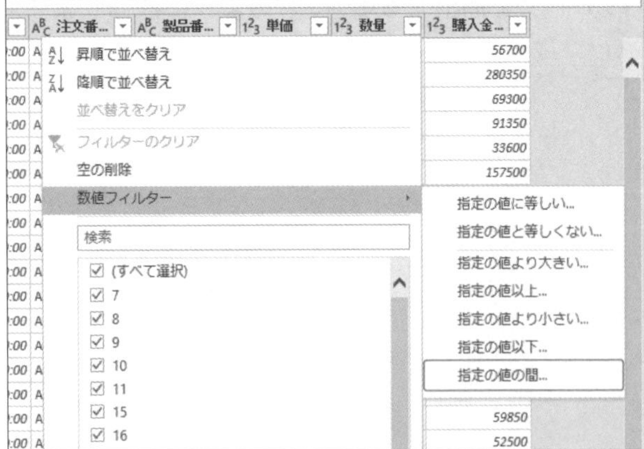

❸［行のフィルター］ダイアログボックスが表示されます。

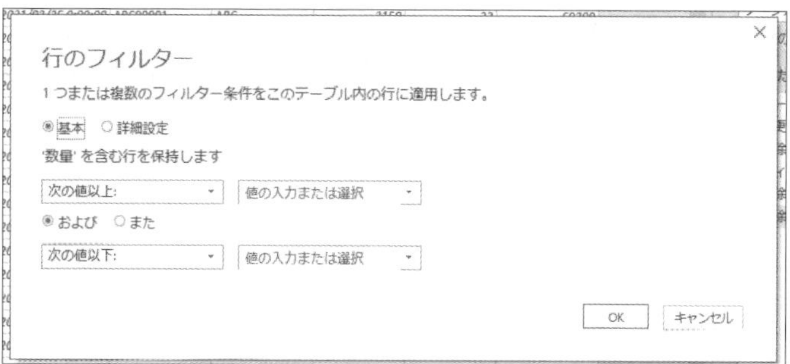

❹設定したい条件を入力し［OK］をクリックします。

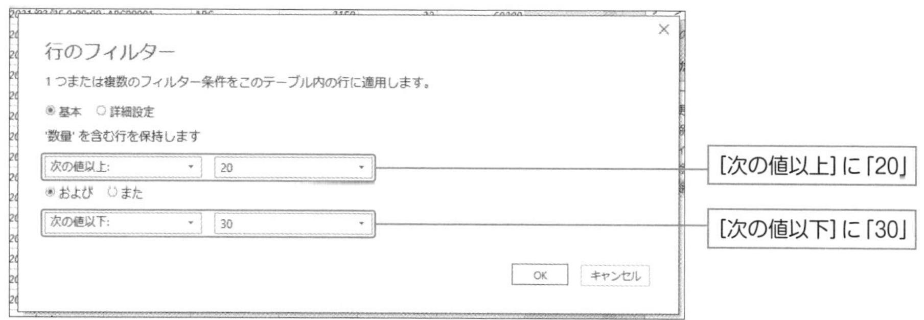

❺条件に合ったデータが表示されました。

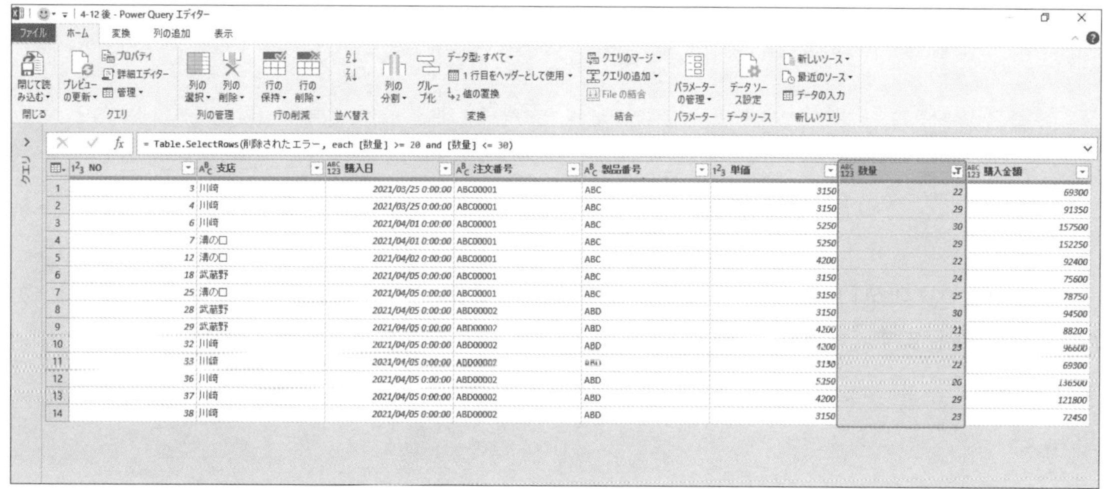

Section
4-13 フィルターを設定する④文字列の指定と数値の範囲指定を組みあわせた抽出

メニュー	[フィルター]
M言語	Table.SelectRows

「文字列の指定による条件」と「数値の範囲指定による条件」を組みあわせてデータを抽出したい場合にも、フィルターを使用します。

例えば、次のようなデータがあるとします。

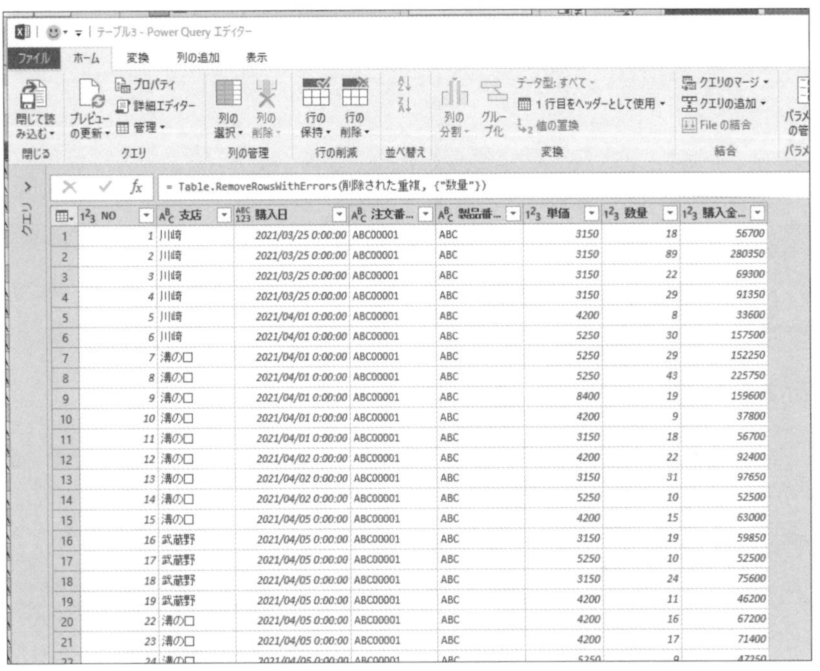

	NO	支店	購入日	注文番...	製品番...	単価	数量	購入金...
1	1	川崎	2021/03/25 0:00:00	ABC00001	ABC	3150	18	56700
2	2	川崎	2021/03/25 0:00:00	ABC00001	ABC	3150	89	280350
3	3	川崎	2021/03/25 0:00:00	ABC00001	ABC	3150	22	69300
4	4	川崎	2021/03/25 0:00:00	ABC00001	ABC	3150	29	91350
5	5	川崎	2021/04/01 0:00:00	ABC00001	ABC	4200	8	33600
6	6	川崎	2021/04/01 0:00:00	ABC00001	ABC	5250	30	157500
7	7	溝の口	2021/04/01 0:00:00	ABC00001	ABC	5250	29	152250
8	8	溝の口	2021/04/01 0:00:00	ABC00001	ABC	5250	43	225750
9	9	溝の口	2021/04/01 0:00:00	ABC00001	ABC	8400	19	159600
10	10	溝の口	2021/04/01 0:00:00	ABC00001	ABC	4200	9	37800
11	11	溝の口	2021/04/01 0:00:00	ABC00001	ABC	3150	18	56700
12	12	溝の口	2021/04/02 0:00:00	ABC00001	ABC	4200	22	92400
13	13	溝の口	2021/04/02 0:00:00	ABC00001	ABC	3150	31	97650
14	14	溝の口	2021/04/02 0:00:00	ABC00001	ABC	5250	10	52500
15	15	溝の口	2021/04/05 0:00:00	ABC00001	ABC	4200	15	63000
16	16	武蔵野	2021/04/05 0:00:00	ABC00001	ABC	3150	19	59850
17	17	武蔵野	2021/04/05 0:00:00	ABC00001	ABC	5250	10	52500
18	18	武蔵野	2021/04/05 0:00:00	ABC00001	ABC	3150	24	75600
19	19	武蔵野	2021/04/05 0:00:00	ABC00001	ABC	4200	11	46200
20	22	溝の口	2021/04/05 0:00:00	ABC00001	ABC	4200	16	67200
21	23	溝の口	2021/04/05 0:00:00	ABC00001	ABC	4200	17	71400

ここで[支店]列が「川崎」で、かつ[単価]列の値が「5000」以上のデータを抽出する場合、次のように操作します。

操作手順

❶ フィルターを設定したい列の▼をクリックします。

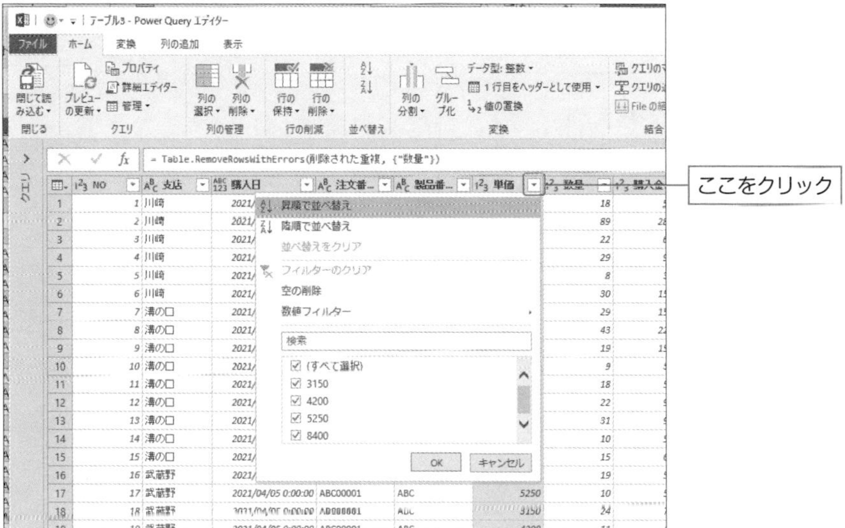

❷ [数値フィルター] - [指定の値以上] をクリックします。

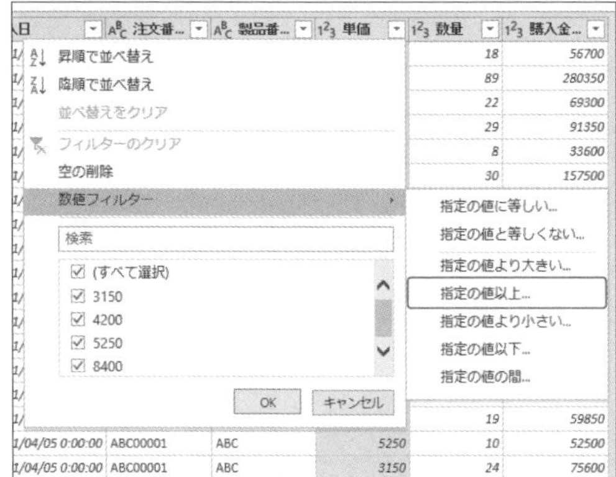

❸ [行のフィルター] ダイアログボックスが表示されます。

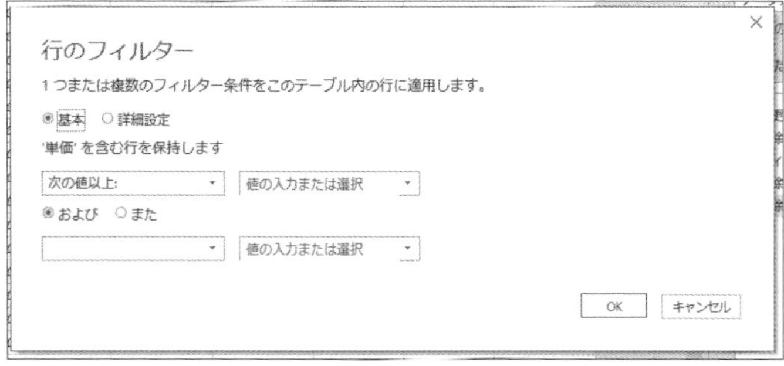

❹「詳細設定」をクリックすると、条件を設定する部分が変化します。

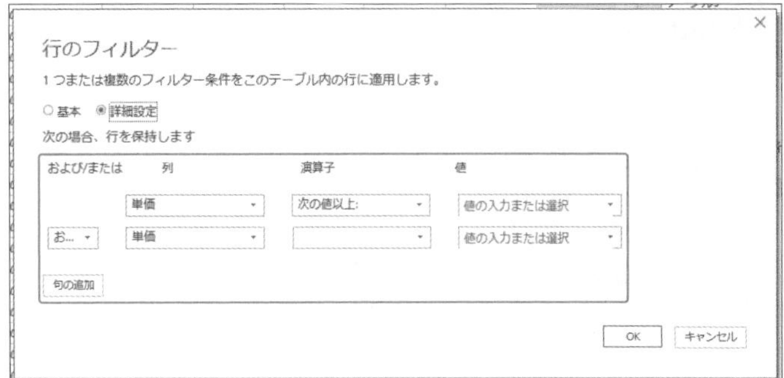

❺1つ目の条件として［単価］を「5000以上」と設定します。

❻2つ目の条件を設定するために、［列］の▼をクリックし、「支店」を選択します。

❼ [値] の▼をクリックし、「川崎」を選択、[OK] をクリックします。

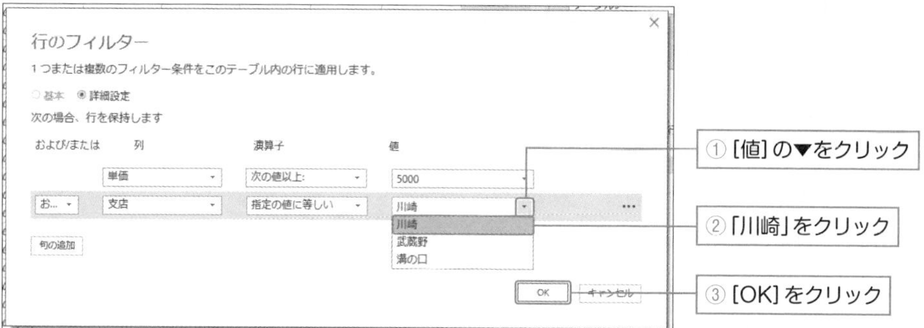

❽ [支店] が「川崎」、[単価] が「5000」以上のデータが表示されました。

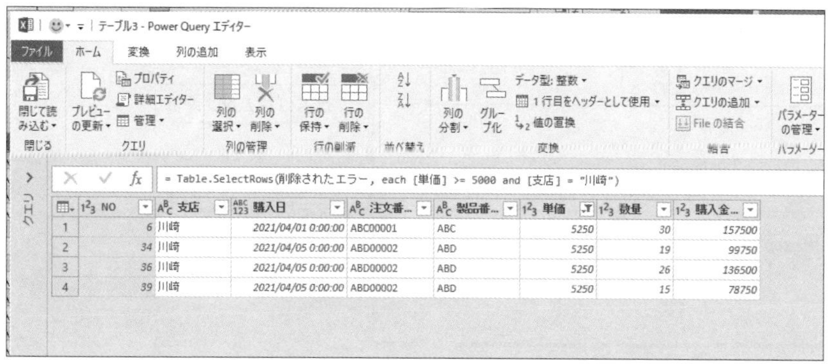

Section
4-14 フィルターを設定する⑤ 抽出条件の編集

メニュー	[フィルター]
M言語	Table.SelectRows

4-12、4-13で使用した[行フィルター]ダイアログボックス内で[詳細設定]を選ぶと、抽出条件についてさまざまな編集が可能です。

まず、「AND」条件、「OR」条件を切り替えることができます。

● 4-12の行のフィルター

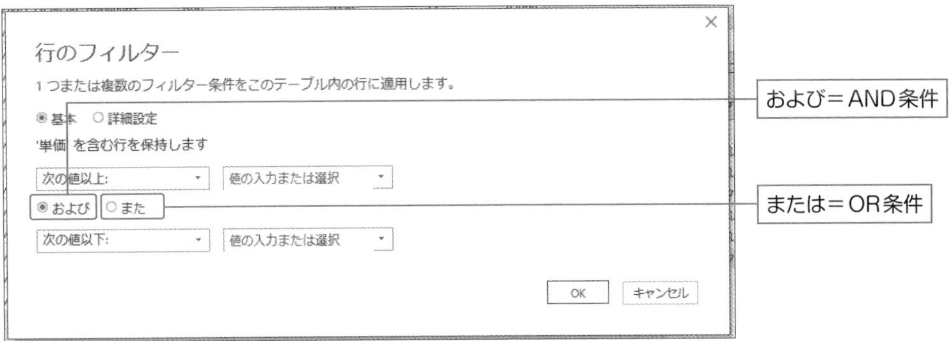

● 4-13の行のフィルター

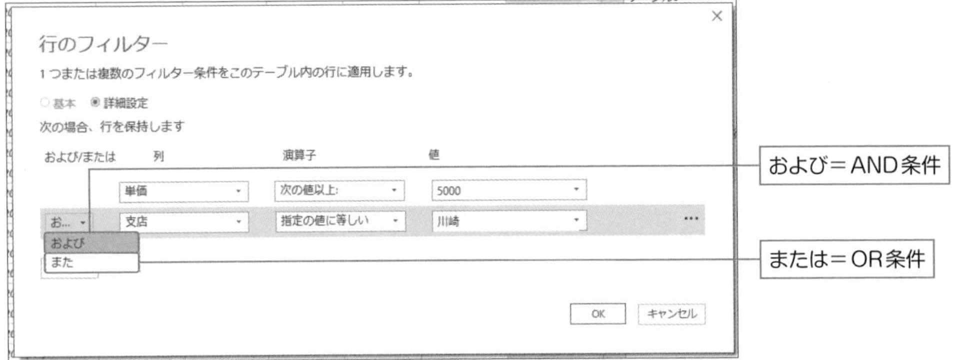

新たな条件を追加することも可能です。

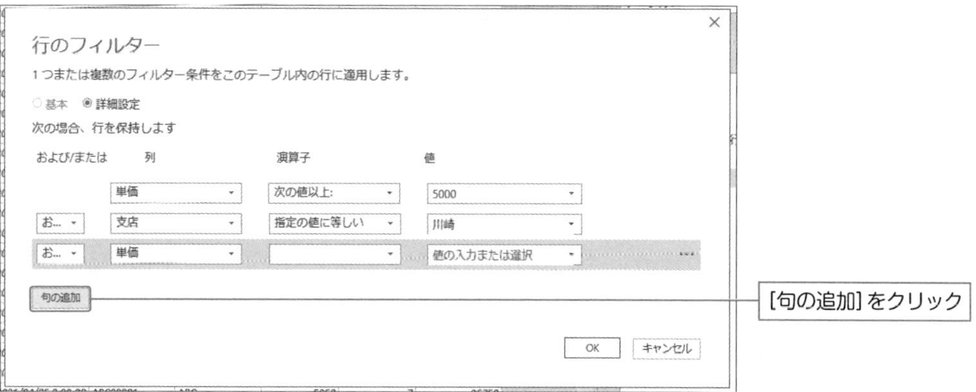

追加した条件を削除するには、削除する条件の右側の [...] をクリックします。

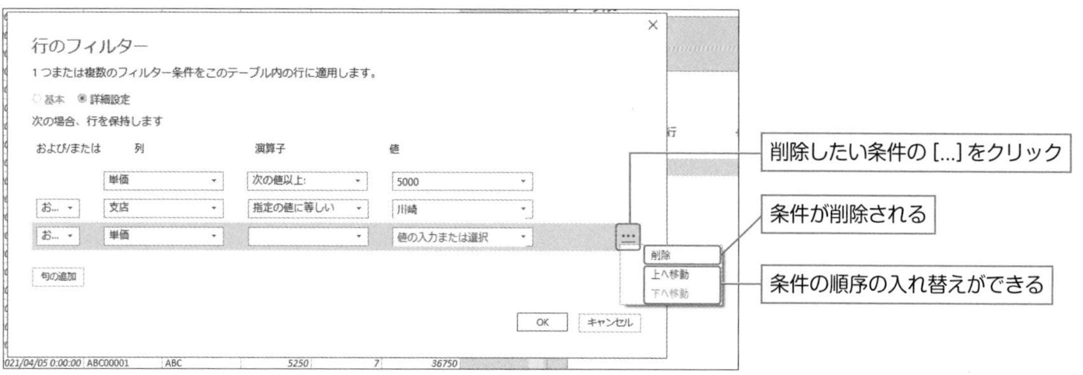

Section
4-15

フィルターを設定する⑥データが1000件以上ある場合の注意事項

メニュー [フィルター]

M言語 -

Power Queryの性質上、フィルターで読み込まれた一覧には列の上位1000件の値のみが表示される仕組みになっています。そのため、フィルターを表示した列に1000個以上の個別の値がある場合には、フィルター一覧に「リストが完全でない可能性があります」とメッセージが表示されます。

例えば、次のような1000件以上のデータが読み込まれたクエリが存在するとします。

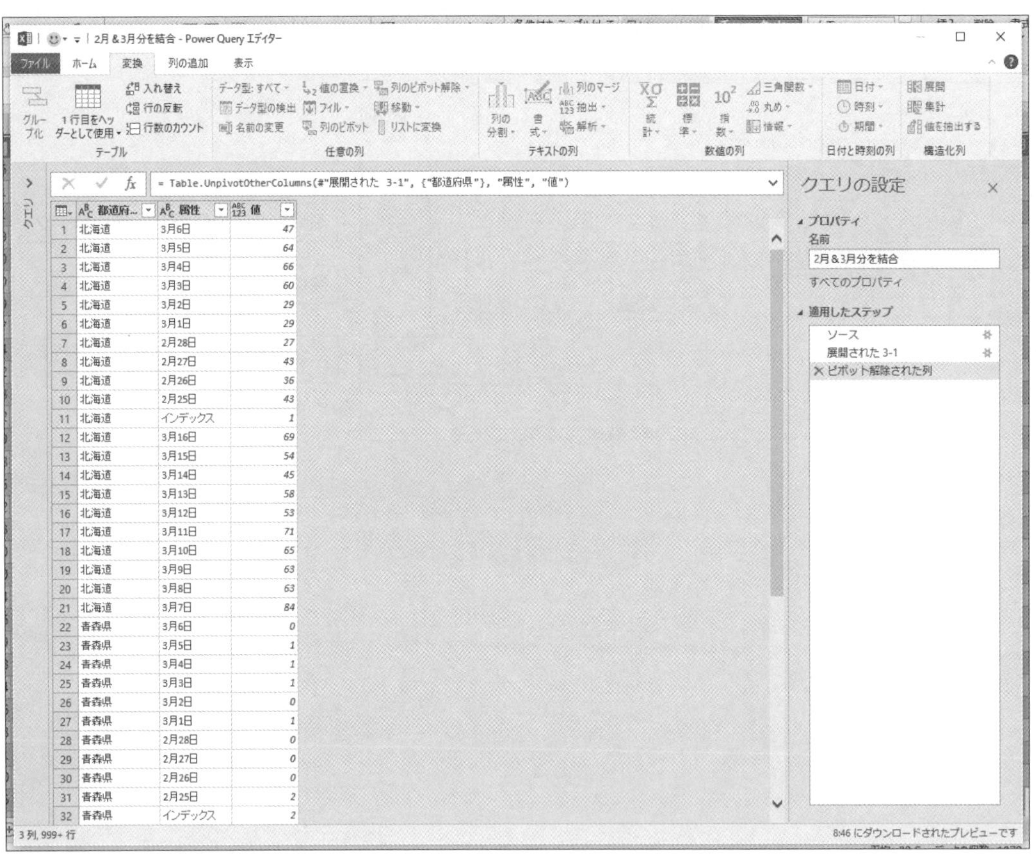

ここで［都道府県］列で［フィルター］ボタンをクリックすると、「リストが完全でない可能性があります。」というメッセージが表示されます。

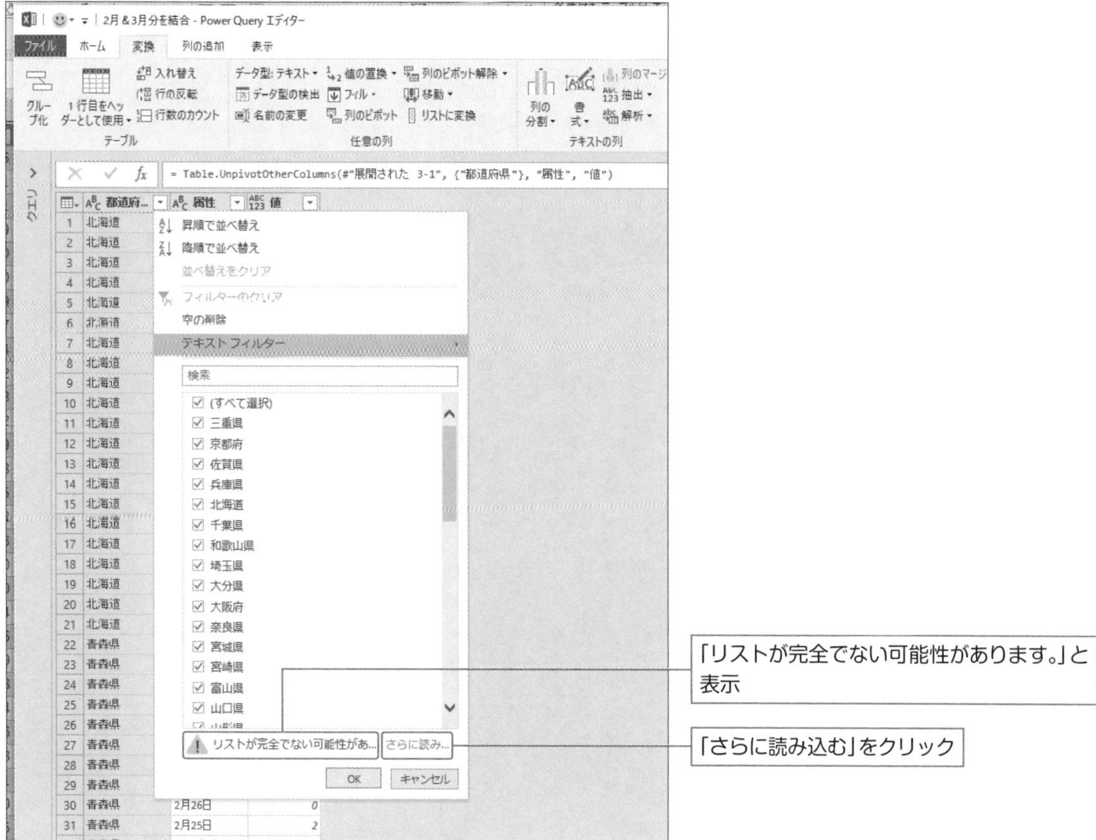

1
2
3
4
5
6
7
8
A
行の操作

ここで[さらに読み込む]をクリックすると、フィルターにさらに1000件のデータが読み込まれ、合計2000件読み込まれた状態になります。

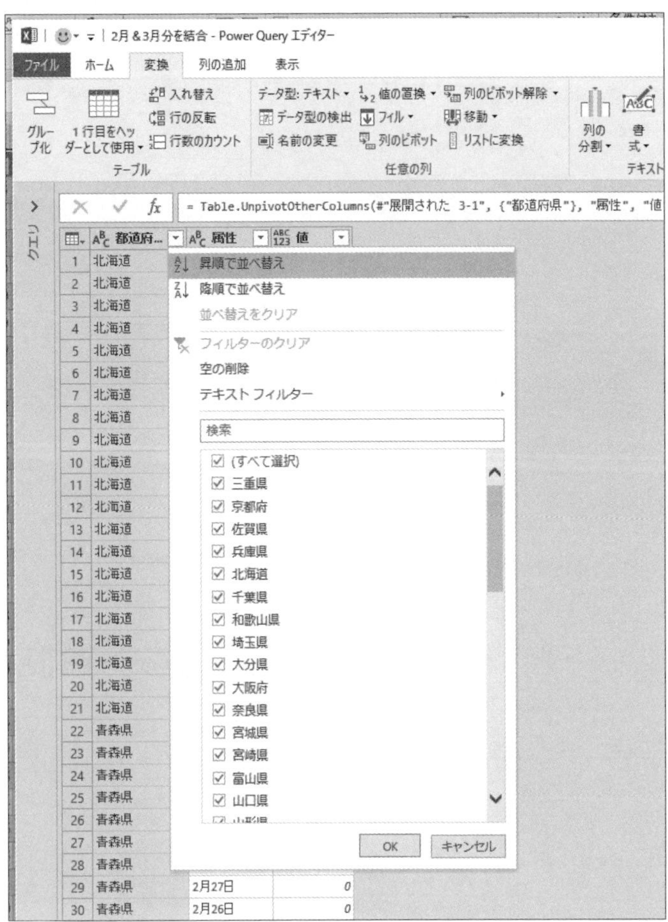

OnePoint

[さらに読み込む]をクリックして合計2000件読み込んでも、データ数が2000より多い場合には、再び「リストが完全でない可能性があります。」の警告が表示されます。

Section
4-16

行を昇順または降順に並べ替える① 単独条件での並べ替え

メニュー	[ホーム] - [並べ替え]
M言語	Table.Sort

並べ替えを行いたい場合には、まず列を選択し［並べ替え］-［昇順で並べ替え］/［降順で並べ替え］を行います。

例えば、次のように［数量］の降順で並んでいるデータがあるとします。

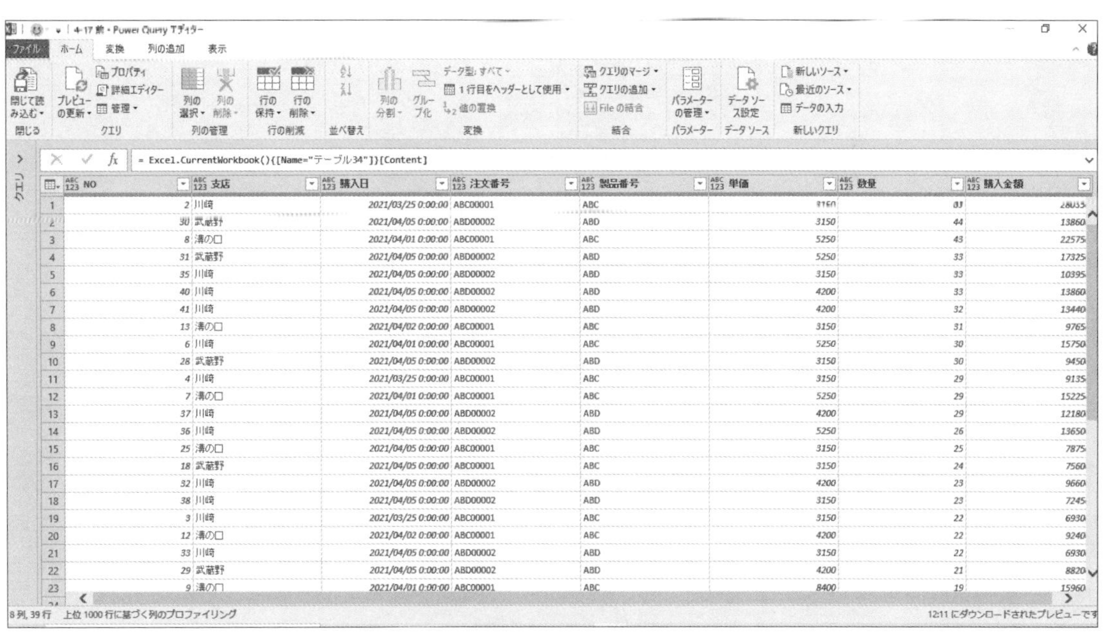

これを［購入日］の［昇順］でデータを並べ替える場合、次のように操作します。

操作手順

❶ [購入日] 列をクリックします。

4-16 前 - Power Query エディター

= Table.TransformColumnTypes(ソース,{{"NO", Int64.Type}, {"支店", type text}, {"購入日", type any}, {"注文番号", type text}, {"製品番号", type text

	NO	支店	購入日	注文番号	製品番号	単価	数量
1	2	川崎	2021/03/25 0:00:00	ABC00001	ABC	3150	
2	30	武蔵野	2021/04/05 0:00:00	ABD00002	ABD	3150	
3	8	溝の口	2021/04/01 0:00:00	ABC00001	ABC	5250	
4	31	武蔵野	2021/04/05 0:00:00	ABD00002	ABD	5250	
5	35	川崎	2021/04/05 0:00:00	ABD00002	ABD	3150	
6	40	川崎	2021/04/05 0:00:00	ABD00002	ABD	4200	
7	41	川崎	2021/04/05 0:00:00	ABD00002	ABD	4200	
8	13	溝の口	2021/04/02 0:00:00	ABC00001	ABC	3150	
9	6	川崎	2021/04/01 0:00:00	ABC00001	ABC	5250	
10	28	武蔵野	2021/04/05 0:00:00	ABD00002	ABD	3150	
11	4	川崎	2021/03/25 0:00:00	ABC00001	ABC	3150	
12	7	溝の口	2021/04/01 0:00:00	ABC00001	ABC	5250	
13	37	川崎	2021/04/05 0:00:00	ABD00002	ABD	4200	
14	36	川崎	2021/04/05 0:00:00	ABD00002	ABD	5250	
15	25	溝の口	2021/04/05 0:00:00	ABC00001	ABC	3150	
16	18	武蔵野	2021/04/05 0:00:00	ABC00001	ABC	3150	
17	32	川崎	2021/04/05 0:00:00	ABD00002	ABD	4200	
18	38	川崎	2021/04/05 0:00:00	ABD00002	ABD	3150	
19	3	川崎	2021/03/25 0:00:00	ABC00001	ABC	3150	
20	12	溝の口	2021/04/02 0:00:00	ABC00001	ABC	4200	
21	33	川崎	2021/04/05 0:00:00	ABD00002	ABD	3150	
22	29	武蔵野	2021/04/05 0:00:00	ABD00002	ABD	4200	
23	9	溝の口	2021/04/01 0:00:00	ABC00001	ABC	8400	

❷ [ホーム] - [並べ替え] - [昇順で並べ替え] をクリックします。

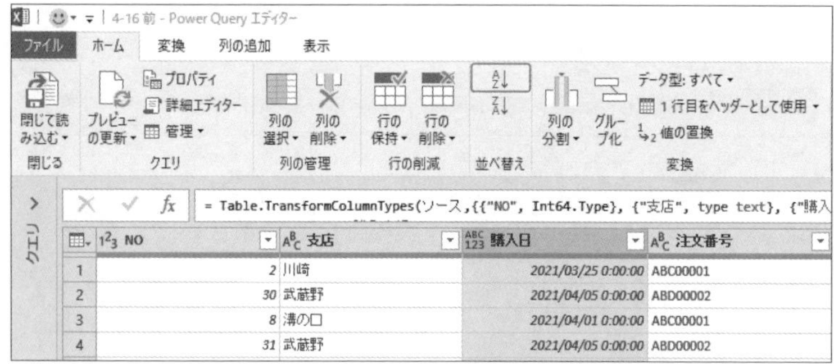

❸ [購入日] が古い日付から新しい日付の順に並べ替えが行われました。

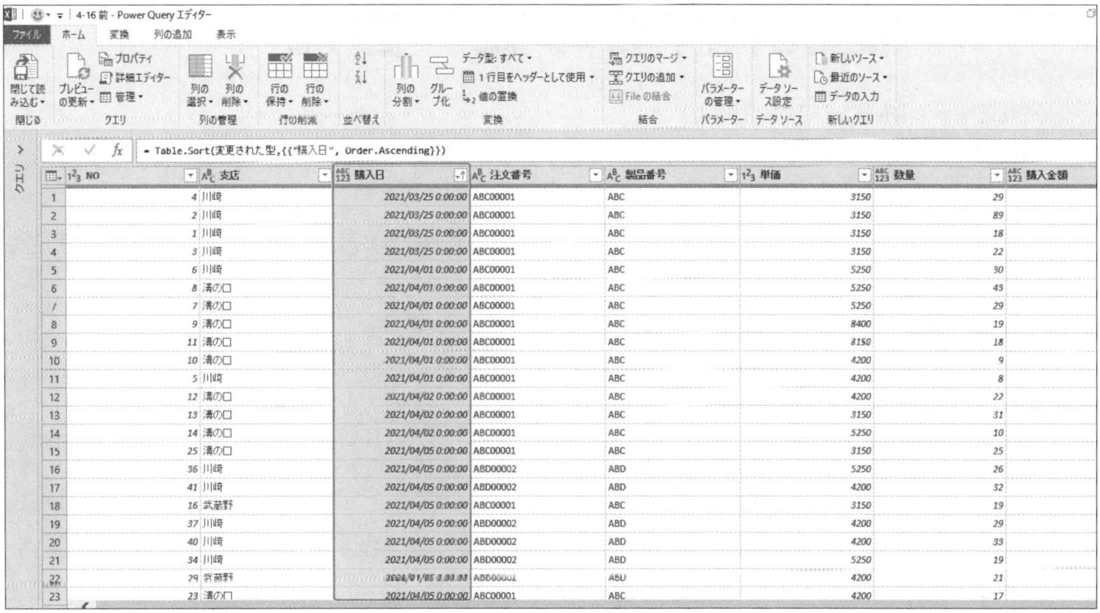

= Table.Sort(変更された型,{{"購入日", Order.Ascending}})

	NO	支店	購入日	注文番号	製品番号	単価	数量	購入金額
1	4	川崎	2021/03/25 0:00:00	ABC00001	ABC	3150	29	
2	2	川崎	2021/03/25 0:00:00	ABC00001	ABC	3150	89	
3	1	川崎	2021/03/25 0:00:00	ABC00001	ABC	3150	18	
4	3	川崎	2021/03/25 0:00:00	ABC00001	ABC	3150	22	
5	6	川崎	2021/04/01 0:00:00	ABC00001	ABC	5250	30	
6	8	溝の口	2021/04/01 0:00:00	ABC00001	ABC	5250	43	
7	7	溝の口	2021/04/01 0:00:00	ABC00001	ABC	5250	29	
8	9	溝の口	2021/04/01 0:00:00	ABC00001	ABC	8400	19	
9	11	溝の口	2021/04/01 0:00:00	ABC00001	ABC	3150	18	
10	10	溝の口	2021/04/01 0:00:00	ABC00001	ABC	4200	9	
11	5	川崎	2021/04/01 0:00:00	ABC00001	ABC	4200	8	
12	12	溝の口	2021/04/02 0:00:00	ABC00001	ABC	4200	22	
13	13	溝の口	2021/04/02 0:00:00	ABC00001	ABC	3150	31	
14	14	溝の口	2021/04/02 0:00:00	ABC00001	ABC	5250	10	
15	25	溝の口	2021/04/05 0:00:00	ABC00001	ABC	3150	25	
16	36	川崎	2021/04/05 0:00:00	ABD00002	ABD	5250	26	
17	41	川崎	2021/04/05 0:00:00	ABD00002	ABD	4200	32	
18	16	武蔵野	2021/04/05 0:00:00	ABC00001	ABC	3150	19	
19	37	川崎	2021/04/05 0:00:00	ABD00002	ABD	4200	29	
20	40	川崎	2021/04/05 0:00:00	ABD00002	ABD	4200	33	
21	34	川崎	2021/04/05 0:00:00	ABD00002	ABD	5250	19	
22	29	武蔵野	2021/04/05 0:00:00	ABD00002	ABD	4200	21	
23	23	溝の口	2021/04/05 0:00:00	ABC00001	ABC	4200	17	

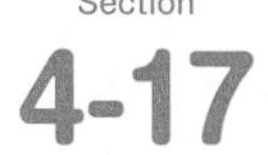

Section
4-17

行を昇順または降順に並べ替える②
複数条件での並べ替え

メニュー	[ホーム] - [並べ替え]
M言語	Table.Sort

複数列を基準に並べ替えを行いたい場合、まず1つ目の条件で最初の並べ替えを行います。その後、2つ目の条件の列を選択し並べ替えを行います。

例えば、[数量]の「降順」で並んでいるデータがあるとします。

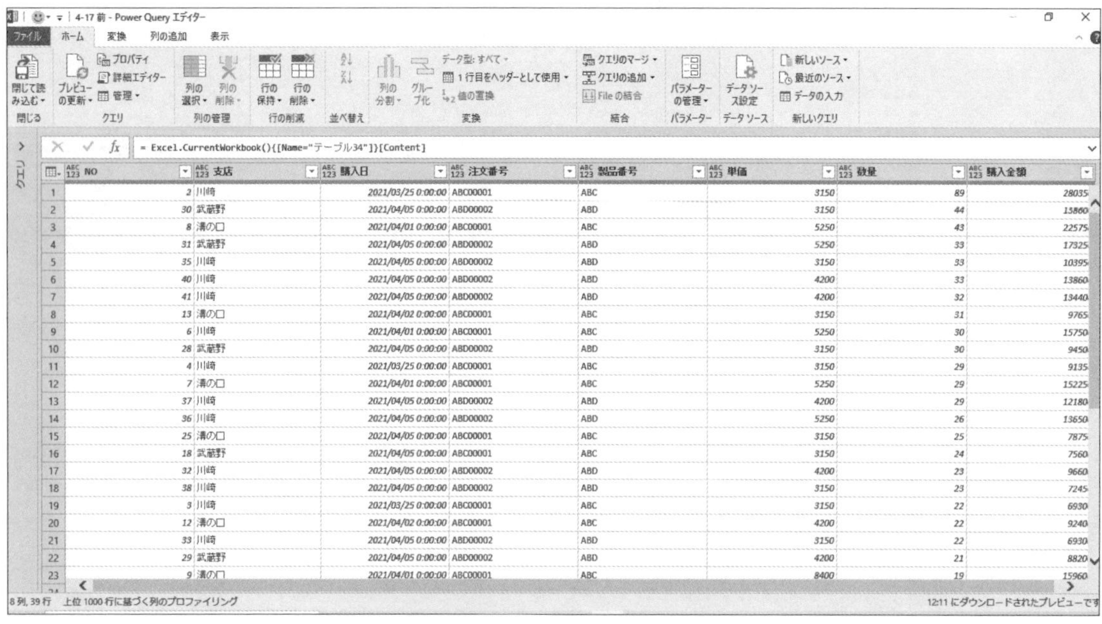

	NO	支店	購入日	注文番号	製品番号	単価	数量	購入金額
1	2	川崎	2021/03/25 0:00:00	ABC00001	ABC	3150	89	28035
2	30	武蔵野	2021/04/05 0:00:00	ABD00002	ABD	3150	44	13860
3	8	溝の口	2021/04/01 0:00:00	ABC00001	ABC	5250	43	22575
4	31	武蔵野	2021/04/05 0:00:00	ABD00002	ABD	5250	33	17325
5	35	川崎	2021/04/05 0:00:00	ABD00002	ABD	3150	33	10395
6	40	川崎	2021/04/05 0:00:00	ABD00002	ABD	4200	33	13860
7	41	川崎	2021/04/05 0:00:00	ABD00002	ABD	4200	32	13440
8	13	溝の口	2021/04/02 0:00:00	ABC00001	ABC	3150	31	9765
9	6	川崎	2021/04/01 0:00:00	ABC00001	ABC	5250	30	15750
10	28	武蔵野	2021/04/05 0:00:00	ABD00002	ABD	3150	30	9450
11	4	川崎	2021/03/25 0:00:00	ABC00001	ABC	3150	29	9135
12	7	溝の口	2021/04/01 0:00:00	ABC00001	ABC	5250	29	15225
13	37	川崎	2021/04/05 0:00:00	ABD00002	ABD	4200	29	12180
14	36	川崎	2021/04/05 0:00:00	ABD00002	ABD	5250	26	13650
15	25	溝の口	2021/04/05 0:00:00	ABC00001	ABC	3150	25	7875
16	18	武蔵野	2021/04/05 0:00:00	ABC00001	ABC	3150	24	7560
17	32	川崎	2021/04/05 0:00:00	ABD00002	ABD	4200	23	9660
18	38	川崎	2021/04/05 0:00:00	ABD00002	ABD	3150	23	7245
19	3	川崎	2021/03/25 0:00:00	ABC00001	ABC	3150	22	6930
20	12	溝の口	2021/04/02 0:00:00	ABC00001	ABC	4200	22	9240
21	33	川崎	2021/04/05 0:00:00	ABD00002	ABD	3150	22	6930
22	29	武蔵野	2021/04/05 0:00:00	ABD00002	ABD	4200	21	8820
23	9	溝の口	2021/04/01 0:00:00	ABC00001	ABC	8400	19	15960

これをまず、[購入日]の「昇順」、次に[数量]の「降順」でデータを並べ替えます。その場合、次のように操作します。

操作手順

❶ 4-16の手順で［購入日］列を降順で並べ替えます。

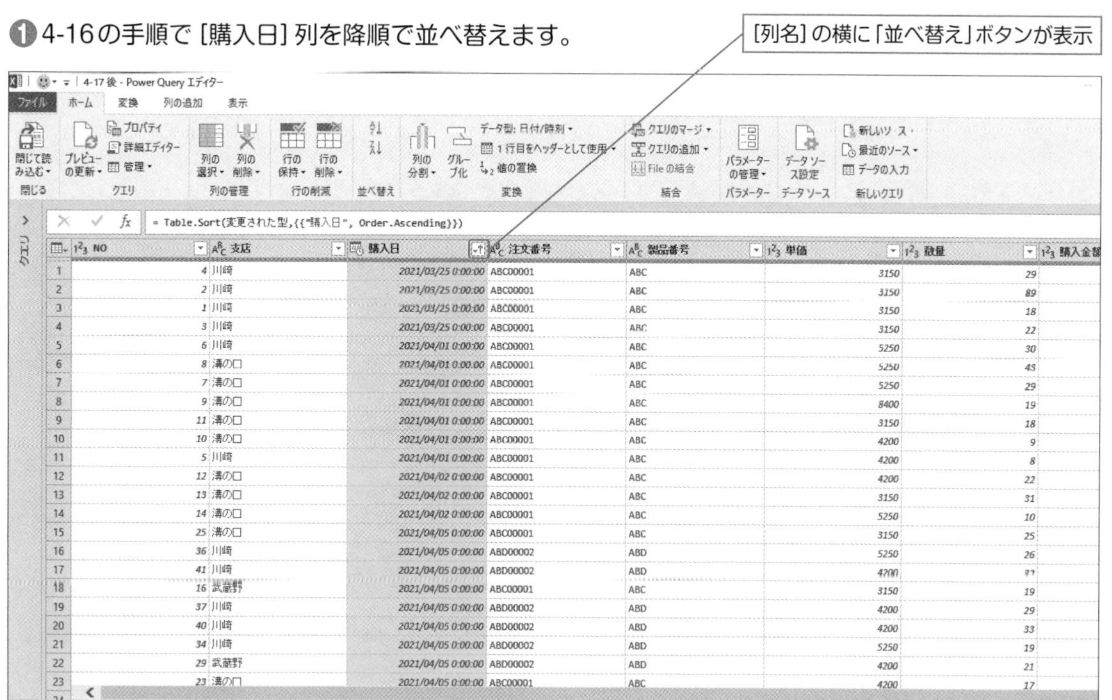

❷ 並べ替えを行いたい2つ目の列を選択します。

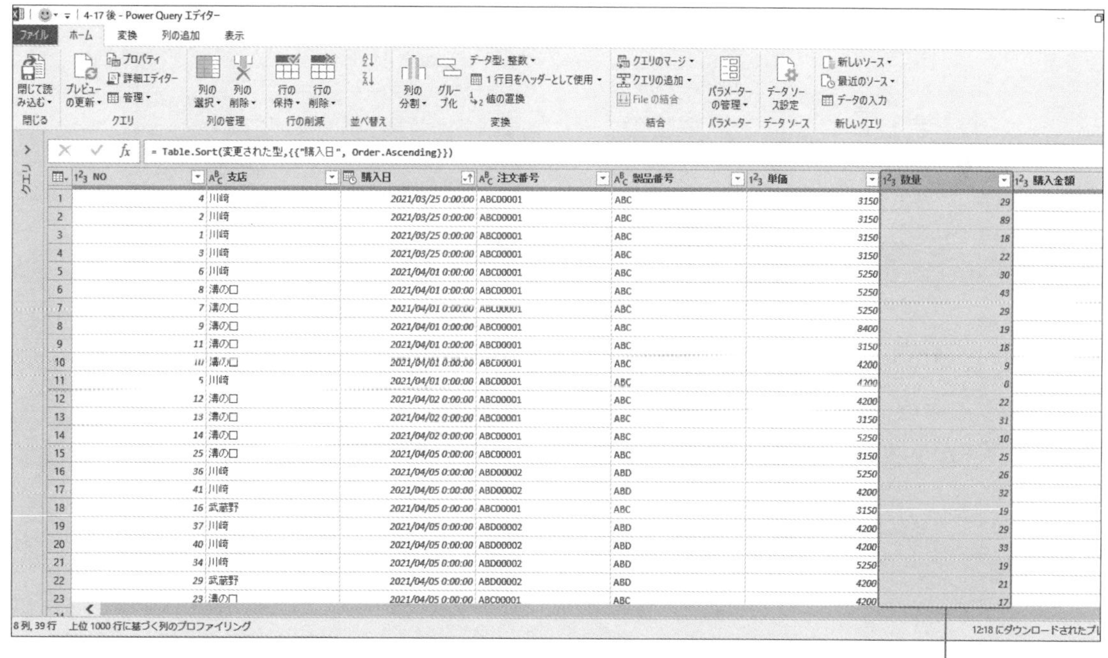

❸ [ホーム] - [並べ替え] - [降順で並べ替え] をクリックします。

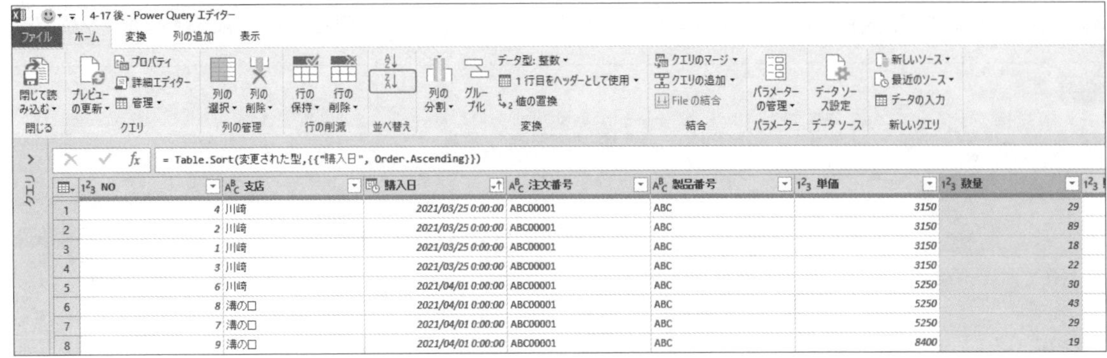

❹ [購入日] の昇順、[数量] の降順の2つの条件で並べ替えられました。

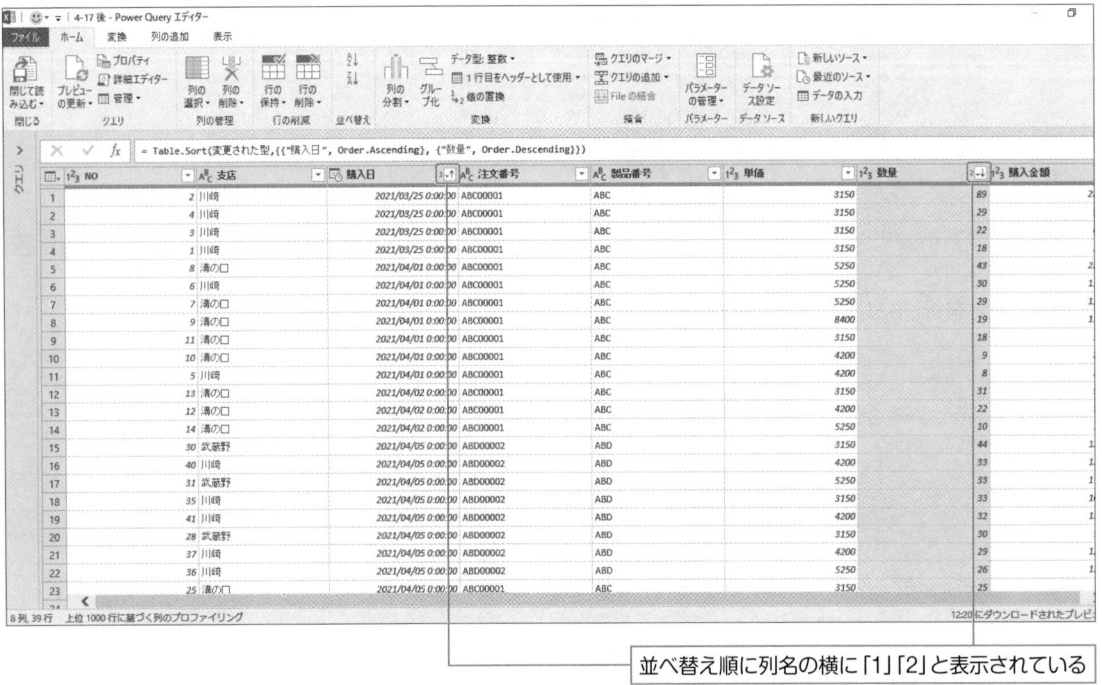

第5章

文字の操作

Excel Power Query

Section
5-1

先頭と末尾のスペースを削除する

メニュー	[変換] - [テキストの列] - [書式] - [トリミング]
M言語	Text.Trim

データの前後にある空白を削除するには、[変換] - [テキストの列] - [書式] - [トリミング]を使用します。

操作手順

❶空白を削除したい列(ここでは [住所] 列)を選択します。

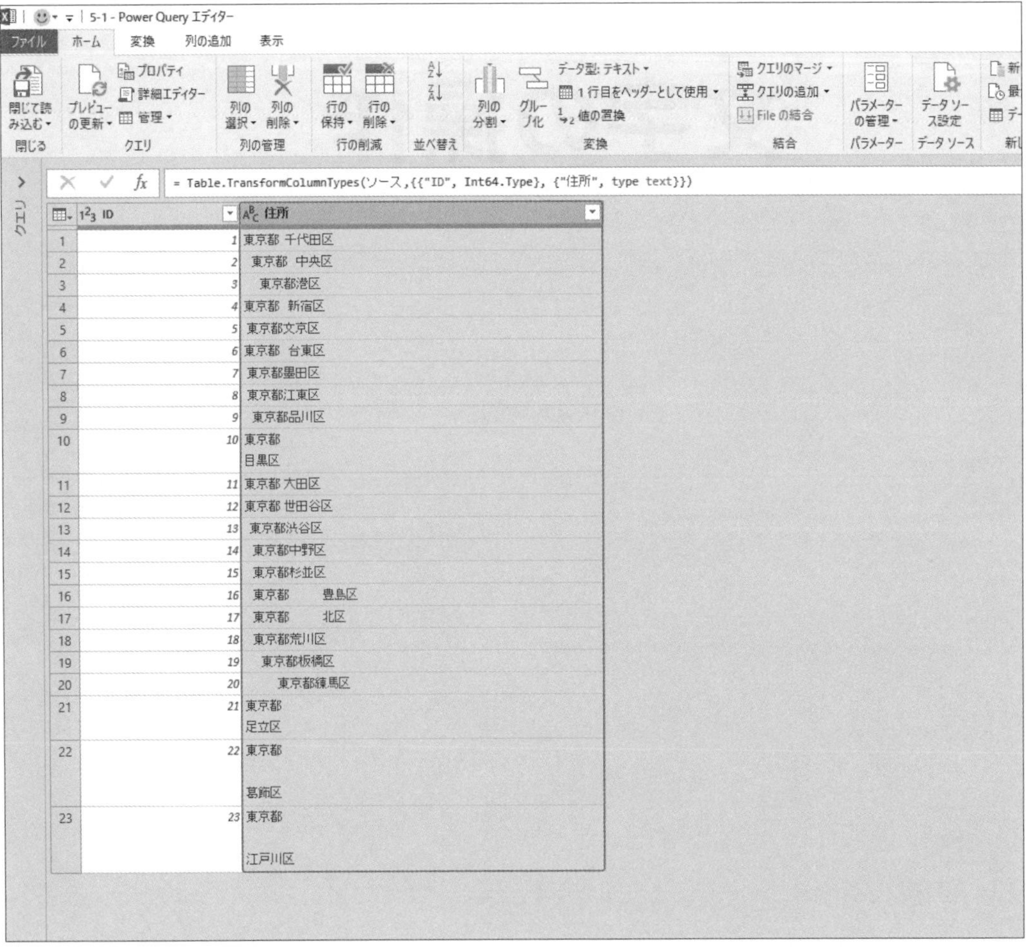

❷ [変換] タブの [テキストの列] - [書式] - [トリミング] をクリックします。

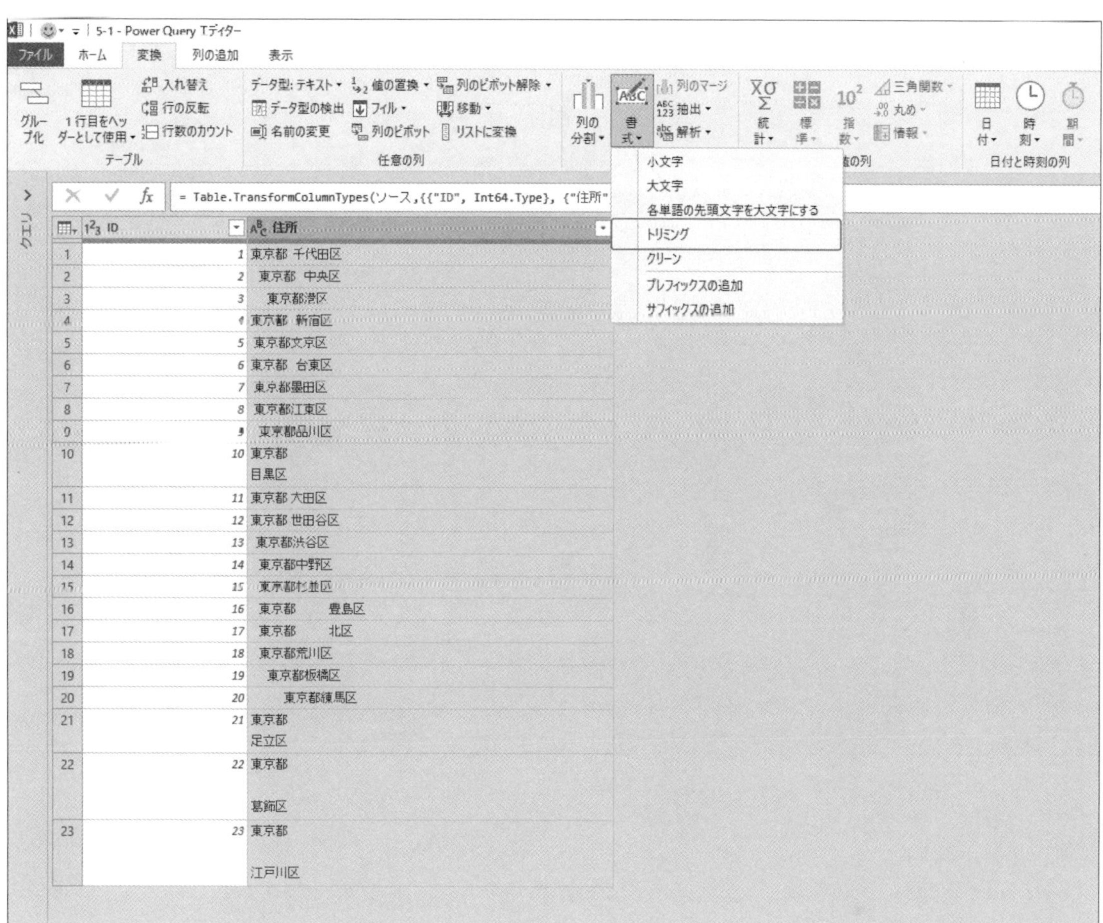

❸先頭と最後のスペースが削除されました。

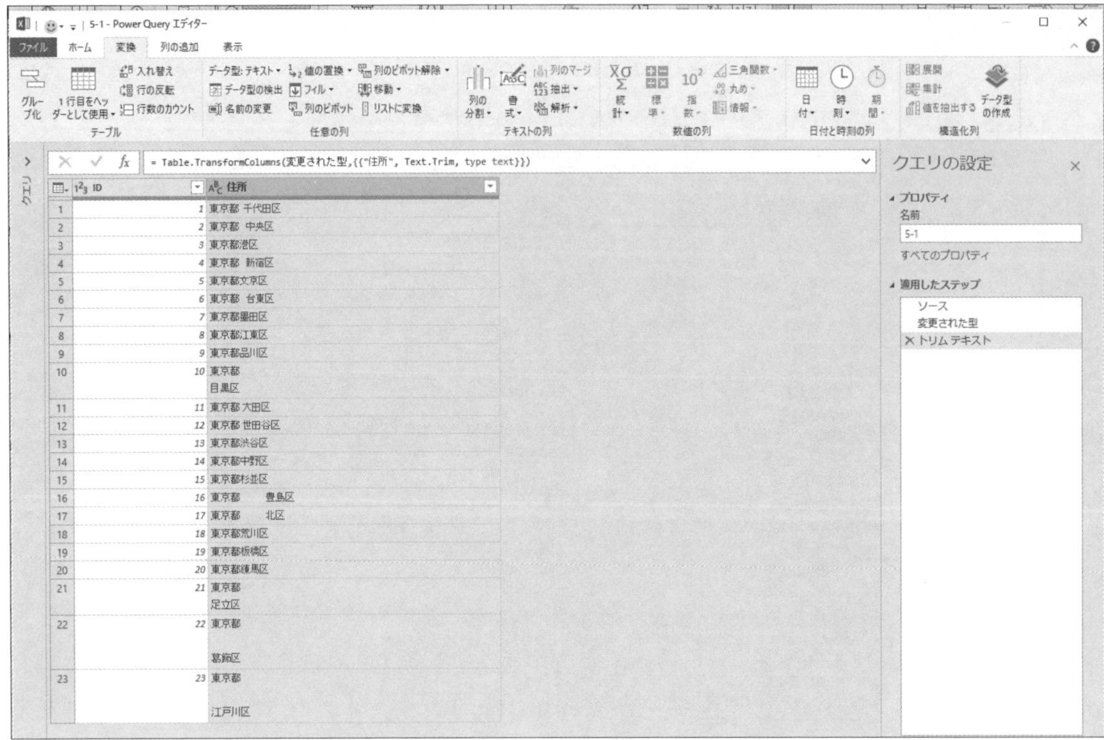

OnePoint

ExcelのTRIM関数の場合は右図のように、文字列の前後に加え、文字と文字の間にある2つ目以降の空白は除去する仕様ですが、Power Queryのトリミングは文字列の前後にある空白のみが削除されます。

	ID	住所	Trim関数
1	1	東京都 千代田区	東京都 千代田区
2	2	東京都　中央区	東京都　中央区
3	3	東京都港区	東京都港区
4	4	東京都　新宿区	東京都　新宿区
5	5	東京都文京区	東京都文京区
6	6	東京都　台東区	東京都 台東区
7	7	東京都墨田区	東京都墨田区
8	8	東京都江東区	東京都江東区
9	9	東京都品川区	東京都品川区
10	10	東京都 目黒区	東京都 目黒区
11	11	東京都 大田区	東京都 大田区
12	12	東京都 世田谷区	東京都 世田谷区
13	13	東京都渋谷区	東京都渋谷区
14	14	東京都中野区	東京都中野区
15	15	東京都杉並区	東京都杉並区
16	16	東京都　　　豊島区	東京都 豊島区
17	17	東京都　　　北区	東京都 北区
18	18	東京都荒川区	東京都荒川区

Section
5-2

先頭（または末尾）のスペースを削除する

メニュー	[文字列関数] - [Text.TrimStart] / [Text.TrimEnd]
M言語	Text.TrimStart/Text.TrimEnd

データの前にある空白を削除するには、[文字列関数] のText.TrimStartを使用します。

操作手順

❶ 空白を削除したい列（ここでは [住所] 列）を選択します。

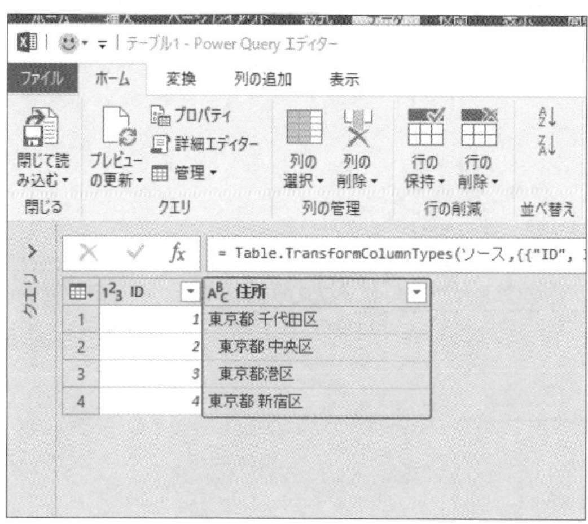

❷ [変換] タブの [テキストの列] - [書式] - [トリミング] をクリックします。

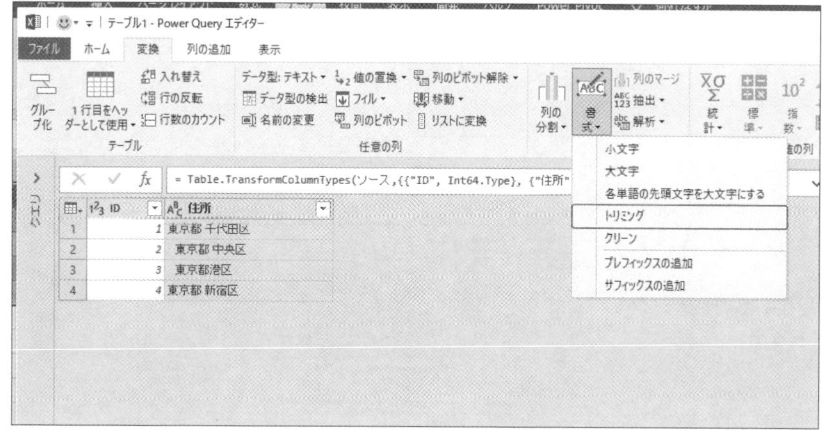

❸ この時点で、5-1で説明したように先頭と末尾のスペースが両方削除されています。これを文字の先頭のスペースのみ削除するように変更したい場合には、数式バーにカーソルを入れ関数を変更します。

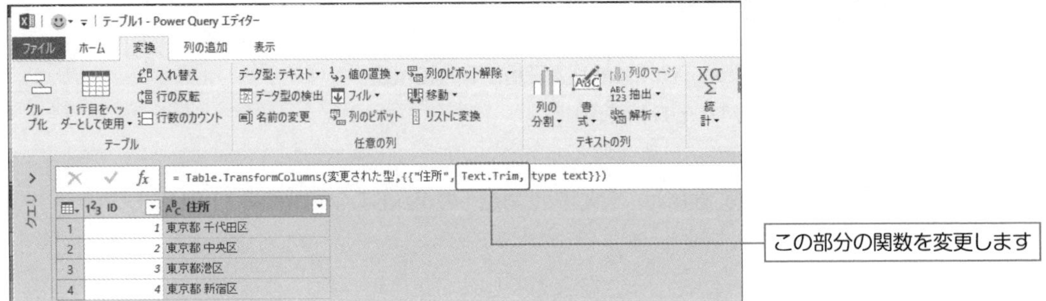

❹ 「Text.Trim」の後ろにカーソルを入れ、「Start」と入力し、チェックボタンをクリックします。

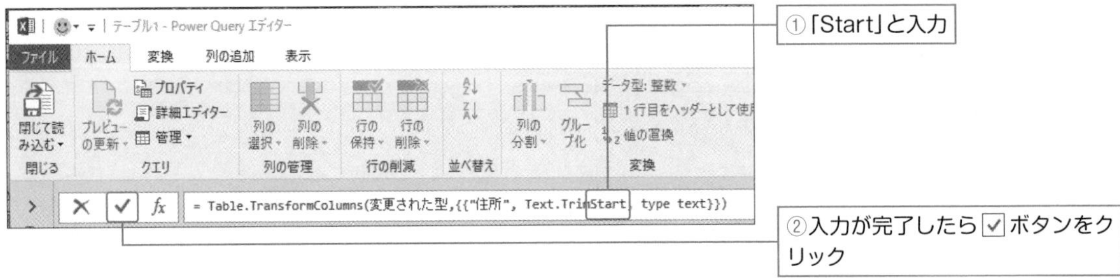

❺ データの先頭の空白のみが削除されました。

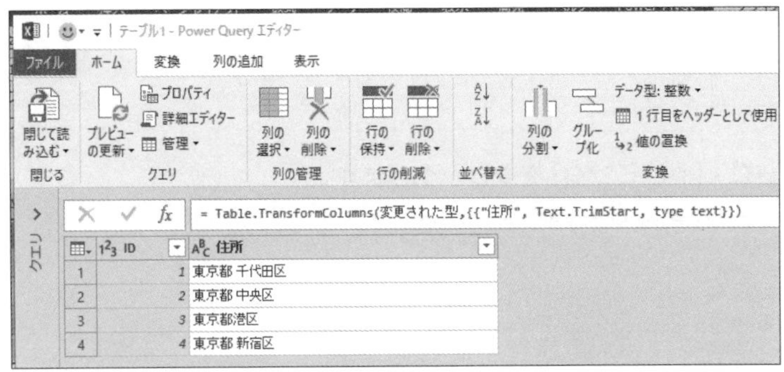

OnePoint

Text.TrimEnd関数を使用すると、データの最後のスペースが削除されます。

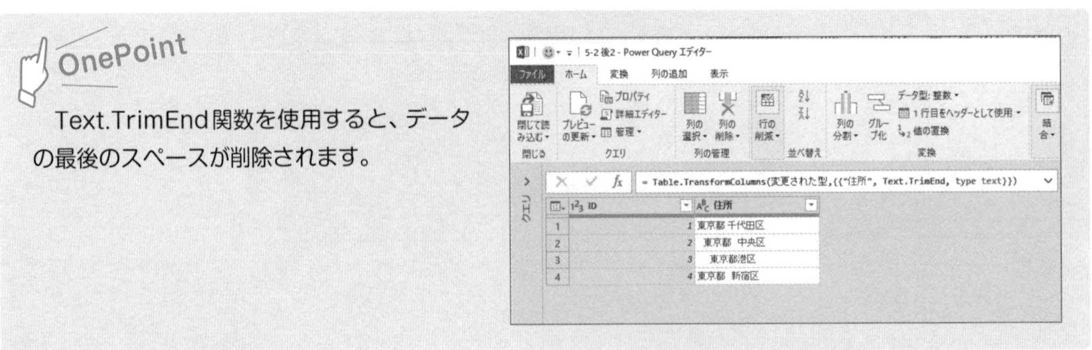

Section
5-3

印刷できない文字やセル内改行を削除する

メニュー	[変換] - [テキストの列] - [書式] - [クリーン]
M言語	Text.Clean

データ内に存在する印刷できない文字やセル内改行を削除するには、[変換] - [テキストの列] - [書式] - [クリーン] を使用します。

操作手順

❶ セル内改行されたデータが存在している列をクリックします。

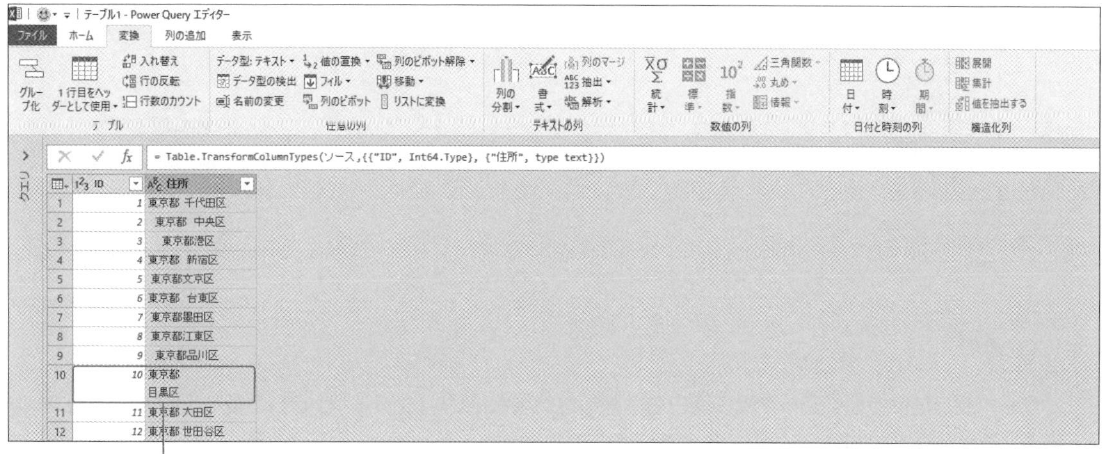

❷ [変換] タブの [テキストの列] - [書式] - [クリーン] をクリックします。

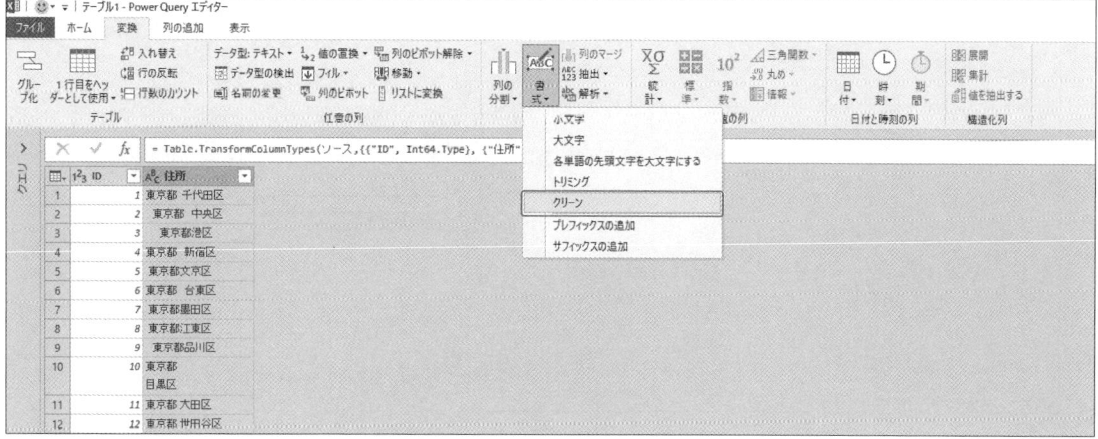

❸ セル内改行されたデータから改行が削除され、データが1行表示に変化しました。

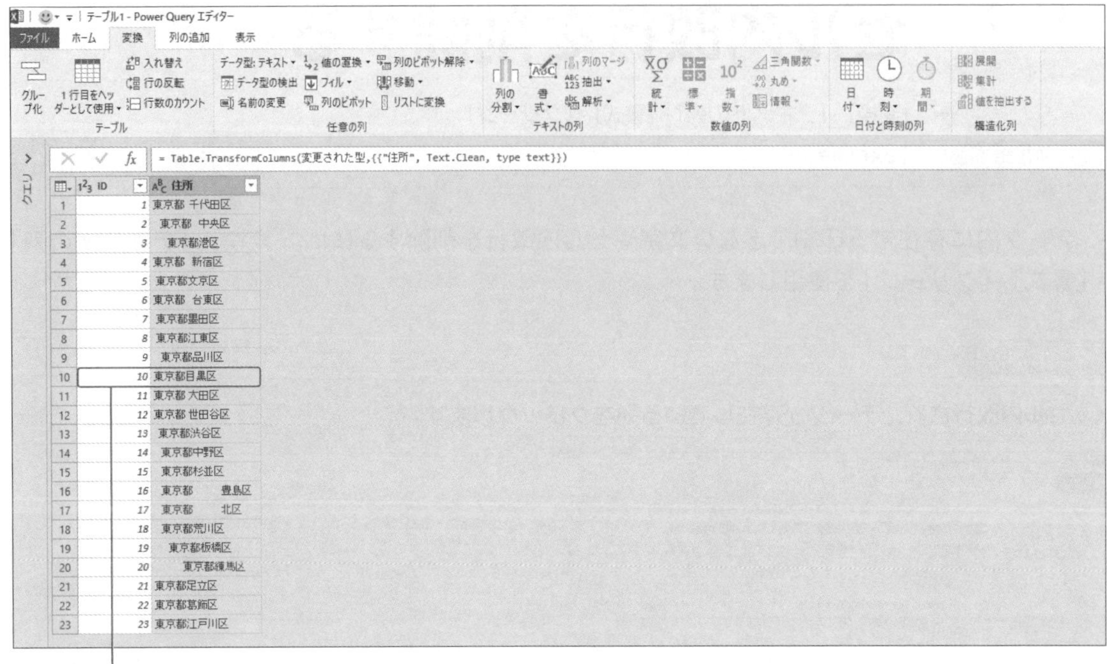

OnePoint

セル内改行だけでなくデータ内の空白も削除したい場合には、[クリーン] をした後に [トリミング] を行う必要があります（トリミングは5-1で説明しています）。

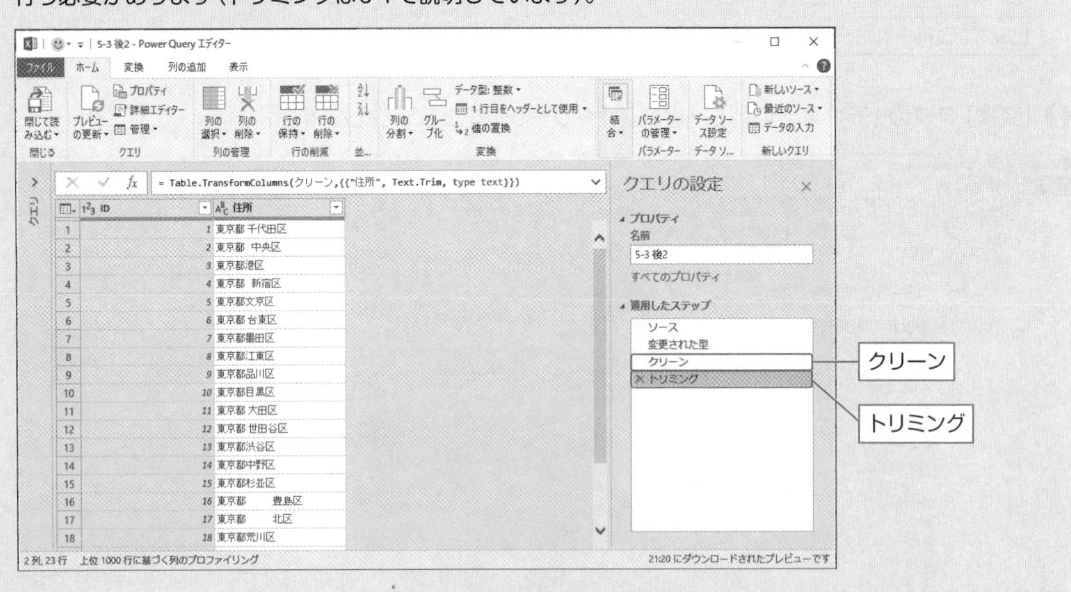

Section
5-4
データの中に含まれるスペースを削除する

メニュー	[ホーム] - [変換] - [値の置換]
M言語	Replacer.ReplaceText

例えば「東京都　千代田区」のように、データの中にスペースが含まれている場合、そのスペースを削除するには[値の置換]を使用します。

間に入っているスペースが全角か半角のどちらか一方のみの場合には[値の置換]は1度で対応できますが、全角と半角が混在している場合には次のように2度行う必要があります。

操作手順

❶スペースを削除したいデータの列（ここでは[住所]列）をクリックします。

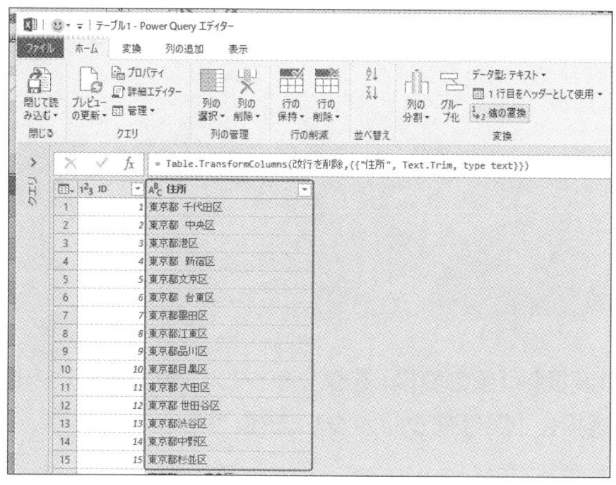

❷[ホーム] - [変換] - [値の置換]をクリックします。

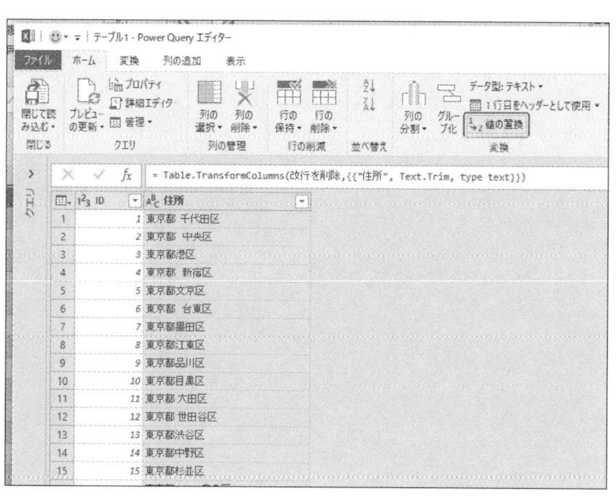

❸ [値の置換] ダイアログボックスで、[検索する値] [置換後] の値を選択し [OK] をクリックします。

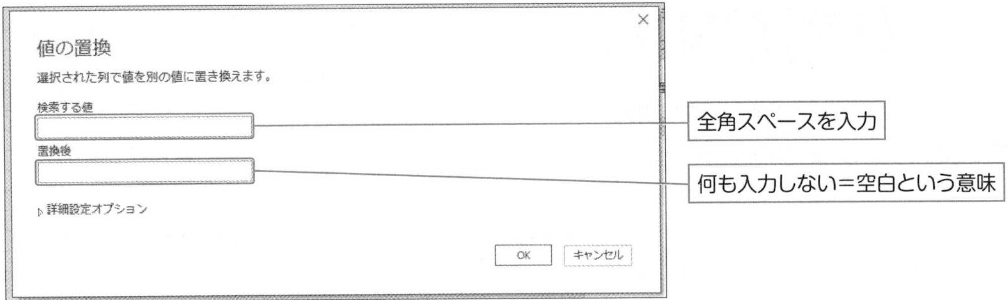

❹ 全角スペースが削除されました。

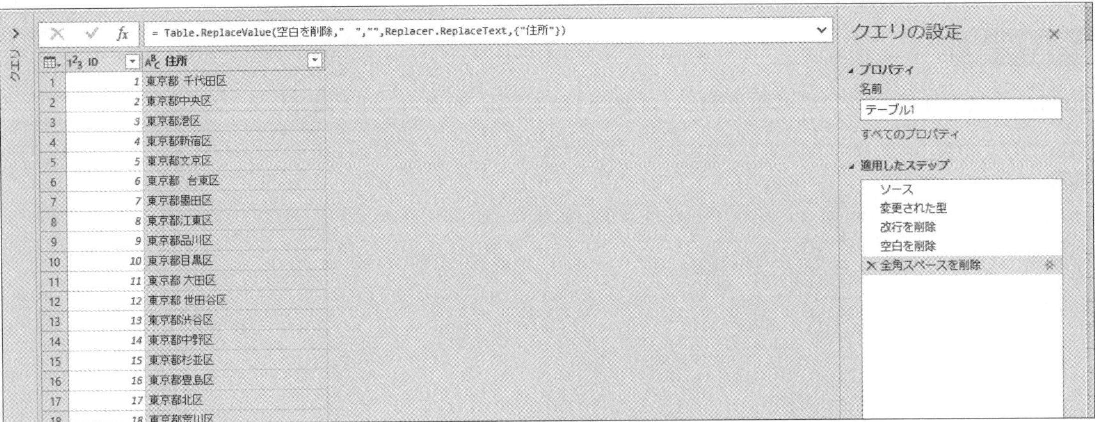

❺ 次に半角スペースの処理を行います。[ホーム] - [変換] - [値の変換] をクリックし、[値の置換] ダイアログボックスで [検索する値] [置換後] の値を選択し [OK] をクリックします。

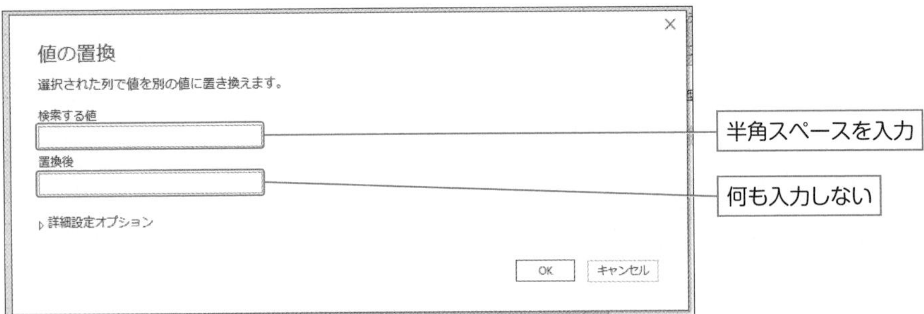

❻データから余分なスペースを排除することができました。

面倒な処理だと思われるかもしれませんが、こうしておけば次回からの整形業務では余分なスペースの処理について考える必要はなくなります。

Section
5-5 データの前に文字列を追加する

メニュー	[変換] - [テキストの列] - [書式] - [プレフィックスの追加]
M言語	Replacer.ReplaceText/Text.Combine

文字列の前に一律に文字列を追加したい場合には、[変換] - [テキストの列] - [書式] - [プレフィックスの追加] を行います。

操作手順

❶ 文字列を追加したい列（ここでは [会員番号] 列）を選択します。

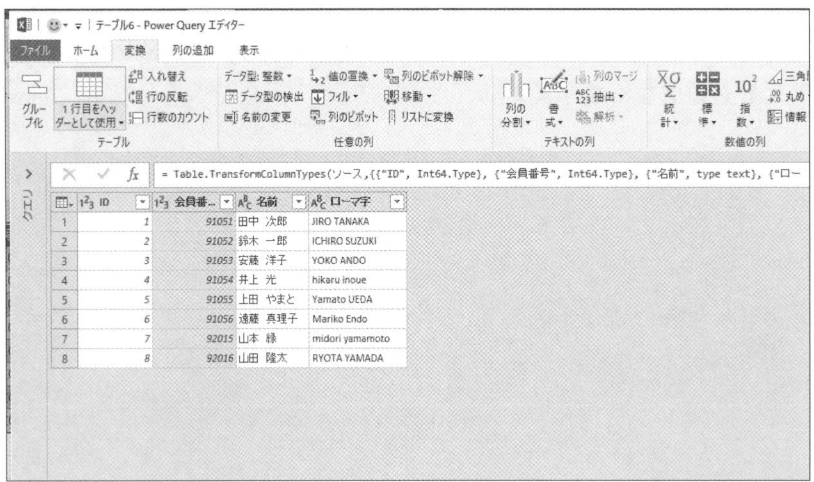

❷ [変換] - [テキストの列] - [書式] - [プレフィックスの追加] をクリックします。

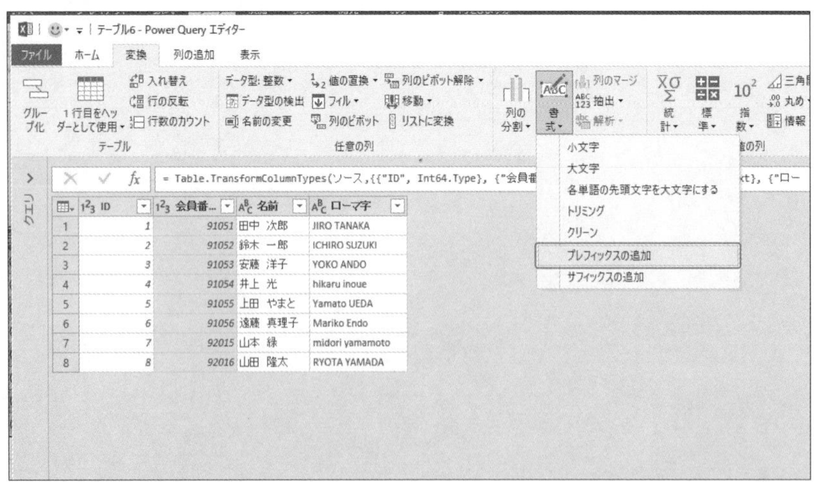

❸ [プレフィックス] ダイアログボックスで、追加したい値(ここでは「A01」)を入力し、[OK] をクリックします。

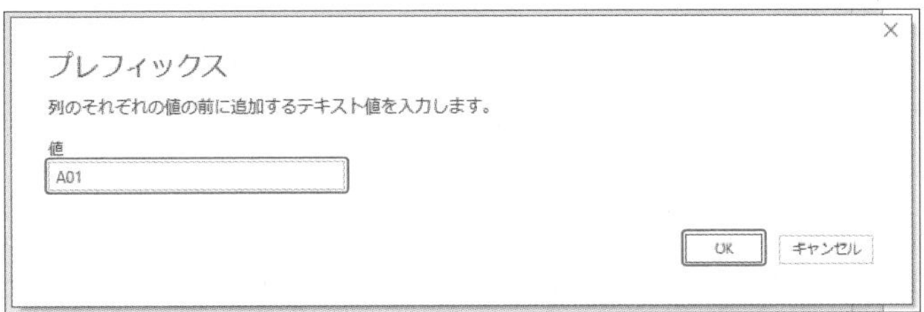

❹ 会員番号の頭に指定した値「A01」が追加されました。

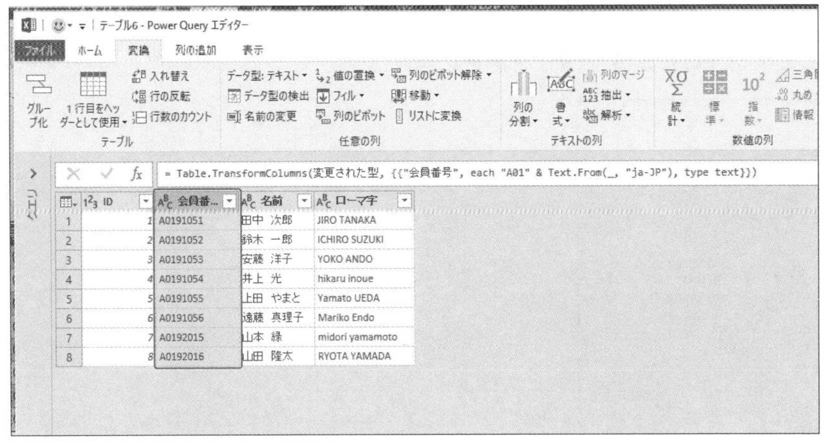

	ID	会員番...	名前	ローマ字
1	1	A0191051	田中 次郎	JIRO TANAKA
2	2	A0191052	鈴木 一郎	ICHIRO SUZUKI
3	3	A0191053	安藤 洋子	YOKO ANDO
4	4	A0191054	井上 光	hikaru inoue
5	5	A0191055	上田 やまと	Yamato UEDA
6	6	A0191056	遠藤 真理子	Mariko Endo
7	7	A0192015	山本 緑	midori yamamoto
8	8	A0192016	山田 隆太	RYOTA YAMADA

OnePoint

Text.Combine関数を使用して、会員番号に文字を追加し「新会員番号」列を作成することも可能です。

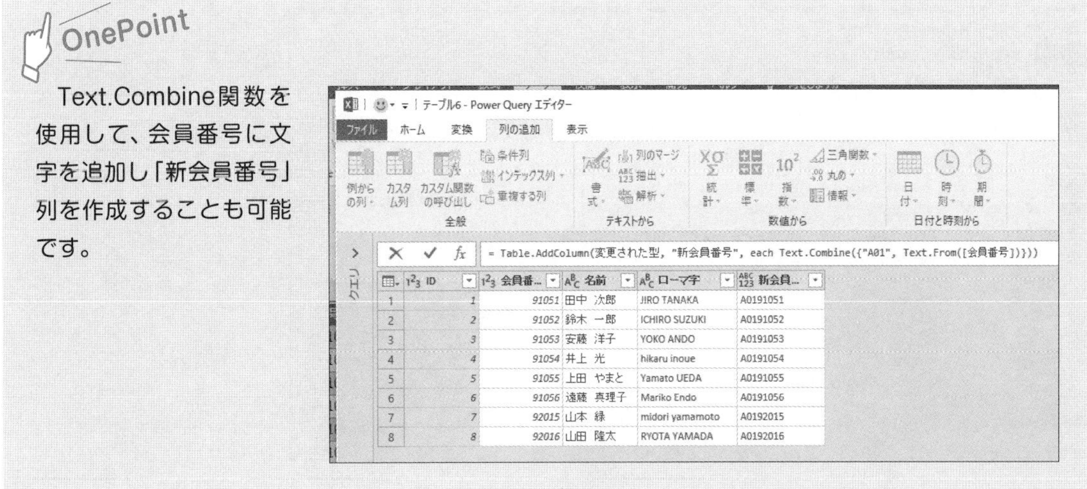

	ID	会員番...	名前	ローマ字	新会員...
1	1	91051	田中 次郎	JIRO TANAKA	A0191051
2	2	91052	鈴木 一郎	ICHIRO SUZUKI	A0191052
3	3	91053	安藤 洋子	YOKO ANDO	A0191053
4	4	91054	井上 光	hikaru inoue	A0191054
5	5	91055	上田 やまと	Yamato UEDA	A0191055
6	6	91056	遠藤 真理子	Mariko Endo	A0191056
7	7	92015	山本 緑	midori yamamoto	A0192015
8	8	92016	山田 隆太	RYOTA YAMADA	A0192016

Section
5-6 データの後に文字列を追加する

メニュー　[変換] - [テキストの列] - [書式] - [サフィックスの追加]

M言語　&

文字列の後ろに一律に文字列を追加したい場合には、[変換] - [テキストの列] - [書式] - [サフィックスの追加] を行います。

操作手順

❶文字列を追加したい列（ここでは [新会員番号] 列）を選択します。

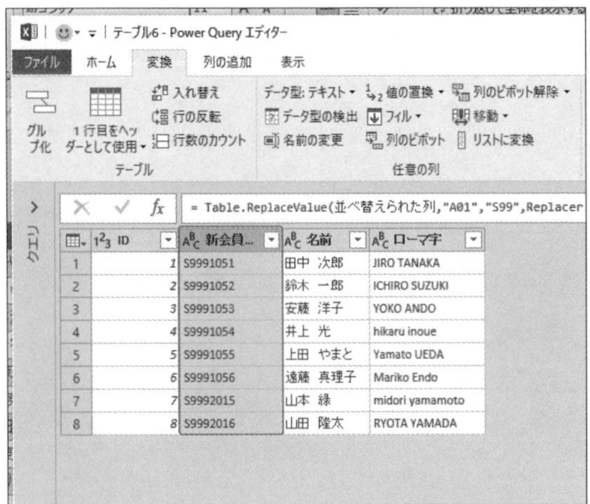

❷ [変換] - [書式] - [サフィックスの追加] をクリックします。

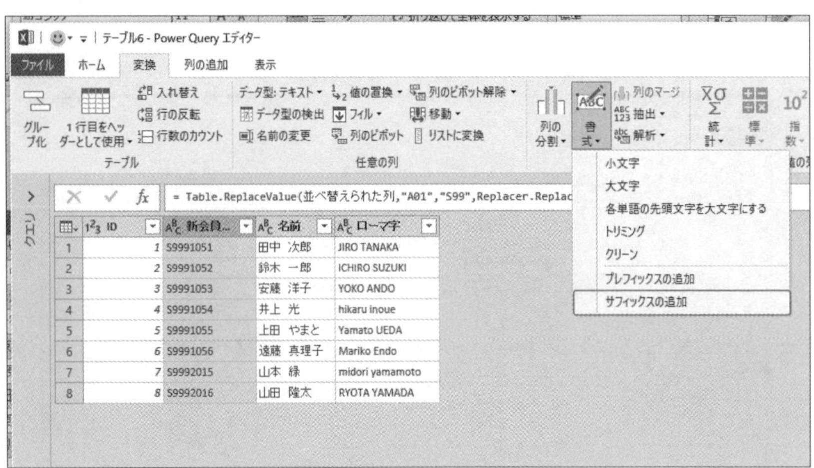

❸ [サフィックス] ダイアログボックスで [値] に追加したい値（ここでは「FF」）と入力し、[OK] をクリックします。

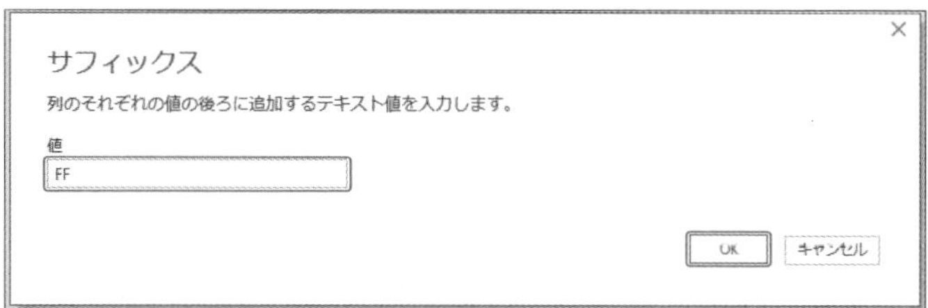

❹ [新会員番号] の後ろに「FF」と入力されていることが確認できます。

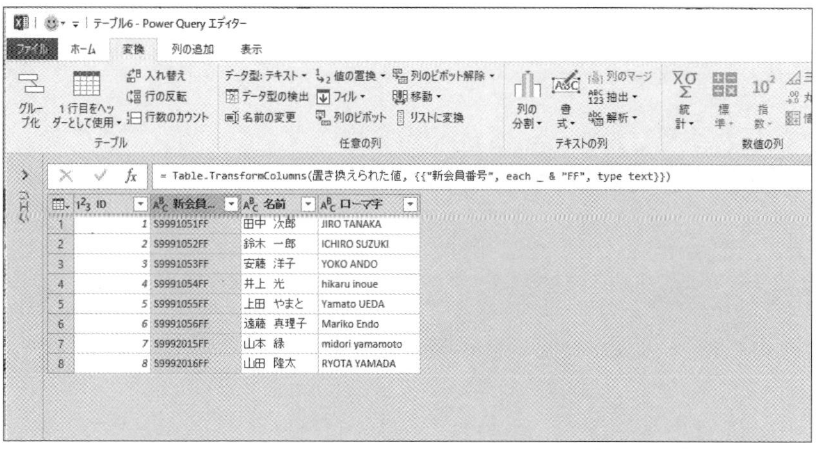

Section
5-7
既存列のデータに文字列を追加した新しい列を作る

メニュー	[列の追加] - [全般] - [カスタム列]
M言語	&

5-5、5-6では既存列のデータそのものに文字列を追加しました。そうではなく、既存列のデータに文字列を追加した新しい列を作る方法もあります。その場合、[列の追加] - [全般] - [カスタム列]を使用します。

例えば、次のようなデータがあるとします。

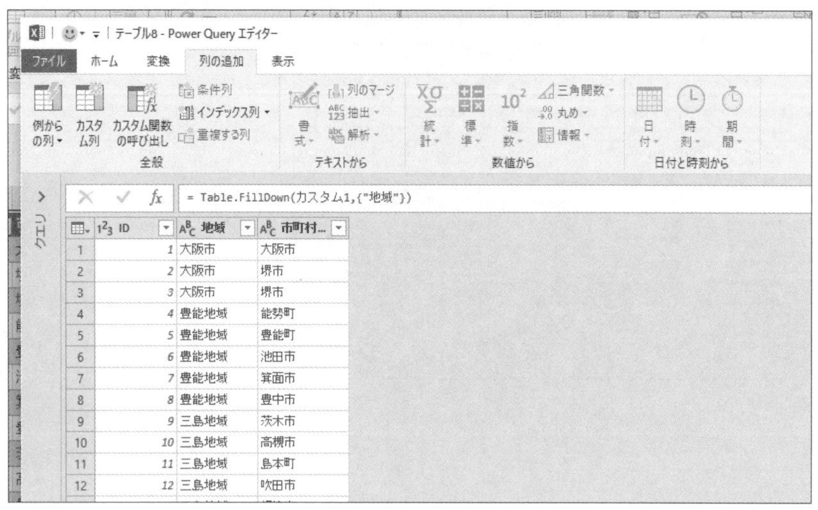

ここで[市町村]列に入っているデータの前に「大阪府」という文字列を追加した新しい列[住所]を作成する場合、次のように操作します。

操作手順

❶ [列の追加] - [全般] - [カスタム列] をクリックします。

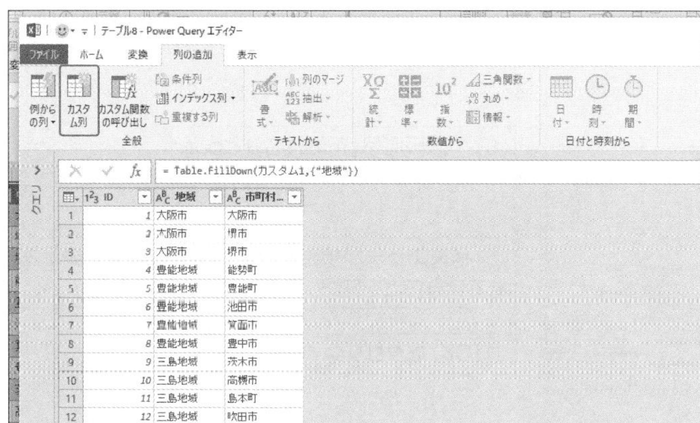

❷ [カスタム列] ダイアログボックスで、[新しい列名] -「カスタム」の部分に新しい列名「住所」を入力します。

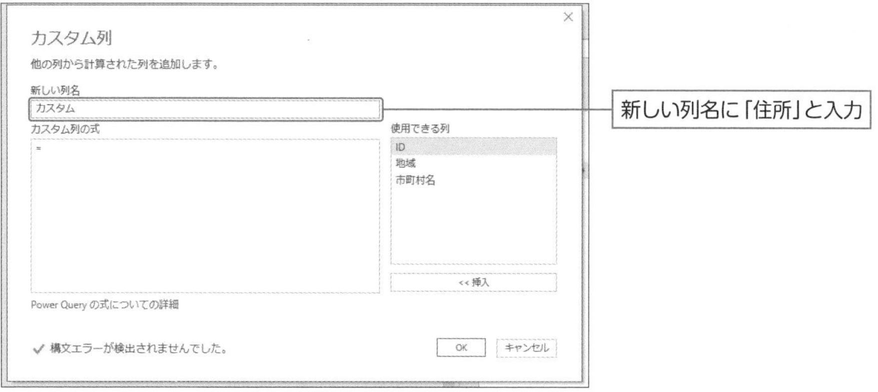

❸ [カスタム列の式] に「="大阪府"&」と入力し、[使用できる列] の「市町村名」を選択し [挿入] をクリックします。

❹ [カスタム列の式] に「="大阪府"& [市町村名]」と表示されます。「構文エラーが検出されませんでした。」と表示されていることを確認し、[OK] をクリックします。

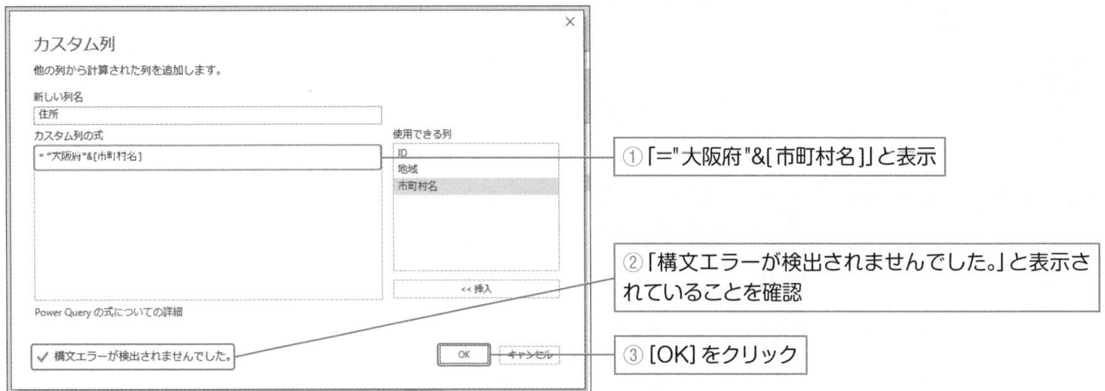

❺ [住所] 列が新規作成され、「市町村名」の前に「大阪府」が付いたデータが作成されました。

	ID	地域	市町村...	住所
1	1	大阪市	大阪市	大阪府大阪市
2	2	大阪市	堺市	大阪府堺市
3	3	大阪市	堺市	大阪府堺市
4	4	豊能地域	能勢町	大阪府能勢町
5	5	豊能地域	豊能町	大阪府豊能町
6	6	豊能地域	池田市	大阪府池田市
7	7	豊能地域	箕面市	大阪府箕面市
8	8	豊能地域	豊中市	大阪府豊中市
9	9	三島地域	茨木市	大阪府茨木市
10	10	三島地域	高槻市	大阪府高槻市
11	11	三島地域	島本町	大阪府島本町
12	12	三島地域	吹田市	大阪府吹田市
13	13	三島地域	摂津市	大阪府摂津市
14	14	北河内地域	枚方市	大阪府枚方市
15	15	北河内地域	交野市	大阪府交野市
16	16	北河内地域	寝屋川市	大阪府寝屋川市

Section

5-8 数字の桁数を合わせる

メニュー	[列の追加] - [全般] - [カスタム列]
M言語	Text.PadStart/Text.PadEnd

例えば3桁までの数値（0～999）が格納されているデータにおいて、「1」を「001」のように、すべてのデータの桁を合わせたい場合、Text.PadStart関数を使用します。

この場合、まずデータ型をテキスト型に変更してからText.PadStart関数を使う必要があります。

ここでは新しい列を作成して、そこに桁数を揃えた数値を表示する手順を紹介します。

操作手順

❶ 桁数を揃えたい数値が入っている列（ここでは [ID]）をクリックします。

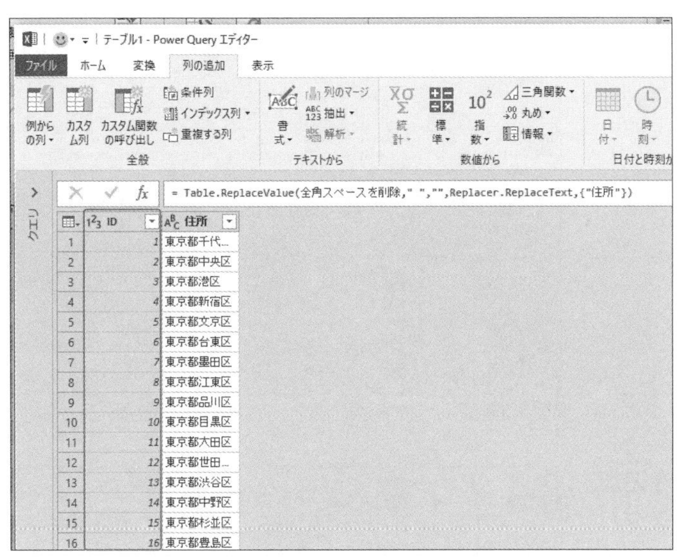

❷ [変換] - [任意の列] - [データ型：整数] の▼をクリックし、表示されたメニューの [テキスト] をクリックします。

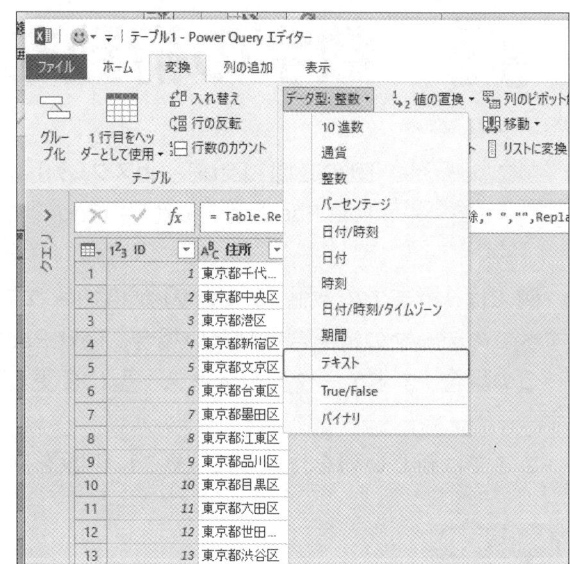

❸ [ID] 列の値がテキスト型に変化しました。

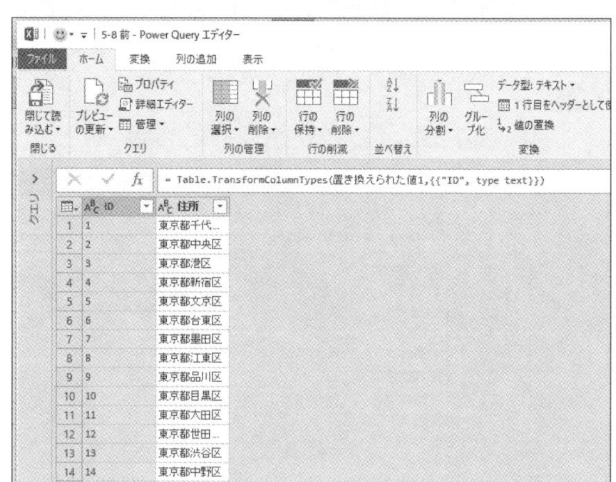

❹ 桁数を揃えた数値を入れる新しい列を追加するために、[列の追加] - [全般] - [カスタム列] をクリックします。

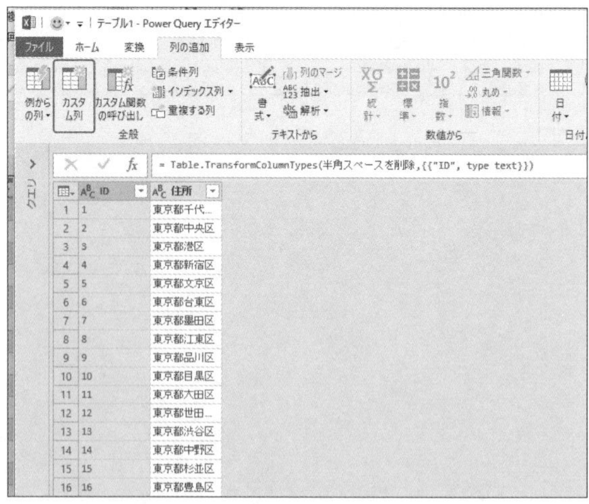

❺ [カスタム列] ダイアログボックスが表示されます。

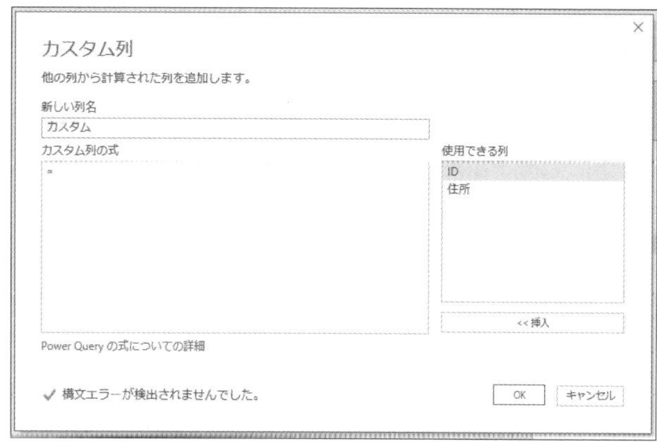

❻ [新しい列名] に列の名前 (ここでは「新ID」)、[カスタム列の式] に「=Text.PadStart([ID],3,"0")」と入力し [OK] をクリックします。

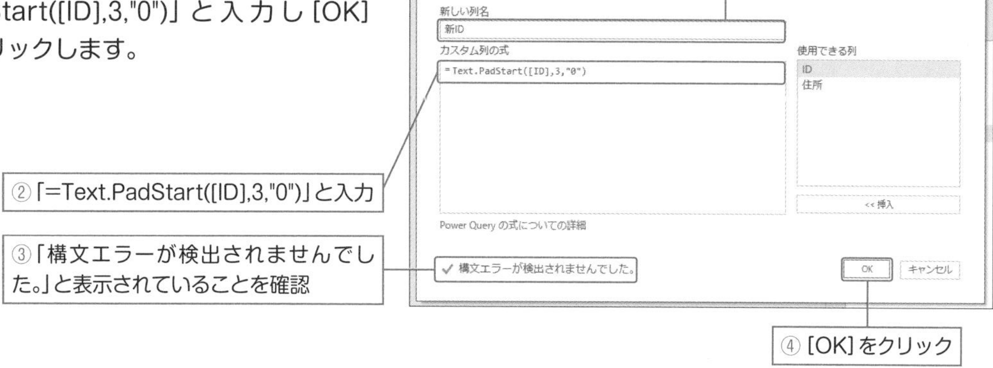

❼ [新ID] に不足部分へ「0」を補ったID番号が表示されました。

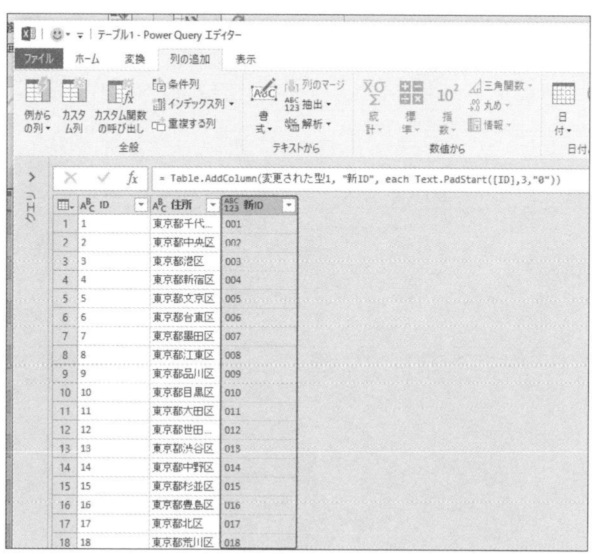

なお、データの後に補完したい場合にはText.PadStart関数の代わりにText.PadEnd関数を使用します。

OnePoint

データ型をテキスト型に変換せずにText.PadStartを行うとエラーとなります。

Section

5-9 文字列を置換する

メニュー	[ホーム] - [変換] - [値の置換]
M言語	&

データ中の文字列を別の文字列に置換する（置き換える）には、5-4のスペースの削除でも使用した[ホーム] - [変換] - [値の置換]を使用します。

操作手順

❶ 置換したいデータの入った列（ここでは[新会員番号]列）をクリックします。

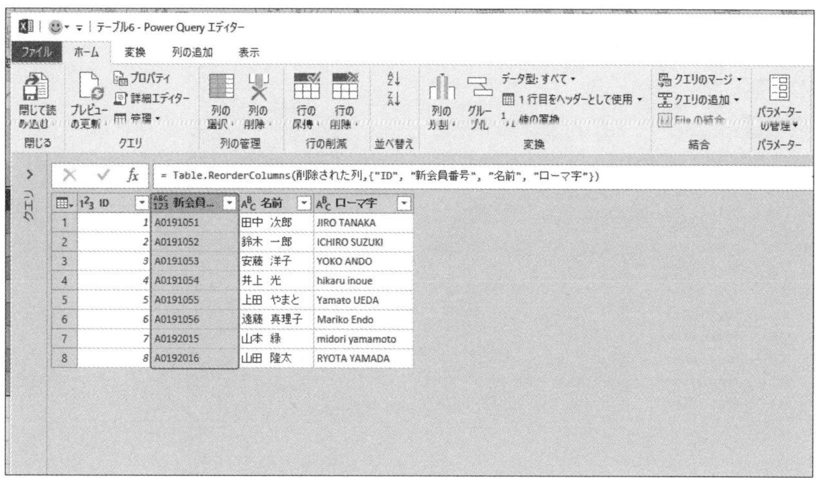

❷ [ホーム] - [変換] - [値の置換]をクリックします。

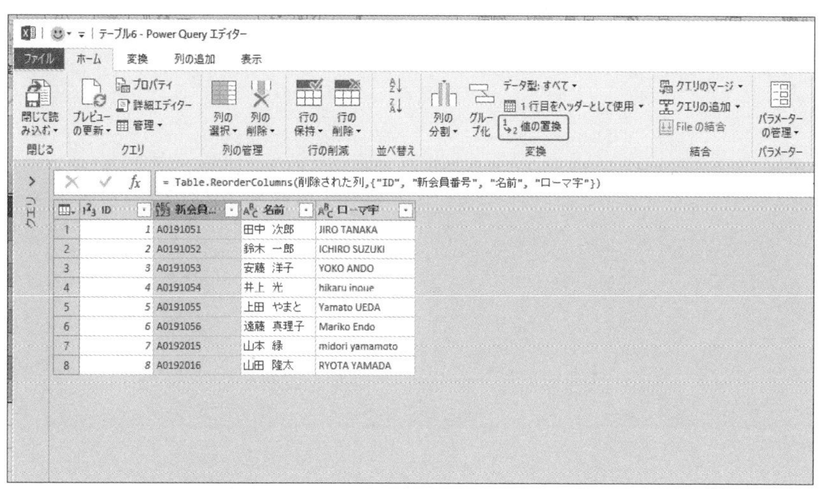

❸ [値の置換] ダイアログボックスで、[検索する値] に置換対象となる文字列 (ここでは「A01」)、[置換後] に置換後の文字列 (ここでは「S99」) を入力し、[OK] をクリックします。

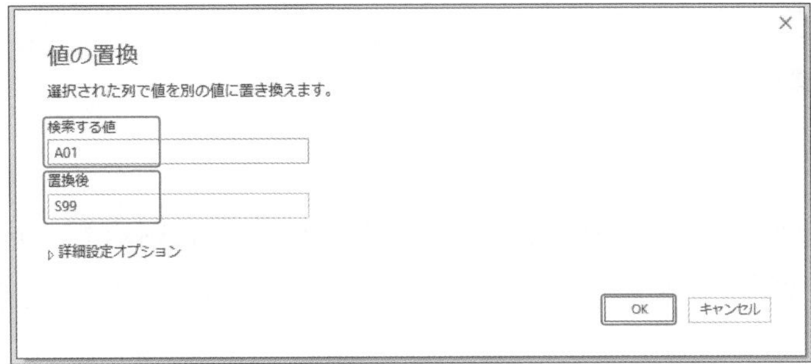

❹ 会員番号が「A01」から「S99」に変更されました。

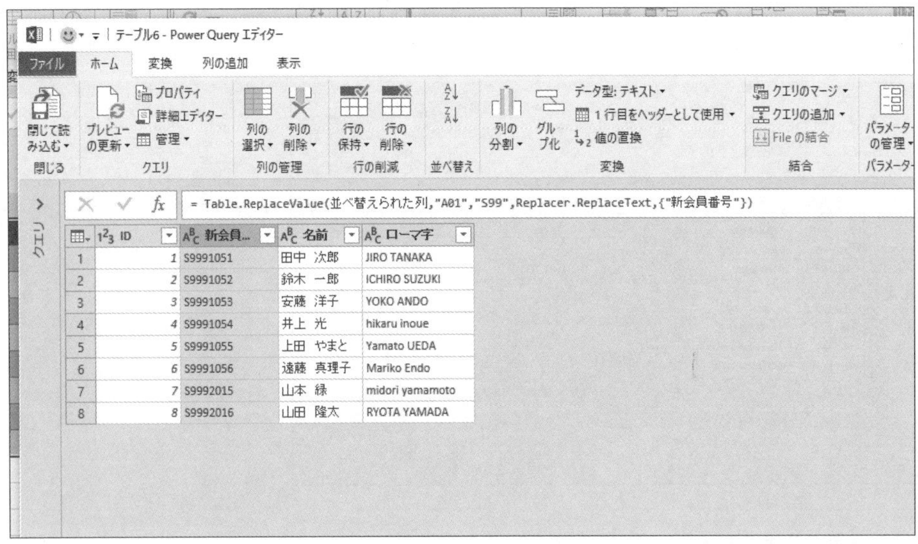

Section
5-10 既存列のデータの文字列を置換した新しい列を作る

メニュー　[列の追加] - [全般] - [カスタム列]

M言語　Text.Replace

5-9では既存列のデータそのものを置換しました。そうではなく、既存列のデータを置換した新しい列を作る方法もあります。その場合、[列の追加] - [全般] - [カスタム列] を使用します。

例えば、次のようなデータがあるとします。

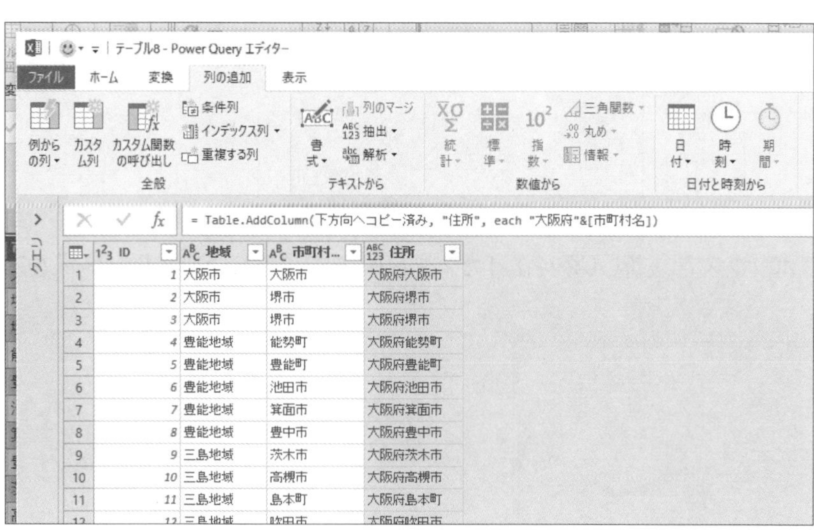

ここで [住所] 列に入っているデータ内の「大阪府」という文字列を「大阪都」に置換した新しい列 [新住所] を作成する場合、次のように操作します。

操作手順

❶ [住所] 列をクリックし、[列の追加] - [全般] - [カスタム列] をクリックします。

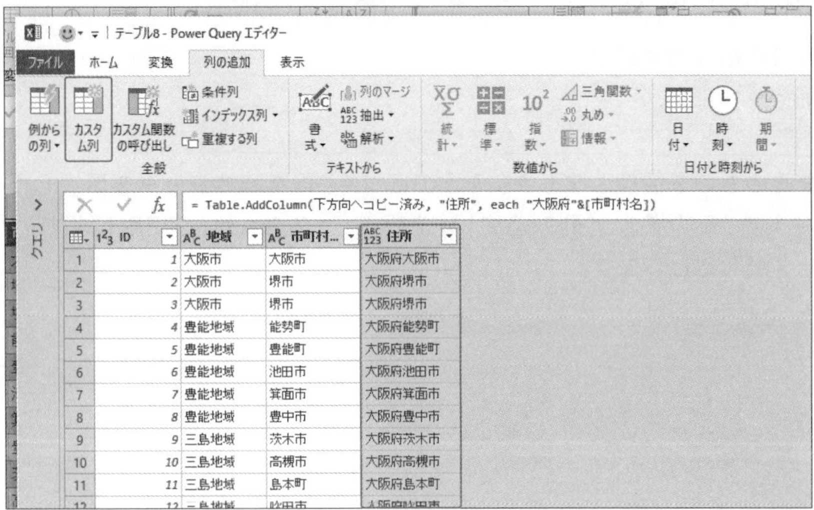

❷ [カスタム列] ダイアログボックスで、[新しい列名] -「カスタム」の部分に新しい列名「新住所」を入力します。

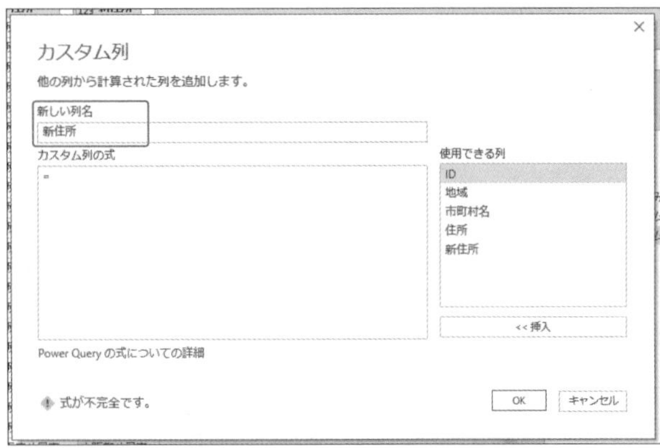

❸ [カスタム式の列] に「=Text.Replace ([住所],"大阪府","大阪都")」と入力し [OK] をクリックします。

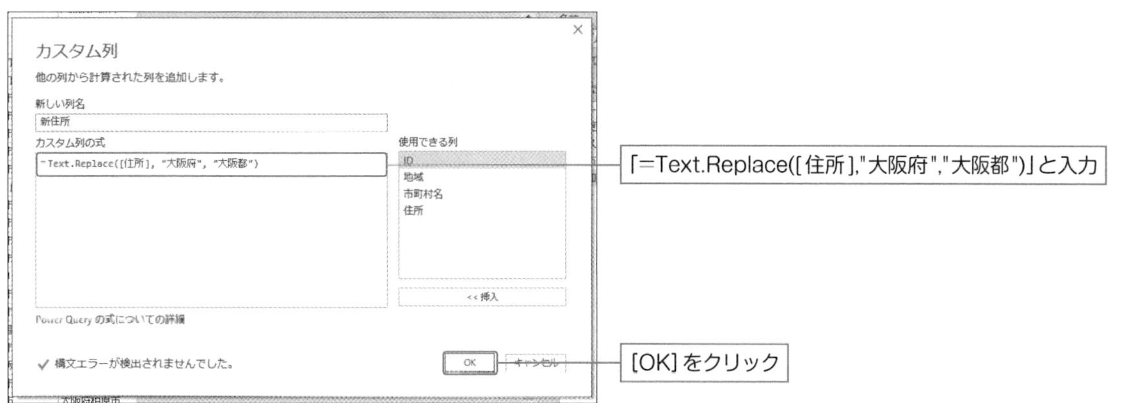

❹ [新住所] 列が新規作成され、「大阪府」の代わりに「大阪都」と表示されたデータが作成されました。

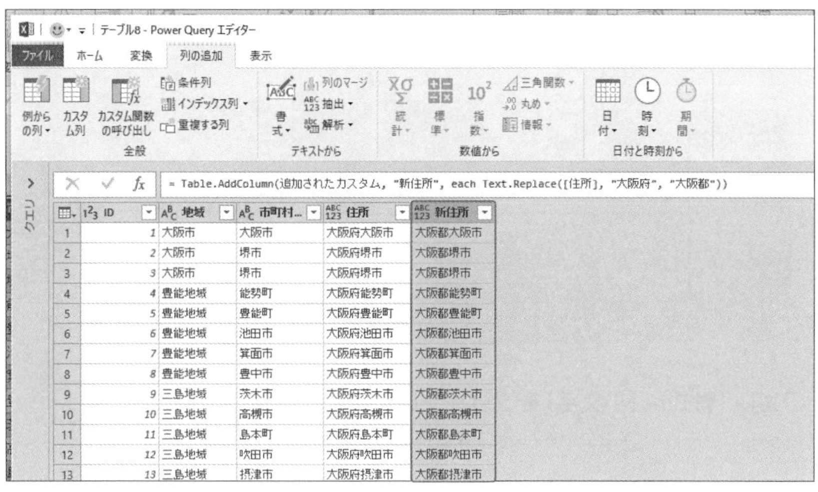

	ID	地域	市町村...	住所	新住所
1	1	大阪市	大阪市	大阪府大阪市	大阪都大阪市
2	2	大阪市	堺市	大阪府堺市	大阪都堺市
3	3	大阪市	堺市	大阪府堺市	大阪都堺市
4	4	豊能地域	能勢町	大阪府能勢町	大阪都能勢町
5	5	豊能地域	豊能町	大阪府豊能町	大阪都豊能町
6	6	豊能地域	池田市	大阪府池田市	大阪都池田市
7	7	豊能地域	箕面市	大阪府箕面市	大阪都箕面市
8	8	豊能地域	豊中市	大阪府豊中市	大阪都豊中市
9	9	三島地域	茨木市	大阪府茨木市	大阪都茨木市
10	10	三島地域	高槻市	大阪府高槻市	大阪都高槻市
11	11	三島地域	島本町	大阪府島本町	大阪都島本町
12	12	三島地域	吹田市	大阪府吹田市	大阪都吹田市
13	13	三島地域	摂津市	大阪府摂津市	大阪都摂津市

Section
5-11

文字列を小文字(または大文字、単語の先頭文字のみ大文字)に統一する

メニュー [変換] - [テキストの列] - [書式] - [小文字] / [大文字]

M言語 Text.Lower/Text.Upper/Text.Proper

列に入力された英字に大文字・小文字が混在しているとき、それらをすべて小文字に変換したい場合は、[変換] - [テキストの列] - [書式] の [小文字] を使用します。

操作手順

❶ [ローマ字] 列をクリックします。

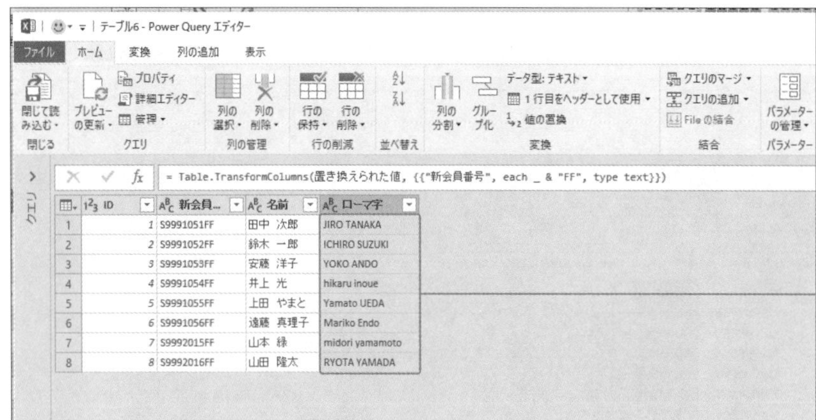

❷ [変換] タブの [テキストの列] - [書式] - [小文字] をクリックします。

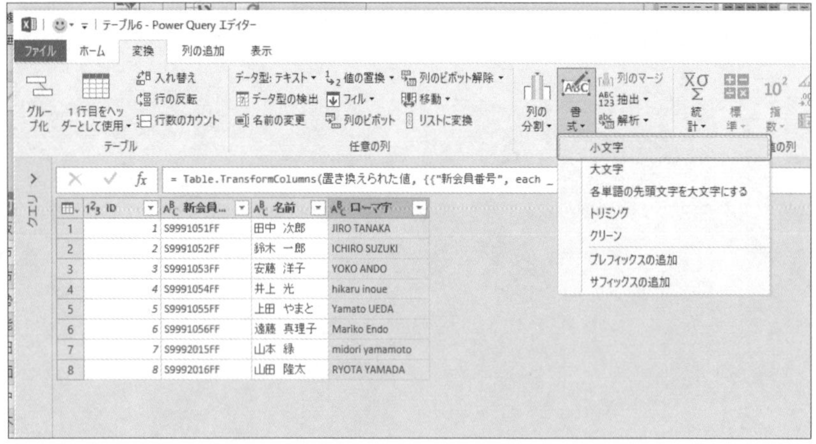

❸ [ローマ字] のデータがすべて小文字に変更されました。

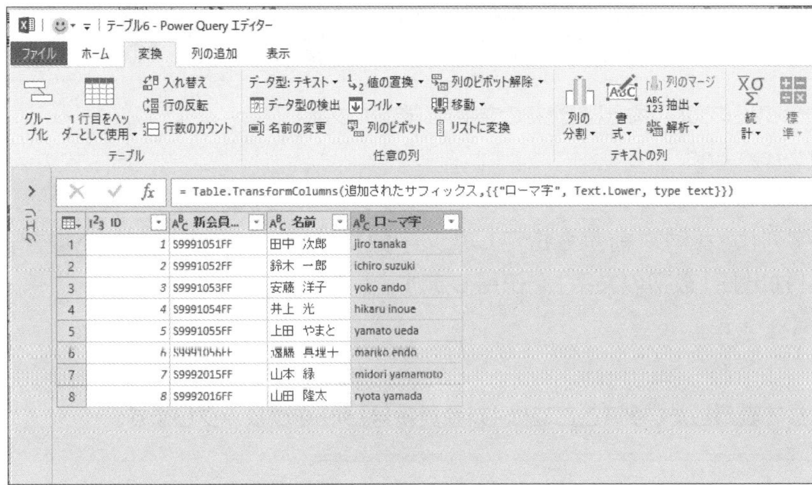

OnePoint

[大文字] を選ぶと、[ローマ字] のデータはすべて大文字に変更されます。

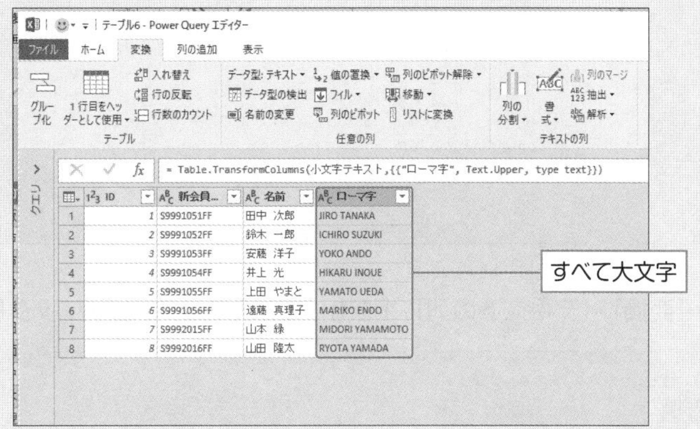

[各単語の先頭文字を大文字にする] を選ぶと、単語の先頭文字が大文字に変更されます。

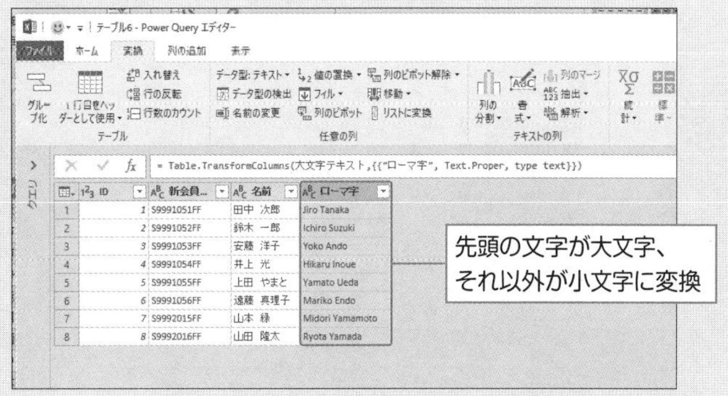

Section

5-12

文字の先頭（または最後）から指定した文字数だけ抽出する

メニュー	[変換] - [テキストの列] - [抽出] - [最初の文字] / [最後の文字]
M言語	Text.Start/Text.End

ある列に入力された文字列について、前から指定した文字数だけ抽出して表示したい場合、[変換] - [テキストの列] - [抽出] - [最初の文字] を使用します。

操作手順

❶ 指定した文字数だけ抽出して表示したい列（ここでは [新会員番号] 列）をクリックします。

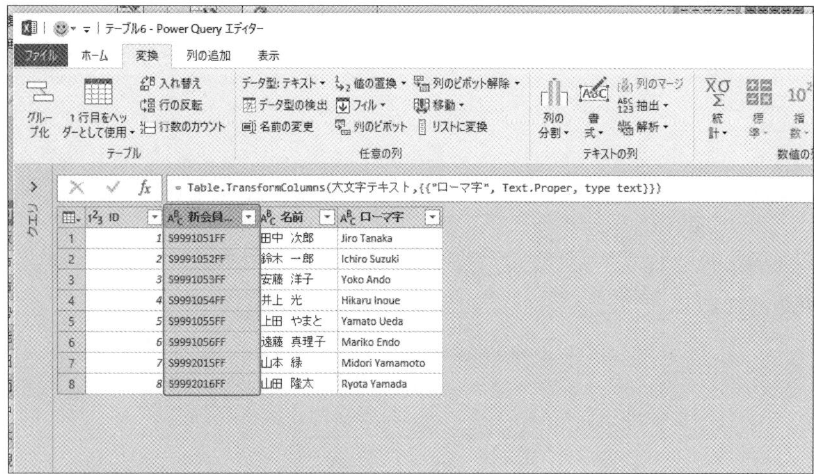

❷ [変換] - [テキストの列] - [抽出] - [最初の文字] をクリックします。

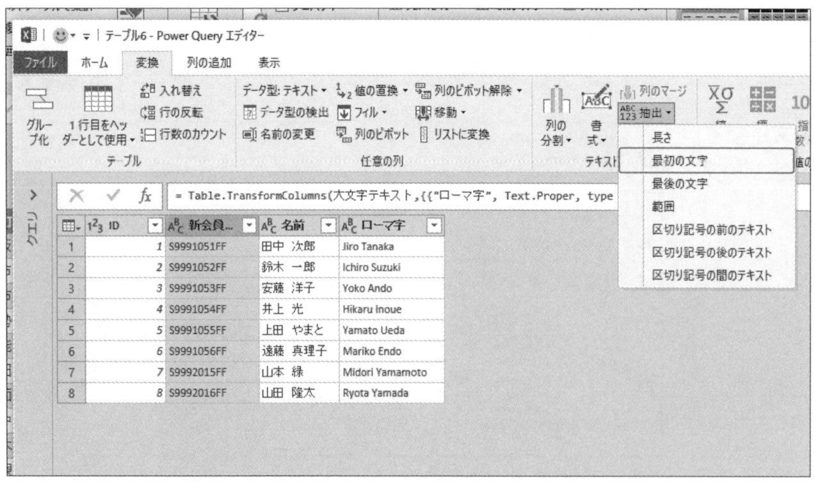

❸ [最初の文字を抽出する] ダイアログボックスで、[カウント] に最初の何文字を抽出したいかを入力します (ここでは3文字)。

❹ [新会員番号] のデータの前から3文字だけ抽出され表示されます。

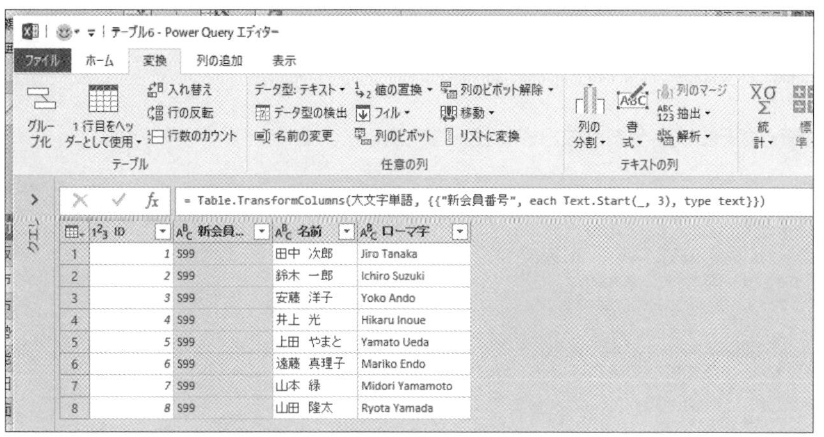

	ID	新会員...	名前	ローマ字
1	1	S99	田中 次郎	Jiro Tanaka
2	2	S99	鈴木 一郎	Ichiro Suzuki
3	3	S99	安藤 洋子	Yoko Ando
4	4	S99	井上 光	Hikaru Inoue
5	5	S99	上田 やまと	Yamato Ueda
6	6	S99	遠藤 真理子	Mariko Endo
7	7	S99	山本 緑	Midori Yamamoto
8	8	S99	山田 隆太	Ryota Yamada

後ろから指定した文字数だけ抽出して表示したい場合、[変換] - [テキストの列] - [抽出] - [最後の文字]を使用します。

[最後の文字を抽出する] ダイアログボックスで、[カウント] に最後の何文字を抽出したいかを入力します。

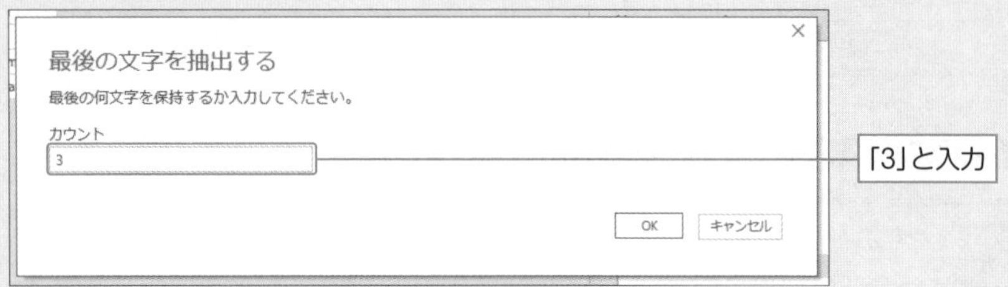

[新会員番号] のデータの後ろから3文字分だけ抽出され表示されました。

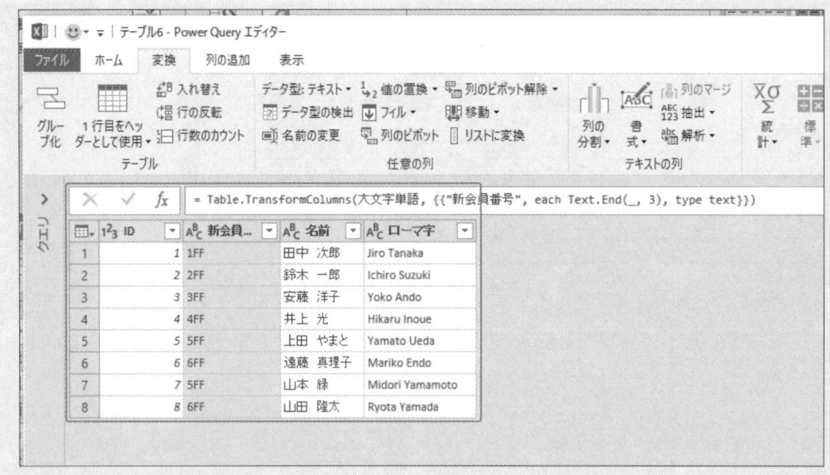

	ID	新会員...	名前	ローマ字
1	1	1FF	田中 次郎	Jiro Tanaka
2	2	2FF	鈴木 一郎	Ichiro Suzuki
3	3	3FF	安藤 洋子	Yoko Ando
4	4	4FF	井上 光	Hikaru Inoue
5	5	5FF	上田 やまと	Yamato Ueda
6	6	6FF	遠藤 真理子	Mariko Endo
7	7	5FF	山本 緑	Midori Yamamoto
8	8	6FF	山田 隆太	Ryota Yamada

抽出は、今表示されている文字列から抽出するのではなく、元データの文字列から抽出されることに注意してください。

Section
5-13 文字の範囲を決めて抽出する

メニュー	[変換] - [テキストの列] - [抽出] - [範囲]
M言語	Text.Middle

文字列から範囲を決めて抽出するには、[変換] - [テキストの列] - [抽出] - [範囲] を使用します。範囲は「何文字目から何文字分」という形で指定します。

操作手順

❶ 範囲を決めて文字列を抽出したい列（ここでは [新会員番号] 列）をクリックします。

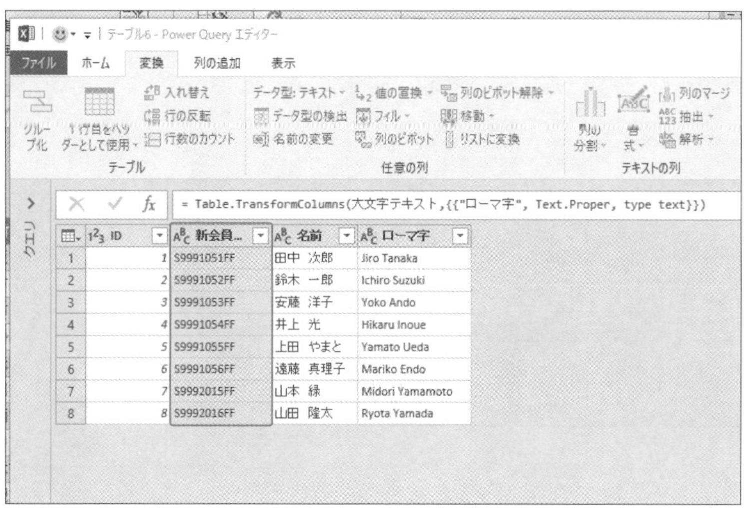

❷ [変換] - [テキストの列] - [抽出] - [範囲] をクリックします。

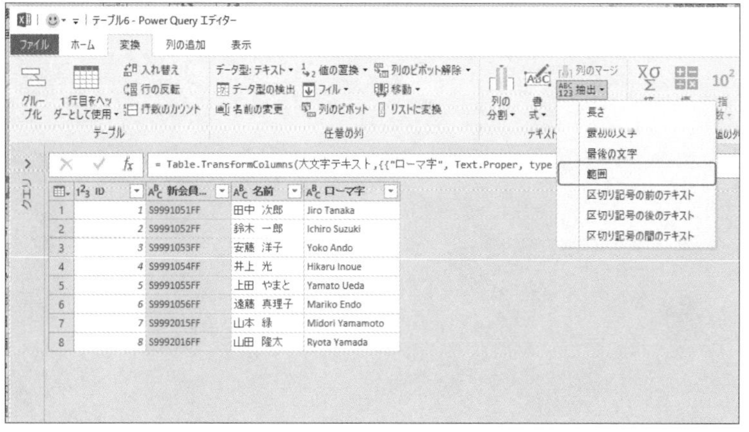

❸ [テキスト範囲を抽出する] ダイアログボックスで、[開始インデックス] [文字数] を入力し [OK] をクリックします。

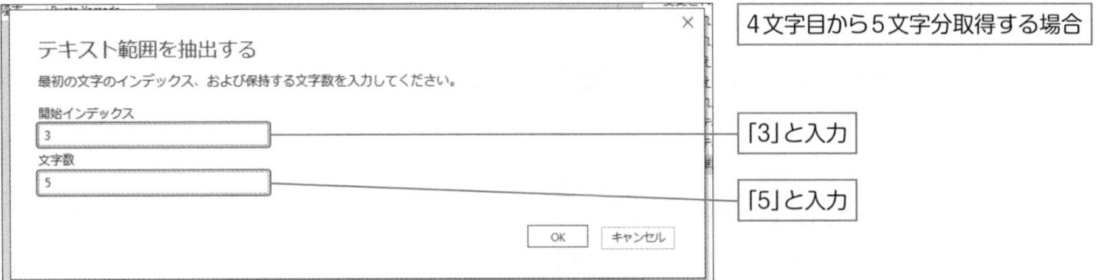

❹ [新会員番号] の前から4文字目以降の5文字分のデータが表示されました。

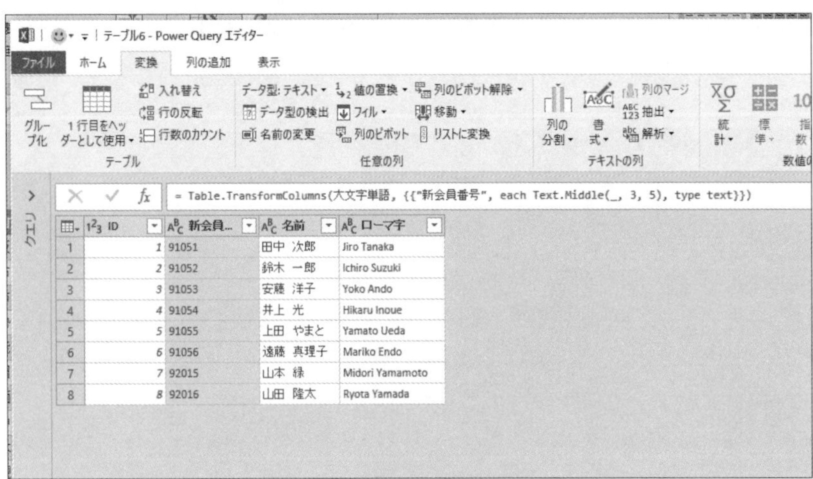

Section
5-14

区切り文字より前のデータを抽出する

メニュー　[変換] - [テキストの列] - [抽出] - [区切り記号の前のテキスト]

M言語　Text.BeforeDelimiter

データに区切り文字が入っている場合には、その区切り文字を境にして文字を抽出することができます。例えば最初の半角スペースより前の文字を抽出したい場合、次のように操作します。

操作手順

❶ 区切り文字より前のデータを抽出したい列（ここでは [半角スペース] 列）をクリックします。

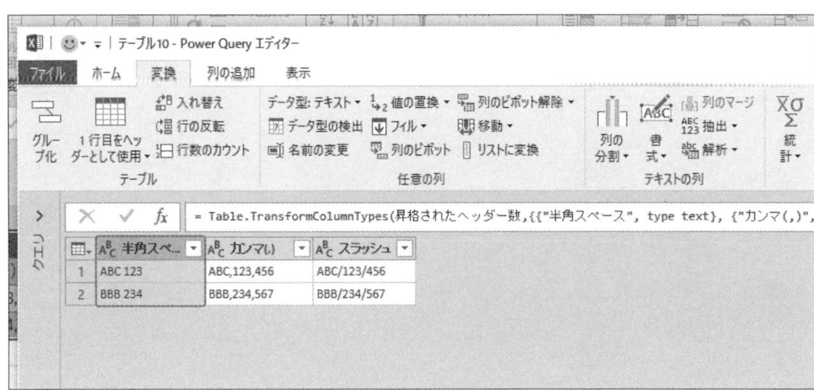

❷ [変換] - [テキストの列] - [抽出] - [区切り記号の前のテキスト] をクリックします。

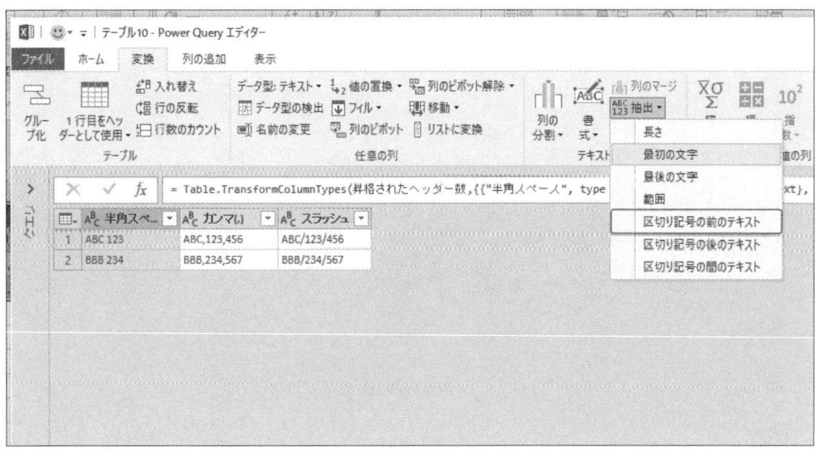

❸ [区切り記号の前のテキスト] ダイアログボックスで [区切り記号] を入力し (ここでは半角スペースを入力)、[OK] をクリックします。

❹ 半角スペースより前にある文字列が抽出され表示されました。

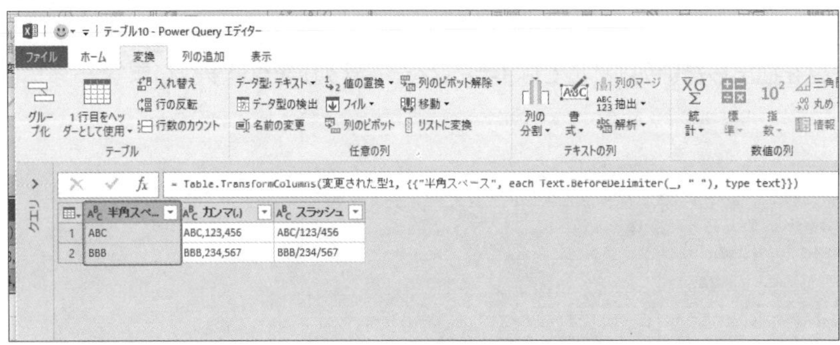

Section
5-15
区切り文字以降のデータを抽出する

メニュー	[変換] - [テキストの列] - [抽出] - [区切り記号の後のテキスト]
M言語	Text.AfterDelimiter

データに区切り文字が入っている場合には、その区切り文字を境にして文字を抽出することができます。例えば「,」(カンマ)の後の文字を抽出したい場合、次のように操作します。

操作手順

❶ 区切り文字以降のデータを抽出したい列(ここでは[カンマ(,)]列)をクリックします。

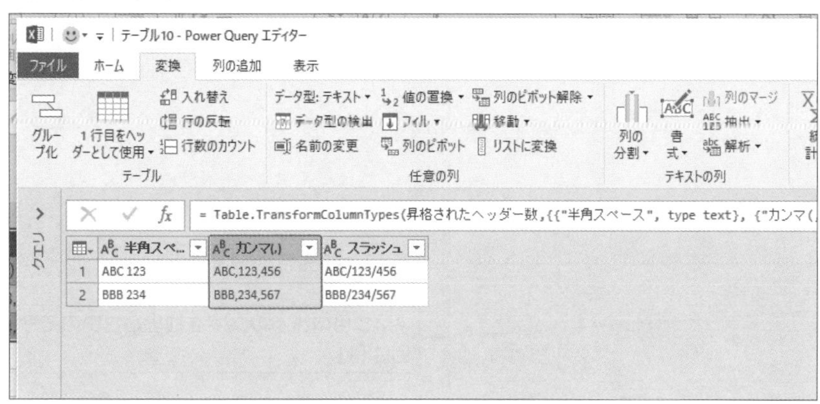

❷ [変換] - [テキストの列] - [抽出] - [区切り記号の後のテキスト]をクリックします。

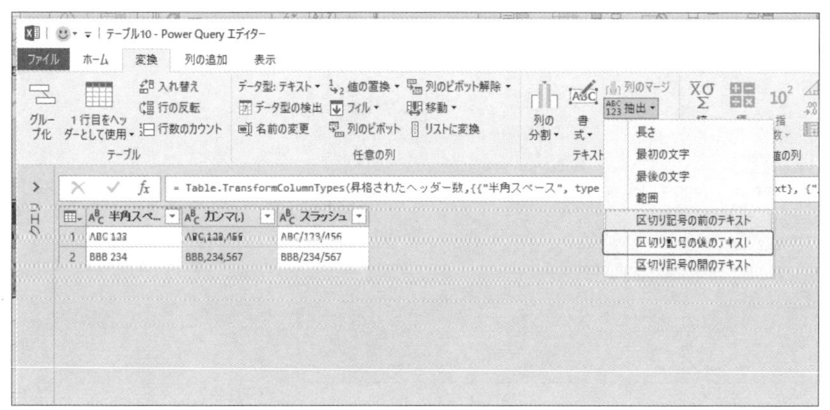

❸［区切り記号の後のテキスト］ダイアログボックスで、［区切り記号］に「,」（カンマ）を入力します。また、今回のデータ内には2つの「,」が存在するため、どちらの「,」で区切るかを指定しなければなりません。そのためには［区切り記号の後のテキスト］ダイアログボックスで、［詳細設定オプション］をクリックして設定します。

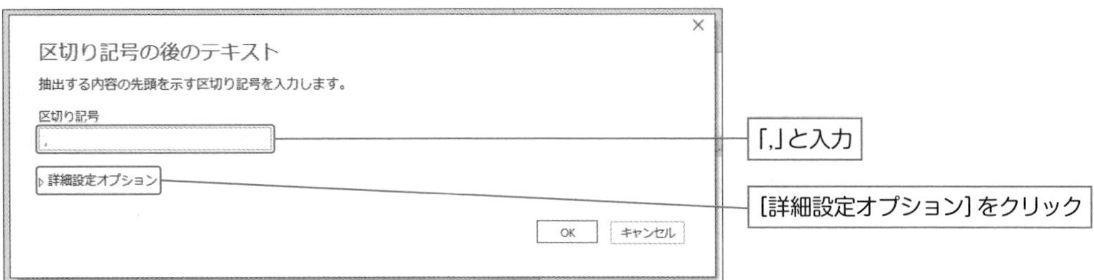

❹今回は2つ目の「,」の後ろを抽出したいので、［区切り記号のスキャン］で「入力の先頭から」を選択し、［スキップする区切り記号の数］に「1」と入力して、［OK］をクリックします。

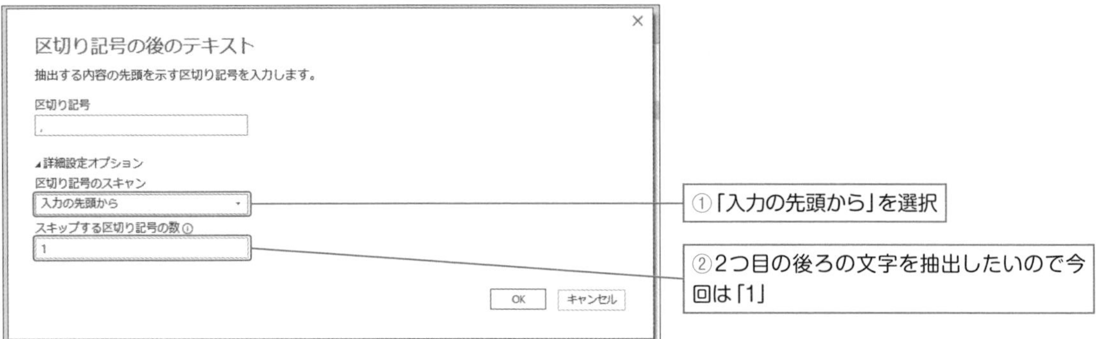

❺2つ目の「,」（カンマ）の後ろにある文字列が抽出され表示されました。

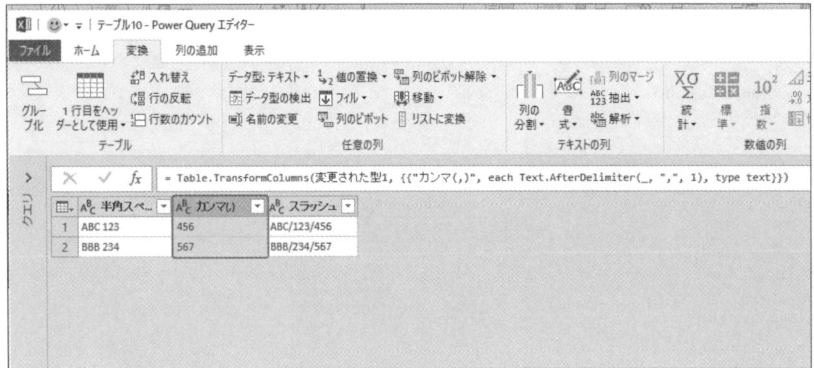

Section
5-16

区切り文字と区切り文字の間のデータを抽出する

メニュー	[変換] - [テキストの列] - [抽出] - [区切り記号の間のテキスト]
M言語	Text.BetweenDelimiter

　データに区切り文字が入っている場合には、その区切り文字を境にして文字を抽出することができます。例えば「/」(スラッシュ) と「/」の間の文字を抽出したい場合、次のように操作します。

操作手順

❶ 区切り文字と区切り文字の間のデータを抽出したい列 (ここでは [スラッシュ] 列) をクリックします。

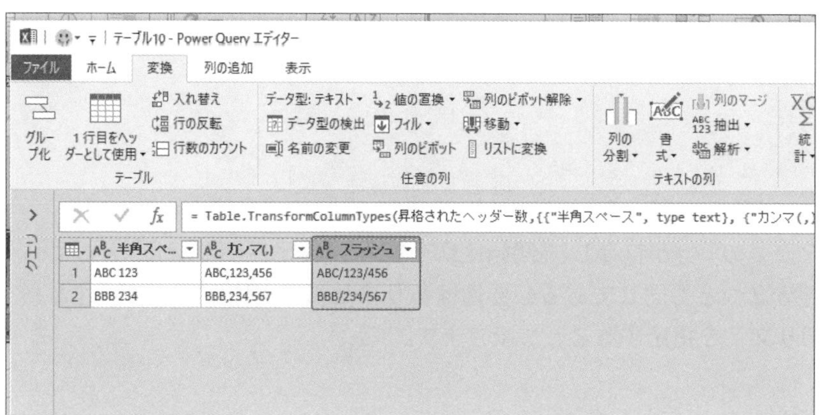

❷ [変換] - [テキストの列] - [抽出] - [区切り記号の間のテキスト] をクリックします。

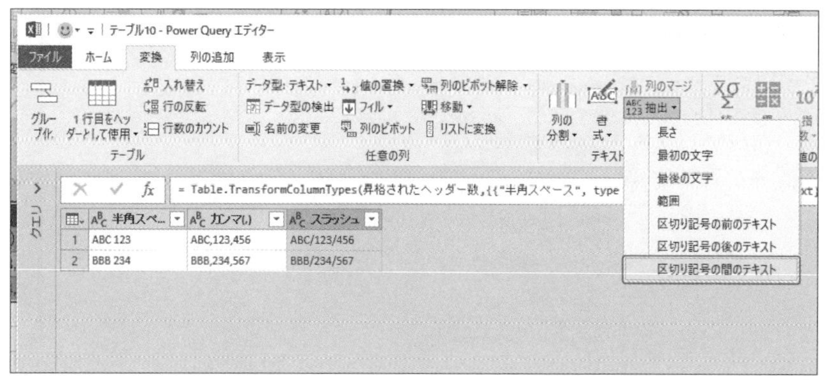

❸ [区切り記号の間のテキスト] ダイアログボックスで、[開始区切り記号] に「/」、[終了区切り記号] に「/」と入力して、[OK] をクリックします。

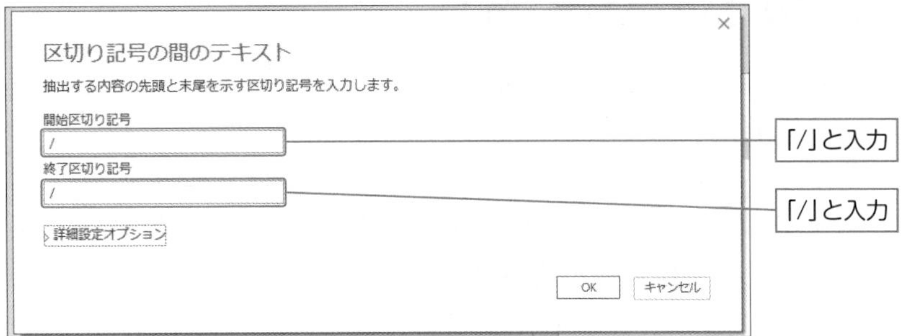

❹ 2つの区切り文字間にある文字列が抽出され表示されました。

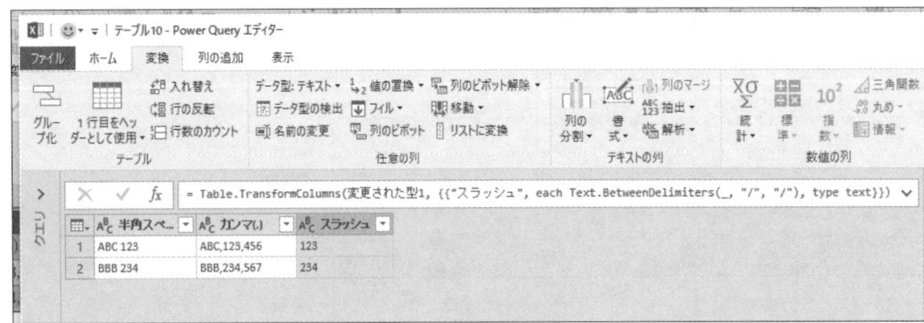

なお、今回はデータ内に2つの「/」が存在し、[開始区切り記号] [終了区切り記号] ともに「/」にしましたが、区切り文字が2つとも同じである必要性はありません。[開始区切り記号] と [終了区切り記号] に別の区切り文字を指定することもできます。

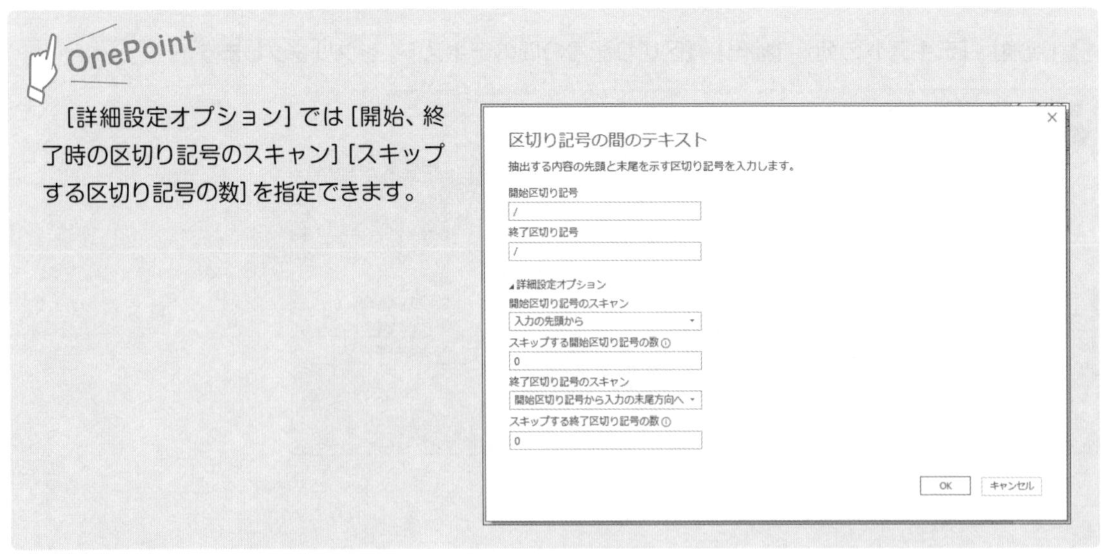

OnePoint

[詳細設定オプション] では [開始、終了時の区切り記号のスキャン] [スキップする区切り記号の数] を指定できます。

Section
5-17
Excelのセル結合を解除して1行1データに整形する

メニュー	[変換] - [任意の列] - [フィル]
M言語	Table.FillDown

　セル結合されたデータをデータベース形式（1行1データの形式）に整形し直すのは、Excelで手作業でやろうとすると割とやっかいな作業です。しかし、Power Queryを使用すれば1ステップで整形できてしまいます。

操作手順

❶ Excelでデータを開き、変換したいデータのセルを選択し、[データ] - [データの取得と変換] - [テーブルまたは範囲から] をクリックします。

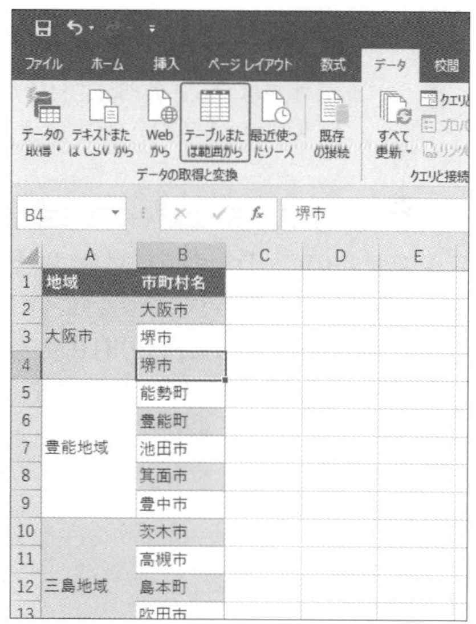

❷ [テーブルの作成] ダイアログボックスでデータ範囲を確認し、[OK] をクリックします。

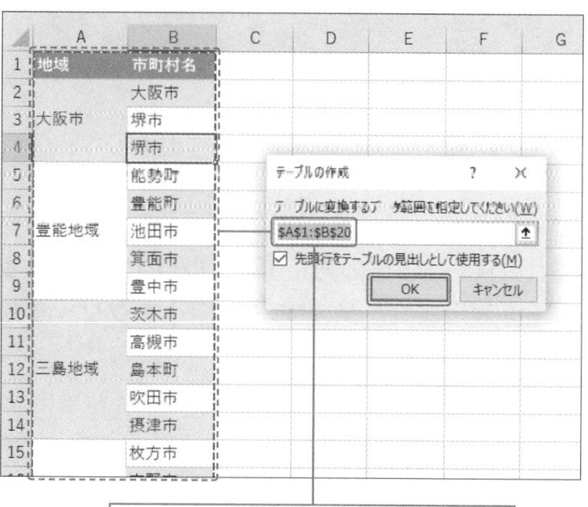

データ範囲を確認し、[OK] をクリック

❸ Power Queryエディターにおいては、セル結合されたデータは最上部の行にデータが格納され、それ以外の行には「null」(空白)として表示されます。

「null」(空白)のままではデータベース形式として使用不可

本来は「null」の部分には上の行のデータが入力される

❹「null」(空白)のままではデータベース形式として使用できませんので、「null」の部分には上の行のデータ(例えば「大阪市」の下の行には「大阪市」)を入れます。そのために「null」の入っている列(ここでは[地域])をクリックします。

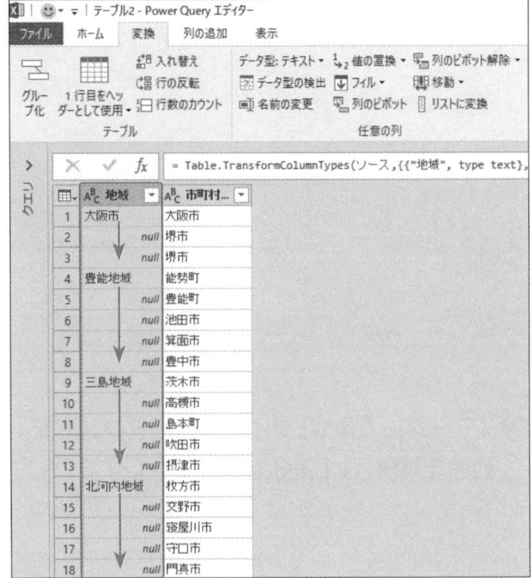

❺ [変換] - [任意の列] - [フィル] の▼をクリックし、表示されたメニューの [下] をクリックします。

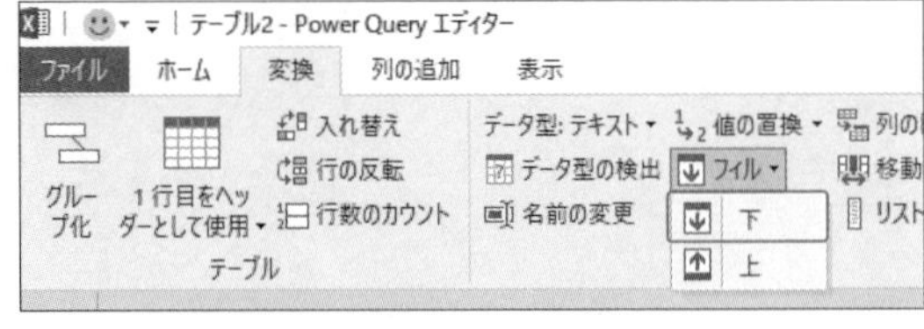

❻「null」上のデータが「null」にコピーされました。

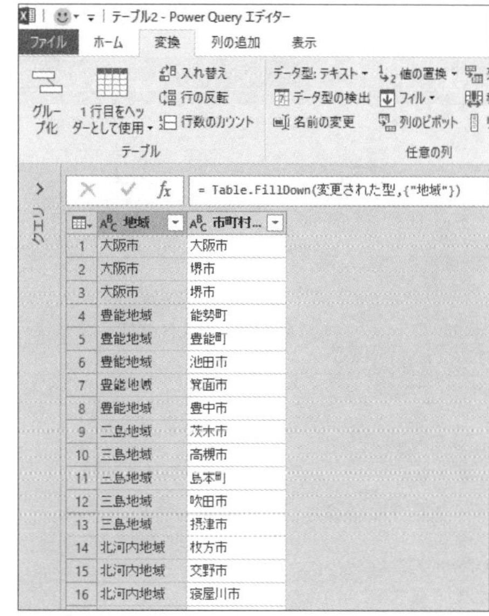

❼［ホーム］-［閉じる］-［閉じて読み込む］をクリックしてPower Queryエディターを閉じます。

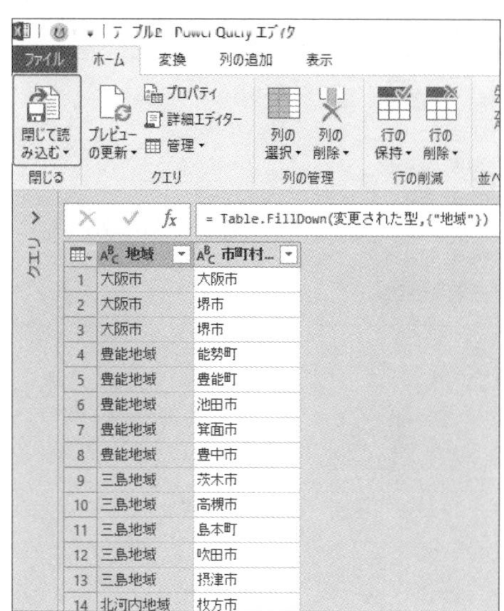

❽ Excelに読み込まれたデータではセル結合が解除され、データベース形式に変化しています。

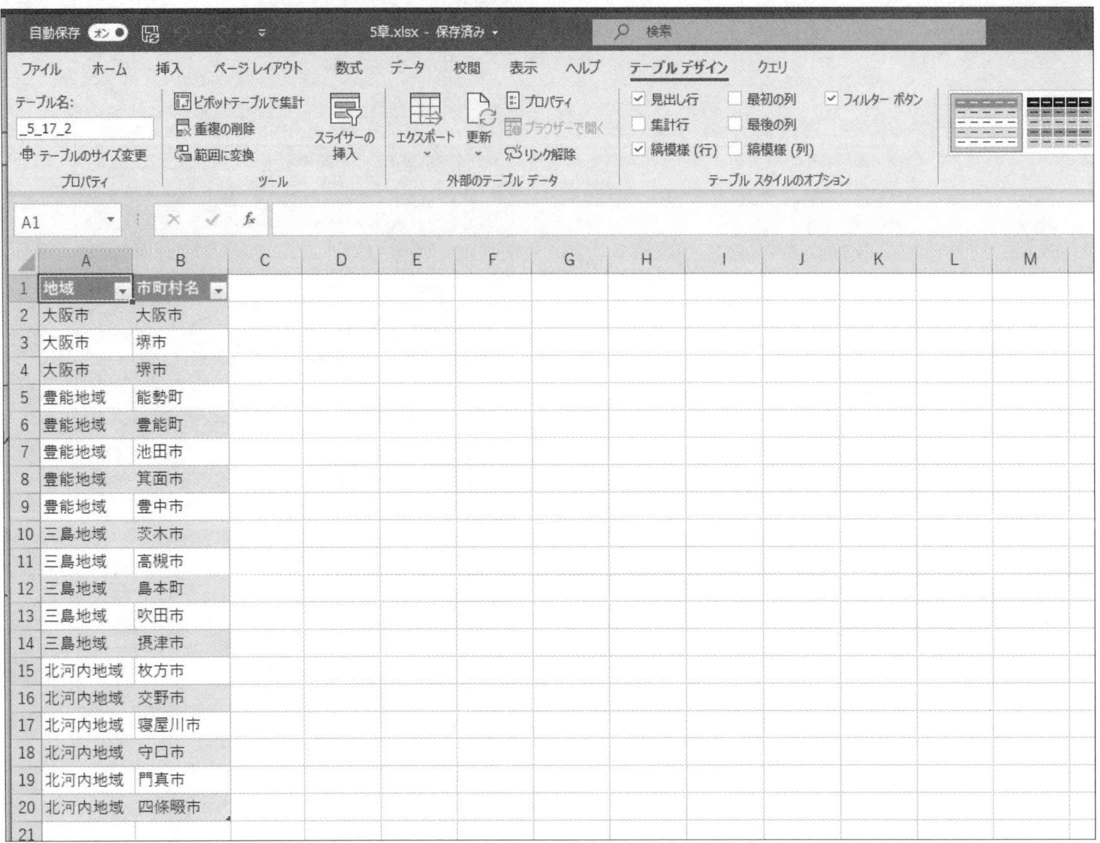

地域	市町村名
大阪市	大阪市
大阪市	堺市
大阪市	堺市
豊能地域	能勢町
豊能地域	豊能町
豊能地域	池田市
豊能地域	箕面市
豊能地域	豊中市
三島地域	茨木市
三島地域	高槻市
三島地域	島本町
三島地域	吹田市
三島地域	摂津市
北河内地域	枚方市
北河内地域	交野市
北河内地域	寝屋川市
北河内地域	守口市
北河内地域	門真市
北河内地域	四條畷市

第6章

計算の基本

Excel Power Query

Section
6-1 空白を含むデータを扱う

メニュー	[データ] - [データの取得と変換] - [テーブルまたは範囲から]
M言語	-

数値が入力されたデータにおいて、空白が混在する場合があります。例えば、次のようなデータです。

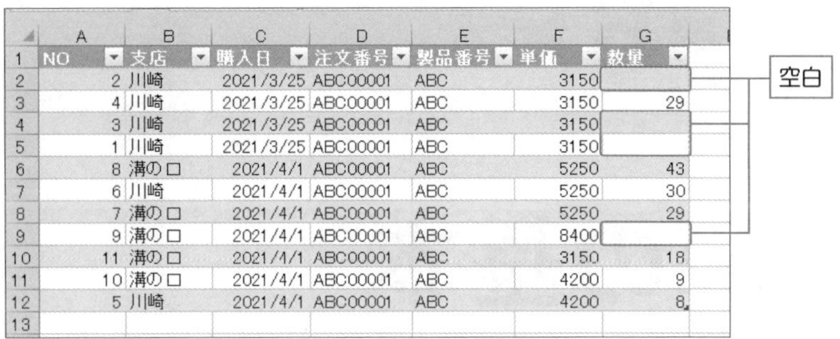

	NO	支店	購入日	注文番号	製品番号	単価	数量
2	2	川崎	2021/3/25	ABC00001	ABC	3150	
3	4	川崎	2021/3/25	ABC00001	ABC	3150	29
4	3	川崎	2021/3/25	ABC00001	ABC	3150	
5	1	川崎	2021/3/25	ABC00001	ABC	3150	
6	8	溝の口	2021/4/1	ABC00001	ABC	5250	43
7	6	川崎	2021/4/1	ABC00001	ABC	5250	30
8	7	溝の口	2021/4/1	ABC00001	ABC	5250	29
9	9	溝の口	2021/4/1	ABC00001	ABC	8400	
10	11	溝の口	2021/4/1	ABC00001	ABC	3150	18
11	10	溝の口	2021/4/1	ABC00001	ABC	4200	9
12	5	川崎	2021/4/1	ABC00001	ABC	4200	8

[数量]列に空白が混在しています。これをPower Queryエディターに取り込むとどうなるでしょうか。

[データ]-[データの取得と変換]-[テーブルまたは範囲から]でこのデータを取り込むと、Power Queryエディターでは次のように表示されます。

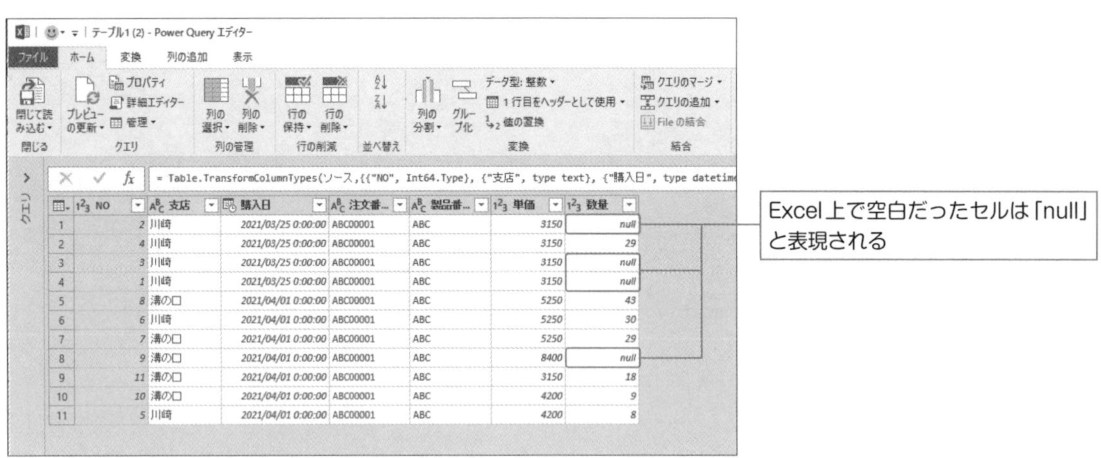

	NO	支店	購入日	注文番...	製品番...	単価	数量
1	2	川崎	2021/03/25 0:00:00	ABC00001	ABC	3150	null
2	4	川崎	2021/03/25 0:00:00	ABC00001	ABC	3150	29
3	3	川崎	2021/03/25 0:00:00	ABC00001	ABC	3150	null
4	1	川崎	2021/03/25 0:00:00	ABC00001	ABC	3150	null
5	8	溝の口	2021/04/01 0:00:00	ABC00001	ABC	5250	43
6	6	川崎	2021/04/01 0:00:00	ABC00001	ABC	5250	30
7	7	溝の口	2021/04/01 0:00:00	ABC00001	ABC	5250	29
8	9	溝の口	2021/04/01 0:00:00	ABC00001	ABC	8400	null
9	11	溝の口	2021/04/01 0:00:00	ABC00001	ABC	3150	18
10	10	溝の口	2021/04/01 0:00:00	ABC00001	ABC	4200	9
11	5	川崎	2021/04/01 0:00:00	ABC00001	ABC	4200	8

このように、Excel上で空白だったセルは、Power Queryエディターでは「null」と表現されますので覚えておきましょう。

Section
6-2

2つの列の数値データから計算する

メニュー	[列の追加] - [数値から] - [標準]
M言語	Table.AddColumn

数値が入力された2つの列を組みあわせて計算したい場合、[列の追加] - [数値から] - [標準]を使用します。四則演算の他、パーセンテージの計算も可能です。

実際に試してみましょう。例えば、次のようなデータがあるとします。

ここで、[単価]列と[数量]列のデータから売上金額を計算してみましょう。

操作手順

❶計算対象となる列の一方（ここでは[単価]列）を選択します。

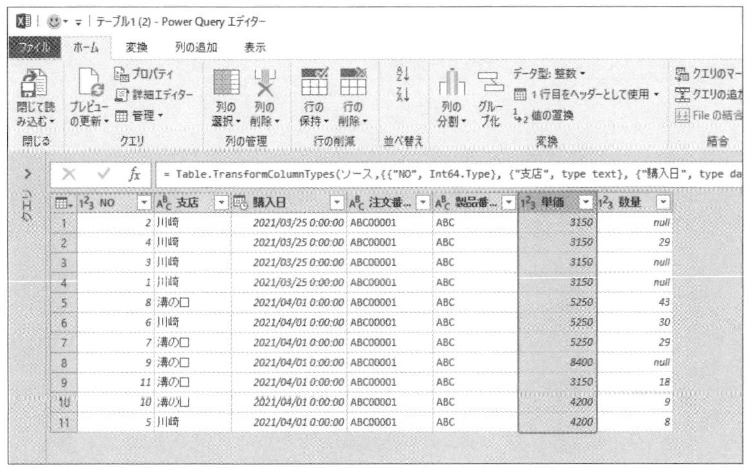

❷計算対象となる列のもう一方（ここでは［数量］列）を、［Ctrl］キーを押しながらクリックします。

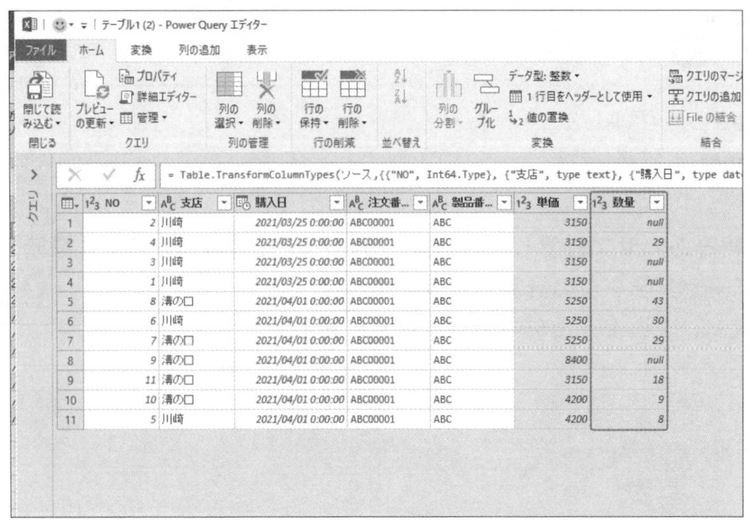

❸［列の追加］-［数値から］-［標準］の▼をクリックし、表示されたメニューから実行したい計算の種類（ここでは［乗算］）をクリックします。

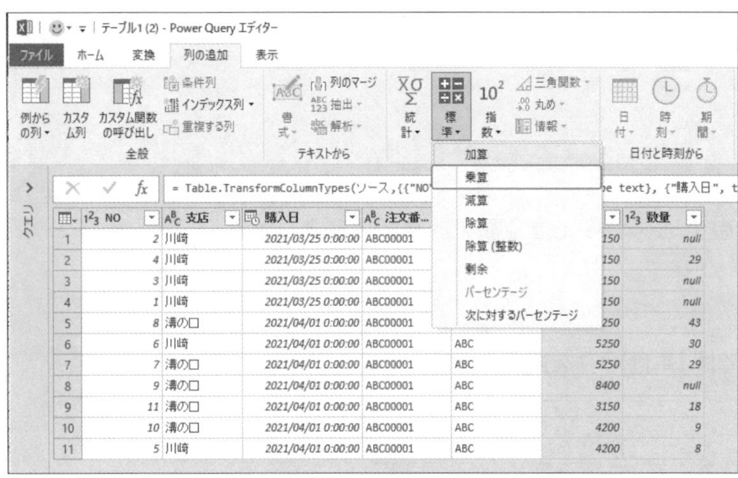

❹ [乗算] 列が追加され、[単価] 列と [数量] 列の計算結果が表示されます。

なお、この結果を見て分かるように、データ内に「null」値が存在している場合、計算結果にも「null」が表示されてしまいます。乗算だからというわけではなく、加算でも減算でも同じ結果となります。

OnePoint

自分以外のユーザーも何を行っているか後から確認ができるように、ステップには分かりやすい名前を設定しておきましょう。

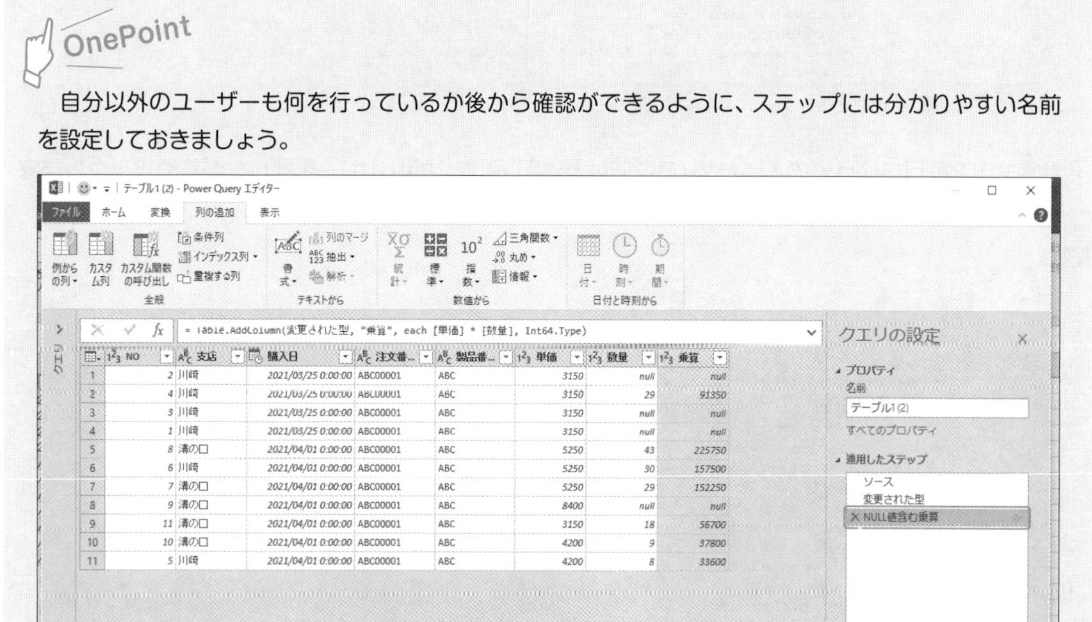

Section

6-3 計算の順番を指定する

メニュー	[列の追加] - [数値から] - [標準]
M言語	Table.AddColumn

2つの列を組みあわせて計算する場合には[列の追加] -[数値から] -[標準]を使用すると6-2で説明しました。その際には、クリックした列の順番で数式が作成されることに注意が必要です。実際にやってみましょう。

操作手順

❶計算式で最初に使う値の入った列（ここでは［数量］列）を選択します。

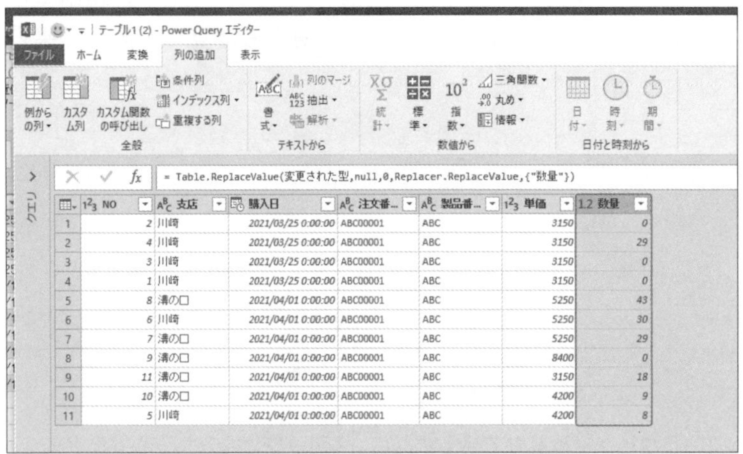

❷計算式で2番目に使う値の入った列（ここでは[単価]列）を、[Ctrl]キーを押しながらクリックします。

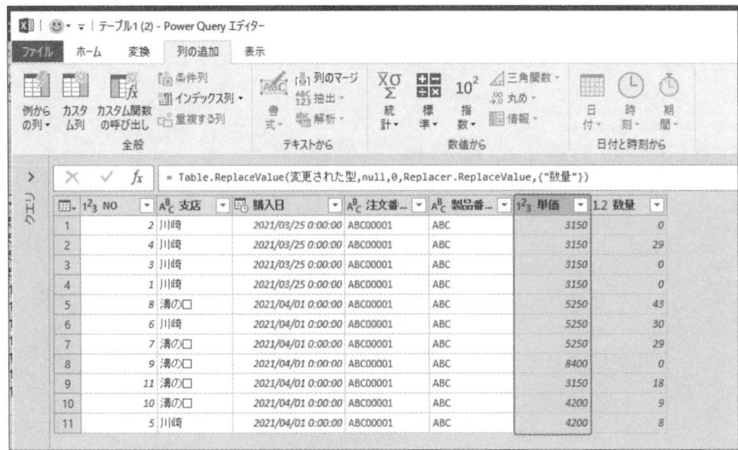

❸ [列の追加] - [数値から] - [標準] の▼をクリックし、表示されたメニューの [除算] をクリックします。

❹ [数量] ÷ [単価] の計算結果が表示されます。

クリックした列の順番1.数量、2.単価で数式が作成される

Section

6-4 「null」値を「0」に置換する

メニュー	[変換] - [任意の列] - [値の置換]
M言語	Table.ReplaceValue

6-2で説明したように、データ内に「null」値が存在している場合、計算結果にも「null」が表示されてしまいます。例えば次のような場合です。

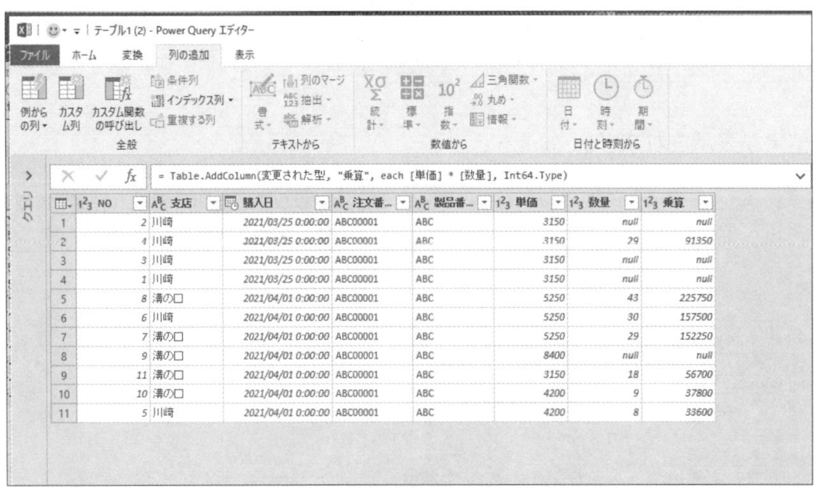

	NO	支店	購入日	注文番...	製品番...	単価	数量	乗算
1	2	川崎	2021/03/25 0:00:00	ABC00001	ABC	3150	null	null
2	4	川崎	2021/03/25 0:00:00	ABC00001	ABC	3150	29	91350
3	3	川崎	2021/03/25 0:00:00	ABC00001	ABC	3150	null	null
4	1	川崎	2021/03/25 0:00:00	ABC00001	ABC	3150	null	null
5	8	溝の口	2021/04/01 0:00:00	ABC00001	ABC	5250	43	225750
6	6	川崎	2021/04/01 0:00:00	ABC00001	ABC	5250	30	157500
7	7	溝の口	2021/04/01 0:00:00	ABC00001	ABC	5250	29	152250
8	9	溝の口	2021/04/01 0:00:00	ABC00001	ABC	8400	null	null
9	11	溝の口	2021/04/01 0:00:00	ABC00001	ABC	3150	18	56700
10	10	溝の口	2021/04/01 0:00:00	ABC00001	ABC	4200	9	37800
11	5	川崎	2021/04/01 0:00:00	ABC00001	ABC	4200	8	33600

計算結果に「null」を表示したくない

［数量］列に「null」の値が入っているため、新たに作成した［乗算］列にも「null」の値が表示されてしまっています。

これを防ぐには、計算に使用する列に存在する「null」を加工する必要あります。ここでは、「null」を「0」に置換してみましょう。

操作手順

❶ [数量] 列をクリックします。

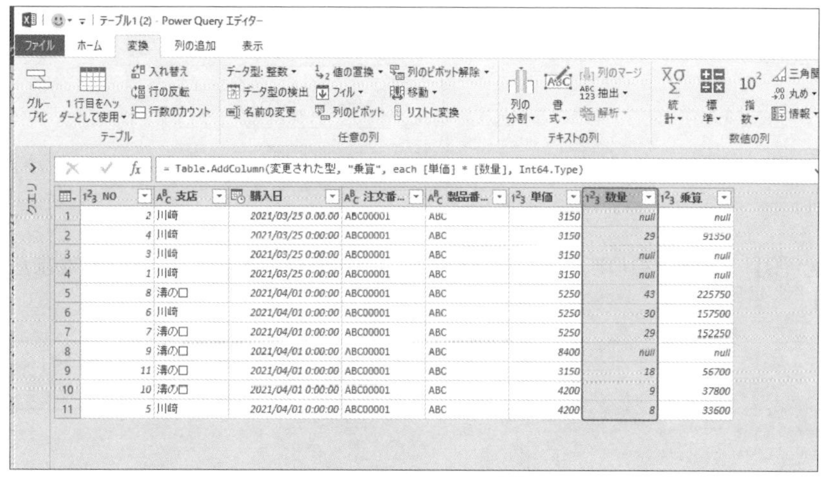

❷ [変換] - [任意の列] - [値の置換] の▼をクリックし、表示されたメニューの [値の置換] をクリックします。

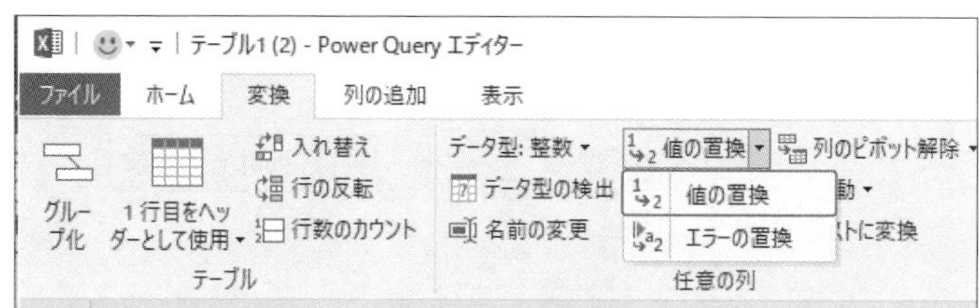

❸ [値の置換] ダイアログボックスが表示されます。

値の置換

選択された列で値を別の値に置き換えます。

検索する値

置換後

OK　キャンセル

❹ 検索する値に「null」、置換後に「0」と入力し、[OK] をクリックします。

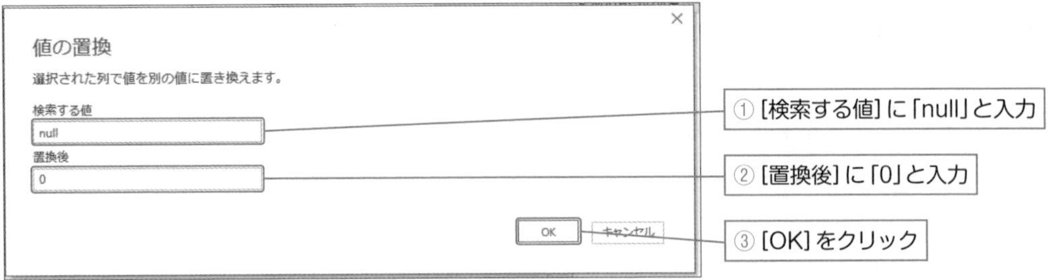

❺ [数量] 列の「null」の値が「0」に置き換わりました。ただし、この時点では [乗算] 列の「null」はまだそのままとなっています。

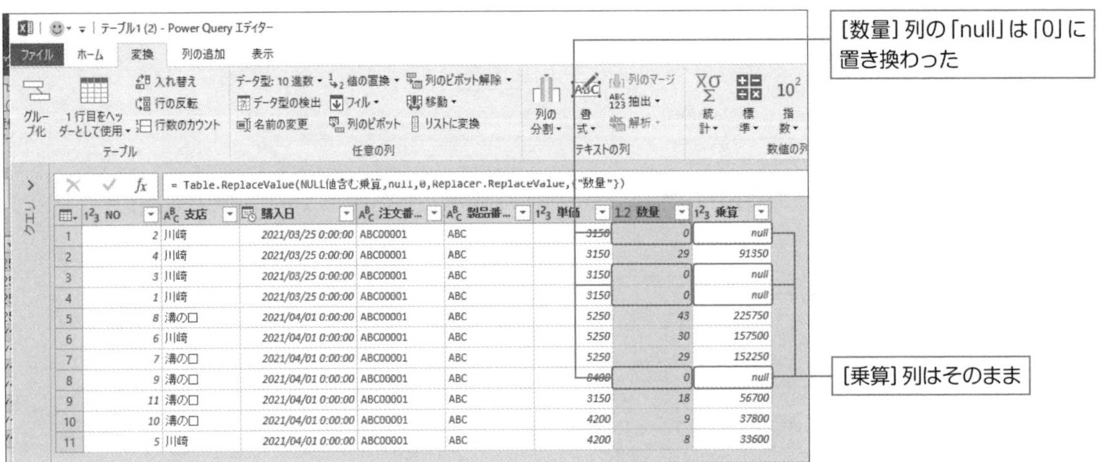

❻ [乗算] 列の「null」が変更にならない原因はステップの順序にあります。

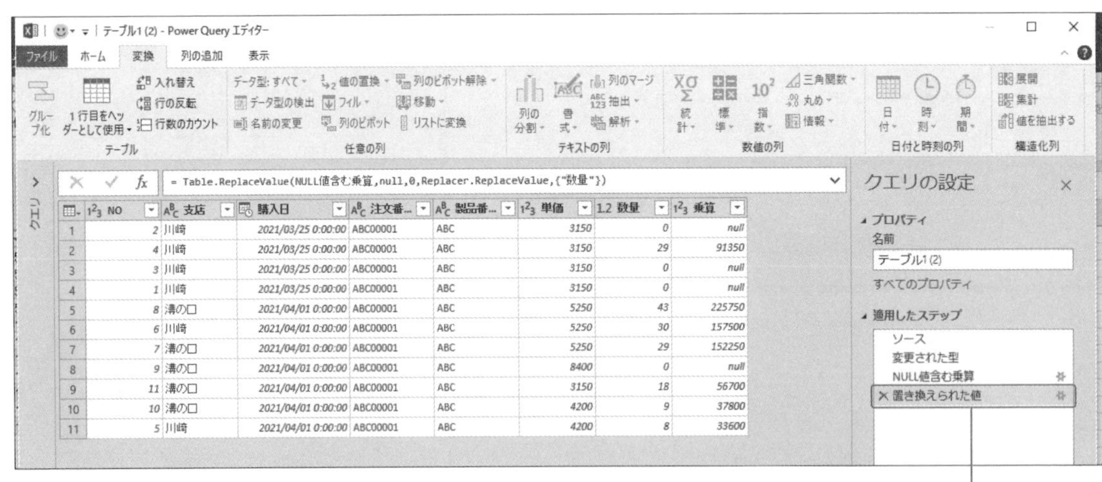

❼「置き換えられた値」ステップをドラッグ＆ドロップして「NULL値を含む乗算」ステップより前に移動します。

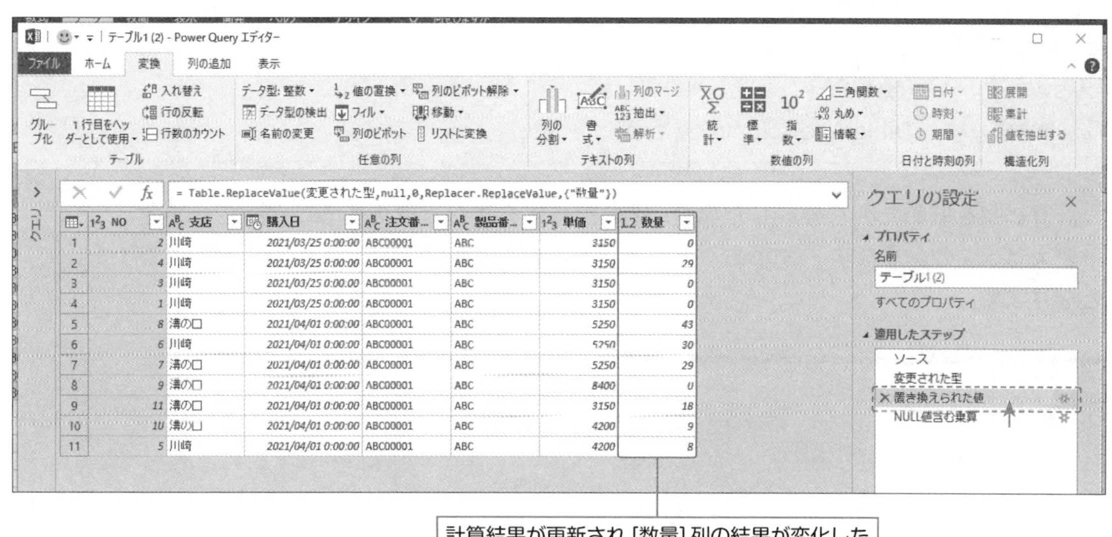

もちろん、「null」の値を「0」に置き換えた後に乗算を行った場合は、❻以降のステップの順序の変更は必要ありません。

Section
6-5 計算式をカスタマイズする

メニュー	[数式バー]
M言語	Table.AddColumn

計算結果を収めた列を作成した場合、その計算式を後から変更することができます。

例えば、次のようなデータがあるとします。この[乗算]列は、[単価]×[数量]で作成した列となります。

このとき、[乗算]列の計算式を変更して、[単価]×[数量]に消費税(10%)の計算を追加してみましょう。

操作手順

❶ [乗算]列を作成したステップをクリックします。

❷［数式バー］内をクリックし、［単価］*［数量］の後ろにカーソルを移動して「*1.1」と入力し、数式を確定します。

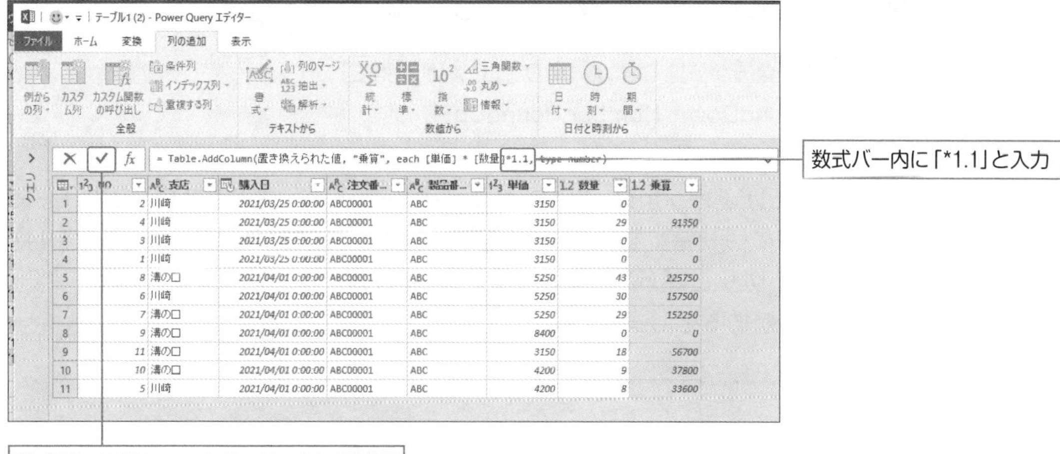

❸［乗算］列の値が［単価］×［数量］に消費税をかけた結果となりました。

Section
6-6

小数点以下の切り捨て・切り上げを行う

メニュー	[列の追加] - [数値から] - [丸め] - [切り上げ] / [切り捨て]
M言語	Number.RoundDown/Number.RoundUp

数値の小数点以下の切り上げを行うには、[列の追加] - [数値から] - [丸め] - [切り上げ] を使用します。数値の小数点以下の切り捨てを行うには、[列の追加] - [数値から] - [丸め] - [切り捨て] を使用します。どちらも、切り上げ (切り捨て) された数値の列が追加されます。

例えば、次のようなデータがあるとします。

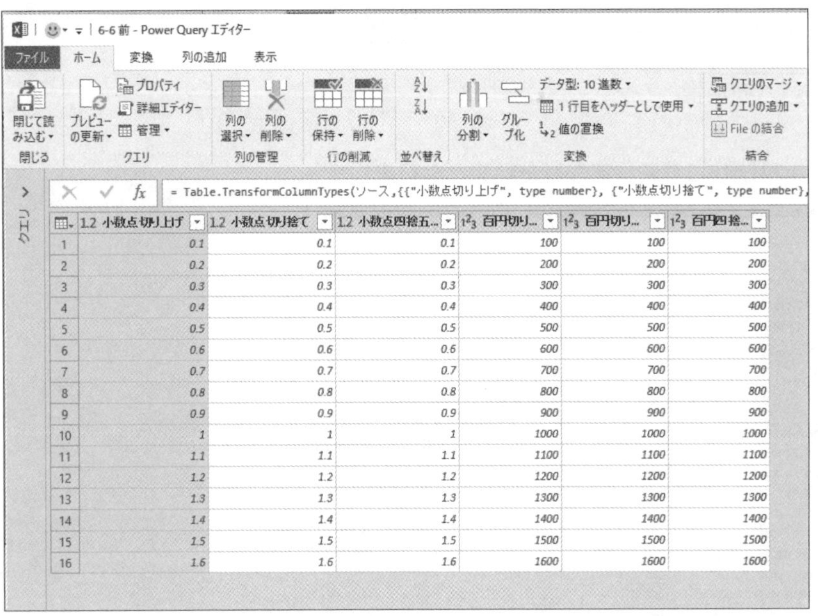

	1.2 小数点切り上げ	1.2 小数点切り捨て	1.2 小数点四捨五...	123 百円切り...	123 百円切り...	123 百円四捨...
1	0.1	0.1	0.1	100	100	100
2	0.2	0.2	0.2	200	200	200
3	0.3	0.3	0.3	300	300	300
4	0.4	0.4	0.4	400	400	400
5	0.5	0.5	0.5	500	500	500
6	0.6	0.6	0.6	600	600	600
7	0.7	0.7	0.7	700	700	700
8	0.8	0.8	0.8	800	800	800
9	0.9	0.9	0.9	900	900	900
10	1	1	1	1000	1000	1000
11	1.1	1.1	1.1	1100	1100	1100
12	1.2	1.2	1.2	1200	1200	1200
13	1.3	1.3	1.3	1300	1300	1300
14	1.4	1.4	1.4	1400	1400	1400
15	1.5	1.5	1.5	1500	1500	1500
16	1.6	1.6	1.6	1600	1600	1600

[切り上げ] [切り捨て] の2つの列には、切り上げと切り捨ての結果を比べるために同じ数値が入力されています。このそれぞれの列に切り上げ、切り捨てを行ってみましょう。

操作作手順

❶ まず切り上げを行います。切り上げを行う列（ここでは［小数点切り上げ］列）を選択します。

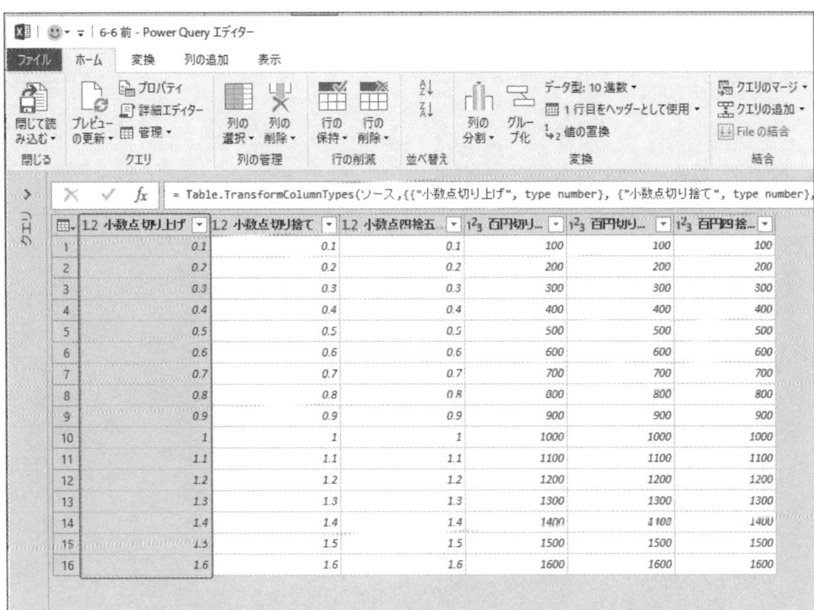

❷ ［列の追加］-［数値から］-［丸め］の▼をクリックし、表示されたメニューの［切り上げ］をクリックします。

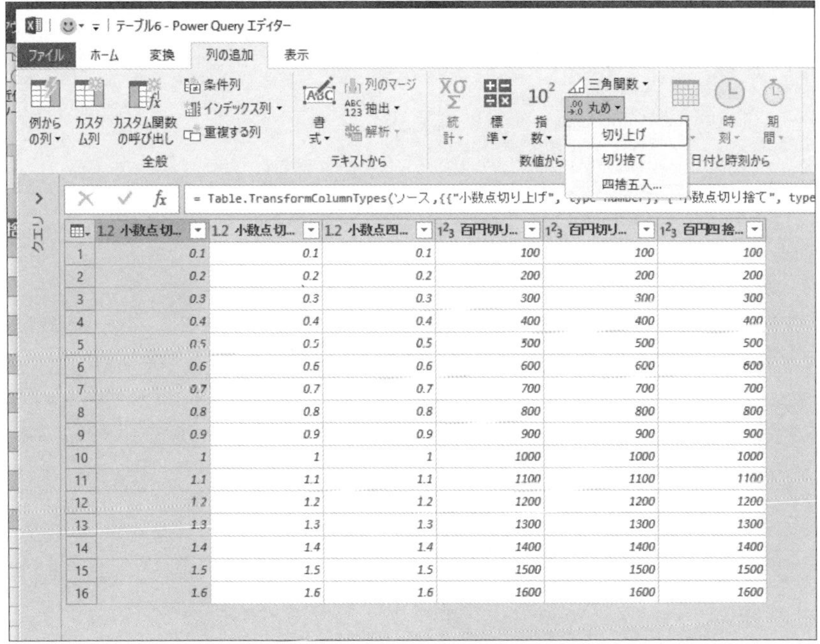

❸ 切り上げ結果の列が追加されました。結果がわかりやすいようにすぐ隣の列に結果を移動させます。

❹ 次に、切り捨てを行います。切り捨てを行いたい列（ここでは［小数点切り捨て］列）を選択します。

❺［列の追加］-［数値から］-［丸め］の▼をクリックし、表示されたメニューの［切り捨て］をクリックします。

	1.2 小数点切り上げ	1²₃ 切り上げ	1.2 小数点切り捨て	1.2 小数点四捨五...	1²₃ 百円切り...
1	0.1	1	0.1	0.1	
2	0.2	1	0.2	0.2	
3	0.3	1	0.3	0.3	
4	0.4	1	0.4	0.4	
5	0.5	1	0.5	0.5	
6	0.6	1	0.6	0.6	
7	0.7	1	0.7	0.7	
8	0.8	1	0.8	0.8	
9	0.9	1	0.9	0.9	
10	1	1	1	1	
11	1.1	2	1.1	1.1	
12	1.2	2	1.2	1.2	
13	1.3	2	1.3	1.3	
14	1.4	2	1.4	1.4	
15	1.5	2	1.5	1.5	
16	1.6	2	1.6	1.6	

❻切り捨て結果の列が追加されました。結果がわかりやすいようにすぐ隣の列に結果を移動させます。切り上げと切り捨ての結果を比較してみましょう。

Section
6-7 小数点以下を四捨五入する① 偶数丸め

メニュー	[列の追加] - [数値から] - [丸め] - [四捨五入]
M言語	Number.Round

数値の小数点以下を四捨五入する場合、[列の追加] - [数値から] - [丸め] を使用します。

ただし、Power Queryの丸め機能で行った四捨五入の結果は、Excelで行うROUND関数の結果とは少し違った結果となります。Power Queryではデフォルトの四捨五入の結果は「偶数丸め」となりますので注意してください。

操作手順

❶ 小数点以下を四捨五入したい列（ここでは [小数点四捨五入] 列）を選択します。

	1.2 小数点切...	123 切り上げ	1.2 小数点切...	123 切り捨て	1.2 小数点四...
1	0.1	1	0.1	0	0.1
2	0.2	1	0.2	0	0.2
3	0.3	1	0.3	0	0.3
4	0.4	1	0.4	0	0.4
5	0.5	1	0.5	0	0.5
6	0.6	1	0.6	0	0.6
7	0.7	1	0.7	0	0.7
8	0.8	1	0.8	0	0.8
9	0.9	1	0.9	0	0.9
10	1	1	1	1	1
11	1.1	2	1.1	1	1.1
12	1.2	2	1.2	1	1.2
13	1.3	2	1.3	1	1.3
14	1.4	2	1.4	1	1.4
15	1.5	2	1.5	1	1.5
16	1.6	2	1.6	1	1.6

❷ [列の追加] - [数値から] - [丸め] の▼をクリックし、表示されたメニューの [四捨五入...] をクリックします。

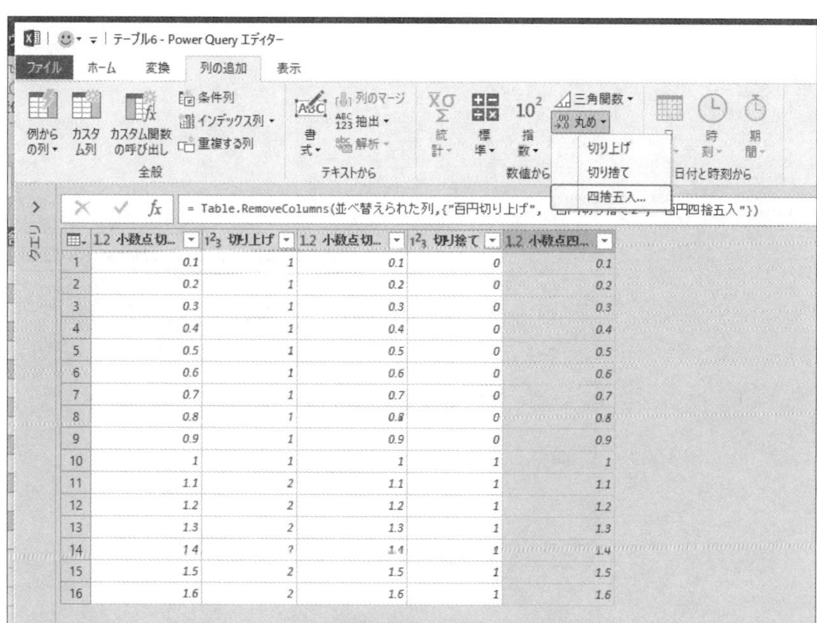

	1.2 小数点切...	1²3 切り上げ	1.2 小数点切...	1²3 切り捨て	1.2 小数点四...
1	0.1	1	0.1	0	0.1
2	0.2	1	0.2	0	0.2
3	0.3	1	0.3	0	0.3
4	0.4	1	0.4	0	0.4
5	0.5	1	0.5	0	0.5
6	0.6	1	0.6	0	0.6
7	0.7	1	0.7	0	0.7
8	0.8	1	0.8	0	0.8
9	0.9	1	0.9	0	0.9
10	1	1	1	1	1
11	1.1	2	1.1	1	1.1
12	1.2	2	1.2	1	1.2
13	1.3	2	1.3	1	1.3
14	1.4	2	1.4	1	1.4
15	1.5	2	1.5	1	1.5
16	1.6	2	1.6	1	1.6

❸ [四捨五入] ダイアログボックスが表示されるので、小数点以下の桁数に「0」と入力し、[OK] をクリックします。

四捨五入

小数点以下何桁に四捨五入するかを指定します。

小数点以下の桁数

0

OK キャンセル

❺四捨五入した数値の列が追加されます。

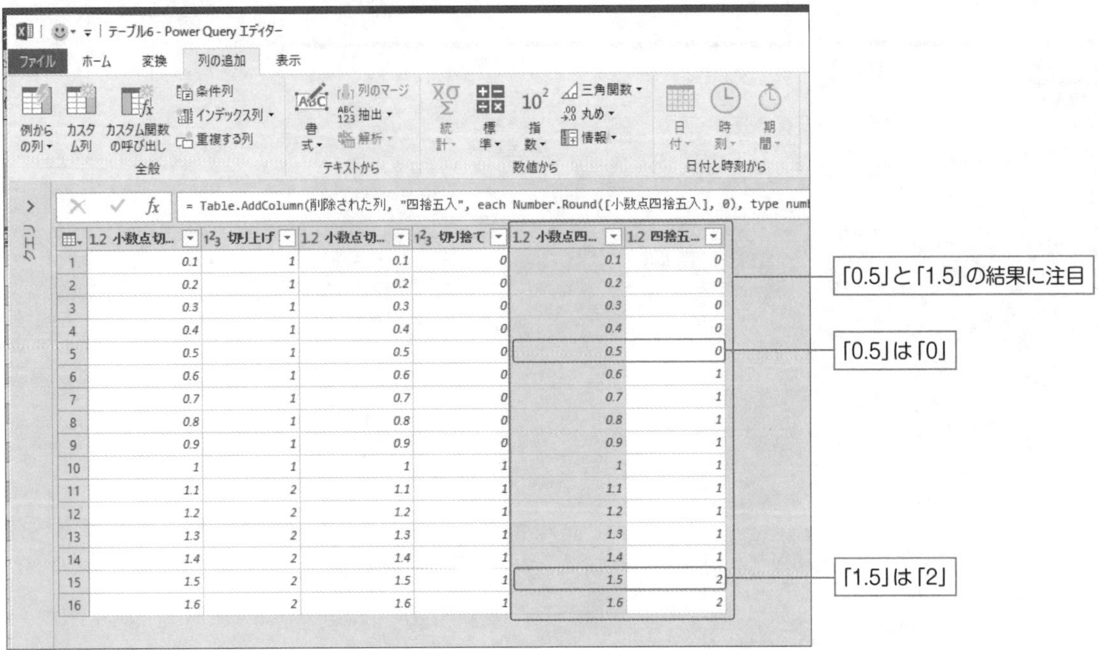

	1.2 小数点切...	1²3 切り上げ	1.2 小数点切...	1²3 切り捨て	1.2 小数点四...	1.2 四捨五...
1	0.1	1	0.1	0	0.1	0
2	0.2	1	0.2	0	0.2	0
3	0.3	1	0.3	0	0.3	0
4	0.4	1	0.4	0	0.4	0
5	0.5	1	0.5	0	0.5	0
6	0.6	1	0.6	0	0.6	1
7	0.7	1	0.7	0	0.7	1
8	0.8	1	0.8	0	0.8	1
9	0.9	1	0.9	0	0.9	1
10	1	1	1	1	1	1
11	1.1	2	1.1	1	1.1	1
12	1.2	2	1.2	1	1.2	1
13	1.3	2	1.3	1	1.3	1
14	1.4	2	1.4	1	1.4	1
15	1.5	2	1.5	1	1.5	2
16	1.6	2	1.6	1	1.6	2

Section
6-8 小数点以下を四捨五入する② ExcelのROUND関数と同等の計算

メニュー　[列の追加] - [数値から] - [丸め] - [四捨五入]

M言語　Number.Round

6-7ではPower Queryの丸め機能で行った四捨五入について説明しましたが、偶数丸めではなくExcelのROUND関数と同様の結果で四捨五入を行うためには、関数の引数設定を変更します。

操作手順

❶ いったん6-7の手順で四捨五入を行います。

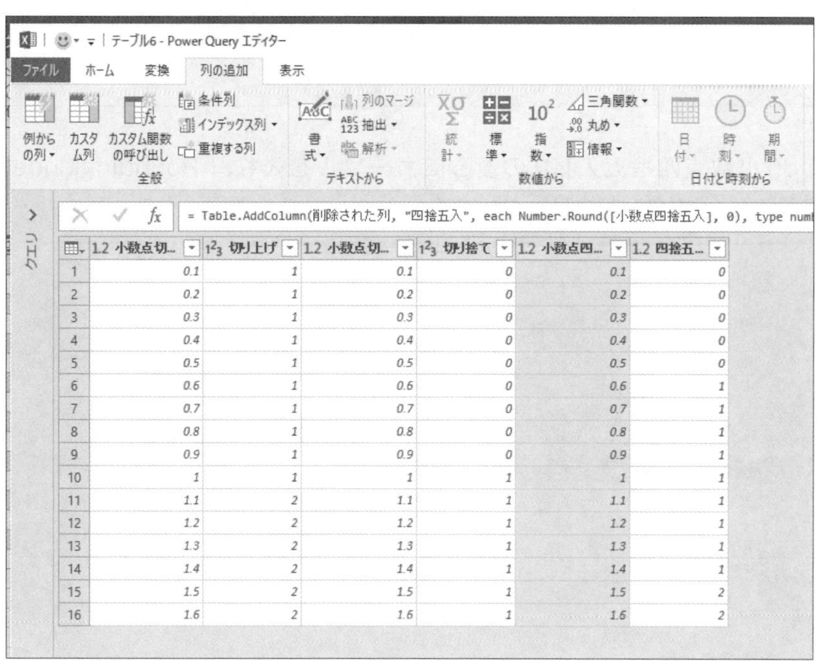

❷ [四捨五入 ...] を行ったステップをクリックし、[数式バー] を確認します。

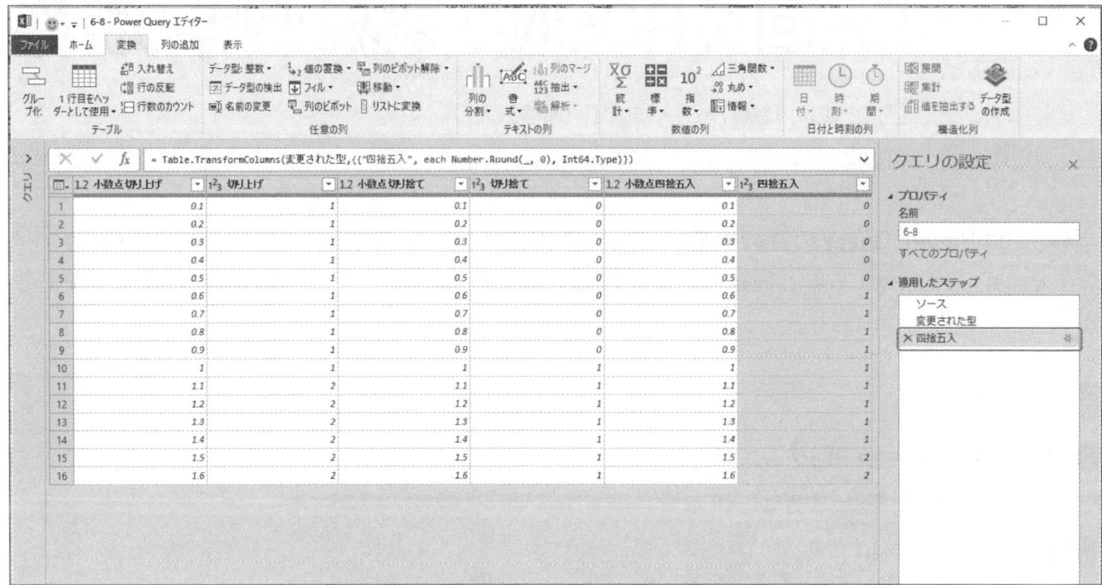

❸ 数式の「Number.Round([小数点四捨五入],0」の後ろにカーソルを入れ、「,RoundingMode.AwayFromZero」を追加して、☑ボタンをクリックします。

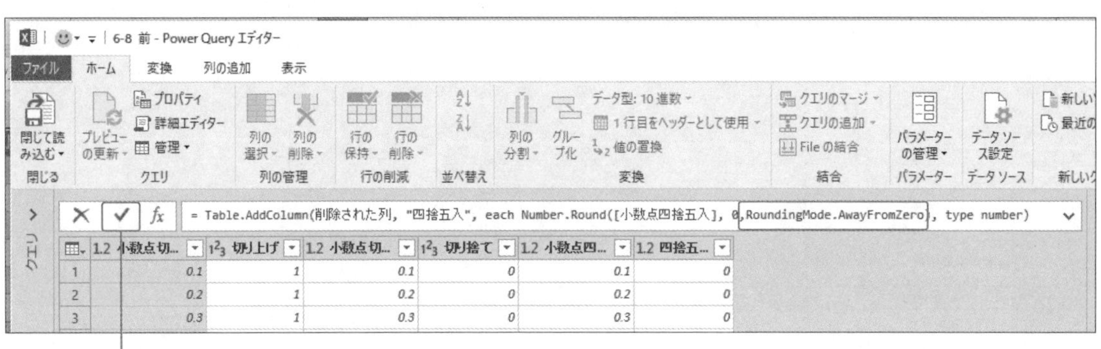

❹結果が表示され、ExcelのROUND関数と同じ形式の四捨五入の結果となります。

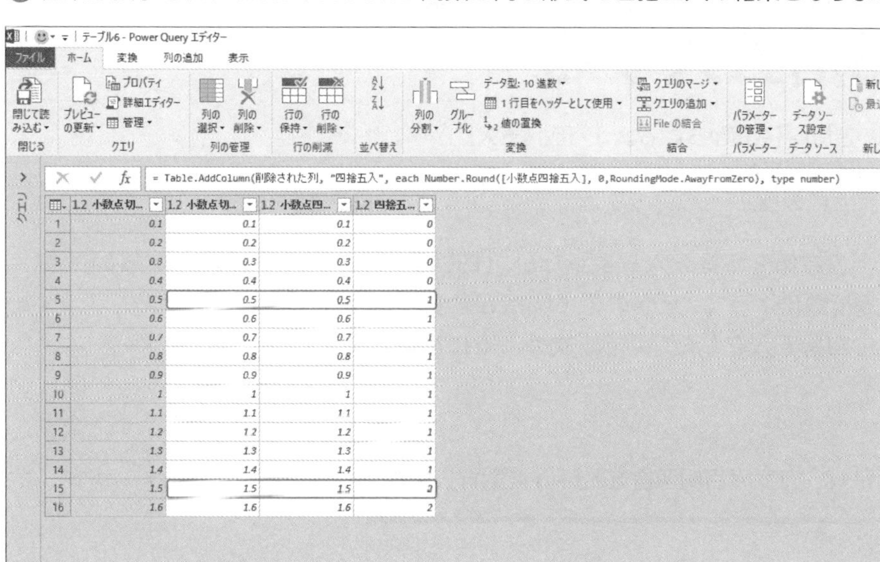

関数の引数設定を変更すれば、さまざまな形式の四捨五入が可能です。

偶数丸め（デフォルト）	RoundingMode.ToEven
0と反対	RoundingAwayFromZero
0方向	RoundingMode.TowardZero
小さい数	RoundingMode.Down
大きい数	RoundingMode.UP

Section
6-9
指定した桁で数値を四捨五入する

メニュー	[列の追加] - [数値から] - [丸め] - [四捨五入]
M言語	Number.Round

6-7では小数点以下の数値を四捨五入しましたが、[四捨五入]ダイアログボックスの[小数点以下の桁数]に入れる桁数によって、任意の桁で四捨五入することも可能です。

例えば、百円単位で四捨五入をしたい場合、次のように操作します。

操作手順

❶四捨五入をしたい列(ここでは[百円四捨五入]列)を選択します。

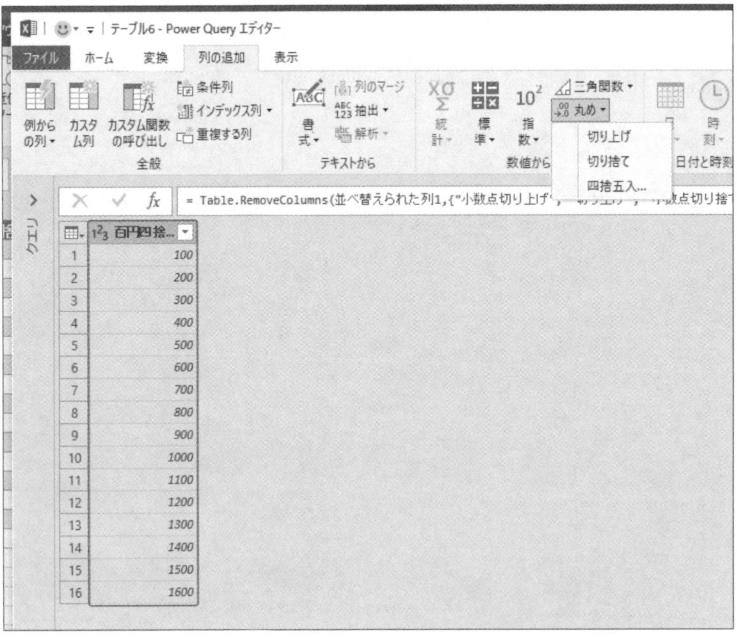

❷ [列の追加] - [数値から] - [丸め] の▼をクリックし、表示されたメニューの [四捨五入...] をクリックします。

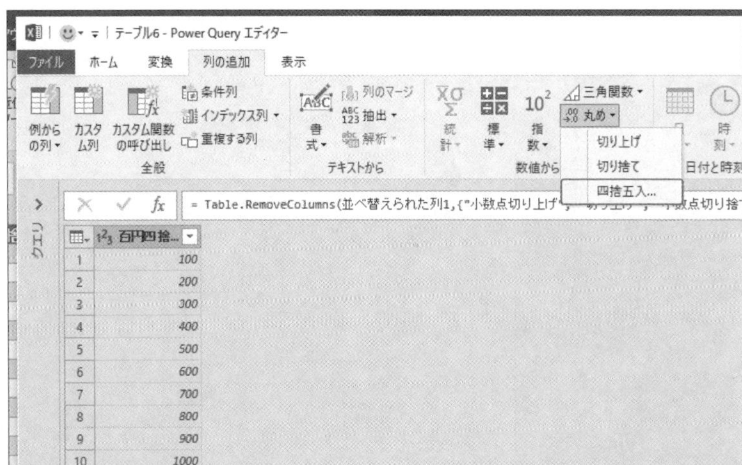

❸ [四捨五入] ダイアログボックスが表示されますので、小数点以下の桁数に「-3」と入力し [OK] をクリックします。

四捨五入

小数点以下何桁に四捨五入するかを指定します。

小数点以下の桁数

-3

OK　キャンセル

百円単位で四捨五入したいので「-3」

❹ 百円単位で“偶数丸め”された結果が表示されます。

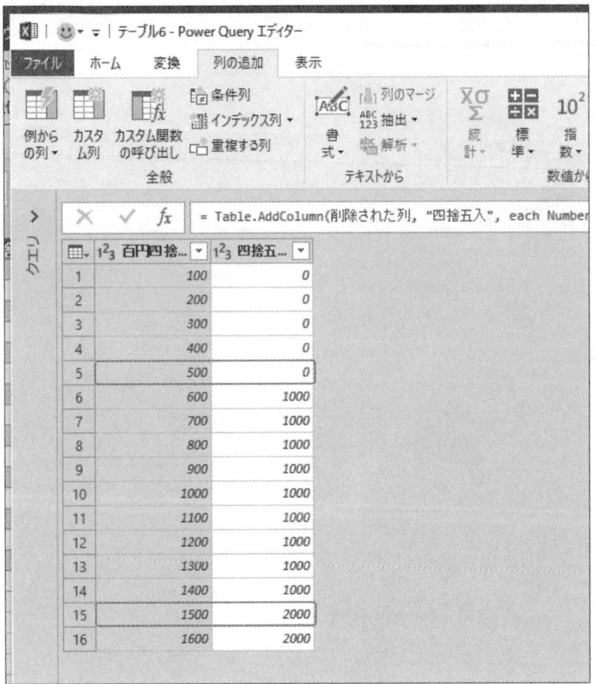

	百円四捨...	四捨五...
1	100	0
2	200	0
3	300	0
4	400	0
5	500	0
6	600	1000
7	700	1000
8	800	1000
9	900	1000
10	1000	1000
11	1100	1000
12	1200	1000
13	1300	1000
14	1400	1000
15	1500	2000
16	1600	2000

OnePoint

百円単位で四捨五入する場合にも、6-8と同様にNumber.Round関数の引数を変更することで、さまざまな形式の四捨五入が可能です。

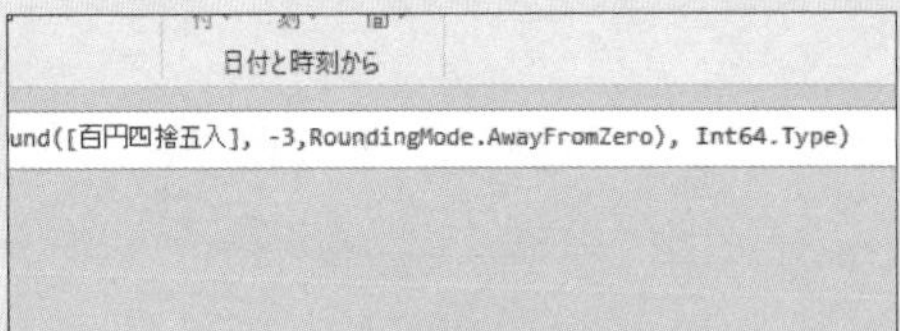

	百円四捨...	四捨五...
1	100	0
2	200	0
3	300	0
4	400	0
5	500	1000
6	600	1000
7	700	1000
8	800	1000
9	900	1000
10	1000	1000
11	1100	1000
12	1200	1000
13	1300	1000
14	1400	1000
15	1500	2000
16	1600	2000

Section
6-10 数値を日付型データに変更する

メニュー	[変換] - [任意の列] - [データ型] - [日付]
M言語	typedate

数値データとして入力された列のデータを日付型に変更するには、数値データをいったん文字列型に変更する必要があります。

操作手順

❶ 日付型に変更したい数値の入った列（ここでは［日付］列）をクリックします。

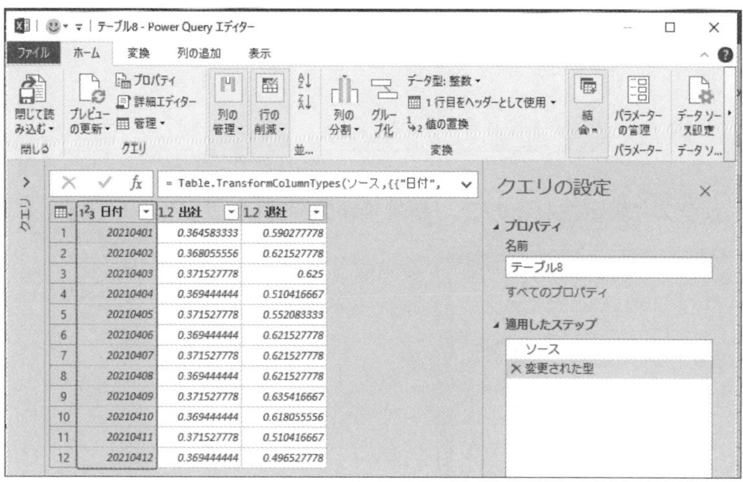

❷ [変換] - [任意の列] - [データ型：整数] の▼をクリックし、表示されたメニューの [テキスト] をクリックします。

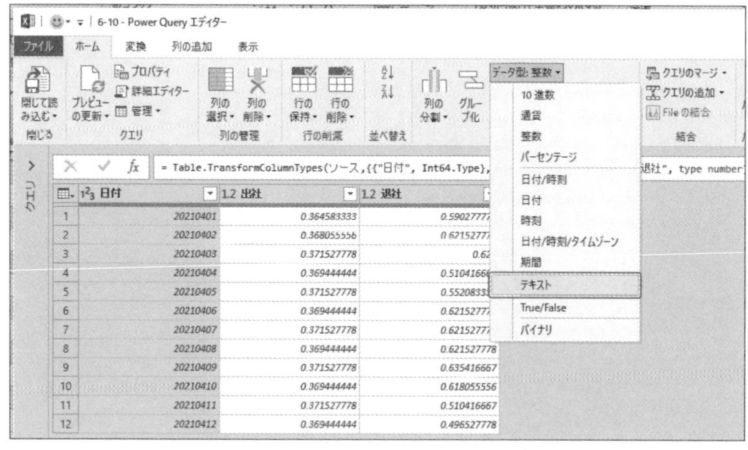

❸ [変換] - [任意の列] - [データ型:整数] の▼をクリックし、表示されたメニューの [日付] をクリックします。

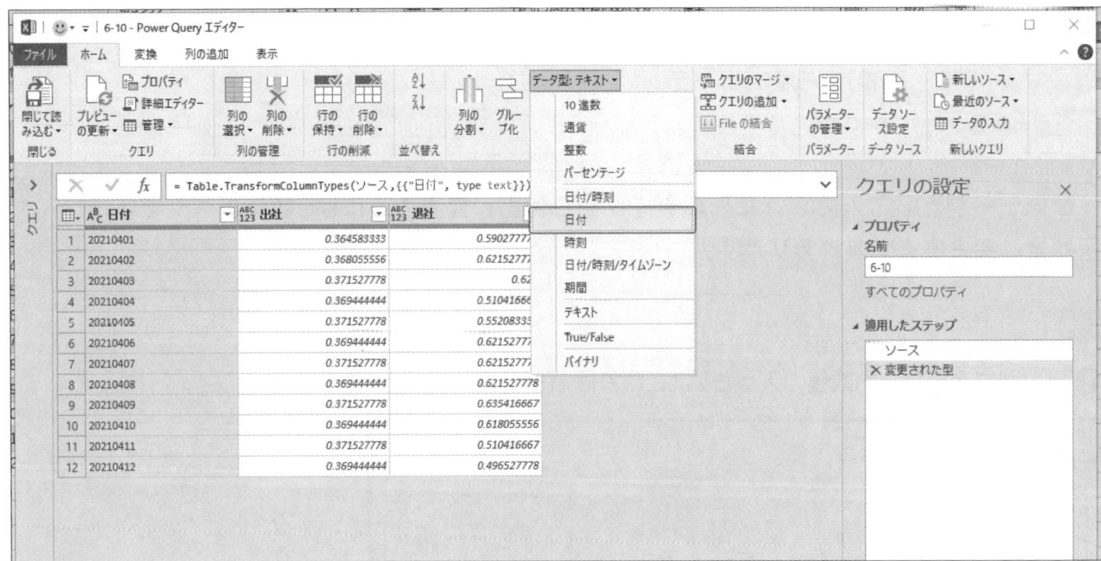

❹ [列タイプの変更] ダイアログボックスが表示されるので、[新規手順の追加] をクリックします。

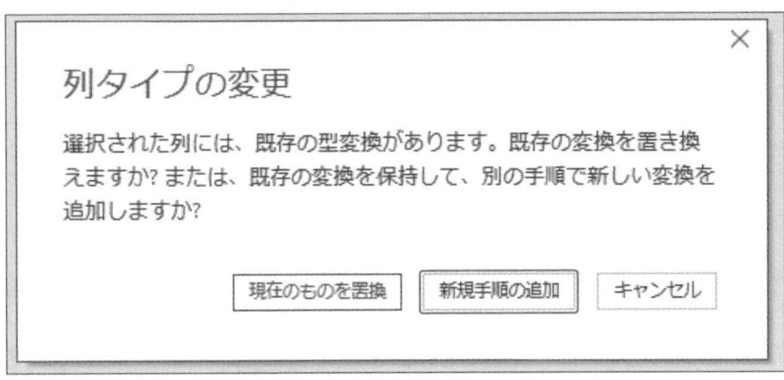

❺［日付］列が日付型に変更されました。

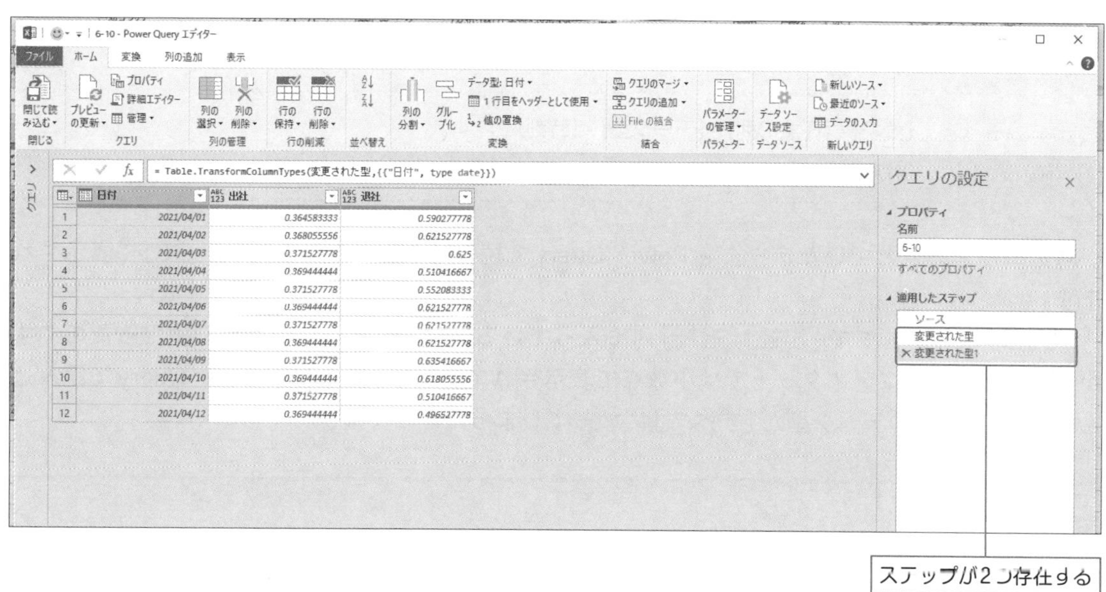

	日付	出社	退社
1	2021/04/01	0.364583333	0.590277778
2	2021/04/02	0.368055556	0.621527778
3	2021/04/03	0.371527778	0.625
4	2021/04/04	0.369444444	0.510416667
5	2021/04/05	0.371527778	0.552083333
6	2021/04/06	0.369444444	0.621527778
7	2021/04/07	0.371527778	0.621527778
8	2021/04/08	0.369444444	0.621527778
9	2021/04/09	0.371527778	0.635416667
10	2021/04/10	0.369444444	0.618055556
11	2021/04/11	0.371527778	0.510416667
12	2021/04/12	0.369444444	0.496527778

OnePoint

整数型が設定された列のデータをいきなり日付型に変更するとエラーが表示されます。

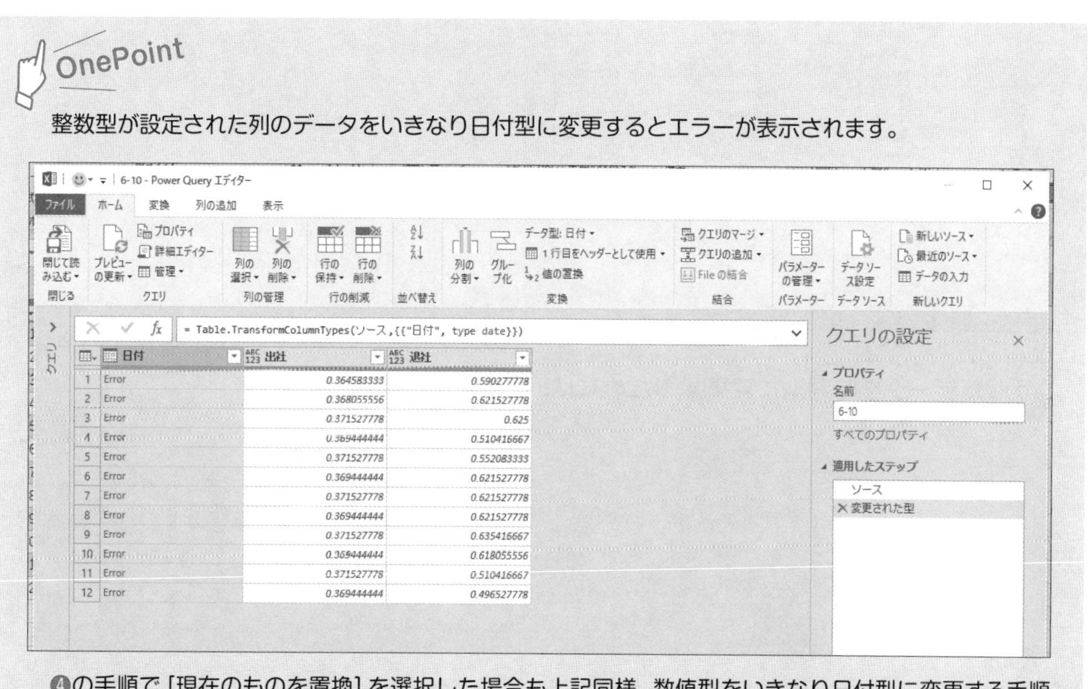

	日付	出社	退社
1	Error	0.364583333	0.590277778
2	Error	0.368055556	0.621527778
3	Error	0.371527778	0.625
4	Error	0.369444444	0.510416667
5	Error	0.371527778	0.552083333
6	Error	0.369444444	0.621527778
7	Error	0.371527778	0.621527778
8	Error	0.369444444	0.621527778
9	Error	0.371527778	0.635416667
10	Error	0.369444444	0.618055556
11	Error	0.371527778	0.510416667
12	Error	0.369444444	0.496527778

❹の手順で［現在のものを置換］を選択した場合も上記同様、数値型をいきなり日付型に変更する手順となりますので、エラーとなります。

Section
6-11 時刻データに変更する

メニュー	[変換] - [任意の列] - [データ型] - [時刻]
M言語	typetime

時刻型で入力されていたデータをPower Queryで読み込むと、データ型「すべて」で表示されます。

例えば、次のデータで[出社][退社]列に入っている値は、元データでは時刻型だったのですが、Power Queryエディター上では小数点で表示されています。これは、Power Queryで読み込んだ時点で、2つのデータ型が[すべて]になってしまったからです。

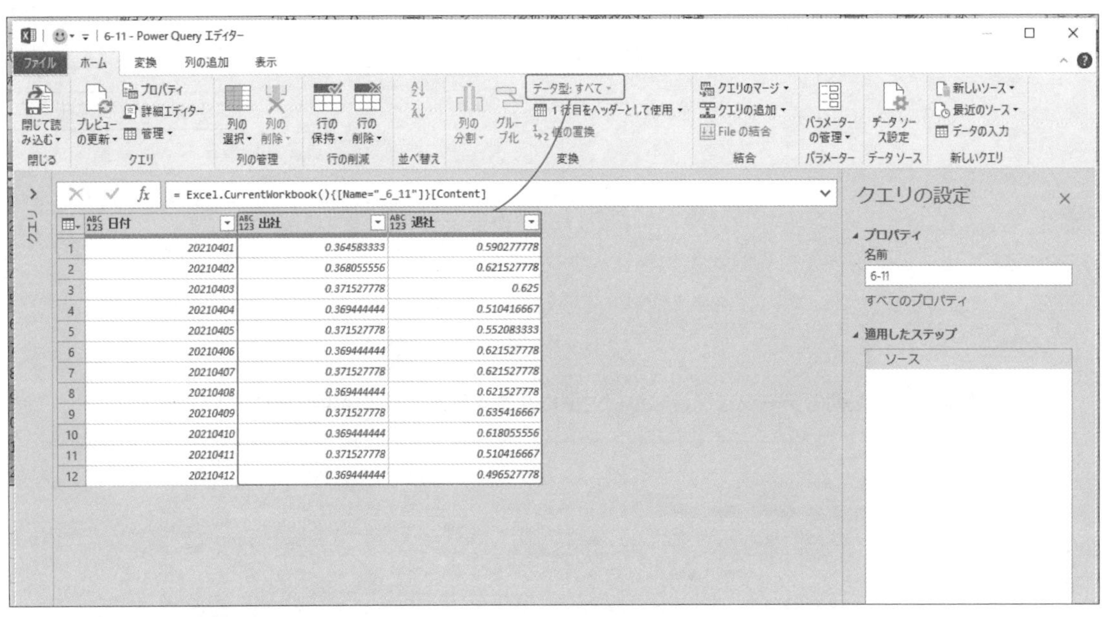

	日付	出社	退社
1	20210401	0.364583333	0.590277778
2	20210402	0.368055556	0.621527778
3	20210403	0.371527778	0.625
4	20210404	0.369444444	0.510416667
5	20210405	0.371527778	0.552083333
6	20210406	0.369444444	0.621527778
7	20210407	0.371527778	0.621527778
8	20210408	0.369444444	0.621527778
9	20210409	0.371527778	0.635416667
10	20210410	0.369444444	0.618055556
11	20210411	0.371527778	0.510416667
12	20210412	0.369444444	0.496527778

こうしたデータを時刻型に変更するためには、次のように操作します。

操作手順

❶時刻型に変更したいデータの入った列（ここでは［出社］列［退社］列）をクリックします。

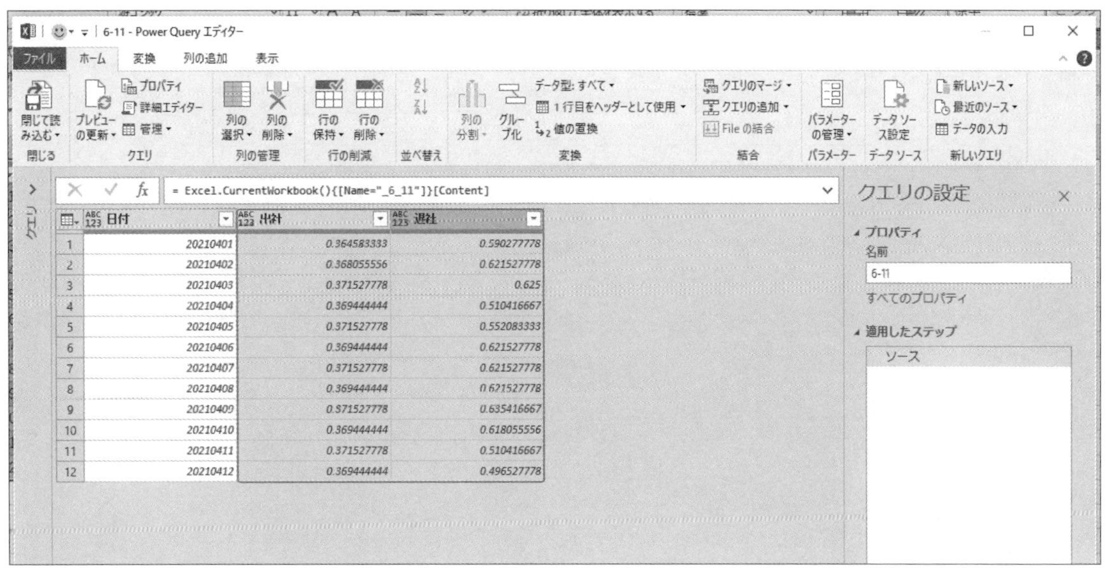

❷列名の上で右クリックし、表示されたメニューから［型の変更］-［時刻］をクリックします。

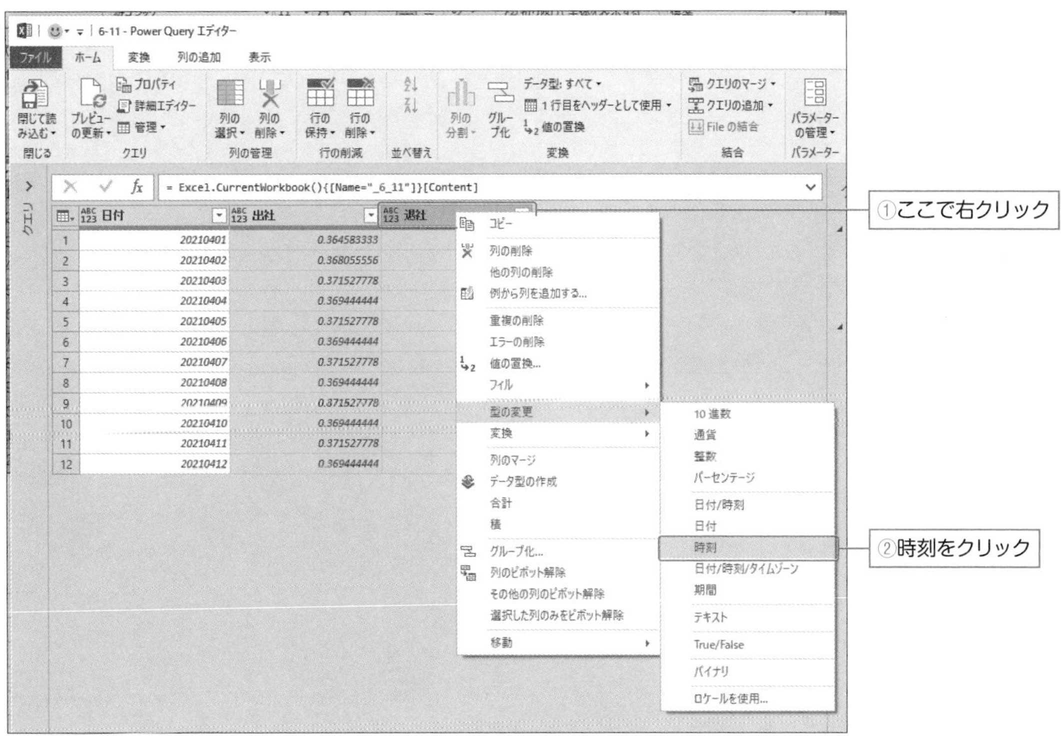

❸ 2つの列のデータ型が時刻型に変更され、データが時刻型で表示されました。

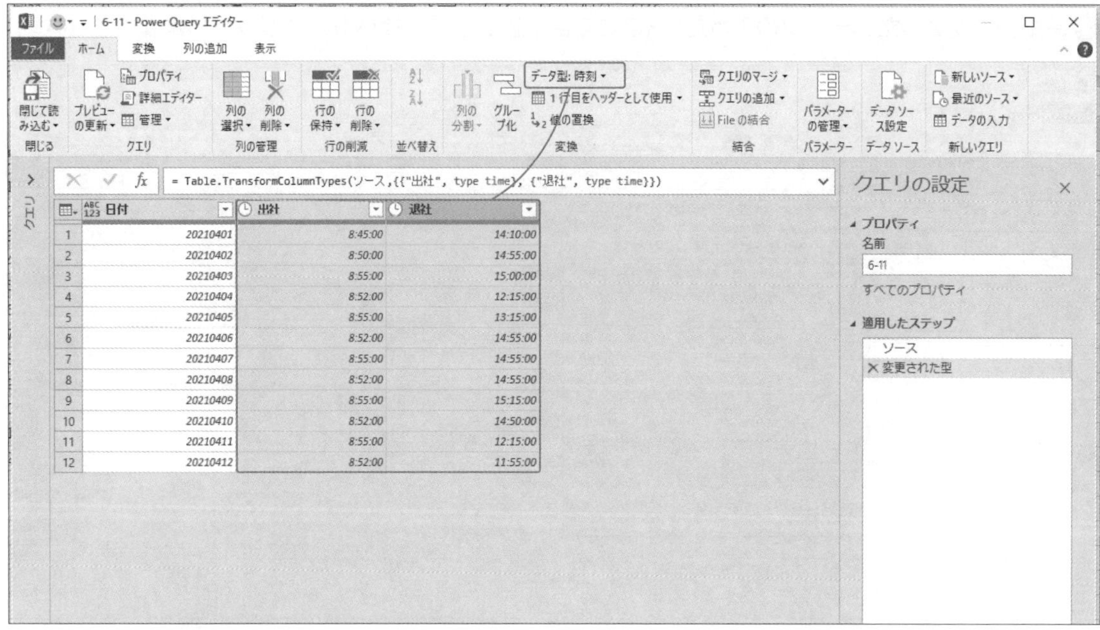

Section
6-12

日付・時刻データの表示方法を変更する

メニュー	[変換] - [日付と時刻の列] - [日付] / [時刻] / [期間]
M言語	Time.Hour

日付・時刻データの表示方法は、[変換] - [日付と時刻の列] - [日付] / [時刻] / [期間] でさまざまに変更できます。

例えば、時刻型で入力されているデータから時間だけを抽出して表示したい場合は、次のように操作します。

操作手順

❶ 表示を変更したい時刻データが入っている列 (ここでは [出社] 列 [退社] 列) をクリックします。

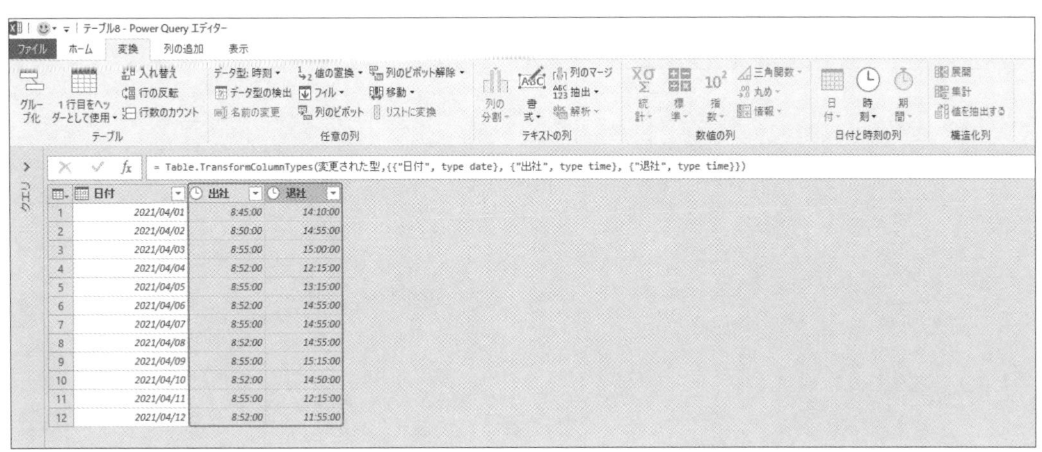

❷ [変換] - [日付と時刻の列] - [時刻] の▼をクリックし、表示されたメニューの [時] - [時] をクリックします。

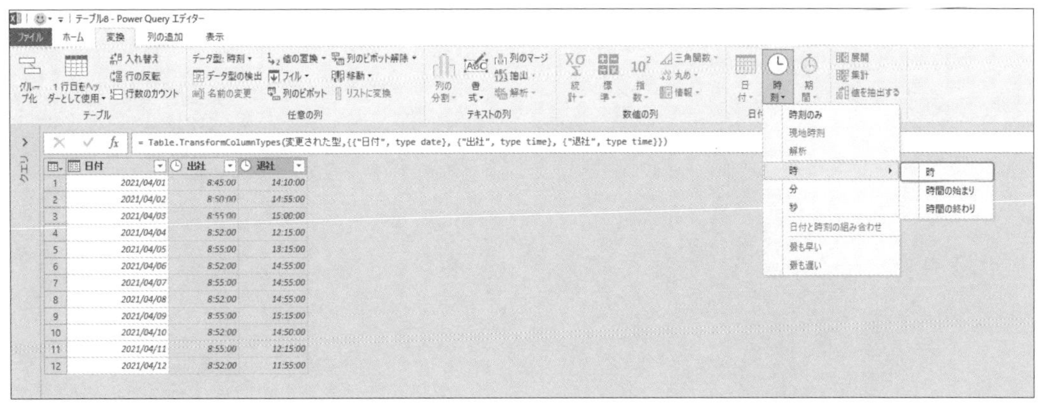

1
2
3
4
5
6
7
8
A
計算の基本

❸ [出社] [退社] 列の表示が「時」のみに変更されました。

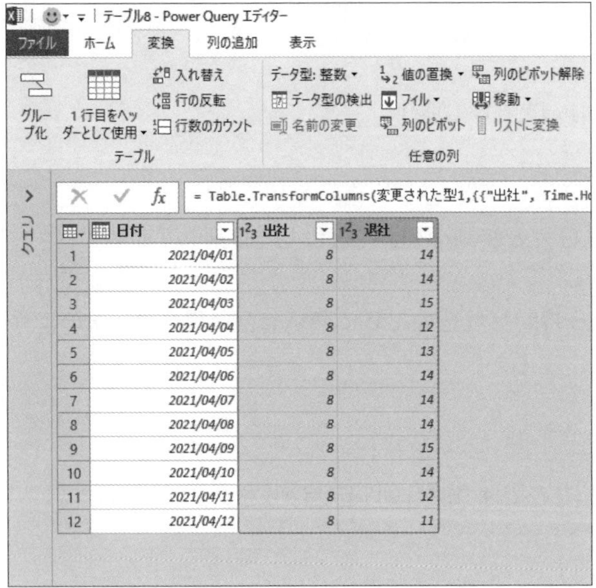

	日付	出社	退社
1	2021/04/01	8	14
2	2021/04/02	8	14
3	2021/04/03	8	15
4	2021/04/04	8	12
5	2021/04/05	8	13
6	2021/04/06	8	14
7	2021/04/07	8	14
8	2021/04/08	8	14
9	2021/04/09	8	15
10	2021/04/10	8	14
11	2021/04/11	8	12
12	2021/04/12	8	11

Section
6-13 時刻データの計算をする

メニュー　[列の追加] - [全般] - [カスタム列]

M言語　Table.AddColumn

時刻型のデータを元に計算したい場合は、[カスタム列]で計算式を作成します。
例えば、次のようなデータがあるとします。[出社][退社]列には時刻型のデータが入っています。

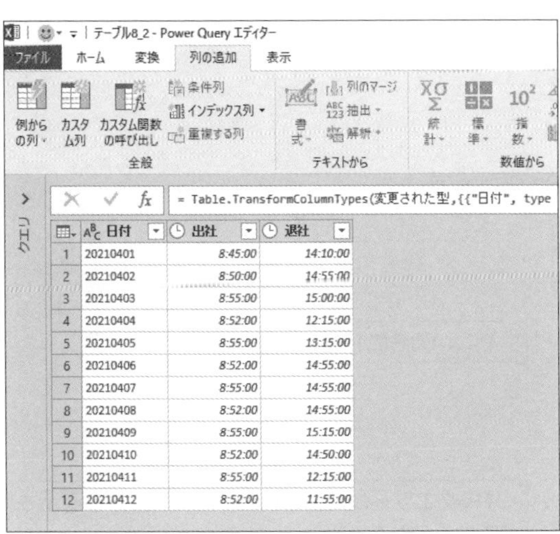

ここで[出社][退社]時刻から「勤務時間」を計算するには、次のように操作します。

操作手順

❶ [列の追加] - [全般] - [カスタム列] をクリックします。

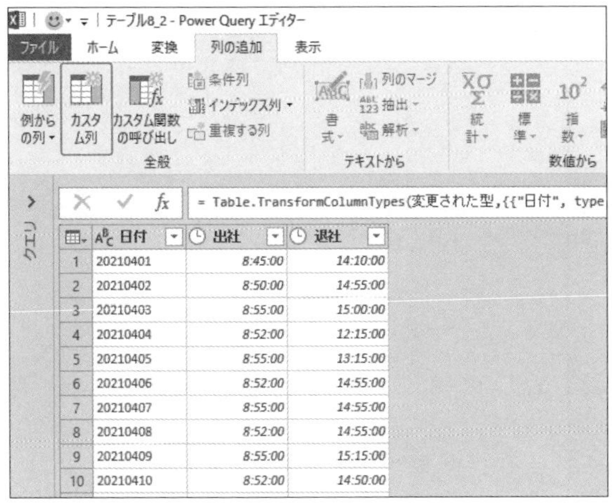

❷ [カスタム列] ダイアログボックスで、[カスタム列の式] に「=[退社]-[出社]」と数式を入力し [OK] をクリックします。

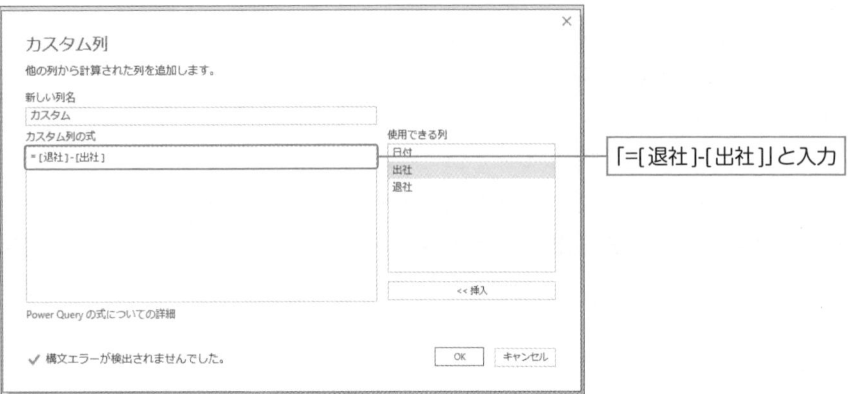

❸ [新しい列名] に「勤務時間」と入力し、[OK] をクリックします。

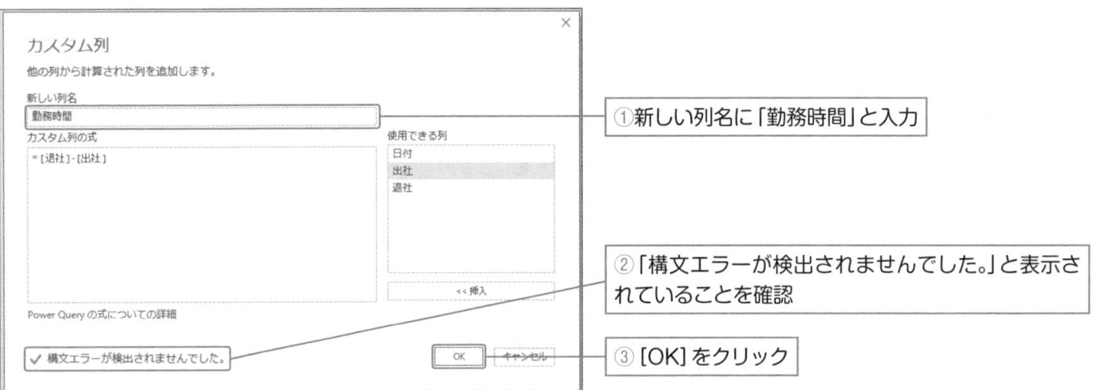

❹ [勤務時間] 列が表示され、計算結果が表示されていることを確認します。

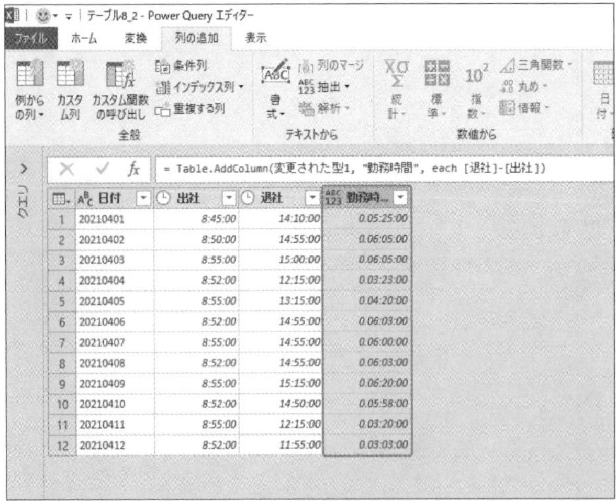

	日付	出社	退社	勤務時...
1	20210401	8:45:00	14:10:00	0.05:25:00
2	20210402	8:50:00	14:55:00	0.06:05:00
3	20210403	8:55:00	15:00:00	0.06:05:00
4	20210404	8:52:00	12:15:00	0.03:23:00
5	20210405	8:55:00	13:15:00	0.04:20:00
6	20210406	8:52:00	14:55:00	0.06:03:00
7	20210407	8:55:00	14:55:00	0.06:00:00
8	20210408	8:52:00	14:55:00	0.06:03:00
9	20210409	8:55:00	15:15:00	0.06:20:00
10	20210410	8:52:00	14:50:00	0.05:58:00
11	20210411	8:55:00	12:15:00	0.03:20:00
12	20210412	8:52:00	11:55:00	0.03:03:00

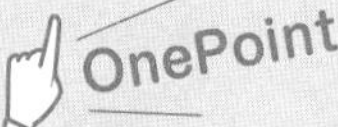

時刻型のデータが入っている場合、数値型のデータのときのように列の選択を行い [標準] - [減算] を使用しようとしてもボタンが押せません。

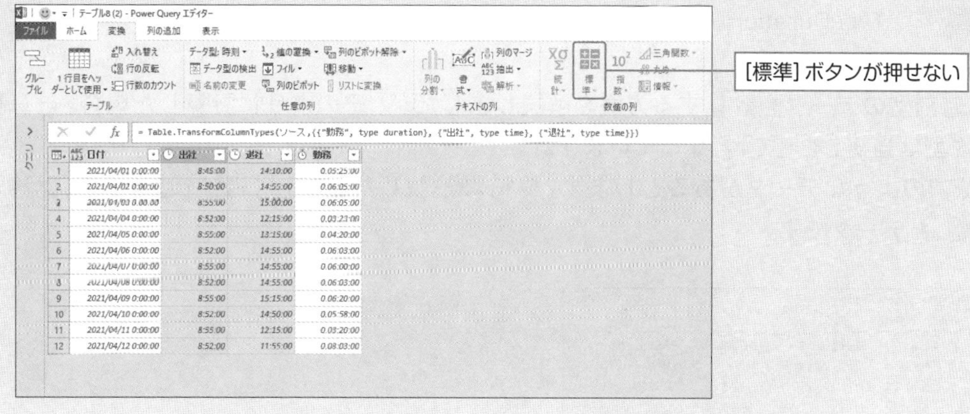

Section
6-14

時刻データの計算結果のデータ型を［期間］にする

メニュー	［変換］-［任意の列］-［データ型：期間］
M言語	TypeDuration

6-13で時刻型のデータを計算する方法を解説しましたが、そのように計算した場合、計算結果のデータ型は当初［すべて］となっています。

例えば、次のようなデータがあるとします。6-13で解説した［出社］［退社］時刻から［勤務時間］を計算したデータです。

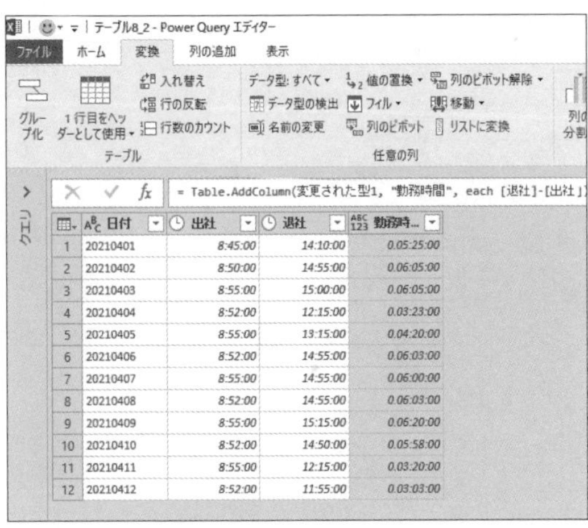

ここで［勤務時間］のデータは、［出社］［退社］時刻から計算された結果であるため、データ型は当初［すべて］となっています。そのため、［勤務時間］のデータを時間として扱うには、次の手順でデータ型を変更する必要があります。

操作手順

❶データ型を変更したい列（ここでは［勤務時間］）をクリックします。

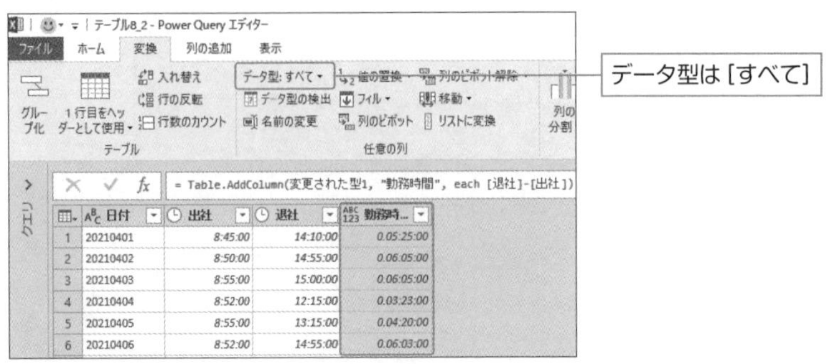

❷ [変換] - [任意の列] - [データ型：すべて] の▼をクリックし、表示されたメニューの [期間] をクリックします。

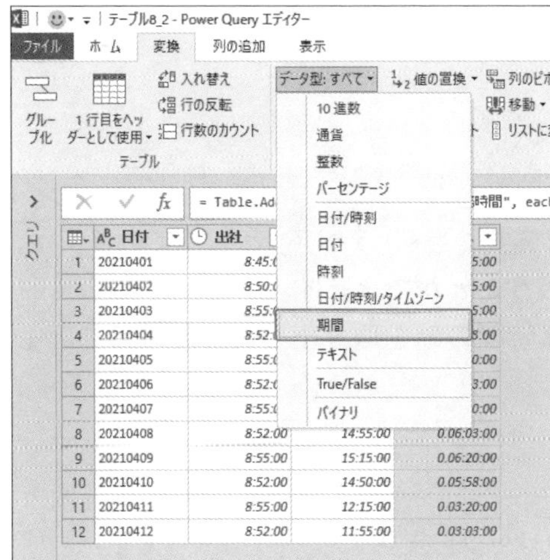

❸ データ型が [期間] に変化しました。

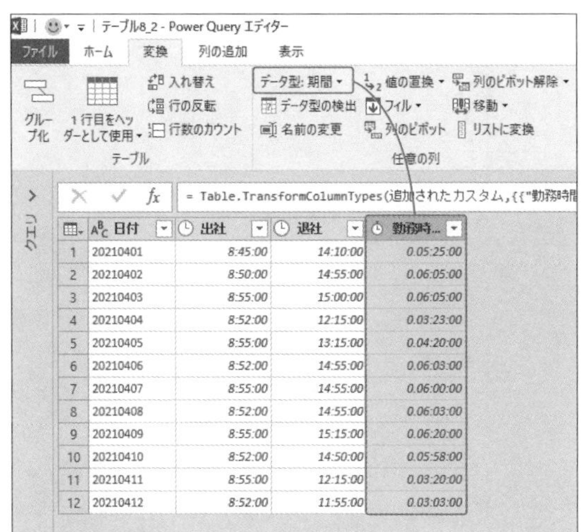

OnePoint

数式バーを確認すると「type duration」となっていることが確認できます。

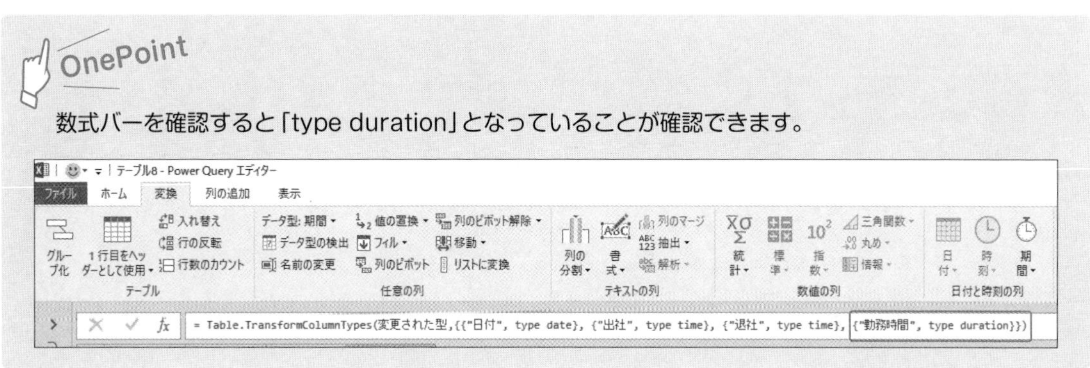

Section
6-15
時刻データの計算結果から時間を抽出する

メニュー	[変換] - [日付と時刻の列] - [期間]
M言語	Duration.Hours

6-14で解説したように、時刻データの計算結果のデータ型は当初「すべて」となっていますが、データ型を[期間]に変更しておけば時刻データとして扱うことができます。

そして、6-12で解説したように、時刻データであれば時間のみを取り出して表示することも可能です。

操作手順

❶期間データが入っている列(ここでは[勤務時間]列)をクリックします。

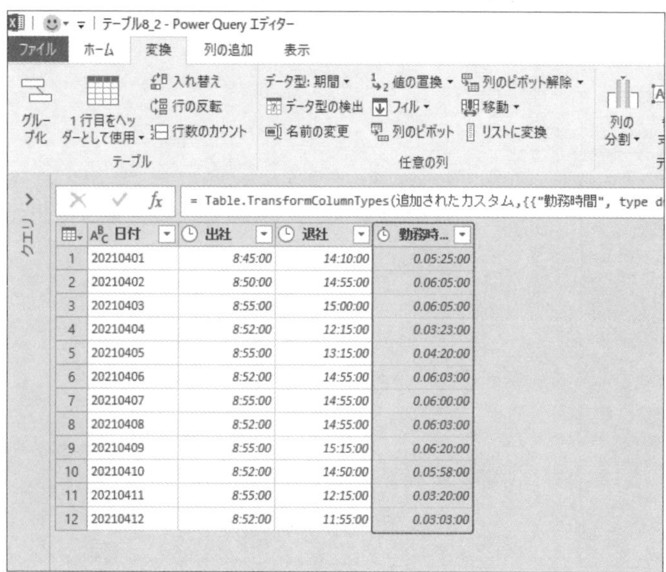

❷ [変換] - [日付と時刻の列] - [期間] の▼をクリックし、表示されたメニューの [時間] をクリックします。

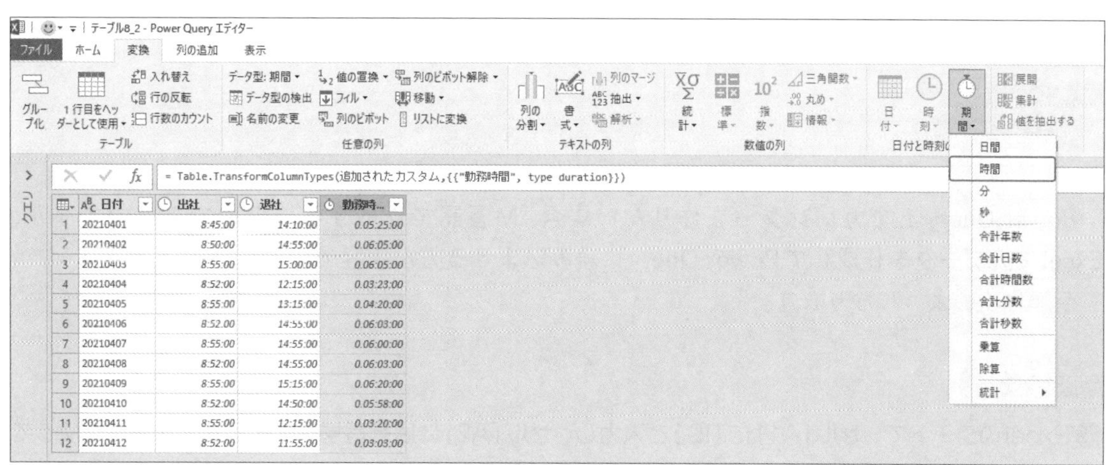

= Table.TransformColumnTypes(追加されたカスタム,{{"勤務時間", type duration}})

	日付	出社	退社	勤務時...
1	20210401	8:45:00	14:10:00	0.05:25:00
2	20210402	8:50:00	14:55:00	0.06:05:00
3	20210403	8:55:00	15:00:00	0.06:05:00
4	20210404	8:52:00	12:15:00	0.03:23:00
5	20210405	8:55:00	13:15:00	0.04:20:00
6	20210406	8:52:00	14:55:00	0.06:03:00
7	20210407	8:55:00	14:55:00	0.06:00:00
8	20210408	8:52:00	14:55:00	0.06:03:00
9	20210409	8:55:00	15:15:00	0.06:20:00
10	20210410	8:52:00	14:50:00	0.05:58:00
11	20210411	8:55:00	12:15:00	0.03:20:00
12	20210412	8:52:00	11:55:00	0.03:03:00

❸ [勤務時間] 列の「時間」のみがデータとして表示されました。

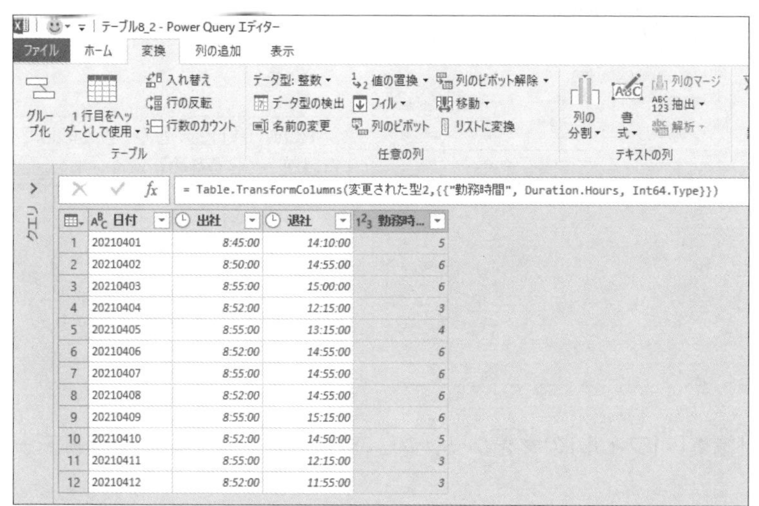

= Table.TransformColumns(変更された型2,{{"勤務時間", Duration.Hours, Int64.Type}})

	日付	出社	退社	勤務時...
1	20210401	8:45:00	14:10:00	5
2	20210402	8:50:00	14:55:00	6
3	20210403	8:55:00	15:00:00	6
4	20210404	8:52:00	12:15:00	3
5	20210405	8:55:00	13:15:00	4
6	20210406	8:52:00	14:55:00	6
7	20210407	8:55:00	14:55:00	6
8	20210408	8:52:00	14:55:00	6
9	20210409	8:55:00	15:15:00	6
10	20210410	8:52:00	14:50:00	5
11	20210411	8:55:00	12:15:00	3
12	20210412	8:52:00	11:55:00	3

OnePoint

単に出社時刻から退社時刻を減算して勤務時間の計算を行いたいだけであれば、Power Queryにデータを取り込むよりも、Excelで計算してしまった方が書式の設定などが簡単かもしれません。Power Queryで処理するものとExcelで処理するもの、切り分けを考慮する必要があります。

	A	B	C	D
1	日付	出社	退社	勤務
2	4月1日	8:45	14:10	5:25
3	4月2日	8:50	14:55	6:05
4	4月3日	8:55	15:00	6:05
5	4月4日	8:52	12:15	3:23
6	4月5日	8:55	13:15	4:20
7	4月6日	8:52	14:55	6:03
8	4月7日	8:55	14:55	6:00
9	4月8日	8:52	14:55	6:03
10	4月9日	8:55	15:15	6:20
11	4月10日	8:52	14:50	5:58
12	4月11日	8:55	12:15	3:20
13	4月12日	8:52	11:55	3:03
14				

Section
6-16 カレンダーを作成する

メニュー	-
M言語	-

Power Query上でカレンダーを作りたい場合、M言語で作成することもできるのですが、Excelで元データを作成してPower Queryに読み込ませる方が手軽でしょう。

手順は次のようになります。

操作手順

❶ Excelのシートで、セル「A1」に「ID」と入力し、セル「A2」には行番号を求めるROW関数を使って番号を表示するように設定します。セル「B1」に「日付」、セル「B2」に「1/1」、セル「B3」には「=B2+1」と入力します。

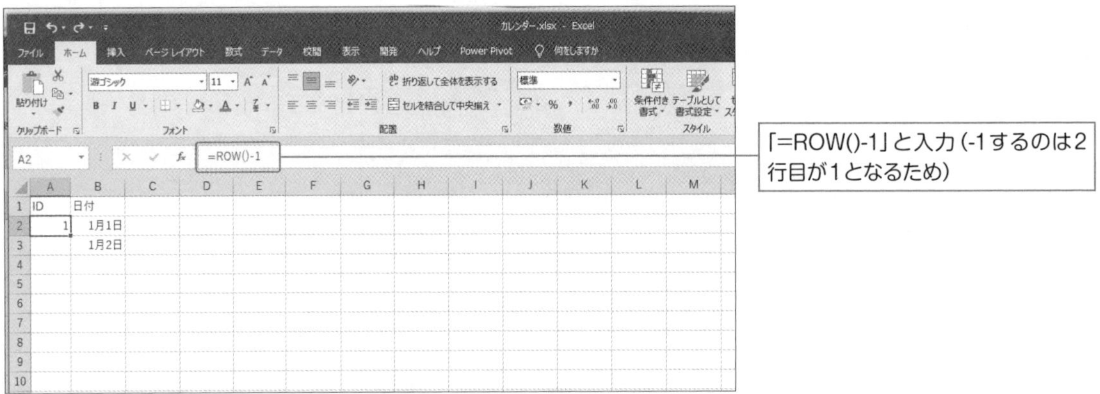

❷ セル「A2」を選択し、[ホーム] - [編集] - [フィル]の▼をクリックし、表示されたメニューの[連続データの作成]をクリックします。

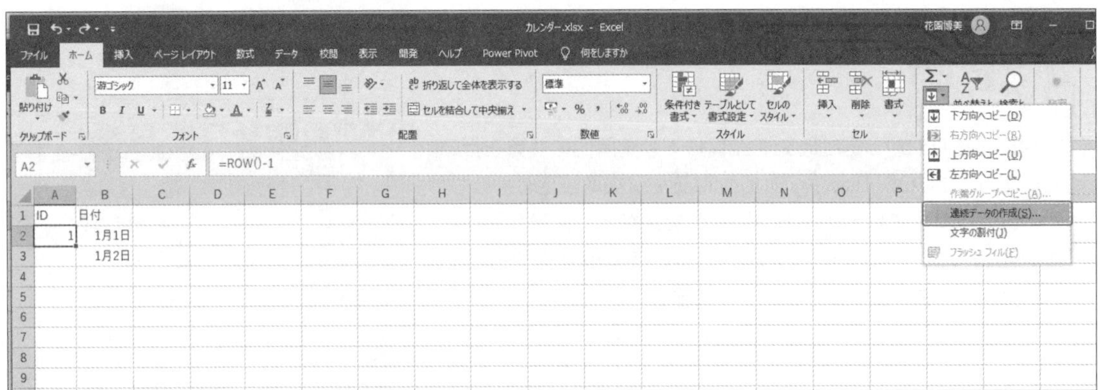

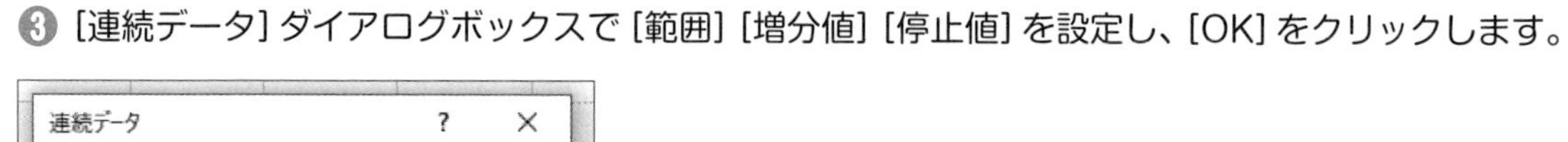

❸ [連続データ] ダイアログボックスで [範囲] [増分値] [停止値] を設定し、[OK] をクリックします。

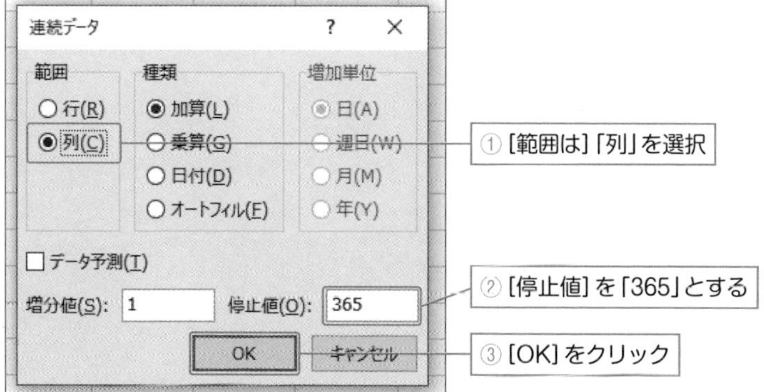

❹ セル「B3」のフィルハンドルをダブルクリックします。

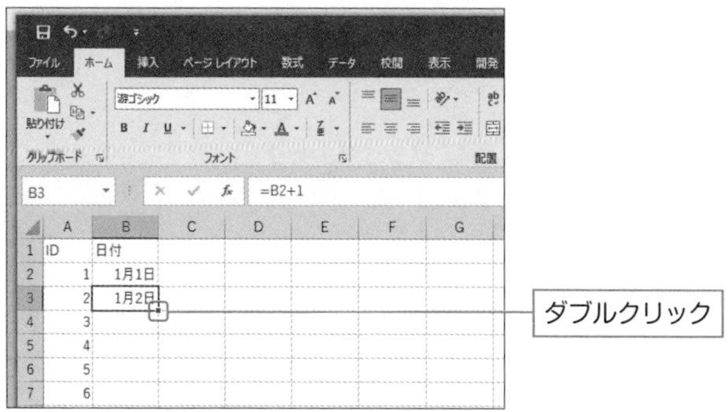

❺ A列の連続値がある場所まで日付がコピーされます。

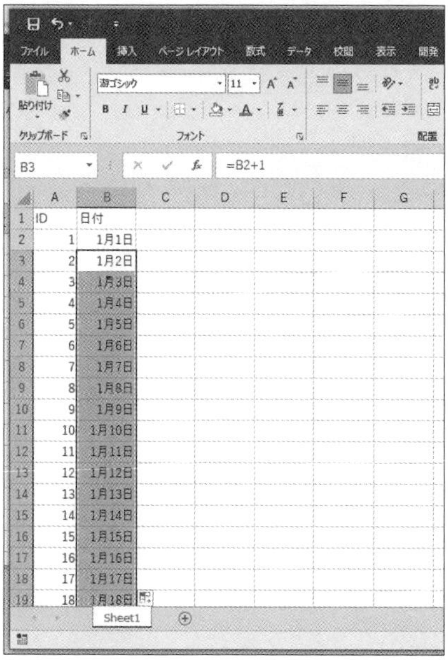

❻ これでExcel上で1年分のカレンダーが完成しました。このデータをPower Queryに取り込むため、[データ] - [テーブルの取得と変換] - [テーブルまたは範囲から] をクリックします。

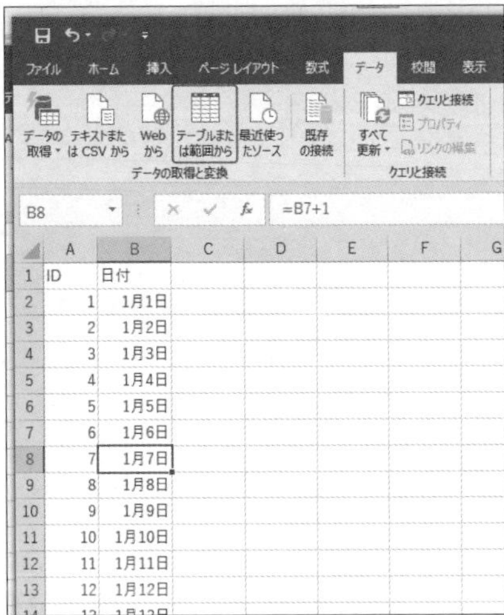

❼ [テーブルの作成] ダイアログボックスで範囲を確認し、[OK] をクリックします。

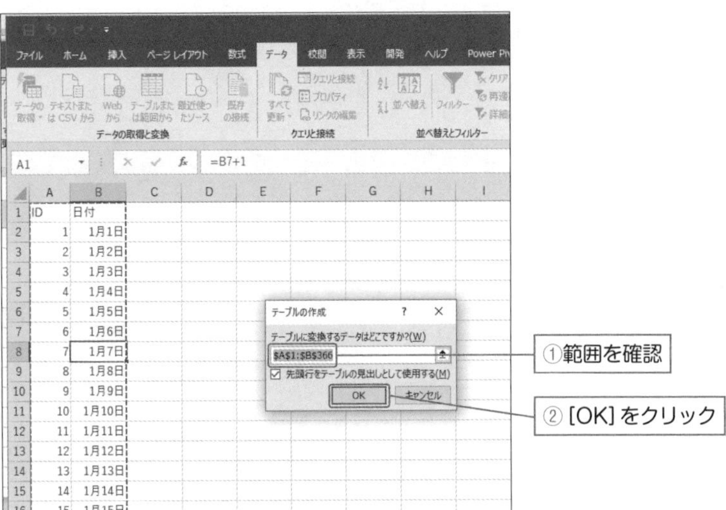

❽ Power Queryエディターが起動し、読み込まれたカレンダーのデータが確認できます。

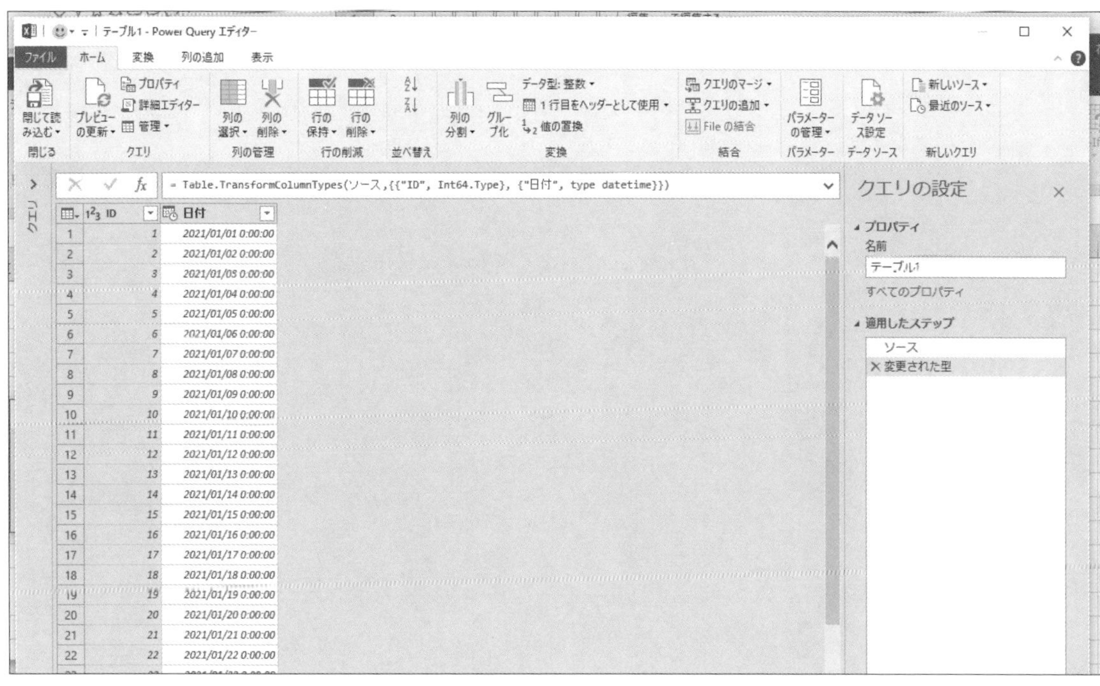

OnePoint

作成したカレンダーは8-17で使用します。

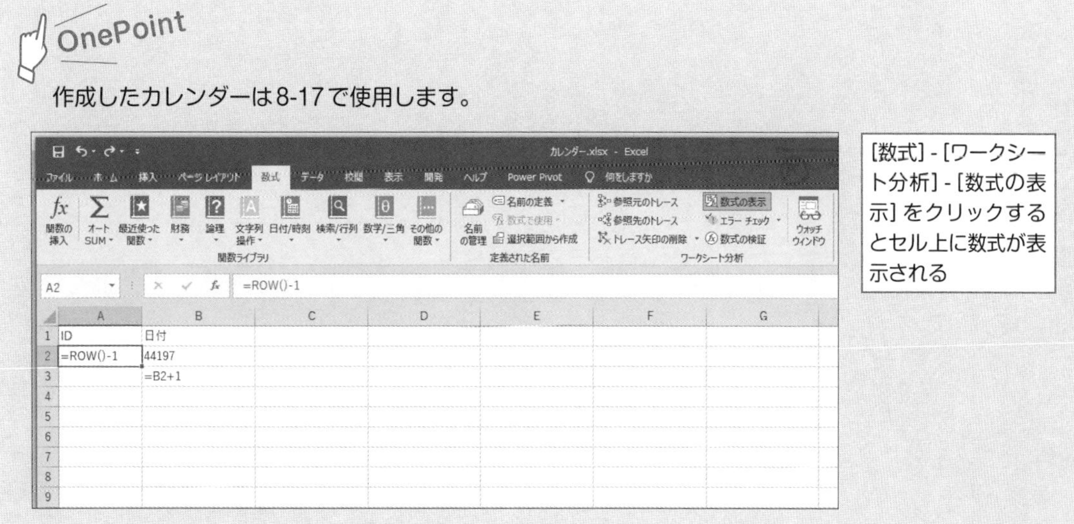

第7章

集計と条件分岐

Excel Power Query

Section
7-1 すべてのデータの合計を求める

メニュー	[変換] - [数値の列] - [統計] - [合計]
M言語	-

データの総合計値を求めるには［変換］-［数値の列］-［統計］-［合計］を使います（［統計］メニューでは合計の他にも、最小値、最大値、中央、平均、標準偏差、値のカウント、個別の値のカウントが計算可能です）。

この操作を行う前に、合計を行う列のデータ形式が、計算のできる型になっていることを確認してください。

操作手順

❶合計値を計算したいデータの入った列を選択します。

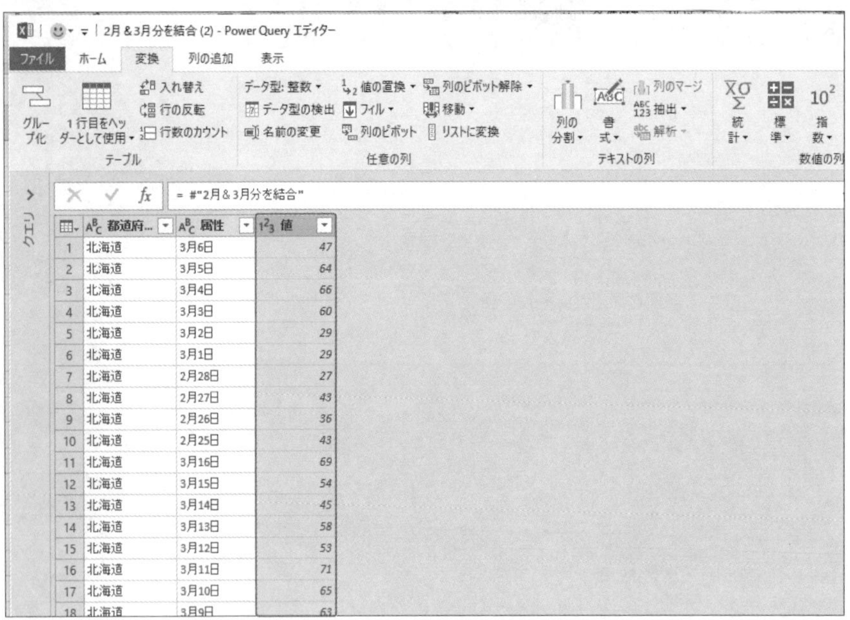

❷ [変換] - [数値の列] - [統計] の▼をクリックし、表示されたメニューの [合計] をクリックします。

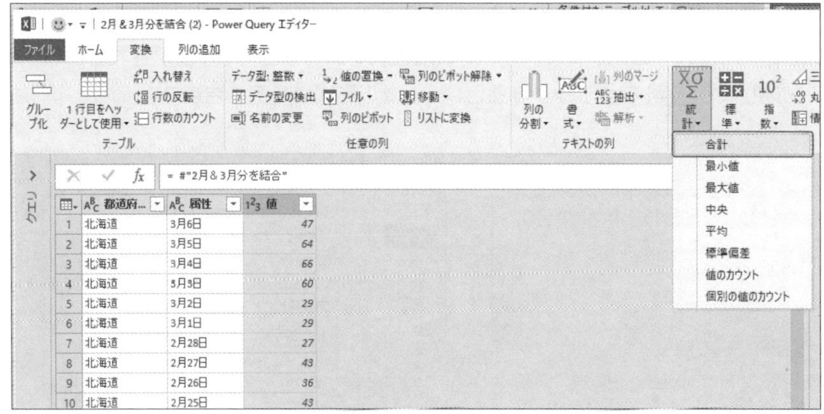

❸ すべてのデータが合計された結果が表示されます。

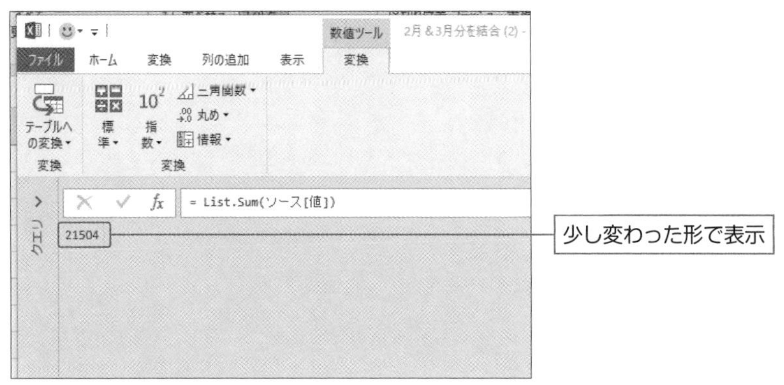

このように合計を求めた後、[ホーム] - [閉じて読み込む] でPower Queryエディターを閉じると、Excel上では次のように表示されます。

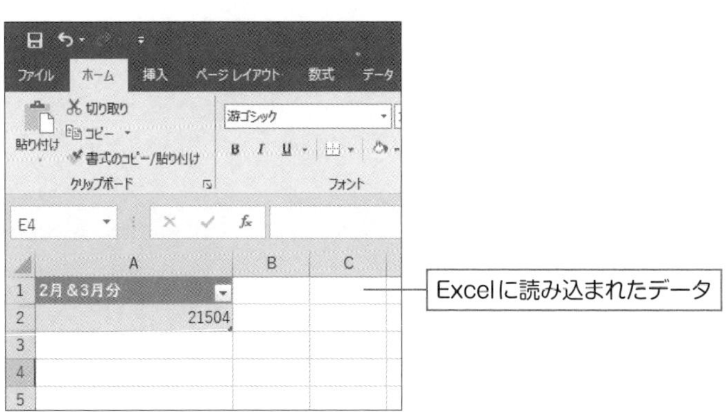

合計結果が少し変わった形で表示されるのは、リスト形式で表示されているからです。表示されている[数値ツール] - [変換] - [テーブルへの変換] をクリックすると、テーブル形式に変更できます。

●リスト形式

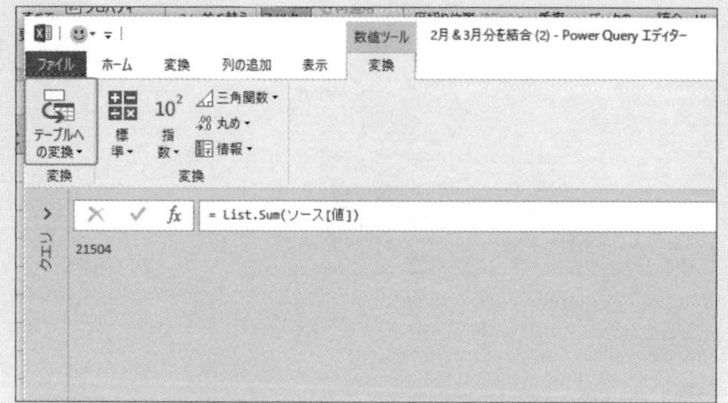

●テーブル形式

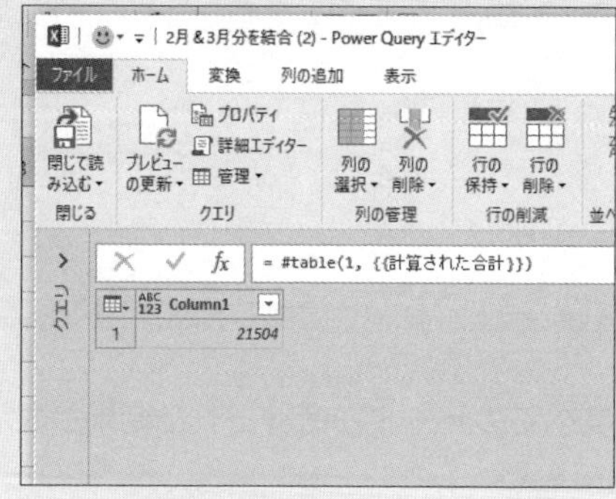

Section
7-2

グループごとに合計を求める①単一条件

メニュー	[ホーム] - [変換] - [グループ化]
M言語	-

7-1では列のすべてのデータを合計する方法を解説しましたが、いくつかのグループに分けて集計したいケースもあります。そのような場合は、[ホーム] - [変換] - [グループ化]を使用します。

例えば、次のようなデータがあるとします。

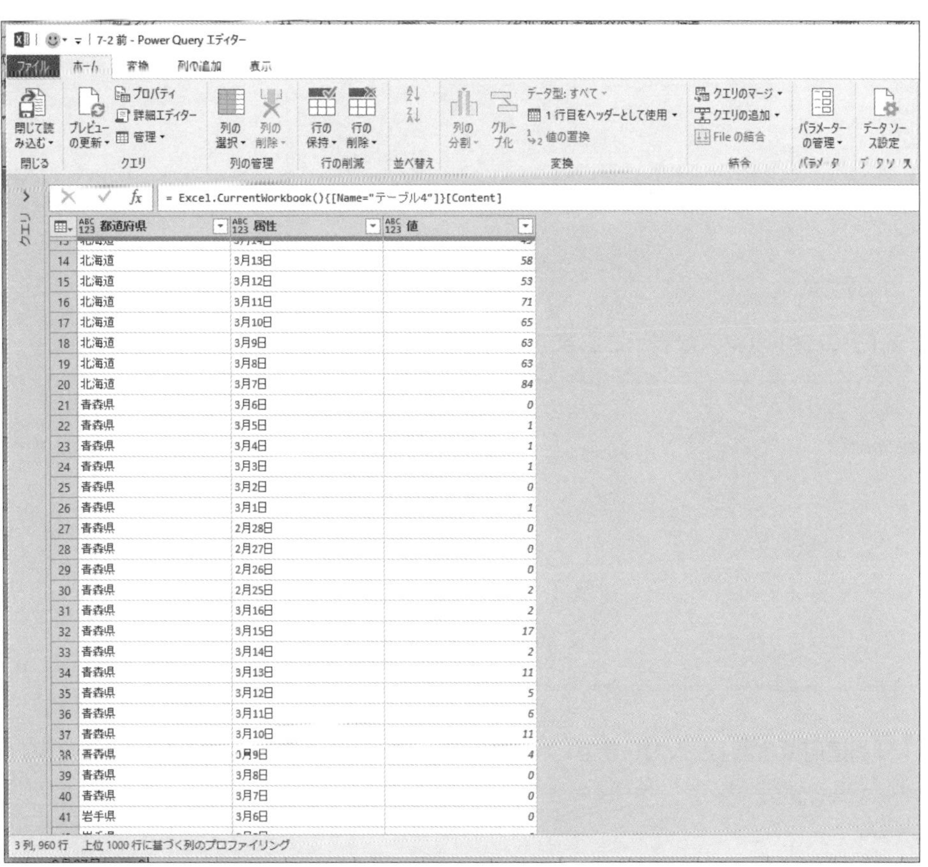

このデータを、都道府県別に合計してみましょう。

操作手順

❶ グループ化したい列（ここでは「都道府県」列）を選択し、[ホーム] - [変換] - [グループ化] をクリックします。

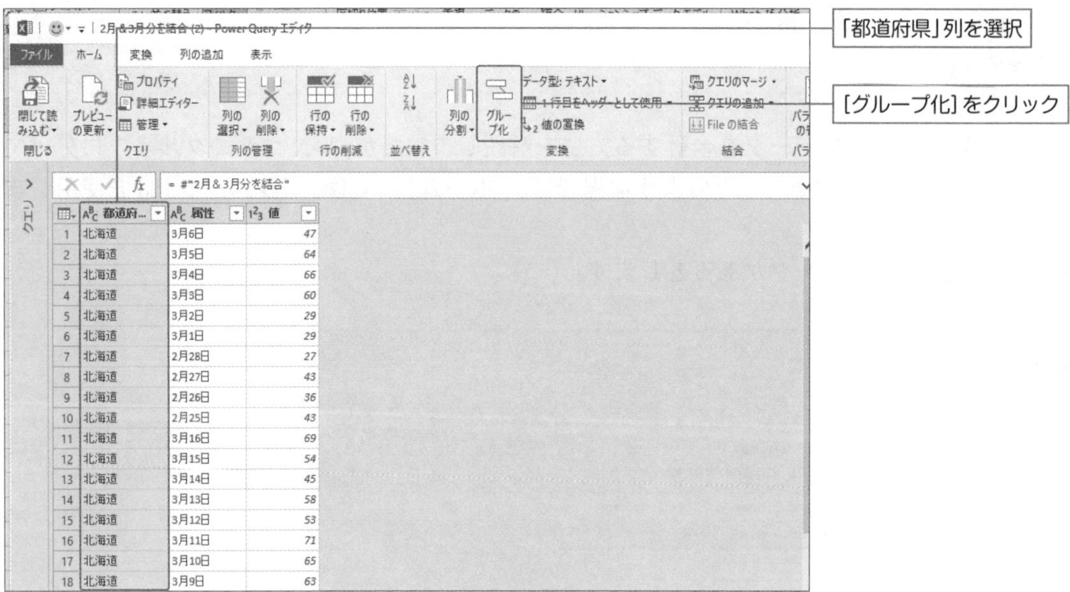

❷ [グループ化] ダイアログボックスが表示されます。

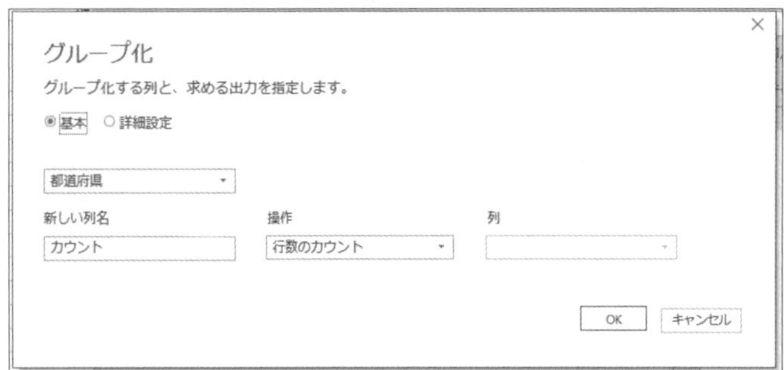

❸ [新しい列名] に「都道府県合計」と入力します。

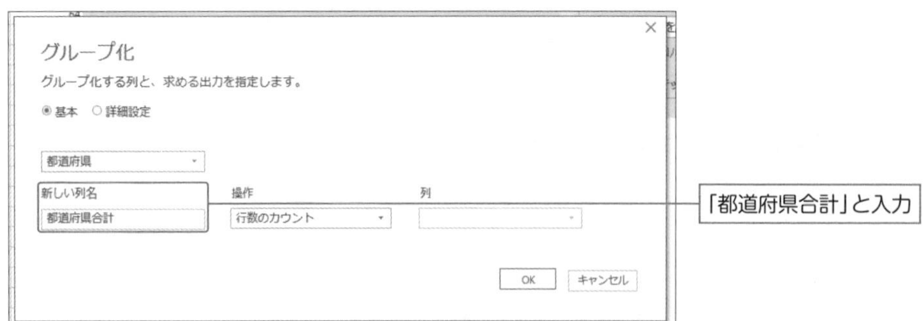

❹ [操作] の▼をクリックし、表示されたメニューの「合計」を選択します。

❺ [操作] に「合計」が表示されました。

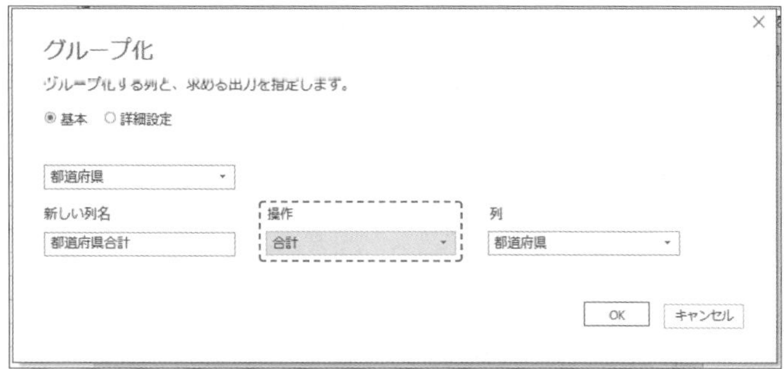

❻ [列] の▼をクリックし、表示されたメニューの「値」を選択します。

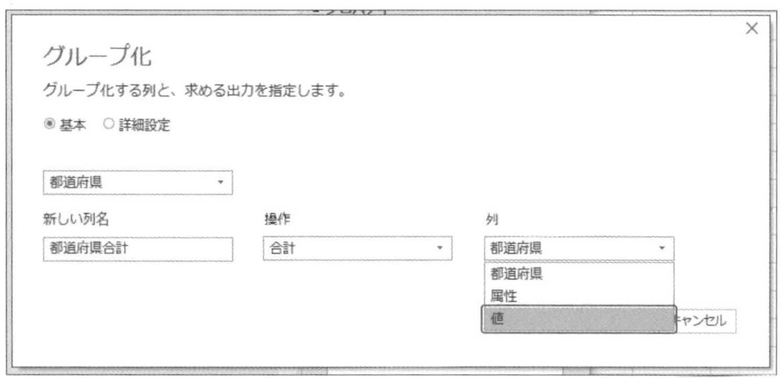

❼ すべての設定が終了したので［OK］をクリックします。

グループ化
グループ化する列と、求める出力を指定します。
基本
詳細設定
都道府県
新しい列名
都道府県合計
操作
合計
列
値
OK
キャンセル

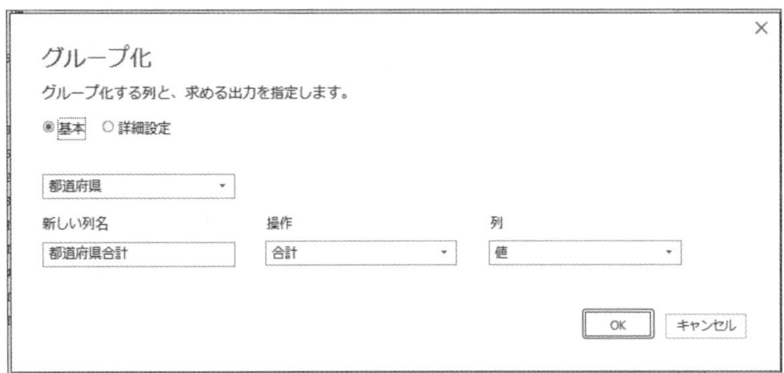

❽ 都道府県ごとに値が合計された結果が表示されます。

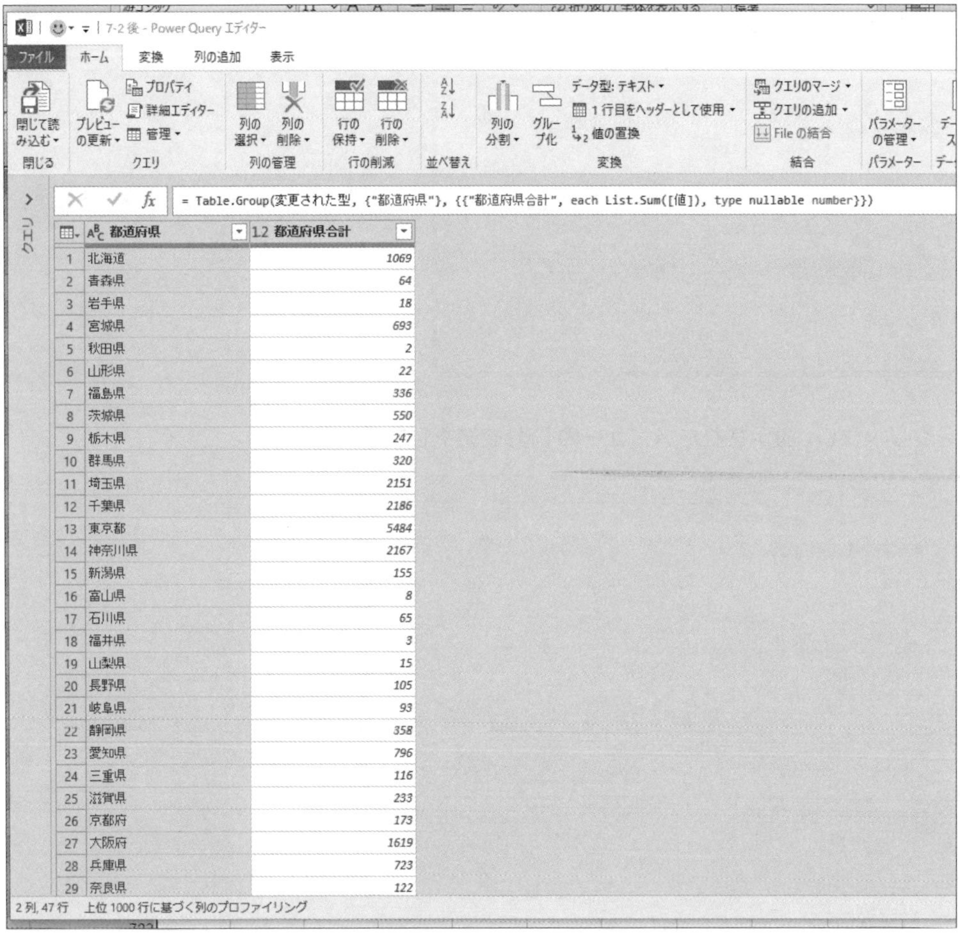

7-2 後 - Power Query エディター
ファイル
ホーム
変換
列の追加
表示
閉じて読み込む
プレビューの更新
プロパティ
詳細エディター
管理
列の選択
列の削除
行の保持
行の削除
列の分割
グループ化
データ型: テキスト
1 行目をヘッダーとして使用
値の置換
クエリのマージ
クエリの追加
File の結合
パラメーターの管理
閉じる
クエリ
列の管理
行の削減
並べ替え
変換
結合
パラメーター
クエリ
= Table.Group(変更された型, {"都道府県"}, {{"都道府県合計", each List.Sum([値]), type nullable number}})
都道府県
1.2 都道府県合計
1 北海道 1069
2 青森県 64
3 岩手県 18
4 宮城県 693
5 秋田県 2
6 山形県 22
7 福島県 336
8 茨城県 550
9 栃木県 247
10 群馬県 320
11 埼玉県 2151
12 千葉県 2186
13 東京都 5484
14 神奈川県 2167
15 新潟県 155
16 富山県 8
17 石川県 65
18 福井県 3
19 山梨県 15
20 長野県 105
21 岐阜県 93
22 静岡県 358
23 愛知県 796
24 三重県 116
25 滋賀県 233
26 京都府 173
27 大阪府 1619
28 兵庫県 723
29 奈良県 122
2 列, 47 行　上位 1000 行に基づく列のプロファイリング

なお、［グループ化］では合計の他にも、平均、中央、最小、最大、行数のカウント、個別の行数のカウント、すべての行の操作が可能です。

Section
7-3
グループごとに合計を求める②複数条件

メニュー	[ホーム] - [変換] - [グループ化]
M言語	-

7-2では1つの列のデータによってグループ化しましたが、複数の列の値を組みあわせて、より細かくグループ化することも可能です。

複数列の値を使用したい場合には、[グループ化]ダイアログボックスの[詳細設定]を使用します。

例えば、次のようなデータがあるとします。

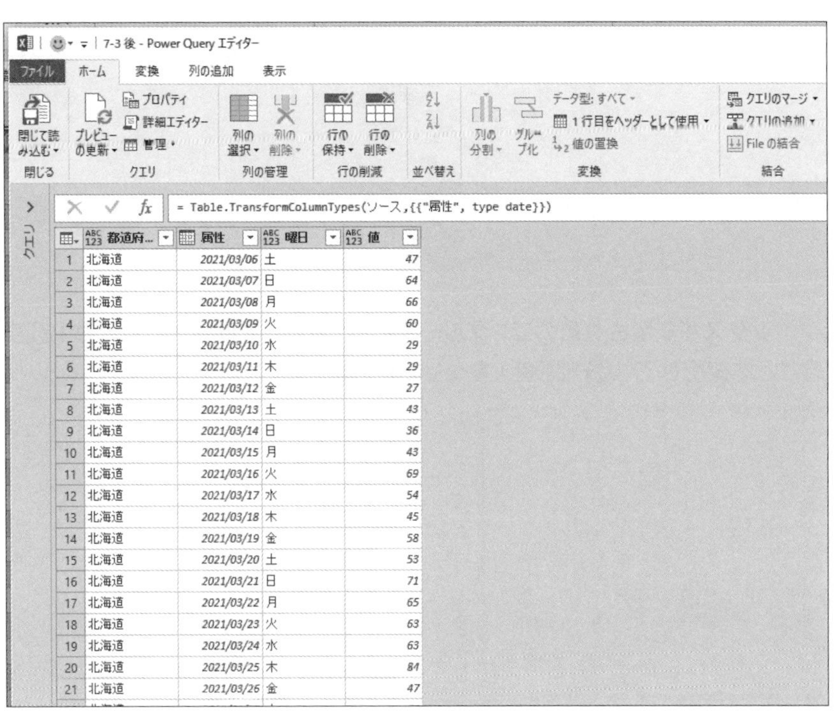

	都道府...	属性	曜日	値
1	北海道	2021/03/06	土	47
2	北海道	2021/03/07	日	64
3	北海道	2021/03/08	月	66
4	北海道	2021/03/09	火	60
5	北海道	2021/03/10	水	29
6	北海道	2021/03/11	木	29
7	北海道	2021/03/12	金	27
8	北海道	2021/03/13	土	43
9	北海道	2021/03/14	日	36
10	北海道	2021/03/15	月	43
11	北海道	2021/03/16	火	69
12	北海道	2021/03/17	水	54
13	北海道	2021/03/18	木	45
14	北海道	2021/03/19	金	58
15	北海道	2021/03/20	土	53
16	北海道	2021/03/21	日	71
17	北海道	2021/03/22	月	65
18	北海道	2021/03/23	火	63
19	北海道	2021/03/24	水	63
20	北海道	2021/03/25	木	84
21	北海道	2021/03/26	金	47

このデータを曜日と都道府県ごとに集計する場合、次のように操作します。

操作手順

❶ グループ化したい列（ここでは「都道府県」列）を選択し、[ホーム] - [変換] - [グループ化] をクリックします。

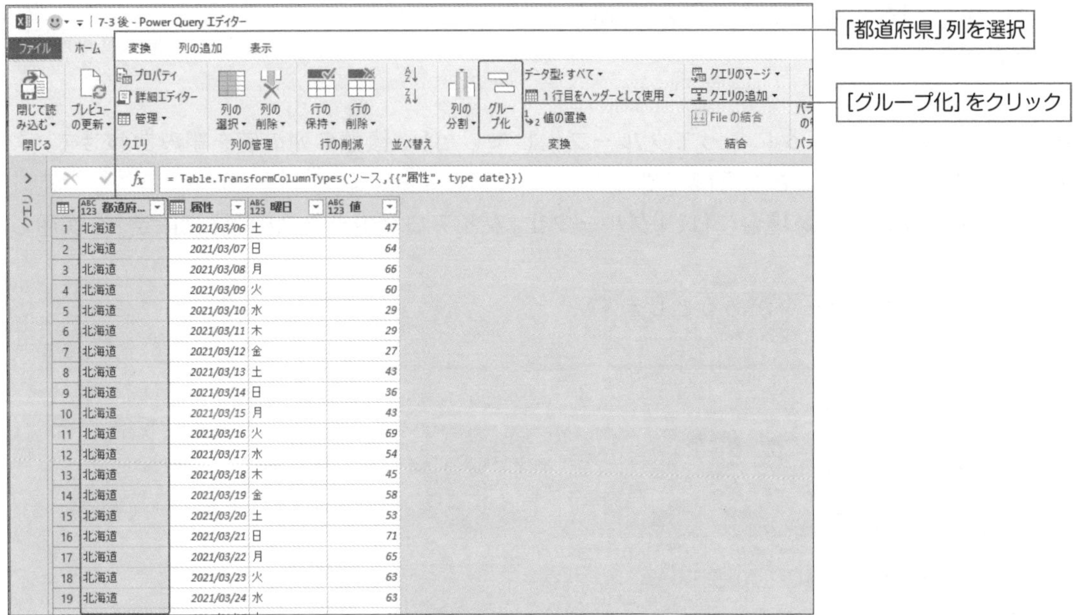

❷ [グループ化] ダイアログボックスが表示されるので、グループ化したい1つめの列（ここでは「都道府県」）が指定されていることを確認して、[詳細設定] をクリックします。

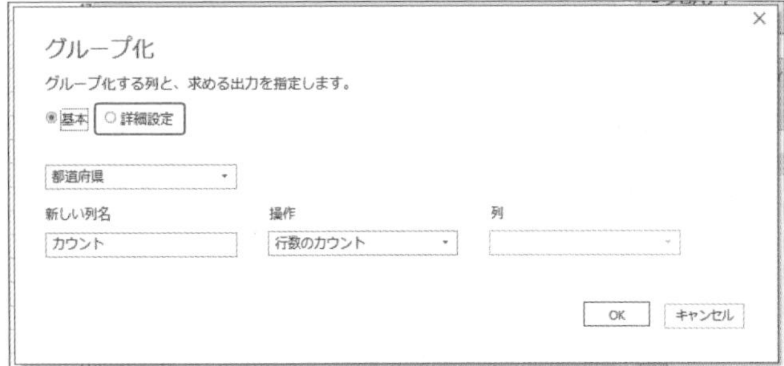

❸ [グループ化の追加] をクリックします。

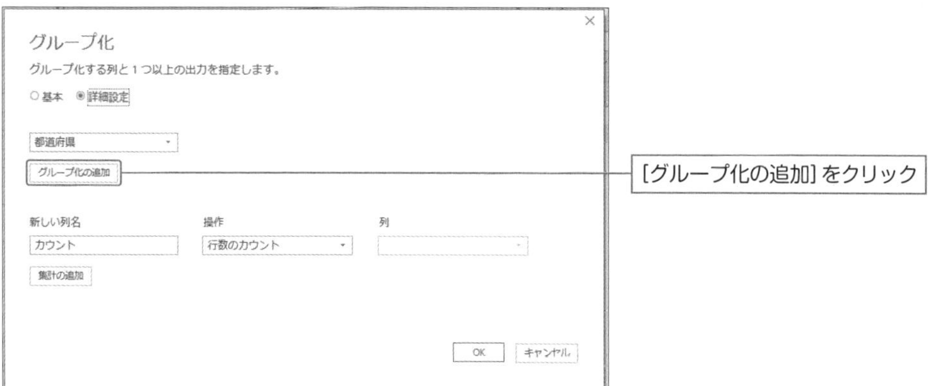

❹ ▼をクリックし、表示されたメニューの中からグループ化したい列（ここでは「曜日」）を選択します。

❺ グループ化したい列がすべて（ここでは [都道府県] 列と [曜日] 列）設定されていることを確認します。

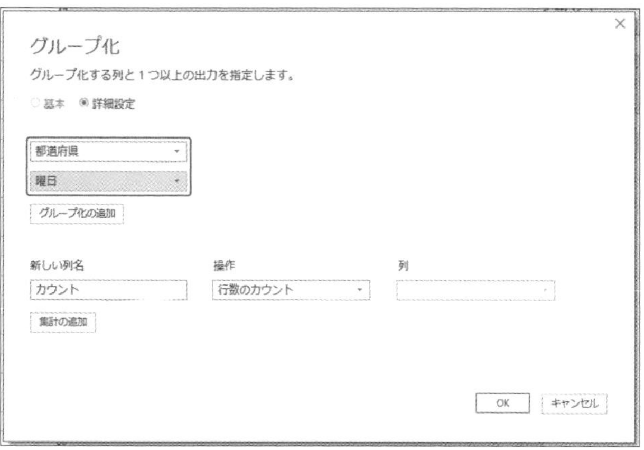

❻ 今回はまず［曜日］列でグループ化し、次に［都道府県］列でグループ化したいので、グループ化の順序を入れ替えます。「曜日」の右側の［...］をクリックし、表示されたメニューの［上へ移動］を選択します。

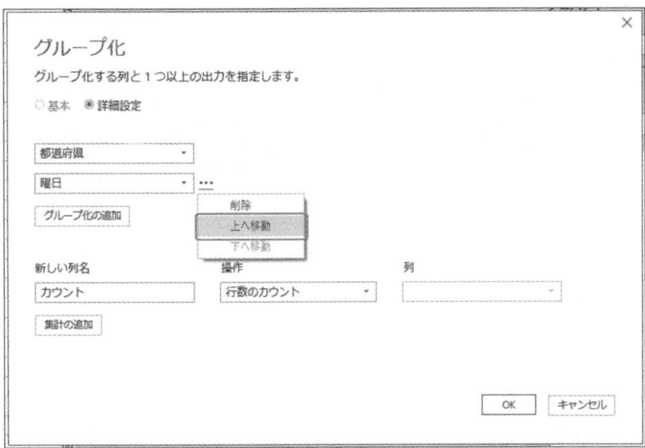

❼ グループ化の順序が入れ替わりました。

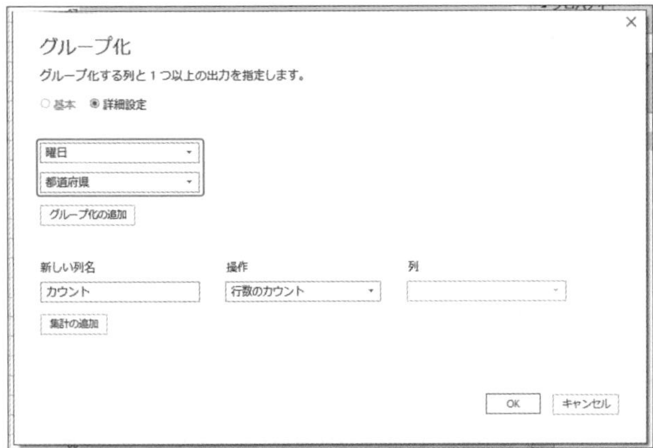

❽ ［新しい列名］を入力し（ここでは「曜日別合計」とします）、［操作］を「合計」、［列］を「値」に設定し［OK］をクリックします。

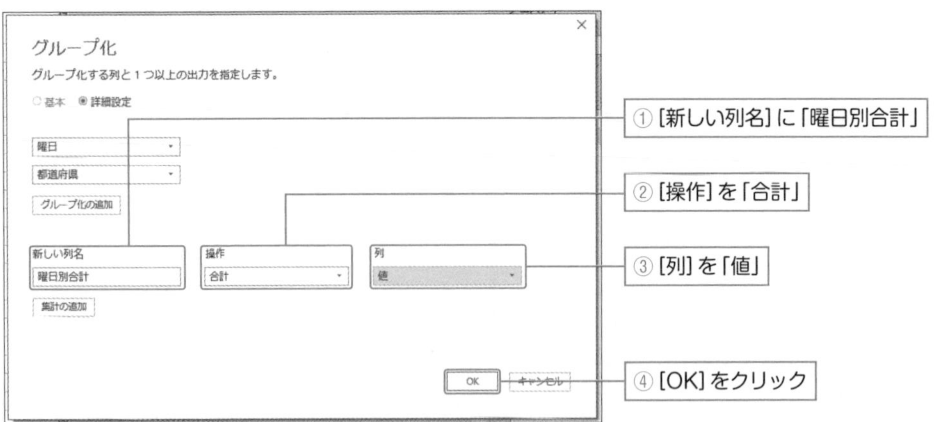

❾ 曜日と都道府県ごとの集計が表示されました。

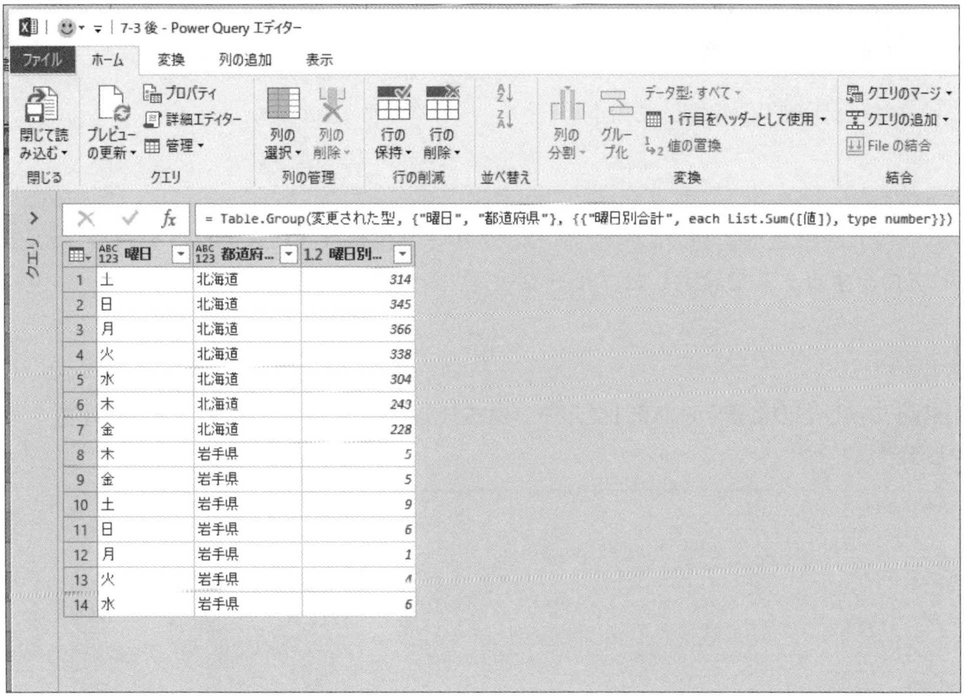
7-3 後 - Power Query エディター
ファイル
ホーム
変換
列の追加
表示
閉じて読み込む
プレビューの更新
プロパティ
詳細エディター
管理
列の選択
列の削除
行の保持
行の削除
列の分割
グループ化
データ型: すべて
1 行目をヘッダーとして使用
値の置換
クエリのマージ
クエリの追加
File の結合
閉じる
クエリ
列の管理
行の削減
並べ替え
変換
結合
クエリ
= Table.Group(変更された型, {"曜日", "都道府県"}, {{"曜日別合計", each List.Sum([値]), type number}})
曜日
都道府...
曜日別...
1 土 北海道 314
2 日 北海道 345
3 月 北海道 366
4 火 北海道 338
5 水 北海道 304
6 木 北海道 243
7 金 北海道 228
8 木 岩手県 5
9 金 岩手県 5
10 土 岩手県 9
11 日 岩手県 6
12 月 岩手県 1
13 火 岩手県 4
14 水 岩手県 6

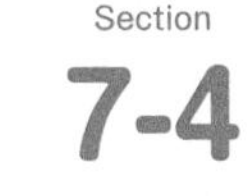

Section
7-4

[グループ化] の条件を修正・削除する

メニュー　[ホーム] - [変換] - [グループ化]

M言語　-

設定したグループ化を修正・確認したい場合には、グループ化を行ったステップを表示し、[グループ化] ダイアログボックスで設定したグループ設定、集計設定を修正します。

操作手順

❶ [クエリの設定] ウィンドウに表示された「グループ化された行」の右側に表示される [歯車] ボタンをクリックします。

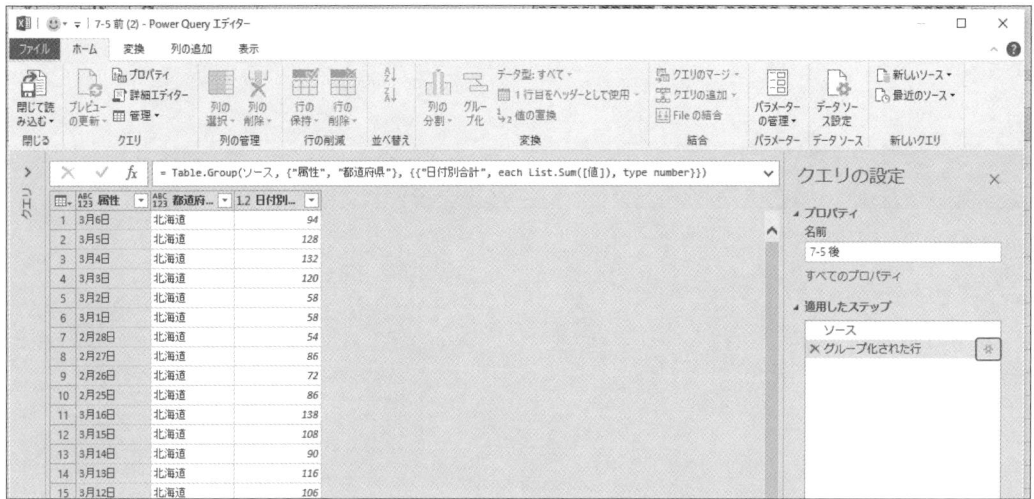

❷ [グループ化] ダイアログボックスが表示されますので、修正したい部分があれば修正します。

❸削除したい条件があれば、[...]をクリックし、表示されたメニューの[削除]を選択します。

❹［グループ化］ダイアログボックスの1つ目のグループ化設定が削除されました。

Section
7-5 [グループ化] で合計と平均を表示する

メニュー	[ホーム] - [変換] - [グループ化]
M言語	-

7-3では[グループ化]ダイアログボックスの「詳細設定」でグループを複数設定しましたが、集計方法を複数選択することも可能です。

例えば、次のようなデータがあるとします。

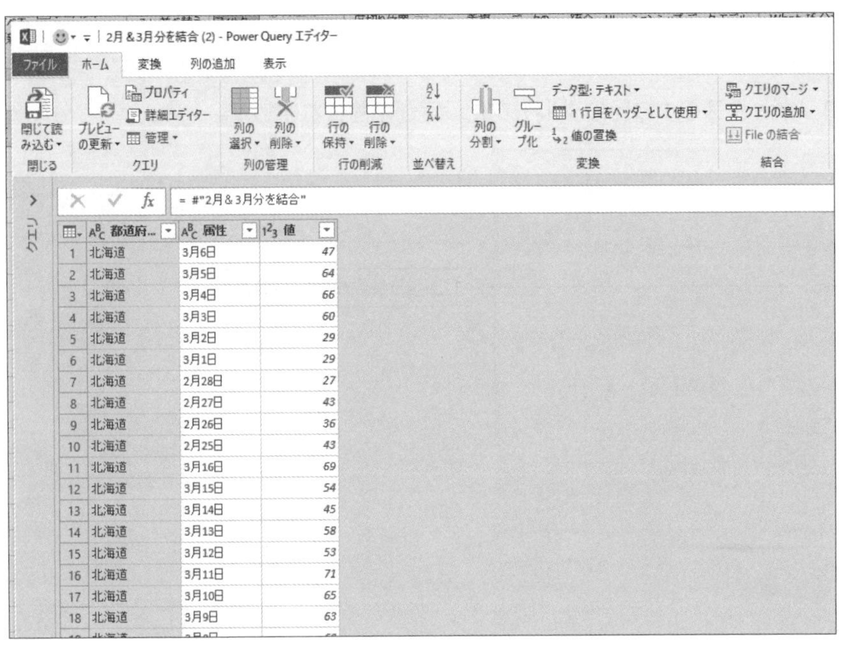

このデータを都道府県ごとにグループ化して合計と平均を求める場合、次のように操作します。

操作手順

❶ グループ化したい列（ここでは「都道府県」列）を選択し、[ホーム] - [変換] - [グループ化] をクリックします。

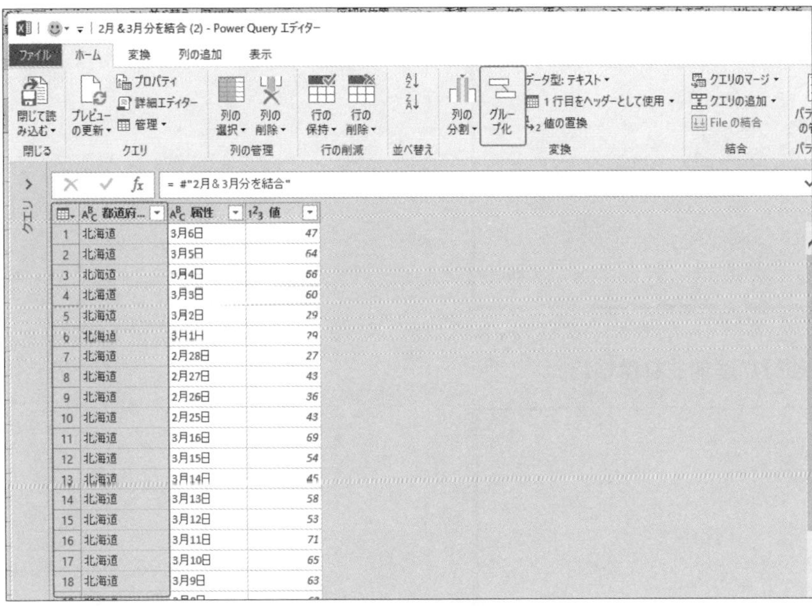

❷ [グループ化] ダイアログボックスが表示されるので、1つ目の条件、[新しい列名] に「都道府県合計」、[操作] を「合計」、[列] を「値」に設定後、[詳細設定] をクリックします。

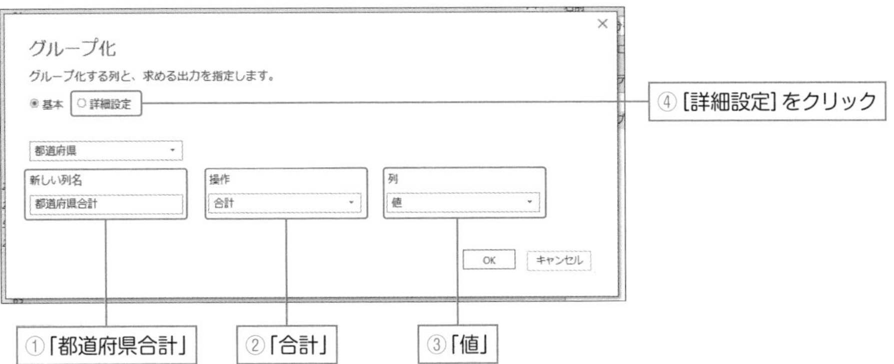

❸ [グループ化] ダイアログボックスで [集計の追加] をクリックします。

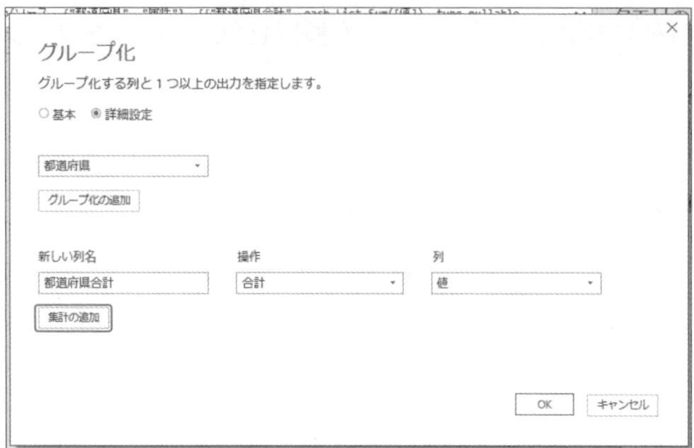

❹ 2つ目の集計が設定できる行が追加されました。

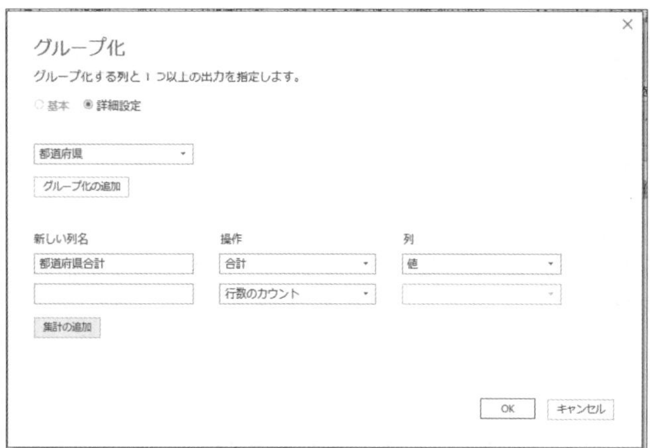

❺ [新しい列名] に「都道府県平均」、[操作] に「平均」、[列] に「値」を設定し、[OK] をクリックします。

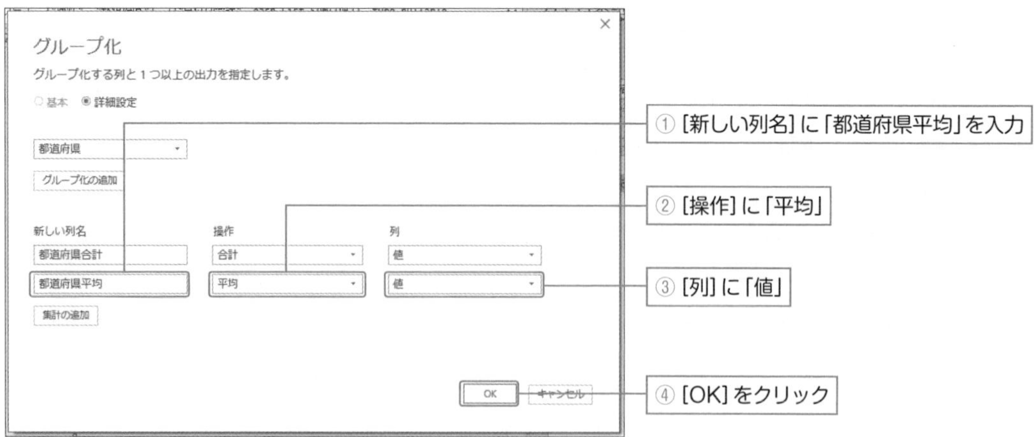

❻都道府県でグループ化され、合計と平均が計算された結果が表示されました。

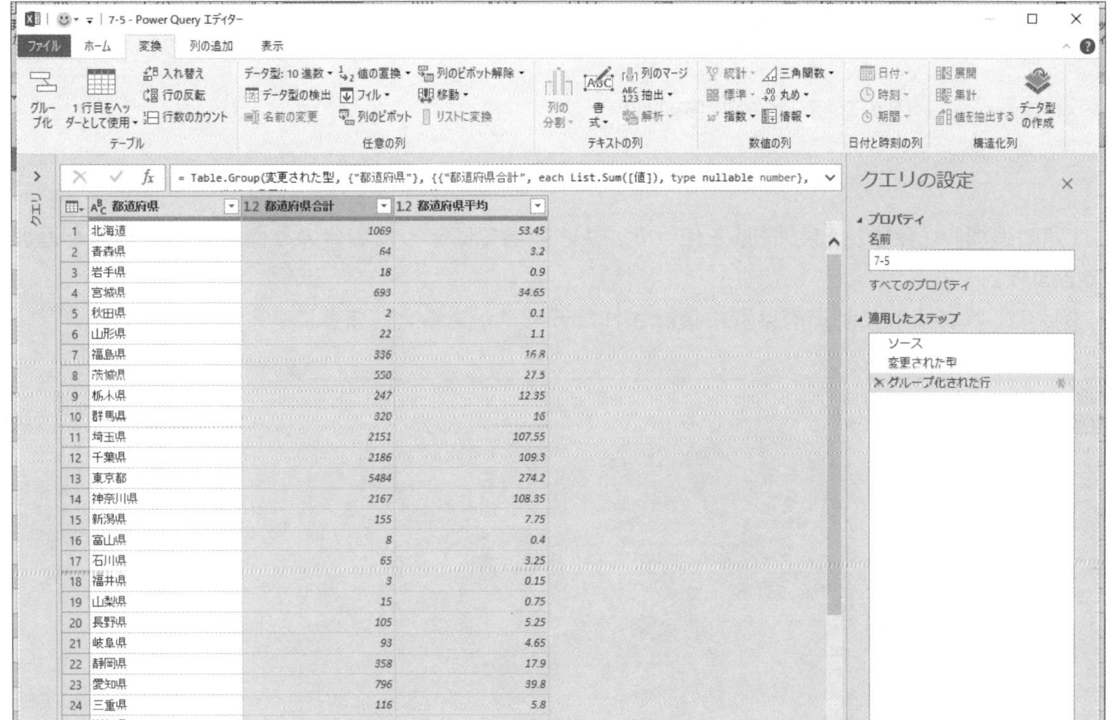

	都道府県	都道府県合計	都道府県平均
1	北海道	1069	53.45
2	青森県	64	3.2
3	岩手県	18	0.9
4	宮城県	693	34.65
5	秋田県	2	0.1
6	山形県	22	1.1
7	福島県	336	16.8
8	茨城県	550	27.5
9	栃木県	247	12.35
10	群馬県	320	16
11	埼玉県	2151	107.55
12	千葉県	2186	109.3
13	東京都	5484	274.2
14	神奈川県	2167	108.35
15	新潟県	155	7.75
16	富山県	8	0.4
17	石川県	65	3.25
18	福井県	3	0.15
19	山梨県	15	0.75
20	長野県	105	5.25
21	岐阜県	93	4.65
22	静岡県	358	17.9
23	愛知県	796	39.8
24	三重県	116	5.8
25	滋賀県	233	11.65

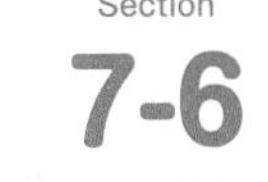

Section
7-6

条件に当てはまった場合のみ値を表示する①
条件列

メニュー	[列の追加] - [全般] - [条件列]
M言語	-

[列の追加] - [全般] - [条件列] を使うと、条件に当てはまった場合のみ値を表示する列を追加できます。

例えば、次のように都道府県別に集計されたデータがあるとします。

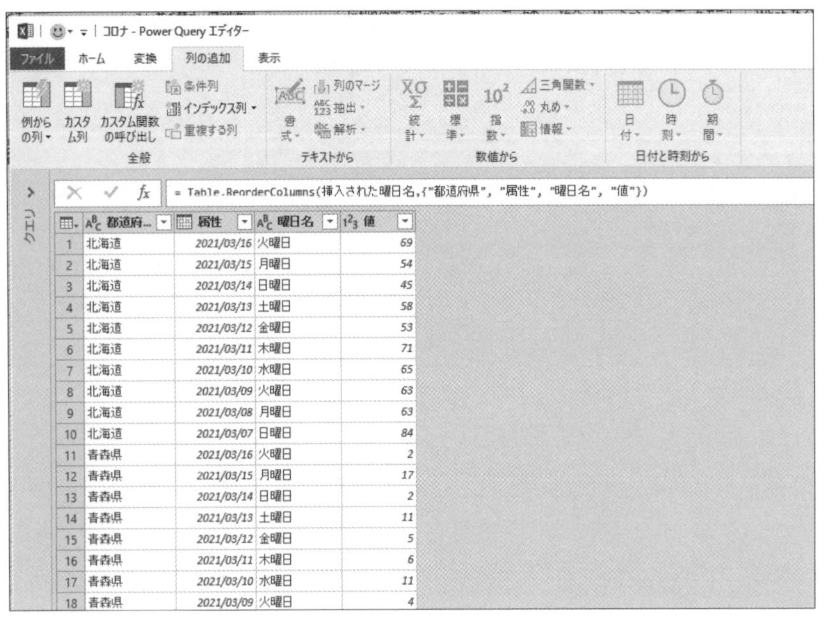

	都道府...	属性	曜日名	値
1	北海道	2021/03/16	火曜日	69
2	北海道	2021/03/15	月曜日	54
3	北海道	2021/03/14	日曜日	45
4	北海道	2021/03/13	土曜日	58
5	北海道	2021/03/12	金曜日	53
6	北海道	2021/03/11	木曜日	71
7	北海道	2021/03/10	水曜日	65
8	北海道	2021/03/09	火曜日	63
9	北海道	2021/03/08	月曜日	63
10	北海道	2021/03/07	日曜日	84
11	青森県	2021/03/16	火曜日	2
12	青森県	2021/03/15	月曜日	17
13	青森県	2021/03/14	日曜日	2
14	青森県	2021/03/13	土曜日	11
15	青森県	2021/03/12	金曜日	5
16	青森県	2021/03/11	木曜日	6
17	青森県	2021/03/10	水曜日	11
18	青森県	2021/03/09	火曜日	4

この表に、[曜日名] 列が月曜日の場合にのみ [値] 列の値を表示する列を追加してみましょう。

操作手順

❶ 条件を判断するためのデータが入った列（ここでは［曜日名］列）を選択し、［列の追加］-［全般］-［条件列］をクリックします。

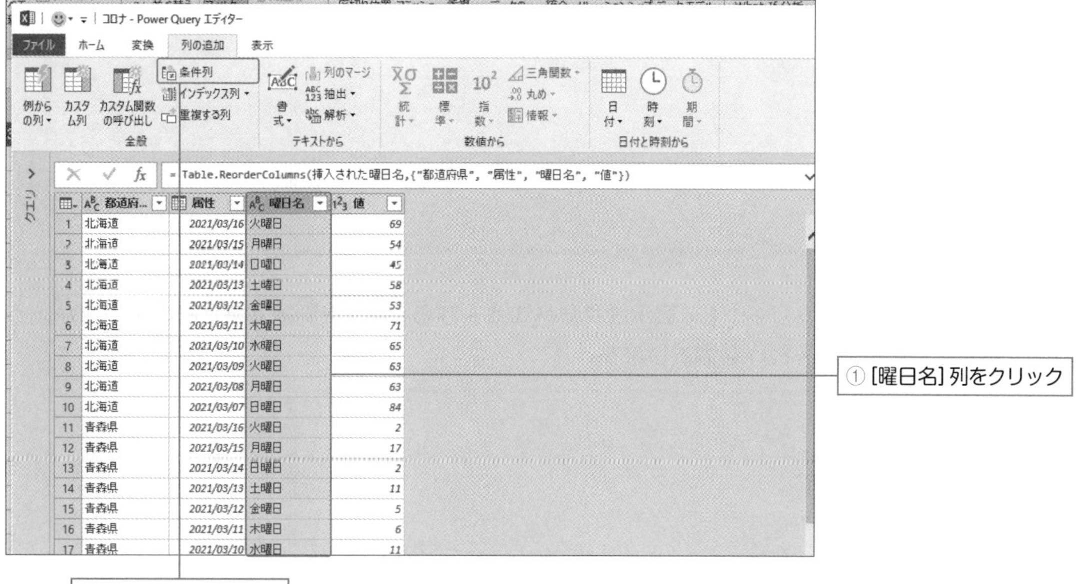

❷［条件列の追加］ダイアログボックスが表示されます。

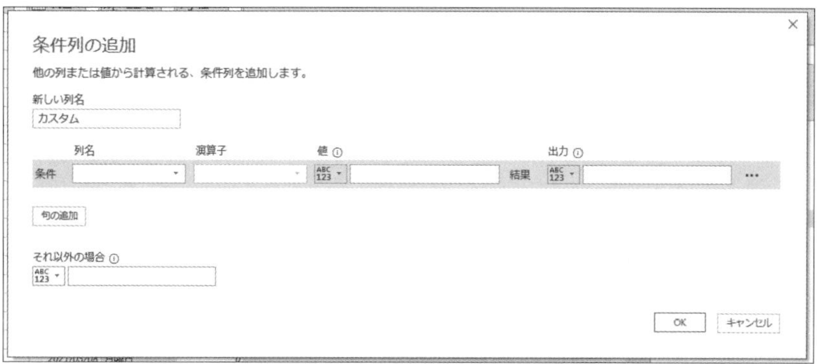

❸ [新しい列名] を入力します（ここでは「月」とします）。

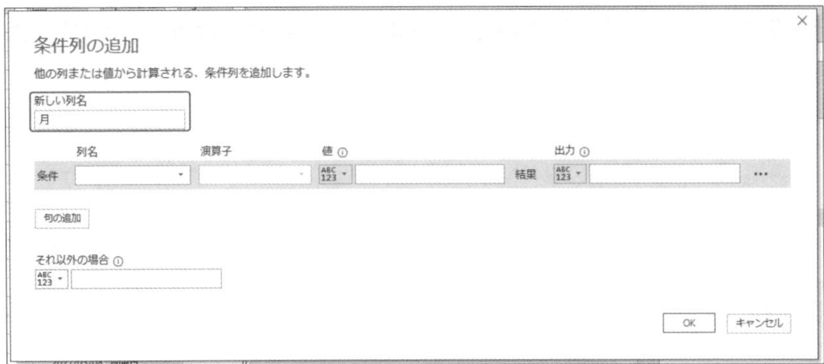

❹ 条件列の [列名] の▼をクリックし、表示されたメニューから、条件を判断するためのデータが入っている列（ここでは「曜日名」）を選択します。

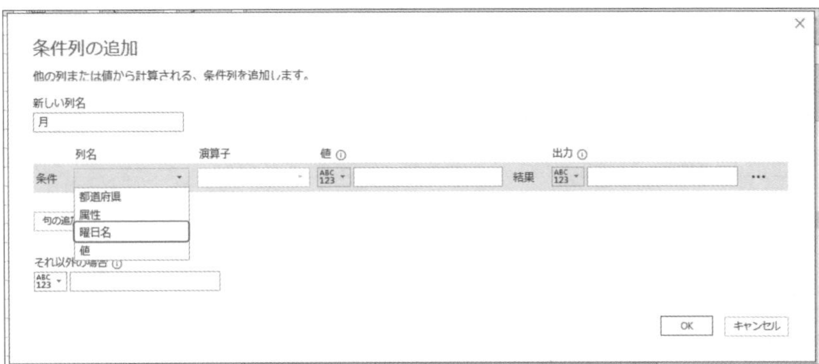

❺ [演算子] の▼をクリックし、表示されたメニューの「指定の値で始まる」を選択します。

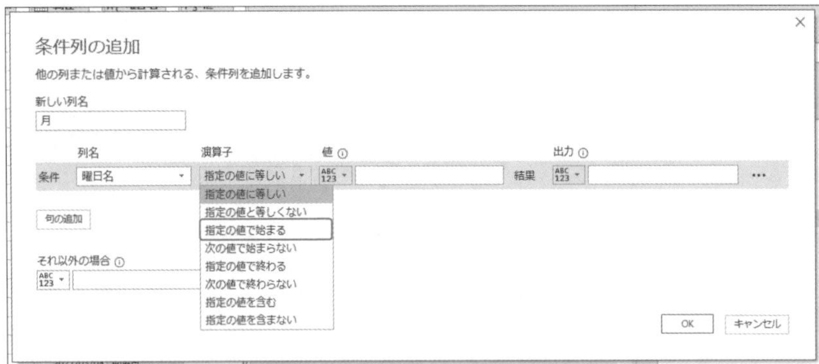

❻ [値] に条件となる値（ここでは「月」）と入力します。

❼ [出力] には条件にあった場合に表示する [値] または [列] を選択できます。

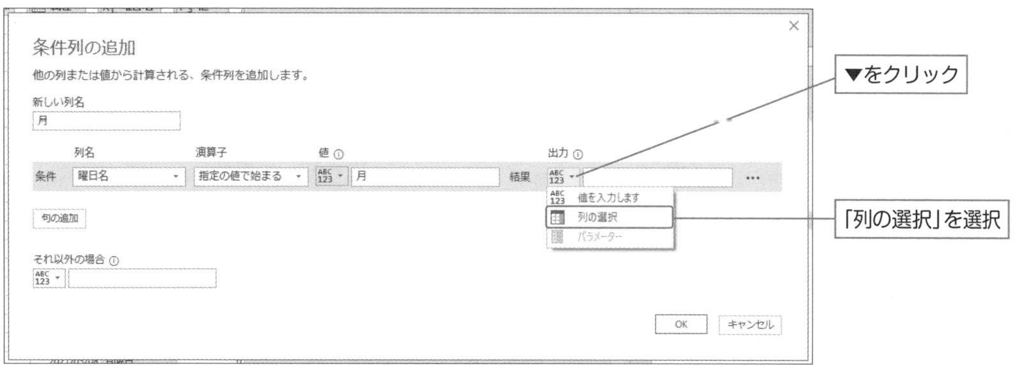

❽ ▼をクリックして表示される候補から、どの列の値を出力するのか指定します。

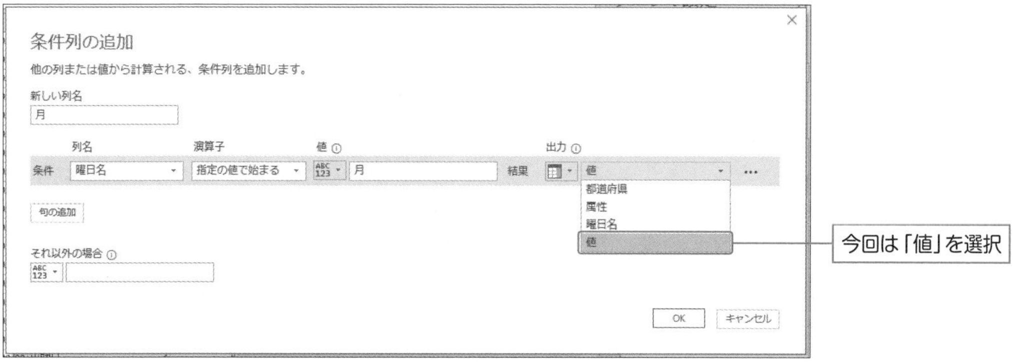

今回は「値」を選択

❾設定が完了したら［OK］をクリックします。

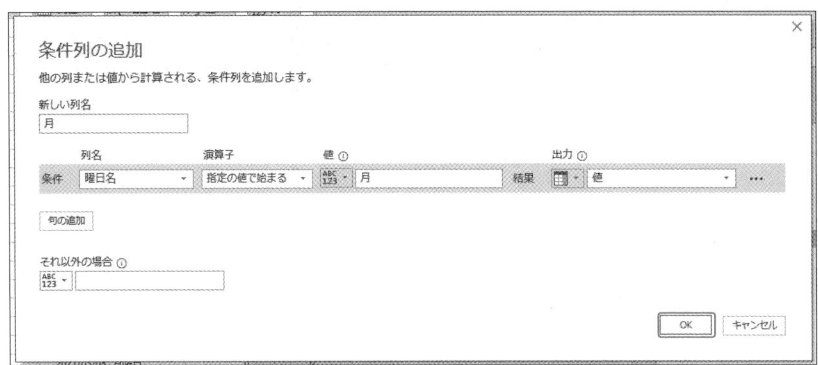

❿新しい列が作成され、設定した条件（ここでは「［曜日名］列が月から始まる」という条件）に合った場合のみ［値］列のデータが表示されています。条件に当てはまらず値が表示されないセルは「null」となります。

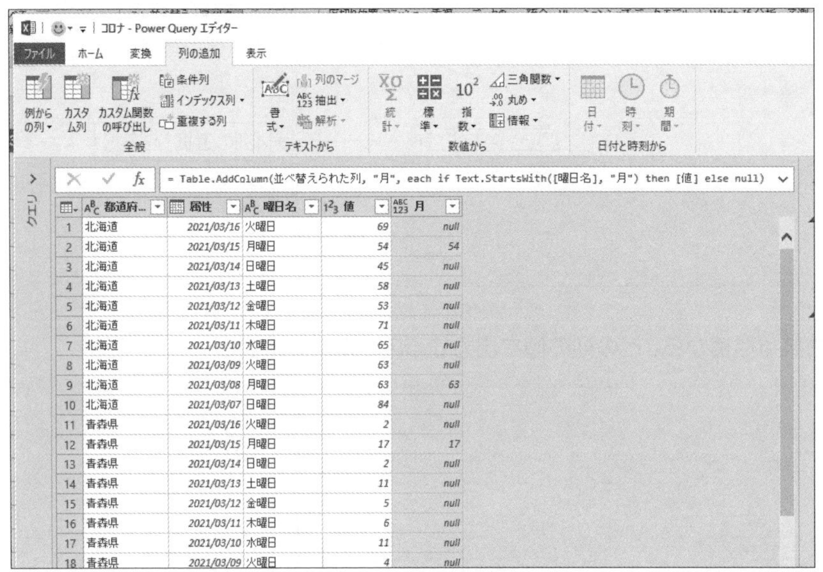

	都道府...	属性	曜日名	値	月
1	北海道	2021/03/16	火曜日	69	null
2	北海道	2021/03/15	月曜日	54	54
3	北海道	2021/03/14	日曜日	45	null
4	北海道	2021/03/13	土曜日	58	null
5	北海道	2021/03/12	金曜日	53	null
6	北海道	2021/03/11	木曜日	71	null
7	北海道	2021/03/10	水曜日	65	null
8	北海道	2021/03/09	火曜日	63	null
9	北海道	2021/03/08	月曜日	63	63
10	北海道	2021/03/07	日曜日	84	null
11	青森県	2021/03/16	火曜日	2	null
12	青森県	2021/03/15	月曜日	17	17
13	青森県	2021/03/14	日曜日	2	null
14	青森県	2021/03/13	土曜日	11	null
15	青森県	2021/03/12	金曜日	5	null
16	青森県	2021/03/11	木曜日	6	null
17	青森県	2021/03/10	水曜日	11	null
18	青森県	2021/03/09	火曜日	4	null

なお、条件列の演算子には、「指定の値に等しい」「指定の値と等しくない」「指定の値で始まる」「次の値で始まらない」「指定の値で終わる」「次の値で終わらない」「指定の値を含む」「指定の値を含まない」が存在します。

OnePoint

火～金曜日についても同様に操作を行うと次のような表示となります。

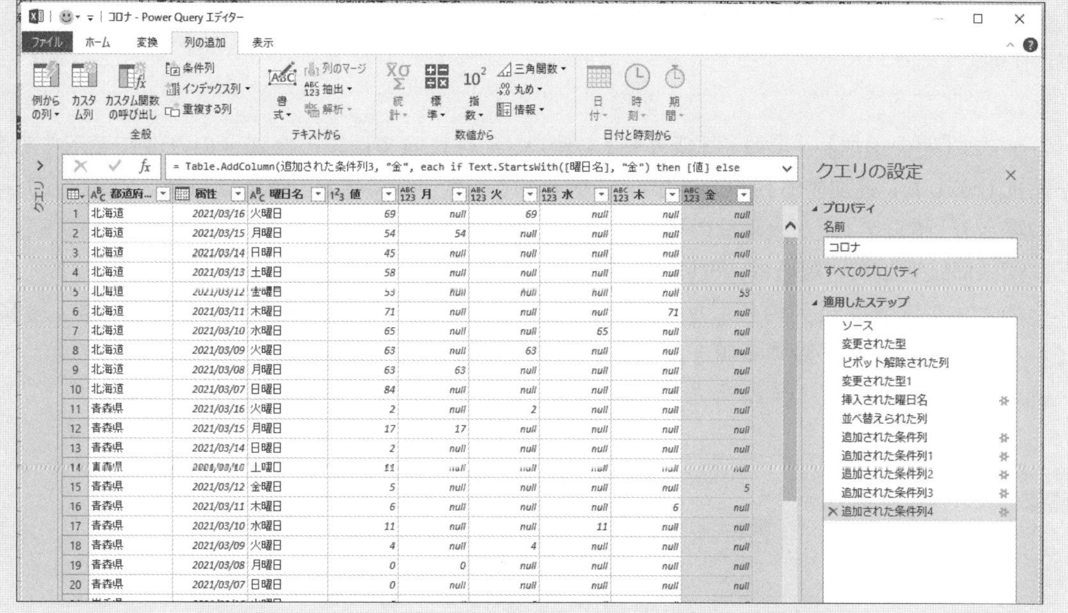

	都道府...	属性	曜日名	値	月	火	水	木	金
1	北海道	2021/03/16	火曜日	69	null	69	null	null	null
2	北海道	2021/03/15	月曜日	54	54	null	null	null	null
3	北海道	2021/03/14	日曜日	45	null	null	null	null	null
4	北海道	2021/03/13	土曜日	58	null	null	null	null	null
5	北海道	2021/03/12	金曜日	53	null	null	null	null	53
6	北海道	2021/03/11	木曜日	71	null	null	null	71	null
7	北海道	2021/03/10	水曜日	65	null	null	65	null	null
8	北海道	2021/03/09	火曜日	63	null	63	null	null	null
9	北海道	2021/03/08	月曜日	63	63	null	null	null	null
10	北海道	2021/03/07	日曜日	84	null	null	null	null	null
11	青森県	2021/03/16	火曜日	2	null	2	null	null	null
12	青森県	2021/03/15	月曜日	17	17	null	null	null	null
13	青森県	2021/03/14	日曜日	2	null	null	null	null	null
14	青森県	2021/03/13	土曜日	11	null	null	null	null	null
15	青森県	2021/03/12	金曜日	5	null	null	null	null	5
16	青森県	2021/03/11	木曜日	6	null	null	null	6	null
17	青森県	2021/03/10	水曜日	11	null	null	11	null	null
18	青森県	2021/03/09	火曜日	4	null	4	null	null	null
19	青森県	2021/03/08	月曜日	0	0	null	null	null	null
20	青森県	2021/03/07	日曜日	0	null	null	null	null	null

Section
7-7 条件に当てはまった場合のみ値を表示する②
列のピボット

メニュー	[変換] - [任意の列] - [列のピボット]
M言語	-

7-6では[列の追加] - [全般] - [条件列]を使い、条件に当てはまった場合のみ値を表示する列を追加しました。追加する列が1つならこの方法でも良いのですが、例えば「[曜日名]列が月曜日の場合」「[曜日名]列が火曜日の場合」……「[曜日名]列が日曜日の場合」というように曜日ごとに同様に処理したい場合は、同じ操作を7回繰り返さなくてはなりません。

そのような場合は、[列のピボット]を使うと、もっと簡単に操作することが可能です。[列のピボット]は、列内の一致する値を集計しテーブルを新しく作成します。

例えば7-6と同様に、次のような都道府県別に集計されたデータがあるとします。

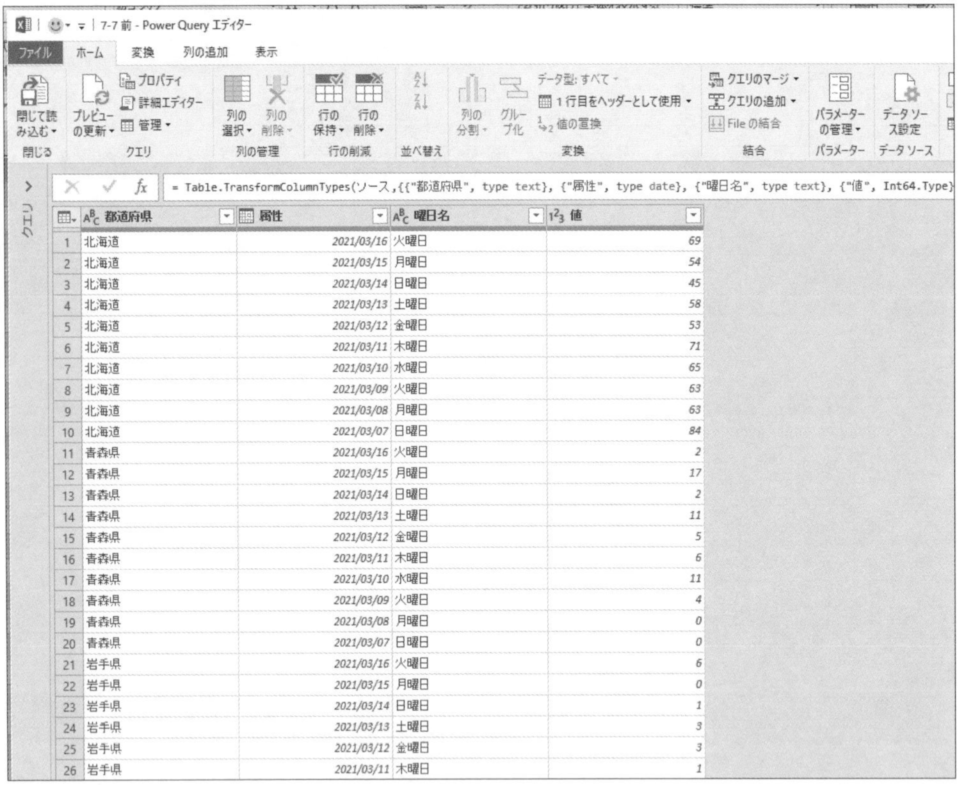
7-7 前 - Power Query エディター
ファイル
ホーム
変換
列の追加
表示
= Table.TransformColumnTypes(ソース,{{"都道府県", type text}, {"属性", type date}, {"曜日名", type text}, {"値", Int64.Type}

	都道府県	属性	曜日名	値
1	北海道	2021/03/16	火曜日	69
2	北海道	2021/03/15	月曜日	54
3	北海道	2021/03/14	日曜日	45
4	北海道	2021/03/13	土曜日	58
5	北海道	2021/03/12	金曜日	53
6	北海道	2021/03/11	木曜日	71
7	北海道	2021/03/10	水曜日	65
8	北海道	2021/03/09	火曜日	63
9	北海道	2021/03/08	月曜日	63
10	北海道	2021/03/07	日曜日	84
11	青森県	2021/03/16	火曜日	2
12	青森県	2021/03/15	月曜日	17
13	青森県	2021/03/14	日曜日	2
14	青森県	2021/03/13	土曜日	11
15	青森県	2021/03/12	金曜日	5
16	青森県	2021/03/11	木曜日	6
17	青森県	2021/03/10	水曜日	11
18	青森県	2021/03/09	火曜日	4
19	青森県	2021/03/08	月曜日	0
20	青森県	2021/03/07	日曜日	0
21	岩手県	2021/03/16	火曜日	6
22	岩手県	2021/03/15	月曜日	0
23	岩手県	2021/03/14	日曜日	1
24	岩手県	2021/03/13	土曜日	3
25	岩手県	2021/03/12	金曜日	3
26	岩手県	2021/03/11	木曜日	1

この表に、「[曜日名]列が月曜日の場合にのみ[値]列の値を表示する列」「[曜日名]列が火曜日の場合にのみ[値]列の値を表示する列」……「[曜日名]列が日曜日の場合にのみ[値]列の値を表示する列」をより簡単に追加してみましょう。

操作手順

❶ 作成する列を判断するためのデータが入った列（ここでは［曜日名］列）をクリックし、［変換］-［任意の列］-［列のピボット］をクリックします。

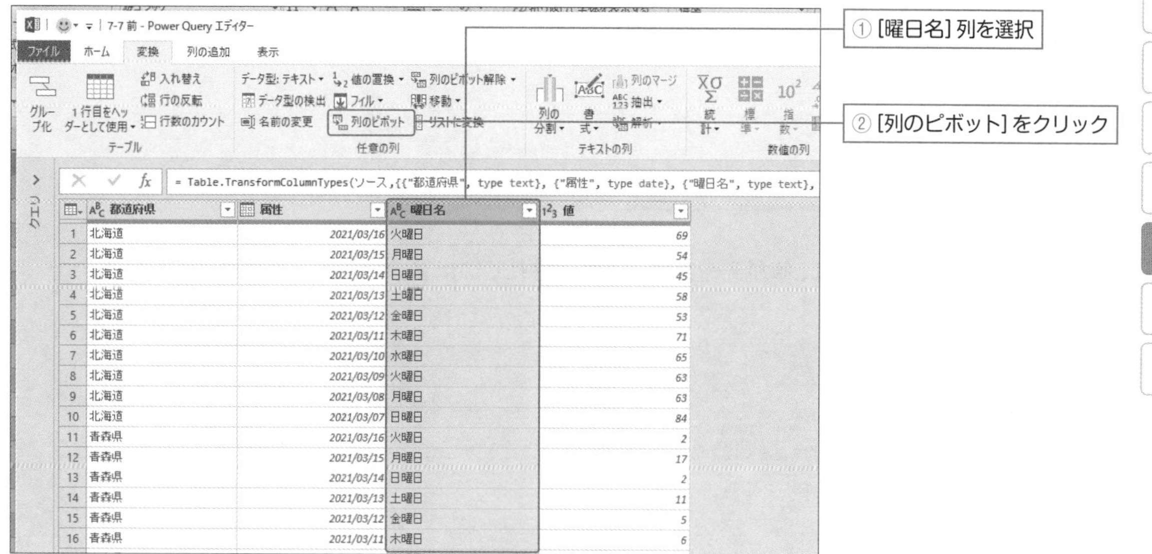

❷ ［列のピボット］ダイアログボックスが表示されます。

❸ ［値列］の▼をクリックし、表示されたメニューの中から、作成する列に表示するデータが入った列（ここでは「値」）を選択します。

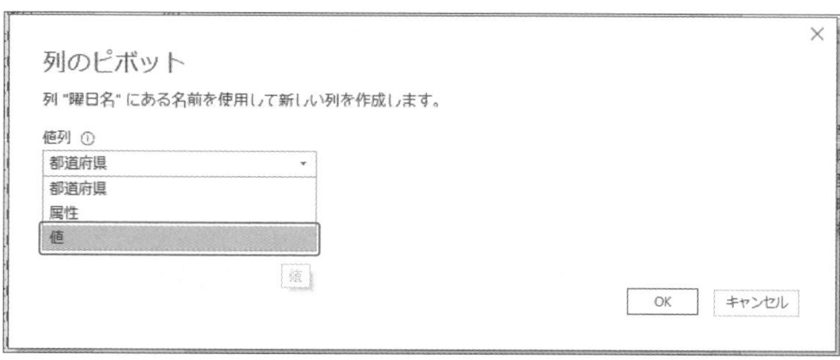

❹設定が完了したら［OK］をクリックします。

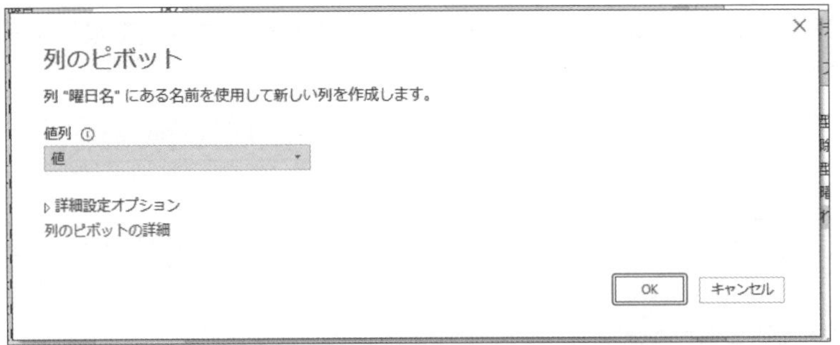

❺曜日ごとの列が作成され、値がデータとして表示されています。

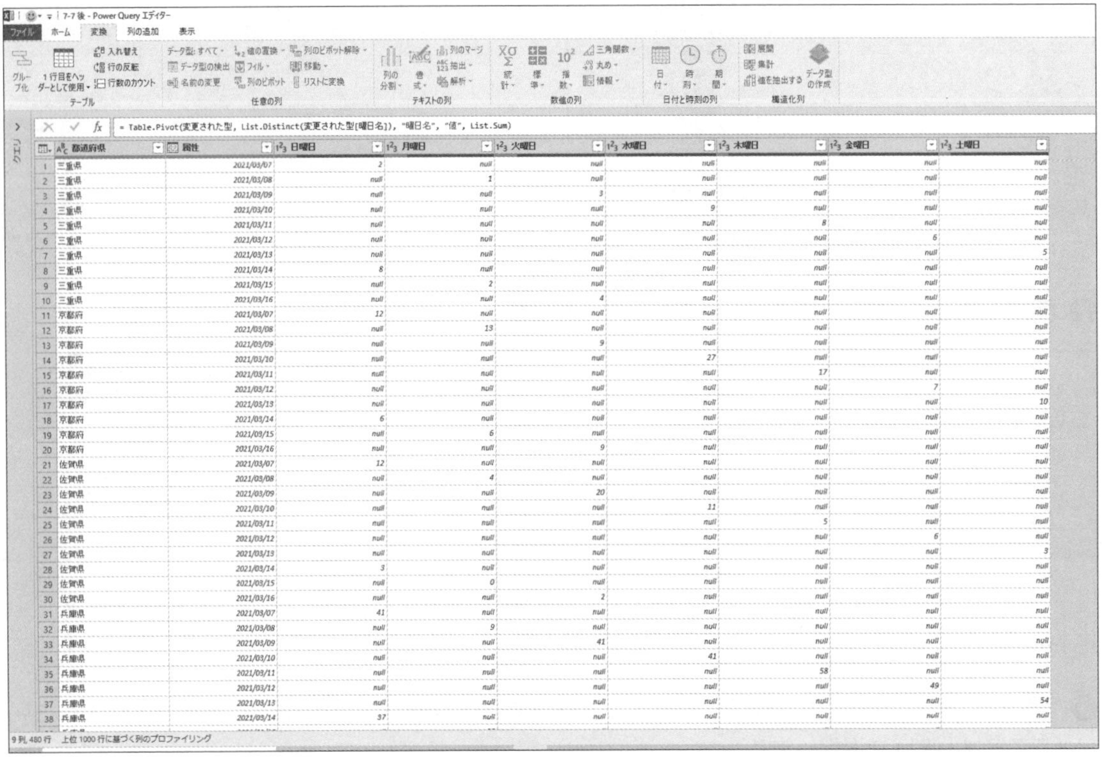

7-7 後 - Power Query エディター

= Table.Pivot(変更された型, List.Distinct(変更された型[曜日名]), "曜日名", "値", List.Sum)

	都道府県	属性	日曜日	月曜日	火曜日	水曜日	木曜日	金曜日	土曜日
1	三重県	2021/03/07	2	null	null	null	null	null	null
2	三重県	2021/03/08	null	1	null	null	null	null	null
3	三重県	2021/03/09	null	null	3	null	null	null	null
4	三重県	2021/03/10	null	null	null	9	null	null	null
5	三重県	2021/03/11	null	null	null	null	8	null	null
6	三重県	2021/03/12	null	null	null	null	null	6	null
7	三重県	2021/03/13	null	null	null	null	null	null	5
8	三重県	2021/03/14	8	null	null	null	null	null	null
9	三重県	2021/03/15	null	2	null	null	null	null	null
10	三重県	2021/03/16	null	null	4	null	null	null	null
11	京都府	2021/03/07	12	null	null	null	null	null	null
12	京都府	2021/03/08	null	13	null	null	null	null	null
13	京都府	2021/03/09	null	null	9	null	null	null	null
14	京都府	2021/03/10	null	null	null	27	null	null	null
15	京都府	2021/03/11	null	null	null	null	17	null	null
16	京都府	2021/03/12	null	null	null	null	null	7	null
17	京都府	2021/03/13	null	null	null	null	null	null	10
18	京都府	2021/03/14	6	null	null	null	null	null	null
19	京都府	2021/03/15	null	6	null	null	null	null	null
20	京都府	2021/03/16	null	null	9	null	null	null	null
21	佐賀県	2021/03/07	12	null	null	null	null	null	null
22	佐賀県	2021/03/08	null	4	null	null	null	null	null
23	佐賀県	2021/03/09	null	null	20	null	null	null	null
24	佐賀県	2021/03/10	null	null	null	11	null	null	null
25	佐賀県	2021/03/11	null	null	null	null	5	null	null
26	佐賀県	2021/03/12	null	null	null	null	null	6	null
27	佐賀県	2021/03/13	null	null	null	null	null	null	3
28	佐賀県	2021/03/14	3	null	null	null	null	null	null
29	佐賀県	2021/03/15	null	0	null	null	null	null	null
30	佐賀県	2021/03/16	null	null	2	null	null	null	null
31	兵庫県	2021/03/07	41	null	null	null	null	null	null
32	兵庫県	2021/03/08	null	9	null	null	null	null	null
33	兵庫県	2021/03/09	null	null	41	null	null	null	null
34	兵庫県	2021/03/10	null	null	null	41	null	null	null
35	兵庫県	2021/03/11	null	null	null	null	58	null	null
36	兵庫県	2021/03/12	null	null	null	null	null	49	null
37	兵庫県	2021/03/13	null	null	null	null	null	null	54
38	兵庫県	2021/03/14	37	null	null	null	null	null	null

9 列, 480 行　上位 1000 行に基づく列のプロファイリング

OnePoint

新しい列を月～日という順番で作成したい場合には、［列のピボット］実施前にテーブルを並べ替えておく必要があります。

Section
7-8

条件に当てはまった場合のみ値を表示する③ 列のピボットの詳細設定オプション

メニュー	[変換] - [任意の列] - [列のピボット]
M言語	

7-7で[列のピボット]の基本的な使い方を解説しましたが、[列のピボット]ダイアログボックスで[詳細設定オプション]を使用すると、さまざまな集計関数が使えます。使用できる集計関数は「カウント(すべて)」「カウント(空白なし)」「最小値」「最大値」「中央」「平均」「合計」「集計しない」の8種類です。

例えば7-7と同様に、次のような都道府県別に集計されたデータがあるとします。

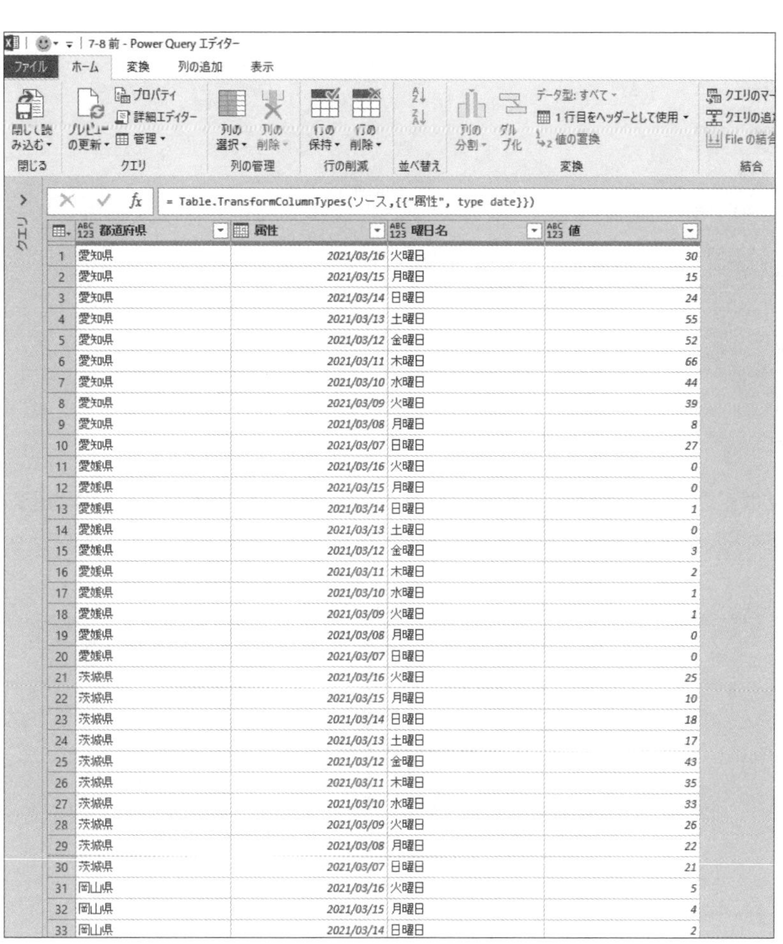

	都道府県	属性	曜日名	値
1	愛知県	2021/03/16	火曜日	30
2	愛知県	2021/03/15	月曜日	15
3	愛知県	2021/03/14	日曜日	24
4	愛知県	2021/03/13	土曜日	55
5	愛知県	2021/03/12	金曜日	52
6	愛知県	2021/03/11	木曜日	66
7	愛知県	2021/03/10	水曜日	44
8	愛知県	2021/03/09	火曜日	39
9	愛知県	2021/03/08	月曜日	8
10	愛知県	2021/03/07	日曜日	27
11	愛媛県	2021/03/16	火曜日	0
12	愛媛県	2021/03/15	月曜日	0
13	愛媛県	2021/03/14	日曜日	1
14	愛媛県	2021/03/13	土曜日	0
15	愛媛県	2021/03/12	金曜日	3
16	愛媛県	2021/03/11	木曜日	2
17	愛媛県	2021/03/10	水曜日	1
18	愛媛県	2021/03/09	火曜日	1
19	愛媛県	2021/03/08	月曜日	0
20	愛媛県	2021/03/07	日曜日	0
21	茨城県	2021/03/16	火曜日	25
22	茨城県	2021/03/15	月曜日	10
23	茨城県	2021/03/14	日曜日	18
24	茨城県	2021/03/13	土曜日	17
25	茨城県	2021/03/12	金曜日	43
26	茨城県	2021/03/11	木曜日	35
27	茨城県	2021/03/10	水曜日	33
28	茨城県	2021/03/09	火曜日	26
29	茨城県	2021/03/08	月曜日	22
30	茨城県	2021/03/07	日曜日	21
31	岡山県	2021/03/16	火曜日	5
32	岡山県	2021/03/15	月曜日	4
33	岡山県	2021/03/14	日曜日	2

7-7では曜日名を元に新しい列を作成しましたが、ここでは都道府県別に新しい列を作成してみましょう。

操作手順

❶ [都道府県] 列をクリックし、[変換] - [任意の列] - [列のピボット] をクリックします。

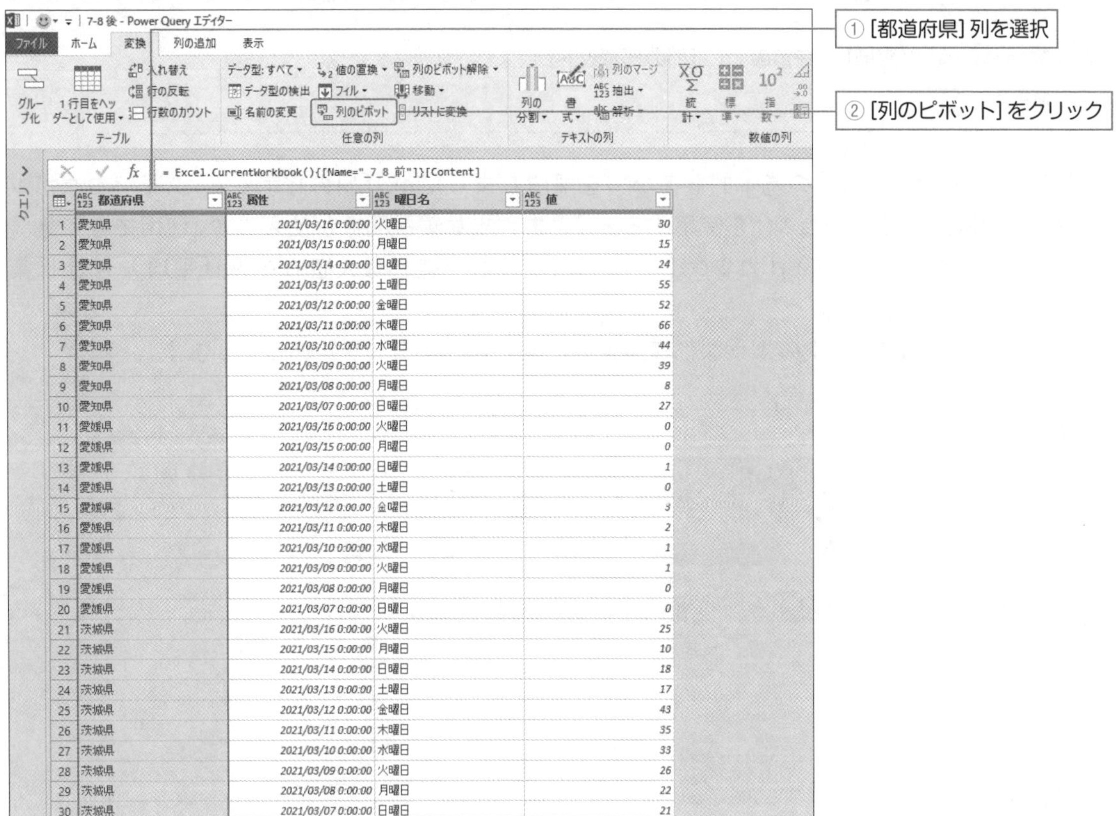

❷ [列のピボット] ダイアログボックスで、[値列] の▼をクリックし、表示されたメニューの中から、作成する列に表示するデータが入った列 (ここでは「値」) を選択します。さらに [詳細設定オプション] をクリックします。

列のピボット

列 "都道府県" にある名前を使用して新しい列を作成します。

値列 ⓘ

値

▷ 詳細設定オプション

列のピボットの詳細

OK キャンセル

❸ 値の集計関数の▼をクリックし、表示されたメニューの中から使用したい集計方法を選択します。ここでは、列の組み換え時によく使用する「集計しない」を使用します。

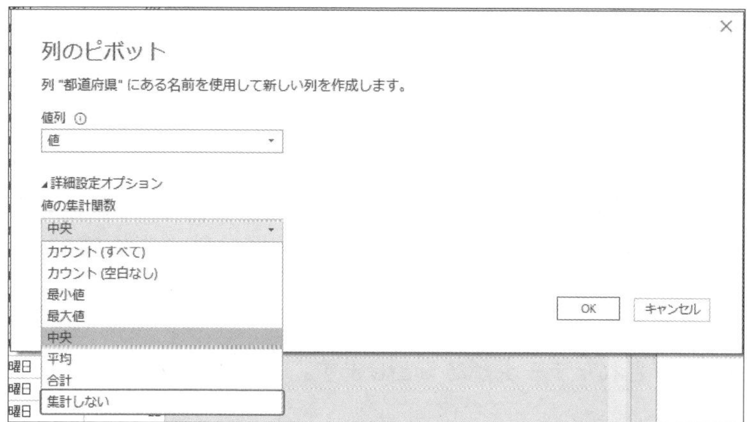

❹ 設定が完了したら［OK］をクリックします。

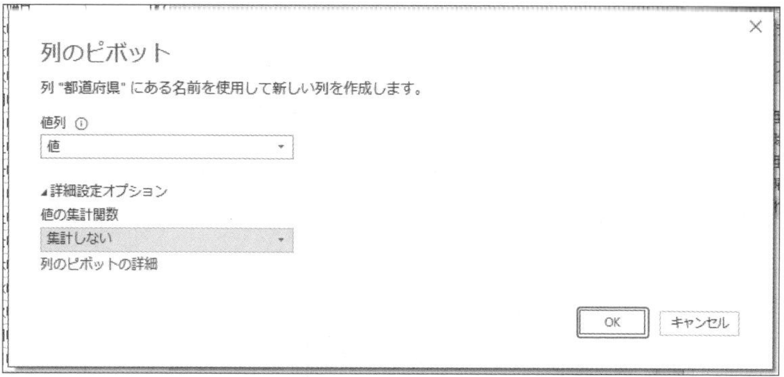

❺ 日付ごとに都道府県の値が表示された表が完成しました。

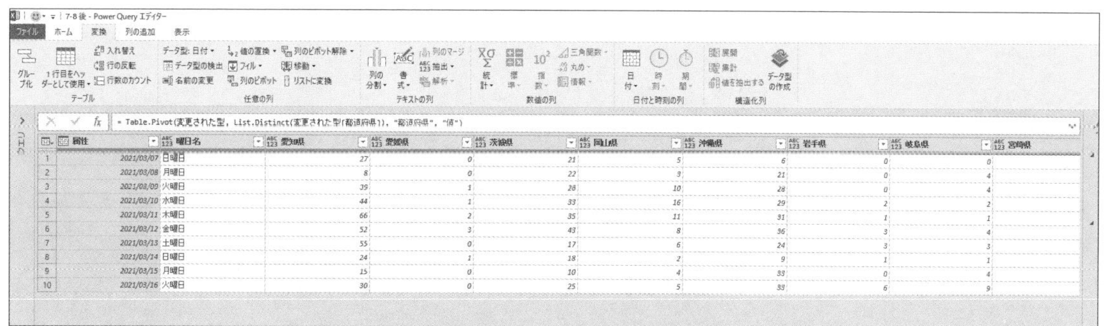

	属性	曜日名	愛知県	愛媛県	茨城県	岡山県	沖縄県	岩手県	岐阜県	宮崎県
1	2021/03/07	日曜日	27	0	21	5	6	0	0	
2	2021/03/08	月曜日	8	0	22	3	21	0	4	
3	2021/03/09	火曜日	39	1	28	10	28	0	4	
4	2021/03/10	水曜日	44	1	33	16	29	2	2	
5	2021/03/11	木曜日	66	2	35	11	31	1	1	
6	2021/03/12	金曜日	52	3	43	8	36	3	4	
7	2021/03/13	土曜日	55	0	17	6	24	3	3	
8	2021/03/14	日曜日	24	1	18	2	9	1	1	
9	2021/03/15	月曜日	15	0	10	4	33	0	4	
10	2021/03/16	火曜日	30	0	25	5	33	6	9	

Section
7-9 条件によって表示を変化させる① OR条件

メニュー [列の追加] - [全般] - [条件列]

M言語 -

7-6では[列の追加] - [全般] - [条件列]を使って、条件に当てはまった場合のみ値を表示する列を追加しました。では、そこで表示する値を、条件によって変化させたい場合はどうすればいいでしょうか。

この場合も、[列の追加] - [全般] - [条件列]を使います。

例えば、次のように都道府県別に集計されたデータがあるとします。

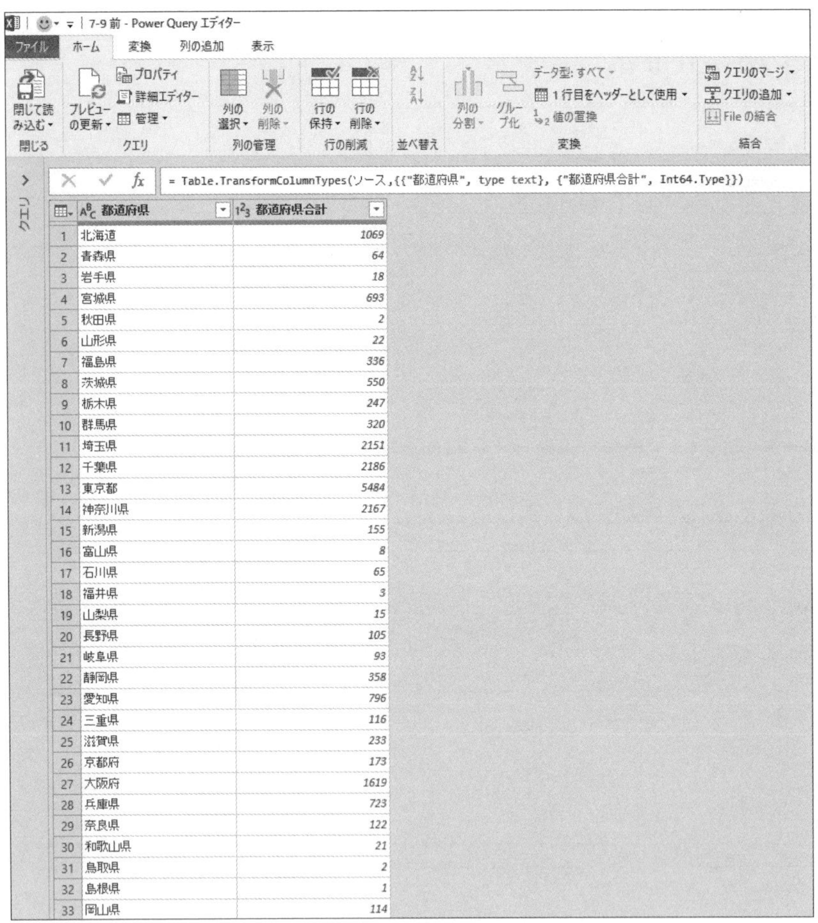

この表に、都道府県合計の人数が1000名以上は「要注意」、500名以上は「注意」、それ以外の県には「★」を表示する列を追加してみましょう。

操作手順

❶ 条件を判断するデータが入っている列（ここでは［都道府県合計］列）をクリックし、［列の追加］-［全般］-［条件列］をクリックします。

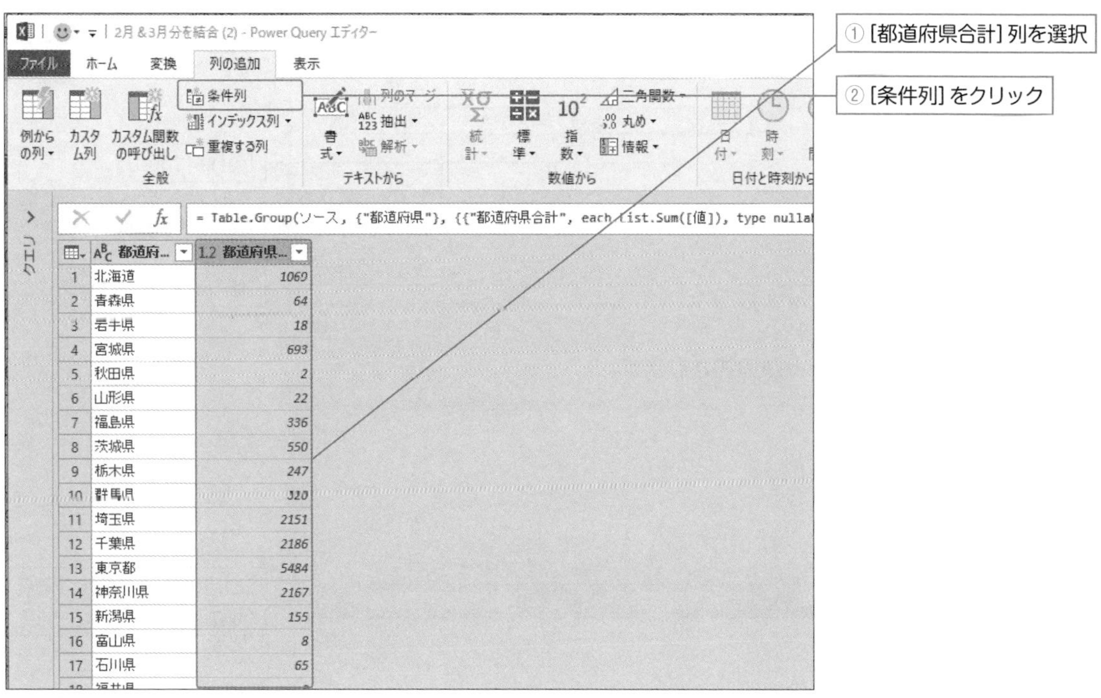

❷［条件列の追加］ダイアログボックスで、［新しい列名］を入力します（ここでは「注意勧告」とします）。

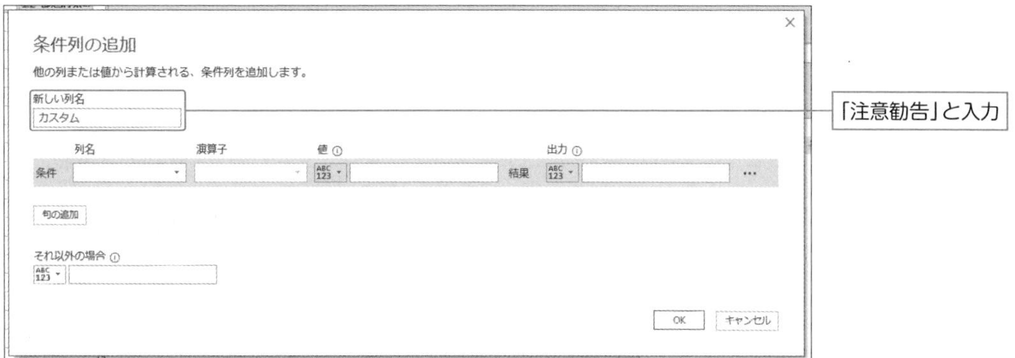

❸ 条件列の［列名］で条件を判断する列名（ここでは「道府県合計」）を選択し、条件と出力する値を入力します。さらに、2つ目の条件を設定するために［句の追加］をクリックします。

「都道府県合計」を選択

［演算子］は「次の値以上:」

［値］は「1000」

［出力］は「要注意」

［句の追加］をクリック

❹ 2つ目の条件を設定する行が追加されます。

2つ目の条件を設定する行が追加

❺ 条件列の［列名］で条件を判断する列名（ここでは「都道府県合計」）を選択し、条件と出力する値を入力します。

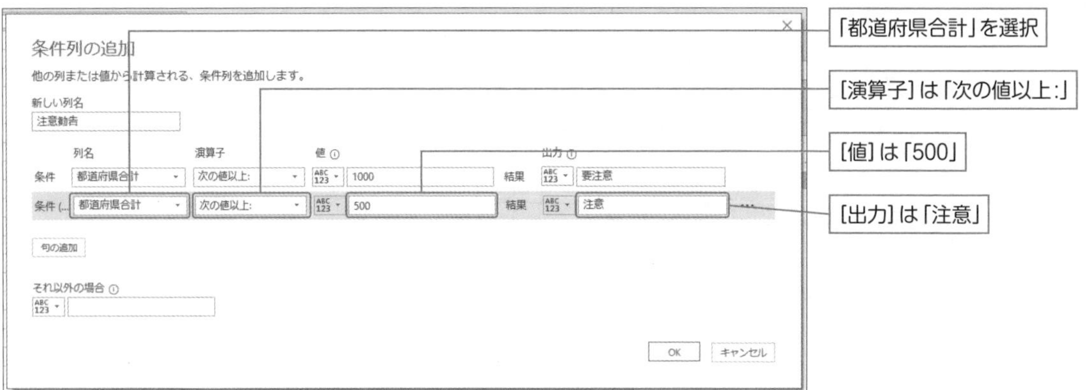

⑥ それ以外の場合の条件を設定（ここでは「★」と入力）し、[OK] をクリックします。

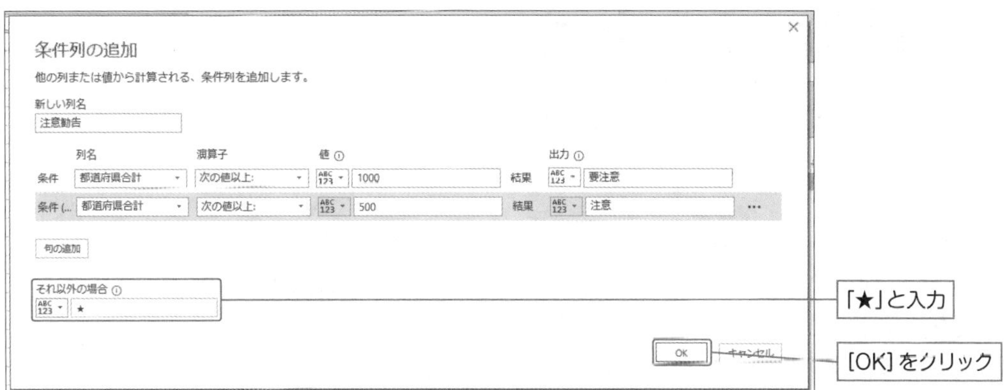

⑦ 新しい列が作成され、条件によって表示されている値が変化していることが確認できます。

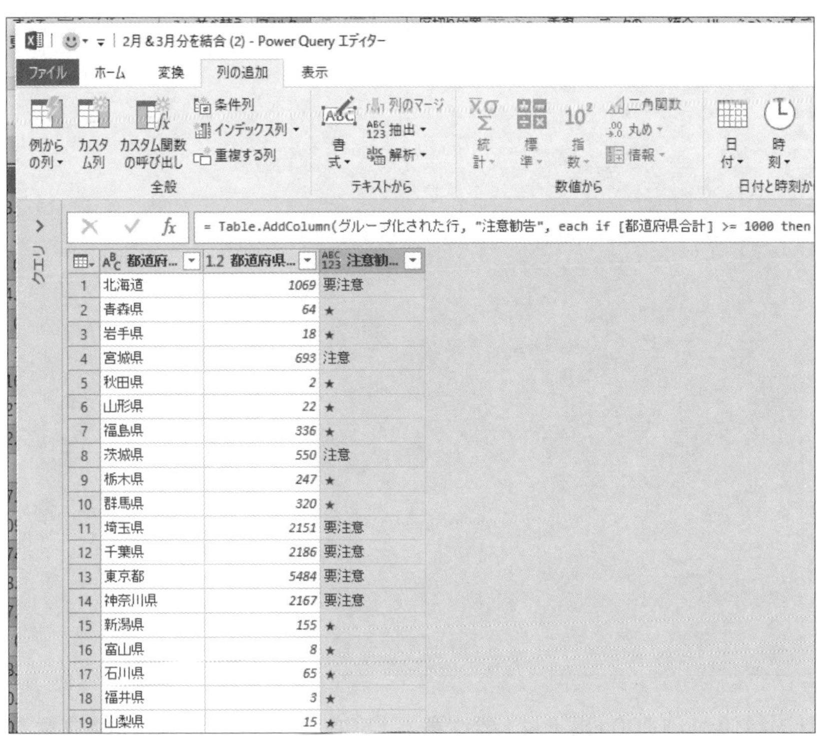

Section
7-10

条件によって表示を変化させる②
if then else

メニュー	[列の追加] - [全般] - [カスタム列]
M言語	-

7-9では[条件列]を使い、条件によって表示を変化させる列を追加しました。

同様のことは、[列の追加] - [全般] - [カスタム列]で、if then else（もし〜ならば、〜でなければ）の構文を使用することでも可能です。

例えば、次のように都道府県別に集計されたデータがあるとします。

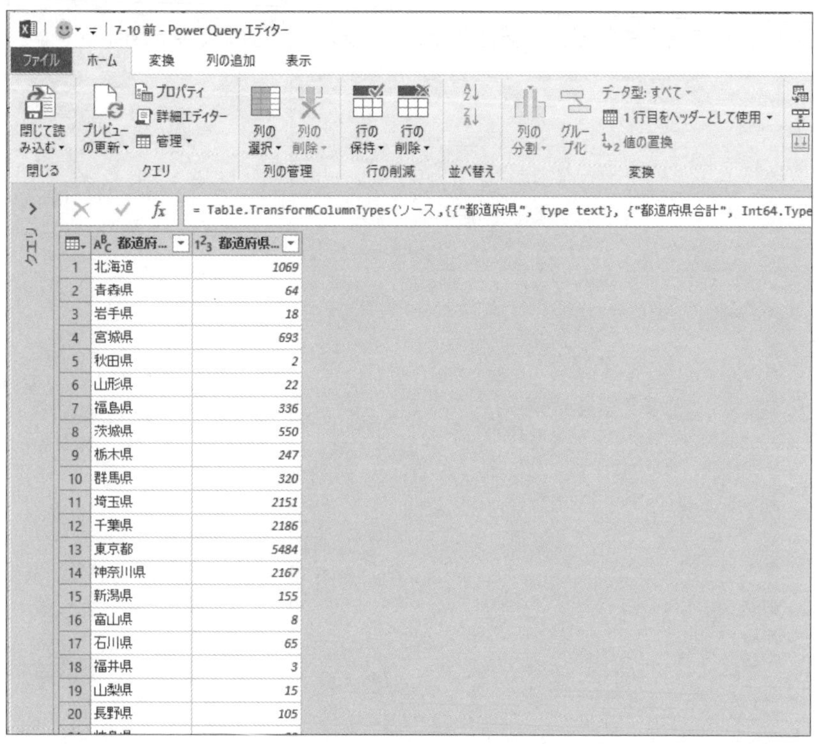

	都道府...	都道府県...
1	北海道	1069
2	青森県	64
3	岩手県	18
4	宮城県	693
5	秋田県	2
6	山形県	22
7	福島県	336
8	茨城県	550
9	栃木県	247
10	群馬県	320
11	埼玉県	2151
12	千葉県	2186
13	東京都	5484
14	神奈川県	2167
15	新潟県	155
16	富山県	8
17	石川県	65
18	福井県	3
19	山梨県	15
20	長野県	105

この表に、都道府県合計の数値が「1000」以上は「要注意」、「500」より大きい場合は「注意」、それ以外の県には「★」を表示する列を追加してみましょう。

操作手順

❶ [列の追加] - [全般] - [カスタム列] をクリックし、[カスタム列] ダイアログボックスを表示します。

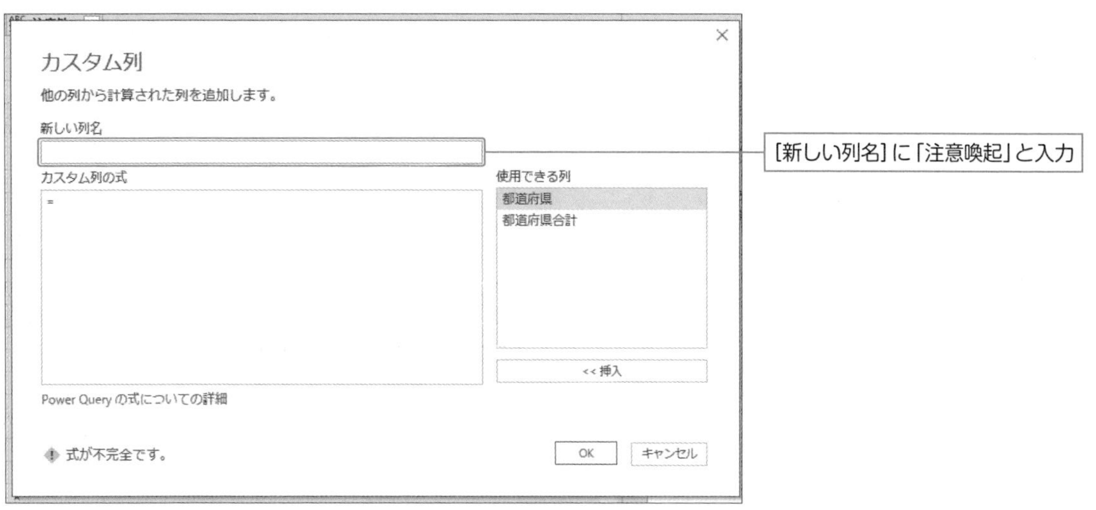

❷ [新しい列名] を入力し、[カスタム列の式] の「=」の後にif then else構文で条件式を入力し、[OK] をクリックします。

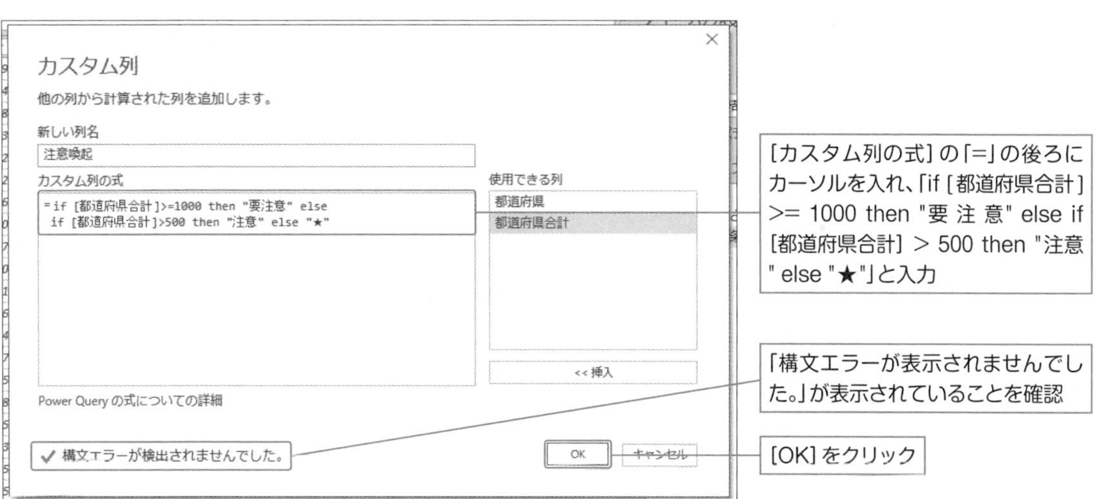

❸ 新しい列が作成され、条件により表示されている値が変化していることが確認できます。

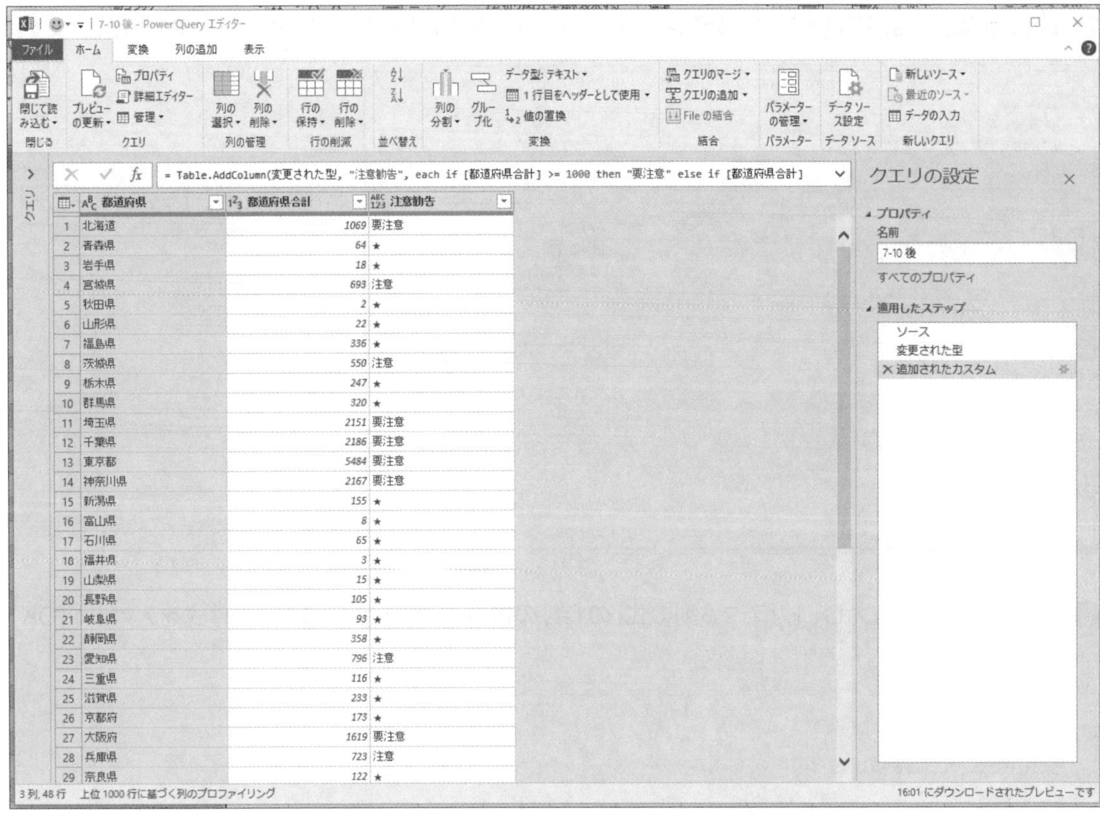

OnePoint

［カスタム列］を使用してif then else構文で設定した条件であっても、［条件列の追加］ダイアログボックスで表示できる内容であれば、［クエリの設定］ウィンドウで、ステップ名の歯車マークをクリックすると下記のように［条件列の追加］ダイアログボックスに表示されます。

Section
7-11 複数の条件に当てはまった場合のみ値を表示する① OR条件

メニュー	[列の追加] - [全般] - [条件列]
M言語	-

7-6では[列の追加] - [全般] - [条件列]を使って、条件に当てはまった場合のみ値を表示する列を追加しました。では、そこで使用する条件を複数設定したい場合はどうすればいいでしょうか。

その場合は、[条件列の追加]ダイアログボックスで[句の追加]を使います。

例えば、次のように都道府県別に集計されたデータがあるとします。

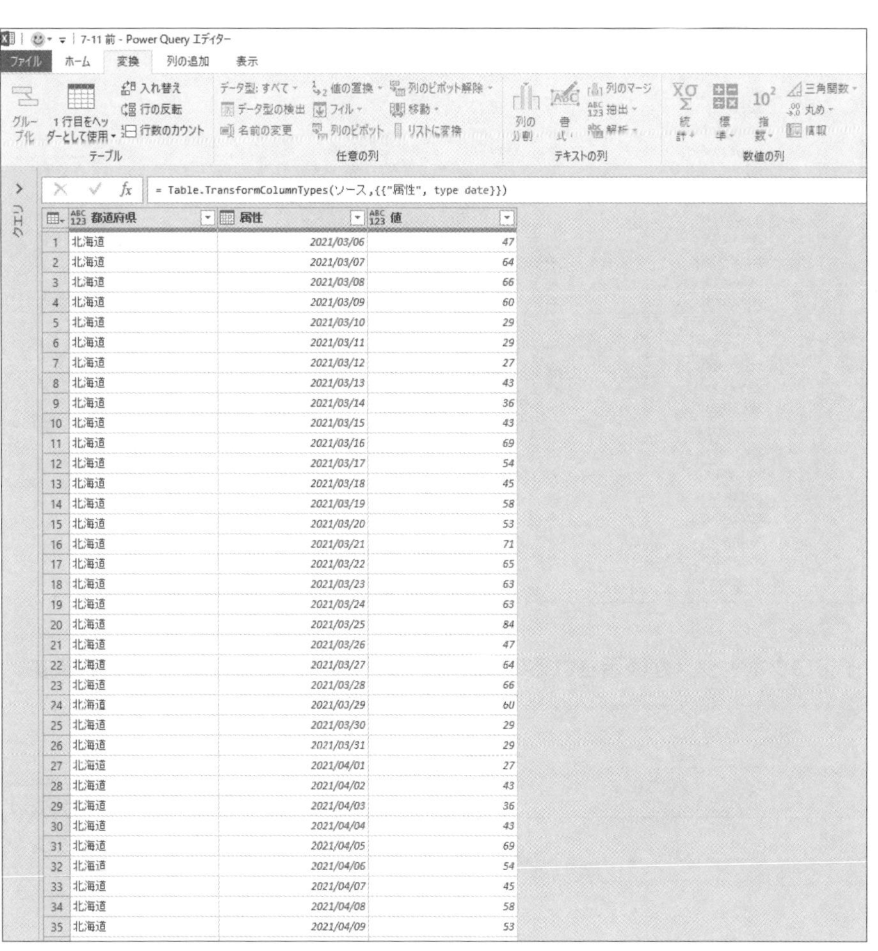

	都道府県	属性	値
1	北海道	2021/03/06	47
2	北海道	2021/03/07	64
3	北海道	2021/03/08	66
4	北海道	2021/03/09	60
5	北海道	2021/03/10	29
6	北海道	2021/03/11	29
7	北海道	2021/03/12	27
8	北海道	2021/03/13	43
9	北海道	2021/03/14	36
10	北海道	2021/03/15	43
11	北海道	2021/03/16	69
12	北海道	2021/03/17	54
13	北海道	2021/03/18	45
14	北海道	2021/03/19	58
15	北海道	2021/03/20	53
16	北海道	2021/03/21	71
17	北海道	2021/03/22	65
18	北海道	2021/03/23	63
19	北海道	2021/03/24	63
20	北海道	2021/03/25	84
21	北海道	2021/03/26	47
22	北海道	2021/03/27	64
23	北海道	2021/03/28	66
24	北海道	2021/03/29	60
25	北海道	2021/03/30	29
26	北海道	2021/03/31	29
27	北海道	2021/04/01	27
28	北海道	2021/04/02	43
29	北海道	2021/04/03	36
30	北海道	2021/04/04	43
31	北海道	2021/04/05	69
32	北海道	2021/04/06	54
33	北海道	2021/04/07	45
34	北海道	2021/04/08	58
35	北海道	2021/04/09	53

この表に、「[都道府県]列が北海道」または「[属性]列が3月10日」の場合にのみ[値]列の値を表示する列を追加してみましょう。

操作手順

❶ 条件の判断に使用するデータが入った列（ここでは［都道府県］列）をクリックし、［列の追加］-［全般］-［条件列］をクリックします。

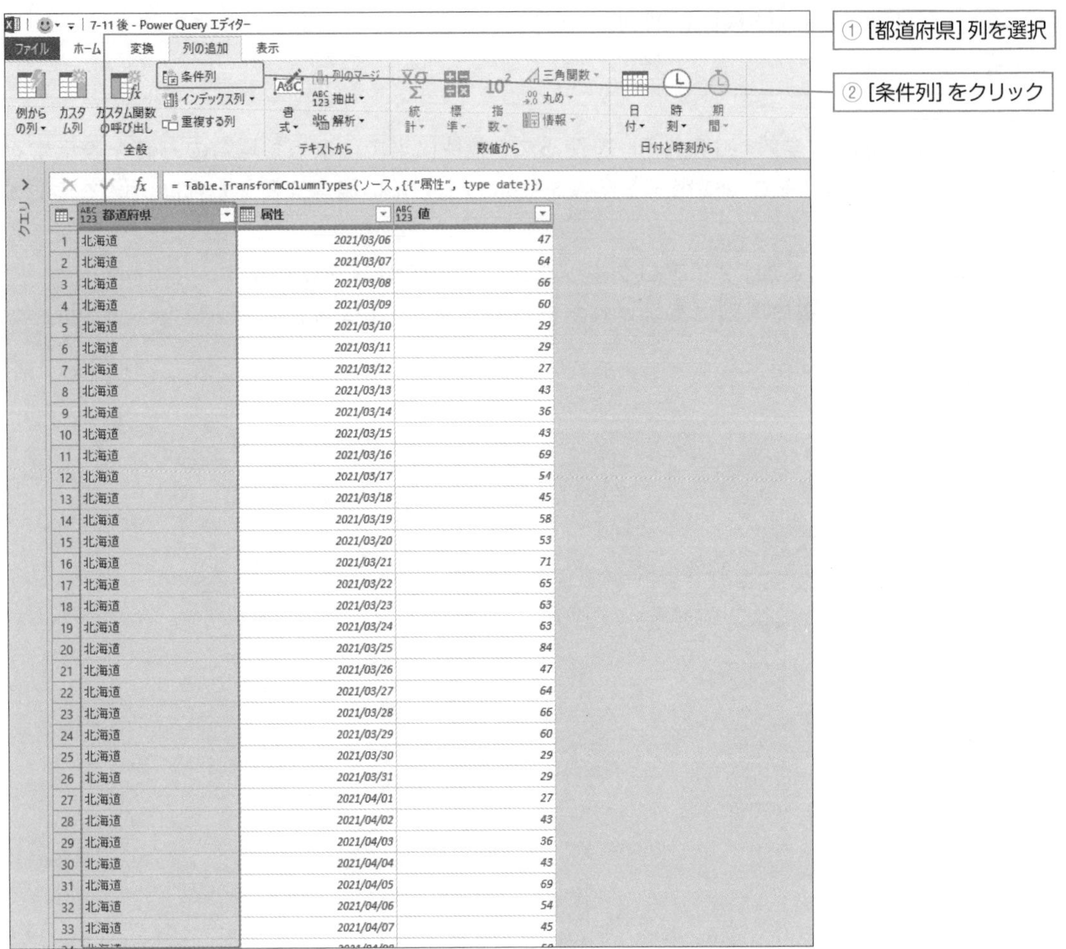

❷ ［条件列の追加］ダイアログボックスが表示されるので、［新しい列名］に「OR条件」と入力します。

条件列の追加

他の列または値から計算される、条件列を追加します。

新しい列名

OR条件

列名 演算子 値 出力

条件 結果

句の追加

それ以外の場合

OK キャンセル

［新しい列名］に「OR条件」と入力

❸1つ目の条件を設定し、[句の追加] をクリックします。

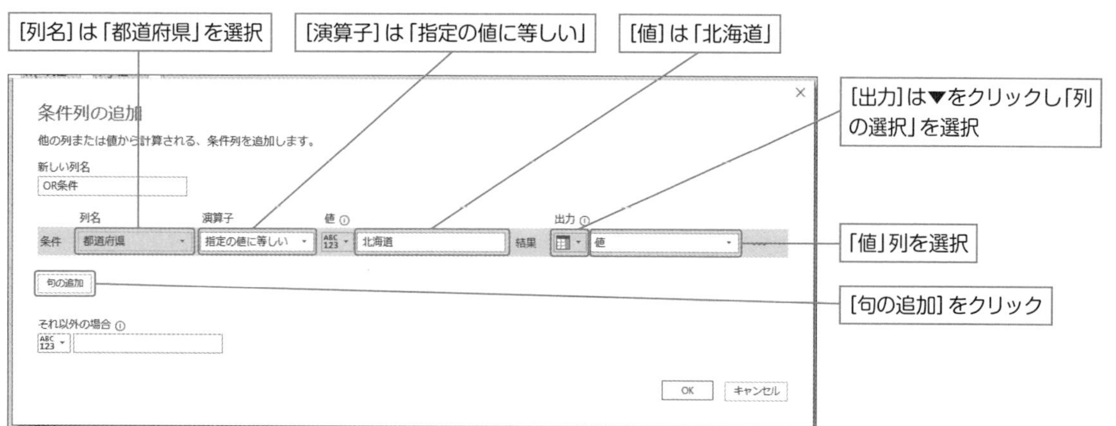

❹条件列の [列名] で条件の判断に使用する列 (ここでは「属性」) を選択し、条件と出力する値を入力後、[OK] をクリックします。

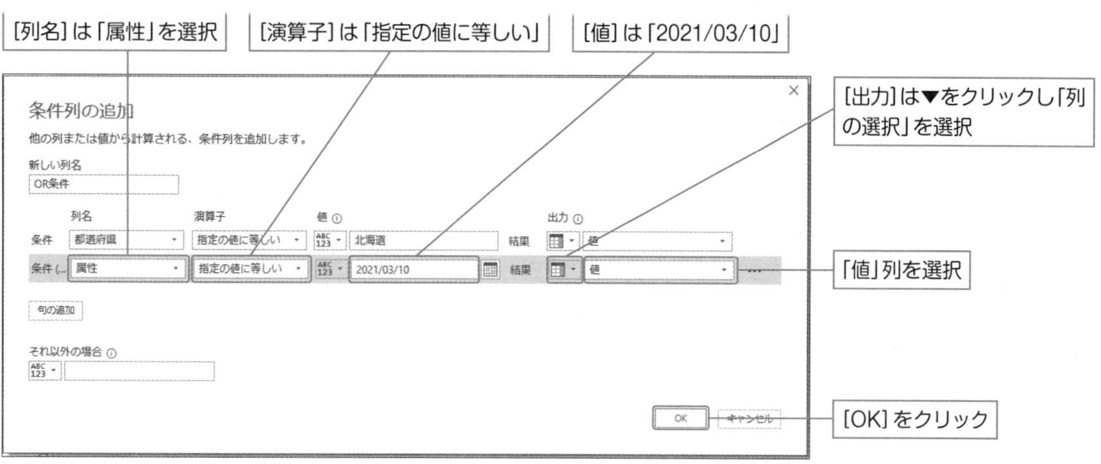

❺新しい列が作成され、条件にあった場合に値が表示されます（条件に当てはまらず値が表示されないセルは「null」となります）。

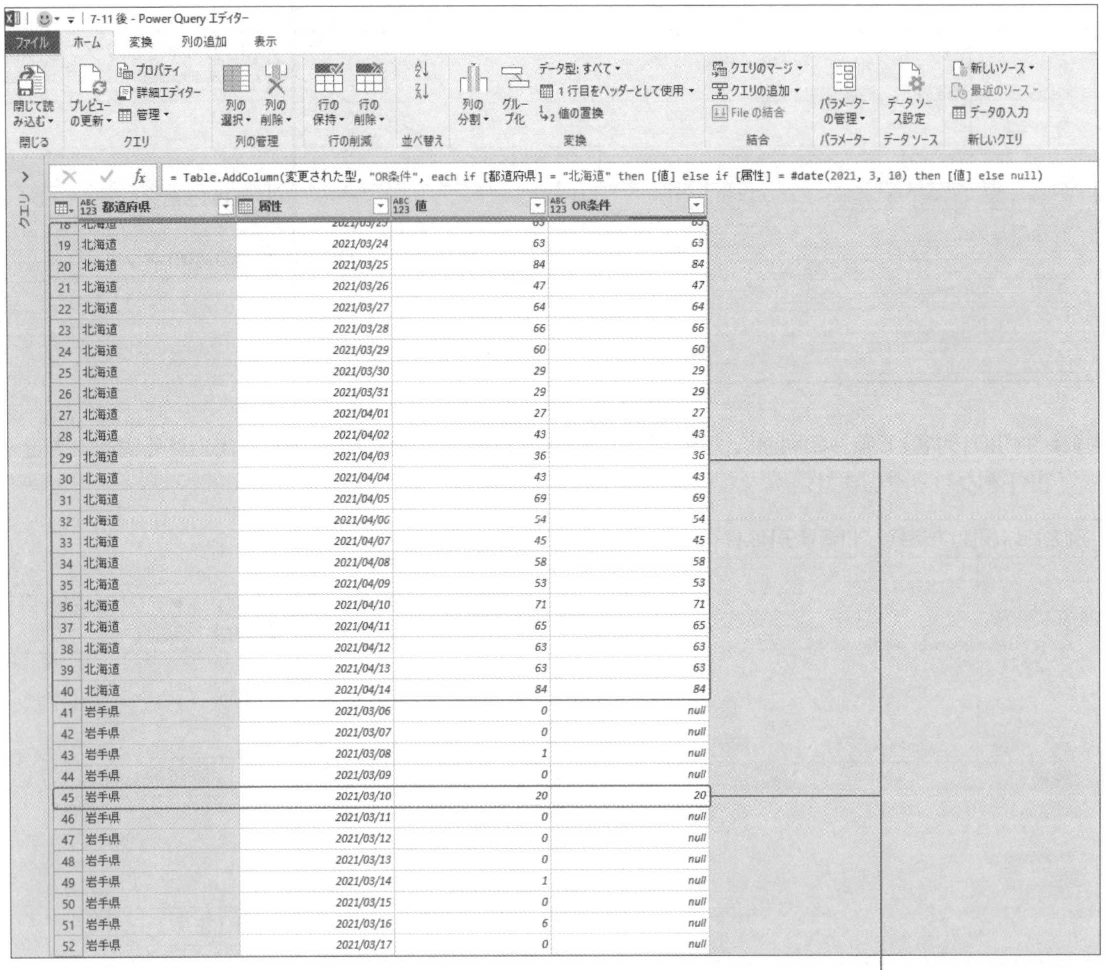

“北海道”か“2021/03/10”、どちらかの条件に当てはまるデータのみ値が表示される

Section
7-12

複数の条件に当てはまった場合のみ値を表示する②
if then else

メニュー	[列の追加] - [全般] - [カスタム列]
M言語	-

7-11では[列の追加] - [全般] - [条件列]を使い、複数の条件に当てはまった場合のみ値を表示する列を追加しました。

同様のことは、[カスタム列]でif then else（もし〜ならば、〜でなければ）の構文を使用することでも可能です。

例えば、次のように都道府県別に集計されたデータがあるとします。

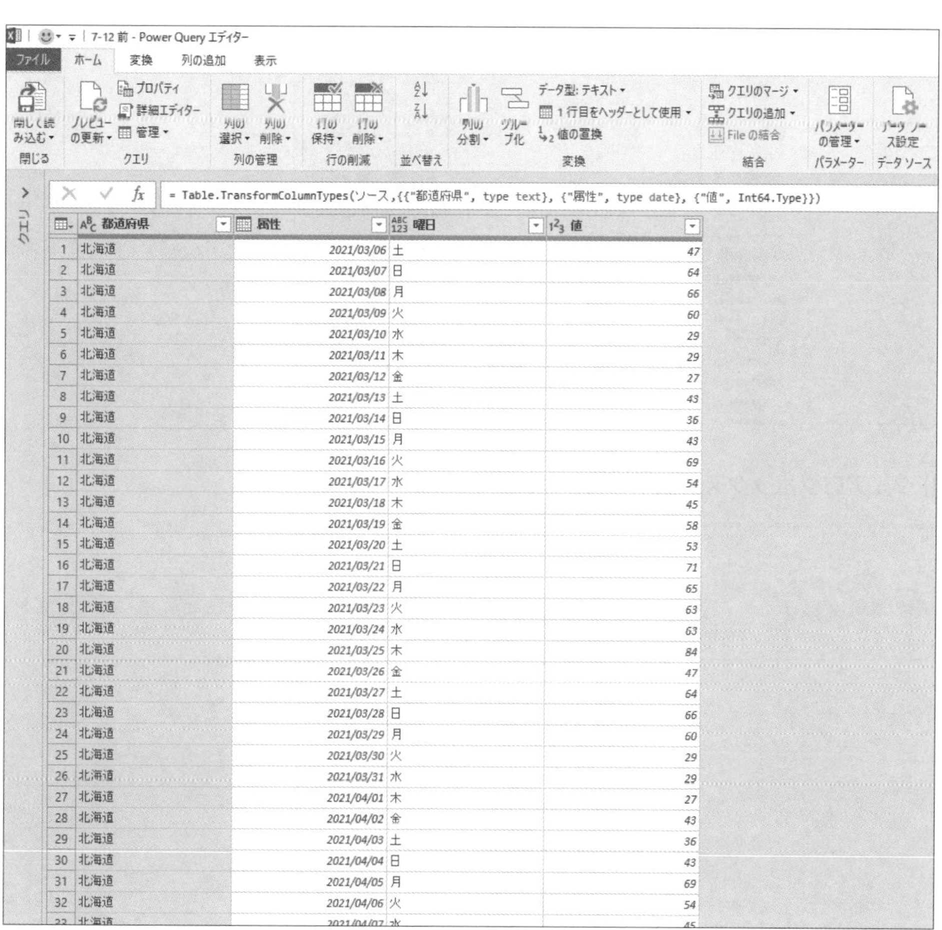

	都道府県	属性	曜日	値
1	北海道	2021/03/06	土	47
2	北海道	2021/03/07	日	64
3	北海道	2021/03/08	月	66
4	北海道	2021/03/09	火	60
5	北海道	2021/03/10	水	29
6	北海道	2021/03/11	木	29
7	北海道	2021/03/12	金	27
8	北海道	2021/03/13	土	43
9	北海道	2021/03/14	日	36
10	北海道	2021/03/15	月	43
11	北海道	2021/03/16	火	69
12	北海道	2021/03/17	水	54
13	北海道	2021/03/18	木	45
14	北海道	2021/03/19	金	58
15	北海道	2021/03/20	土	53
16	北海道	2021/03/21	日	71
17	北海道	2021/03/22	月	65
18	北海道	2021/03/23	火	63
19	北海道	2021/03/24	水	63
20	北海道	2021/03/25	木	84
21	北海道	2021/03/26	金	47
22	北海道	2021/03/27	土	64
23	北海道	2021/03/28	日	66
24	北海道	2021/03/29	月	60
25	北海道	2021/03/30	火	29
26	北海道	2021/03/31	水	29
27	北海道	2021/04/01	木	27
28	北海道	2021/04/02	金	43
29	北海道	2021/04/03	土	36
30	北海道	2021/04/04	日	43
31	北海道	2021/04/05	月	69
32	北海道	2021/04/06	火	54

この表に、「[都道府県]列が北海道」または「[属性]列が3月10日」の場合にのみ[値]列の値を表示する列を追加してみましょう。

操作手順

❶ [列の追加] - [全般] - [カスタム列] をクリックします。

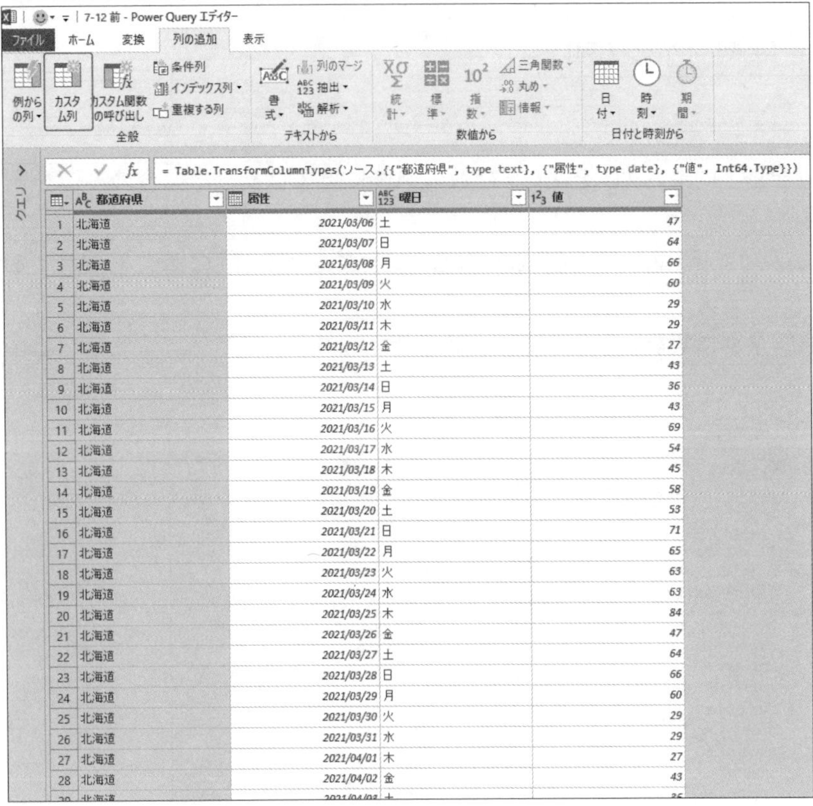

❷ [カスタム列] ダイアログボックスが表示されます。

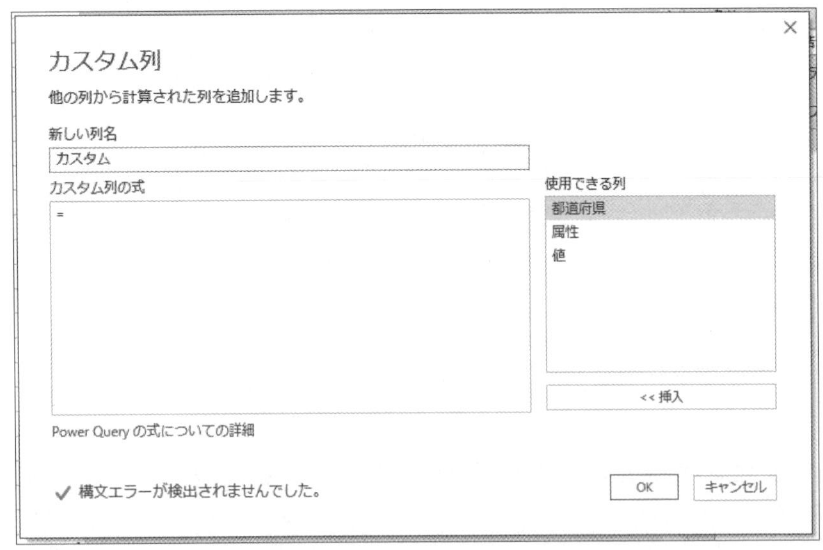

❸ [新しい列名] を入力し、[カスタム列の式] の「=」の後に作成したい条件を入力後、[OK] をクリックします。

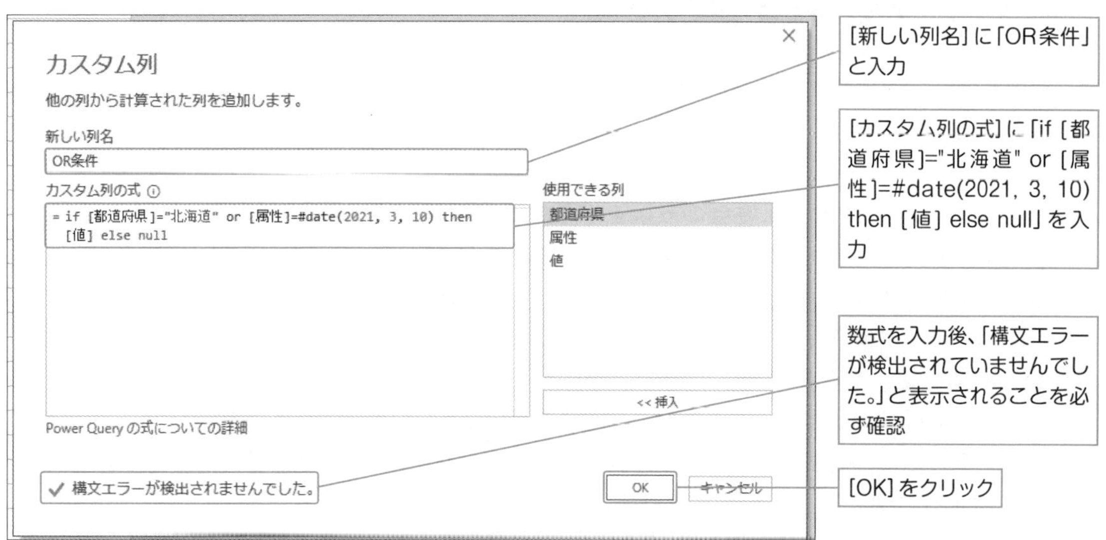

❹ 新しい列が作成され、条件にあった場合に値が表示されます。

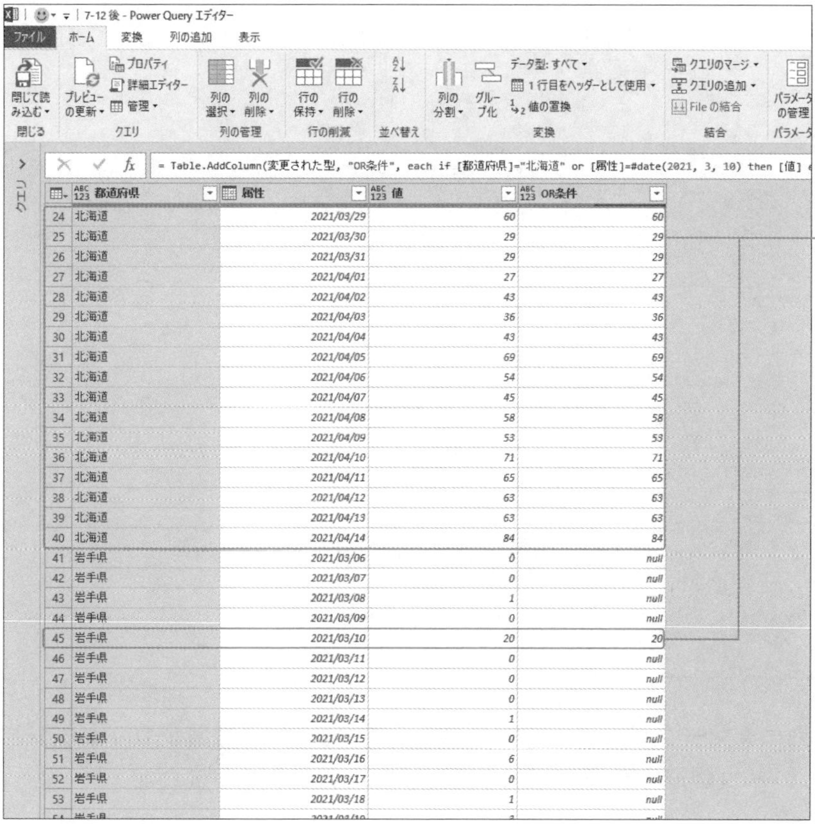

7-12 後 - Power Query エディター

ファイル　ホーム　変換　列の追加　表示

```
= Table.AddColumn(変更された型, "OR条件", each if [都道府県]="北海道" or [属性]=#date(2021, 3, 10) then [値] e
```

	都道府県	属性	値	OR条件
24	北海道	2021/03/29	60	60
25	北海道	2021/03/30	29	29
26	北海道	2021/03/31	29	29
27	北海道	2021/04/01	27	27
28	北海道	2021/04/02	43	43
29	北海道	2021/04/03	36	36
30	北海道	2021/04/04	43	43
31	北海道	2021/04/05	69	69
32	北海道	2021/04/06	54	54
33	北海道	2021/04/07	45	45
34	北海道	2021/04/08	58	58
35	北海道	2021/04/09	53	53
36	北海道	2021/04/10	71	71
37	北海道	2021/04/11	65	65
38	北海道	2021/04/12	63	63
39	北海道	2021/04/13	63	63
40	北海道	2021/04/14	84	84
41	岩手県	2021/03/06	0	null
42	岩手県	2021/03/07	0	null
43	岩手県	2021/03/08	1	null
44	岩手県	2021/03/09	0	null
45	岩手県	2021/03/10	20	20
46	岩手県	2021/03/11	0	null
47	岩手県	2021/03/12	0	null
48	岩手県	2021/03/13	0	null
49	岩手県	2021/03/14	1	null
50	岩手県	2021/03/15	0	null
51	岩手県	2021/03/16	6	null
52	岩手県	2021/03/17	0	null
53	岩手県	2021/03/18	1	null

“北海道”か“2021/03/10”のどちらか条件に当てはまるデータのみ値が表示される

OnePoint

カスタム列の式に入力するif then elseはすべて小文字で入力する必要があります。また、列名は半角の[]で囲み、文字列は半角の""で囲む必要があります。

Section
7-13 複数の条件に当てはまった場合のみ値を表示する③ AND条件

メニュー	[列の追加] - [全般] - [カスタム列]
M言語	-

複数の条件に当てはまった場合のみ値を表示する列を追加する方法として、7-11では[列の追加] - [全般] - [条件列]を使う方法を、7-12では[カスタム列]でif then else構文を使用する方法を紹介しました。

7-11や7-12では条件としてOR条件を設定しましたが、AND条件を設定したい場合はどうすればいいのでしょうか。

実は、7-11の[列の追加] - [全般] - [条件列]を使う方法では、AND条件を設定することができません。そのため、AND条件を設定したい場合、7-12で紹介した[カスタム列]でif then else構文を使用する方法を使うしかありません。

例えば、次のように都道府県別に集計されたデータがあるとします。

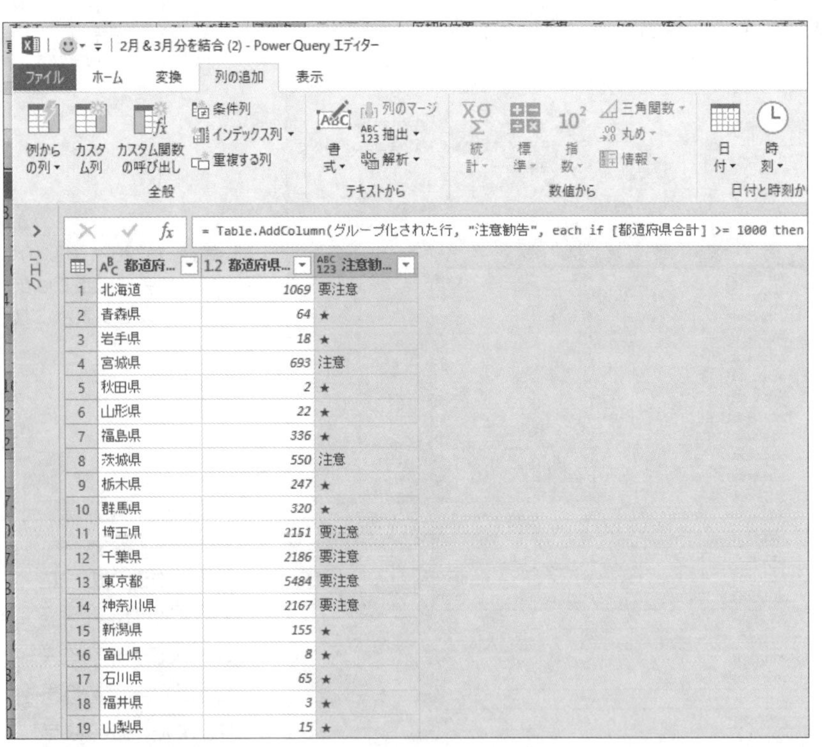

	都道府...	都道府県...	注意勧...
1	北海道	1069	要注意
2	青森県	64	★
3	岩手県	18	★
4	宮城県	693	注意
5	秋田県	2	★
6	山形県	22	★
7	福島県	336	★
8	茨城県	550	注意
9	栃木県	247	★
10	群馬県	320	★
11	埼玉県	2151	要注意
12	千葉県	2186	要注意
13	東京都	5484	要注意
14	神奈川県	2167	要注意
15	新潟県	155	★
16	富山県	8	★
17	石川県	65	★
18	福井県	3	★
19	山梨県	15	★

この表に、[注意勧告]列に★マークが入っていて、[都道府県合計]列の数値が100より小さい値(AND条件)の場合にのみ、[都道府県]列の値を表示する列を追加してみましょう。

操作手順

❶ [列の追加] - [全般] - [カスタム列] をクリックします。

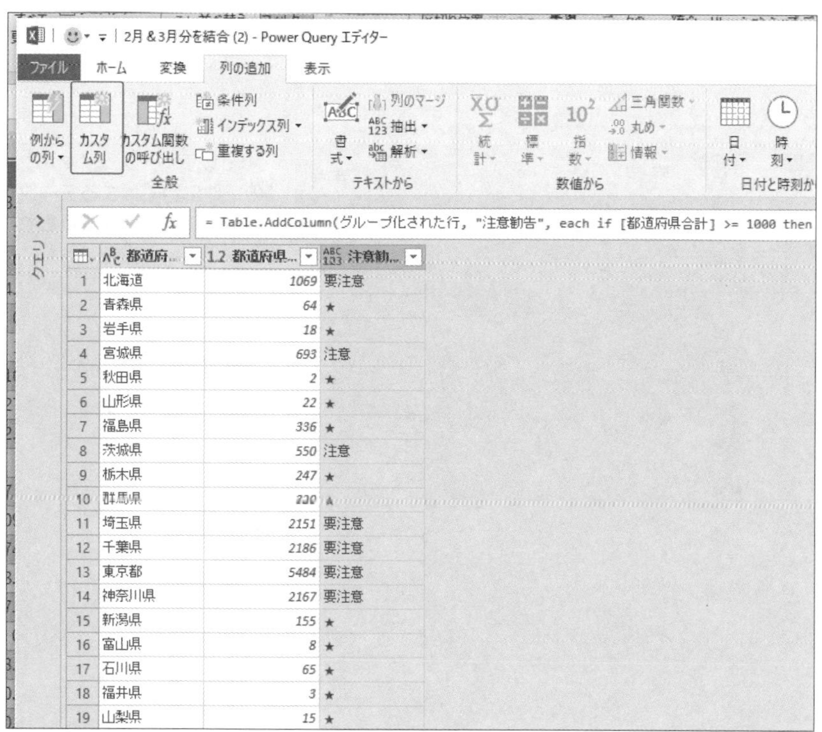

❷ [カスタム列] ダイアログボックスで [新しい列名]、[カスタム列の式] を設定し、[OK] をクリックします。

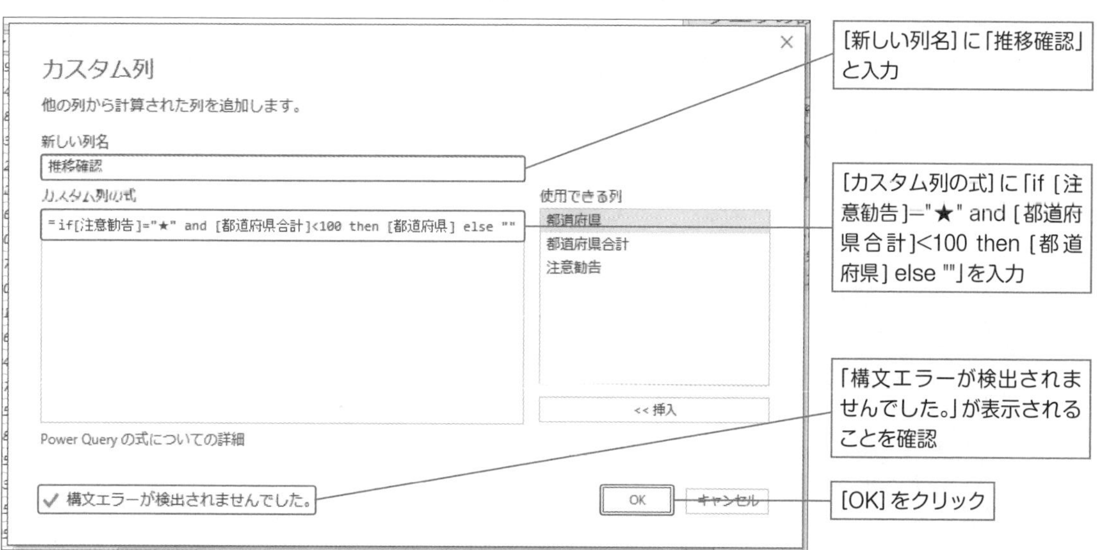

❸新しい列が作成され、条件にあった場合に値が表示されます。

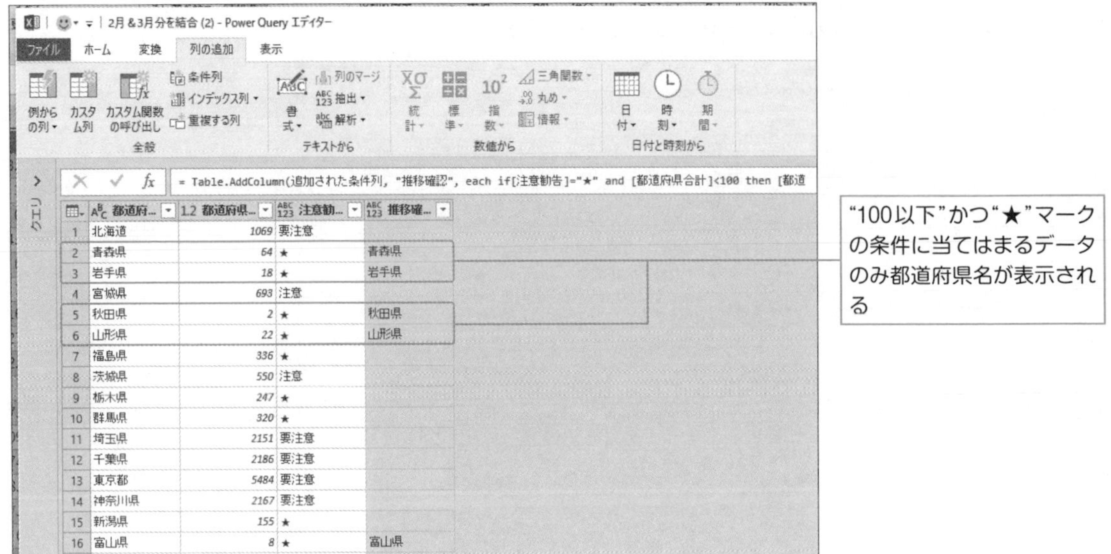

	都道府…	都道府県…	注意勧…	推移確…
1	北海道	1069	要注意	
2	青森県	64	★	青森県
3	岩手県	18	★	岩手県
4	宮城県	693	注意	
5	秋田県	2	★	秋田県
6	山形県	22	★	山形県
7	福島県	336	★	
8	茨城県	550	注意	
9	栃木県	247	★	
10	群馬県	320	★	
11	埼玉県	2151	要注意	
12	千葉県	2186	要注意	
13	東京都	5484	要注意	
14	神奈川県	2167	要注意	
15	新潟県	155	★	
16	富山県	8	★	富山県

OnePoint

［クエリの設定］ウィンドウで「追加されたカスタム」ステップの［歯車］ボタンをクリックすると、OR条件で作成した際には［条件列］ダイアログボックスに変換されて表示されましたが（7-10参照）、AND条件では［条件列］ダイアログボックスでは表示できないため［カスタム列］ダイアログボックスが表示されます。

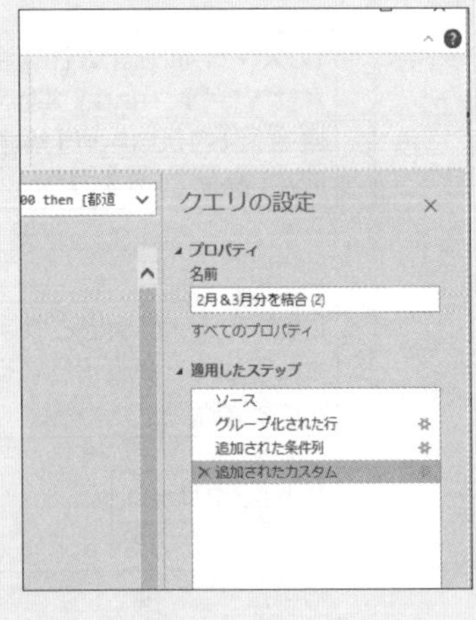

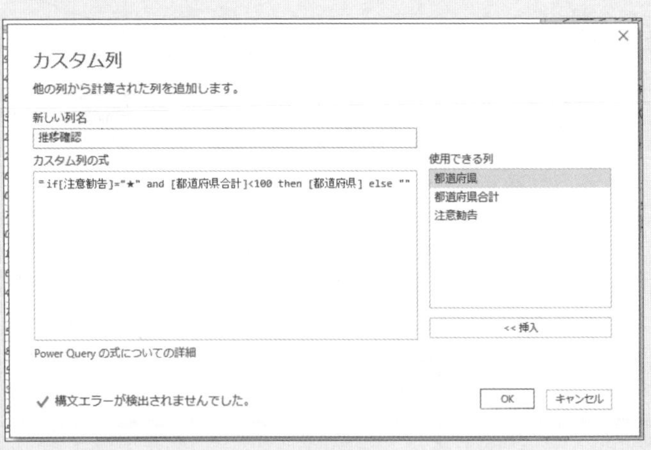

第8章

表の操作

Excel Power Query

Section
8-1 テーブルの行と列を入れ替える

メニュー	[変換] - [テーブル] - [入れ替え]
M言語	-

データの行列を入れ替えたい場合には、Power Queryエディター上で[変換] - [テーブル] - [入れ替え]を使用します。

この際、注意が必要なのが行タイトル(ヘッダー)の扱いです。例えば、次のようなデータがあるとします。

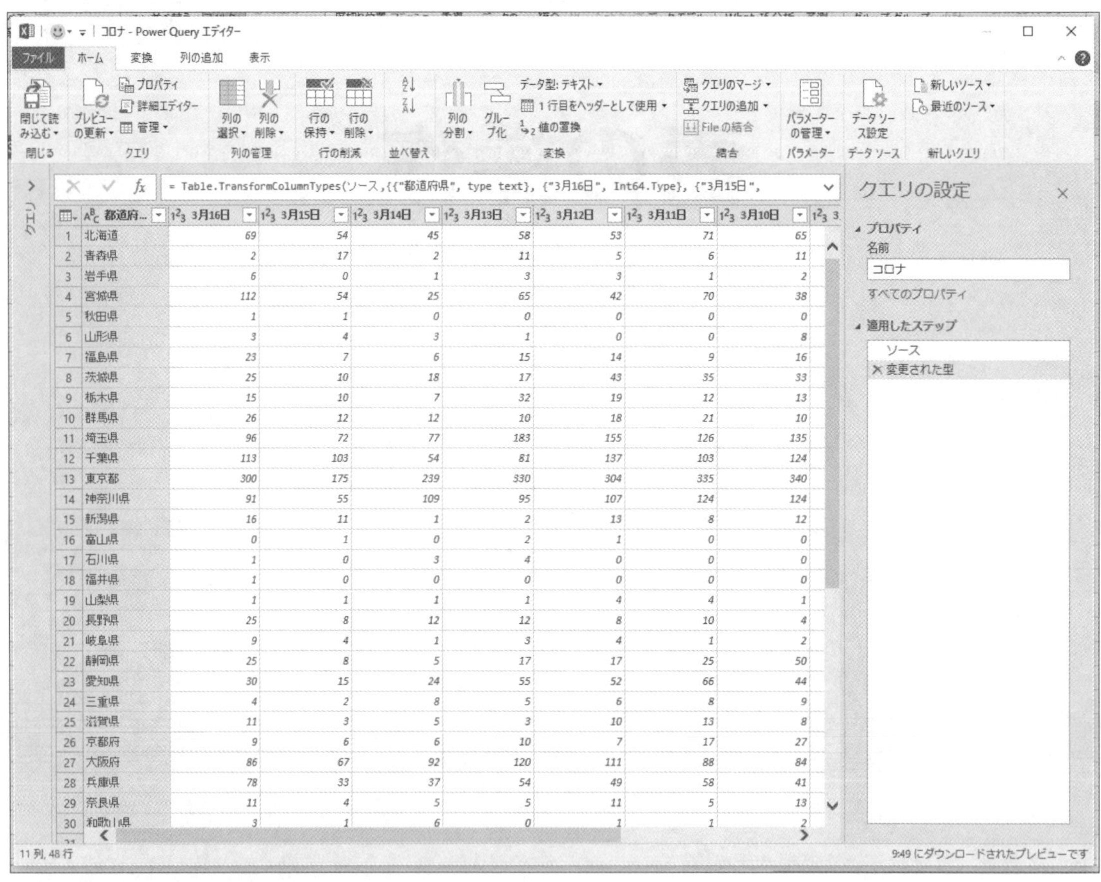

	都道府...	3月16日	3月15日	3月14日	3月13日	3月12日	3月11日	3月10日
1	北海道	69	54	45	58	53	71	65
2	青森県	2	17	2	11	5	6	11
3	岩手県	6	0	1	3	3	1	2
4	宮城県	112	54	25	65	42	70	38
5	秋田県	1	1	0	0	0	0	0
6	山形県	3	4	3	1	0	0	8
7	福島県	23	7	6	15	14	9	16
8	茨城県	25	10	18	17	43	35	33
9	栃木県	15	10	7	32	19	12	13
10	群馬県	26	12	12	10	18	21	10
11	埼玉県	96	72	77	183	155	126	135
12	千葉県	113	103	54	81	137	103	124
13	東京都	300	175	239	330	304	335	340
14	神奈川県	91	55	109	95	107	124	124
15	新潟県	16	11	1	2	13	8	12
16	富山県	0	1	0	2	1	0	0
17	石川県	1	0	3	4	0	0	0
18	福井県	1	0	0	0	0	0	0
19	山梨県	1	1	1	1	4	4	1
20	長野県	25	8	12	12	8	10	4
21	岐阜県	9	4	1	3	4	1	2
22	静岡県	25	8	5	17	17	25	50
23	愛知県	30	15	24	55	52	66	44
24	三重県	4	2	8	5	6	8	9
25	滋賀県	11	3	5	3	10	13	8
26	京都府	9	6	6	10	7	17	27
27	大阪府	86	67	92	120	111	88	84
28	兵庫県	78	33	37	54	49	58	41
29	奈良県	11	4	5	5	11	5	13
30	和歌山県	3	1	6	0	1	1	2

4-3で説明したように、このままの状態で[入れ替え]を行うと行タイトル(ヘッダー)が消失してしまいます。そこでこのようなデータは、4-3の手順でヘッダーを1行目に降格して、次のような状態にしておきます。

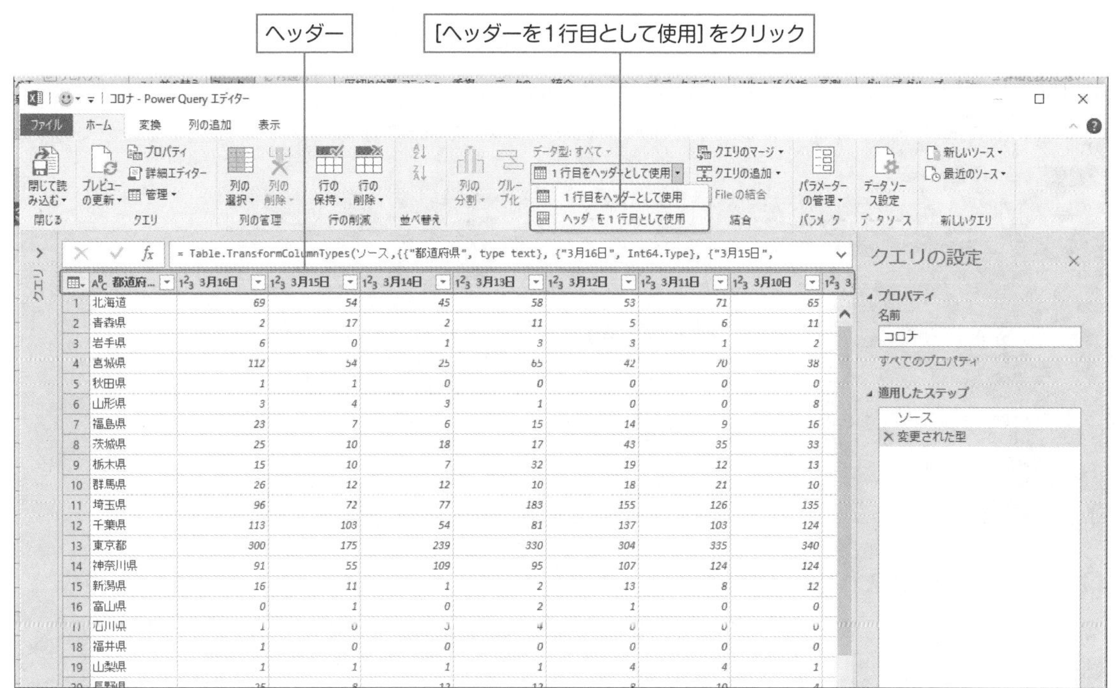

ヘッダーが1行目に変更された

それでは、行と列を入れ替えてみましょう。

操作手順

❶ [変換] - [テーブル] - [入れ替え] をクリックします。

❷ テーブルの行列が入れ替わりました。

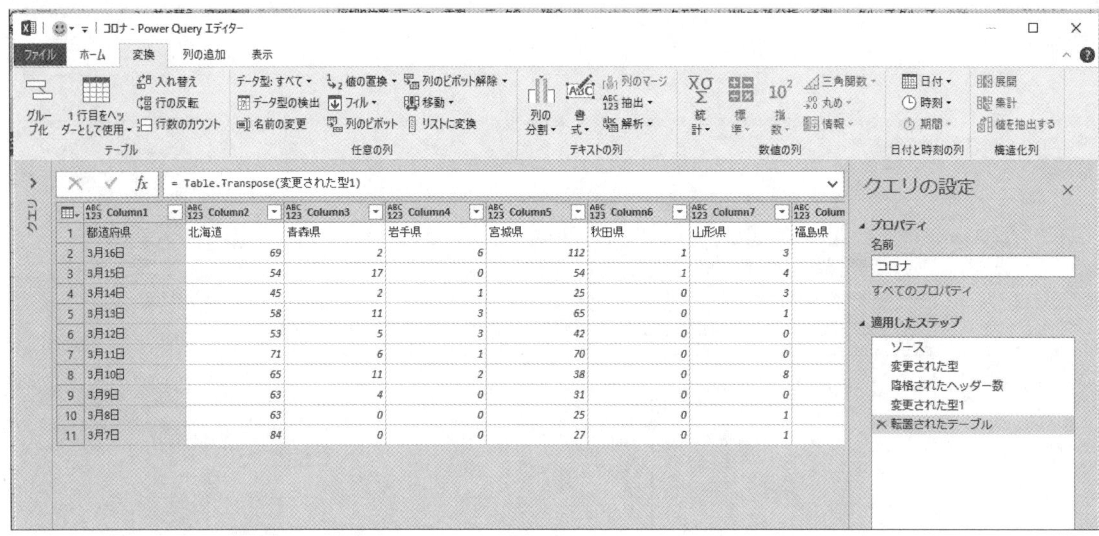

なお、行列を入れ替えた後、1行目のデータをヘッダーとして使用したい場合は、4-2の手順で1行目をヘッダーに昇格できます。

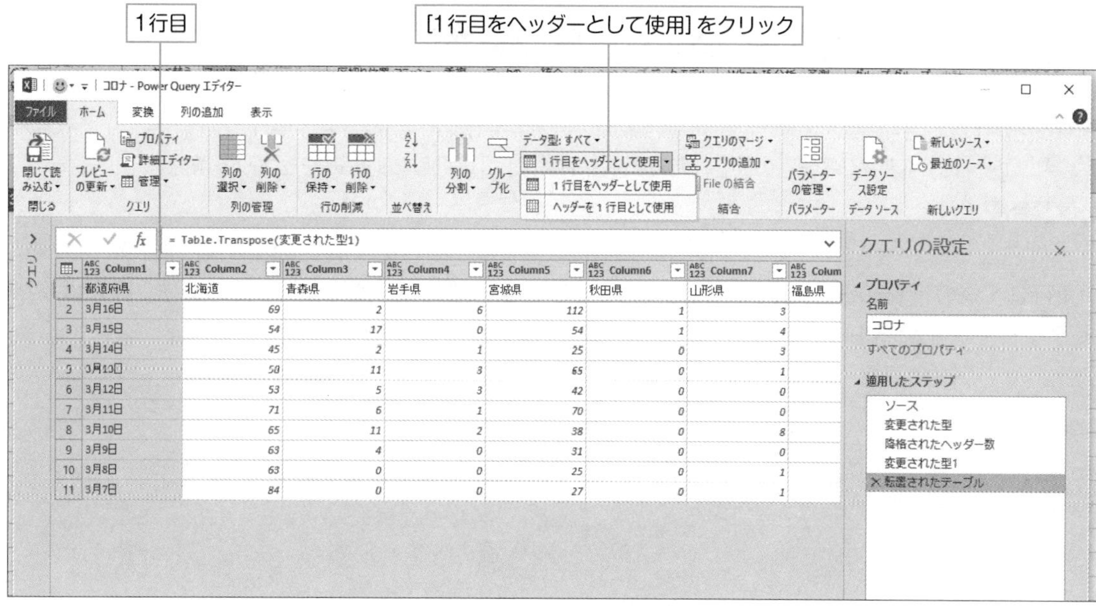
1行目
[1行目をヘッダーとして使用] をクリック

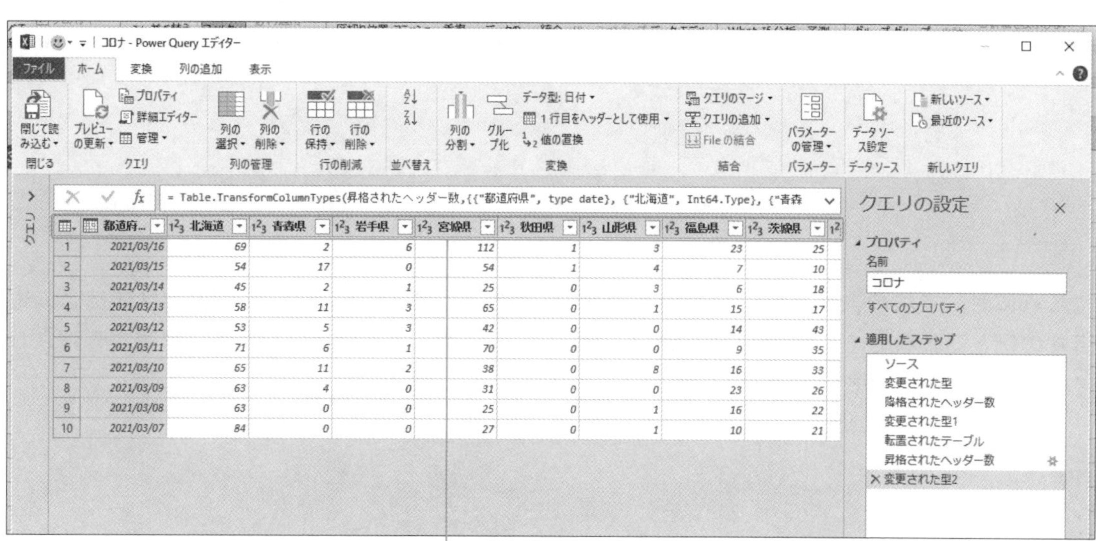
1行目がヘッダーに変更された

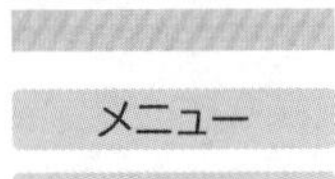

Section
8-2 列のピボットを解除する

メニュー	[変換] - [任意の列] - [列のピボット解除] - [選択した列のみをピボット解除]
M言語	-

1行に1つの情報のみを格納したテーブルのことを一般的に“縦持ち”と言います。例えば次のようなデータが縦持ちで、この形式だと属性の追加や削除に柔軟に対応できます。

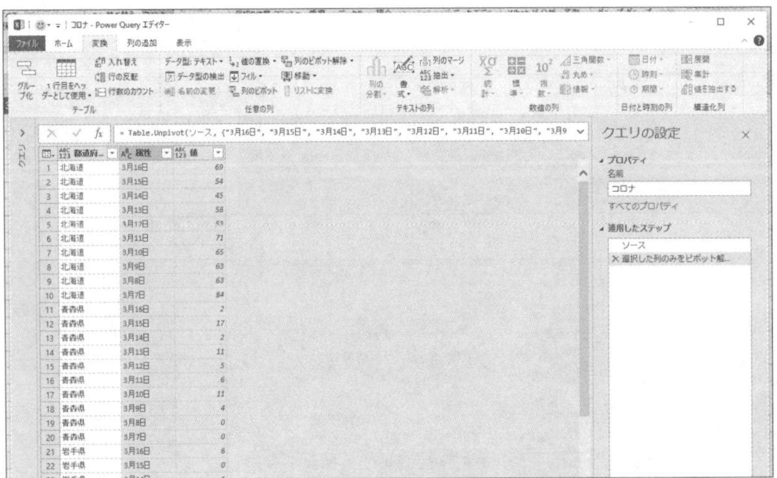

これに対して次のようなテーブルのことを“横持ち”と言います。データの内容は先ほどの縦持ちの例と同じなのですが、誰かに情報を伝えることを考えると横持ちの方が、情報が整理されているので伝わりやすいです。

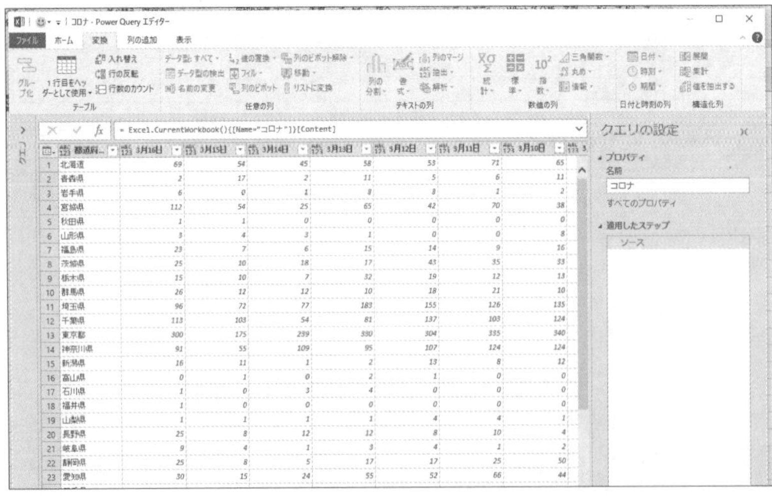

縦持ち＝1行1レコード、横持ち＝ピボットテーブルの集計と考えても良いかもしれません。

Excelではピボットという機能で縦持ちのデータを横持ちに簡単に変換できるのですが、その逆を行おうとすると、通常はとてもやっかいです。しかし、Power Queryを使うと、ほんのいくつかのステップで実行できます。

操作手順

❶ 横持ちのデータをPower Queryに読み込みます。

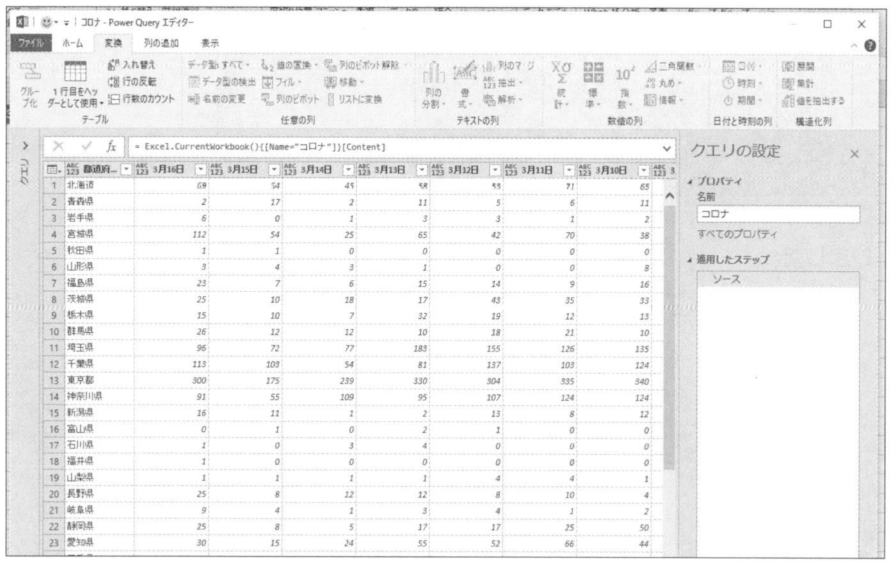

❷ 縦持ちに変換したい列をすべて選択します。

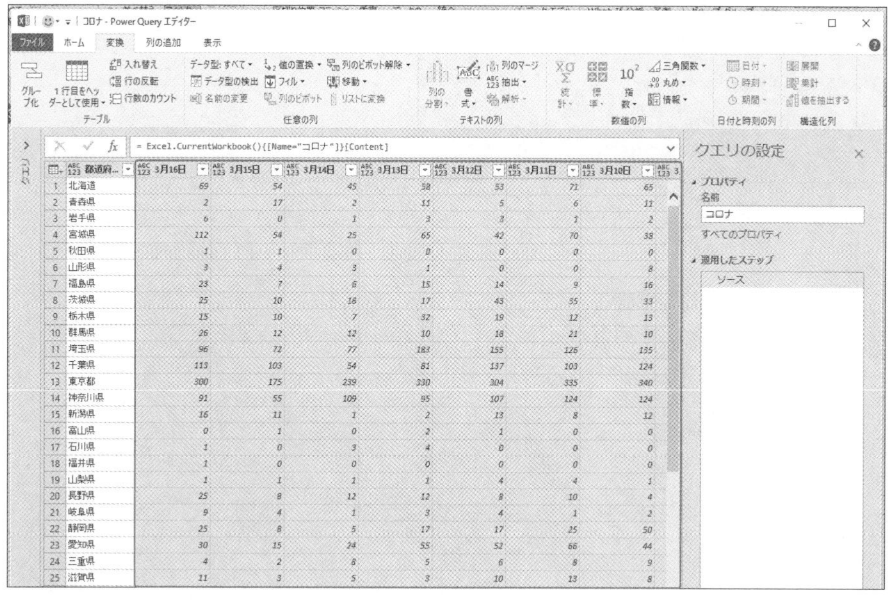

❸ [変換] - [任意の列] - [列のピボット解除] の▼をクリックし、表示されたメニューの [選択した列のみをピボット解除] をクリックします。

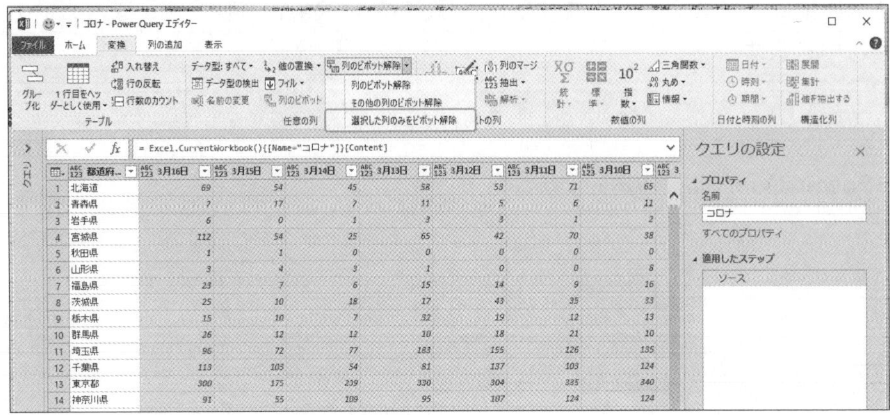

❹ 縦持ちの表に変化しました。

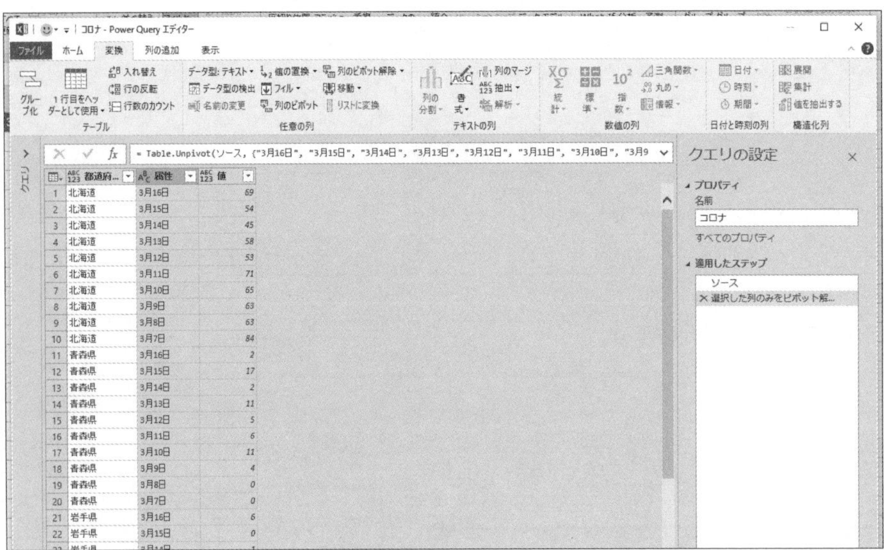

Section
8-3

選択した列のみピボットを解除する

メニュー [変換] - [任意の列] - [列のピボット解除] - [選択した列のみをピボット解除]

M言語 -

8-2では横持ちになっているすべての列のピボットを解除して縦持ちにしましたが、いくつかの列のみを選んでピボット解除を行うこともできます。

操作手順

❶横持ちのデータをPower Queryに読み込みます。

❷ピボットを解除したい列を選択します。

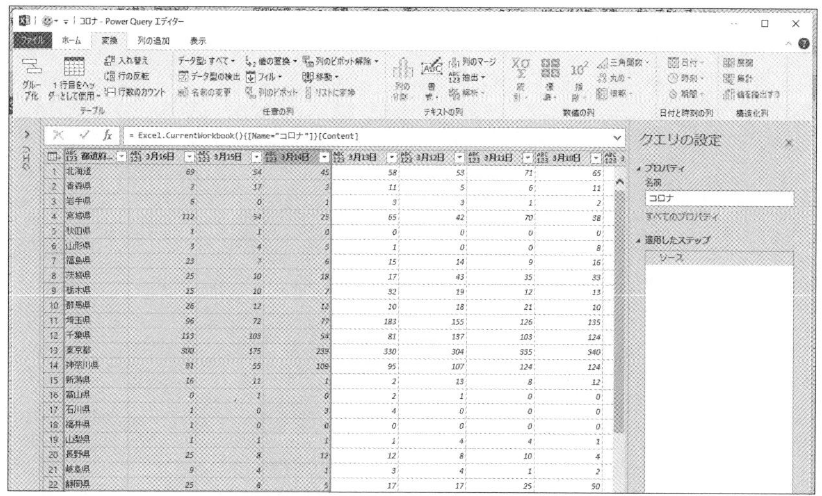

❸ [変換] - [任意の列] - [列のピボット解除] の▼をクリックし、表示されたメニューの [選択した列のみをピボット解除] をクリックします。

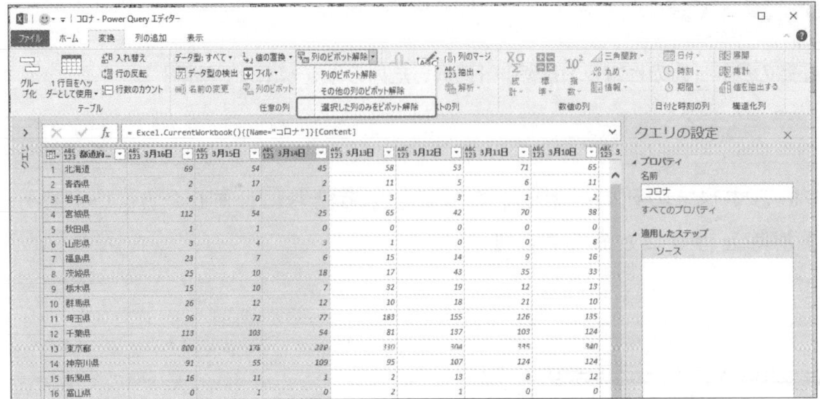

❹ 選択した列のみでピボット解除が行われました。

最終的に不必要な列は削除する

Section
8-4 インデックス列を追加する

メニュー	[列の追加] - [全般] - [インデックス列] - [1から]
M言語	-

インポートしたデータにインデックスが設定されていない場合、わざわざ元のデータに戻ってインデックスを作成し、再度データを読み込む必要はありません。Power Query上でインデックスを簡単に作成することができます。

例えば、次のようなデータがあるとします。

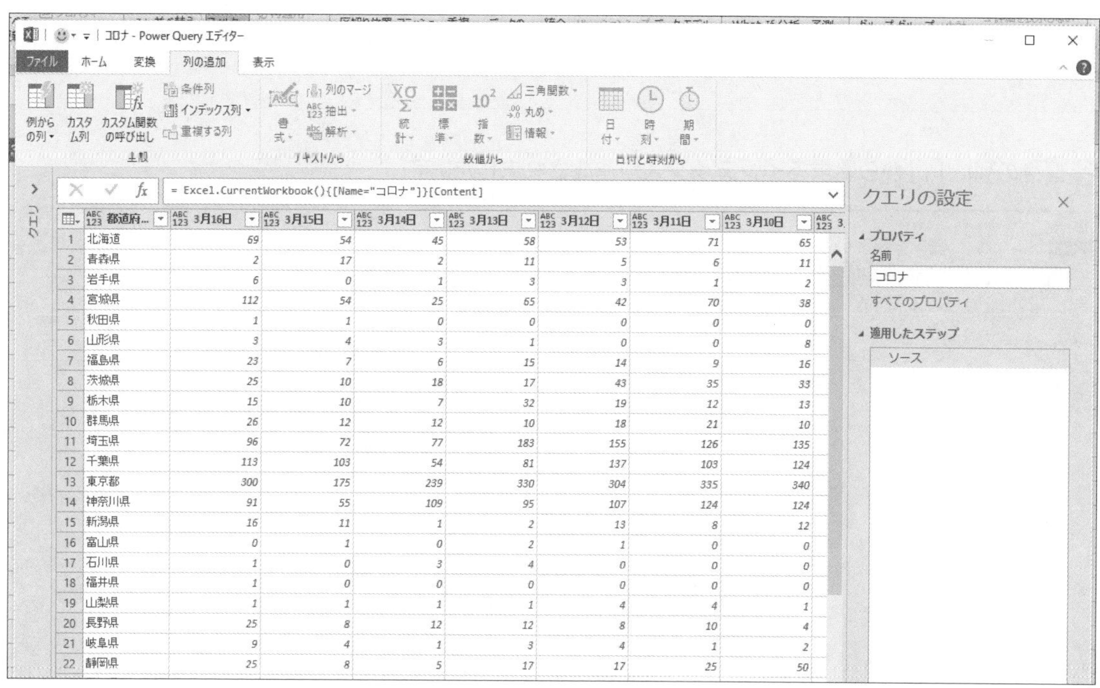

	都道府...	3月16日	3月15日	3月14日	3月13日	3月12日	3月11日	3月10日
1	北海道	69	54	45	58	53	71	65
2	青森県	2	17	2	11	5	6	11
3	岩手県	6	0	1	3	3	1	2
4	宮城県	112	54	25	65	42	70	38
5	秋田県	1	1	0	0	0	0	0
6	山形県	3	4	3	1	0	0	8
7	福島県	23	7	6	15	14	9	16
8	茨城県	25	10	18	17	43	35	33
9	栃木県	15	10	7	32	19	12	13
10	群馬県	26	12	12	10	18	21	10
11	埼玉県	96	72	77	183	155	126	135
12	千葉県	113	103	54	81	137	103	124
13	東京都	300	175	239	330	304	335	340
14	神奈川県	91	55	109	95	107	124	124
15	新潟県	16	11	1	2	13	8	12
16	富山県	0	1	0	2	1	0	0
17	石川県	1	0	3	4	0	0	0
18	福井県	1	0	0	0	0	0	0
19	山梨県	1	1	1	1	4	4	1
20	長野県	25	8	12	12	8	10	4
21	岐阜県	9	4	1	3	4	1	2
22	静岡県	25	8	5	17	17	25	50

この表にインデックスを追加するには、次のように操作します。

操作手順

❶ [列の追加] - [全般] - [インデックス列] の▼をクリックし、表示されたメニューの [1から] をクリックします。

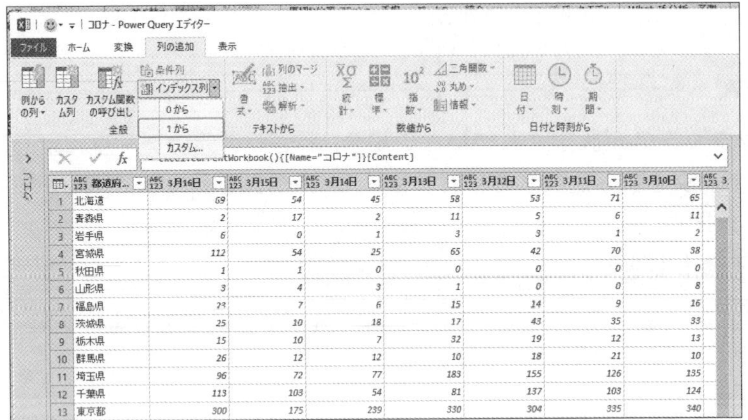

❷ 最後の列に「1」から始まるインデックスが作成されました。

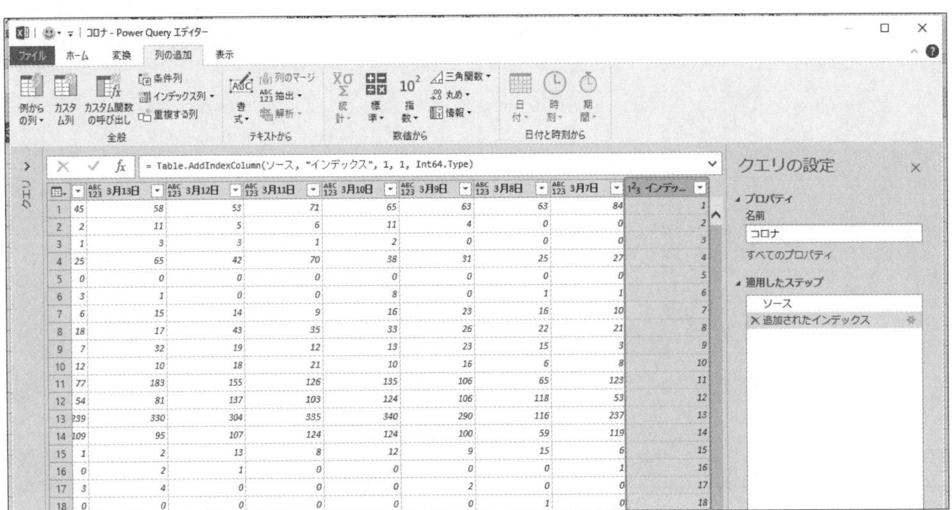

OnePoint

[列の追加] - [全般] - [インデックス列] をクリックすると、「0」から始まるインデックスが作成されます。

Section
8-5

表の形をデータベース形式に整形する

メニュー	[変換] - [テーブル] - [列のピボット]
M言語	-

例えば、次のように縦方向に集められたデータがあるとします。A列には項目、B列にはそれに対応するデータが入力されています。「なんでこんな風にデータを集めた？」とデータ作成者を罵りたい気分になるくらい扱いづらい形式のデータです。

	A	B
1	Title	Excelもうイヤだ！という人のためのAccess超入門
2	Auther	E-Trainer.jp 中村 峻
3	Price	2200
4	LR	2014/3/10
5	Pub	秀和システム
6	Title	これからAccessでデータベースを始めたい人のための本
7	Auther	E-Trainer.jp
8	Price	2100
9	LR	2014/1/2
10	Pub	秀和システム
11	Title	一歩先行くAccess2000裏技テクニック
12	Auther	E-Trainer.jp
13	Price	1380
14	LR	1999/12/27
15	Pub	秀和システム
16	Title	Visio2002Professional ビジュアルデータベースの作成からネットワーク活用技法まで
17	Auther	E-Trainer.jp
18	Price	2980
19	LR	2020/3/15
20	Pub	ラトルズ
21	Auther	Visio2003でドキュメント作成
22	Price	E-Trainer.jp
23	Price	2400
24	LR	2004/7/10
25	Pub	ディー・アート
26		

しかし、ここまで学んできたことを組みあわせると、このデータを扱いやすいデータベース形式に変換することができます。手順は以下の通りです。

操作手順

❶ Power Queryにデータを読み込ませ、[列の追加] - [全般] - [インデックス列] をクリックします（インデックス列については8-4で説明しています）。

❷「0」から番号が設定された [インデックス] 列が作成されました。このデータは5行ごとの塊だと捉えることができます。

❸ 5行ごとに同じ番号を持つ列を作成するために、[インデックス] 列を選択し、[列の追加] - [数値から] - [標準] の▼をクリックして、表示されるメニューの [除算(整数)] をクリックします([列の追加] - [数値から] - [標準] については6-2で説明しています)。

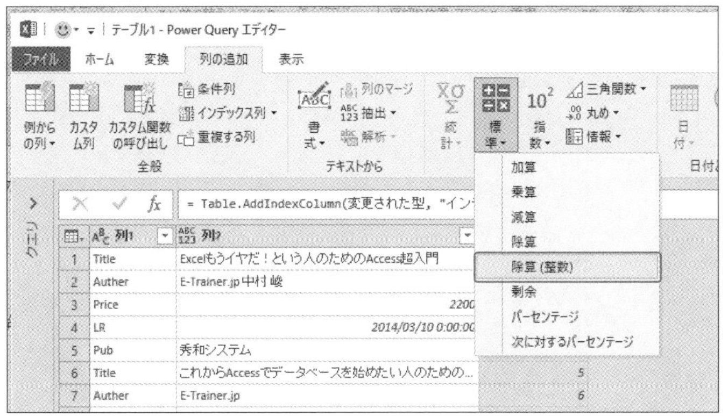

❹ [整数除算] ダイアログボックスが表示されます。

整数除算

列の各値を除算する数値を入力します (商は整数になります)。

値

OK　キャンセル

❺ [値] に「5」と入力し [OK] をクリックします。

整数除算

列の各値を除算する数値を入力します (商は整数になります)。

値

5

OK　キャンセル

❻ 5行ごとに同じ数字を持った新しい列が作成されました。

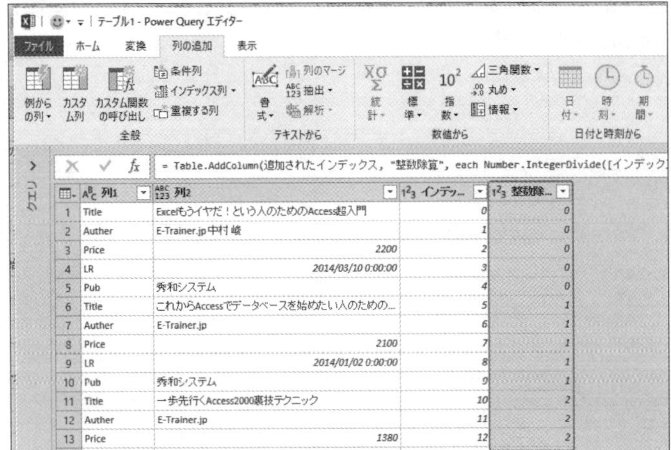

❼ 作成された列を選択し、[列の追加] - [数値から] - [標準] の▼をクリックして [加算] をクリックします。

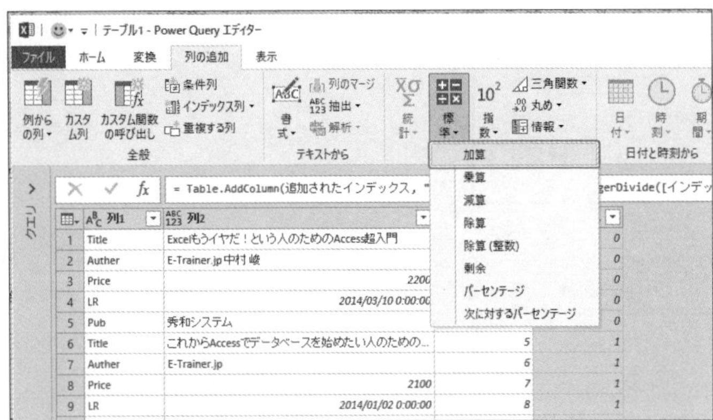

❽ [加算] ダイアログボックスの [値] に「1」と入力し [OK] をクリックします。

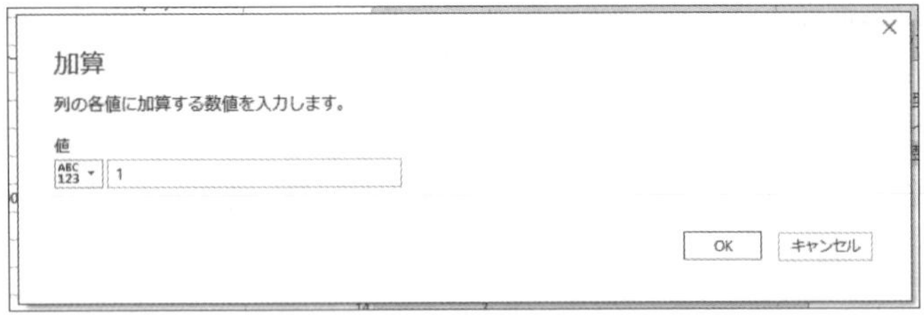

現在の値に1ずつ加算という意味

❾「1」が加算された列が作成できました。

	列1	列2	インデッ...	整数除...	加算
1	Title	Excelもうイヤだ！という人のためのAccess超入門	0	0	1
2	Auther	E-Trainer.jp 中村 峻	1	0	1
3	Price	2200	2	0	1
4	LR	2014/03/10 0:00:00	3	0	1
5	Pub	秀和システム	4	0	1
6	Title	これからAccessでデータベースを始めたい人のための	5	1	2
7	Auther	E-Trainer.jp	6	1	2
8	Price	2100	7	1	2
9	LR	2014/01/02 0:00:00	8	1	2
10	Pub	秀和システム	9	1	2
11	Title	一歩先行くAccess2000裏技テクニック	10	2	3
12	Auther	E-Trainer.jp	11	2	3
13	Price	1380	12	2	3
14	LR	1999/12/27 0:00:00	13	2	3
15	Pub	秀和システム	14	2	3

❿必要のない［インデックス］列と［整列除算］列を削除し、必要な［加算］列を列の先頭に移動します（列の移動は3-3～3-5、列の削除は3-7～3-8で説明しています）。

	加算	列1	列2
1	1	Title	Excelもうイヤだ！という人のためのAccess超入門
2	1	Auther	E-Trainer.jp 中村 峻
3	1	Price	2200
4	1	LR	2014/03/10 0:00:00
5	1	Pub	秀和システム
6	2	Title	これからAccessでデータベースを始めたい人のための...
7	2	Auther	E-Trainer.jp
8	2	Price	2100
9	2	LR	2014/01/02 0:00:00
10	2	Pub	秀和システム
11	3	Title	一歩先行くAccess2000裏技テクニック
12	3	Auther	E-Trainer.jp
13	3	Price	1380
14	3	LR	1999/12/27 0:00:00
15	3	Pub	秀和システム

⑪ ここから列のピボットを使って[加算]列の値ごとに集計することで、一気にデータベース形式(1行1レコード)の表を作成します(列のピボットについては7-7)。行タイトルに設定したい[列1]列を選択し、[変換] - [任意の列] - [列のピボット]をクリックします。

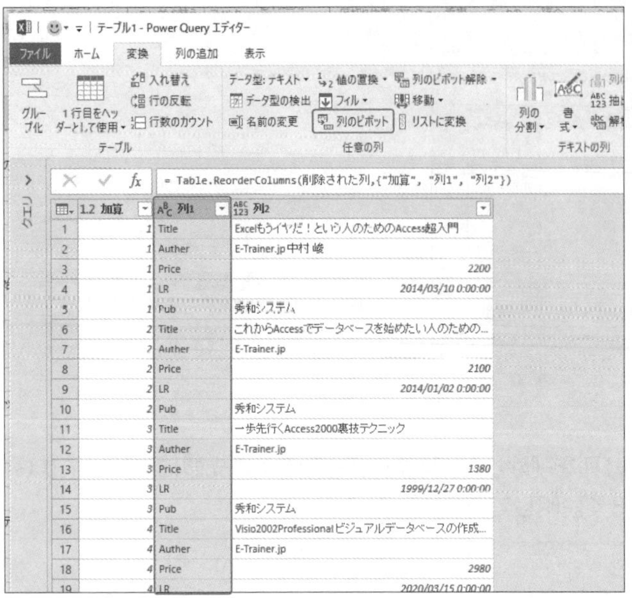

	加算	列1	列2
1	1	Title	Excelもうイヤだ！という人のためのAccess超入門
2	1	Auther	E-Trainer.jp 中村 峻
3	1	Price	2200
4	1	LR	2014/03/10 0:00:00
5	1	Pub	秀和システム
6	2	Title	これからAccessでデータベースを始めたい人のための…
7	2	Auther	E-Trainer.jp
8	2	Price	2100
9	2	LR	2014/01/02 0:00:00
10	2	Pub	秀和システム
11	3	Title	一歩先行くAccess2000裏技テクニック
12	3	Auther	E-Trainer.jp
13	3	Price	1380
14	3	LR	1999/12/27 0:00:00
15	3	Pub	秀和システム
16	4	Title	Visio2002Professionalビジュアルデータベースの作成…
17	4	Auther	E-Trainer.jp
18	4	Price	2980
19	4	LR	2020/03/15 0:00:00

⑫ [列のピボット]ダイアログボックスで、[値列]を「列2」、[詳細設定オプション]をクリックし、[値の集計関数]を「集計しない」に設定し、[OK]をクリックします。

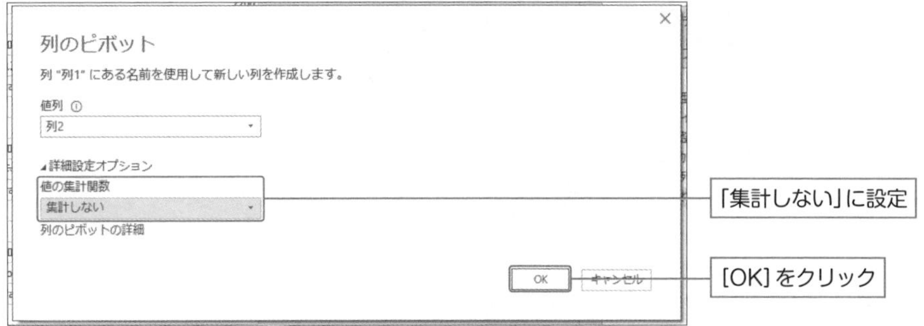

⑬ データベース形式(1行1レコード)の表に変換できました。

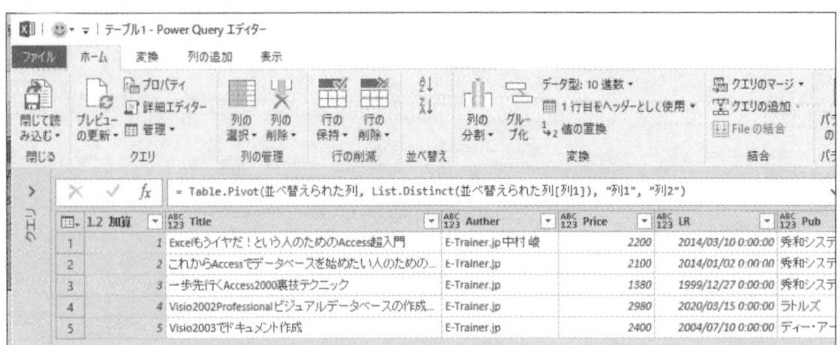

	加算	Title	Auther	Price	LR	Pub
1	1	Excelもうイヤだ！という人のためのAccess超入門	E-Trainer.jp 中村 峻	2200	2014/03/10 0:00:00	秀和システ
2	2	これからAccessでデータベースを始めたい人のための…	E-Trainer.jp	2100	2014/01/02 0:00:00	秀和システ
3	3	一歩先行くAccess2000裏技テクニック	E-Trainer.jp	1380	1999/12/27 0:00:00	秀和システ
4	4	Visio2002Professionalビジュアルデータベースの作成…	E-Trainer.jp	2980	2020/03/15 0:00:00	ラトルズ
5	5	Visio2003でドキュメント作成	E-Trainer.jp	2400	2004/07/10 0:00:00	ディー・アー

Section
8-6

テーブルを結合する①
Excelで開いているクエリの結合

メニュー	[データ] - [データの取得と変換] - [データの取得] - [クエリの結合] - [マージ]
M言語	-

2つのデータがあるとき、それをまとめて1つのテーブルにするには[データ] - [データの取得と変換] - [データの取得] - [クエリの結合] - [マージ]を使用します。

例えば、次のようなExcelのブックがあるとします。「2-4」シートには2月の最終週のデータが保存されています。また、「3-1」シートには3月の第1週のデータが保存されています。

	A	B	C	D	E	F	G	H	I	J	K
1	都道府県	3月6日	3月5日	3月4日	3月3日	3月2日	3月1日	2月28日	2月27日	2月26日	2月25日
2	北海道	47	64	66	60	29	29	27	43	36	43
3	青森県	0	1	1	1	0	1	0	0	0	2
4	岩手県	0	0	1	0	0	0	0	0	1	0
5	宮城県	50	19	29	16	35	12	7	15	12	9
6	秋田県	0	0	0	0	0	0	0	0	0	0
7	山形県	0	0	0	0	0	0	0	0	1	0
8	福島県	24	11	19	34	38	7	15	16	12	21
9	茨城県	28	44	37	34	18	53	15	30	28	13
10	栃木県	15	9	14	11	6	12	5	11	3	12
11	群馬県	9	16	12	22	15	12	14	11	36	34
12	埼玉県	113	90	123	98	102	61	97	118	100	111
13	千葉県	74	116	122	122	119	150	55	107	193	136
14	東京都	293	301	279	316	232	121	329	337	270	340
15	神奈川県	113	131	138	138	84	52	131	162	116	119
16	新潟県	11	6	5	4	3	3	6	4	6	14
17	富山県	1	0	2	0	0	0	0	0	0	0
18	石川県	1	3	3	8	5	6	6	4	11	8
19	福井県	0	0	0	0	0	0	0	1	0	0

2-4　3-1

	A	B	C	D	E	F	G	H	I	J	K
1	都道府県	3月16日	3月15日	3月14日	3月13日	3月12日	3月11日	3月10日	3月9日	3月8日	3月7日
2	北海道	69	54	45	58	53	71	65	63	63	84
3	青森県	2	17	2	11	5	6	11	4	0	0
4	岩手県	6	0	1	3	3	1	2	0	0	0
5	宮城県	112	54	25	65	42	70	38	31	25	27
6	秋田県	1	1	0	0	0	0	0	0	0	0
7	山形県	3	4	3	1	0	0	8	0	1	1
8	福島県	23	7	6	15	14	9	16	23	16	10
9	茨城県	25	10	18	17	43	35	33	26	22	21
10	栃木県	15	10	7	32	19	12	13	23	15	3
11	群馬県	26	12	12	10	18	21	10	16	6	8
12	埼玉県	96	72	77	183	155	126	135	106	65	123
13	千葉県	113	103	54	81	137	103	124	106	118	53
14	東京都	300	175	239	330	304	335	340	290	116	237
15	神奈川県	91	55	109	95	107	124	124	100	59	119
16	新潟県	16	11	1	2	13	8	12	9	15	6
17	富山県	0	1	0	2	1	0	0	0	0	1
18	石川県	1	0	3	4	0	0	0	2	0	0
19	福井県	1	0	0	0	0	0	0	0	1	0

2-4　3-1

ここで注意してほしいのが、前提として、「2-4」「3-1」シートのデータは一度Power Queryに読み込んで、クエリを作成した状態となっていることです。これは[データ] - [データの取得] - [クエリの結合]で結合できるのがクエリだからです。

そのため、結合したいデータがただのExcelのテーブルの場合、まずはそれをPower Queryに読み込んでから[閉じる] - [閉じて読み込む] - 「接続の作成のみ」でクエリを保存しておいてください(クエリの保存については、2-13で説明しています)。

それでは、「2-4」「3-1」シートのデータを結合してみましょう。

操作手順

❶ 新しいワークシートを準備し、[データ] - [データの取得と変換] - [データの取得] の▼をクリックし、表示されたメニューの [クエリの結合] - [マージ] をクリックします。

❷ [マージ] ダイアログボックスが表示されます。

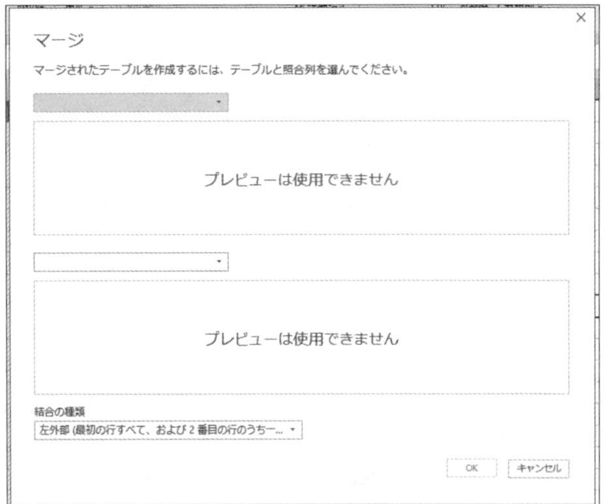

❸ [マージされたテーブルを作成するには、テーブルと照合列を選んでください。] の▼をクリックし、結合したい1つめのテーブル（ここでは「2-4」）を選択します。

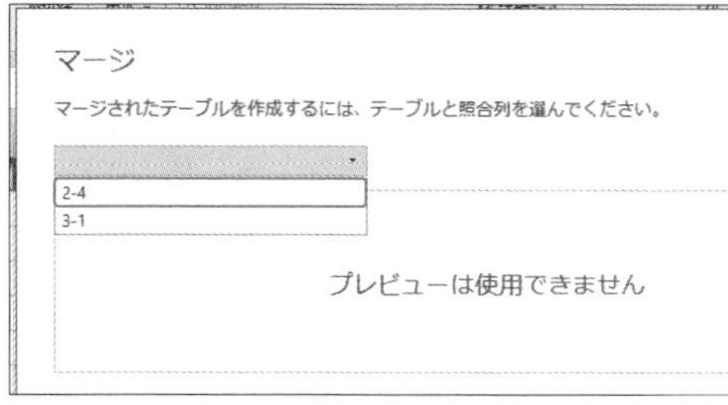

❹ [マージ] ダイアログボックス画面の上部に、❸で選択したテーブルのプレビューが表示されます。

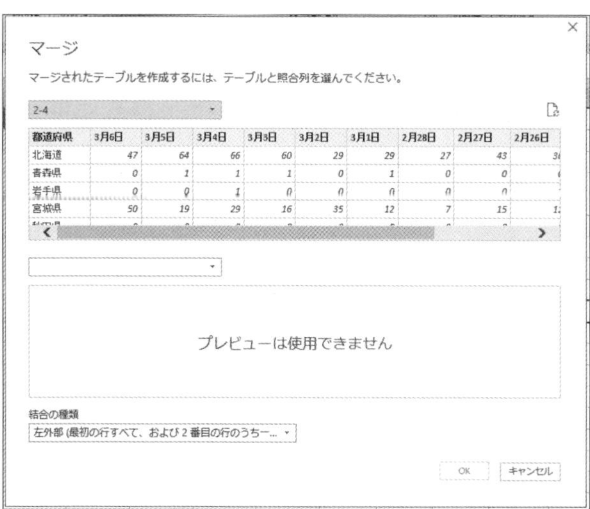

❺ 結合する2つ目のテーブル（ここでは「3-1」）を選択します。

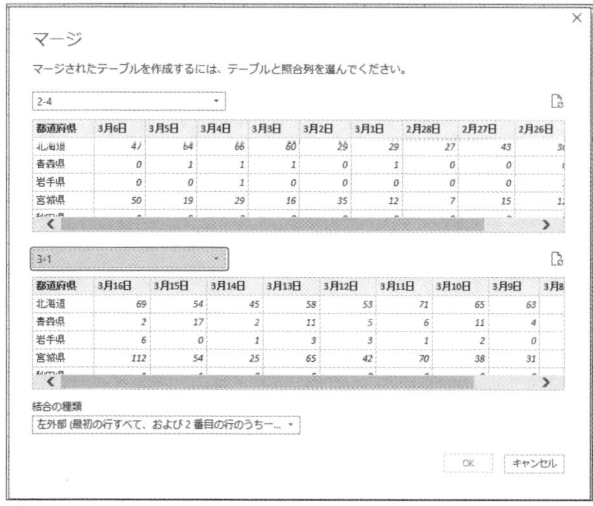

❻画面上部のプレビューで、結合に使う照合列（ここでは「都道府県」）を選択します。

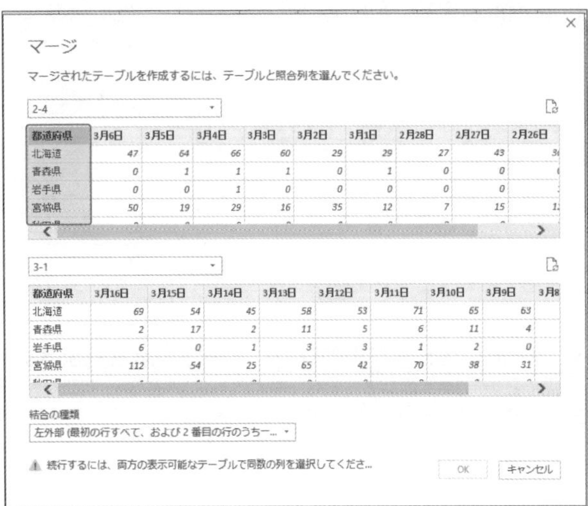

❼画面下部のプレビューで、結合に使う照合列（ここでは「都道府県」）を選択します。

❽［結合の種類］の▼をクリックし、表示されたメニューの中から使用したい結合の種類（ここでは「内部」）をクリックします。

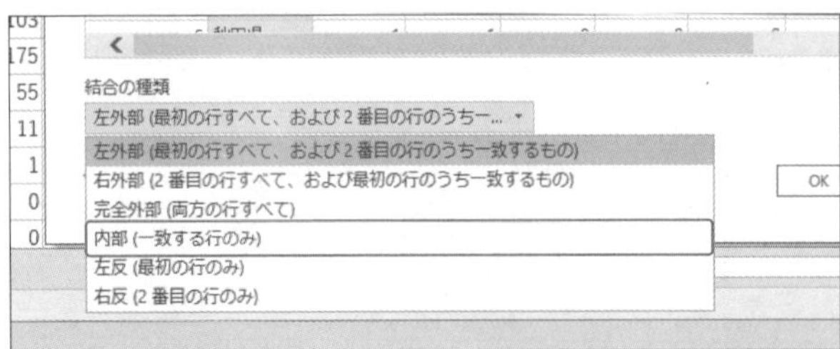

❾ 画面下部に表示されるデータ数を確認し［OK］をクリックします。

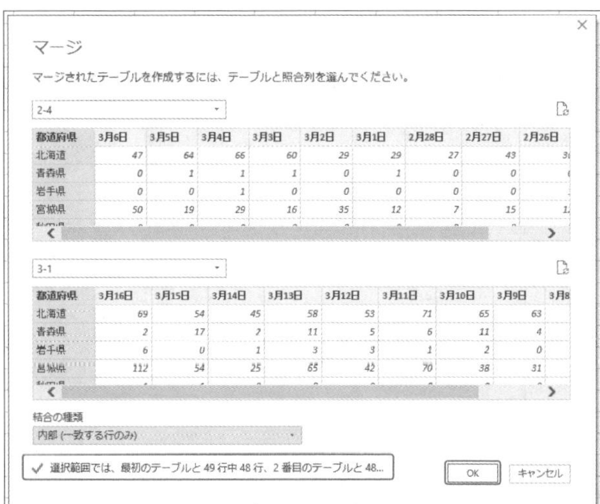

❿ Powor Quoryエディターが起動し、1つ目のテ　ブルの最後の列に展開前の2つ目のテーブル（ここでは「3-1」テーブル）が結合されているのが確認できます。

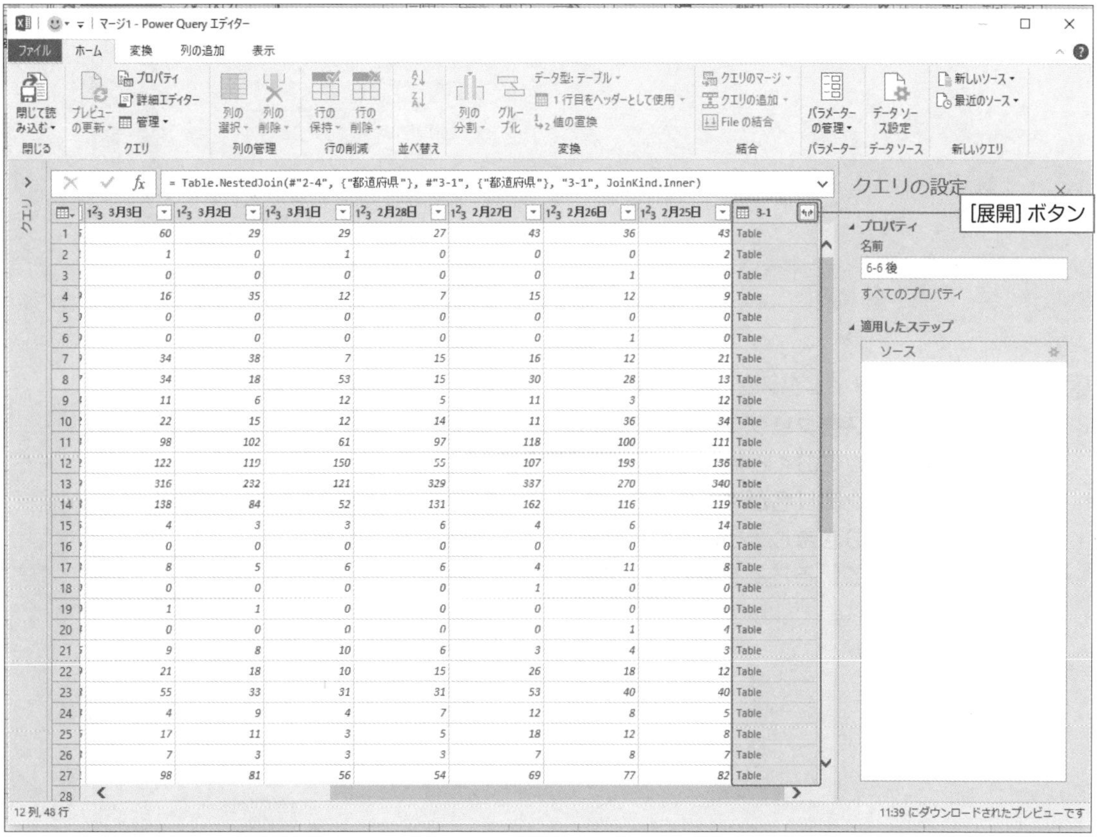

マージ1 - Power Query エディター

ファイル　ホーム　変換　列の追加　表示

```
= Table.NestedJoin(#"2-4", {"都道府県"}, #"3-1", {"都道府県"}, "3-1", JoinKind.Inner)
```

	3月3日	3月2日	3月1日	2月28日	2月27日	2月26日	2月25日	3-1
1	60	29	29	27	43	36	43	Table
2	1	0	1	0	0	0	2	Table
3	0	0	0	0	0	1	0	Table
4	16	35	12	7	15	12	9	Table
5	0	0	0	0	0	0	0	Table
6	0	0	0	0	0	1	0	Table
7	34	38	7	15	16	12	21	Table
8	34	18	53	15	30	28	13	Table
9	11	6	12	5	11	3	12	Table
10	22	15	12	14	11	36	34	Table
11	98	102	61	97	118	100	111	Table
12	122	119	150	55	107	193	136	Table
13	316	232	121	329	337	270	340	Table
14	138	84	52	131	162	116	119	Table
15	4	3	3	6	4	6	14	Table
16	0	0	0	0	0	0	0	Table
17	8	5	6	6	4	11	8	Table
18	0	0	0	0	1	0	0	Table
19	1	1	0	0	0	0	0	Table
20	0	0	0	0	0	1	4	Table
21	9	8	10	6	3	4	3	Table
22	21	18	10	15	26	18	12	Table
23	55	33	31	31	53	40	40	Table
24	4	9	4	7	12	8	5	Table
25	17	11	3	5	18	12	8	Table
26	7	3	3	3	7	8	7	Table
27	98	81	56	54	69	77	82	Table
28								

［展開］ボタン

クエリの設定
プロパティ
名前
6-6 後
すべてのプロパティ
適用したステップ
ソース

12 列, 48 行
11:39 にダウンロードされたプレビューです

⑪ [展開] ボタンをクリックすると、展開画面が表示されます。

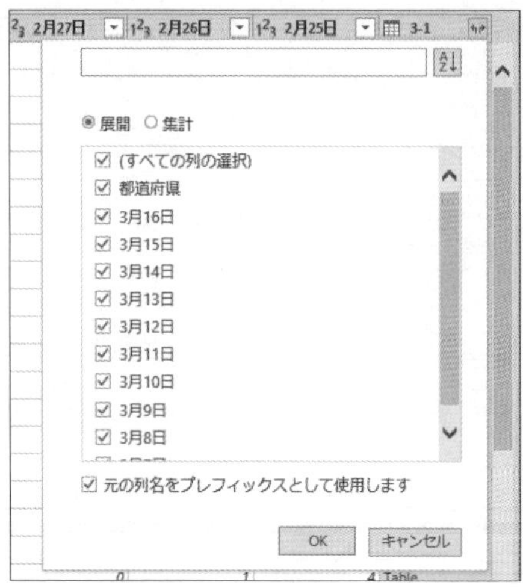

⑫ 2つ目のテーブルを展開する際に、展開不要の列のチェックをクリックしてオフにします。今回は「都道府県」については1つ目のテーブルに列があるので、重複を避けるため、この列のチェックをオフにします。

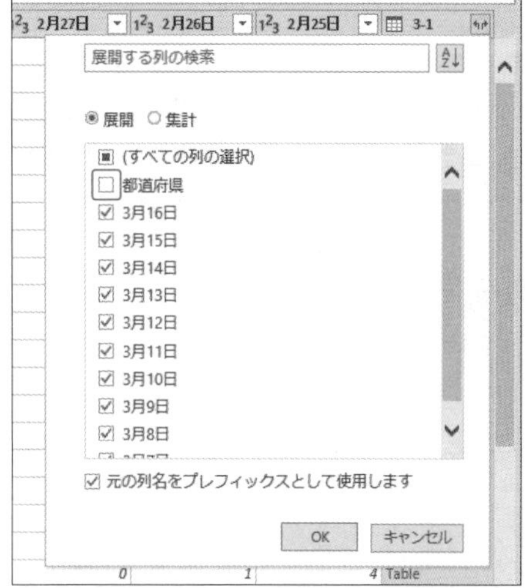

⑬ [元の列名をプレフィックスとして使用します] のチェックボックスをクリックしてオフにします。ここをオンにしておくと展開した2つ目のテーブルの列名にクエリ名が追加されてしまうので、オフにしておきましょう。チェックボックスがオフになっていることを確認し [OK] をクリックします。

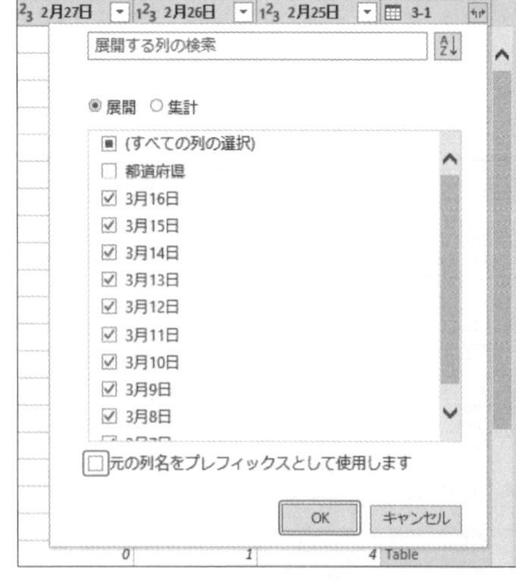

⑭2つ目のテーブルのデータが展開されました。

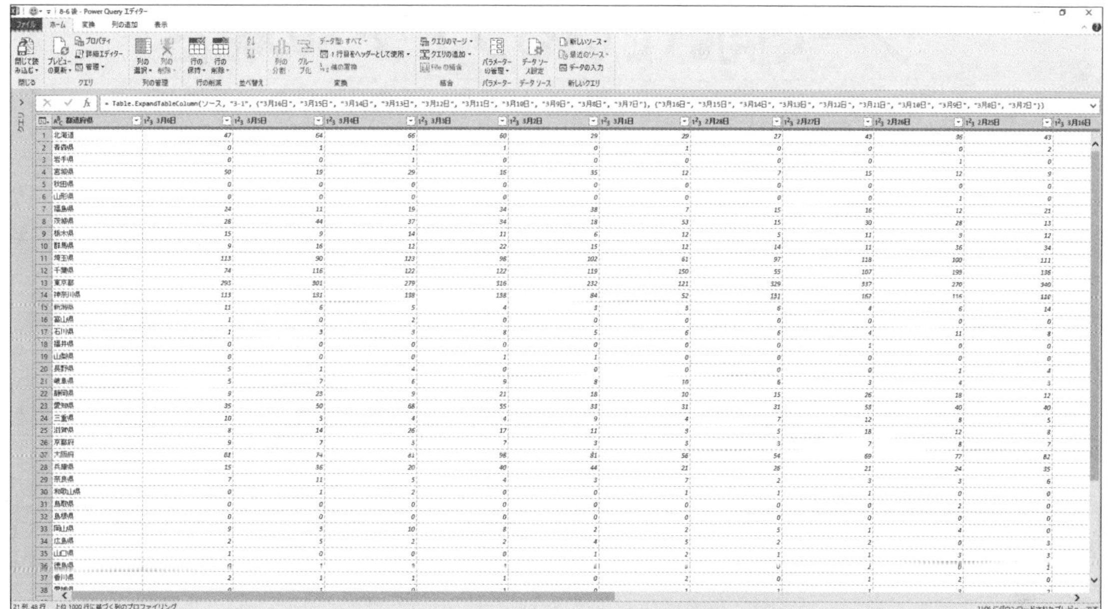

なお、[マージ]ダイアログボックスで選択できる[結合の種類]については、詳しくは8-8～8-13を参考にしてください。

Section
8-7

テーブルを結合する②Power Queryエディターで開いているクエリへの結合

メニュー	[ホーム] - [結合] - [クエリのマージ]
M言語	-

2つのテーブルを結合する方法として、8-6ではExcelで開いているテーブルを選択する方法を解説しました。

しかし、Power Queryエディターで作業中に、今開いているテーブルに別のテーブルを結合したい、というケースもあるかと思います。

例えば、Power Queryエディターで次の「2-4」というテーブルを開いているとします。これは8-6でも使用した2月の最終週のデータが保存されているものです。

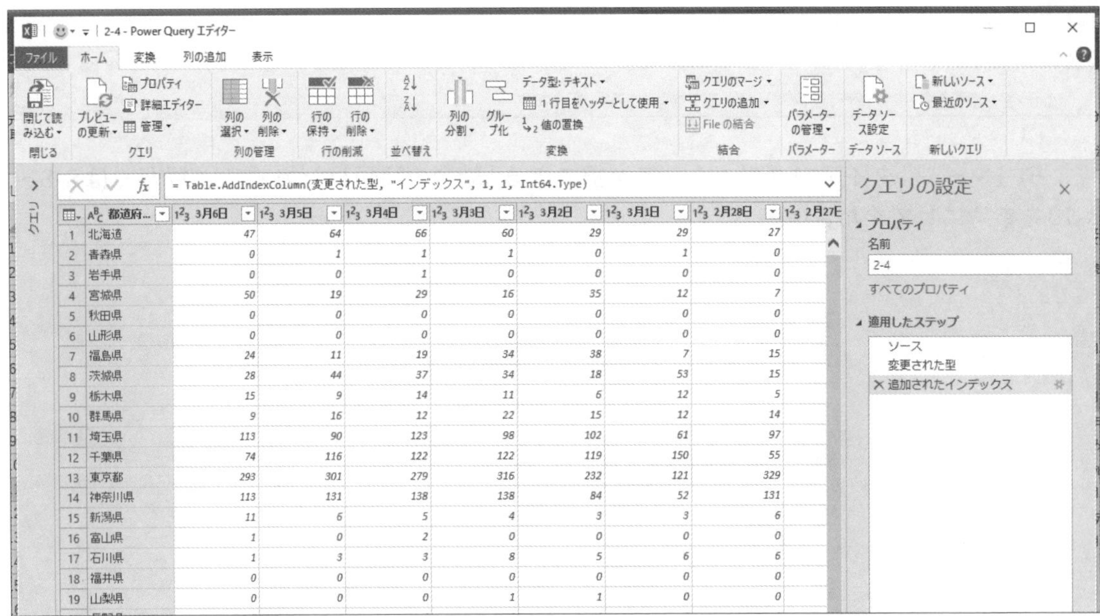

ここに、3月の第1週のデータが保存されている「3-1」というテーブルを結合してみましょう。なお、8-6で解説したように、結合できるのはクエリなので、「3-1」シートのデータは一度Power Queryに読み込んでクエリを作成した状態となっている必要があります。

操作手順

❶ [ホーム] - [結合] - [クエリのマージ] の▼をクリックし、表示されたメニューの [クエリのマージ] をクリックします。

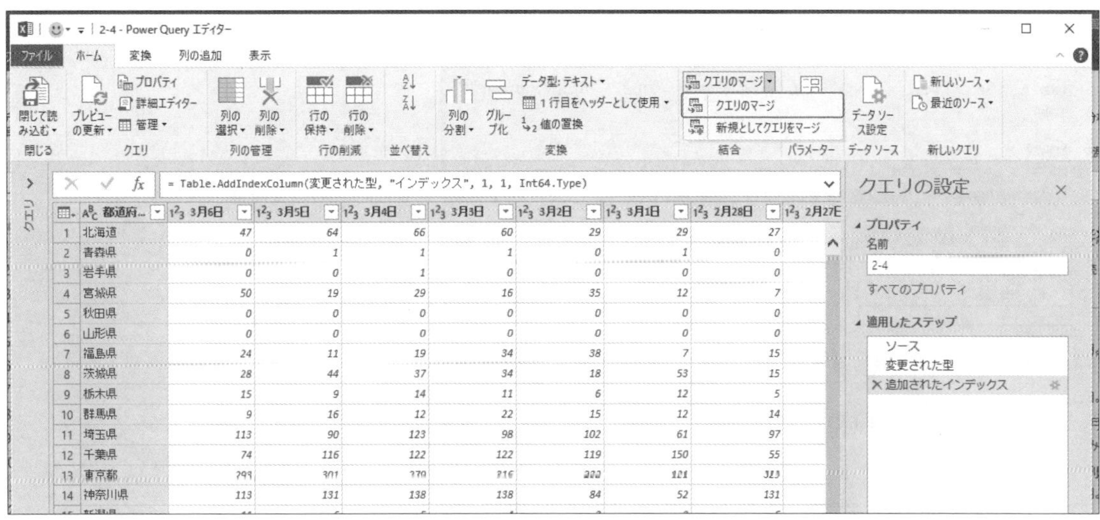

❷ [マージ] ダイアログボックスの上段に現在のテーブルのプレビューが表示されています。

❸ 下段の▼をクリックして表示されるテーブルから、結合したいテーブル（ここでは「3-1」）をクリックします。

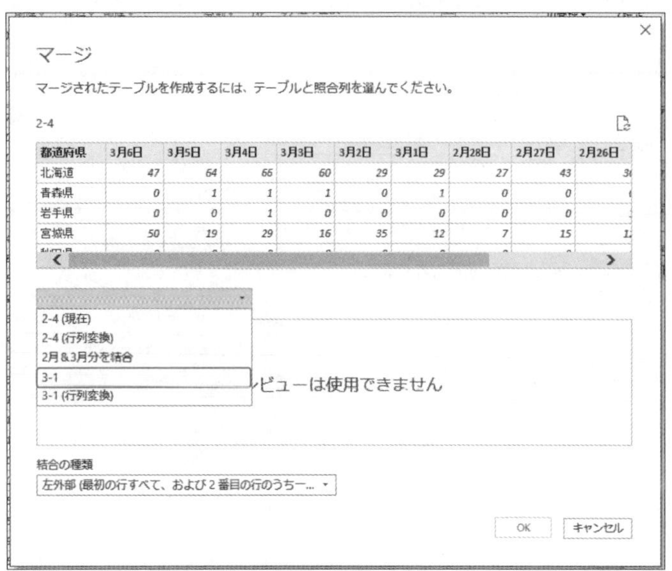

❹ 下段に❸で選んだテーブルのプレビューが表示されますので、上段のテーブルと下段のテーブルそれぞれについて、結合に使う照合列（ここでは「都道府県」）をクリックします。また、[結合の種類] で使用したい結合の種類（ここでは「内部」）を選択し、[OK] をクリックします。

❺ Power Queryエディター上で開いているテーブルの最後の列に、結合したテーブルが展開前の状態で追加されました。

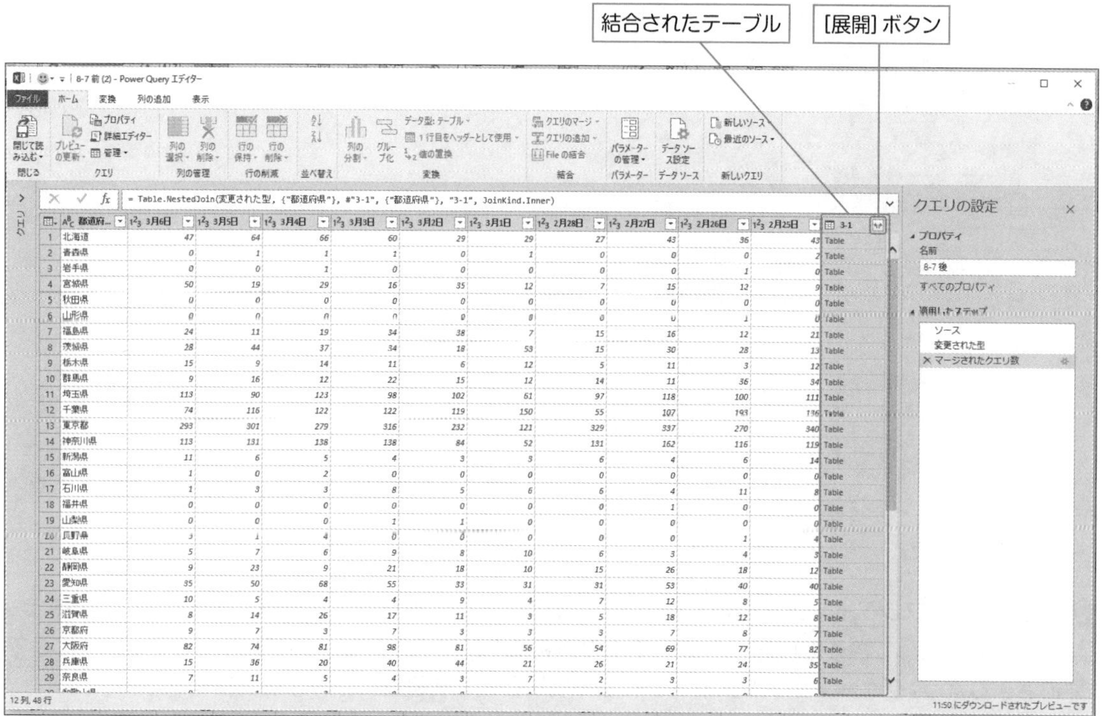

❻ [展開] ボタンをクリックすると、展開画面が表示されます。

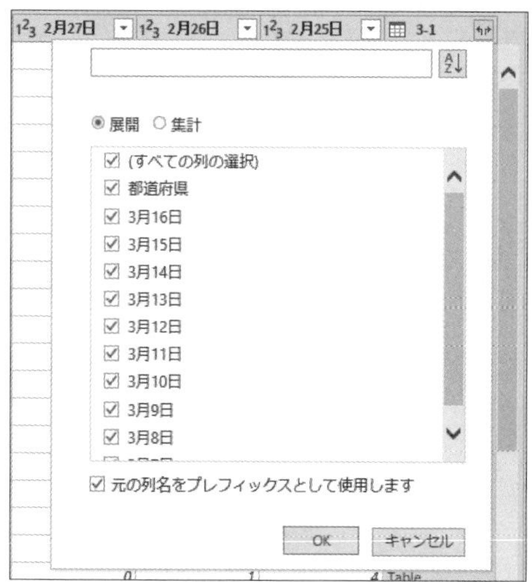

❼ 結合したテーブルを展開する際に、展開不要の列のチェックをクリックしてオフにします。今回は「都道府県」については元々開いていたテーブルに既に列があるので、重複を避けるため、この列のチェックをオフにします。

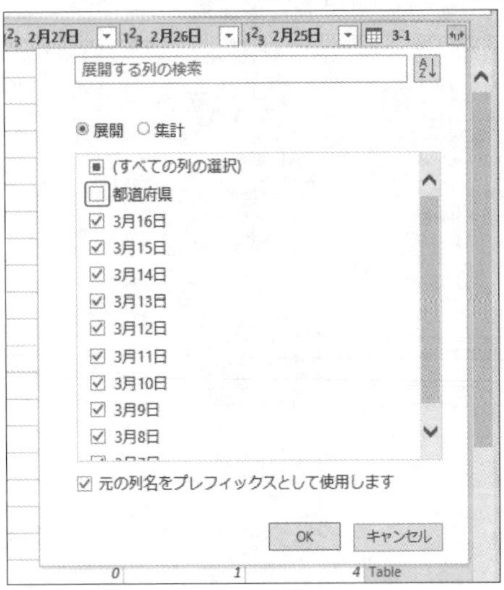

❽ [元の列名をプレフィックスとして使用します] のチェックボックスをクリックしてオフにします。ここをオンにしておくと展開したテーブルの列名にクエリ名が追加されてしまうので、オフにしておきましょう。チェックボックスがオフになっていることを確認し [OK] をクリックします。

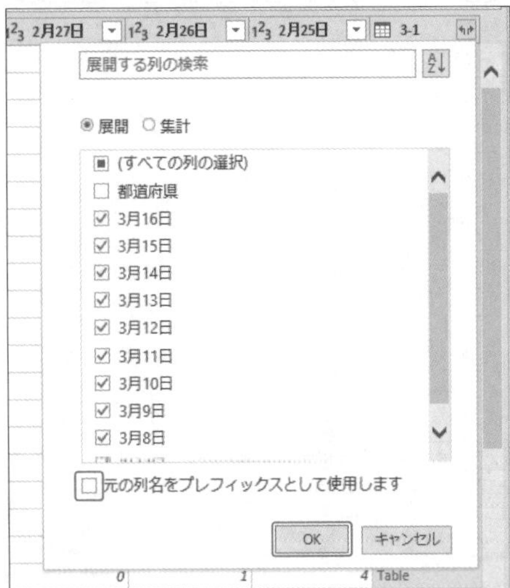

❾結合したテーブルのデータが展開されました。

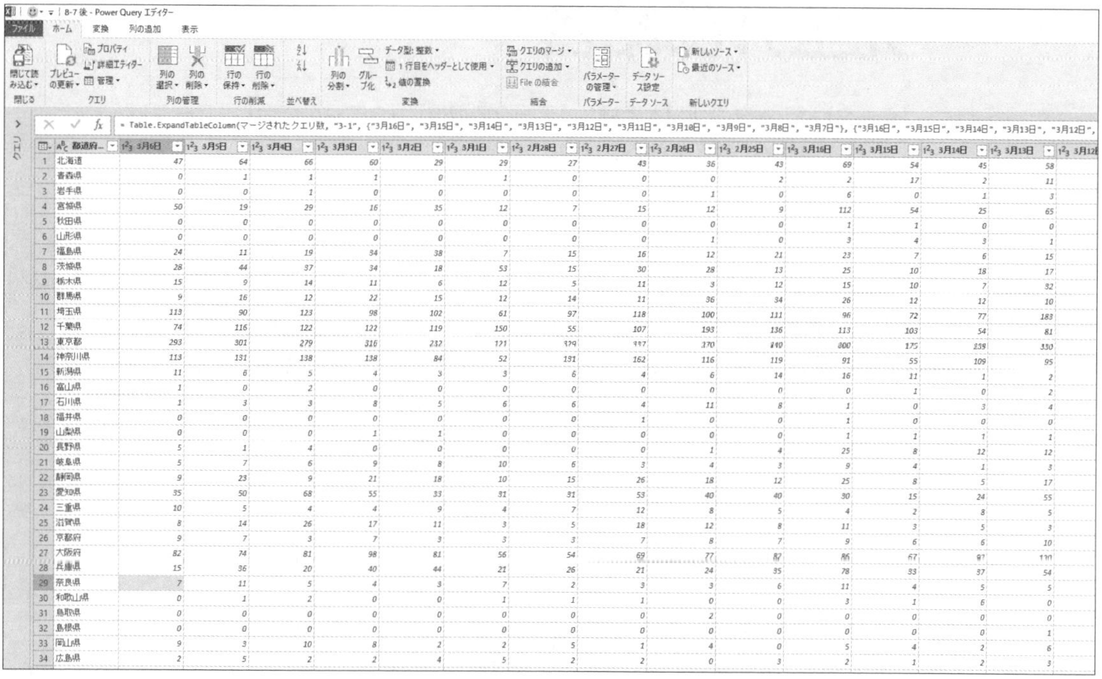

	都道府...	3月6日	3月5日	3月4日	3月3日	3月2日	3月1日	2月28日	2月27日	2月26日	2月25日	3月16日	3月15日	3月14日	3月13日
1	北海道	47	64	66	60	29	29	27	43	36	43	69	54	45	58
2	青森県	0	1	1	1	0	1	0	0	0	2	2	17	2	11
3	岩手県	0	0	1	0	0	0	0	0	1	0	6	0	1	3
4	宮城県	50	19	29	16	35	12	7	15	12	9	112	54	25	65
5	秋田県	0	0	0	0	0	0	0	0	0	0	1	1	0	0
6	山形県	0	0	0	0	0	0	0	0	1	0	3	4	3	1
7	福島県	24	11	19	34	38	7	15	16	12	21	23	7	6	15
8	茨城県	28	44	37	34	18	53	15	30	28	13	25	10	18	17
9	栃木県	15	9	14	11	6	12	5	11	3	12	15	10	7	32
10	群馬県	9	16	12	22	15	12	14	11	36	34	26	12	12	10
11	埼玉県	113	90	123	98	102	61	97	118	100	111	96	72	77	183
12	千葉県	74	116	122	122	119	150	55	107	193	136	113	103	54	81
13	東京都	293	301	279	316	232	121	329	337	370	140	800	175	239	330
14	神奈川県	113	131	138	138	84	52	131	162	116	119	91	55	109	95
15	新潟県	11	6	5	4	3	3	6	4	6	14	16	11	1	2
16	富山県	1	0	2	0	0	0	0	0	0	0	0	1	0	2
17	石川県	1	3	3	8	5	6	6	4	11	8	1	0	3	4
18	福井県	0	0	0	0	0	0	0	1	0	0	1	0	0	0
19	山梨県	0	0	0	1	1	0	0	0	0	0	1	1	1	1
20	長野県	5	1	4	0	0	0	0	0	1	4	25	8	12	12
21	岐阜県	5	7	6	9	8	10	6	3	4	3	9	4	1	3
22	静岡県	9	23	9	21	18	10	15	26	18	12	25	8	5	17
23	愛知県	35	50	68	55	33	31	31	53	40	40	30	15	24	55
24	三重県	10	5	4	4	9	4	7	12	8	5	4	2	8	5
25	滋賀県	8	14	26	17	11	3	5	18	12	8	11	3	5	3
26	京都府	9	7	3	7	3	3	3	7	8	7	9	6	6	10
27	大阪府	82	74	81	98	81	56	54	69	77	82	86	67	97	110
28	兵庫県	15	36	20	40	44	21	26	21	24	35	78	33	37	54
29	奈良県	7	11	5	4	3	7	2	3	3	6	11	4	5	5
30	和歌山県	0	1	2	0	0	1	1	1	0	0	3	1	6	0
31	鳥取県	0	0	0	0	0	0	0	0	2	0	0	0	0	0
32	島根県	0	0	0	0	0	0	0	0	0	0	0	0	0	1
33	岡山県	9	3	10	8	2	2	5	1	4	0	5	4	2	6
34	広島県	2	5	2	2	4	5	2	2	0	3	2	1	2	3

なお、［マージ］ダイアログボックスで選択できる［結合の種類］については、詳しくは8-8～8-13を参考にしてください。

Section 8-8

結合の種類を指定する① 完全外部結合

メニュー　[データ] - [データの取得と変換] - [データの取得] - [クエリの結合] - [マージ] / [ホーム] - [結合] - [クエリのマージ]

M言語　-

8-6、8-7でクエリの結合について説明しましたが、その中でクエリを結合する際に[マージ]ダイアログボックスで[結合の種類]を指定しました。

ここでは、[結合の種類]に「完全外部結合」を選んだ場合にどうなるかを説明しましょう。

「完全外部結合」とは、2つの表のすべての行を接続する形となる結合です。2つの表のすべての行が表示されるので、表の過不足を探す際に使うと良いでしょう。

日付	ID
4/11	1
4/12	1
4/13	2

ID	都道府県
1	東京
2	千葉
3	神奈川

日付	ID	都道府県
4/11	1	東京
4/12	1	東京
4/13	2	千葉
Null	Null	神奈川

左右のテーブルに存在するすべての「ID」1、2、3が表示

実際に試してみましょう。例えば、次のような2つのデータがあるとします。

都道府県	最大	最小	最大と最小の差	インデックス
東京都	340	116	224	1
千葉県	193	53	140	2
埼玉県	183	61	122	3
神奈川県	162	52	110	4
宮城県	112	7	105	5

都道府県	最大	最小	最大と最小の差	インデックス
東京都	1050	425	625	1
大阪府	1262	922	340	2
兵庫県	629	310	319	3
福岡県	440	154	286	4
愛知県	426	161	265	5

これを「完全外部結合」で結合してみましょう。結合の手順は8-6や8-7で解説しています。[マージ]ダイアログボックスでは、照合列に「都道府県」、[結合の種類]は「完全外部(両方の行すべて)」を選択します。

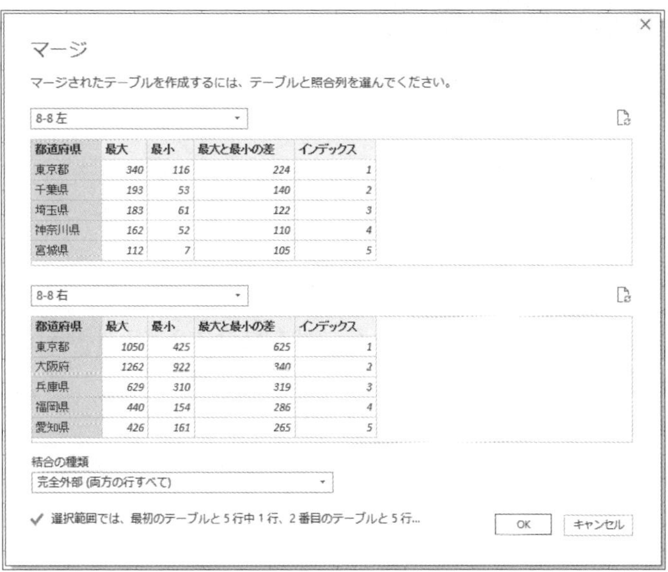

すると、次のように2つの表のすべての行を接続した表が作成されます。

結合したテーブルを展開する方法は、8-6で説明しています。またここでは、「元の列名をプレフィクスとして使用します」のチェックボックスをオンで設定しています。

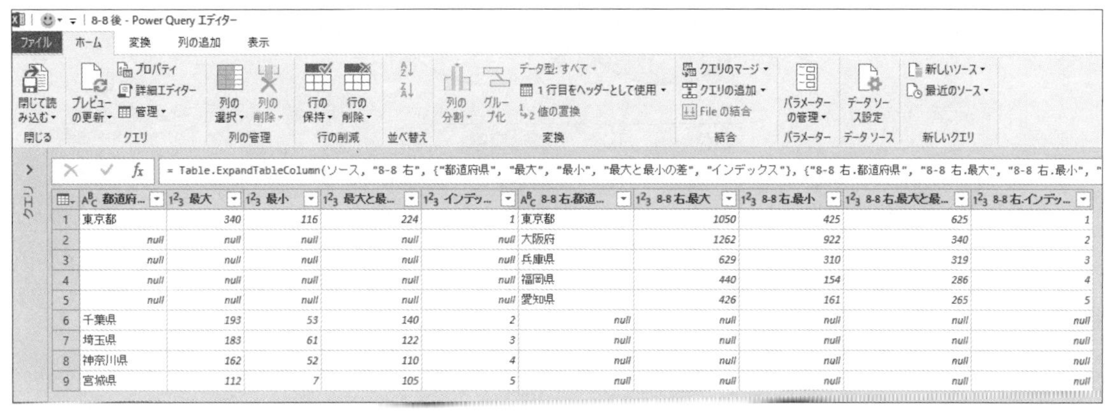

相手側の表に存在しないと「null」が表示

Section
8-9

結合の種類を指定する②
左外部結合

メニュー	[データ] - [データの取得と変換] - [データの取得] - [クエリの結合] - [マージ] / [ホーム] - [結合] - [クエリのマージ]
M言語	-

8-6、8-7でクエリの結合について説明しましたが、その中でクエリを結合する際に[マージ]ダイアログボックスで[結合の種類]を指定しました。

ここでは、[結合の種類]に「左外部結合」を選んだ場合にどうなるかを説明しましょう。

「左外部結合」は、2つの表のうち、左側(上)の表のすべての行を表示させて接続する形となる結合です。

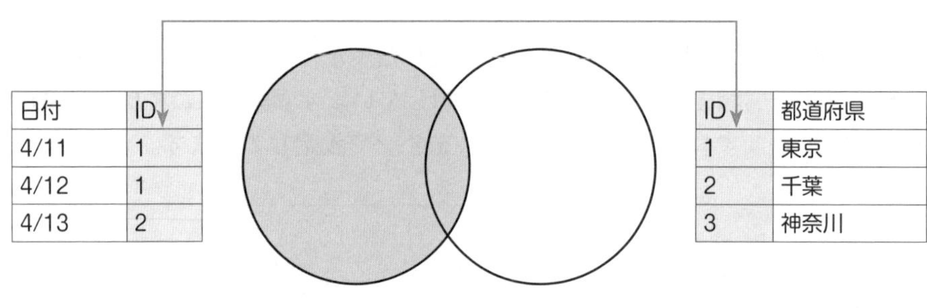

日付	ID
4/11	1
4/12	1
4/13	2

ID	都道府県
1	東京
2	千葉
3	神奈川

日付	ID	都道府県
4/11	1	東京
4/12	1	東京
4/13	2	千葉

左側のテーブルに存在する「ID」1、2のデータが表示

実際に試してみましょう。例えば、次のような2つのデータがあるとします。

都道府県	最大	最小	最大と最小の差	インデックス
東京都	340	116	224	1
千葉県	193	53	140	2
埼玉県	183	61	122	3
神奈川県	162	52	110	4
宮城県	112	7	105	5

都道府県	最大	最小	最大と最小の差	インデックス
東京都	1050	425	625	1
大阪府	1262	922	340	2
兵庫県	629	310	319	3
福岡県	440	154	286	4
愛知県	426	161	265	5

これを「左外部結合」で結合してみましょう。結合の手順は8-6や8-7で解説しています。[マージ]ダイアログボックスでは、照合列に「都道府県」、[結合の種類]は「左外部(最初の行のすべて、および2番目の行のうち一致するもの)」を選択します。

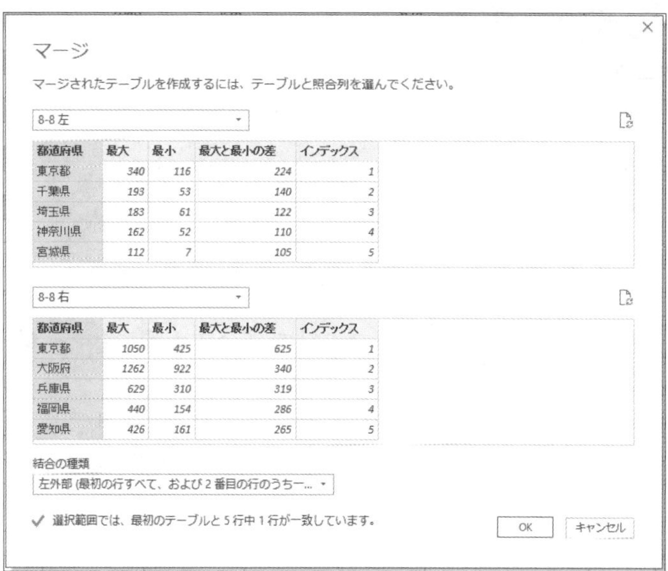

すると、次のように左側の行のすべてと、2番目の表で一致する行が結合した表が作成されます。

結合したテーブルを展開する方法は、8-6で説明しています。またここでは、「元の列名をプレフィクスとして使用します」のチェックボックスをオンで設定しています。

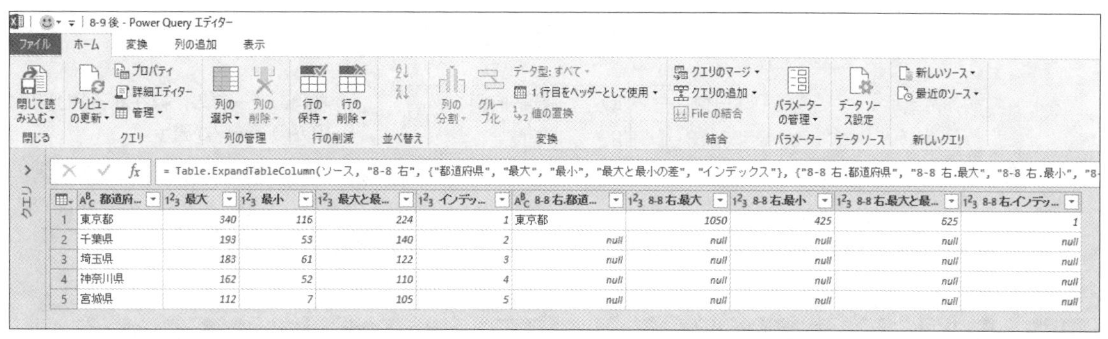

Section 8-10

結合の種類を指定する③ 右外部結合

メニュー	[データ] - [データの取得と変換] - [データの取得] - [クエリの結合] - [マージ] / [ホーム] - [結合] - [クエリのマージ]
M言語	-

8-6、8-7でクエリの結合について説明しましたが、その中でクエリを結合する際に[マージ]ダイアログボックスで[結合の種類]を指定しました。

ここでは、[結合の種類]に「右外部結合」を選んだ場合にどうなるかを説明しましょう。

「右外部結合」は、2つの表のうち、右側(下)の表のすべての行を表示させて接続する形となる結合です。

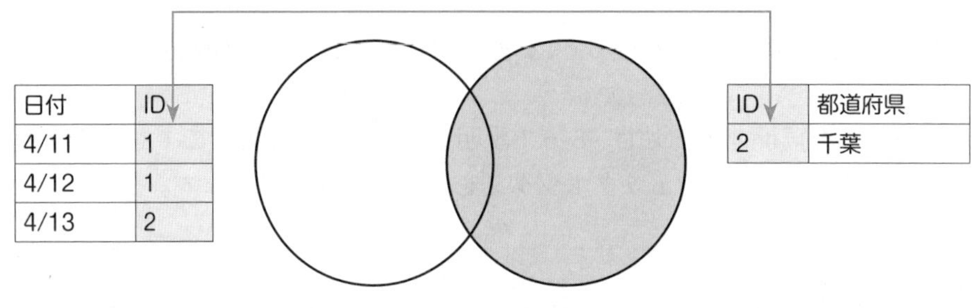

実際に試してみましょう。例えば、次のような2つのデータがあるとします。

都道府県	最大	最小	最大と最小の差	インデックス
東京都	340	116	224	1
千葉県	193	53	140	2
埼玉県	183	61	122	3
神奈川県	162	52	110	4
宮城県	112	7	105	5

都道府県	最大	最小	最大と最小の差	インデックス
東京都	1050	425	625	1
大阪府	1262	922	340	2
兵庫県	629	310	319	3
福岡県	440	154	286	4
愛知県	426	161	265	5

これを「右外部結合」で結合してみましょう。結合の手順は8-6や8-7で解説しています。[マージ]ダイアログボックスでは、照合列に「都道府県」、[結合の種類]は「右外部(2番目の行のすべて、および最初の行のうち一致するもの)」を選択します。

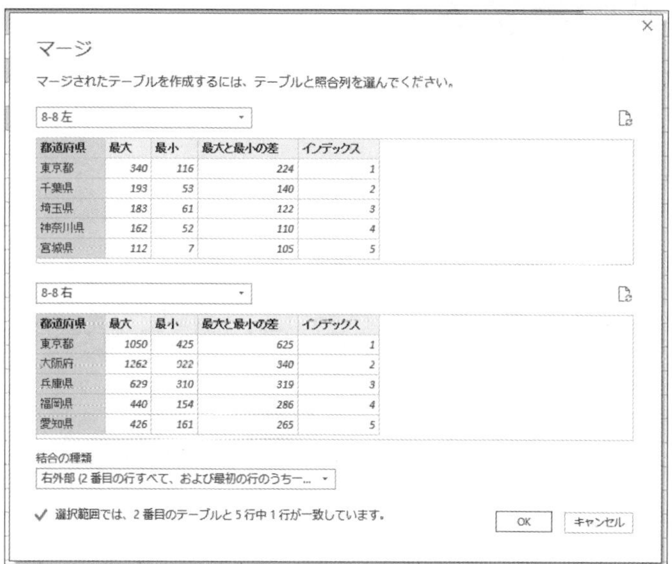

すると、次のように右側の行のすべてと、1番目の表で一致する行が結合した表が作成されます。

結合したテーブルを展開する方法は、8-6で説明しています。またここでは、「元の列名をプレフィクスとして使用します」のチェックボックスをオンで設定しています。

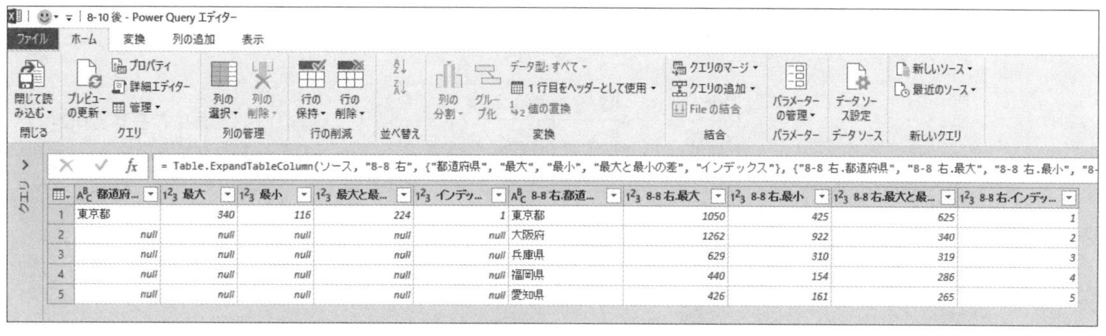

Section
8-11

結合の種類を指定する④ 内部結合

メニュー	[データ] - [データの取得と変換] - [データの取得] - [クエリの結合] - [マージ] / [ホーム] - [結合] - [クエリのマージ]
M言語	-

8-6、8-7でクエリの結合について説明しましたが、その中でクエリを結合する際に[マージ]ダイアログボックスで[結合の種類]を指定しました。

ここでは、[結合の種類]に「内部結合」を選んだ場合にどうなるかを説明しましょう。

「内部結合」は、2つの表で、一致する行のすべての行を表示させて接続する形となる結合です。

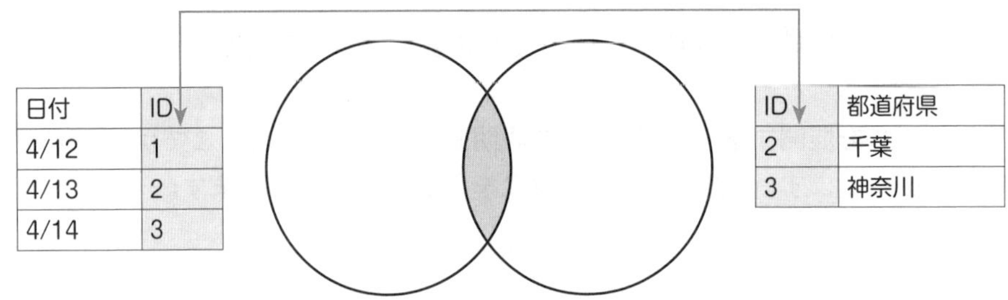

日付	ID	都道府県
4/13	2	千葉
4/14	3	神奈川

両方のテーブルに存在する「ID」2、3のデータのみが表示

実際に試してみましょう。例えば、次のような2つのデータがあるとします。

都道府県	最大	最小	最大と最小の差	インデックス
東京都	340	116	224	1
千葉県	193	53	140	2
埼玉県	183	61	122	3
神奈川県	162	52	110	4
宮城県	112	7	105	5

都道府県	最大	最小	最大と最小の差	インデックス
東京都	1050	425	625	1
大阪府	1262	922	340	2
兵庫県	629	310	319	3
福岡県	440	154	286	4
愛知県	426	161	265	5

これを「内部結合」で結合してみましょう。結合の手順は8-6や8-7で解説しています。[マージ]ダイアログボックスでは、照合列に「都道府県」、[結合の種類]は「内部(一致する行のみ)」を選択します。

すると、次のように2つの表の一致した行が結合した表が作成されます。

結合したテーブルを展開する方法は、8-6で説明しています。またここでは、「元の列名をプレフィクスとして使用します」のチェックボックスをオンで設定しています。

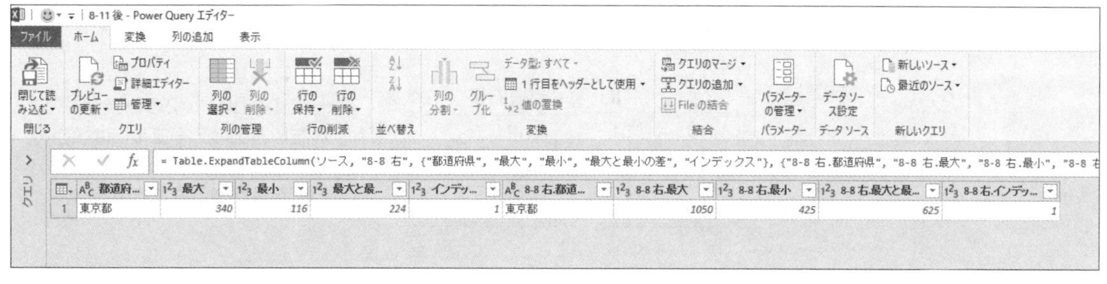

Section
8-12 結合の種類を指定する⑤ 左反結合（最初の行のみ）

メニュー　[データ] - [データの取得と変換] - [データの取得] - [クエリの結合] - [マージ] / [ホーム] - [結合] - [クエリのマージ]

M言語　-

8-6、8-7でクエリの結合について説明しましたが、その中でクエリを結合する際に[マージ]ダイアログボックスで[結合の種類]を指定しました。

ここでは、[結合の種類]に「左反結合」を選んだ場合にどうなるかを説明しましょう。

「左反結合」は、1つ目の表にのみ存在する行を表示させて接続する形となる結合です。

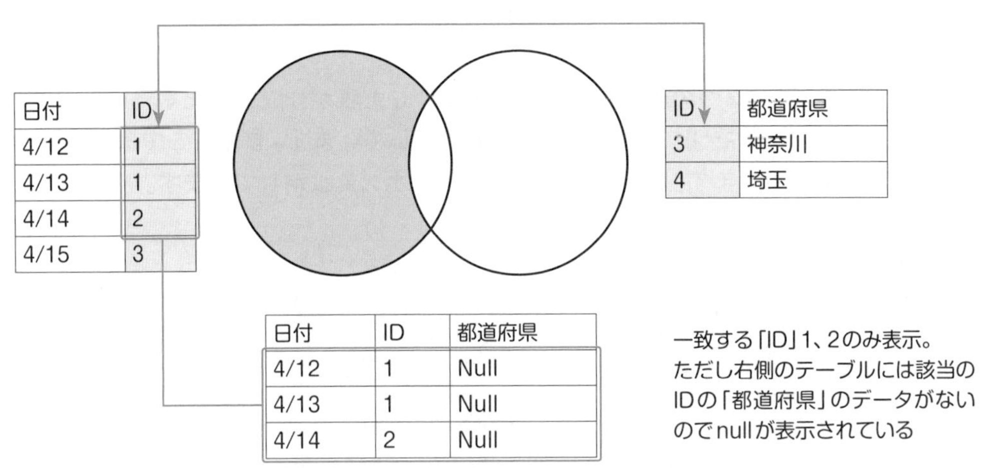

実際に試してみましょう。例えば、次のような2つのデータがあるとします。

都道府県	最大	最小	最大と最小の差	インデックス
東京都	340	116	224	1
千葉県	193	53	140	2
埼玉県	183	61	122	3
神奈川県	162	52	110	4
宮城県	112	7	105	5

都道府県	最大	最小	最大と最小の差	インデックス
東京都	1050	425	625	1
大阪府	1262	922	340	2
兵庫県	629	310	319	3
福岡県	440	154	286	4
愛知県	426	161	265	5

これを「左反結合」で結合してみましょう。結合の手順は8-6や8-7で解説しています。[マージ]ダイアログボックスでは、照合列に「都道府県」、[結合の種類]は「左反（最初の行のみ）」を選択します。

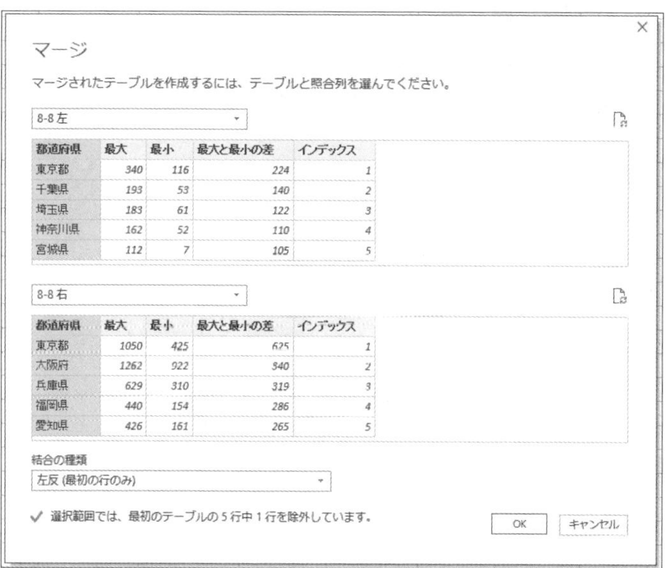

すると、次のように1つ目の表に存在する行のみが表示される表が作成されます。

結合したテーブルを展開する方法は、8-6で説明しています。またここでは、「元の列名をプレフィクスとして使用します」のチェックボックスをオンで設定しています。

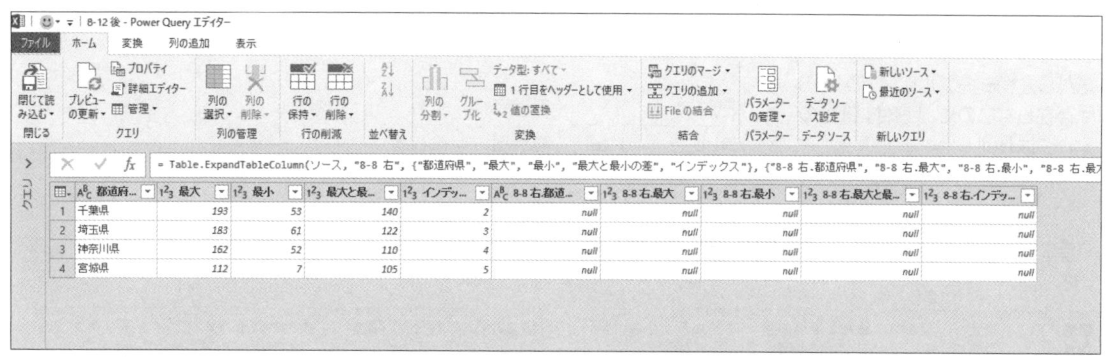

OnePoint

左反結合（最初の行のみ）と言われてもまったくイメージができませんが、日本語に翻訳される前の状態の機能名「Left Anti Join」だと、右側のテーブルの一致する行がない左側の行だけが表示されることがイメージできるかもしれません。

上記に当てはめて、サンプルを見てみると、右側のテーブルのIDに番号がない左側のテーブルのデータのみ表示されていることが確認できます。

Section 8-13

結合の種類を指定する⑥ 右反結合（2番目の行のみ）

メニュー　[データ] - [データの取得と変換] - [データの取得] - [クエリの結合] - [マージ] / [ホーム] - [結合] - [クエリのマージ]

M言語　-

8-6、8-7でクエリの結合について説明しましたが、その中でクエリを結合する際に[マージ]ダイアログボックスで[結合の種類]を指定しました。

ここでは、[結合の種類]に「右反結合」を選んだ場合にどうなるかを説明しましょう。

「右反結合」は、2つ目の表にのみ存在する行を表示させて接続する形となる結合です。

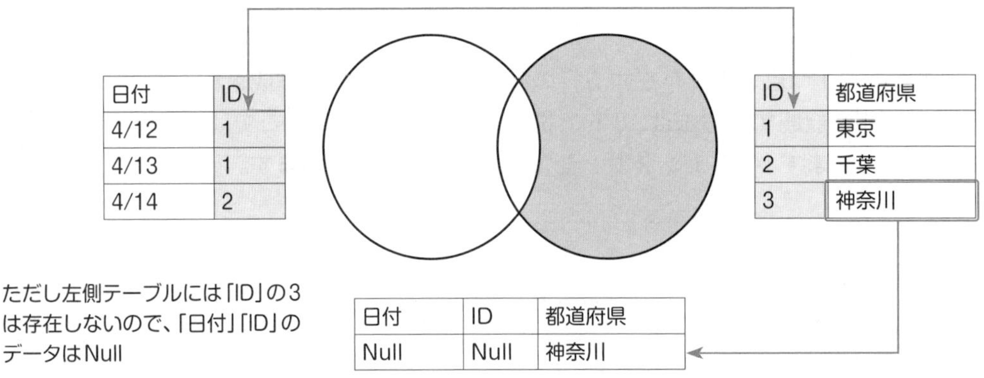

実際に試してみましょう。例えば、次のような2つのデータがあるとします。

都道府県	最大	最小	最大と最小の差	インデックス
東京都	340	116	224	1
千葉県	193	53	140	2
埼玉県	183	61	122	3
神奈川県	162	52	110	4
宮城県	112	7	105	5

都道府県	最大	最小	最大と最小の差	インデックス
東京都	1050	425	625	1
大阪府	1262	922	340	2
兵庫県	629	310	319	3
福岡県	440	154	286	4
愛知県	426	161	265	5

これを「右反結合」で結合してみましょう。結合の手順は8-6や8-7で解説しています。[マージ]ダイアログボックスでは、照合列に「都道府県」、[結合の種類]は「右反（2番目の行のみ）」を選択します。

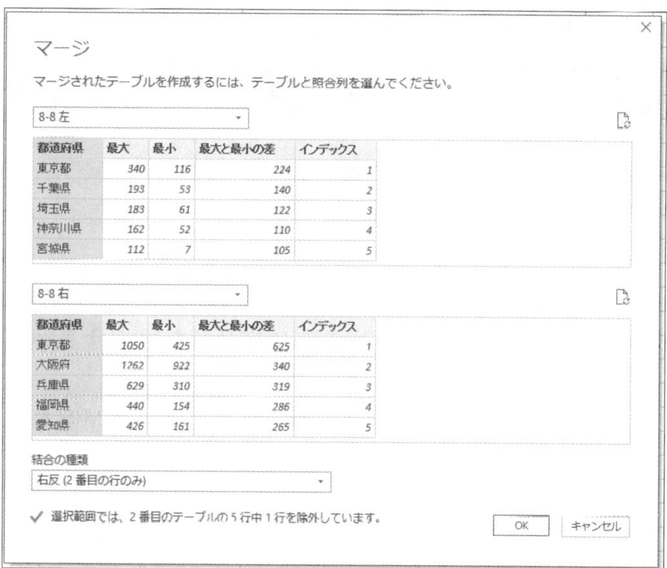

都道府県	最大	最小	最大と最小の差	インデックス
東京都	340	116	224	1
千葉県	193	53	140	2
埼玉県	183	61	122	3
神奈川県	162	52	110	4
宮城県	112	7	105	5

都道府県	最大	最小	最大と最小の差	インデックス
東京都	1050	425	625	1
大阪府	1262	922	340	2
兵庫県	629	310	319	3
福岡県	440	154	286	4
愛知県	426	161	265	5

すると、次のように2つ目の表に存在する行のみが表示される表が作成されます。

結合したテーブルを展開する方法は、8-6で説明しています。またここでは、「元の列名をプレフィクスとして使用します」のチェックボックスをオンで設定しています。

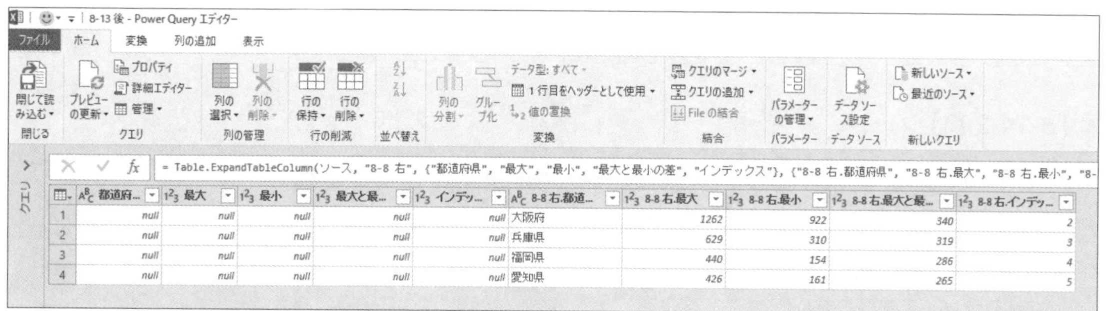

	都道府...	最大	最小	最大と最...	インデッ...	8-8 右.都道...	8-8 右.最大	8-8 右.最小	8-8 右.最大と最...	8-8 右.インデッ...
1	null	null	null	null	null	大阪府	1262	922	340	2
2	null	null	null	null	null	兵庫県	629	310	319	3
3	null	null	null	null	null	福岡県	440	154	286	4
4	null	null	null	null	null	愛知県	426	161	265	5

OnePoint

右反結合（2番目の行のみ）と言われてもまったくイメージができませんが、日本語に翻訳される前の状態の機能名「Right Anti Join」だと、左側のテーブルに含まれていない右側の行のみが表示されることがイメージできるかもしれません。

上記に当てはめて、サンプルを見てみると、左側のテーブルのIDに番号がない右側のテーブルのデータのみ表示されていることが確認できます。

Section
8-14 テーブルを行方向に結合する① Excelで開いている2つのクエリの結合

メニュー	[データ] - [データの取得と変換] - [データの取得] - [クエリの結合] - [追加]
M言語	-

8-6で2つのデータを結合して1つのテーブルにする方法を解説しました。8-6の方法ではテーブルは列方向に結合されましたが、データの形によっては行方向に結合したい場合もあるでしょう。

例えば、次のような形のデータです。「8-14-1 前」シートには2月の最終週のデータが保存されています。また、「8-14-2 前」シートには3月の第1週のデータが保存されています。

●「8-14-1 前」シート

	都道府...	北海道	青森県	岩手県	宮城県	秋田県	山形県	福島県	茨城県
1	2021/03/06	47	0	0	50	0	0	24	
2	2021/03/05	64	1	0	19	0	0	11	
3	2021/03/04	66	1	1	29	0	0	19	
4	2021/03/03	60	1	0	16	0	0	34	
5	2021/03/02	29	0	0	35	0	0	38	
6	2021/03/01	29	1	0	12	0	0	7	
7	2021/02/28	27	0	0	7	0	0	15	
8	2021/02/27	43	0	0	15	0	0	16	
9	2021/02/26	36	0	1	12	0	1	12	
10	2021/02/25	43	2	0	9	0	0	21	

●「8-14-2 前」シート

都道府...	北海道	青森県	岩手県	宮城県	秋田県	山形県	福島県	茨城県
2021/03/16	69	2	6	112	1	3	23	
2021/03/15	54	17	0	54	1	4	7	
2021/03/14	45	2	1	25	0	3	6	
2021/03/13	58	11	3	65	0	1	15	
2021/03/12	53	5	3	42	0	0	14	
2021/03/11	71	6	1	70	0	0	9	
2021/03/10	65	11	2	38	0	8	16	
2021/03/09	63	4	0	31	0	0	23	
2021/03/08	63	0	0	25	0	1	16	
2021/03/07	84	0	0	27	0	1	10	

このように行方向にデータを結合したい場合、[データ] - [データの取得と変換] - [データの取得] - [クエリの結合] - [追加]を使用します。

なお、8-6でも説明しましたが、[データ] - [データの取得] - [クエリの結合]で結合できるのはクエリですから、「8-14-1 前」「8-14-2 前」シートのデータは一度Power Queryに読み込んでクエリを作成した状態となっている必要があります。

操作手順

❶ 新しいワークシートを準備し、[データ] - [データの取得と変換] - [データの取得] の▼をクリックし、表示されたメニューの [クエリの結合] - [追加] をクリックします。

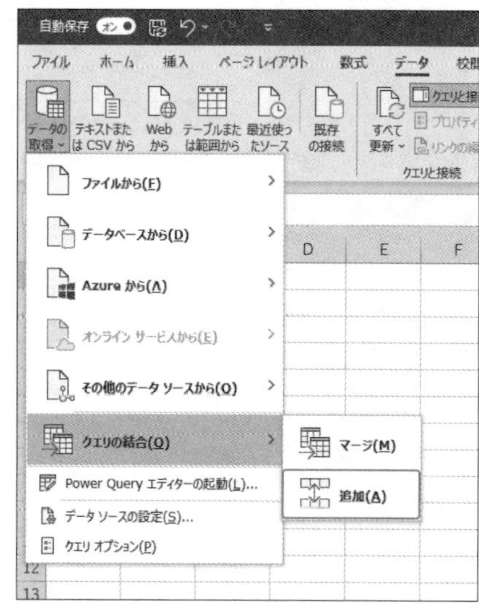

❷ [追加] ダイアログボックスで「2つのテーブル」が選択されていることを確認します。

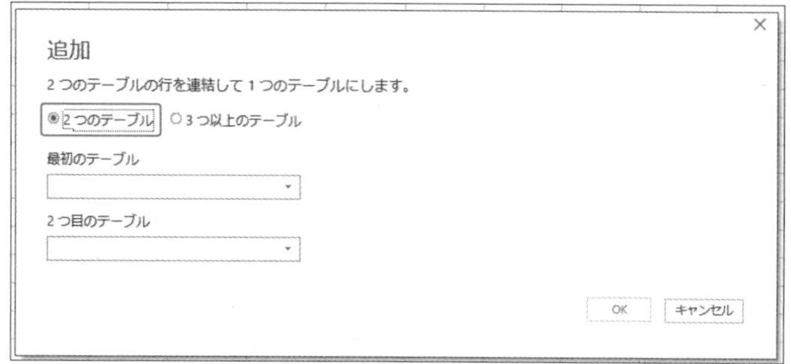

❸ [最初のテーブル] の▼をクリックし、表示されるテーブルから結合したい1つめのテーブル（ここでは「8-14-1 前」）を選択します。

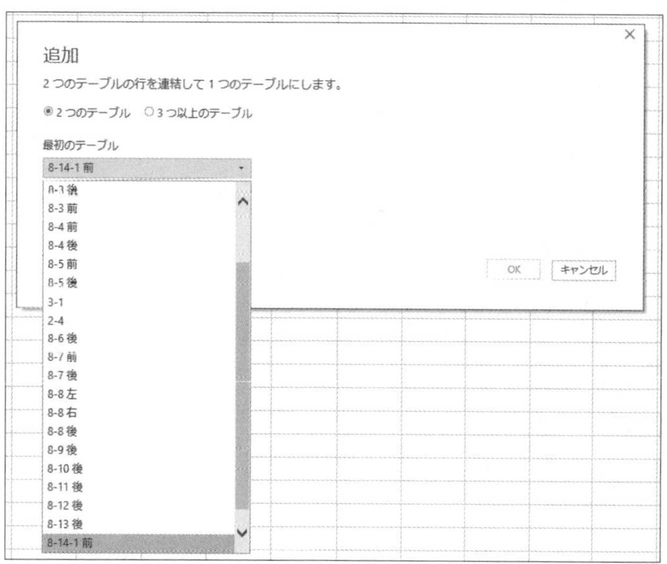

❹ 最初のテーブルに「8-14-1 前」が表示されました。

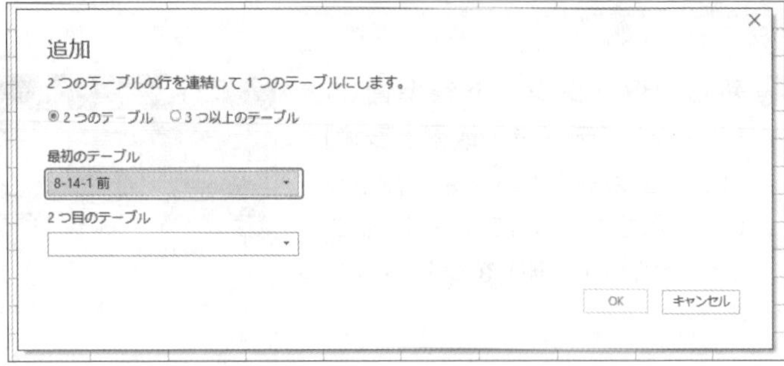

❺ [2つ目のテーブル」も同様に、結合したい2つめのテーブル（ここでは「8-14-2 前」）を選択し、[OK] をクリックします。

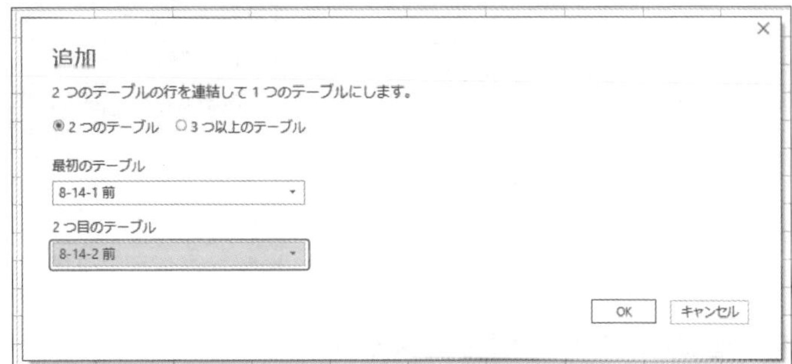

❻ Power Queryエディターが起動し、2つのテーブルが結合されます。

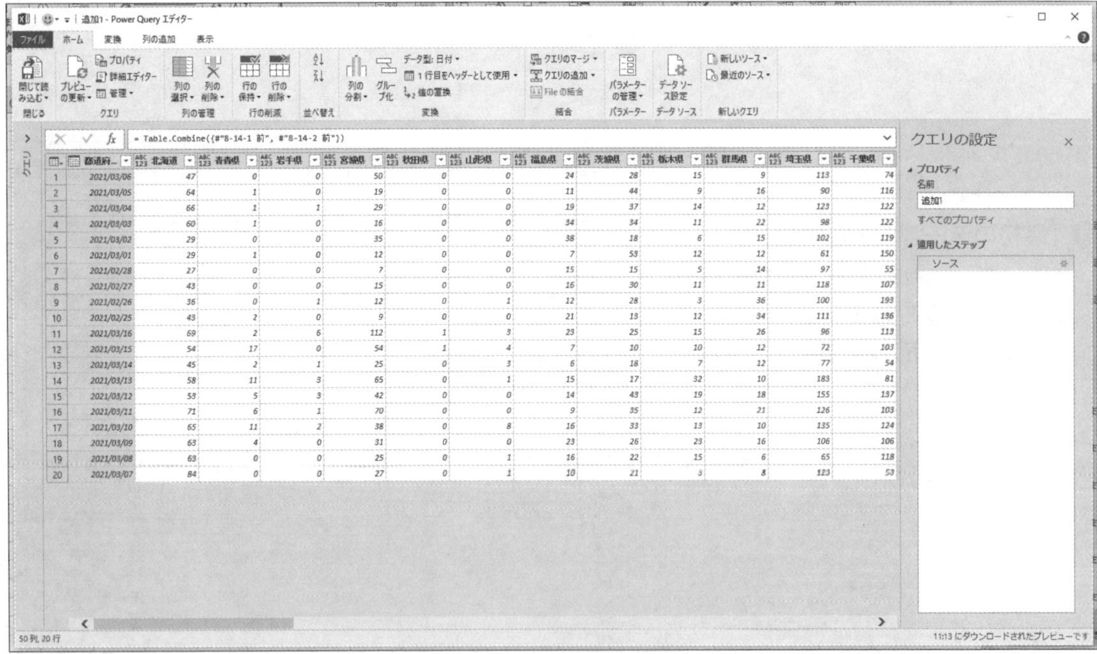

Section
8-15 テーブルを行方向に結合する②
Excelで開いている3つ以上のクエリの結合

メニュー	[データ] - [データの取得と変換] - [データの取得] - [クエリの結合] - [追加]
M言語	-

8-14で2つのテーブルを行方向に連結する方法について説明しましたが、3つ以上のテーブルを一度に結合することもできます。

例えば、次のような3つのデータがあるとします。「8-15-1」シートには2月の第3週のデータ、「8-14-1 前」シートには2月の最終週のデータ、「8-14-2 前」シートには3月の第1週のデータが保存されています。

● 「8-15-1」シート

都道府...	1²₃ 北海道	1²₃ 青森県	1²₃ 岩手県	1²₃ 宮城県	1²₃ 秋田県	1²₃ 山形県	1²₃ 福島県	1²₃ 茨城県
2021/02/24	43	1	0	5	0	4	8	
2021/02/23	66	0	0	6	0	1	5	
2021/02/22	21	1	0	7	0	0	9	
2021/02/21	63	0	0	3	0	0	4	
2021/02/20	34	0	0	14	0	0	0	
2021/02/19	43	0	4	13	0	0	5	
2021/02/18	32	0	6	7	0	2	6	
2021/02/17	64	1	4	6	0	1	12	
2021/02/16	44	2	9	8	0	0	7	
2021/02/15	41	4	6	3	0	0	6	

● 「8-14-1 前」シート

	都道府...	1²₃ 北海道	1²₃ 青森県	1²₃ 岩手県	1²₃ 宮城県	1²₃ 秋田県	1²₃ 山形県	1²₃ 福島県	1²₃ 茨城県
1	2021/03/06	47	0	0	50	0	0	24	
2	2021/03/05	64	1	0	19	0	0	11	
3	2021/03/04	66	1	1	29	0	0	19	
4	2021/03/03	60	1	0	16	0	0	34	
5	2021/03/02	29	0	0	35	0	0	38	
6	2021/03/01	29	1	0	12	0	0	7	
7	2021/02/28	27	0	0	7	0	0	15	
8	2021/02/27	43	0	0	15	0	0	16	
9	2021/02/26	36	0	1	12	0	1	12	
10	2021/02/25	43	2	0	9	0	0	21	

● 「8-14-2 前」シート

都道府...	1²₃ 北海道	1²₃ 青森県	1²₃ 岩手県	1²₃ 宮城県	1²₃ 秋田県	1²₃ 山形県	1²₃ 福島県	1²₃ 茨城県
2021/03/16	69	2	6	112	1	3	23	
2021/03/15	54	17	0	54	1	4	7	
2021/03/14	45	2	1	25	0	3	6	
2021/03/13	58	11	3	65	0	1	15	
2021/03/12	53	5	3	42	0	0	14	
2021/03/11	71	6	1	70	0	0	9	
2021/03/10	65	11	2	38	0	8	16	
2021/03/09	63	4	0	31	0	0	23	
2021/03/08	63	0	0	25	0	1	16	
2021/03/07	84	0	0	27	0	1	10	

なお、8-14でも説明したように、これらのシートのデータは一度Power Queryに読み込んでクエリを作成した状態となっている必要があります。

それでは、この3つのデータを結合してみましょう。

操作手順

❶ 新しいワークシートを準備し、[データ] - [データの取得と変換] - [データの取得] の▼をクリックし、表示されたメニューの [クエリの結合] - [追加] をクリックします。

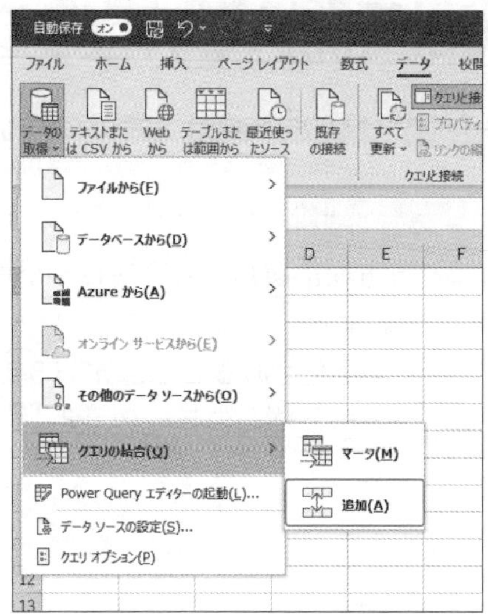

❷ [追加] ダイアログボックスで、「3つ以上のテーブル」を選択します。

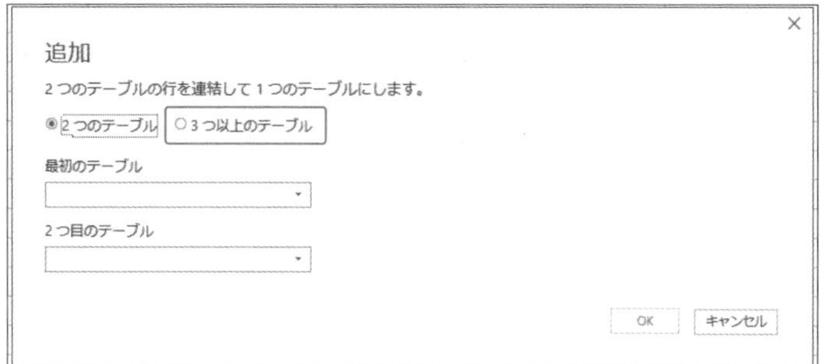

❸ 画面下部に [利用可能なテーブル] が表示されるので「8-14-1 前」を選択し、[追加] ボタンをクリックします。

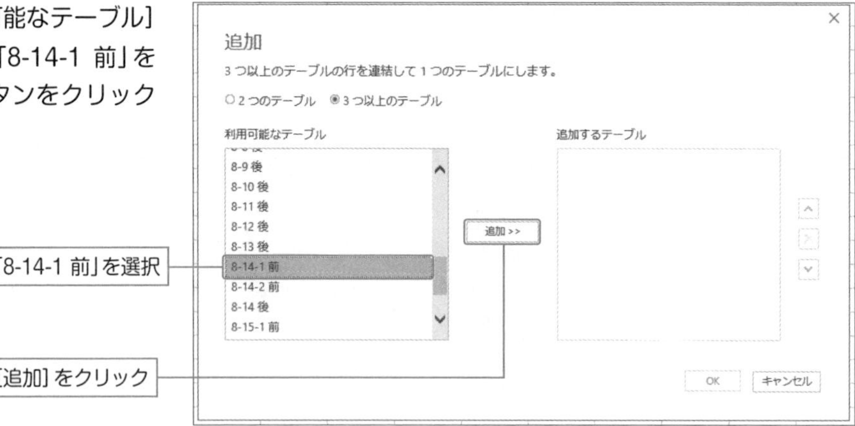

❸ 追加するテーブルに「8-14-1 前」が追加されます。

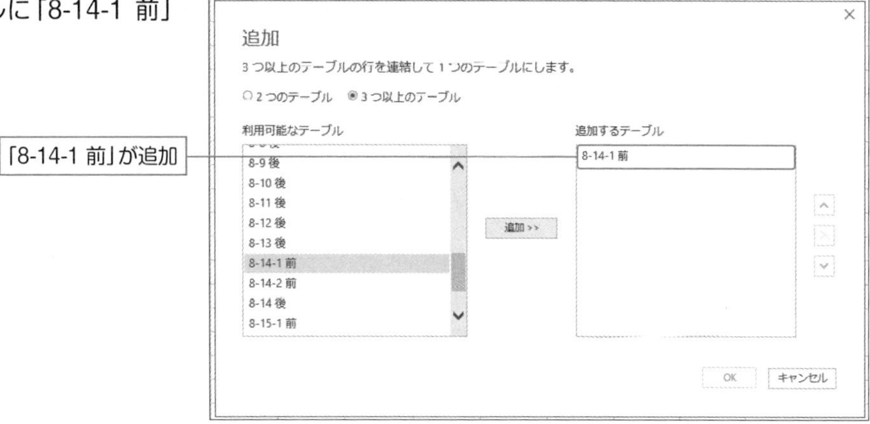

❹ 同様に2つ目のテーブル「8-14-2 前」、3つ目のテーブル「8-15-1 前」を追加します。

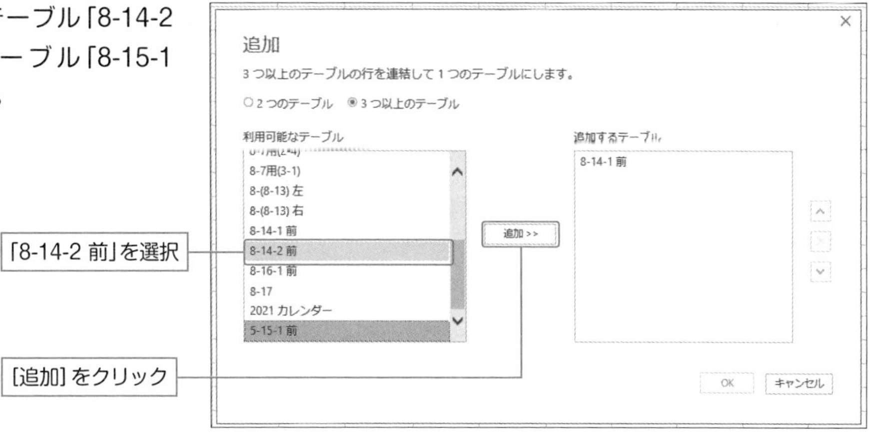

❺ 追加するテーブルに結合したい3つのテーブルが表示されたことを確認し [OK] ボタンをクリックします。

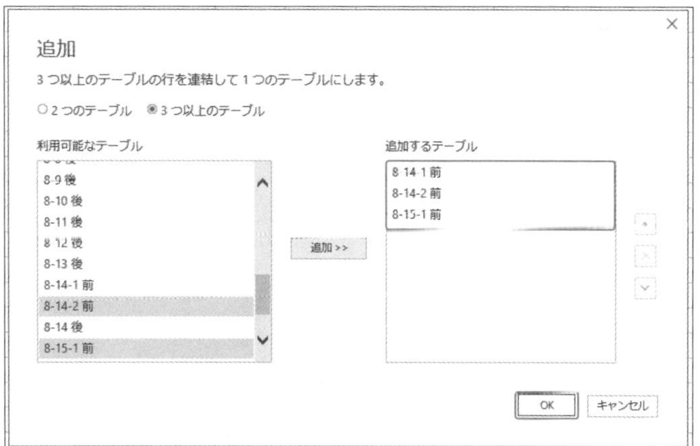

❻ Power Queryエディターが起動し、3つのテーブルが結合されます。

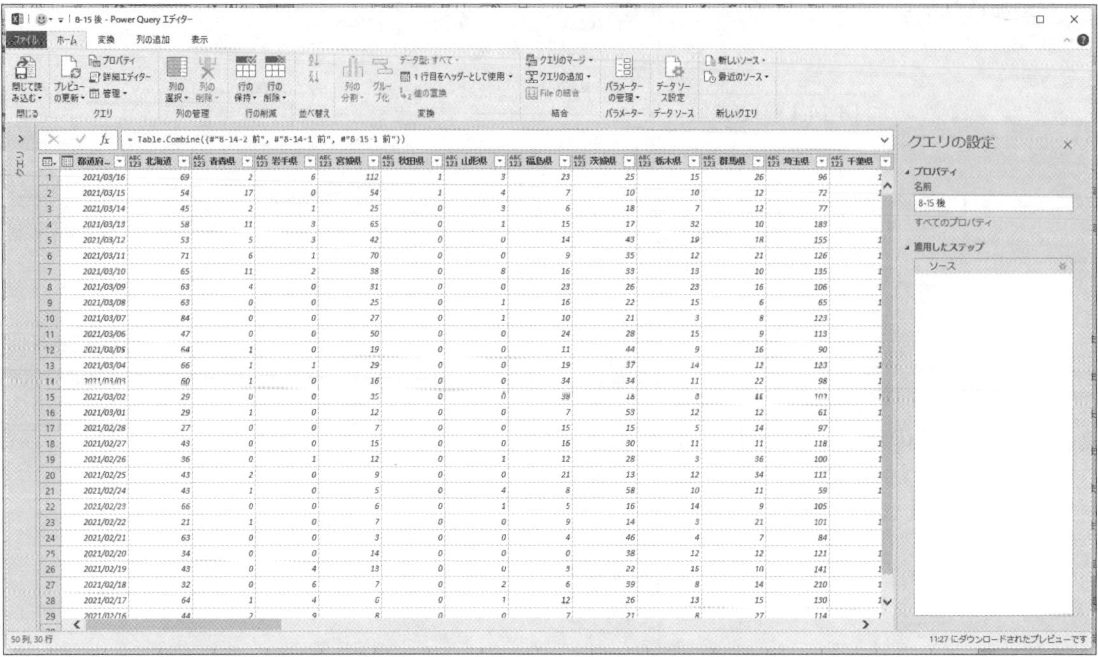

Section
8-16 テーブルを行方向に結合する③Power Queryエディターで開いているクエリへの結合

メニュー	[ホーム] - [結合] - [クエリの追加]
M言語	-

2つのテーブルを行方向に結合する方法として、8-14ではExcelで開いているテーブルを選択する方法を解説しました。

しかし、Power Queryエディターで作業中に、今開いているテーブルに別のテーブルを結合したい、というケースもあるかと思います。

例えば、Power Queryエディターで次の「8-16-1 前」というテーブルを開いているとします。

ここに、「8-14-1 前」というテーブルを結合してみましょう。なお、8-14で解説したように、結合できるのはクエリなので、「8-14-1 前」シートのデータは一度Power Queryに読み込んでクエリを作成した状態となっている必要があります。

操作手順

❶ ［ホーム］-［結合］-［クエリの追加］の▼をクリックし、表示されたメニューの［クエリの追加］をクリックします。

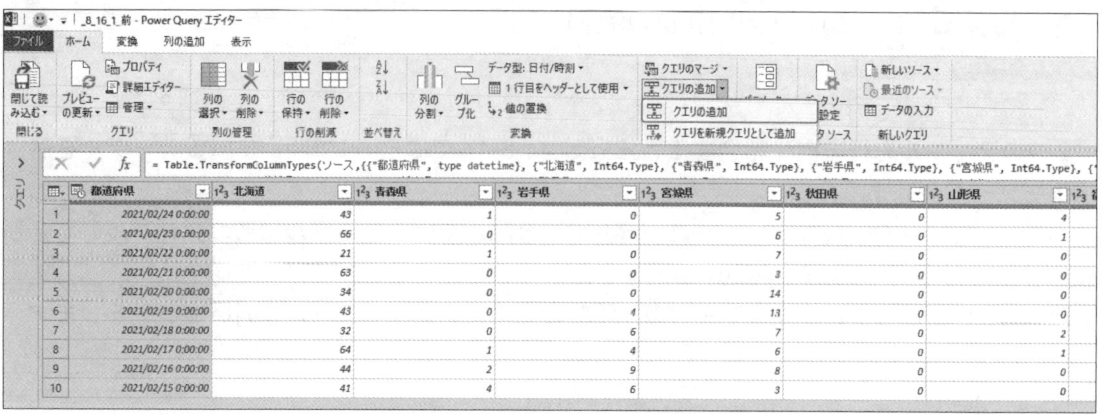

❷ ［追加］ダイアログボックスが表示されます。

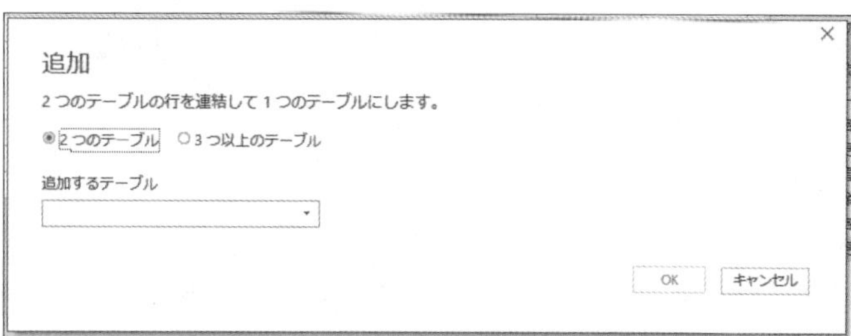

❸ ［追加するテーブル］の▼をクリックし表示されたテーブルから、結合したいテーブル（ここでは「8-14-1 前」）を選択します。

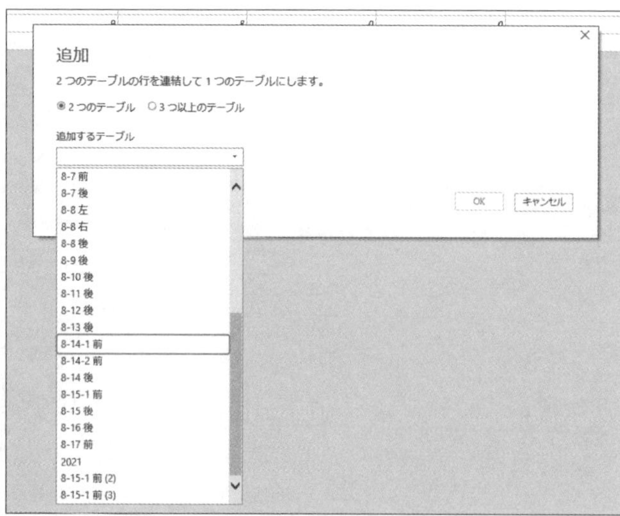

❹ [OK] をクリックします。

❺「8-16-1 前」テーブルの下部に「8-14-1 前」テーブルのデータが追加されました。

Section 8-17

入退室情報からタイムシートを作成する

メニュー	[列の追加] - [全般] - [条件列] ／ [ホーム] - [変換] - [グループ化]
M言語	-

テーブルの結合の活用例として、ここまで学んできたことを組みあわせて、入退室情報からタイムシートを作成してみましょう。

次のような、あるテナントの出入りを記録したデータがあるとします。[Time] 列は日付、[CARD] 列はカード番号、[入館] 列は時刻、[GATE] 列は出入口を示しています。[GATE] 列の「E」は入口側、「G」は出口側を指しています。

	A	B	C	D	E	F	G
1	Time	CARD	入館	GATE			
2	4月1日	A001	8:55	E			
3	4月1日	A002	8:56	E			
4	4月1日	A003	9:00	E			
5	4月1日	A001	11:55	G			
6	4月1日	A002	13:55	G			
7	4月1日	A003	16:00	G			
8	4月1日	A001	12:45	E			
9	4月1日	A002	14:00	E			
10	4月1日	A003	17:00	E			
11	4月1日	A001	17:00	G			
12	4月1日	A002	17:00	G			
13	4月1日	A003	20:02	G			
14	4月2日	A001	8:55	E			
15	4月2日	A002	8:56	E			
16	4月2日	A003	9:00	E			
17	4月2日	A001	17:05	G			
18	4月2日	A002	16:55	G			
19	4月2日	A003	18:00	G			
20	4月5日	A001	7:30	E			
21	4月5日	A002	10:00	E			
22	4月5日	A003	8:45	E			
23	4月5日	A001	21:07	G			
24	4月5日	A002	19:00	G			
25	4月5日	A003	18:00	G			
26							

このデータを元にカレンダーと照合し、タイムシートを作成します。

❶ データをPower Queryエディターに読み込んだら、まず出勤と退勤に時刻を分割します。出勤か退勤かは[GATE]列の値によって判別できるので、条件列を使いましょう（条件列については7-6で解説しています）。[GATE]列をクリックし、[列の追加] - [全般] - [条件列]をクリックします。

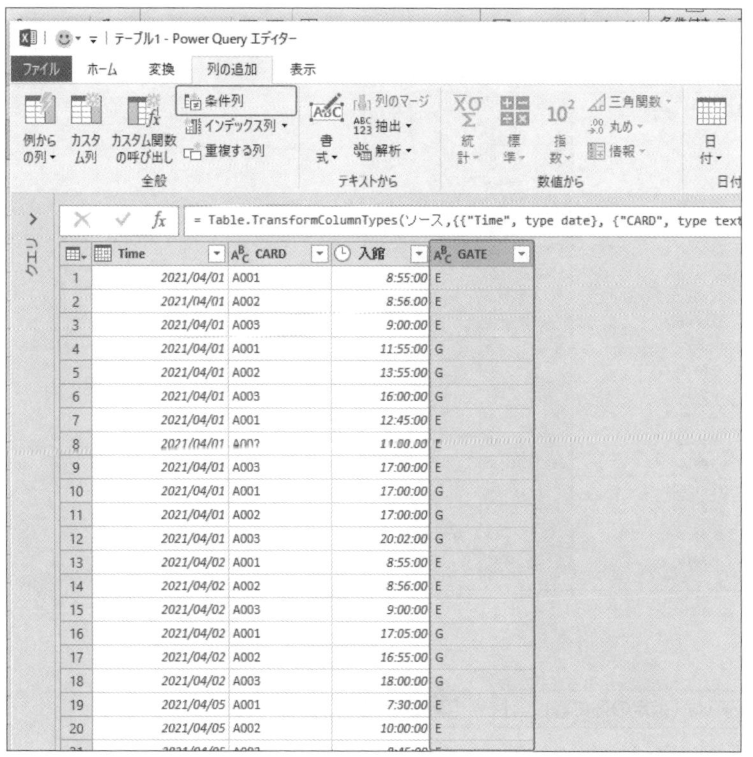

❷ [条件列の追加]ダイアログボックスで、条件列の[列名]に条件を設定する列名を選択し、条件と出力する値を入力後、[OK]をクリックします。

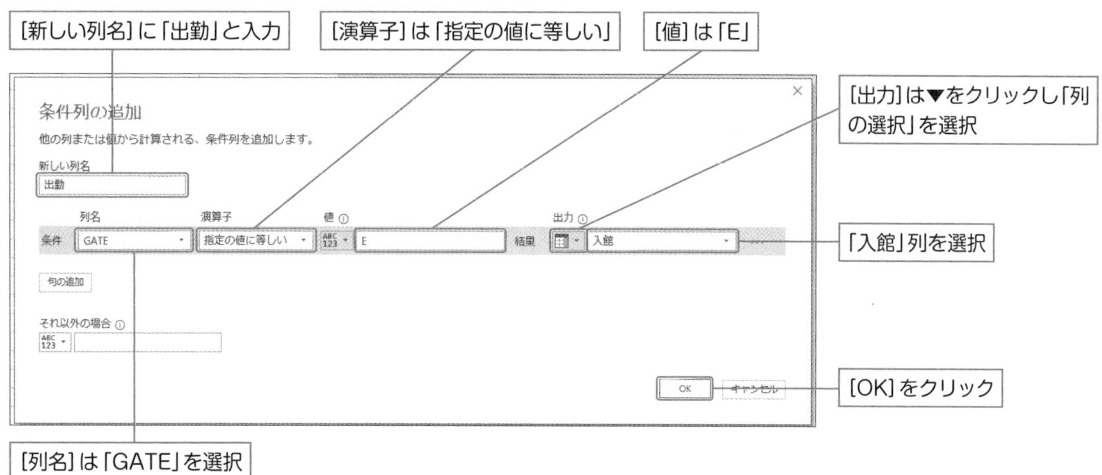

❸ [出勤] 列が作成され、条件にあったデータが表示されました。

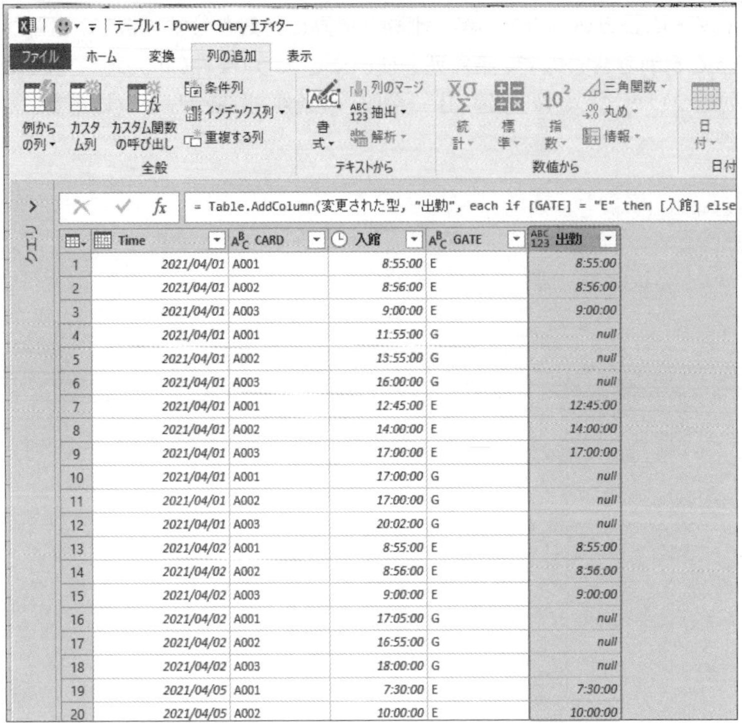

❹ 同様に「退勤」列を作成します。

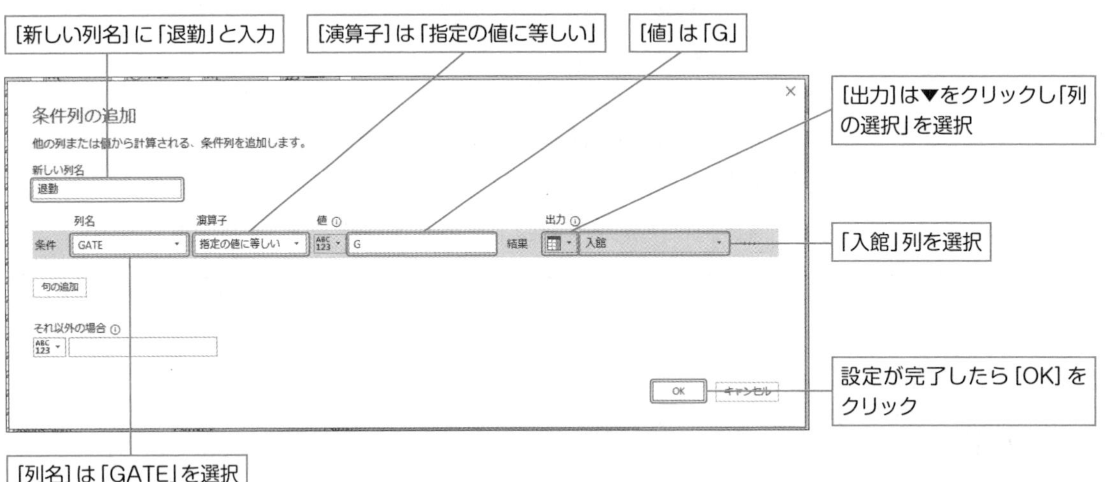

❺ [退勤] 列が作成され、条件にあったデータが表示されました。

❻ 必要のない列「入館」「GATE」を削除します（列の削除は3-7～3-8で解説しています）。これで完成だと良いのですが、データを確認すると同じカードで複数の出入りがあることが確認できます。このような場合にはグループ化を行います（グループ化については7-2～7-5で解説しています）。[ホーム] - [変換] - [グループ化] をクリックします。

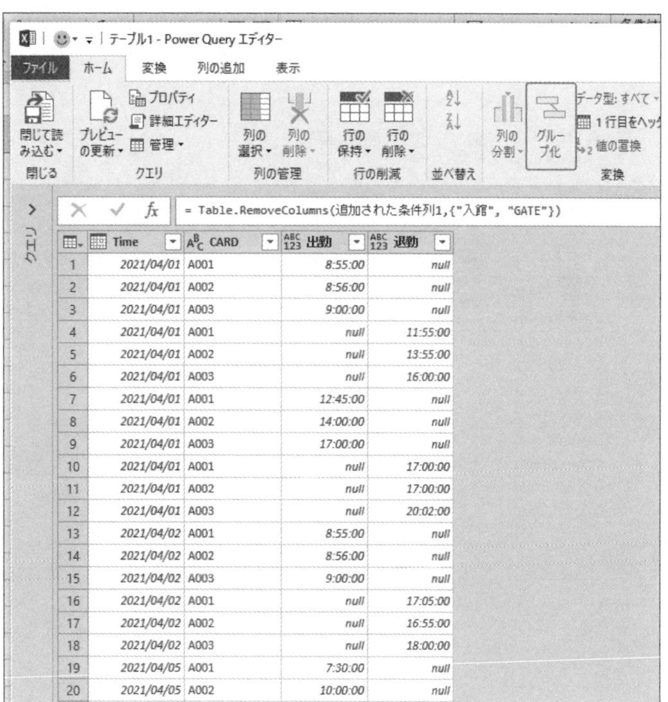

❼ [グループ化] ダイアログボックスで、[Time] 列と [CARD] 列のグループ化を行い、次のように集計を行います。

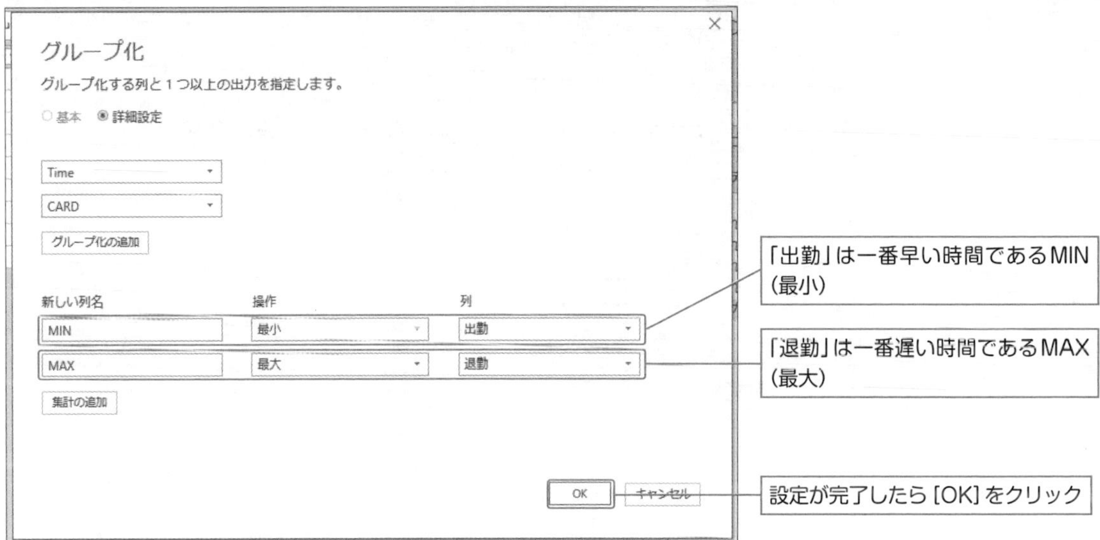

❽ 条件にあったデータが表示され、日付ごと、カード番号ごとの出退勤の時間が表示されました。

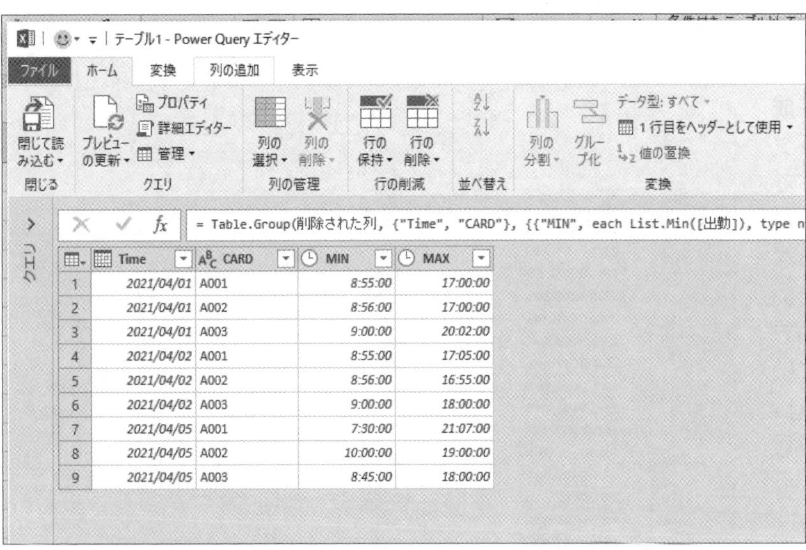

	Time	CARD	MIN	MAX
1	2021/04/01	A001	8:55:00	17:00:00
2	2021/04/01	A002	8:56:00	17:00:00
3	2021/04/01	A003	9:00:00	20:02:00
4	2021/04/02	A001	8:55:00	17:05:00
5	2021/04/02	A002	8:56:00	16:55:00
6	2021/04/02	A003	9:00:00	18:00:00
7	2021/04/05	A001	7:30:00	21:07:00
8	2021/04/05	A002	10:00:00	19:00:00
9	2021/04/05	A003	8:45:00	18:00:00

❾ 次に作成済みの2021年カレンダーと結合します（カレンダーの作り方は6-16、テーブルの結合は8-7で解説しています）。

❿ ［2021］列の［展開］ボタンをクリックします。

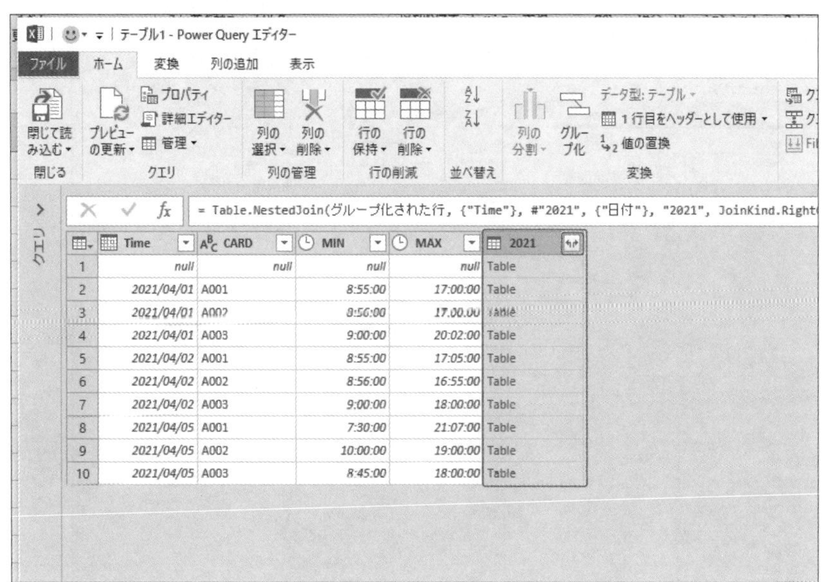

⑪ 必要な［日付］列以外をオフ、［元の列名をプレフィックスとして使用します］もオフに設定します。

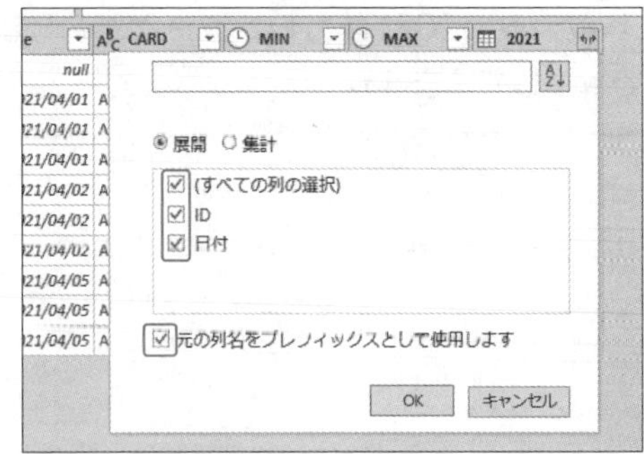

⑫ 設定が完了したら［OK］をクリックします。

⑬ 2021年カレンダーと結合されたデータが表示されます。

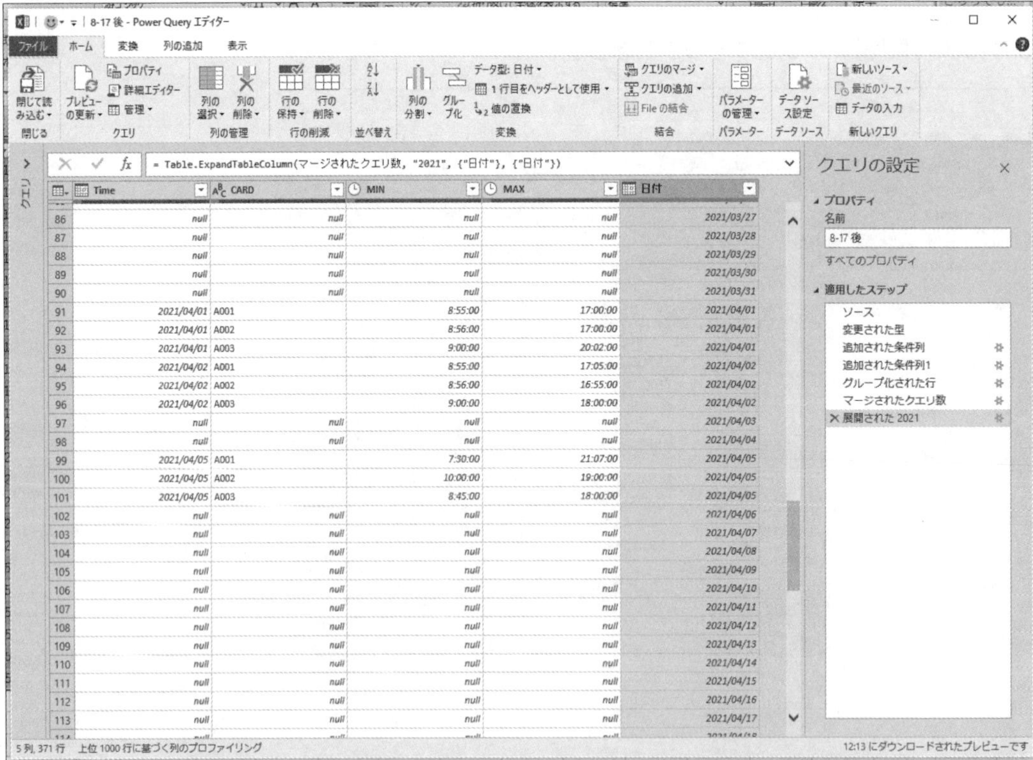

Appendix

巻末資料

Excel Power Query

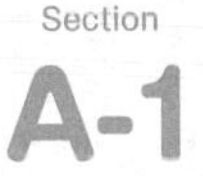

Power Queryエディターのメニュー一覧

Power Queryエディターには、たくさんのボタンがいくつものリボンに分けられて収められています。中にはボタンの▼をクリックしないと表示されないメニューもあるため、慣れていないと「あのメニューはどこにあったっけ？」と迷うこともあるでしょう。

そんなときのため、ここにメニューの一覧を掲載しておきます。

① [ホーム] タブ

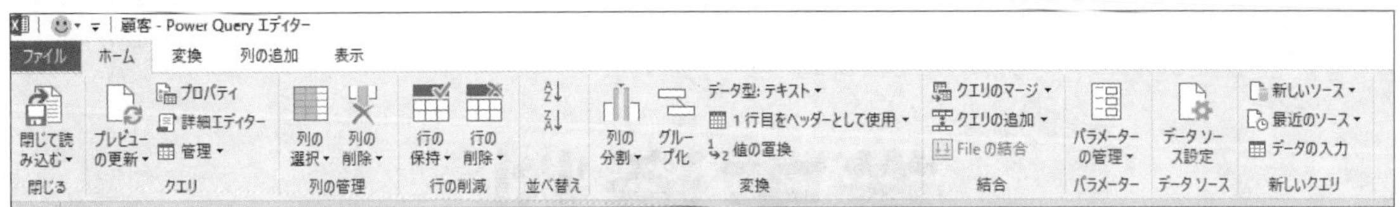

● [閉じる] グループ

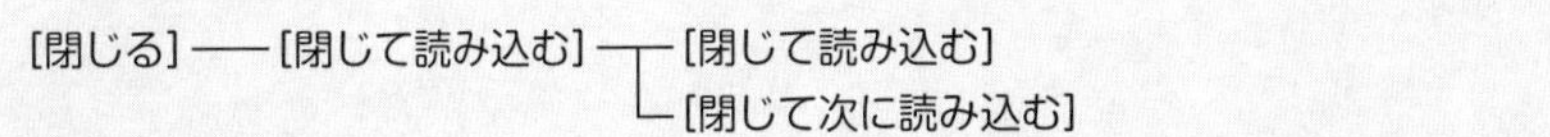

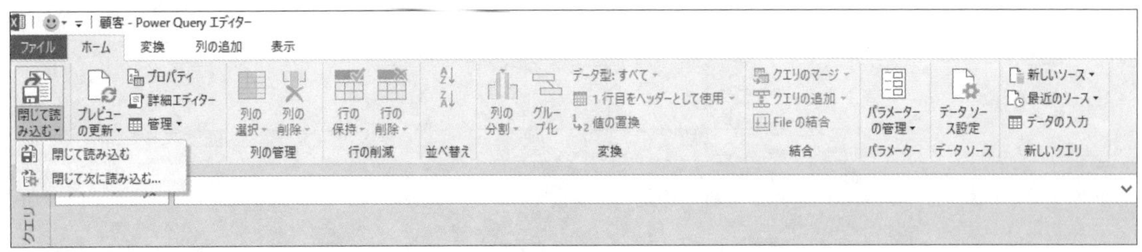

[閉じて読み込む] のサブメニュー

● [クエリ] グループ

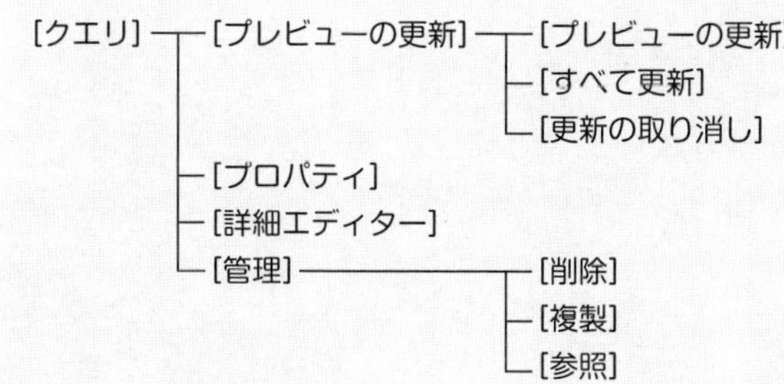

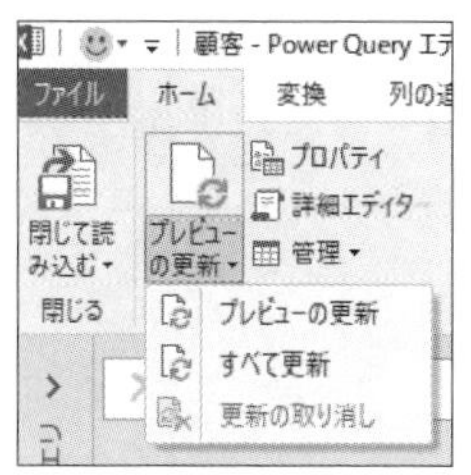

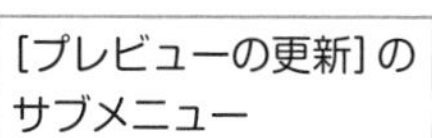
[プレビューの更新] のサブメニュー

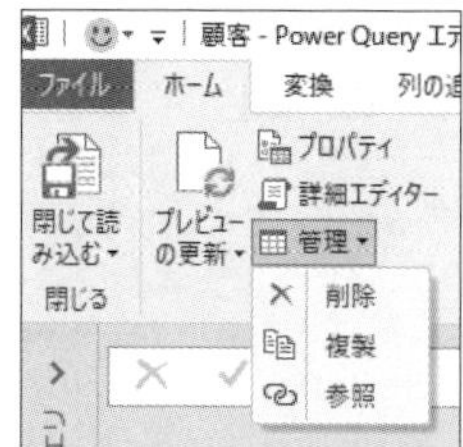

[管理] のサブメニュー

● [列の管理] グループ

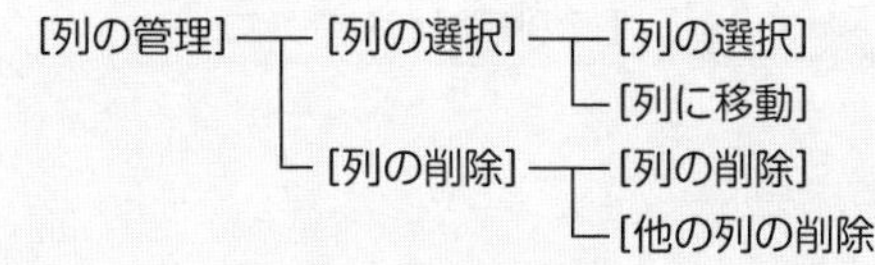

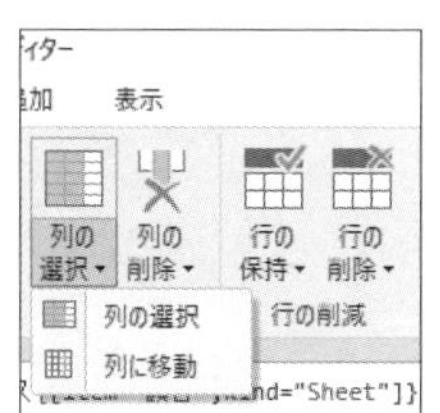

[列の選択] のサブメニュー

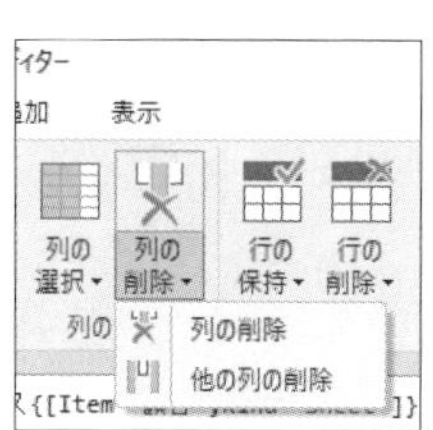

[列の削除] のサブメニュー

● [行の削減] グループ

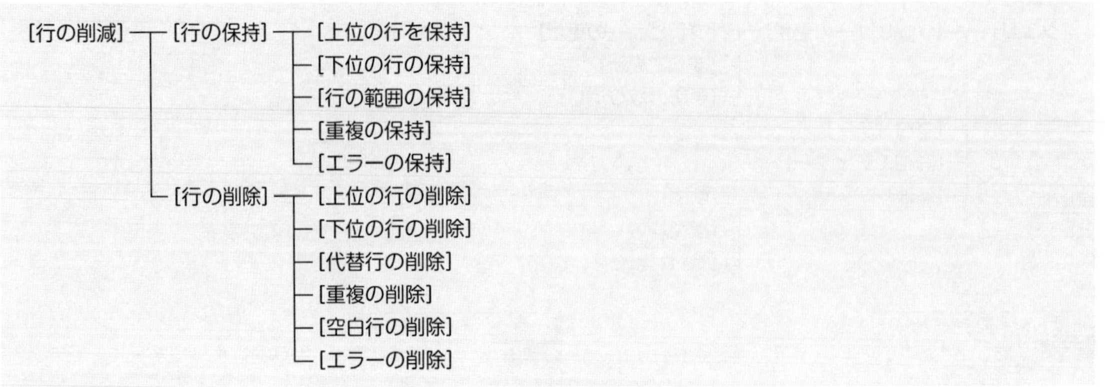

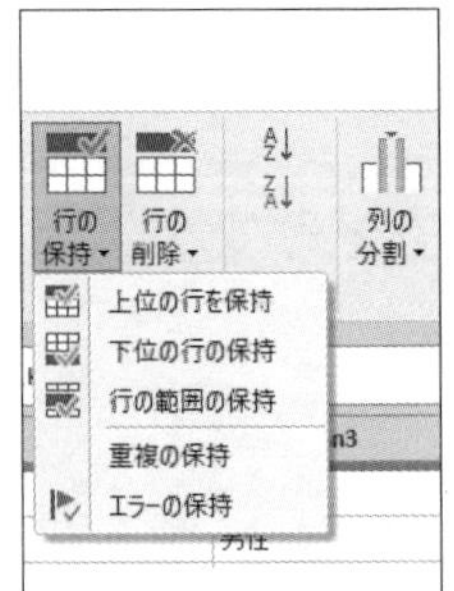

[行の保持] のサブメニュー

[行の削除] のサブメニュー

● [並べ替え] グループ

[並べ替え] ─┬─ [昇順で並べ替え]
　　　　　　└─ [降順で並べ替え]

● [変換] グループ

- [変換]
  - [列の分割]
    - [区切り記号による分割]
    - [文字数による分割]
    - [位置]
    - [小文字から大文字による分割]
    - [大文字から小文字による分割]
    - [数字から数字以外による分割]
    - [数字以外から数字による分割]
  - [グループ化]
  - [データ型：すべて]
    - [10 進数]
    - [通貨]
    - [整数]
    - [パーセンテージ]
    - [日付 / 時刻]
    - [日付]
    - [時刻]
    - [日付 / 時刻 / タイムゾーン]
    - [期間]
    - [テキスト]
    - [True/False]
    - [バイナリ]
  - [1 行目をヘッダーとして使用]
    - [1 行目をヘッダーとして使用]
    - [ヘッダーを 1 行目として使用]
  - [値の置換]

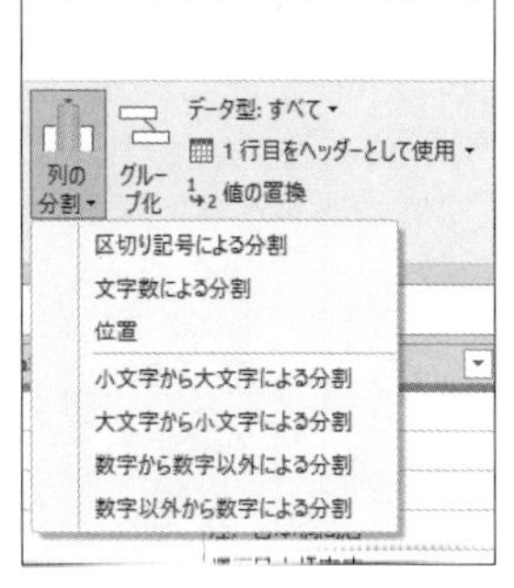

[列の分割] のサブメニュー

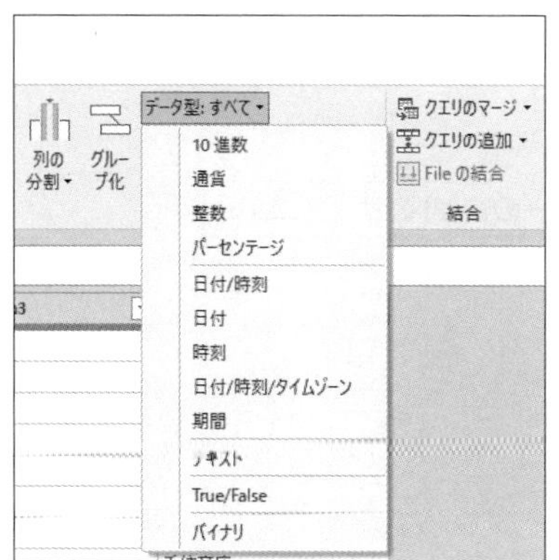

[データ型：すべて] のサブメニュー

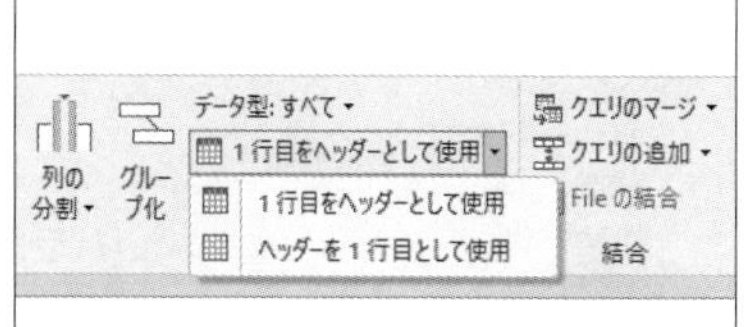

[1 行目をヘッダーとして使用] のサブメニュー

● [結合] グループ

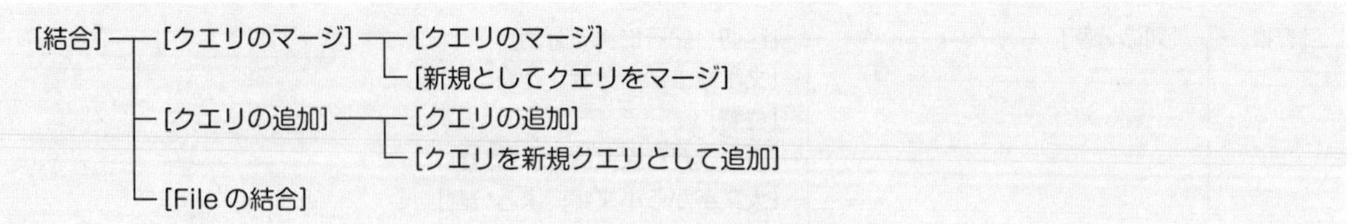

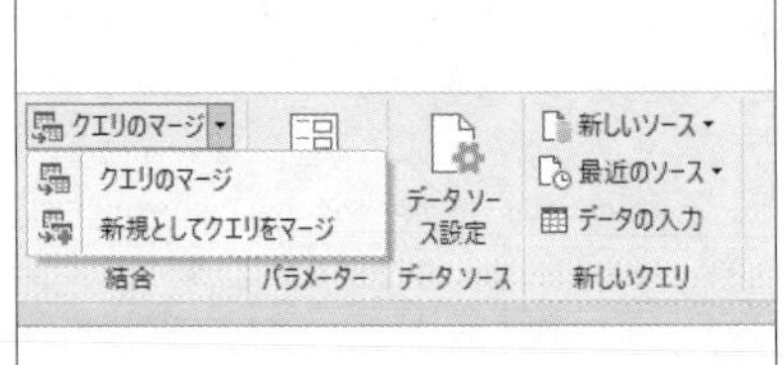

[クエリのマージ] のサブメニュー

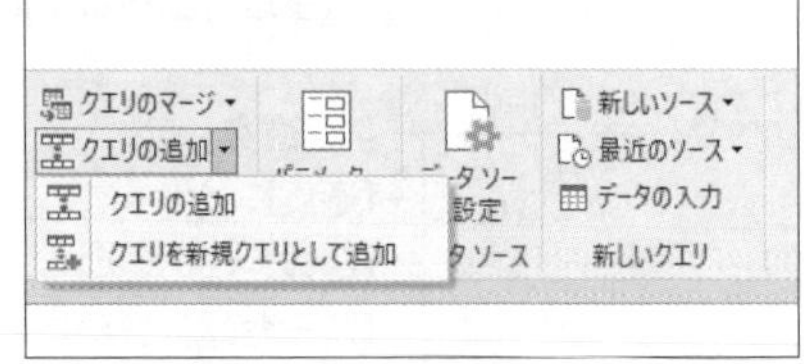

[クエリの追加] のサブメニュー

● [パラメーター] グループ

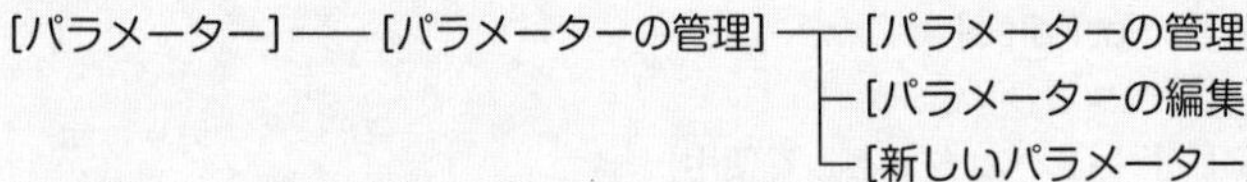

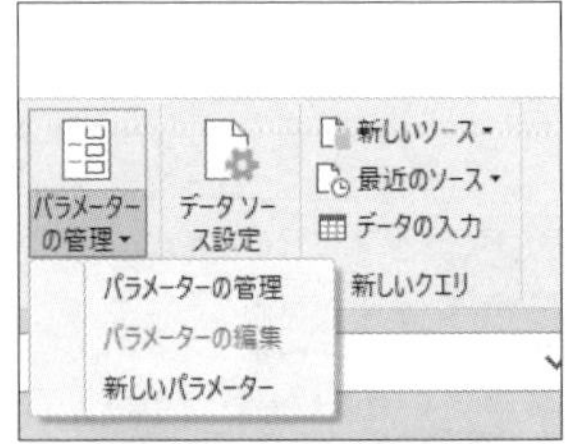

[パラメーターの管理] のサブメニュー

● [データソース] グループ

[データソース] ── [データソース設定]

● [新しいクエリ] グループ

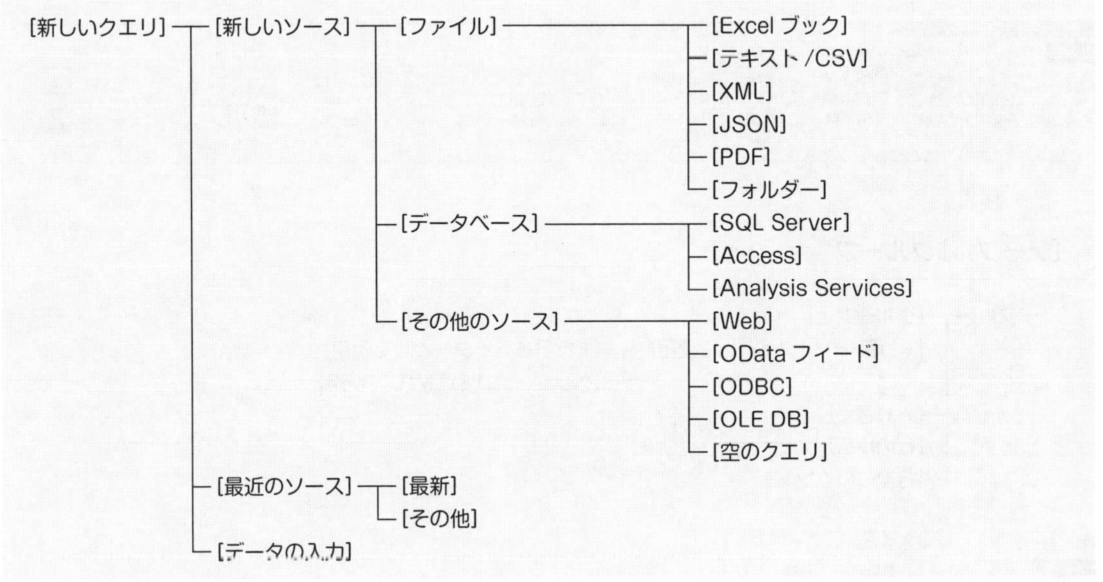

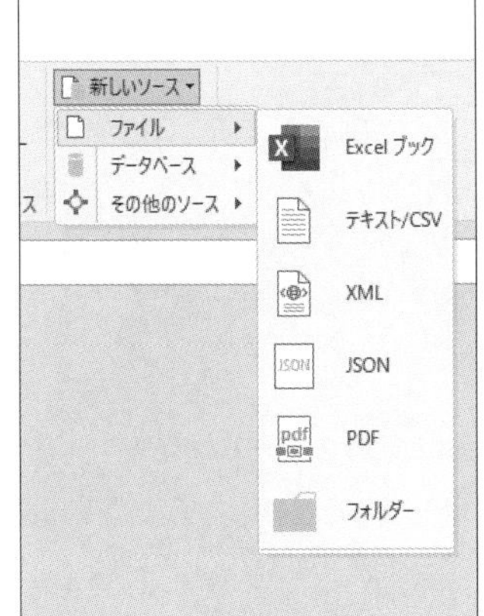

[新しいソース]・[ファイル] のサブメニュー

[新しいソース]・[データベース] のリブメニュー

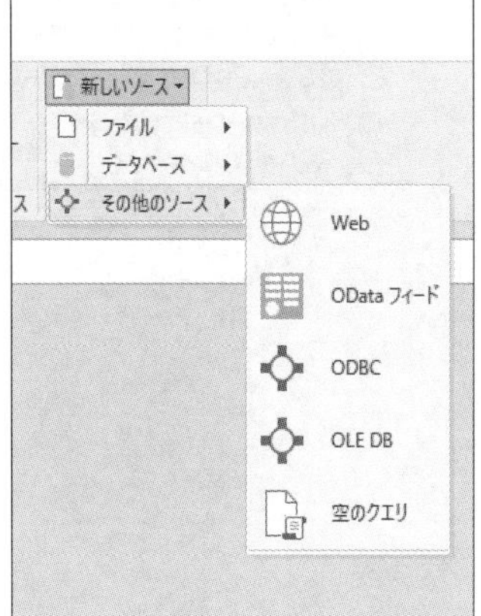

[新しいソース]・[その他のソース] のサブメニュー

② [変換] タブ

● [テーブル] グループ

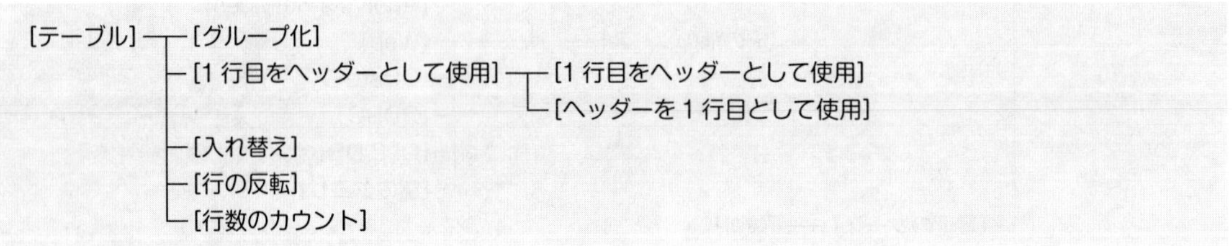

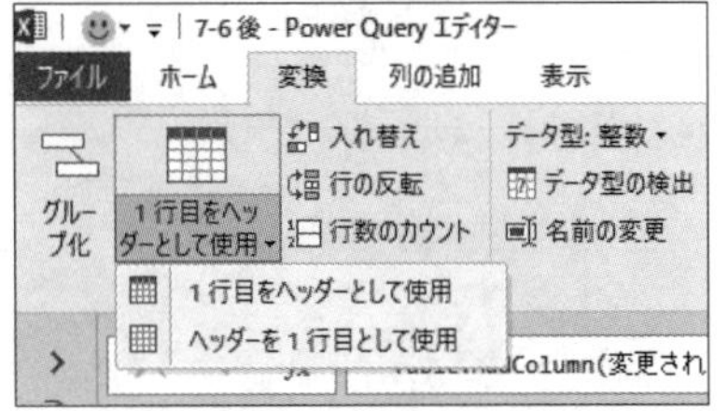

[1行目をヘッダーとして使用] のサブメニュー

● [任意の列] グループ

- [任意の列]
  - [データ型：すべて]
    - [10 進数]
    - [通貨]
    - [整数]
    - [パーセンテージ]
    - [日付 / 時刻]
    - [日付]
    - [時刻]
    - [日付 / 時刻 / タイムゾーン]
    - [期間]
    - [テキスト]
    - [True/False]
    - [バイナリ]
  - [データ型の検出]
  - [名前の変更]
  - [値の置換]
    - [値の置換]
    - [エラーの置換]
  - [フィル]
    - [下]
    - [上]
  - [列のピボット]
  - [列のピボット解除]
    - [列のピボット解除]
    - [その他の列のピボット解除]
    - [選択した列のみをピボット解除]
  - [移動]
    - [左へ移動]
    - [右へ移動]
    - [先頭に移動]
    - [末尾に移動]
  - [リストに変換]

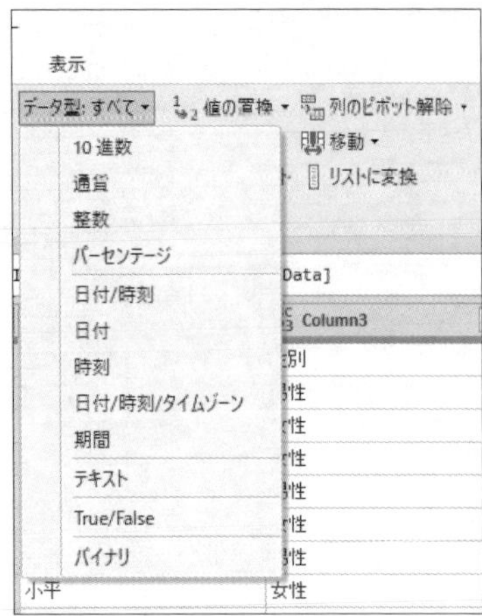

[データ型：すべて] のサブメニュー

[値の置換] のサブメニュー

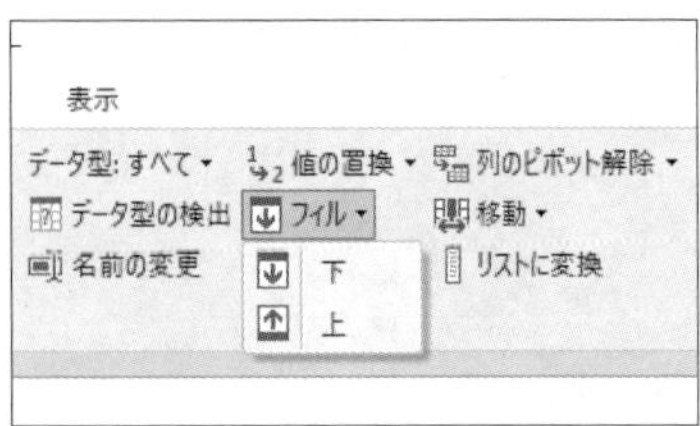

[フィル] のサブメニュー

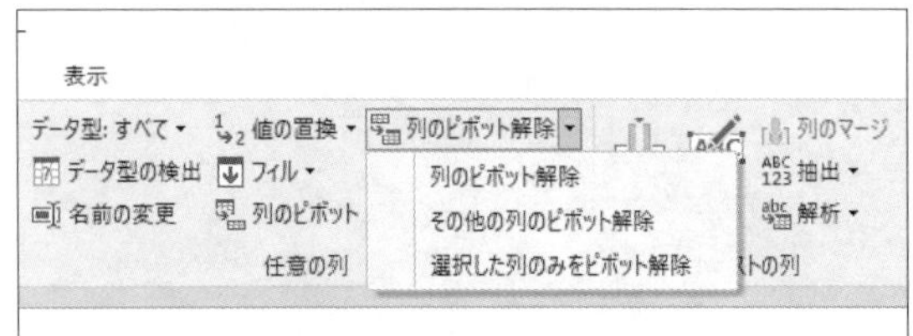

[列のピボット解除] のサブメニュー

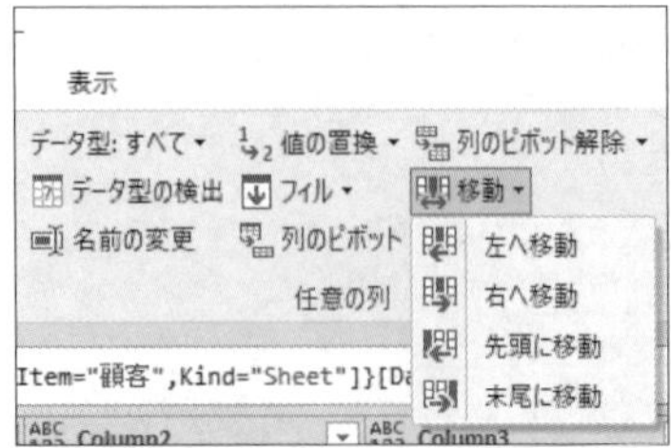

[移動] のサブメニュー

● [テキストの列] グループ

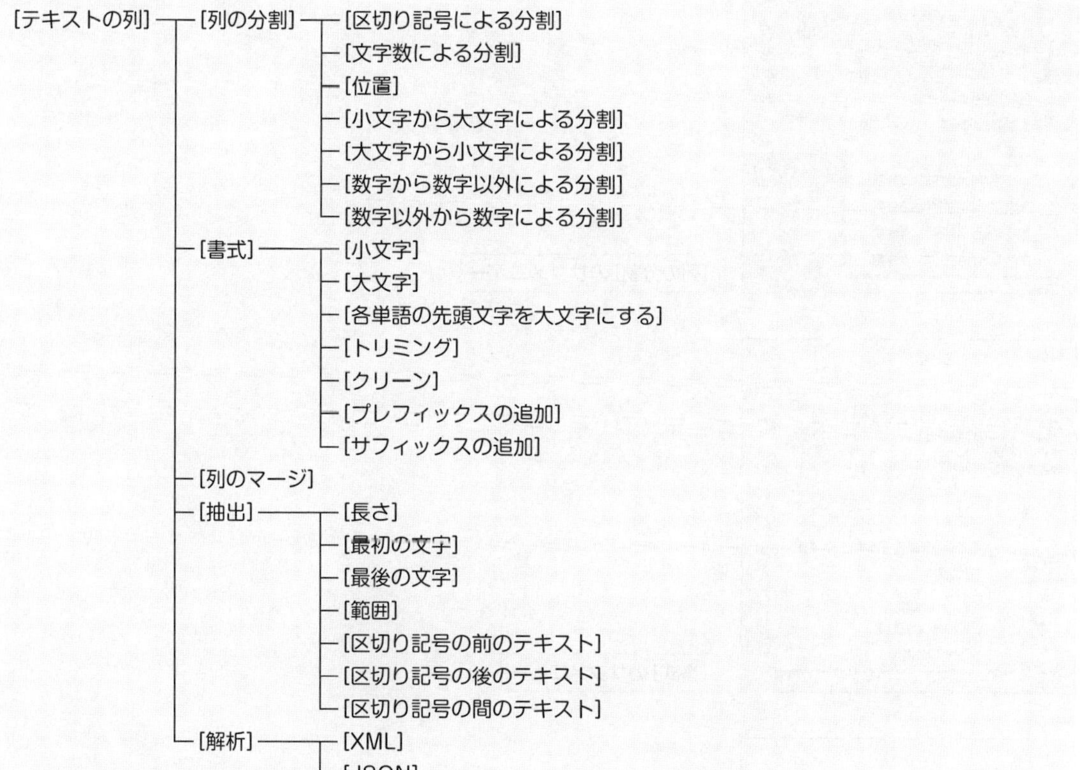
[テキストの列]
[列の分割]
[区切り記号による分割]
[文字数による分割]
[位置]
[小文字から大文字による分割]
[大文字から小文字による分割]
[数字から数字以外による分割]
[数字以外から数字による分割]
[書式]
[小文字]
[大文字]
[各単語の先頭文字を大文字にする]
[トリミング]
[クリーン]
[プレフィックスの追加]
[サフィックスの追加]
[列のマージ]
[抽出]
[長さ]
[最初の文字]
[最後の文字]
[範囲]
[区切り記号の前のテキスト]
[区切り記号の後のテキスト]
[区切り記号の間のテキスト]
[解析]
[XML]
[JSON]

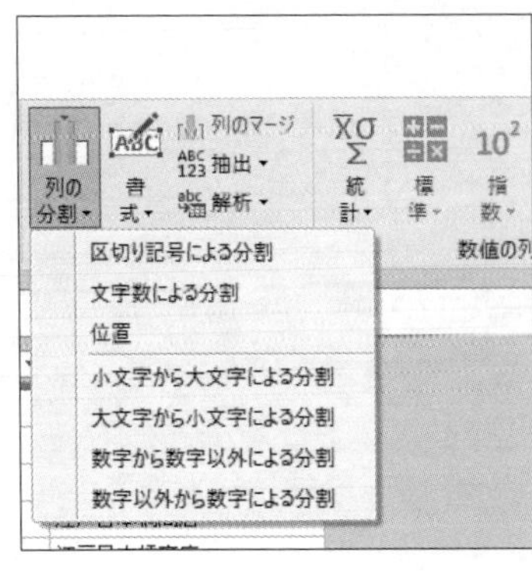

[列の分割] のサブメニュー

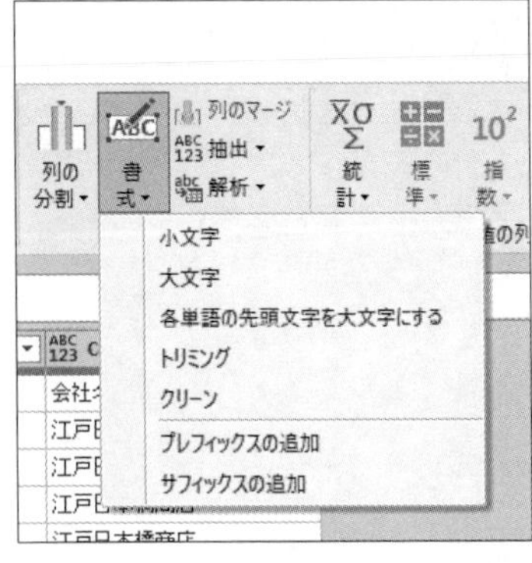

[書式] のサブメニュー

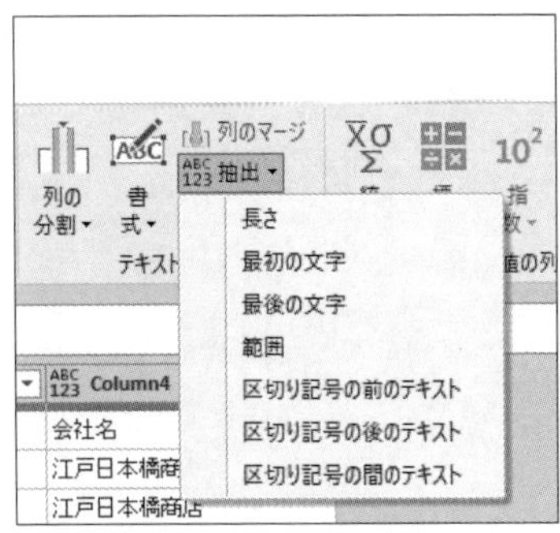

[抽出] のサブメニュー

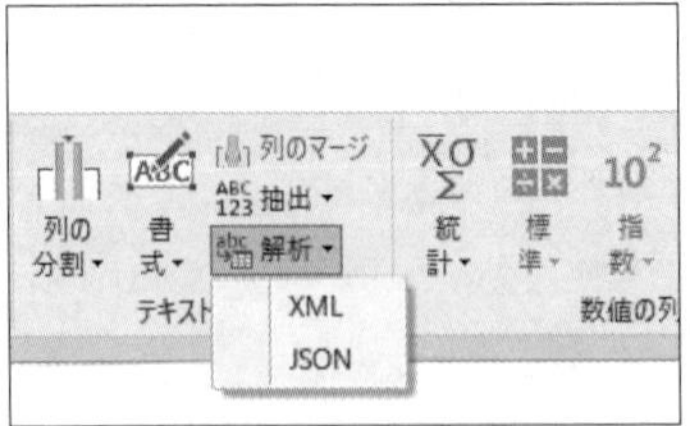

[解析] のサブメニュー

● [数値の列] グループ

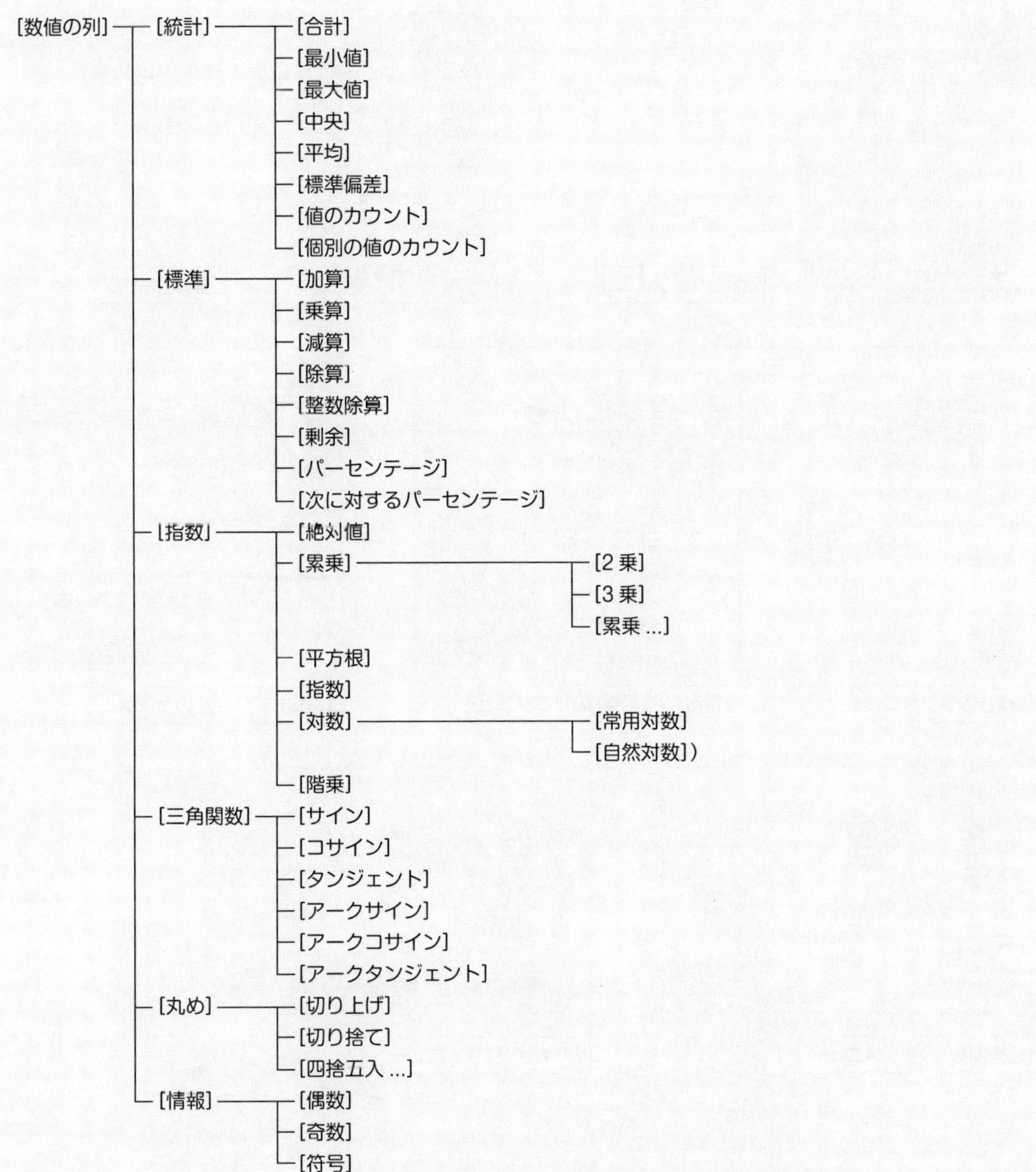
[数値の列]
[統計]
[合計]
[最小値]
[最大値]
[中央]
[平均]
[標準偏差]
[値のカウント]
[個別の値のカウント]
[標準]
[加算]
[乗算]
[減算]
[除算]
[整数除算]
[剰余]
[パーセンテージ]
[次に対するパーセンテージ]
[指数]
[絶対値]
[累乗]
[2 乗]
[3 乗]
[累乗 ...]
[平方根]
[指数]
[対数]
[常用対数]
[自然対数])
[階乗]
[三角関数]
[サイン]
[コサイン]
[タンジェント]
[アークサイン]
[アークコサイン]
[アークタンジェント]
[丸め]
[切り上げ]
[切り捨て]
[四捨五入 ...]
[情報]
[偶数]
[奇数]
[符号]

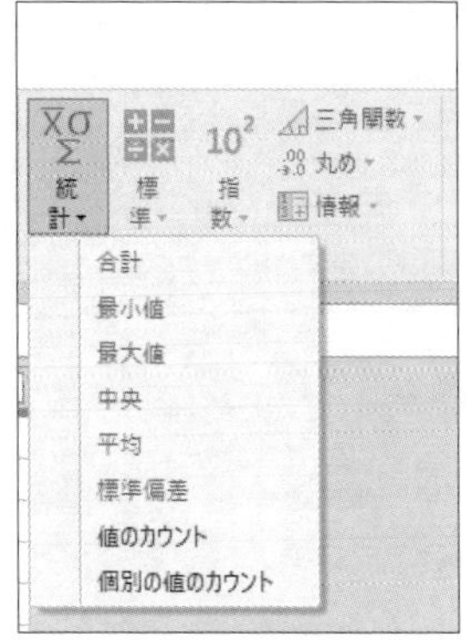

[統計] のサブメニュー

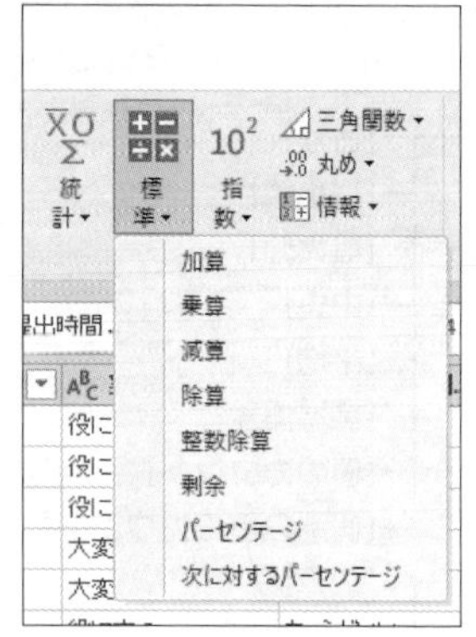

[標準] のサブメニュー

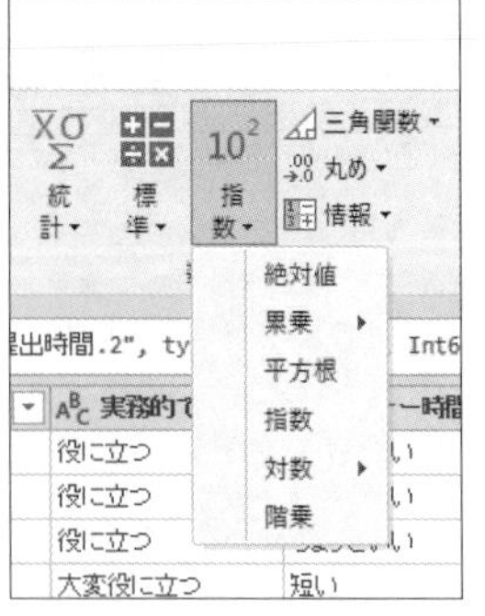

[指数] のサブメニュー

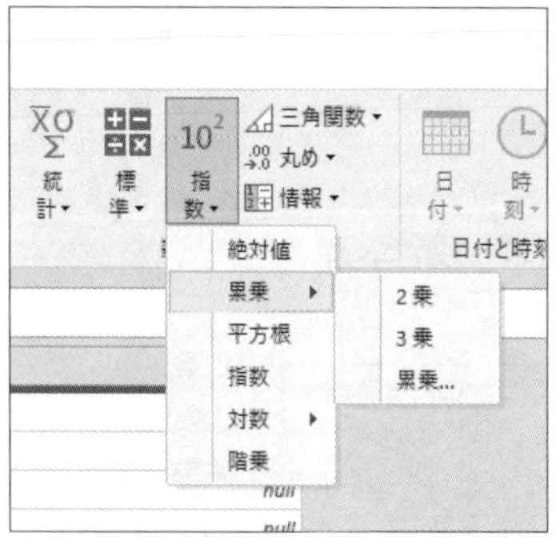

[指数]・[累乗] のサブメニュー

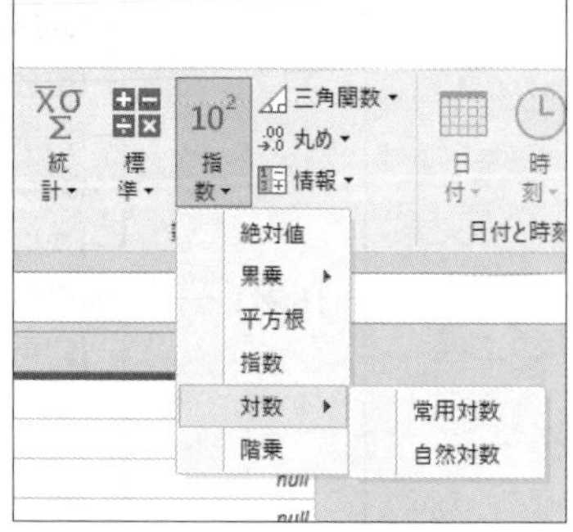

[指数]・[対数] のサブメニュー

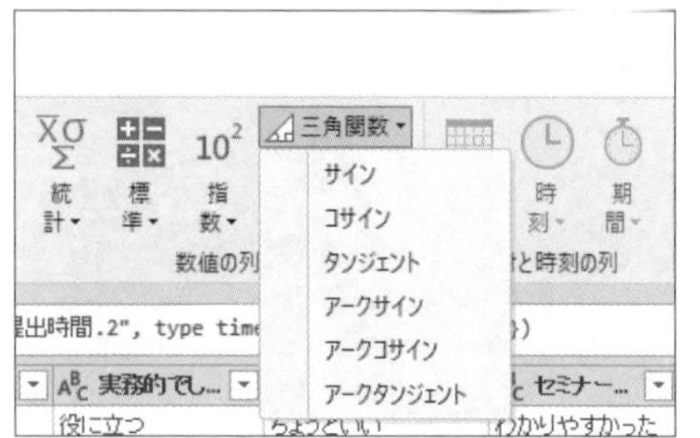

[三角関数] のサブメニュー

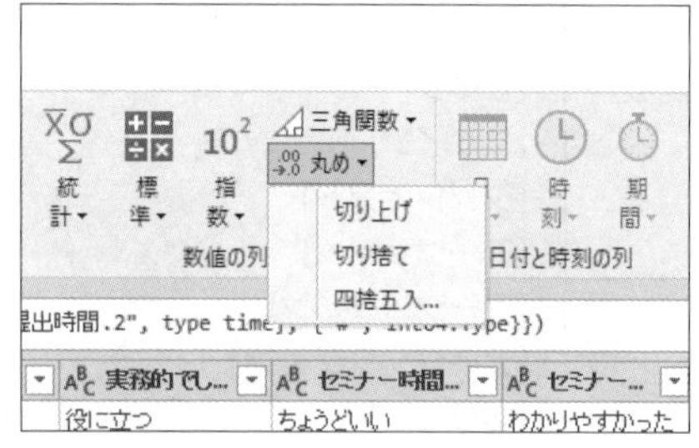

[丸め] のサブメニュー

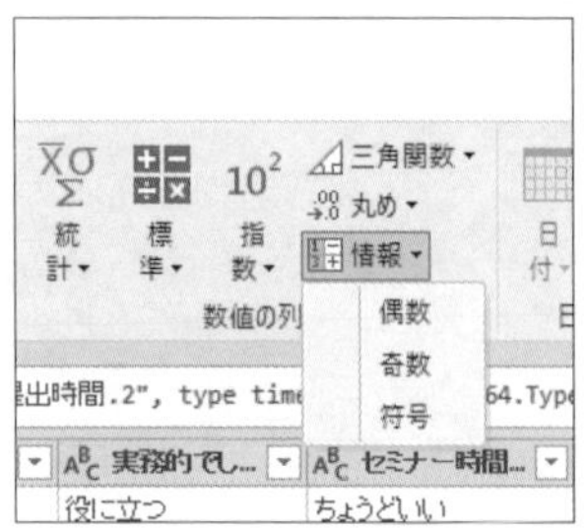

[情報] のサブメニュー

● [日付と時刻の列] グループ

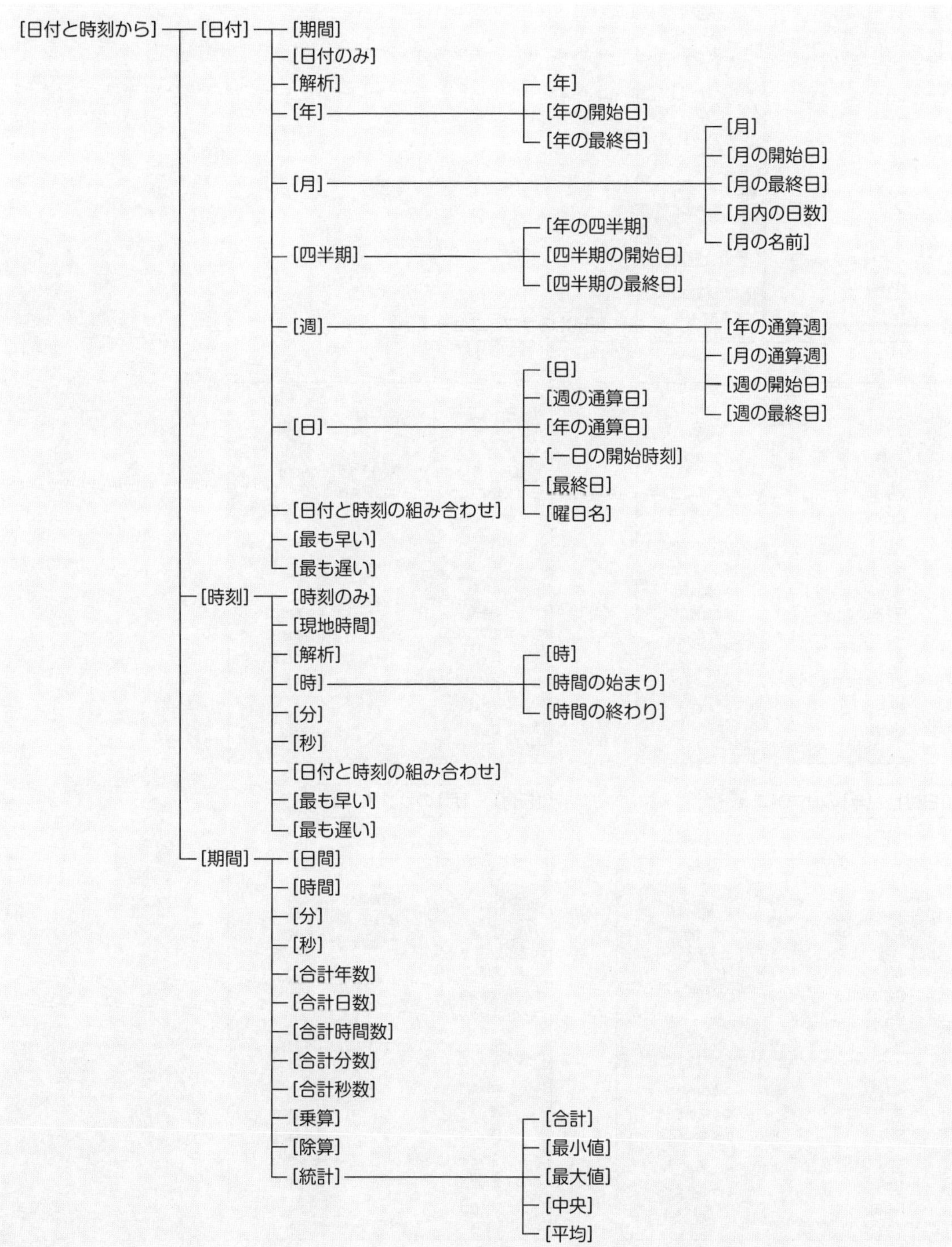

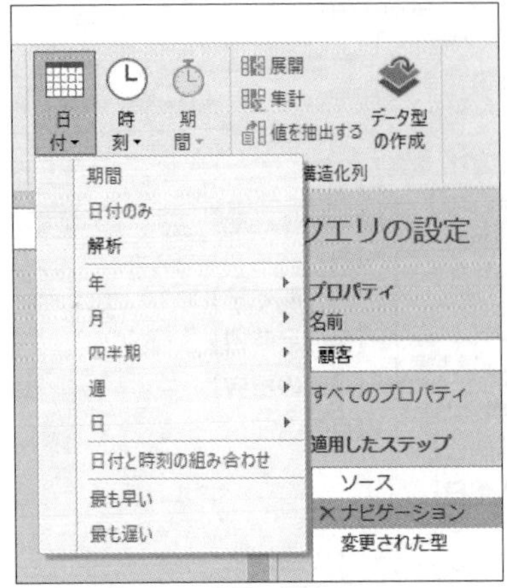

[日付] のサブメニュー

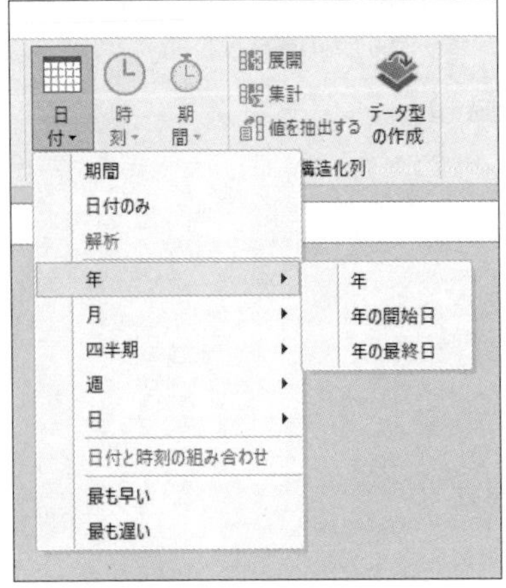

[日付] - [年] のサブメニュー

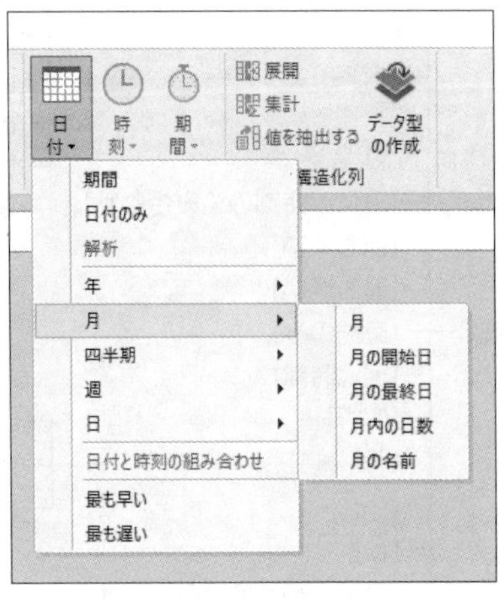

[日付] - [月] のサブメニュー

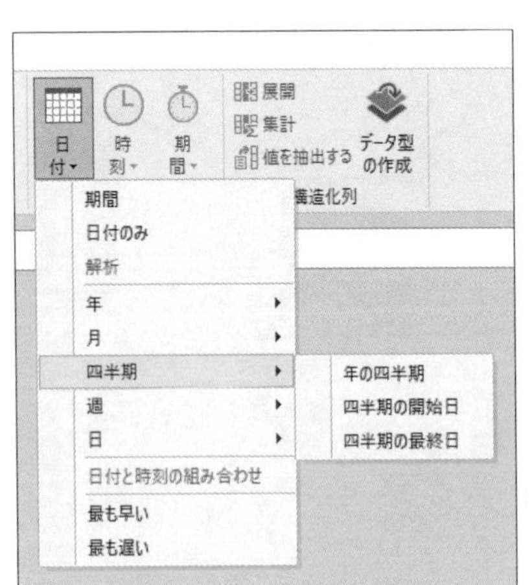

[日付] - [四半期] のサブメニュー

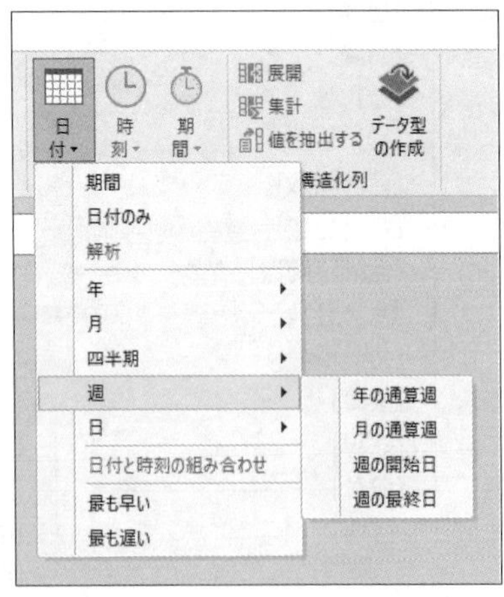

[日付] - [週] のサブメニュー

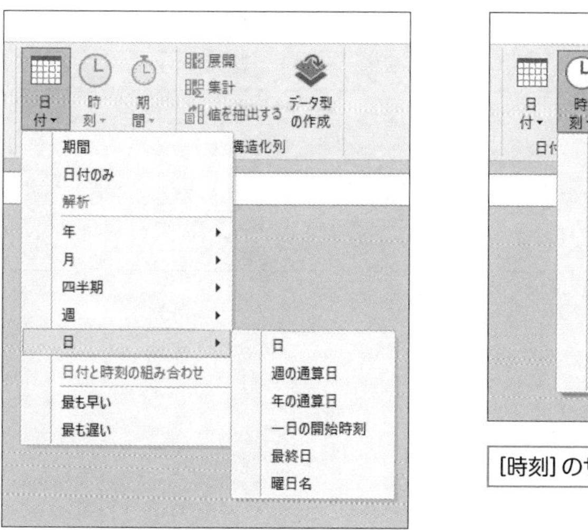

[日付]・[日]のサブメニュー

[時刻]のサブメニュー

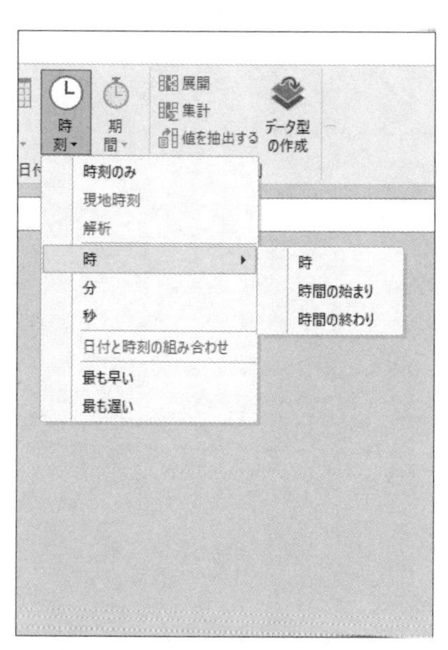

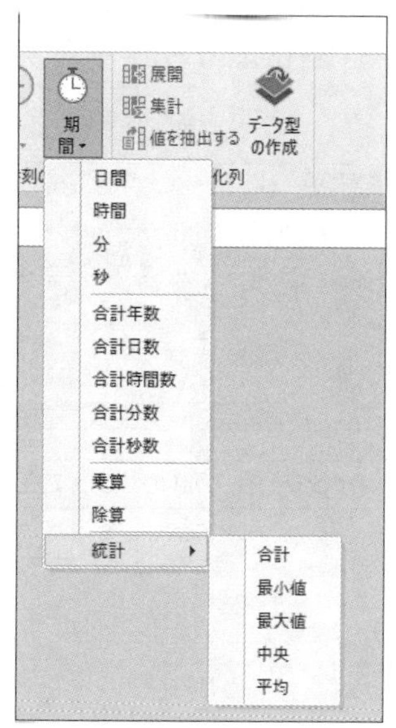

[期間]のサブメニュー

[期間]・[統計]のサブメニュー

[時刻]・[時]のサブメニュー

● [構造化列] グループ

③ [列の追加] タブ

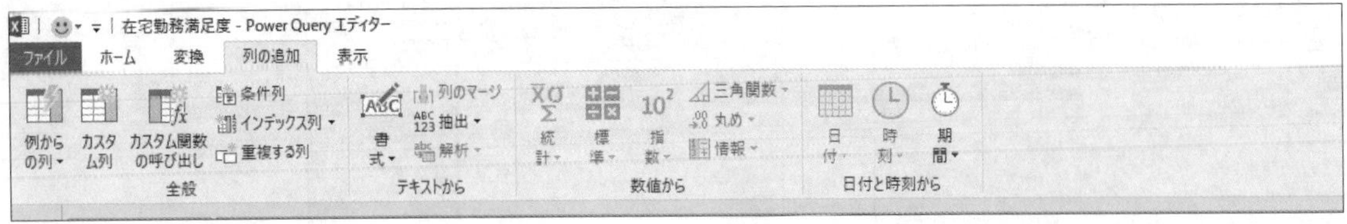

● [全般] グループ

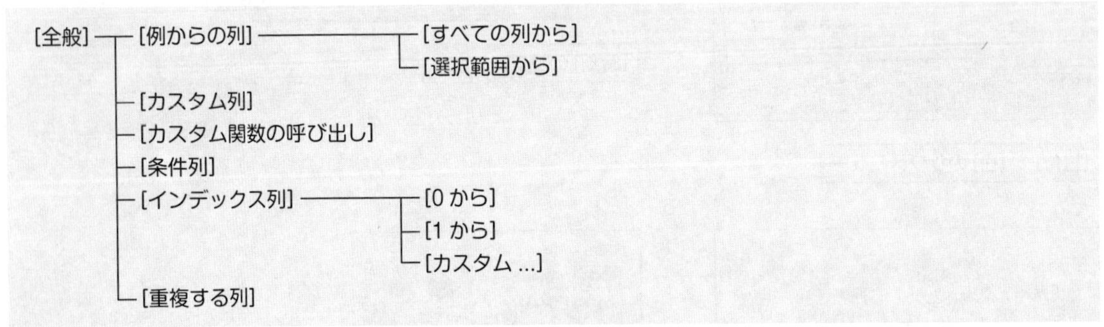

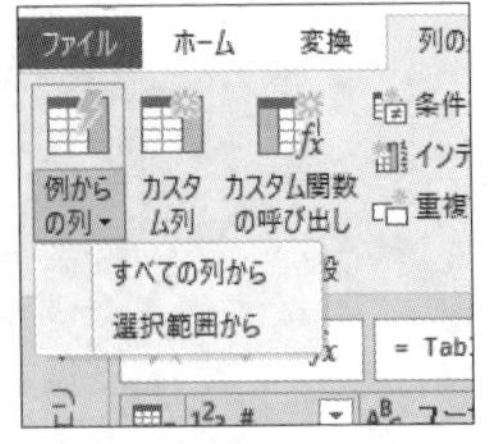

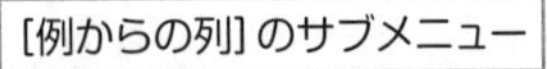
[例からの列] のサブメニュー

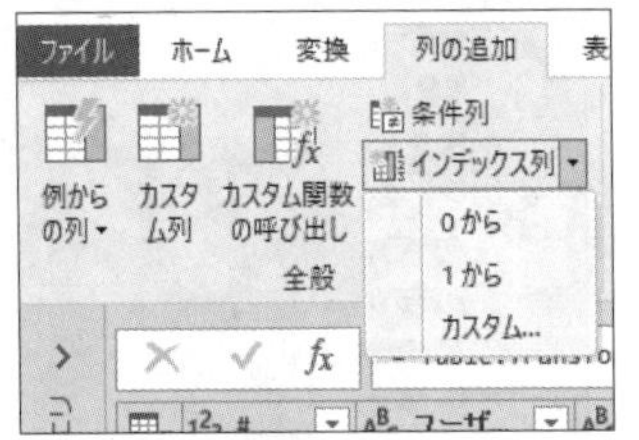

[インデックス列] のサブメニュー

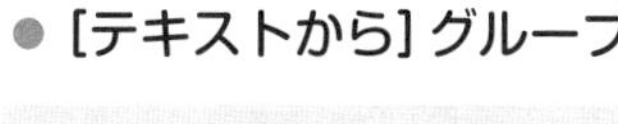

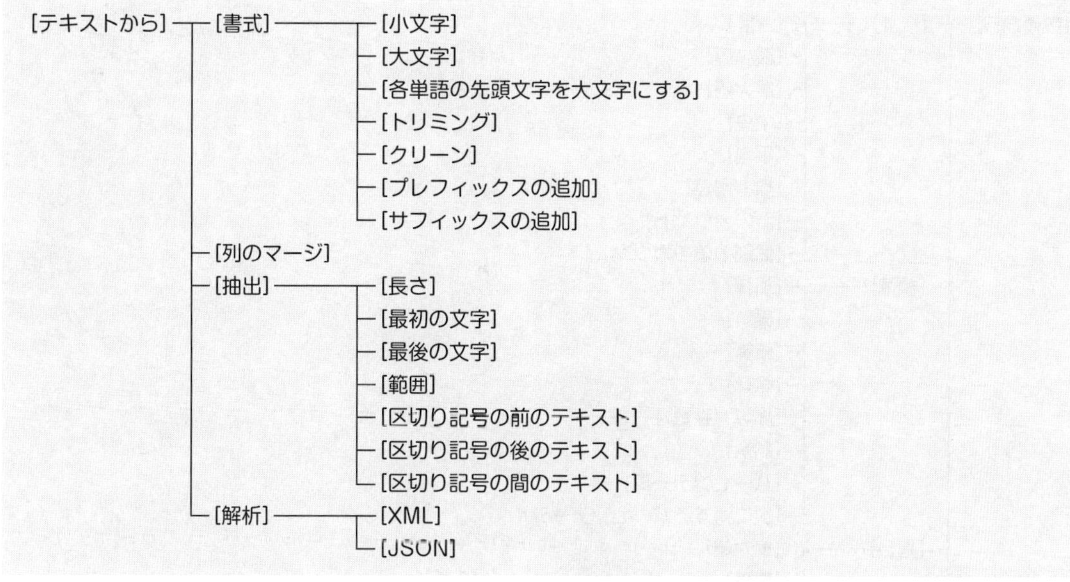

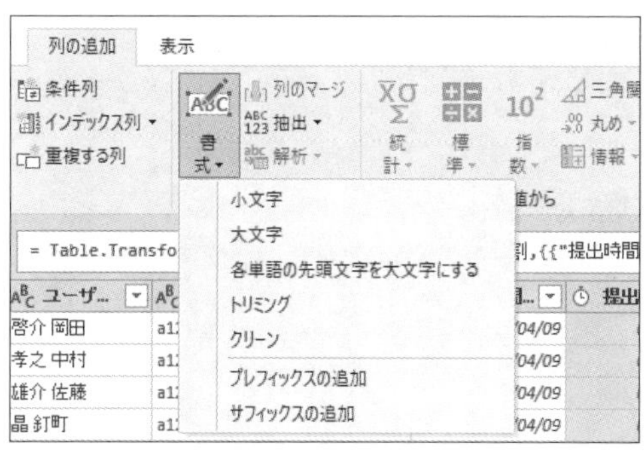

[書式] のサブメニュー

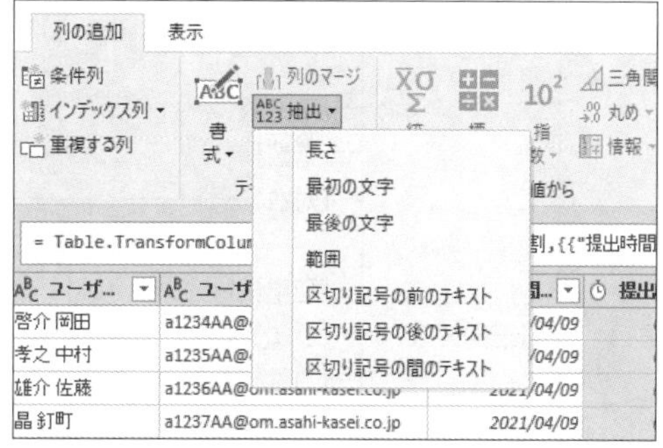

[抽出] のサブメニュー

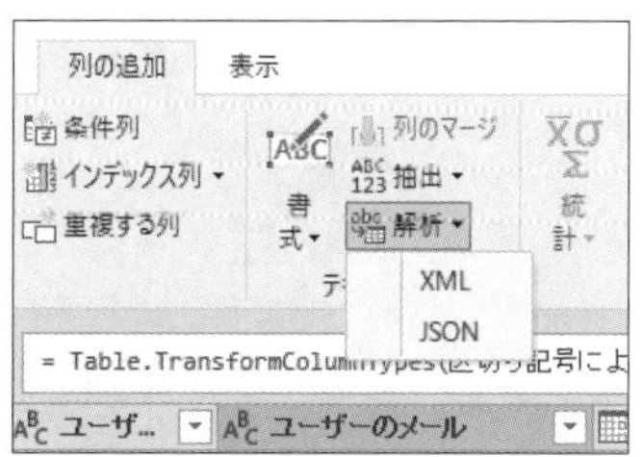

[解析] のサブメニュー

1
2
3
4
5
6
7
8
A
巻末資料

● [数値から] グループ

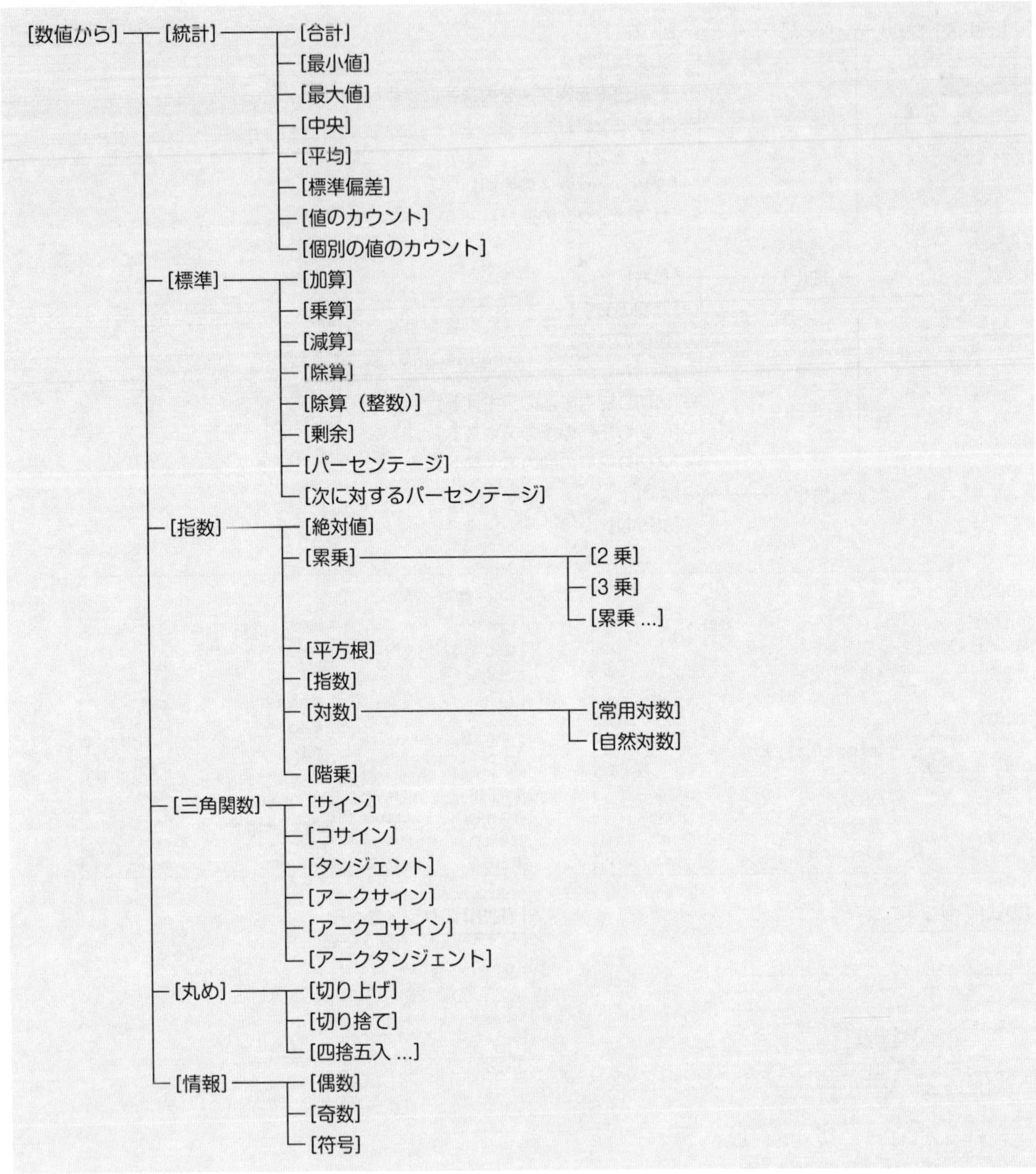
[数値から]
[統計]
[合計]
[最小値]
[最大値]
[中央]
[平均]
[標準偏差]
[値のカウント]
[個別の値のカウント]
[標準]
[加算]
[乗算]
[減算]
[除算]
[除算（整数）]
[剰余]
[パーセンテージ]
[次に対するパーセンテージ]
[指数]
[絶対値]
[累乗]
[2 乗]
[3 乗]
[累乗 ...]
[平方根]
[指数]
[対数]
[常用対数]
[自然対数]
[階乗]
[三角関数]
[サイン]
[コサイン]
[タンジェント]
[アークサイン]
[アークコサイン]
[アークタンジェント]
[丸め]
[切り上げ]
[切り捨て]
[四捨五入 ...]
[情報]
[偶数]
[奇数]
[符号]

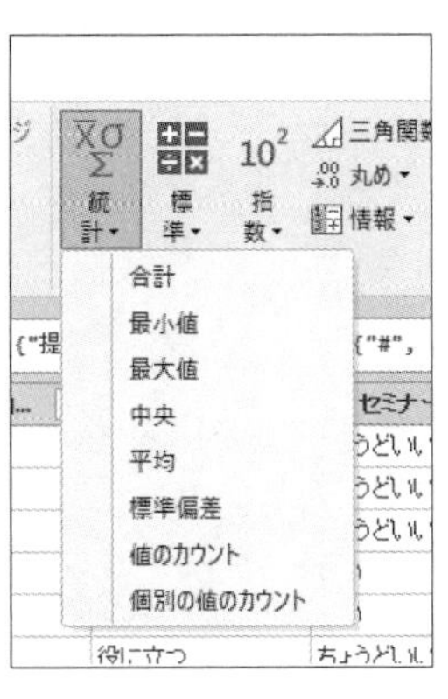

[統計] のサブメニュー

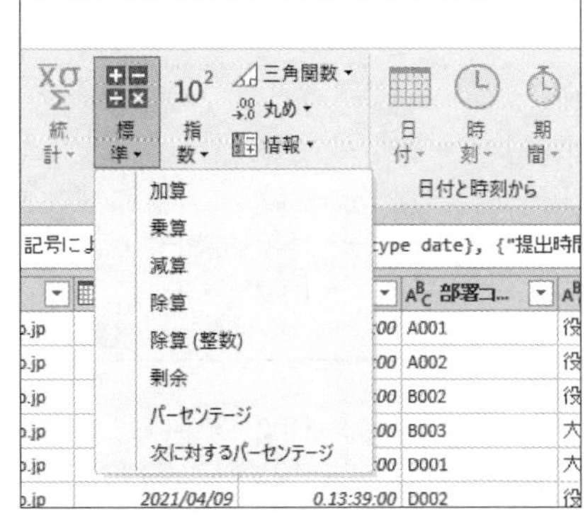

[標準] のサブメニュー

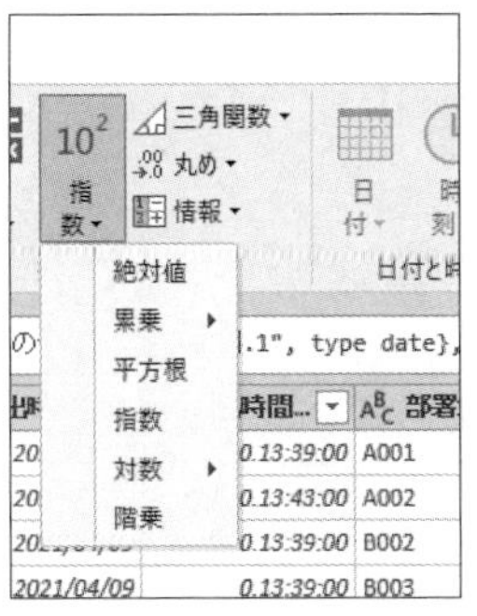

[指数] のサブメニュー

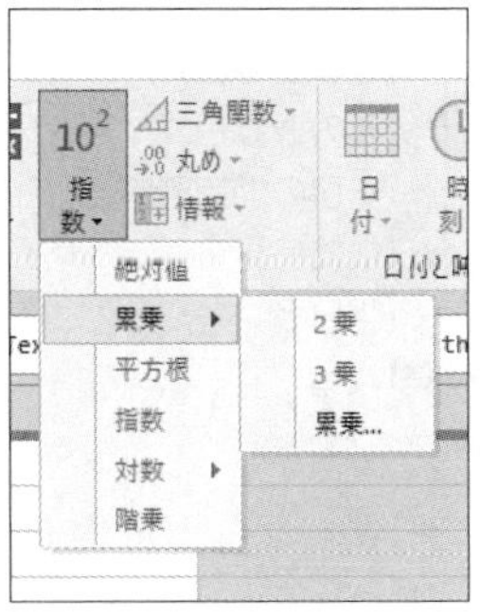

[指数]・[累乗] の
サブメニュー

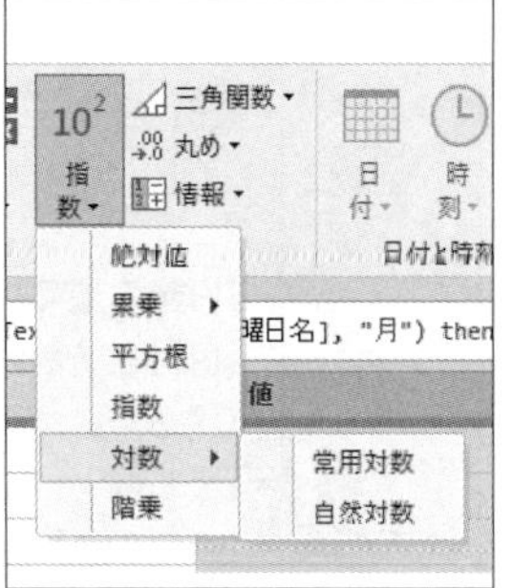

[指数]・[対数] のサブメニュー

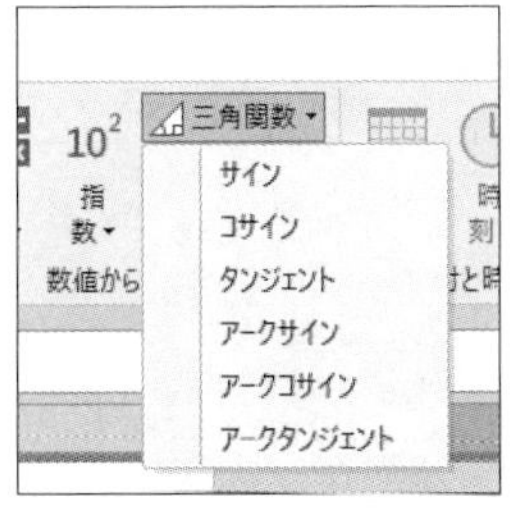

[三角関数] のサブメニュー

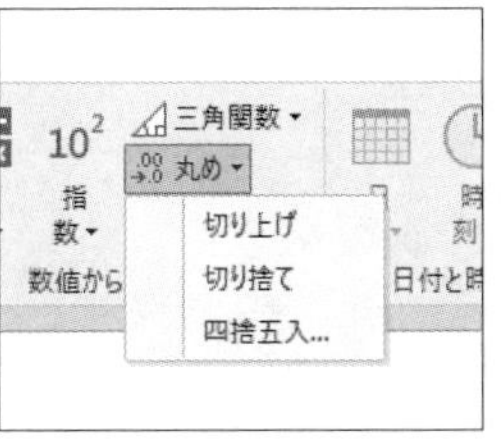

[丸め] のサブメニュー

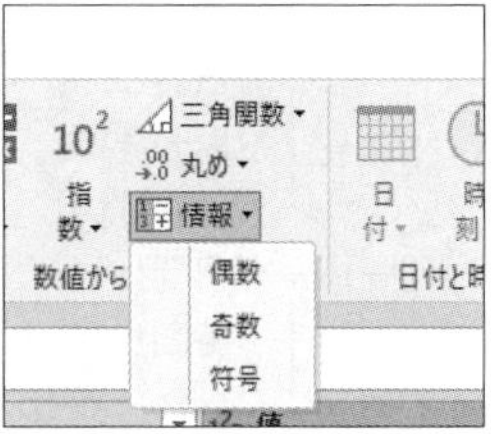

[情報] のサブメニュー

● [日付と時刻から] グループ

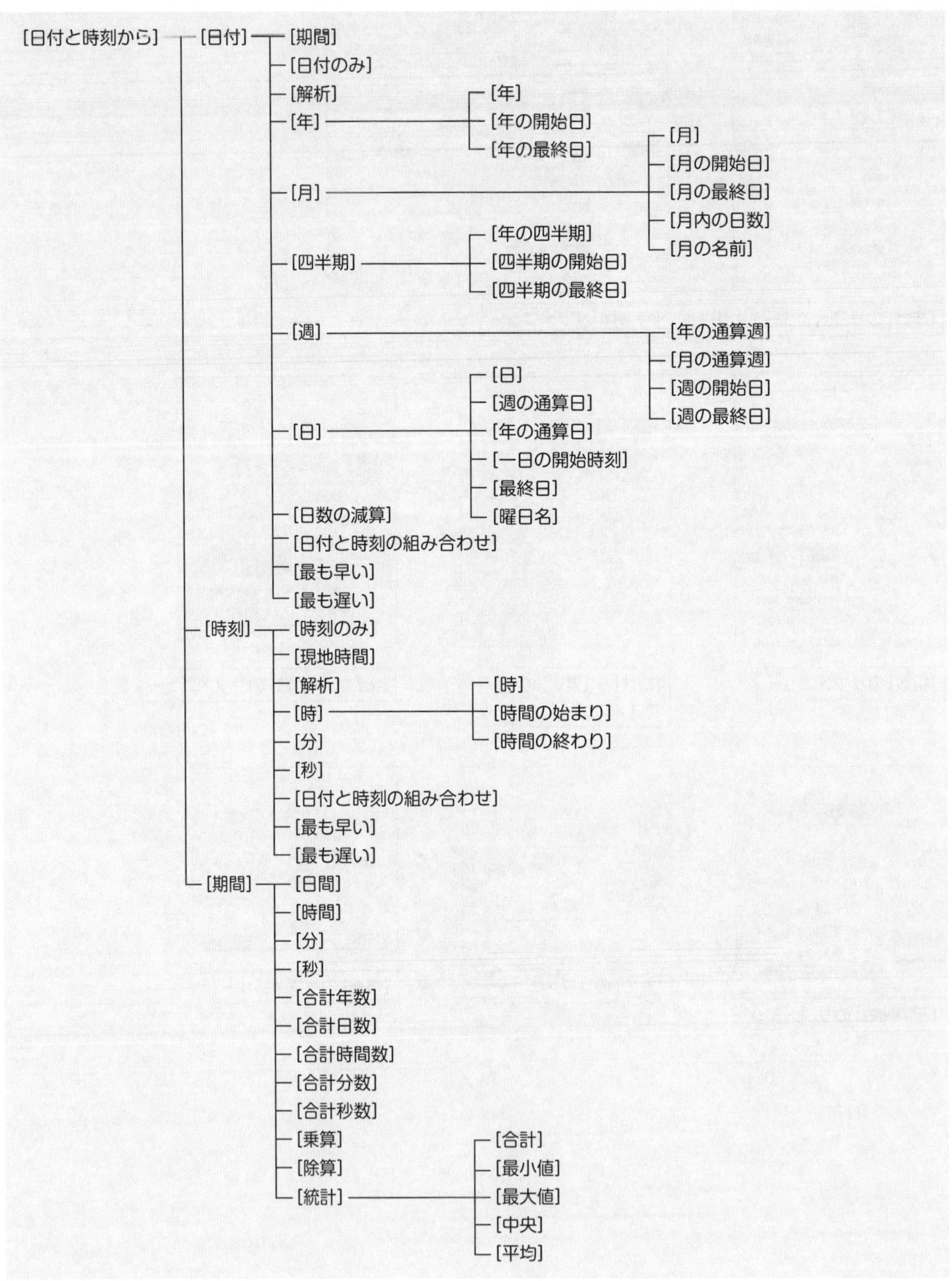

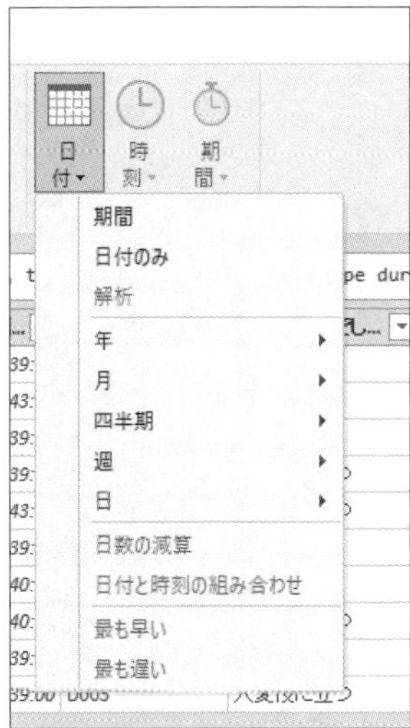

[日付] のサブメニュー

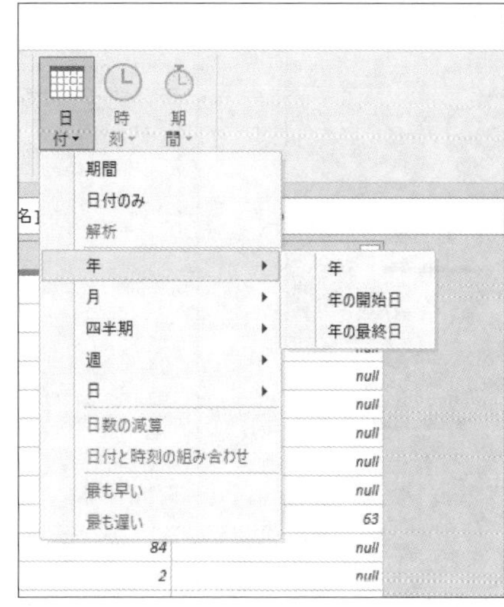

[日付]・[年] のサブメニュー

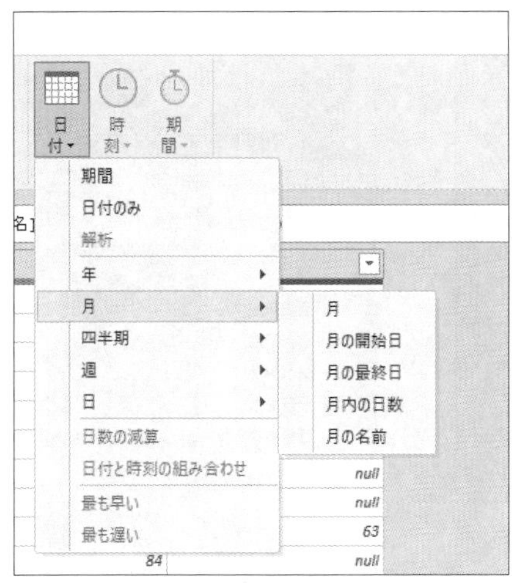

[日付]・[月] のサブメニュー

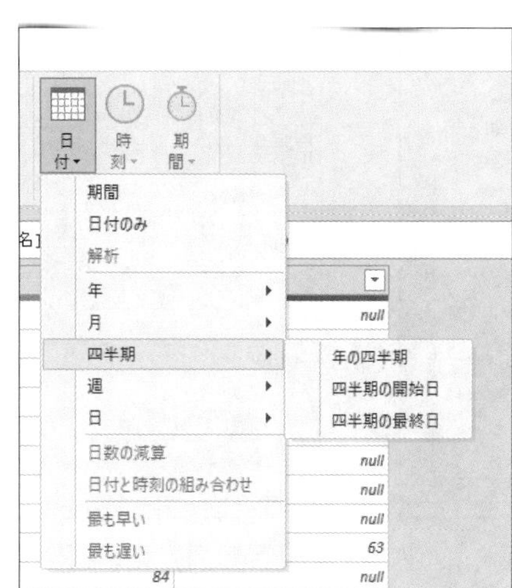

[日付]・[四半期] のサブメニュー

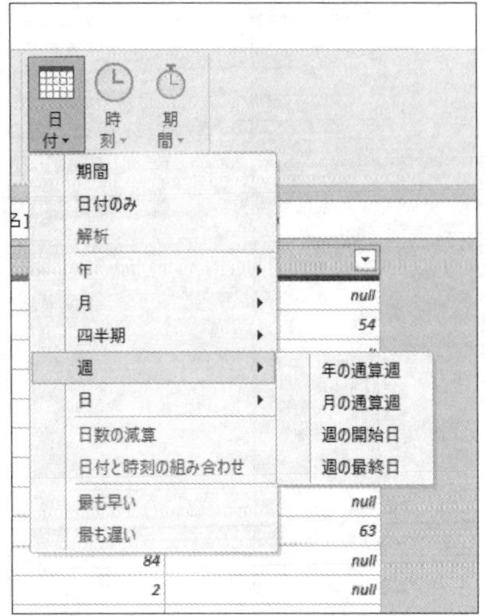

[日付]・[週]のサブメニュー

[日付]・[日]のサブメニュー

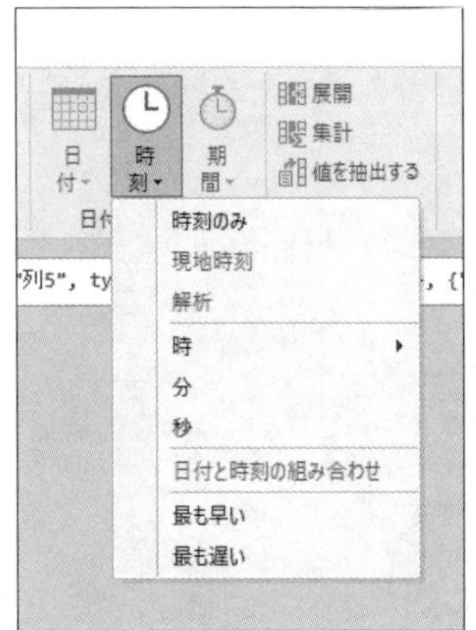

[時刻]のサブメニュー

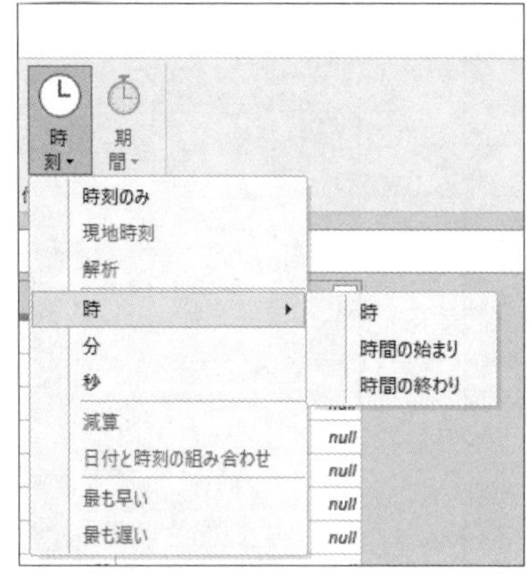

[時刻]・[時]のサブメニュー

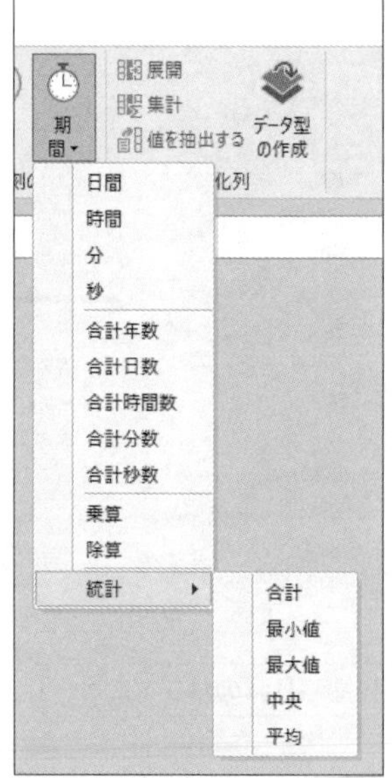

[期間]のサブメニュー

[期間]・[統計]のサブメニュー

④ [表示] タブ

顧客 - Power Query エディター
ファイル ホーム 変換 列の追加 表示
クエリの設定 数式バー 等幅 ホワイトスペースを表示 列の品質 列の分布 列のプロファイル 列に移動 常に許可 詳細エディター クエリの依存関係
レイアウト データのプレビュー 列 パラメーター 詳細設定 依存関係

● [レイアウト] グループ

```
[レイアウト]──┬[クエリの設定]
              └[数式バー]
```

● [データのプレビュー] グループ

```
[データのプレビュー]──┬[等幅]
                      ├[ホワイトスペースを表示]
                      ├[列の品質]
                      ├[列の分布]
                      └[列のプロファイル]
```

● [列] グループ

[列] ── [列に移動]

● [パラメーター] グループ

[パラメーター] ── [常に許可]

● [詳細設定] グループ

[詳細設定] ── [詳細エディター]

● [依存関係] グループ

[依存関係] ── [クエリの依存関係]

Section A-2

Power Pivot／Power View／Power Mapの概要

データは誰かに見せたり報告するために整形されます。本書は整形に主点を当てて説明していますが、それが完成したら次に行うべき作業も効率よくできるよう、Excelにはツールが準備されています。それがPower PivotとPower View、そしてPower Mapです。

Power Queryで整形したデータを分析したり、レポート化したりする機能がPower Pivot、Power View、Power Mapという位置づけになります。

本書では、その機能が使えるように入口部分を簡単に説明します。

① Power Pivot

Power Pivotは、データモデルを作成し、関係を確立して計算を作成できるデータモデリング機能です。Power Pivotの使用により、大規模なデータセットの操作、広範な関係の構築、複雑な計算の作成のすべてを、使い慣れたExcelの操作により実行できます。

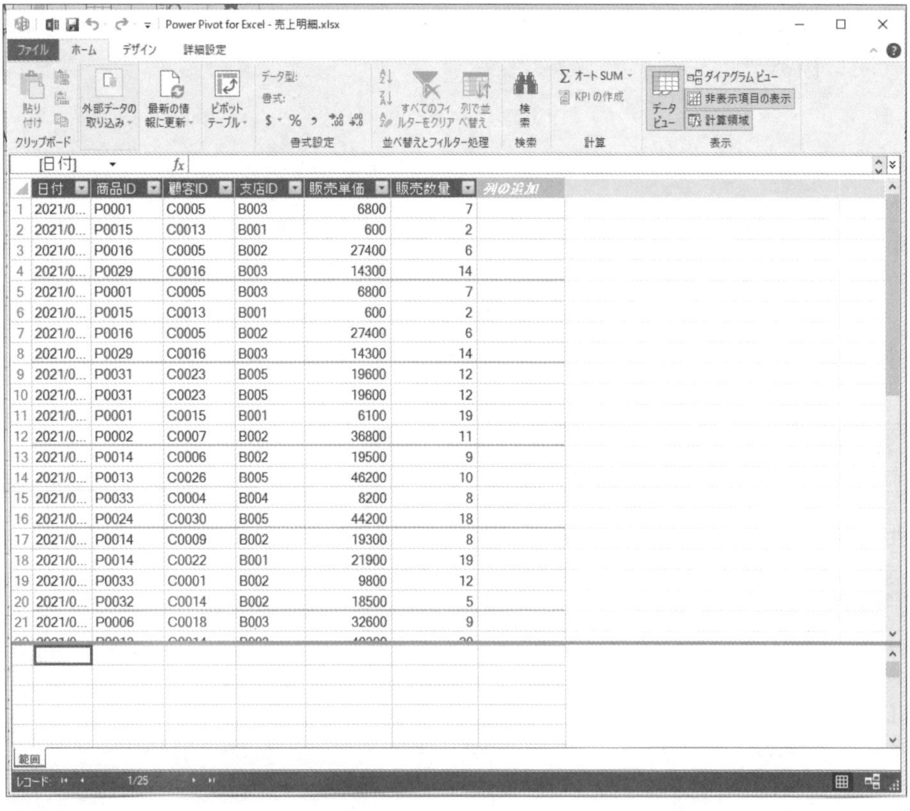

	日付	商品ID	顧客ID	支店ID	販売単価	販売数量	列の追加
1	2021/0...	P0001	C0005	B003	6800	7	
2	2021/0...	P0015	C0013	B001	600	2	
3	2021/0...	P0016	C0005	B002	27400	6	
4	2021/0...	P0029	C0016	B003	14300	14	
5	2021/0...	P0001	C0005	B003	6800	7	
6	2021/0...	P0015	C0013	B001	600	2	
7	2021/0...	P0016	C0005	B002	27400	6	
8	2021/0...	P0029	C0016	B003	14300	14	
9	2021/0...	P0031	C0023	B005	19600	12	
10	2021/0...	P0031	C0023	B005	19600	12	
11	2021/0...	P0001	C0015	B001	6100	19	
12	2021/0...	P0002	C0007	B002	36800	11	
13	2021/0...	P0014	C0006	B002	19500	9	
14	2021/0...	P0013	C0026	B005	46200	10	
15	2021/0...	P0033	C0004	B004	8200	8	
16	2021/0...	P0024	C0030	B005	44200	18	
17	2021/0...	P0014	C0009	B002	19300	8	
18	2021/0...	P0014	C0022	B001	21900	19	
19	2021/0...	P0033	C0001	B002	9800	12	
20	2021/0...	P0032	C0014	B002	18500	5	
21	2021/0...	P0006	C0018	B003	32600	9	

Power Pivot for Excelで表示されたデータ

Power Pivotで利用されている基になる技術は、Power BI Designer（Microsoftが提供するPower BIサービスの一部）でも利用されています。

Power Pivotは、Excelのアドインです。Power Pivotアドインが有効である場合、次の図に示すようにリボンの［Power Pivot］タブが使用可能になります。

アドインが無効になっている（［Power Pivot］タブが表示されていない）場合には、次の手順で有効化します。

操作手順

❶ ［ファイル］-［オプション］をクリックします。

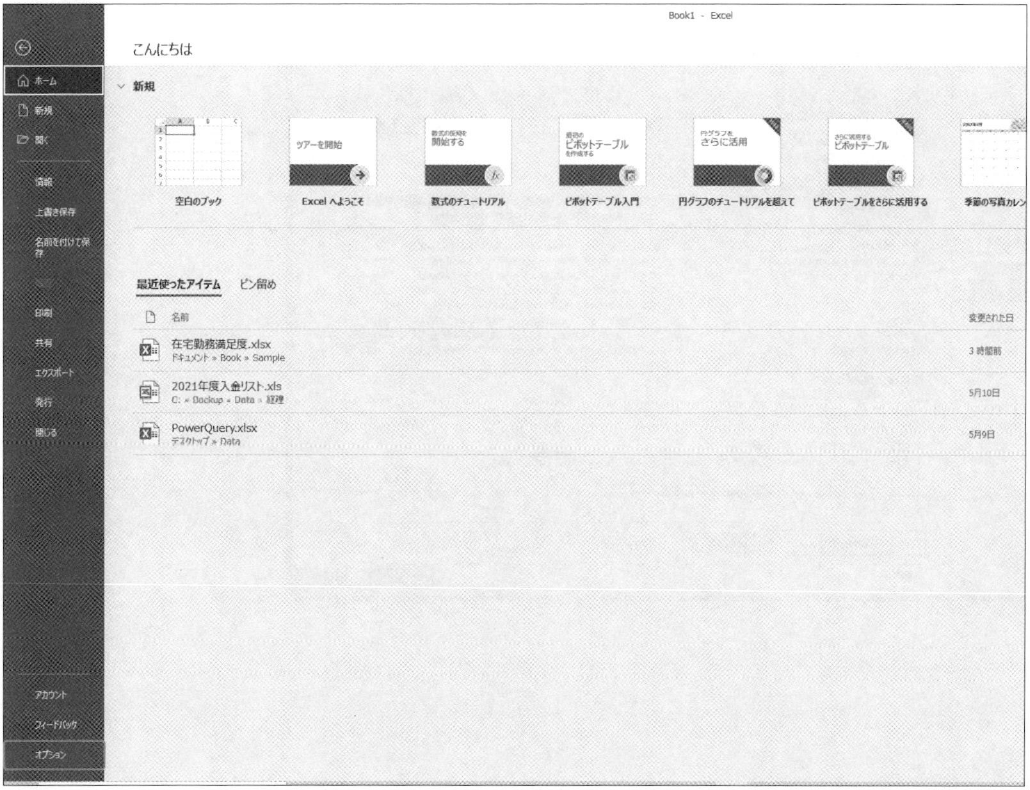

❷ [オプション] ダイアログボックスの [アドイン] をクリックします。

❸ [管理] の右側に表示されている「Excelアドイン」の▼をクリックします。

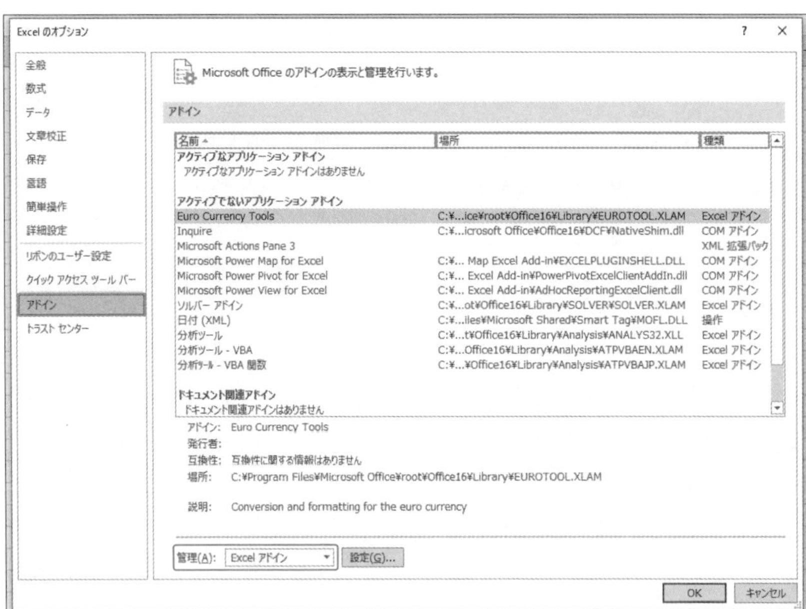

❹ 表示されたメニューの「COMアドイン」をクリックします。

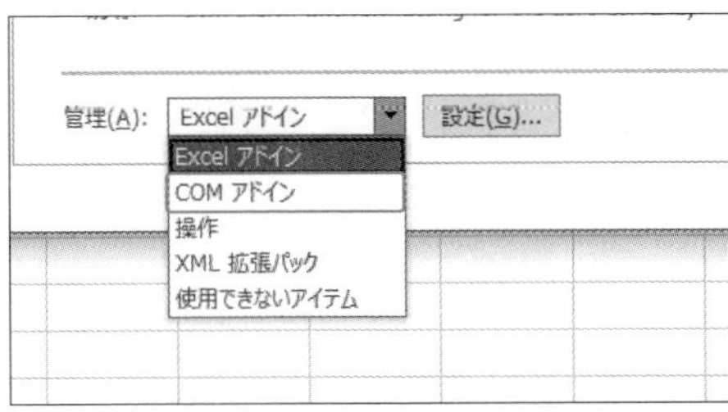

❺ 「COMアドイン」と変化したことを確認し [設定] ボタンをクリックします。

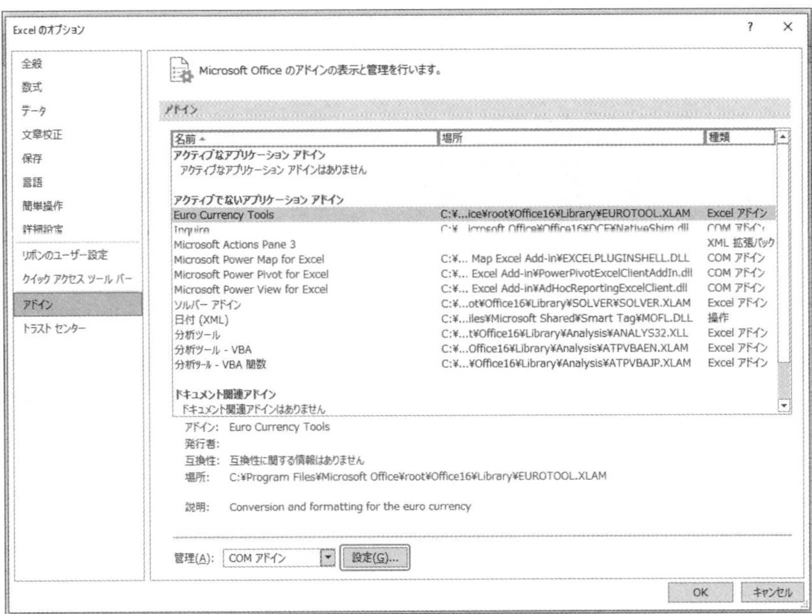

❻ [COMアドイン] ダイアログボックスが表示されます。

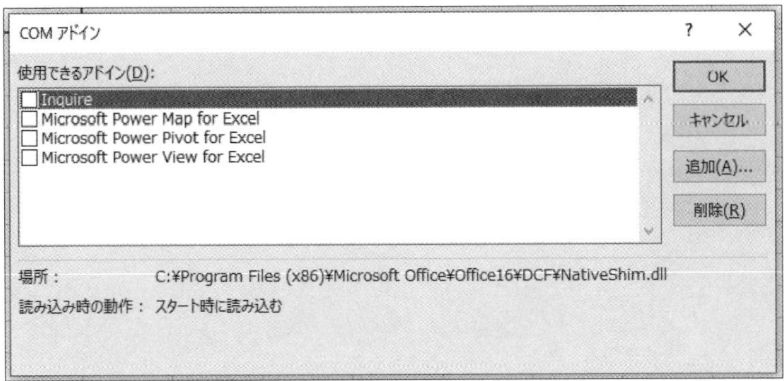

❼使用するアドイン（今回は、Power Map、Power Pivot、Power View）にチェックを入れ、[OK]ボタンをクリックします。

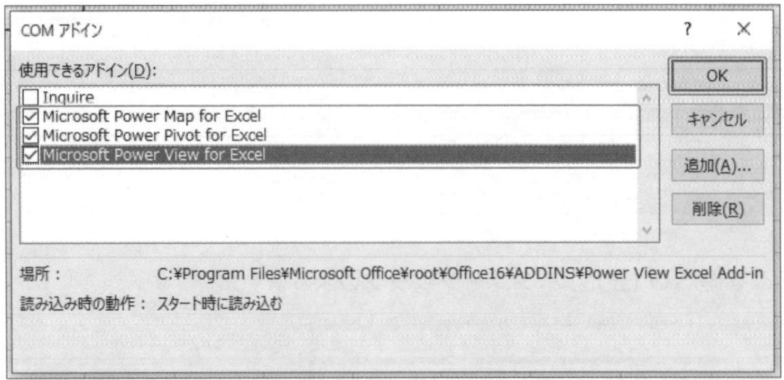

❽Excelのリボンに [Power Pivot] タブが表示されます。

② Power View

Power Viewは、グラフ、地図、データを活用するその他の視覚エフェクトを作成できるデータ視覚化テクノロジーです。Power Viewは、Excel、SharePoint、SQL Server、Power BIで使用できます（ただし、PCにSilverLightがインストールされていない場合はインストールが必要です）。

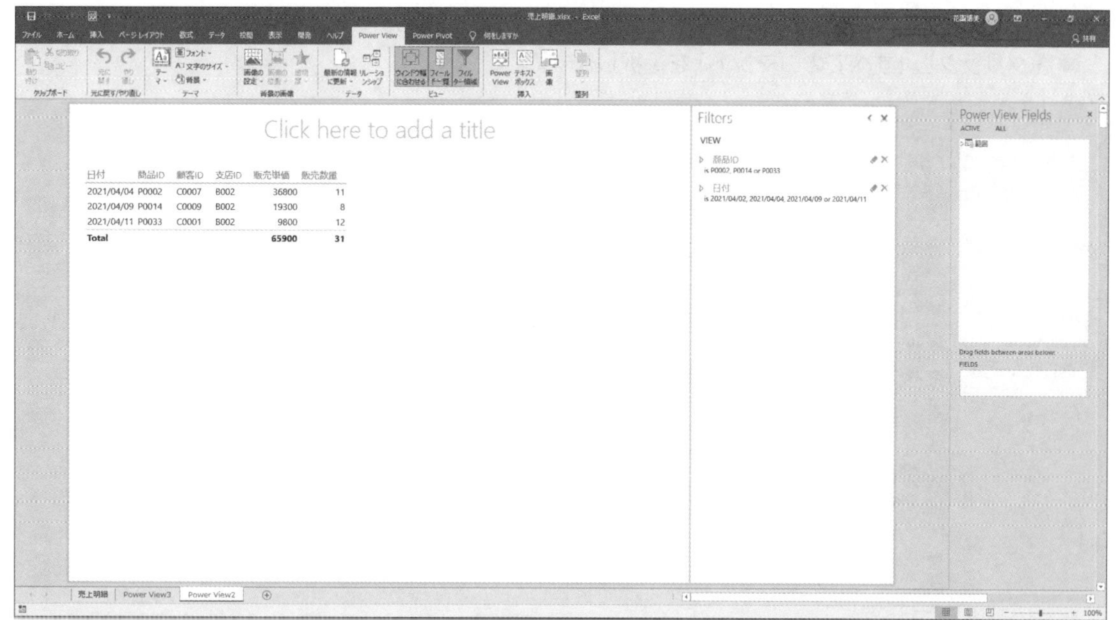

PowerViewで作成した画面

アドイン追加後、Power Pivotはリボンに新しいタブが追加されますが、Power Viewはリボンにタブ等は表示されません。使用するには、ボタンの追加が必要となります。

[Power View] ボタンの追加方法は次の通りです。

操作手順

❶ [クイックアクセスツールバーのユーザー設定] をクリックし、表示されたメニューの [その他のコマンド] をクリックします。

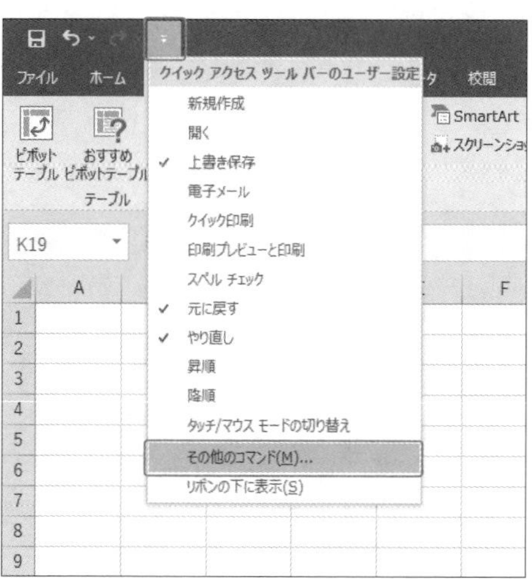

❷ [Excelのオプション] ダイアログボタンの [クイックアクセスルーツバー] の「コマンドの選択」の▼をクリックし [すべてのコマンド] を選択します。

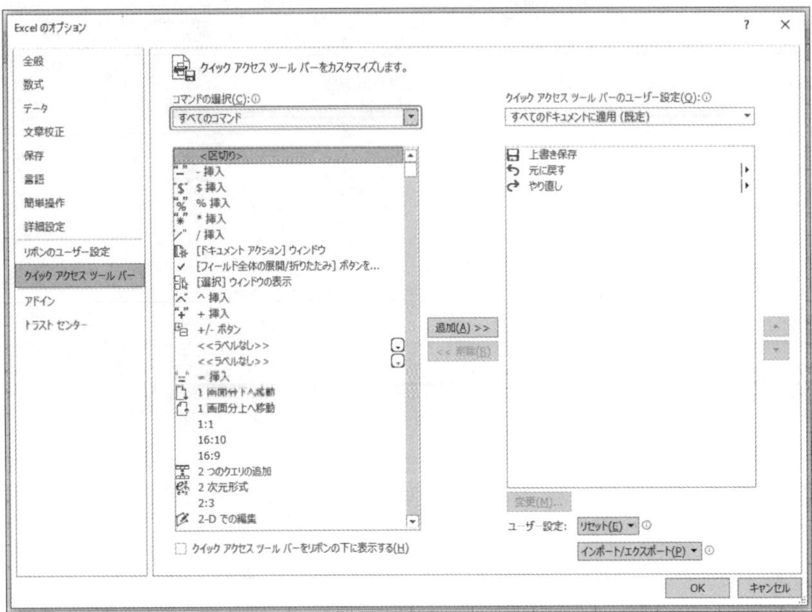

❸ [Power View レポートの挿入] ボタンをクリックし [追加] ボタンをクリックします。

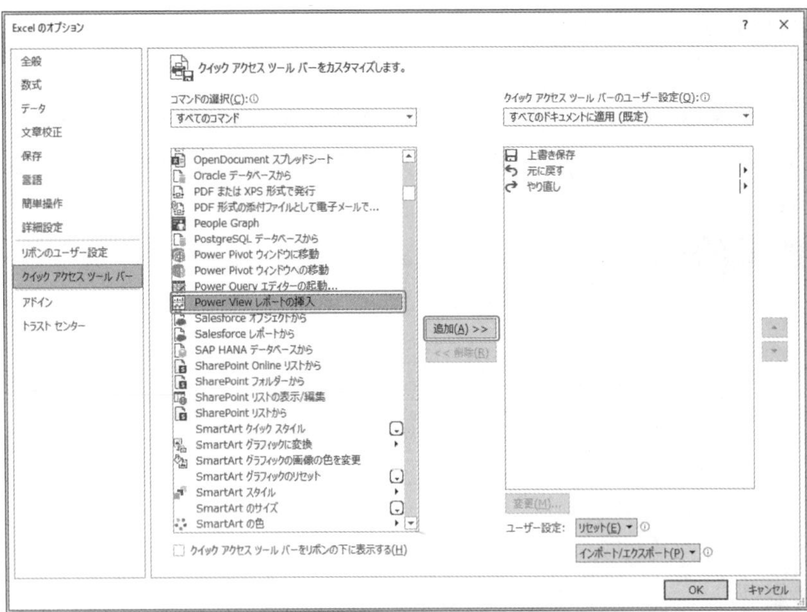

❹ [Power View レポートの挿入] ボタンが右側のウィンドウに移動したことを確認し、[OK] ボタンをクリックします。

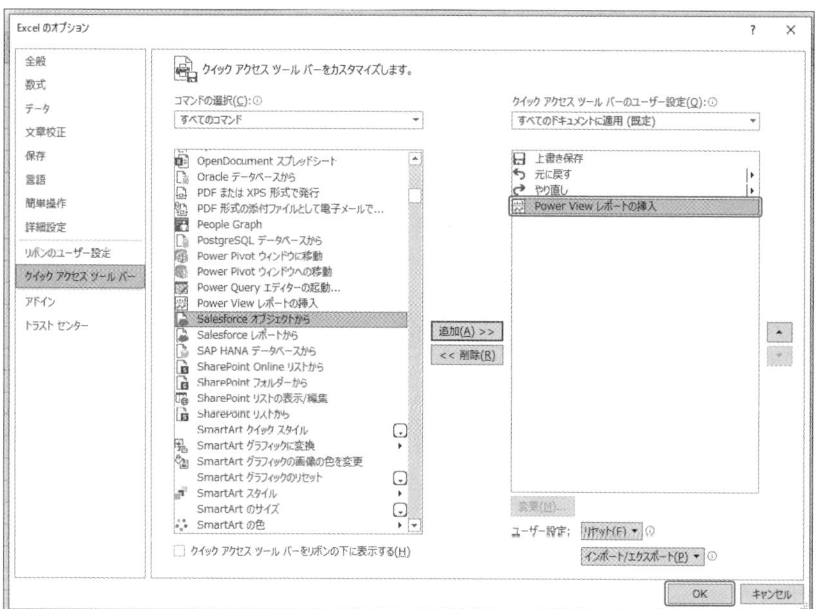

❺ クイックアクセスツールバーに [Power View レポートの挿入] ボタンが作成されました。

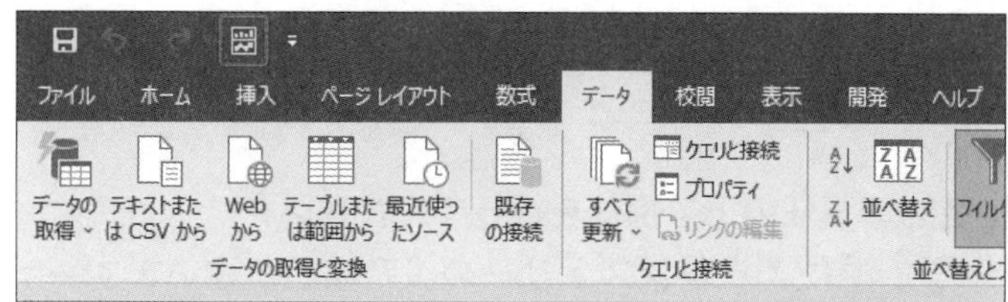

ただし、ボタンを追加してクリックしても、PCの設定によっては、次のようなエラーメッセージが表示される場合があります。

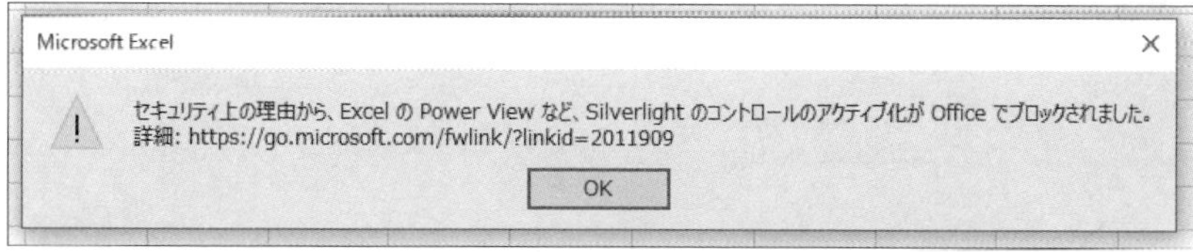

これは、セキュリティ上の問題から、Silverlightのコンテンツがブロックされているためです（Silverlightだけではなく、Flash等もブロックされています）。どうしても使用したいという場合には、レジストリーの設定を修正する必要があります。

マイクロソフトのサポートページで詳細を確認してください。

https://support.microsoft.com/ja-jp/topic/%E3%83%95%E3%83%A9%E3%83%83%E3%82%B7%E3%83%A5-silverlight-shockwave-%E3%81%AE%E5%90%84%E3%82%B3%E3%83%B3%E3%83%88%E3%83%AD%E3%83%BC%E3%83%AB%E3%81%AF-microsoft-office-55738f12-a01d-420e-a533-7cef1ff6aeb1

レジストリーの変更を伴いますので、各自の責任の下で操作を行ってください。

Windowsのバージョン、Officeのバージョンによりレジストリーの設定場所が違います。今回はWindows、Officeともに64ビットのマシンで設定しています。

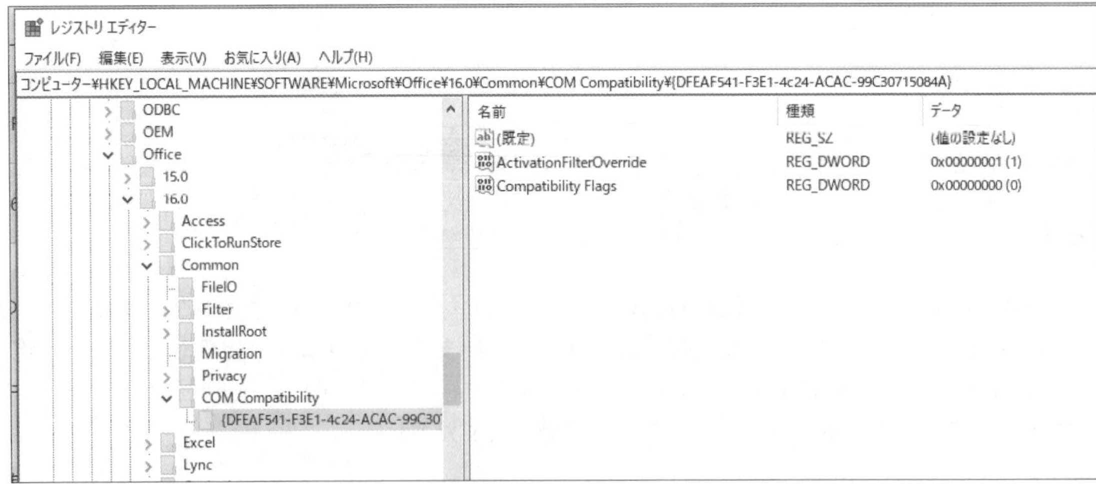

レジストリー設定後、再度［Power Viewボタン］をクリックすると［PowerViewの挿入］ダイアログボックスが表示されるようになります。

③ Power Map

Power Mapは3次元（3-D）データ可視化ツールです。お持ちのデータに地理情報があれば、新しい方法で情報を表現することができるようになります。

Power Mapを使用すると、3-D地球儀マップまたはカスタム マップ上に地理的な一時データをプロットし、時間の経過と共に表示して、他のユーザーと共有できる視覚的なツアーを作成できます。

次の図は、［挿入］-［3Dマップ］で作成された地震情報のマップです。

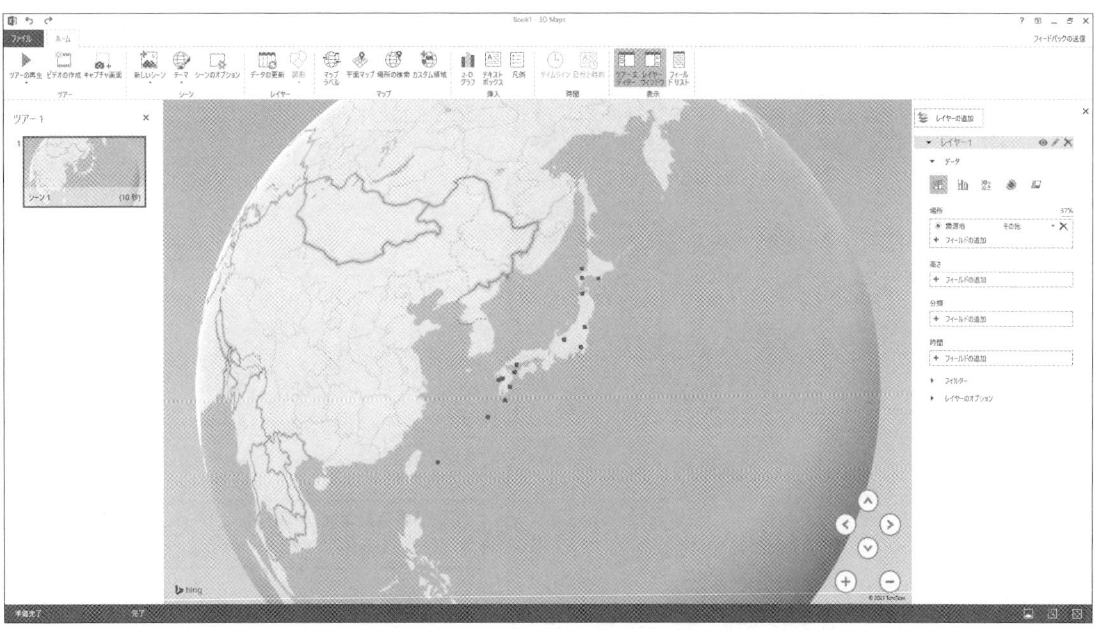

場所を震源地情報とし、[その他]とすると、地理情報と紐付けられます。

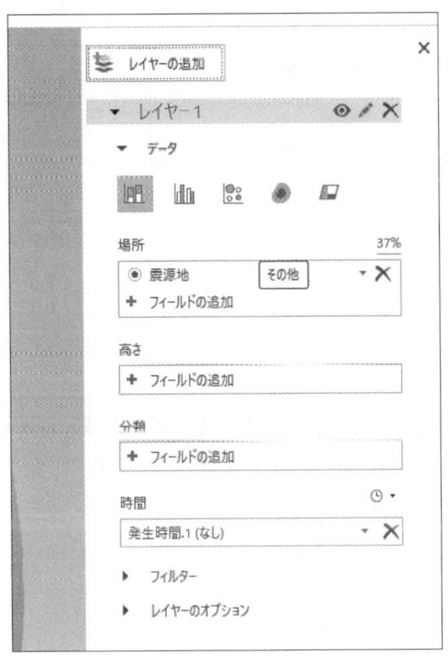

また、日付情報が入っているため、[時間]を「発生時間」とすると、時系列ごとのツアー(動画)を作成することが可能です。

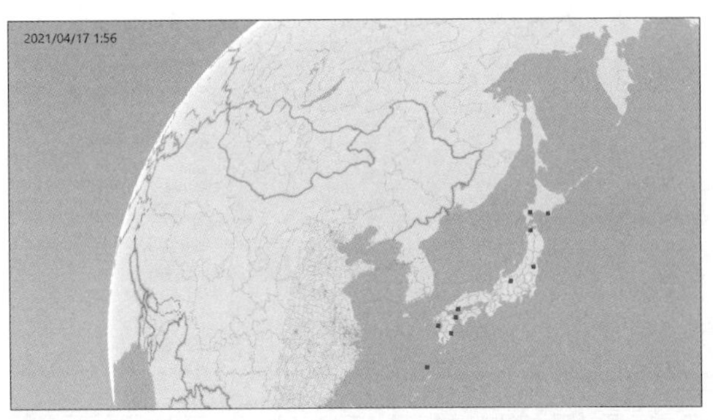

4月17日

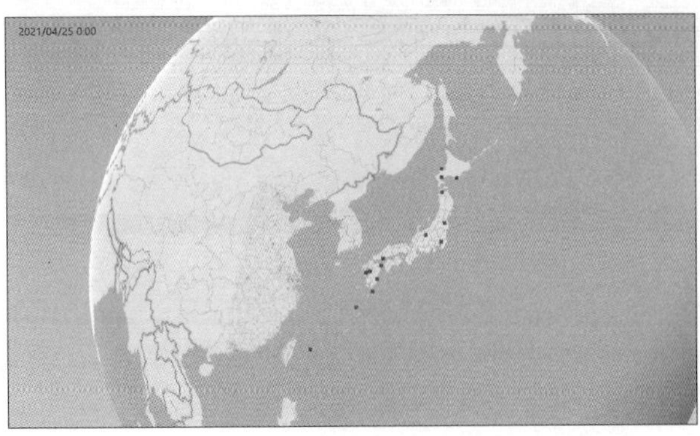

4月25日

地震が起きた場所が変化していることが確認できます。

このデータはYahoo!の地震情報をもとに作成しています。

Section
A-3 M関数の参照方法

Power QueryのクエリはM言語というスクリプト言語で記述されています。そのM言語で使用可能なM関数を参照するには、「①Webで確認する」「②Power Query上でリファレンスを呼び出す」のどちらかの方法を使用します。

① Webで確認する

Micrsoftが提供する「Power Query M 関数参照」のページでM関数を参照することができます。

https://docs.microsoft.com/ja-jp/powerquery-m/power-query-m-function-reference

調べたい関数の分類をクリックすると、該当する関数が表示され、関数の構文を確認することができるようになります。例えば「比較関数」の「Comparer.Ordinal」は次のように表示されます。

インターネットに接続できる環境であれば上記のリンクからいつでも関数の構文を確認することが可能です。

もしインターネットに接続していない状況でも関数について調べたい場合には、「PDFをダウンロード」をクリックしてPDFファイルをPCにダウンロードしておきましょう。

② Power Query上でリファレンスを呼び出す

Power Query 上でＭ関数のリファレンスを呼び出すには、次の方法を使用します。

操作手順

❶ 新しいブックを準備し、[データ] - [データの取得と変換] - [データの取得] の▼をクリックして、表示されるメニューの [その他のデータソースから] - [空のクエリ] をクリックします。

❷ [Power Queryエディター] が表示されます。

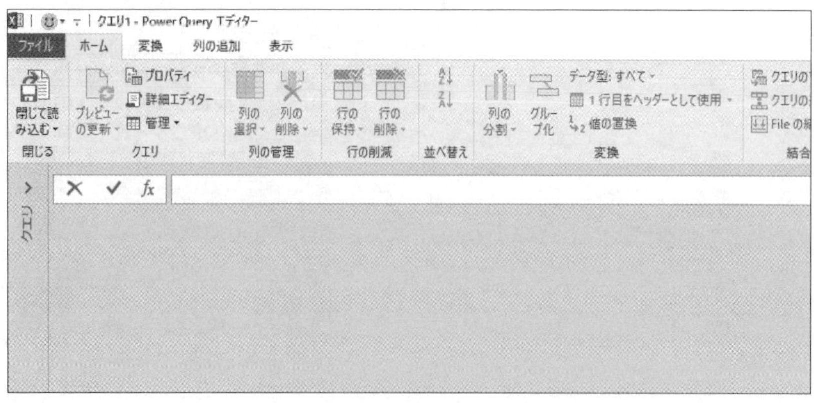

❸数式バーに「=#shared」と入力したら、☑ボタンをクリックします。

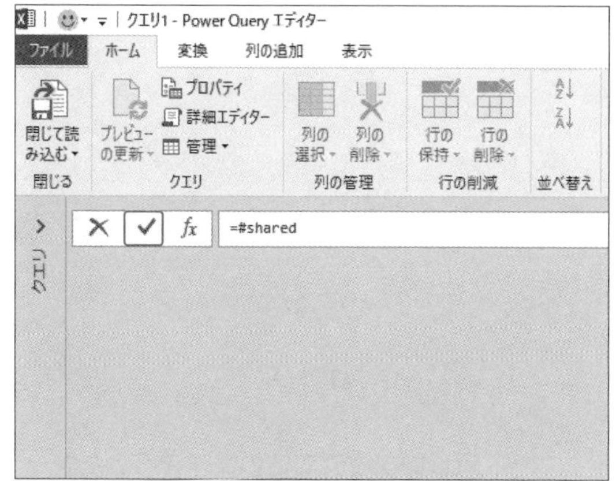

すべて小文字、半角

☑をクリック

❹画面が切り替わるので［テーブルへの変換］をクリックします。

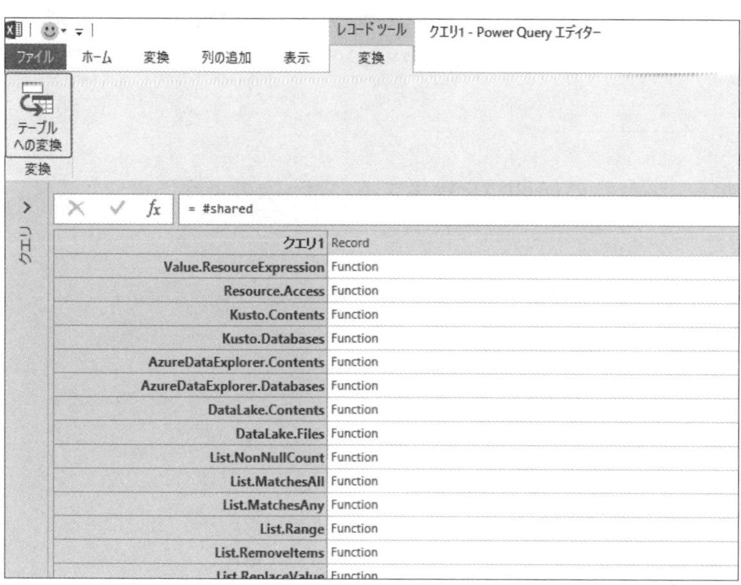

❺ すべての関数がテーブルに表示されました。

> **OnePoint**
>
> 新しいブックでこの操作を行った場合には関数だけが表示されますが、既存のファイル（例えば7章操作用ファイル.xlsx）で行った場合には、作成済みのすべてのクエリが❺の画面に表示されます。

表示されたリファレンスの中から、調べたいM関数を検索するには、次のように操作します。

操作手順

❶ [Name] 列の▼をクリックします。

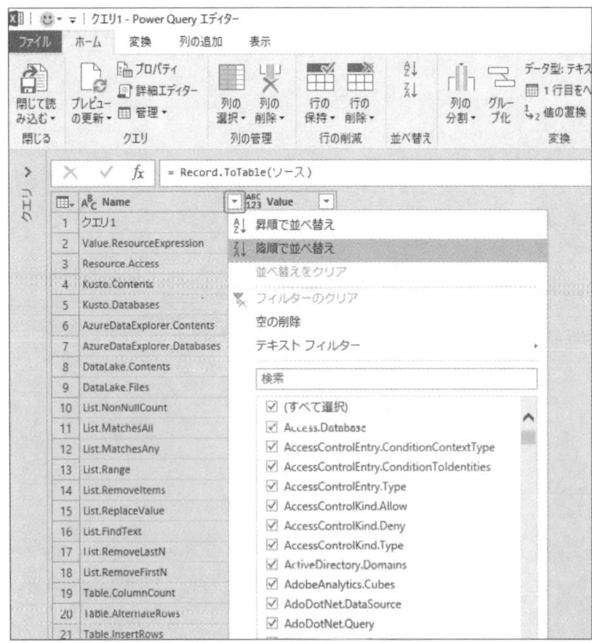

❷ テキストフィルターに比較関数の「Comparer」を入力し、[OK] をクリックします。

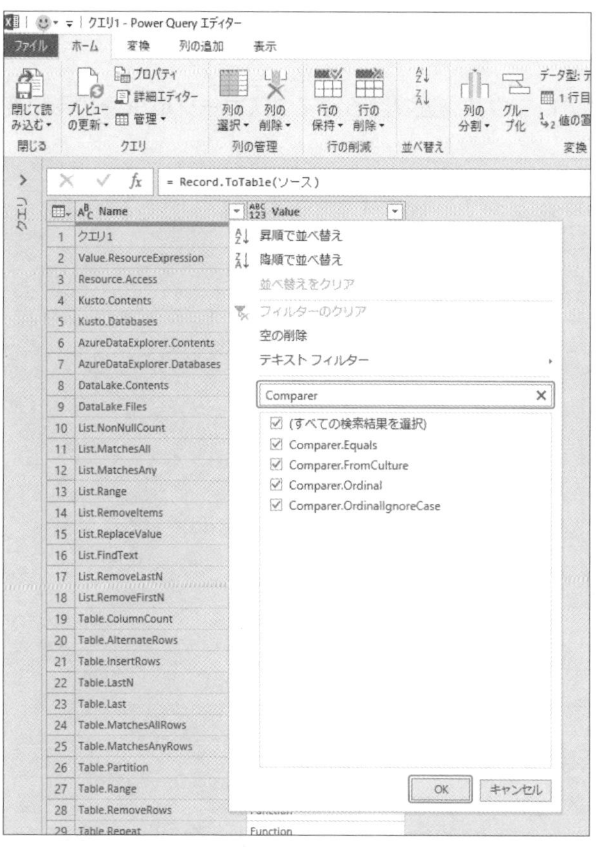

❸ 比較関数だけに絞り込まれた状態になりました。

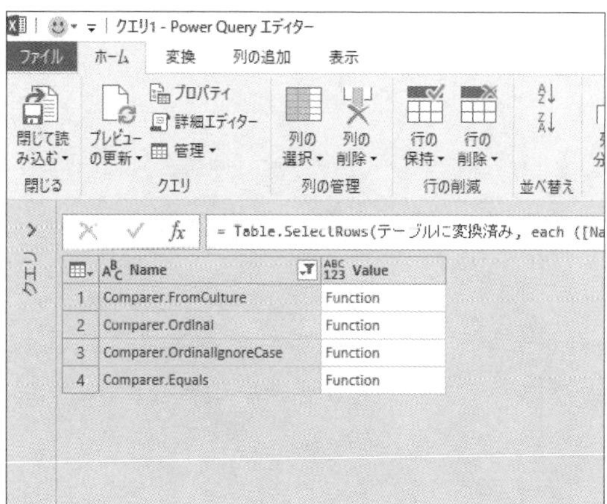

検索した関数の内容を確認するには、次のように操作します。

操作手順

❶ 該当する関数の [Value] 列の「Function」部分にマウスを近づけるとマウスカーソルが ✋ の形に変化します。その場所をクリックします。

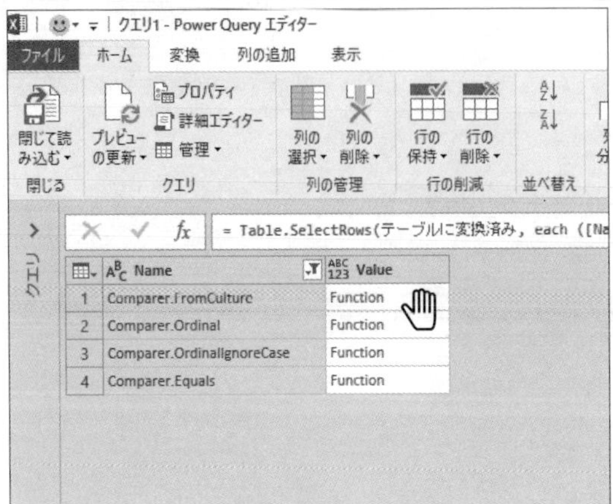

❷ 関数構文等の情報が表示されます。

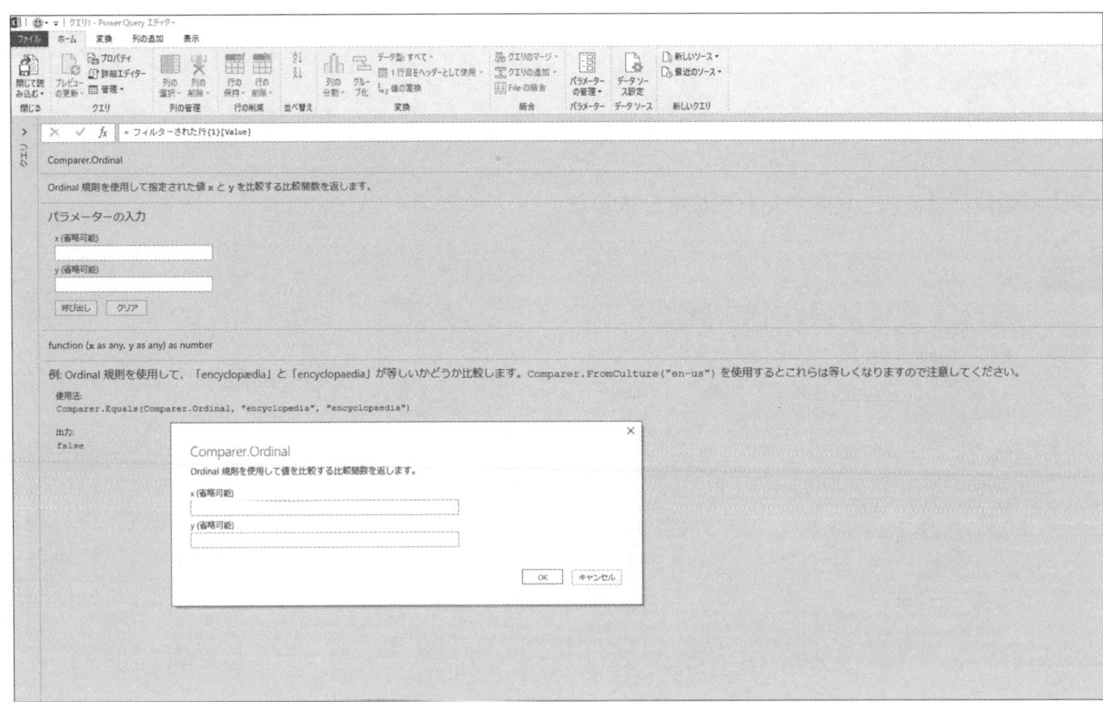

なお、この方法でM関数のリファレンスが表示されたクエリを作成したら、次のように保存しておくといいでしょう。

操作手順

❶ クエリに「Reference」と名前を設定します。

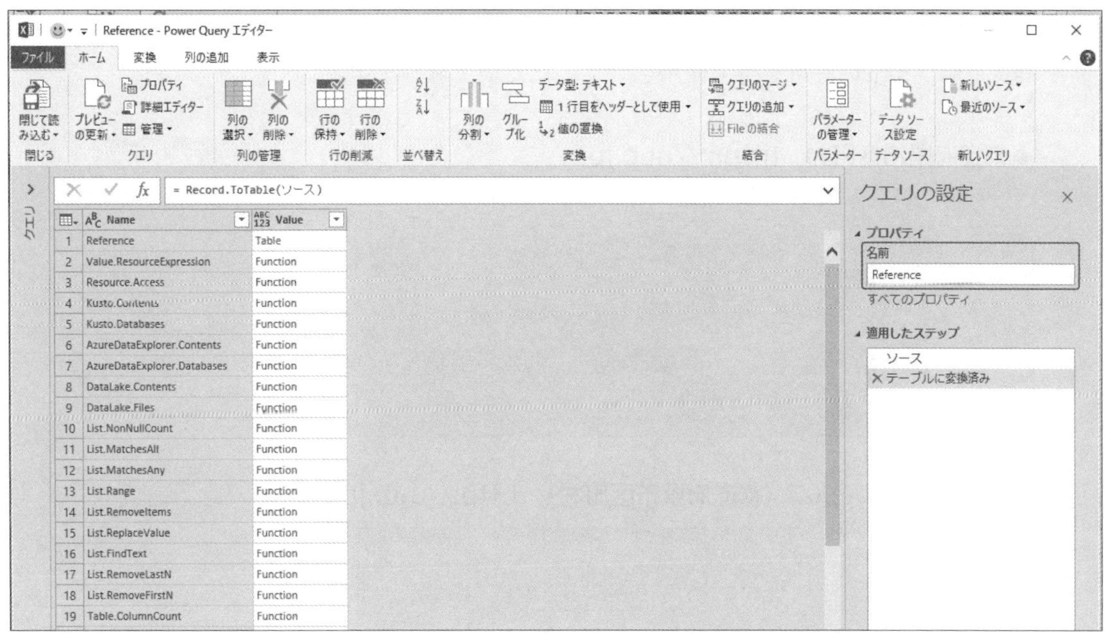

❷ [ホーム] - [閉じる] - [閉じて読み込む] の▼をクリックし表示されたメニューの [閉じて読み込む] をクリックします。

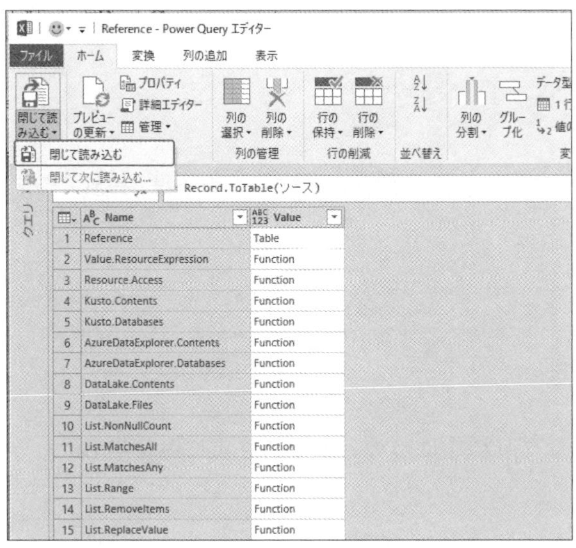

謝辞

本書で使用しております都道府県毎、日付毎の新型コロナウィルスの数値データは、下記サイトの許可を得て使用させていただいております。

● 都道府県市区町村　https://uub.jp/

● 新型コロナウィルス（都道府県市区町村）　http://uub.jp/cvd/

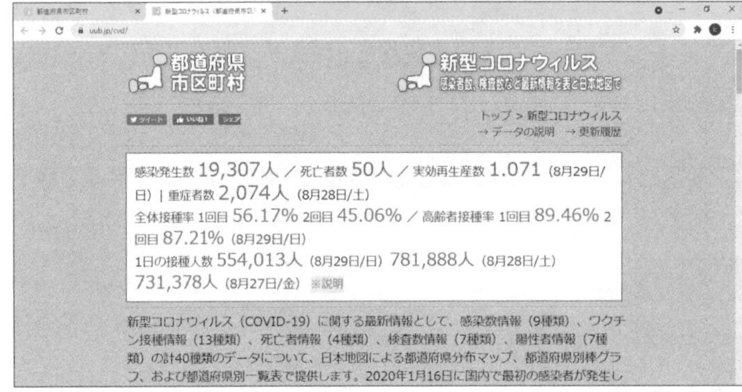

感染数情報の感染発生数（14日間表示）のデータを主に使わせていただきました。

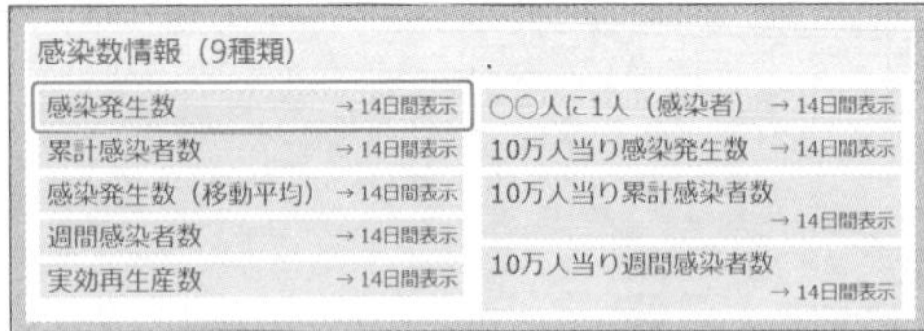

快諾してくださったサイト管理者のグリグリ様をはじめとする皆さまに感謝申しあげます。

著者プロフィール

E-Trainer.jp（Aries）

主要な業務はPMO教育サービス、Microsoft365を始めとする教育コンサルティングサービス。Power Queryを始めとする、ITリテラシー支援のためのIT教育（提供先に応じてカスタマイズしたオンサイトトレーニング）を提供している。
問い合わせ先　http://www.e-trainer.jp/it-skill

執筆：大園博美（オオゾノ・ヒロミ）
編集：本部正美（ホンブ・マサミ）
協力：日野間佐登子（ヒノマ・サトコ）

著者からのお知らせ

「ビジネスITスキル支援サービス」

　株式会社ケイ・エス・テクノロジーと提携し、「ビジネスITスキル支援サービス」（https://ks-tec.co.jp/service/businessitsupport/）を提供中。本サービスはビジネスに必要なITスキル向上をサポートする、Microsoft365導入企業向けのコンサルティングサービスです。

・効率的にOfficeツール、Microsoft365を使いこなせているか分からない
・Microsoft365を導入したが、SharePointやTeamsをうまく活用できていない
・古いビジネス文書のテンプレートをそのまま利用しており、非効率になっている
・テレワークだと、情報システム部門に問い合わせるほどではないような、ちょっとしたことが聞けない

　お客様のビジネスITスキルアップのために、Microsoft365やOfficeツールに特化した多角的、継続的なサービスを提供します。

サンプルデータのダウンロード方法

本書のサンプルデータは以下より入手できます。

https://www.shuwasystem.co.jp/support/7980html/6485.html

Excel Power Query（エクセル パワー クエリ）
データ収集（しゅうしゅう）・整形自動化入門（せいけいじどうかにゅうもん）

発行日　2021年 9月28日　第1版第1刷
　　　　2023年 3月 3日　第1版第2刷

著　者　E-Trainer.jp（イートレイナージェイピー）

発行者　斉藤　和邦
発行所　株式会社　秀和システム
〒135-0016
東京都江東区東陽2-4-2　新宮ビル2F
Tel 03-6264-3105（販売）Fax 03-6264-3094
印刷所　三松堂印刷株式会社　Printed in Japan

ISBN978-4-7980-6485-7 C3055

定価はカバーに表示してあります。
乱丁本・落丁本はお取りかえいたします。
本書に関するご質問については、ご質問の内容と住所、氏名、電話番号を明記のうえ、当社編集部宛FAXまたは書面にてお送りください。お電話によるご質問は受け付けておりませんのであらかじめご了承ください。